建筑消防工程技术解读

李念慈　陶李华　熊　军　徐　亮　主编

中国建筑工业出版社

图书在版编目（CIP）数据

建筑消防工程技术解读／李念慈等主编．— 北京：
中国建筑工业出版社，2022.2
ISBN 978-7-112-27090-3

Ⅰ．①建… Ⅱ．①李… Ⅲ．①建筑物－消防 Ⅳ．
①TU998.1

中国版本图书馆 CIP 数据核字（2022）第 019476 号

本书系统地介绍了建筑防火设计的基本理念和方法，并以对消防技术解读的形式，介绍国家消防标准对消防技术的要求，不仅明确了消防技术要实现的目标，还指出了实现目标的方法，内容涉及设计、施工、管理标准和基础标准。本书以规范为依据，在总结消防工程实践的基础上，吸收了国外先进的消防技术编写而成。以图、表、照片配合文字叙述的形式来表达文本内容，图文并茂，深广相宜，通俗易懂，实用性好，是一本具有真知灼见，理论联系实际的好书。

本书是消防工程技术人员提高技术水平的必备学习资料，适合消防监督人员；消防设计、施工、监理人员；消防检测维护人员以及消防控制室的管理人员阅读，也可以作为大专院校消防专业教师的参考资料、学生的课外辅导资料以及社会消防培训辅导教材，消防工程技术辅导读物。

责任编辑：胡明安
责任校对：张惠雯

建筑消防工程技术解读
李念慈　陶李华　熊　军　徐　亮　主编
*
中国建筑工业出版社出版、发行（北京海淀三里河路 9 号）
各地新华书店、建筑书店经销
北京红光制版公司制版
北京圣夫亚美印刷有限公司印刷
*
开本：787 毫米×1092 毫米　1/16　印张：26　字数：644 千字
2022 年 3 月第一版　2022 年 3 月第一次印刷
定价：**108.00** 元
ISBN 978-7-112-27090-3
（38726）

本书编委会

主　编：李念慈　陶李华　熊　军　徐　亮

参　编：周明潭　吴高红　闵甦宏　金　攀　寿乐均

王　宇　向　东　孟腾飞　张　旭　陈伟军

朱建霆　郑跃东　范俊轶　徐向芳　刘雁声

朱志鹏　彭凌云　董　梅　刘　睿　郭晨宁

向玥纯　汪　宇

前　言

儿时的我，喜欢到县城的新华书店去找书看，宁静幽雅的环境、门类齐全的书籍是我最爱去吸取精神营养的地方，我在那里曾读到过一篇令我终生不忘的《原子笔诞生的故事》，那时人们用钢笔，有“金星”“永生”“关勒铭”等牌子，但价格昂贵，人们希望有一种价格便宜、字迹清晰、书写流畅、不损纸张、不吸墨水、不怕丢失的笔问世，原子笔就应运而生了。所谓原子笔就是今天的圆珠笔。原子笔刚问世时，人们喜欢，但有致命的毛病，用了一段时间之后，漏油墨、玷污衣服、污损文稿，使原子笔应用受到限制。为解决漏油问题，厂家改进工艺，花了许多钱和材料都毫无进展，有一天厂长和他的一个朋友谈起这件烦心事，厂长说，我们对圆珠笔芯与芯套的相互磨损很有研究，采用了提高各自耐磨度的方法改进工艺，都不见效。朋友思索良久后说，我告诉你一个办法回去试一试，材料的耐磨度不用提高，还是用原来的材料和工艺，把新笔放在画线机上去不停地自动画线，当发现笔芯漏油时的那一刻，停止画线，检查笔管内剩余油墨的量，今后每支笔管灌注油墨的量，都小于此。这样，从此解决了圆珠笔漏油的难题，使圆珠笔得到广泛应用。

朋友认为圆珠笔漏油是油墨和超标间隙共同存在的结果，笔芯和芯套的相互磨损是对立统一的矛盾，笔芯和芯套的间隙是写字必需的，没有间隙就不能写字，由于书写磨损会使间隙扩大，但只要间隙的“量”保持在适当的限度范围之内，就不会发生漏油，圆珠笔不会发生“质”的改变，不影响笔的存在价值。但当间隙超出了限度范围时，圆珠笔可能发生漏油，就会使圆珠笔的“质”发生根本的转变，丧失笔的应用价值。而圆珠笔芯和芯套的磨损是客观存在的，在书写中，总有一天，圆珠笔的间隙要超出规定的限度，只要笔管内有油墨存在，笔就会漏油，所以间隙超标只是漏油的前提条件，而不是间隙超标的必然结果。寻找解决圆珠笔漏油的办法，可以从多方面入手，但任何提高笔芯和芯套硬度的办法，都会是彼消此长，从而加速圆珠笔间隙从量变到质变的转化，最好的办法是控制油墨的充注量，当圆珠笔芯相互磨损到漏油间隙时，笔管里已没有油墨可漏了，这是防止圆珠笔漏油的最聪明的、代价最小的办法。

哲学是境界最高的辩证思维方法，是指导各门具体学科技术沿正确方向发展的科学。科学是从更高境界去发现揭示最本质的客观规律，是无形的思维；而技术是在科学指导下提出解决问题的方法，是有形的创新。没有科学的指导，技术就会迷失方向，走进纯技术的死胡同。只有发现圆珠笔漏油的本质原因，才能提供符合科学的正确解决方法，才能以最小的代价获取最大的效用，这就是科学的价值。

以最小的代价获取最大的效用，是唯物辩证法的价值观，也是世界上一切生物生存繁衍的法则。纵观世界，绝大多数艳丽的花都不香，而芳香的花大多都不艳丽，如茉莉花、栀子花等，这是因为花的艳丽和芳香，都只是吸引昆虫为其授粉的手段，只要有一种可靠手段能够繁衍，就不必再具备第二种方式，避免无功地消耗能量，这是植物在亿万年的进化中，自然选择的结果。

消防说到底是减少火灾损失，而火灾是惨烈的小概率事件，类似于人们接种疫苗，都是预防性投入。因而不像防止圆珠笔漏油那样简单，能立竿见影。消防和防疫投入的价值，只有在发生火灾或感染疫病后才能体现，所以这些预防性投入具有风险性，人们必须要对这些投入进行价值比较。接种疫苗，可以通过测定人体产生的抗体来评价疫苗的免疫水平，个人可以自由做主选择，而消防是减少火灾损失的系统工程，由于人是火灾发生的最活跃的因素，所以目前还没有标准的方法来评价消防工程的减灾水平，业主无法做主选择，所以业主们更要考虑消防的投入能不能带来预期的消防安全，付出的代价是否恰当。

在建筑的封闭空间内，火灾具有必然性，是一定要出现的，这是由建筑内部的本质特性决定的，只要有某个因素的激发，火灾就一定要出现，“某个因素”就是火灾的偶然事件，偶然性是由建筑的非本质原因产生的，它与建筑火灾的联系是短暂的、不确定的，它可以以这样或那样的方式出现，在出现的形式、时间和地点上都难以料定，但正是这些偶然性为火灾的必然性开辟了道路，使火灾的必然性得到表达。人是建筑火灾中可以在必然性和偶然性两个方面都能产生作用的最活跃的因素。

在消防科学技术发展到今天，我们可以根据建筑物的实际，利用实验技术和计算机模拟技术得到火灾的确定性结果，在火灾科学中，对建筑火灾必然性规律的研究可以遵循工程技术的一般方法，弄清建筑火灾的发展蔓延规律，针对火灾的发展对生命财产可能产生的破坏，定量地预测可能产生的后果，采取相应的防火措施，减少火灾损失。但是我们仍然无法对建筑火灾的偶然性做出确定性的预测，比如，在检查建筑防火安全时，发现了火灾隐患，我们会判定火灾迟早会在这幢建筑内发生，但要说出该建筑在什么时间、什么部位、由什么事件引发一场什么规模的火灾却是不可能的。火灾发生的偶然性是我们难以料定的，因此，火灾科学具有双重性，这也是火灾科学与其他科学的重要差别，目前我们只能通过对既往火灾的研究归纳出火灾的统计规律，控制建筑环境的不安全状态，以减少火灾产生的损失入手，来降低火灾风险。

我们需要建筑的消防安全，这是人类生存的天性，所以才会有消防投入，而建筑火灾的不可以避免性，决定了你在消防投入的同时，就必须承担消防风险。因为无论你采取什么样的消防措施，火灾都是不可能避免的，都必须接受一定程度的消防损害，包括火灾损失和消防投入的消耗。而且你追求的消防安全度越高，你为消防安全而付出的代价就越大，甚至付出的代价会成为比火灾损失还要大得多的另一种损害，即使这样，你也不能避免火灾的发生，所以消防安全和消防风险是互相作用又互相转化的一对矛盾，而且这种损害是那样的不为人所知。为此，我们既要讲消防安全的重要性，也要讲消防投入的风险性，这就是科学消防。

消防工程的效用，是由消防规范的防范水平和工程的后期维护管理共同决定的，业主对建筑消防规范的信任度，是由消防规范编制的技术正义机制来向公众证明规范的公平正义性，以此取得公众的信赖，体现我国社会主义的公平正义。就像人们接种疫苗，对于疫苗的信任度是以公众对疫苗生产检验标准的信任为基础。消防技术规范的公平正义性保证了规范在消防安全与经济合理之间的平衡作用，才能成为肯定消防存在价值的技术法规。

党的十八大提出了贯彻落实社会主义核心价值观的号召，要求在制定与人们生产生活和现实利益密切相关的工程建设标准时，应做到经济效益和社会效益有机统一，既要保证国家层面的价值目标，也要确保社会层面的价值取向。推动消防技术规范贯彻落实社会主义核心价值观，使社会主义核心价值观真正融入消防规范之中，使国家的“安全适用、技术先进、经济合理”的消防技术经济政策得到真正落实，才能确保科学消防观得到尊重，消防规范才能更加符合社会主义市场经济的需要。所以我国消防规范落实贯彻社会主义核心价值观的过程，就是消防规范公信度的积累过程。这就要求消防规范要走科学消防的道路；要根据建筑的需要与可能，注重消防配置的实际效用；要改善调整消防投入之间的效用组合，要重视消防经济学的研究，要重视控制物的不安全状态，更要控制人的不安全行为。

从唯物辩证法的观点看，消防本身具有肯定与否定的两个方面，消防安全和消防风险就是一个事物的两个对立面，消防安全是肯定方面，是肯定消防存在价值的一个方面，消防安全更多的是指我们的消防投入而获得的相对安全的程度，它是消防存在价值的体现；而消防风险是否定方面，消防风险更多的是指我们的消防投入和火灾损害。消防风险不断地否定消防存在的价值，迫使消防技术创新，体现出新的价值，它是推动消防技术发展前进的不可忽视的原动力。

正确的认识不是一蹴而就的，往往通过许多曲折的过程和反复的实践认识达到的，所以有些事情，我们过去认为是恰当的，到了今天不一定仍然是正确的了。在反复的认识过程中用比较正确的认识替代了原来的错误认识，用比较全面的认识，完善了原来的片面认识，用比较符合客观真实的认识，修正了偏离客观真实的认识。

要不遗余力地全面推行我国的消防技术经济政策，以最小的代价获取消防安全，我们要学会为消防安全而科学地付出。

本书由下列人员编写：李念慈、陶李华、徐亮、王宇、董梅、彭凌云参与编写第 1 节至第 15 节；熊军、寿乐均、吴高红、孟腾飞、范俊轶、刘雁声参与编写第 16 节至第 32 节；周明潭、闵甦宏、金攀、朱志鹏、陈伟军、刘睿、郭晨宁参与编写第 33 节至第 48 节；向东、徐向芳、张旭、朱建霆、郑跃东、汪宇、向玥纯参与编写第 49 节至第 63 节。

本书的内容是我们在消防应用技术研究中的一小部分，仅以此献给为科学消防而工作的消防技术人员，消防是公众的，大家都要关心和爱护我们的消防规范。

尽管想以最完美的书奉献给同行，但由于本人水平有限，难免有错误，敬请批评！

李念慈

2019 年 4 月 1 日于成都　八十岁书怀

目　　录

1 认识我们的消防规范

我国的《建筑设计防火规范》和其他消防规范都是工程建设标准体系中重要的一部分，但《建筑设计防火规范》则是我国消防设计规范中纲领性的重要法规。她随着我国经济的发展，在改革开放的进程中逐渐完善和丰富的。从1960年8月6日国家建设委员会、公安部下达《关于建筑设计防火原则规定》以来，经历了60余年的漫长历史演进，才形成了现在的《建筑设计防火规范》GB 50016—2014（2018年版）。

改革开放以来，我国消防规范在公安部消防局领导下，由国家消防研究机构和消防部门的通力合作，在短时间内逐步形成并完善了我国自己的消防标准体系，在消防技术标准方面建立了基础标准、产品标准、方法标准以及管理标准等一系列功能性消防标准，在建筑消防及消防设备方面建立了由设计标准、施工质量验收标准、运行维护标准、检验与检测标准等组成的建筑消防标准化体系。奠定了我国建筑消防工程的技术基础，规范了建筑消防工程活动的技术行为，确保了建筑的消防能力，完成了国外需要百年以上的时间才能建立的消防标准体系。

改革开放以后，我国原有的单一的国家建设投资模式被打破，建筑是作为商品存在的，改变了在计划经济体制下建筑是国有资产的单一形式。当建筑作为商品存在时，在市政规划的统筹下，建筑的投资人对建筑的功能、规模、艺术造型与风格等就应当有决定权，而在计划经济体制下建立的建筑工程规范和标准都是强制性标准，无论是有关性能的还是方法的，诸如与美观、适用、便利、舒适、合理、经济等相关的条文，政府都要管，这就在很大程度上抑制了投资者的意愿，社会主义市场经济要求政府要管的仅限于涉及建筑安全、人体健康、环境保护和公众利益的技术要求，除此之外的技术要求应由投资者自主采用，这是社会主义市场经济赋予投资者的权利，改革开放以来，我国的建设投资中，非国有的建设投资比重越来越大，比例越来越高，改革我国工程建设标准体制的要求更加迫切。

为适应社会发展的需要，在2000年4月20日建设部批准颁发了《工程建设标准强制性条文》（房屋建筑部分）3 建筑防火，该强制性条文中建筑防火部分的绝大部分内容来源于当时的《建筑设计防火规范》和《高层民用建筑设计防火规范》等规范。《工程建设标准强制性条文》的发布，是期望开创我国在社会主义市场经济条件下的技术法规与技术标准相结合的管理体制，是我国工程建设标准管理体制改革迈出的第一步，将原来的强制性标准中直接涉及人民生命财产安全和公众利益的内容作为强制性条文提出，并将强制性条文作为技术法规强制执行，由政府主管部门监督，违反强制性条文就是违法。而其余的内容作为非强制性的技术标准，自愿采用，依照合同约定，由政府认可的第三方强制监督执行。

在社会主义市场经济条件下，建立“技术法规与技术标准相结合的管理体制”只是规范标准管理体制改革的第一步，它解决了工程质量监督的分工体制，使投资者的权益得到了一定的保障。

1.1 建筑设计防火规范的目的与任务

我国的《建筑设计防火规范》是按照国家消防技术经济政策制定的综合性建筑设计防火标准，从规范的名称上看，它是在建筑设计时应当采取的防止火灾发生，并限制其危害的对策，因为规范条文是处方式的，而不是针对具体建筑进行的系统的防火设计，所以没有用“建筑防火设计规范”的名称。

《建筑设计防火规范》是针对建筑设计，制定的以获取建筑消防安全为目的设计标准，它有明确的消防安全的目的，明示防火规范所希望达到的消防安全效果，以及为达到建筑消防安全目的，必须在多方面采取防火措施，这些防火措施都有各自的具体防火目标，所有的防火目标都是围绕共同的消防安全的目的而进行的。这样才能让读者对规范条文的内容有更加深刻的认识，才能加深读者对规范条文的理解，提高执行规范的自觉性。

《建筑设计防火规范》的主要目的是确保建筑火灾（及类似的应急事件）中人员的生命财产安全。为此，必须采取预防建筑火灾发生、减少火灾危害的手段来达到这一目的。规范针对厂房和仓库、民用建筑、木结构建筑，从建筑室内外平面布局、安全疏散与避难系统、建筑构造防火、灭火救援设施等方面采取措施，实现“防止起火、控制蔓延、安全疏散、有效扑救”的防火目标，实现这一系列目标的真正动机就是首先要保证人员的生命安全。

1.2 民用建筑火灾的类别

民用建筑内普遍存在的火灾危险物质是固体可燃物，所以民用建筑内普遍存在的火灾是固体火灾（A类）、带电火灾（E类）。而民用建筑内还存在烹饪器具内烹饪物火灾（F类）以及作为燃料的可燃气（液）体引发的可燃气（液）体火灾C类（B类）。不过这些火灾只在特定部位发生，规范已经有针对性的防火措施。因为规范规定：在民用建筑内只能设置为满足民用建筑使用功能所需的附属仓库外，不应设置生产车间和其他库房；经营、存放和使用甲、乙类火灾危险性物品的商店、作坊和储藏间，严禁附设在民用建筑内。对于建筑内设置的为建筑服务的燃油或燃气锅炉、油浸变压器、充有可燃油的高压电容器和多油开关、柴油发电机房，以及输送燃料的供给管道等，均针对性地提出了防火安全要求，并要求在这些部位应设置与其容量及建筑规模相适应的灭火设施。这些规定都间接地排除了建筑内除特定部位设置有燃油或燃气锅炉、油浸变压器、充可燃油的高压电容器和多油开关、柴油发电机房外的其他部位存在发生可燃气体火灾（C类）、可燃液体火灾（B类）、可燃金属火灾（D类）的可能。所以民用建筑内发生的火灾，是以固体火灾（A类）、带电火灾（E类）、烹饪器具内烹饪物火灾（F类）这三类火灾为主，而带电火灾在断电后，也就是固体火灾；对于烹饪器具内烹饪物火灾，规范认为：厨房火灾主要发生在灶台操作部位及其排烟道，要求公共建筑中餐厅建筑面积大于1000m^{2}的餐馆或食堂，其烹饪操作间的排油烟罩及烹饪部位应设置自动灭火系统，由于厨房仅设置在建筑的特定部位，有规定的防火分隔和专属的自动灭火设施，因此厨房火灾也就是建筑内特定部位的火灾。

由此可知，虽然规范对民用建筑内的火灾没有指明火灾危险性物质的类别，但从规范对特定部位的针对性防火要求来看，民用建筑内普遍发生的建筑火灾，除特别指明外，一般是指以可燃固体为主要燃料的火灾，民用建筑火灾的特点和规律就由固体燃料的燃烧方式和燃烧特点决定，建筑火灾的特点也就决定了建筑防火措施的基本对策。

1.3 民用建筑火灾的特点与特定含义

可燃固体火灾的特点是有从点燃到蔓延发展的过程，能从点火源发展到全面燃烧。民用建筑内的一切防火对策都是基于这一点制定的。在建筑火灾初期时，建筑内的人员就一定存在受到火灾直接威胁的、暂时没有到火灾直接威胁的、不会受到火灾直接威胁的这三种情况，一切防火对策都必须阻止火灾蔓延，为受到火灾直接威胁的人员提供安全保护；与人员疏散有关的消防设施都必须在火灾初期发挥效用。

民用建筑火灾应当是指“发生在民用建筑内，在空间和时间上失去控制的燃烧所产生的损失”，火灾定义中的“失去控制”是相对于人类利用能源时有控制的燃烧而言的。实际上建筑火灾在任何时候都是受控制的，因为世界上没有不受控制的事物。“建筑火灾”也一样，建筑内的固体火灾从阴燃开始，阴燃的发展方向和持续时间与燃料种类、形态和环境条件有直接关系，阴燃可以向明火燃烧发展，也可能自行熄灭，所以阴燃的发展方向和持续时间是不确定的，它受到着火条件的限制，不一定会发展为明火，即使是房间里发生了明火点燃，也会受到燃料供给和氧气供给限制而不一定能继续发展，所以整个火灾过程的发展方向是由火灾的内部原因和外部条件共同决定的。如在明火点燃后，火灾的发展方向和持续时间取决于燃料数量及通风条件，当没有足够的燃料供给或通风条件，燃烧也会自行熄灭。当有足够的燃料供给燃烧，且通风条件满足逐渐增强的燃烧强度要求，在没有人为的或设备的干预时，在受限空间内的火灾发展就会一直持续发展，直至燃料耗尽而熄灭，这时燃料的数量也是使火灾受控的因素。

既然建筑火灾是由固体燃料为主的火灾，在没有人为的或设备的干预时，火灾就一定有发生和发展的过程，就会有从点火源向全面燃烧的进程。建筑火灾的燃烧放热过程可以用火场“温度—时间曲线”来表达，如图 1-1 所示，通常是采用火源热释放速率 Q 来表征火场的燃烧放热强度，并用火场的火源热释放速率 Q 与时间曲线来表达火场放热强度随时间的变化过程，但由于火场放热强度与火场温度是正相关的，为了使人们便于直观地理解火灾燃烧强度与时间的变化，通常用火场“温度—时间曲线”来表达。

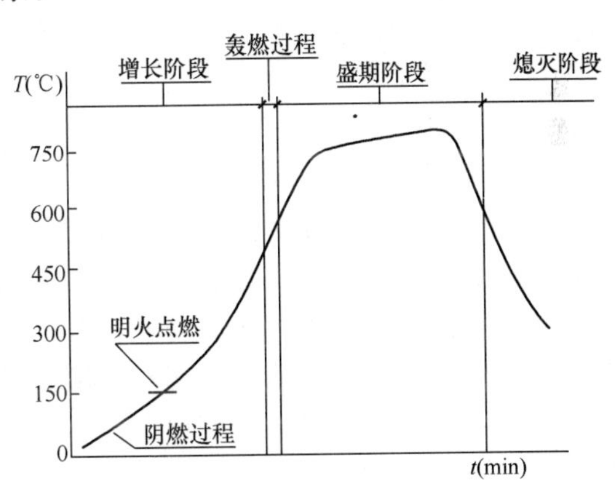

图 1-1 建筑火灾的火场“温度-时间曲线”

建筑火灾的火场“温度-时间”曲线表达了建筑内固体可燃物火灾的整个放热过程的火场温度变化。为了制定防火对策，将整个放热过程划分为三个阶段：即火灾初期增长阶段、火灾充分发展盛期阶段、火灾衰减熄灭阶段。这是一条不受人为或设备干预的火灾过程的“温度-时间”曲线。其中轰燃发生之前的火源为点火源。当房间内热烟浮顶层的温度达 590℃，房间内所有可燃物及可燃混合气体均开始在瞬间着火燃烧，发生轰燃。轰燃是房间由局部燃烧向全面燃烧的转折点，此后着火房间温度会急剧上升至1100℃，一般认为，当热烟浮顶层温度达到590℃时，热烟浮顶层向地面可燃物的热辐射通量已达20kW/m^2，这是发生轰燃的必要条件，美国NFPA 921标准认为：在有现代化家具的住宅房间，从明火点燃到发生轰燃的时间，最短可为90s，轰燃后房间的热释放速率可达10000kW以上。房间发生轰燃后，室内人员已失去自主逃生的能力，面临生命危险，这时着火房间内的一切消防设备将失去效用。

建筑火灾的危险因素除了建筑内有人员活动和燃烧条件外，建筑的封闭空间是重要的危险因素，封闭空间为火灾烟气积聚和传播创造了条件，对人员疏散造成不利，所以建筑设计必须考虑建筑火灾的防灾减灾对策。这些对策必须是针对火灾进程，在不同的火灾进程中发挥作用。这些对策或措施是指：建筑应具有预防起火、探测火灾、早期灭火、安全疏散、控制蔓延、消防救援6个方面的防燃减灾措施，每一项措施都在火灾进程的某一阶段与其他措施协同配合，在预定的时间内发挥效用。

为此应清楚地认识到《建筑设计防火规范》所防治的民用建筑内的火灾是具有以下特定含义的，明白了建筑火灾的特定含义，对规范条文才能有更深的理解，才能更加自觉地执行规范：

(1) 发生在民用建筑空间内的以固体可燃物为主要燃料的火灾，当建筑内存有其他可燃物，如可燃气体或可燃液体时必须另有针对性的防燃减灾措施。

(2) 建筑火灾有一个从明火点燃，由发展期到旺盛期的发展过程，在火灾发展阶段，火源热释放速率是时间发展的函数，火灾的这一发展过程为人员疏散、有效扑救提供了可能。

(3) 建筑火灾的生命安全保护方法是以减少火灾对人员的危害为主要目的，并为受到火灾直接威胁的人员及时提供生命安全保护，建筑火灾的生命安全保护对策是针对单一点火源引发的火灾而提出的，在火灾初期为他们提供直接通至市政区域的安全疏散通道。

(4) 建筑内的一切自动消防设备必须在火灾初起时，能探测初起火灾，并发出报警信号，控制消防设备及时投入运行，启动自动灭火系统控制早期火灾；在着火区域建立有利于人员安全疏散的气流组织，为人员疏散提供应急照明和疏散指示、保证人员疏散的安全；与人员疏散有关的消防设备应在火灾初起时发挥作用。另外控制活动的防火分隔构件及时动作，关闭开口是防止火灾蔓延，也是确保人员安全疏散的重要措施。

(5) 建筑火灾是建筑环境的不安全状态与人的不安全行为（管理行为、作业行为、生活行为）共同作用的结果，要全面实现建筑火灾的生命安全保护目标，还必须要按消防法规控制人的不安全行为。

1.4 建筑消防性能化设计的基本概念

(1) 建筑消防性能化设计是社会经济发展的客观需要。指令性条文的社会效益，取决于条文是否在技术正义机制约束和引导下制定的。

处方式指令性规范毕竟是过去火灾经验的总结，是历史条件下的产物，具有时间属性，所以它无法涵盖未来的一切建筑，它对建筑防火的要求尺度是统筹固定的，在建筑艺术充分发展的今天，建筑往往是财富和经济技术水平的象征，宏伟的体量，创意的造型，新的使用功能等都是人们对建筑物的需求和创意，这样，新的建筑艺术和使用功能的发展一定会给消防安全带来许多新的问题，建筑防火规范无法限制新建筑的出现，这就要求我们运用新的消防科学技术和理论为新建筑的出现开辟道路，所以性能化设计方法就应运而生了。一个经济腾飞的国家仅仅有处方式指令性规范是不够的，还必须有性能化设计方法作为建筑防火指令性规范设计方法的补充。而性能化设计必须有规则来保证性能化设计方法的运用。两种设计方法是相辅相成的，缺一不可。我国的许多具有创意的新建筑，如奥运场馆等的消防设计都是运用了性能化设计方法才建成的。由此可见，建筑消防技术必须是在为建筑艺术和功能的服务中发展的，而建筑艺术和功能的发展又往往是新的消防技术诞生的催生剂，例如仓储业的革命，诞生了高架仓库，高架仓库又催生了ESFR喷头，新的消防技术没有一个不是由新的需求刺激而产生的。我国规范中许多新的防火对策的出现，都是为适应新的建筑功能而诞生的。

《建筑设计防火规范》和性能化设计方法都是为减轻火灾危害，保障建筑消防安全的设计方法，但在设计方法和设计内容上，它们却是两种差别很大的设计模式，为了形象地建立两种不同的建筑设计防火方法的概念，可以用服装的生产和选购来简单比喻：服装的生产和选购有两种途径，即到服装店按尺码购买成衣或到裁缝店找服装师量身定做。

我们去商店购买衣服时，只要知道自己需要的衣服尺码型号，按尺码购买，一般情况下多数人购买的衣服都是合身的，虽然不会像量身定做、量体裁衣那样合身贴体，但也会是令人满意的，而且方便快捷、价格便宜、有挑选样式的余地，所以绝大多数人都会选择按尺码购买衣服。然而也会有少数人，如像篮、排球运动员那样身材特别高大的人以及特殊身材的人就不能按尺码购衣，只能到裁缝店量身定做了，虽然等待时间长、价格不菲，但也是迫不得已的事情。在这里，衣服的尺码就是生产厂通过对人群身材的统计调查而统筹确定的具有共性特征的尺码型号标准，这对绝大多数人群都适合，虽有一少部分人购买的衣服会略有长短、肥瘦，稍有不贴身的情况，但总是可以穿的。《建筑设计防火规范》就可比喻成服装生产的尺码型号，而性能化设计方法可比喻成"量身定做，量体裁衣"。不同的是生产的衣服可以用"穿"的方式通过感受来检验合不合身，而建筑防火设计是否安全，人是无法直接感受的，只有发生火灾时才能体现。这个比喻形象地表达了这两种建筑防火设计模式都是社会需要的，是相辅相成，缺一不可的。两种建筑防火设计方法只存在理念和路径的不同，简易与繁复的差异，不存在先进与落后的问题。

性能化设计是根据性能化设计标准，利用计算机模拟技术或实验技术针对具体的建筑物进行火灾下的烟气蔓延发展模拟和人群疏散模拟或实验，对建筑物进行火灾风险分析，提出性能化设计方案和要求，并进行多方案经济技术比较，由投资者选择决定防火方案。整个设计是针对具体的建筑的，有非常明确的安全目标和具体的性能指标。

在性能化设计中要对火灾场景进行设计，有典型的火灾场景、超快速的火灾场景、特定房间的火灾场景、隐蔽的火灾场景、特定功能房间的火灾场景、消防设备失效或不能干预的火灾场景等。设计者必须针对建筑特性和人员特性、消防设备特性选取可能产生较大危险的一些火灾场景、用计算机模型对火灾过程进行数值模拟，求得火灾时在设定的火灾参数下，室内的温度、烟雾浓度、产烟速率、毒性产物等在空间的分布与时间的定量关系、对生命及建筑造成的危害，以及建筑火灾时人对火灾的反应能力、人群的集群特性、人群的行为能力等因素对安全疏散的影响，以及可能产生的危险，提出适当的防范方案，整个设计的火灾危险性是确定的，是量化了的，安全目标是明确的，实现目标的方案是系统性的。

我们要理性认识火灾，科学预防火灾，建筑消防要科学合理，讲求安全可靠与经济实用的统一，打破消防传统陈旧观念，用理性科学的思维方式制定建筑防火规范。

(2) 两种建筑防火设计方法的区别

性能化设计方法与按建筑防火规范设计的方法之间有什么区别呢？只有弄清楚它们之间的区别，才能知道两种设计方法各自存在的价值。两种设计方法的区别见表 1-1，两种设计方法所涉及的设计内容见表 1-2。

性能化设计方法与按建筑防火规范设计的方法之间的区别　　表 1-1

项目	建筑防火规范设计	性能化设计
基本方法	从大量的、具体的火灾事故教训中总结出具有共性特征的一般规律，通过科学技术方法统筹出较为合理的消防安全规则，这些规则具有时间属性和普适性，它实现的是防火安全的政策性总目标，是起码的安全要求	针对具体的特定建筑确定消防安全目的及性能目标、设计火灾场景，分析火灾蔓延及产生的危害，提出实现性能目标的设计方案，分析评估性能化方案的风险，为业主提供满足性能要求，实现性能目标又可供选择的最适合的防火保护方案
对设计者的基本要求	无需知道火灾的蔓延过程及其产生的危害，以及减轻危害的方法及效果，只需依照规范规定，逐一落实规范条文要求即可	要懂得和运用火灾风险分析评估方法和消防性能化防火设计方法，能通过计算机模拟技术定量地分析火灾蔓延发展过程及产生的危害和人员疏散的危险性，能提出合理的防火设计方案，实现防火性能目标
运用条件	在建筑设计的过程中，贯彻国家颁布的《建筑设计防火规范》	先有具体的建筑设计，按国家认可的性能化规范和技术指南、性能化设计工具进行
风险	对社会产生风险的大小取决于规范是否在技术正义机制的约束引导下制定的，以及设计的审核制度是否完善	性能化规范和技术指南、性能化设计工具本身不具有风险性，风险来自设计者的技术水平
优点	(1) 普适性强，来源于火灾实际，在规范规定的范围内普遍适用； (2) 使用性好，有严格的定量指标，不要求设计者懂得和运用消防安全工程技术； (3) 方便快捷，设计过程简单，周期短； (4) 对审核者的要求不高，只要验证设计是否符合规范即可； (5) 不需要设计者证明使用的设计参数和方法是否安全； (6) 建筑防火设计是与建筑设计一并进行，不需另外付费	(1) 针对性强，针对具体建筑的实际； (2) 系统性好，把人、机、环境作为一个系统考虑，所有消防措施相互协调依存； (3) 有具体的目标和实现目标的方案； (4) 实现同一目标有多种方案可供选择； (5) 经济性好，能保证安全，还考虑了经济合理； (6) 用火灾风险评估的方法来证明防火设计方案能够达到性能目标的要求； (7) 整个设计方法是在不损害和限制建筑使用功能的前提下，由设计者自主确定设计事项，发挥设计人员的主观能动性和创新精神； (8) 在火灾风险评估中充分考虑了新工艺、新技术、新材料给建筑带来的消防安全问题，并针对性地采取了有效措施
缺点	(1) 没有明确的整体目标和达到目标的方案； (2) 设计者不知道防火风险在哪里； (3) 不能证明设计是否安全，只能复核设计是否符合规范； (4) 设计人员只能严格依规设计，无法灵活创新，无法针对具体建筑选择经济合理的方案； (5) 具有时间的局限，遇到新工艺、新技术、新材料问题时，无法在规范内达到解决； (6) 消防设备是作为单独的设计存在的，而不是整个防火方案的一部分来考虑的	(1) 需要有国家认可的性能化规范和技术指南、性能化设计的计算机程序等多种工具才能进行； (2) 需要有国家认可的具有相应资质的单位和技术人才； (3) 需要有国家制定的技术政策，构建公开、公平地开展这项工作的社会环境； (4) 需要另外委托专业单位进行专门设计，故需另付费用，并有一定的周期，业主需在设计单位之间协调； (5) 要求审核者有更高的技术水平能发现设计者更深层次的错误与不当

两种设计方法所涉及的设计内容 表 1-2

设计内容	处方式设计	性能化设计
确定安全目标	无须确定安全目标	必须确定安全目标（安全、功能、性能）
分析对象的安全性状	只考虑建筑类别，使用性质，火灾危险性，建筑高度和体量，消防扑救难度等因素，按处方确定消防设防标准	考虑对象的具体性状，分析其危险源及其损害的大小、频率，及对安全目标的影响
设定火灾场景	不需要	要设定火灾场景和设计火灾
分析火灾性能与危害	不需要，处方中已包含了防灾水平	需要分析具体建筑的火灾性能与危害
提出消防防灾方案	不需要，处方中已包含了防灾方案	需要提出多个消防防灾方案
消防防灾方案的风险分析	只要符合处方式条款，就是合格，不需要考虑处方式条款的安全性和经济性，怎么规定就怎么设计，方案的风险是潜在的	必须按安全目标分析方案的有效性，及失效概率和方案的经济性选取可以接受的消防防灾方案，方案的风险是确定的，可以接受的
设计者的主观能动性	设计者只是被动地按处方条款设计，没有目标，没有方案，消防设防水平是由标准固定的，设计不知道	设计者有明确的方向、目标，能动地为实现目标而采取措施，并证明消防防灾方案的有效性和经济性
新材料、新工艺、新设备、新防火方法的应用	新材料、新工艺、新设备、新防火方法的应用是受限的，须由专家论证会决定	只需由设计证明、新材料、新工艺、新设备、新防火方法的应用是安全的，就不受限，也无须由专家论证会决定

（3）制定性能化设计的技术政策与规则是开展性能化设计的前提

《建筑设计防火规范》是属于处方式指令性规范，它的设计方法对一般建筑来说，其防火安全性是有基本保障的，只是对超出规范的，存在新需求的建筑，才必须采用性能化的设计方法。我国的《建筑设计防火规范》若从 1974 年算起，已经历了四十多年，可以说是在设计者中深深地扎下了根，这种设计方法被设计人员所接受，能够得心应手的应用规范，《建筑设计防火规范》确定的设防水平逐渐提高，建筑消防投入占房地产总投资的比例也随着提高，而建筑消防设施的完好率却始终处在较低水平，大大降低了消防投入的效果，这是一笔很大的社会财富的潜在损失。

我国目前还没有性能化设计的技术政策与规则，虽然没有国家认可的适合国情的数据库，也没有国家认可的性能化规范和技术指南、性能化设计工具。但在改革开放后，我国已经有单位在进行性能化设计，例如，我国的部分奥运场馆就采用了性能化设计，政府的特殊建筑在运用性能化设计，也有一些民间的特殊工业与民用建筑也在运用性能化设计。没有国家政策的支持进行性能化设计是不会长久的，建立性能化设计的规范体系，为在公平公正的条件下开展性能化设计创造条件，只要有社会的经济繁荣，就会有新的建筑出现，只有性能化设计才能为新的建筑开辟道路。性能化设计的开展将会对全社会的消防设计及建审人员，在消防工程技术方面的提高、对建筑火灾科学的认识加深，起到推动作用，从而加深对现行《建筑设计防火规范》变革的理解，推动《建筑设计防火规范》的技术进步。

1.5 工程建设标准必须体现社会主义核心价值观

党的十八大提出了培育和践行社会主义核心价值观，社会主义核心价值观，既规定了国家层面的价值目标（富强、民主、文明、和谐），也规定了社会层面的价值取向（自由、平等、公正、法治）和个人层面的价值准则（爱国、敬业、诚信、友善），社会主义核心价值观的培育和践行，必然能有效地推动社会的公平正义，凝聚社会意识，形成社会价值认同，是推进经济社会发展的价值准则。

市场经济调动了人们追求物质利益的欲望，也激发了社会的活力，由此推动了经济的发展，但在社会主义市场经济条件下，不同的社会利益关系造成了现实社会生活中价值主体多元化，群体的价值观是在多样化社会环境中形成，带有社会环境的烙印，价值取向和追求是多样的，不同的价值取向必然要反映到社会活动中，造成社会活动中的矛盾，影响社会的和谐稳定。按照党的十八大提出的要求，在制定与人们生产生活和现实利益密切相关的工程建设标准时，应做到经济效益和社会效益有机统一，既要保证国家层面的价值目标，也要确保社会层面的价值取向，工程建设标准应当是社会主义核心价值观在工程标准特定领域的进一步具体化，社会主义核心价值观应当融入工程建设标准中，形成统一的社会主义规范标准体系，使工程建设标准成为自由、平等、公正、法治理念的载体，成为国家富强、社会文明的工具，这就是社会主义市场经济对工程建设标准公平正义性的要求，公平与正义是社会和谐的价值核心，是撑起整座社会建筑的主要栋梁，所以工程建设标准，必须要体现社会主义核心价值观。

公平正义是协调社会关系的准则，是人类社会发展的价值取向，是人类社会文明程度的标志，社会的文明程度由制度和规则来体现，所以制度和规则必须是公平正义的。从工程建设标准的属性而言，说到底它是妥善调节消防安全与消防投入之间关系的准则，为了保证公共的消防安全和投资者各方利益，标准必须具备公平正义的品质，强制执行的处方式消防规范更需要具有公平正义性。只有能体现公平正义的工程建设标准才能调整和维系工程建设活动的长期稳定，才能得到社会的认同与遵循，才能使工程建设标准更好地为社会主义市场经济服务，这是我国工程建设标准编制体制改革的长期任务。

要确保社会主义核心价值观融入工程建设标准中，必须首先建立规范编制和修订的技术正义机制，使规范编制和修订过程始终在技术正义机制的约束和引导下下进行，才能确保规范和标准的公平正义，保证国家层面的价值目标的实现和确保社会层面的价值取向。才能保证规范标准的应用不会产生过大的风险，不会破坏社会的和谐稳定。

1.6 消防强制性标准更需要技术正义

任何技术的应用都存在技术正义问题，都要考虑技术应用带来的风险，如生态与健康风险、安全风险、伦理道德风险、损害风险等。而消防技术的应用还可能存在安全风险，可能造成资金的过度沉淀和社会资源的过度消耗，例如蓄电池电源的不当应用，会带来资金的过度沉淀和电池失效后的处理，生活与消防合用的水箱水池容积过大带来的水质恶化问题等。消防规范是消防技术应用的桥梁，消防规范又具有强制性，更需要体现党的十八大提出的社会主义核心价值观，更需要做到经济效益和社会效益有机统一，以保证国家层面价值目标的实现。因为消防标准是预防火灾灾害的标准，它决定了建筑消防的保障水平和投入水平，决定了投资者对建筑的消防投入和投入所获取安全效益，但消防投入是否会给人们带来预期的消防安全，是否会给人们带来投入风险、生态与健康风险、伦理道德风险等一系列问题，是社会所关心的。所以希望消防强制性标准应具有技术正义的品质，这是由消防标准的特殊性决定的。

（1）消防投入是没有产出的风险性投入

其投入价值只有在发生火灾时才得以体现。

建筑设计防火规范所决定的消防投入，是人类为防范惨烈的建筑火灾而被迫投入的，是人类为了在建筑内生存而必需的投入，但它不像其他投入那样，可以有产出，可使资本增值，可以直接提高人的生存品质和价值，使人感受到生存环境的改善，丰富人的舒适享受。而消防投入是不能直接创造新财富的投入，也是使资金沉淀和不断消耗的投入，它的投入价值只有在偶然发生火灾时才得以体现，而建筑火灾是小概率事件，在建筑的寿命期内有可能发生火灾，也有可能不发生火灾，当消防投入水平不当时，就有可能发生消防安全得不到保证或消防投入远大于火灾损失的风险，甚至带来其他损害风险。所以消防规范规定的消防投入是涉及各方利益的投入，它决定了我们为消防安全而承担的投入风险，人们担心消防规范规定的消防投入是否存在风险，但由于人们掌握的消防技术信息是非常的不对称，难以识别这些潜在于建筑防火规范中的这些风险，只有希望建立一套技术正义机制来确保建筑消防规范的技术正义品质。

（2）对火灾的防范必须有量力而行的尺度

建筑火灾是不可避免的，无论你设防到什么水平，火灾总是难免的，消防投入只能减少火灾损失，而不能保证火灾一定不会发生，而且当消防投入达到一定程度以后，消防投入就可能会成为另一种风险。人们对此存疑的核心是：消防规范的强制规定是否有“度”。

从辩证法的观点看，火灾是对建筑价值的否定，同样，不在“度”范围内的消防投入也是对消防存在价值的否定，任何事物都有个“度”的问题。

“度”是事物潜在的哲学界限，是事物的质和量的统一，是事物能够保持某种特定质的量的界限，在这个界限之内，事物量的变化并不影响它的质的存在，而一旦超出了它应有的量的界限，事物原来的那个质，就要发生根本的变化，成为另外的与其对立的事物。这就是“事物总是向自己的反面发展”的客观规律。比如温度（℃）是表征物体的冷热程度的量，水的冰点为 0℃，沸点为 100℃，水在 0℃到 100℃之间呈液态，低于冰点为固体，高于沸点为蒸汽，水是温度在冰点和沸点之间的液态物质。固态、液态、气态是水的三态，具有不同的物理性质，是不同的物质，冰点和沸点是水维持液态的物理常数，是液态水的温度界限，在这个温度界限以内，水的温度变化不影响水的物性的变化，超出这个温度界限，水就变成了具有另外物性的冰或汽。

所以，任何事物都有决定事物“质”的数量界限，任何事物的数量变化到关键节点，都会使事物发生“质”的转变，不过，在人类社会生活中，由于人的活动，使“度”的内涵更加复杂多样，“适度”表达了事物的范围和量的程度，人们为了社会生活的有序和稳定，就用规则来体现“度”，所以社会生活的共同规则会把事物控制在一定的方式和范围内。消防也不例外，也必须有“度”，必须有规则把消防投入控制在既要安全适用，又要在经济合理的范围内。否则消防将会走向自己的反面，消防设防水平不够，发生火灾是对消防存在价值的否定，而消防的无效投入和过度投入同样也是对消防存在价值的否定。

“量力而行”“尽力而为”是人类在历史长河中与大自然斗争形成的行事准则，“量力而行”体现了人类的斗争智慧，行事必须讲求科学性和经济性。“尽力而为”表达了人类对某些事件的“力不从心”而仍要全力以赴的决心和勇气。消防是人类被迫与建筑火灾作斗争的需要，是控制火灾灾害的一种手段，所以作为控制建筑火灾危害的《建筑设计防火规范》必须要讲求科学性和经济性，消防规范必须要体现人类与建筑火灾斗争的“量力而行”“尽力而为”的斗争智慧。

建筑火灾是环境的不安全状态与人的不安全行为共同作用的结果。我国《建筑设计防火规范》更多地在于控制建筑环境的不安全状态，而不能更好地控制人的不安全行为（管理行为、作业行为、生活行为），它的应用只能是减轻火灾损失的一个方面。而且当我们按《建筑设计防火规范》完成了消防投入后，还有个管理问题，大量的消防设备，如缺乏长期有效的管理，消防投入就会成为摆设，在火灾时发挥不了作用，消防投入会成为火灾损失的一部分。我国建筑消防的设防水平在不断提高，消防投入不断增长，而建筑消防设施的完好率却始终不高，因此，投资者或业主希望消防标准规定的投入必须要讲求科学性，必须要有量力而行，尽力而为的尺度，《建筑设计防火规范》必须体现这一尺度，这不仅是投资者的愿望，也是政府的要求。但人们无法对尺度做出判断，只能希望用科学的方法确定适合建筑具体情况的消防投入。

1.7 消防规范的公平正义只能通过规范编制的技术正义机制来证明

规范的技术正义是标准的内涵，是隐存于标准内部的特性和色彩，是人们在运用标准时的感觉和认知。因此，人们对标准的技术正义很难做出是和非的评价，即便是专业人士也难以判定。所以，主持规范编制的单位只能通过建立一整套消防规范标准编制的技术正义机制，来向公众证明规范的公平正义性及其科学性。

规范编制的技术正义机制体现在以下五点：（1）规范编制组织不能从规范编制中获利；（2）规范的技术内容不受任何利益和力量的影响；（3）规范编制的程序及过程是合法和公开的；（4）代表各种观点和利益的相关各方，能够通过公开的讨论就规范的消防安全内容达成共识；（5）规范不应对火灾损失负责。规范编制就应在这样的技术正义机制的约束和引导下完成。

在我国社会主义核心价值观逐渐深入人心的今天，人们对既往消防监督中出现的问题进行反思是必然的，人们希望我国在规范领域落实社会主义核心价值观，遵循公平正义原则，逐步建立适应社会主义市场经济发展的消防标准编制修订的技术正义机制，保证消防标准编制过程中的权利与机会公平、规则与过程公平，从合理平衡两种风险、调节各方利益关系出发，拓宽意见征询渠道，为各方利益博弈提供公开、公正的平台，使消防标准通过严格审核程序成为公众推崇的标准，提升我国消防标准的公众认可性和权威性；要树立一切消防标准都是为建筑消防安全服务的意识，建筑消防标准是在为建筑功能和艺术服务中前进和发展的。所以我国建筑消防标准要适应社会主义市场经济的要求和标准化的需要。

评价《建筑设计防火规范》的标准水平，不是看它的设防水平的高低，而是看它能不能较好地平衡两种风险，而且较好地平衡两种风险正是编制《建筑设计防火规范》的难点，一部《建筑设计防火规范》的水平，首先是看消防规范标准是否是在技术正义机制的约束和引导下产生的。消防规范是公众应当遵循的标准，公众应当认识它、关心它、爱护它。

2 对我国规范的民用建筑分类方法解析

建筑分类的意义在于防火设计时，为不同类别的建筑采取不同的防火对策提供依据，使建筑设计防火更加合理，以实现保障建筑消防安全与保证工程建设和提高投资效益的统一。所以建筑类别是建筑防火设计的前提。我国《建筑设计防火规范》GB 50016—2014对民用建筑的分类采用了以使用功能、建筑高度、建筑体量、建筑的重要性等因素的综合分类法，并与现行国家标准《民用建筑设计统一标准》GB 50352—2019的分类方法保持一致。

2.1 我国规范对民用建筑按使用功能的分类

(1)《民用建筑设计通则》JGJ 37—87按建筑使用功能的分类

《民用建筑设计通则》JGJ 37—87对民用建筑按建筑使用功能进行分类，并对术语进行定义，该标准虽然经历了修订，并升级为现行国家标准《民用建筑设计统一标准》GB 50352—2019，但该标准对“民用建筑”“居住建筑”“公共建筑”这三个术语的定义从未变动，保持着术语概念的稳定性。

该标准将民用建筑按建筑使用功能分类为公共建筑和居住建筑，而居住建筑中包括住宅建筑和宿舍建筑。同时又按建筑高度将民用建筑分类为低层或多层民用建筑、高层民用建筑、超高层民用建筑。

该标准对“民用建筑”“居住建筑”“公共建筑”这三个术语的定义是：

民用建筑：供人们居住和进行公共活动的建筑的总称；

居住建筑：供人们居住使用的建筑；

公共建筑：供人们进行各种公共活动的建筑。

(2)《建筑设计防火规范》对民用建筑的分类

我国《建筑设计防火规范》对民用建筑按使用功能进行的分类，在历年的版本中是有变化的。但《建筑设计防火规范》GBJ 16—87以及后来的版本却都没有对“民用建筑”“居住建筑”“公共建筑”术语进行过定义，可能是认为已经有国家标准对这些术语进行过定义，在没有异议的情况下，自己没有必要再重复定义。

《建筑设计防火规范》GBJ 16—87在条文中使用居住建筑、公共建筑、单元式住宅和宿舍等术语，而且是把宿舍作为居住建筑来对待。

而后来的《建筑设计防火规范》GB 50016—2006中出现了“非住宅类居住建筑”术语，该术语是指宿舍类建筑，该版本在使用“非住宅类居住建筑”术语时即将其与“公共建筑”同等对待了。

2.2 《建筑设计防火规范》对民用建筑的综合分类

《建筑设计防火规范》GB 50016—2014（2018年版），对民用建筑的分类才正式成为一节，该版本将民用建筑根据其建筑高度和层数可分为：单层民用建筑、多层民用建筑和高层民用建筑。其中高层民用建筑又根据其建筑高度、使用功能和楼层的建筑面积、建筑的重要性等的不同又划分为一类高层民用建筑和二类高层民用建筑。而且规定宿舍、公寓等非住宅类居住建筑的防火要求应符合公共建筑的规定，规范（P252）认为："在防火方面，除住宅建筑外，其他类型居住建筑的火灾危险性与公共建筑接近，其防火要求需按公共建筑的有关规定执行。因此，本规范将民用建筑分为住宅建筑和公共建筑两大类"，从而取消了原来版本中的"居住建筑"术语。

《建筑设计防火规范》GB 50016—2014 首次以建筑使用功能、建筑高度、建筑火灾危险性和建筑的重要性对民用建筑进行综合分类，以该分类为基础，分别对民用建筑的耐火等级、防火间距、防火分区、平面布置、安全疏散、消防设施、灭火救援设施等方面提出了不同的防火设计要求。

《建筑设计防火规范》GB 50016—2014 对民用建筑分类以表 5.1.1 列出。标准对民用建筑进行的分类是综合分类，它是以建筑高度和使用功能为主线，并将高层建筑中性质重要、火灾危险性大、疏散和火灾扑救难度大的建筑定为一类高层建筑。例如将建筑高度 24m 以上部分任一楼层建筑面积大于 1000m^2 的商店、展览、电信、邮政、财贸金融建筑和其他多种功能组合的建筑定为一类高层建筑，这类公共建筑只要建筑高度超过 24m 就是一类高层建筑；又如医疗建筑、重要公共建筑、独立建造的老年人照料设施只要建筑高度超过 24m 就是一类高层建筑。

我国《建筑设计防火规范》GB 50016—2014（2018 年版）在按使用功能对建筑进行分类时，有一条与现行国家标准《民用建筑设计统一标准》GB 50352—2019 不一致的原则，即除了住宅建筑外的所有建筑都是公共建筑。

2.3 对我国规范中民用建筑按使用功能的分类方法的思考

《建筑设计防火规范》GB 50016—2014（2018 年版）按使用功能将民用建筑分类为公共建筑和住宅建筑，对这种分类方法有两个问题是值得思考的：

1）简单地用公共建筑来包罗除住宅建筑以外的其他建筑是否合理；

2）将宿舍、公寓、旅馆等非住宅类居住建筑划入公共建筑是否恰当。

（1）公共建筑和公共用房应当是两个不同的概念

"公共建筑"和"公共用房"是两个不同的概念。所谓"公共建筑"是对整幢建筑而言的，而"公共用房"则是对建筑内的某一单独的空间而言的，是建筑中被分隔出来，用于公共活动的房间。

现行国家标准《民用建筑设计统一标准》GB 50352—2019 对"公共建筑"的定义是："供人们进行各种公共活动的建筑"。这里，什么是"公共活动"是界定公共建筑和公共用房的核心问题。

什么是"公共活动"？一般认为，公共活动是指由政府、社团等机构，按一定规则组织的，有公众方和服务方共同参与的，能创造社会价值和产生公共利益的活动。它包括：政治、科技、经济、文化娱乐、体育健身、游览、宗教等活动。它是以公众为对象，以规则为指导，以互惠为准则，以创造社会价值为目标的有众多公众聚集性的活动。

"公共活动"是一种由公众自愿参与，并有聚集性的，在同一时间、同一空间内关注或进行同一性质的活动。如：在剧院观看演出、在礼堂听报告、在教室听课、在会议室开会、在法庭参加庭审、在宴会厅举行宴会、在展览厅看展览、在教堂作弥撒、在博物馆参观……。这些公共活动的人群是被组织的：可以是直接组织的，如在礼堂听报告，这是严格意义上的公共活动；也可以是间接组织的，如在展销会的商店购物。所谓间接组织是指公众为了生活工作需要，不约而同地在同一空间聚集，共同遵守活动场所的规则，各自进行购物、餐饮、参观、娱乐健身等活动，这些活动都是有公众方和服务方共同参与，在同一公共空间内进行的，而且各自都专注着自己活动，这是广义的公共活动。

对消防而言，在建筑内进行的公共活动是具有公众聚集特点的活动，人员众多而密集，而且这些公共活动场所的可燃物多、用电设备多，所以公共空间的火灾危险性高于其他民用建筑空间，因而受到消防部门的关注。要求这些建筑空间在预防火灾发生、防止火灾蔓延、确保疏散安全、做到早期有效扑救这四个方面应采取更加严格的防火措施，才能保证公众在活动中的消防安全，为此需要对这些建筑及建筑空间进行界定，从而提出了公共建筑和公共活动用房的概念。

公共活动需要场地，公共建筑是为公众提供公众活动服务的建筑，它是一幢建筑，如电影院、剧院、会堂、教室、法庭等专用的建筑，则该建筑就叫“公共建筑”；如果公众聚集空间是附属在民用建筑内，它仅占建筑的局部空间，则该局部空间应叫“公共用房”，如办公或医疗建筑内的会议厅、演讲厅，住宅建筑的底部“商业服务网点”等。而“公共场所”则是个更大的概念，它包括了公共建筑和公共用房，甚至还包括其他室外公共空间。所以公共建筑和公共用房是两个既有联系但又有区别的两个概念。

《建筑设计防火规范》GB 50016—2006 在其条文说明第 5.3.15 条（P244 页）中对人员密集的公共建筑作出的解释是：“本条规定的人员密集的公共建筑主要指：设置有同一时间内聚集人数超过 50 人的公共活动场所的建筑，如宾馆、饭店，商场、市场，体育场馆、会堂、公共展览馆的展览厅，证券交易厅，公共娱乐场所，医院的门诊楼、病房楼，养老院、托儿所、幼儿园，学校的教学楼、图书馆和集体宿舍，公共图书馆的阅览室，客运车站、码头、民用机场的候车、候船、候机厅（楼）等。”《建筑设计防火规范》GB 50016—2006 版对公共建筑的这一解释与国家标准《民用建筑设计通则》JGJ 37—87 标准对公共建筑的定义是有些符合的。

（2）把居住及睡眠认定为公共活动是有悖常理的

居住建筑是指为人们提供正常居住生活的建筑，它包括：住宅、宿舍、公寓、养老院、旅馆……但也有例外，如医院的病房、监狱和拘留所它们虽然也提供住宿，但不能叫居住建筑。

按照现行国家标准《民用建筑设计统一标准》GB 50352—2019 对公共建筑的定义，公共建筑是供人们进行各种公共活动的建筑。显然把居住及睡眠看着是公共活动是有悖于常理的，居住及睡眠既不是公共活动的内容，也不是公共活动的行为。从事公共活动的空间及场所是不能提供睡眠或住宿的，所以不能把居住及睡眠看作是一种公共活动！因此把宿舍、公寓、旅馆等非住宅类居住建筑笼统地划入公共建筑是不科学的，与现行国家标准《民用建筑设计统一标准》GB 50352—2019 对公共建筑的定义是不相符的。

在规范形成的初期，这样划分公共建筑与住宅建筑是可以理解的，但随着我国现代建筑的发展，这种划分方法已经不适应现代建筑的防火要求了。

（3）用公共建筑来包罗除住宅建筑以外的其他建筑已不能适应现代建筑对防火的要求

《建筑设计防火规范》GB 50016—2014 中，公共建筑是个很大的概念，它包含了除住宅建筑以外的所有民用建筑。诸如：商业、展览、电信、邮政与快递、财贸金融、餐饮、客运车站（码头、民用机场）的候车厅（候船厅、候机楼）、体育、剧院和影院、市场、商务、娱乐、教堂、医疗、疗养院、教学、司法审判庭、调度和指挥建筑，广播电视建筑、养老院、幼儿园与托儿所、政务中心、科研、办公、观览、社会福利、公安与社区、交通、广电、新闻与报刊、游乐、康乐、纪念、文化与出版、网吧与网购建筑、博览与文化资源建筑、历史建筑……它们的名称表达了丰富多样的使用性质和建筑风格与特色。

在上述“公共建筑”中的办公建筑和商务建筑等，又有两种情况：一是建筑的使用功能为办公商务，例如办公、科研、财贸金融、商务等建筑中的办公区域；二是建筑中绝大部分区域的使用功能办公商务，但建筑中存在公共活动空间，例如财贸金融大楼及调度和指挥建筑内的会议厅、报告厅、宴会厅，广播电视建筑内的演播厅，政务中心的会议厅、政务大厅等场所。因此就产生了两个问题：办公、商务活动是不是公共活动？一幢建筑中绝大部分区域是办公商务，仅有一部分区域是公共活动空间，该建筑能不能按公共建筑对待？

1）从事办公商务活动的建筑不能认定为公共建筑

建筑中的办公和商务区域，这些房间内的人们从事的活动是办公或商务，并不是严格意义上的公共活动，这些办公区域也不一定是公众能够到达，并能从事公众聚集性活动的场所，办公人员在各自的办公空间内处理自己的办公事务，既不是公共活动的内容，也不是公共活动的行为，所以办公不具有公共活动的特征，把办公建筑认定为公共建筑，与公共建筑的定义也是不相符合的。

2）不能用局部的公共用房而给整个建筑贴上公共建筑的标签

如果上述建筑内设有公共用房，而这些公共用房具有从事公共活动的条件和功能，如政务中心的会议厅、政务大厅。笔者认为政务中心是办公建筑，建筑内的会议厅、政务大厅是办公建筑内从事公共活动的空间。一个空间对应一种功能，但一幢建筑内的所有空间不一定就只有一个功能，当一幢建筑内有不同的功能空间时，建筑防火设计应针对不同功能空间的空间尺度，人员心理和行为特性、人员聚集状态、建筑的火灾性能等因素分别进行建筑防火设计是完全可行的，例如《建筑设计防火规范》GB 50016—2014 标准中，住宅建筑首层或首层及二层设置的商业服务网点，规范就没有因为住宅建筑内有“底商”，而把住宅建筑当公共建筑看待。规范认为：局部的公共用房对整个建筑的火灾危险性的影响是可控的。尽管办公商务建筑内有公共活动用房，但改变不了整个建筑的使用性质，只是在办公商务建筑内增加了人群聚集度更高，火灾的危险性更大的局部公共活动用房，但其办公商务部分的使用性质和火灾的危险性并没有因此而发生变化，只要针对性地采取严格的防火措施，将这些公共空间与办公商务空间之间严格地分隔开来，采取防火措施控制公共空间与其他部分空间火灾时的相互影响即可。而且现行国家标准《建筑设计防火规范》GB 50016—2014（2018 年版）对于防止建筑内火灾在火灾危险性不同的区域之间相互蔓延，已有严格的规定，这是我们完全能够做到的，也是可控的。

所以，我国的建筑防火规范在建筑按使用功能分类方面，简单地把民用建筑分为住宅建筑和公共建筑，使公共建筑成为包罗万象的大概念，在现代建筑发展的今天，绝对不是一种合理的分类方法，这样做既有悖于公众对公共活动的理解，也不可能实现保障建筑消防安全与保证工程建设和提高投资效益的统一。

（4）“其他类型居住建筑的火灾危险性与公共建筑接近”的说法是缺乏科学根据的

《建筑设计防火规范》GB 50016—2014 在条文说明（P252 页）中指出：“在防火方面，除住宅建筑外，其他类型居住建筑的火灾危险性与公共建筑接近，其防火要求须按公共建筑的有关规定执行”，其他类型居住建筑系指非住宅类居住建筑的公寓、旅馆、宿舍、养老院等建筑。

现行国家标准《消防词汇 第 1 部分：通用术语》GB/T 5907.1—2014 对“火灾危险”这一术语有如下定义：火灾危险是火灾危害和火灾风险的统称。现行国家标准《消防词汇第 2 部分：火灾预防》GB/T 5907.2—2015 对“火灾风险”这一术语的定义：“火灾风险是发生火灾的概率及其后果的组合。注 1：某个事件或场景的火灾风险是指该事件或场景的概率及其后果的组合，通常为概率和后果的乘积”。

火灾危害表达了火灾事件对人和社会产生的不良影响及后果，而火灾风险表达的是人们采取了某些预防火灾的行动后，还可能面临的有害后果及需要承担的责任，预防火灾的消防投入本身就是一种风险。

所以，建筑物火灾危险性的大小，包括了建筑物发生火灾的概率大小及火灾产生的危害大小的总和。建筑物火灾危险性的大小是由建筑的使用功能、建筑规模（体量）、建筑高度、火灾荷载密度以及人员聚集程度、扑救难易程度等因素共同决定的。而建筑的使用功能只是其中若干因素之一，所以，不能用使用功能一个单独因素来比较建筑物之间的火灾危险性的大小，要比较建筑物的火灾危险性大小，只有在使用功能相同，而其他因素不同的建筑之间，或其他特征相同而使用功能不相同的建筑之间才能进行对比，这样比较才有意义，才能产生有价值的判断。因此，我们不能说一幢 2 层楼的旅馆的火灾危险性就一定与一幢 12 层楼的公共建筑的火灾危险性接近。《建筑设计防火规范》GB 50016—2014（2018 年版）的民用建筑分类也并不是完全按建筑的使用功能单一项目来分类的，而是采用了包括建筑高度、体量、人员密集程度和扑救难易程度等因素在内的综合分类法。所以，不能认为“其他类型居住建筑的火灾危险性与公共建筑接近”，这样的认识与《建筑设计防火规范》GB 50016—2014（2018 年版）对民用建筑分类原则是不相符的，也是不科学的。因此要求“其他类型居住建筑的防火要求须按公共建筑的有关规定执行”也是不科学的。

3 对我国消防规范中建筑高度计算方法的解析

《建筑设计防火规范》GB 50016—2014，对建筑的另一个分类方法是按建筑的使用性质和建筑高度进行分类，《建筑设计防火规范》GB 50016—2014 按建筑的使用性质将建筑物分为民用建筑和工业建筑（厂房和仓库）两类，并以建筑高度 27m 作为划分多层住宅建筑与高层住宅建筑的标准；对于除住宅建筑外的其他民用建筑以及厂房、仓库等工业建筑，其高层建筑与多层建筑的划分标准是建筑高度 24m 为界。对某些单层建筑，如体育馆、高大的单层厂房、仓库等，由于具有相对方便的疏散和扑救条件，虽然建筑高度大于 24m，仍不划分为高层建筑。

《建筑设计防火规范》GB 50016—2014 首次对“高层建筑”术语进行了定义：

“高层建筑——建筑高度大于27m的住宅建筑和建筑高度大于24m的非单层厂房、仓库和其他民用建筑”。这样，《建筑设计防火规范》GB 50016—2014的“高层建筑”就包括以下建筑：

（1）建筑高度超过24m的除住宅外的非单层的民用建筑；

（2）建筑高度超过27m的住宅建筑；

（3）建筑高度超过24m的非单层厂房建筑及仓库建筑。

《建筑设计防火规范》GB 50016—2014首次明确了高层建筑的含义，并将民用建筑和工业建筑中的“高层”合并为一个称谓，显然，规范所指称的高层建筑就包含了民用建筑和工业建筑中的“高层”建筑。

《建筑设计防火规范》GB 50016—2014按建筑高度进行分类时，对“建筑高度”并没有定义，也没有明确消防所指称的“建筑高度”对消防有什么影响，只是在附录A中规定了“建筑高度”的计算方法。这些规定的主旨及内容与现行国家标准《民用建筑设计统一标准》GB 50352—2019是基本保持一致，但略有差别：

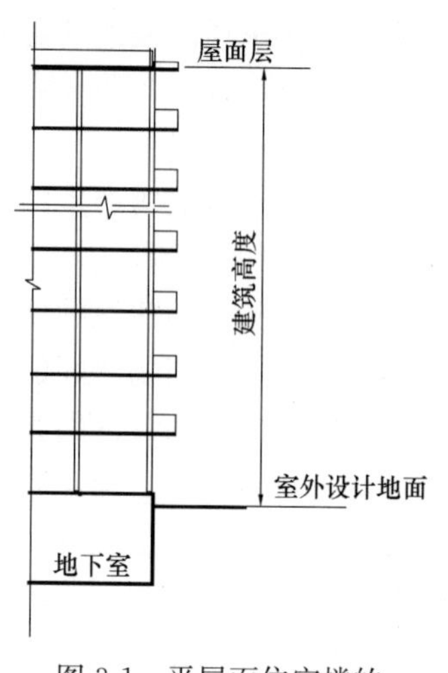

图3-1 平屋面住宅楼的建筑高度

《建筑设计防火规范》GB 50016—2014（2018年版）附录A中建筑高度的计算方法如下：

1 建筑屋面为坡屋面时，建筑高度应为建筑室外设计地面至其檐口与屋脊的平均高度；

2 建筑屋面为平屋面（包括有女儿墙的平屋面）时，建筑高度应为建筑室外设计地面至其屋面面层的高度；

3 同一座建筑有多种形式的屋面时，建筑高度应按上述方法分别计算后，取其中最大值。

例如：图3-1是一幢平屋面住宅楼，按照《建筑设计防火规范》GB 50016—2014（2018年版）附录A的规定，该住宅楼的建筑高度应为建筑室外设计地面至其屋面面层的高度。

3.1 对我国规范建筑高度计算方法的解析

《建筑设计防火规范》GB 50016—2014（2018年版）对“建筑高度”这一重要的政策性规定，没有作出必要的解释，既没有指出用檐口与屋脊平均高度或屋面面层高度作为划分多层建筑与高层建筑的理由，也没有说明规范以24m作为区分多层和高层公共建筑的原因，更没有说明檐口与屋脊平均高度或屋面面层高度对消防救援的影响。不过《建筑设计防火规范》GB 50016—2014（2018年版）对高层建筑的认定方法，是沿用了原《高层民用建筑设计防火规范》GB 50045—1995（2005年版）的方法，因此可以从《高层民用建筑设计防火规范》GB 50045、1995（2005年版）的条文说明中找到对“建筑高度”控制的依据：

（1）原《高层民用建筑设计防火规范》GB 50045—1995（2005年版）对划分高层民用建筑的起始高度或层数的依据

原《高层民用建筑设计防火规范》GB 50045—1995（2005年版）对“建筑高度”的

定义是："建筑物室外地面到其檐口或屋面面层的高度，屋顶上的水箱间、电梯机房和楼梯出口小间等不计入建筑高度"。在P74-75页条文说明指出：

高层民用建筑的起始高度或层数是根据以下情况提出的：

1）登高消防器材。我国目前不少城市尚无登高消防车，只有部分城市配备了登高消防车。从火灾扑救实践来看，登高消防车扑救24m左右高度以下的建筑火灾最为有效，再高一些的建筑就不能满足需要了。

2）消防车供水能力。目前一些大城市的消防装备虽然有所改善，从国外购进了登高消防车，但数量有限，而大多数城市消防装备特别是扑救高层建筑的消防装备没有多大改善，大多数的通用消防车，在最不利情况下直接吸水扑救火灾的最大高度约为24m。

3）住宅建筑定为十层及十层以上的原因，除了考虑上述因素以外，还考虑它占有的数量约占全部高层建筑的40％～50％，不论是塔式或板式高层住宅，每个单元间防火分区面积均不大，并有较好的防火分隔，火灾发生时蔓延扩大受到一定限制，危害性较少，故作了区别对待。

由此可知：《高层民用建筑设计防火规范》GB 50045—1995（2005年版）对采用建筑物檐口或屋面面层作为建筑高度的控制点，也没有作出必要的解释，只对以建筑高度超过24m作为划分多层和高层公共建筑的标准做了详细说明，但其理由是不能令人信服的，也是经不住推敲的。对《高层民用建筑设计防火规范》GB 50045—1995（2005年版）条文说明有以下两点质疑：

1）为什么要把建筑的檐口或屋面面层高度作为控制点来划分多层建筑和高层建筑，普通登高消防车扑救高度和普通消防车的最大供水高度与规范所指的檐口或屋面面层之间存在什么必然联系？檐口与屋脊平均高度或屋面面层高度对消防救援究竟有什么影响没有讲明。

2）《高层民用建筑设计防火规范》GB 50045—1995（2005年版）以我国消防队目前的消防装备能力（登高消防车和消防车供水能力）扑救24m左右高度以下的建筑火灾最为有效，并以此高度来作为我国划分高层建筑和多层建筑的依据。如果真是这样的话，随着我国消防装备能力的提升，我国划分高层建筑的依据就应当相应提高，但为什么几十年来这个依据都没有改变呢？

对上述两个问题，规范是难以回答的，这说明消防装备能力不是控制建筑高度的唯一因素，一定还有其他重要的，不随消防技术装备的进步而始终不变的因素与之配合，起着决定性作用。

（2）消防需要的建筑高度控制点解析

消防队员登高攀爬楼梯的极限登高能力是控制建筑高度的必需条件。

消防扑救时，普通消防车的最大供水高度再大，也必须要由消防队员把水带铺设到救援楼层后，才能手持水枪灭火。所以消防队员负重登高攀爬楼梯到达使用楼层，并保持战斗力的平均极限高度，应当是划分高层建筑和多层建筑的必要条件，而普通消防车的最大供水高度亦仅是必要条件之一。

消防部门对建筑高度的控制，主要是考虑城市消防队在扑救建筑火灾时，建筑楼层高度对消防队扑救能力的影响，消防队扑救火灾能力由两部分组成，即消防队员负重登高攀爬楼梯并保持战斗力的平均极限高度和消防装备能力，两者缺一不可并以两者中较小值作为控制依据。

《建筑设计防火规范》GB 50016—2014 在“消防电梯”一节中的第 7.3.1 条条文说明中指出：“根据在正常情况下对消防队员的测试结果，消防队员从楼梯攀登的有利登高高度一般不大于 23m，否则人体的体力消耗很大”，不利于满足灭火战斗的救援需要。规范的这一测试结果，是沿引原国家标准《高层民用建筑设计防火规范》GB 50045—1995（2005 年版）第 6.3.1 条条文说明（P143）：为此，《高规》编制组和北京市消防总队于 1980 年 6 月 28 日在北京市长椿街 203 号楼进行实地消防队员攀登楼梯的能力测试。测试情况如下：203 号住宅楼共 12 层，每层高 2.90m，总高度为 34.80m。当天气温 32℃。

参加登高测试消防队员的体质为中等水平，共 15 人分为三组。身着战斗服装，脚穿战斗靴，手提两盘水带及 19mm 水枪一支。从首层楼梯口起跑，到规定楼层后铺设 65mm 水带两盘，并接上水枪成射水姿势（不出水）。

测试楼层为 8 层，9 层，11 层，相应高分别为 20.39m、23.20m、29m。每个组登一个（楼）层/次。这次测试的 15 人登高前后的实际心率、呼吸次数，与一般短跑运动员允许的正常心率（180 次/min）、呼吸次数（40 次/min）数值相比，简要情况如下：

攀登上八层的一组，其中有两名战士心率超过 180 次/min，一名战士的呼吸次数超过 40 次/min，心率和呼吸次数分别有 40%和 20%超过允许值。两项平均则有 30%战士超过允许值，不能坚持正常的灭火战斗。

攀登上九层的一组，其中有两名战士心率超过 180 次/min，有 3 名战士的呼吸次数超过 40 次/min，心率和呼吸次数分别有 40%和 60%超过允许值。两项平均则有 50%的战士超过允许值，不能坚持正常的灭火战斗。

攀登上十一层的一组，其中有 4 名战士心率超过 180 次/min，有 5 名战士的呼吸次数全部超过 40 次/min，心率和呼吸次数分别有 80%和 100%超过允许值。徒步登上十一层的消防队员，都不能坚持正常的灭火战斗。

从实际测试来看，消防队员徒步登高能力有限。有 50%的消防队员带着水带、水枪攀八层、九层还可以，对扑灭高层建筑火灾，这很不够。因此，高层建筑应设消防电梯。

具体规定是，高度超过 24m 的一类建筑、十层及十层以上的塔式住宅…都必须设置消防电梯……

现行国家标准《建筑设计防火规范》GB 50016—2014（2018 年版）在“消防电梯”一节中的第 7.3.1 条，沿用了长椿街 203 号楼进行的实地消防队员攀登楼梯的能力测试结果，认定攀登上九层的一组，即楼层高度为 23.20m 时，消防队员的战斗能力能保持，故将消防队员从楼梯攀登的有利登高高度认定为不大于 23m。标准的这一高度与建筑的使用功能没有关联。这就是几十年来我国已经能够装备最大供水高度更高的消防车，但划分高层建筑和多层建筑的依据并没有随之改变的根本原因。

需要注意的是，消防队员从楼梯攀登到达的是着火楼层的火场，因此规范所指的“有利登高高度一般不大于 23m”，应是指使用楼层地板面至室外消防车道地平面的垂直高度，即在长椿街 203 号楼进行的实地攀登上九层的那一组的楼层垂直高度，而绝对不是檐口或屋面的垂直高度。

（3）消防为什么要以建筑高度来划分高层建筑和多层建筑

划分高层建筑和多层建筑的目的，是有利于在建筑消防设计时，按照消防安全需要，经济合理地确定建筑消防的自防自救能力。对于高层建筑，火灾时由于不能够得到消防队及时有效救援，所以建筑自身必须要具备一定的消防“自防自救”能力；建筑在消防设计时，应以其建筑高度来确定建筑防火的自防自救能力。为此“建筑高度”的控制点和控制高度的确定，必须与火灾救援的实际相符，才能按照单层建筑、多层建筑、高层建筑的火灾危险性差别来进行消防设计。

（4）普通消防车的最大供水高度解析

1988 年由群众出版社出版的朱吕通教授编著的《消防给水工程》一书中，给出了我国一般消防水罐车能直接扑灭建筑火灾的最大供水高度的计算依据，可按下式计算：

$$H = H_B - H_Q - nh_1 (\text{m})$$

式中　H——我国一般消防车能直接扑救建筑火灾的最大供水高度（m）；

H_B——一般消防车水泵出口压力（10^4Pa）（mH_2O）；

H_Q——满足灭火要求时，消防水枪喷嘴处所需的压力（10^4Pa）（mH_2O）；

n——每支水枪铺设的水带条数；

h_1——每条水带长 20m 时的压力损失（10^4Pa）（mH_2O）。

在计算时，公式中的各参数取值如下：

我国一般消防车水泵出口压力取 0.7MPa，这是因为我国普遍配置的直径 65mm 的麻质水带的使用压力不宜超过 0.7MPa；

消防水枪喷嘴处的压力取 2.05MPa，这是因为采用口径为 19mm 水枪，当其充实水柱长度为 13m，流量为 5.7L/s 时，水枪喷嘴处所需的压力为 2.05MPa；

每条长 20m 的消防水带，其压力损失为 0.322MPa；

每支水枪铺设的水带条数取 8 条，这是因为当水带沿楼梯梯段铺设时，操作较为方便，也比较安全，如按建筑物的层高为 3m 计算，沿楼梯铺设的水带为 4 条，为了保证消防车的供水安全和救援工作的展开，消防车应与着火建筑保持一定的安全距离，故在室外铺设的水带应按不少于 4 条考虑，所以每支水枪的铺设水带总数为 8 条。

将各数值代入上式，计算结果为 H=2.374MPa（mH_2O），笔者将计算过程绘制成图 3-2和图 3-3 所示，它表示我国一般消防车能直接扑救建筑火灾的最大供水高度为 23.74m。它是指普通消防车停靠地面，并与着火建筑保持一定的安全距离时，消防车水泵吸水口中心轴线至消防队员手持消防水枪的枪口之间的垂直高度。

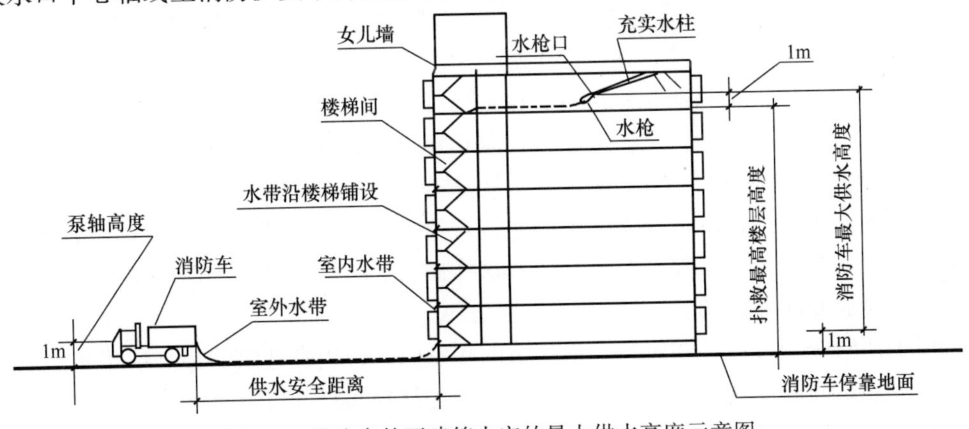

图 3-2　消防车扑灭建筑火灾的最大供水高度示意图

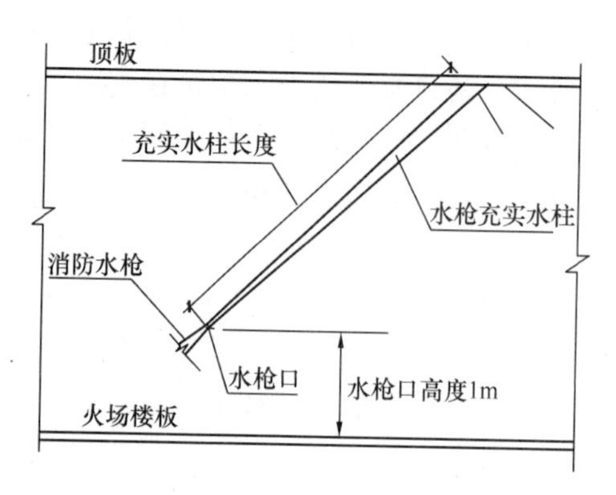

图 3-3　火场灭火充实水柱示意图

笔者认为：如按消防队员站在楼地面，手持消防水枪的枪口离楼地面的垂直高度为 1m，消防车水泵中心轴离停靠地面的垂直高度也是 1m 计算时，就可以认为：消防车停靠地面至建筑最高使用楼层的楼地面垂直高度就是消防车能直接扑救建筑火灾的最大供水高度，这个高度就是计算的 23.74m。但这仅是消防车设备的最大供水高度，它只有与消防队员负重攀爬楼梯的平均登高能力匹配后，才能发挥水枪的灭火效能。而“消防队员从楼梯攀登的有利登高高度一般不大于 23m”，所以，最终应以建筑的最高使用楼层的楼地面至普通消防车停靠地面的垂直高度 23m 作为建筑在发生火灾时，能否得到消防队及时有效救援的最大高度，以此来划分多层建筑和高层建筑。当建筑最高使用楼层的楼地面至普通消防车停靠地面的垂直高度超过 23m 时，即认为该建筑为高层建筑，建筑在发生火灾时，不能得到消防队及时有效救援，所以该高层建筑自身必须要具备一定的消防自防自救能力。

因此得出如下结论：

1）普通消防车的最大供水高度是指：消防车停靠地面，并与着火建筑保持一定的安全距离时，消防队员站在着火楼层的楼板上，手持消防水枪灭火，当水枪的充实水柱长度不小于 13m，流量不小于 5L/s 时，普通消防车停靠地面至消防队员所站楼板之间的垂直高度就是普通消防车的最大供水高度，该供水高度为 23.74m。

2）普通消防车的最大供水高度 23.74m，一定是指建筑内的火场：在建筑内，有可燃物和有人员活动的使用楼层，才具有发生火灾成为火场的条件。消防队员攀爬楼梯到达的是目标楼层，一定是火场，而不是到达建筑檐口或屋面，按我国的建筑设计防火规范，建筑檐口或屋面不具备火场条件。

3）普通消防车的最大供水高度 23.74m 只是设备能力，是灭火的充足条件，必须由消防队员负重登高攀爬楼梯到达最高使用楼层后，能够保持战斗能力的极限高度 23m 作为必需条件与之配合才能形成战斗力，所以建筑的最高使用楼层至消防车停靠地面的垂直高度 23m 是划分多层建筑和高层建筑的依据。而且规范的这一测试结果与建筑的使用功能没有关联，不论是住宅建筑，还是公共建筑都应以垂直高度 23m 作为控制依据。国家规范编制组和北京市消防总队在北京市长椿街 203 号住宅楼进行实地消防队员攀登楼梯的能力测试，是一次科学试验，试验成果被国家标准认可，认定消防队员攀登楼梯的极限高度为 23m，令人信服地证明了建筑高度对消防队有效扑救能力的影响。国家标准也将这一成果应用于消防电梯的设置，令人不解的是：现行规范为什么还要以檐口与屋脊的平均高度作为划分高层建筑与多层建筑的控制点，这样做与长椿街住宅楼消防队员攀登楼梯能力测试的科学试验是相违背的。

所以消防救援划分高层建筑与多层建筑的控制点，应当在建筑的最高使用楼层的楼板面处，计算建筑高度应从室外消防车道的地平面为计算起点，计算至室内最高使用楼层的楼板面止的这一垂直高度，作为建筑高度的控制依据，如图 3-4 所示。

（5）国际上通行的划分高层建筑与多层建筑的方法

消防救援划分高层建筑与多层建筑的控制点，应当在建筑的最高使用楼层的楼板面处。这也是国际上通行的划分高层建筑与多层建筑的方法。如美国《建（构）筑物火灾生命安全保障规范》NFPA 101 第 3.3.28.7 条对“高层建筑”术语的定义是：“高度超过 75ft（22.82m）的建筑。建筑高度的计算应从消防车停放的地面计算至最高使用层的楼板之间的垂直距离。”美国规范的这一划分方法是以最高使用楼层作为控制点，体现了最高使用楼层是消防救援的目标楼层。

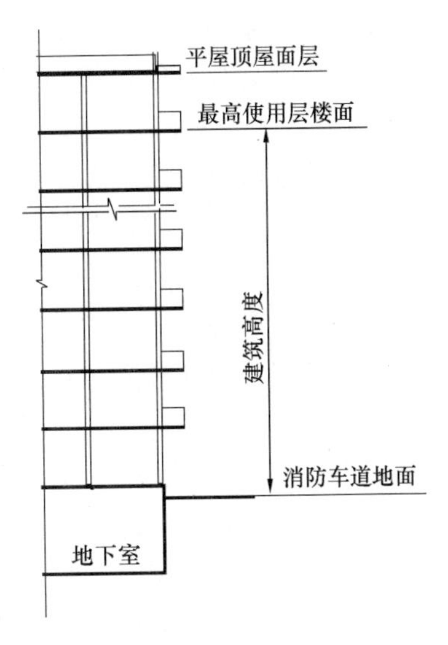

图 3-4 平屋面住宅楼按消防救援能力确定的建筑高度

联合国教科文组织所属的世界高层建筑委员会在 1972 年召开的国际高层建筑会议上，将 9 层和 9 层以上的建筑定义为高层建筑。其控制点也是楼层的楼面至地面的垂直高度。当建筑为 9 层时，9 层楼面至室外地面有 8 个楼层高度，如按层高 3m 计算，9 层楼面至室外地面的垂直高度约为 24m。世界各国对高层建筑的划分虽有自己的规定，但都在 9 层上下。国际上的这些划分标准从制定之日起至今都没有更改过，其原因也是消防队员负重攀爬楼梯的平均登高能力没有变化。

原《高层民用建筑设计防火规范》GB 50045—1995（2005 年版）P74-75 页条文说明还指出：高层民用建筑的起始高度或层数划分“还参照了国外对高层建筑起始高度的划分……中、美、日等几个国家对高层建筑起始高度的划分如表 2”，但是，原《高层民用建筑设计防火规范》GB 50045—1995（2005 年版）给出的各国高层建筑起始高度划分界限表中，并没有给出各国划分高层建筑的方法，即没有明确起始点和计算终点所在位置，只是给出了起始点的垂直高度或楼层数，也没有明确其他国家是否和中国一样，都把檐口与屋脊的平均高度或屋面面层作为控制点。因此其他国家和中国的高层建筑起始高度划分是不能比较的。

尽管我们现在可以制造出供水高度更高的消防车和耐压能力更高的消防水带，但是消防队员负重攀爬楼层，并保持战斗力的平均极限高度并没有改变，消防车的供水高度再高，没有消防员的操作，供水高度难以发挥作用。所以我国和世界各国对高层建筑按建筑高度来定义时，其控制高度至今几十年并没有随着消防车、登高车技术的发展而改变。

（6）两部规范对建筑高度的控制目标不同，其控制方法也不应相同

《建筑设计防火规范》GB 50016—2014（2018 年版）按建筑高度进行分类时，采用与现行国家标准《民用建筑设计统一标准》GB 50352—2019 基本一致的建筑高度计算方法，都是以建筑屋面面层的高度、檐口与屋脊的平均高度、屋面檐口至建筑室外设计地面的垂直高度作为建筑高度，其基本要求是以建筑物室外地面至建筑物最高点的高度作为建筑高度。但是两部规范对建筑高度的控制目标却是完全不相同的，不能共用相同的控制方法。

《民用建筑设计统一标准》GB 50352—2019 按建筑高度进行分类，并对建筑高度进行控制的目的是：建筑高度不能危害公共空间安全、不能危害公共卫生、不能影响城市景观。因此它对建筑高度的控制是控制建筑物主入口场地的设计地面至代表建筑物顶点的垂

直高度，如平屋顶建筑高度应按建筑物主入口场地室外设计地面至建筑女儿墙顶点的高度计算，以此来划分高层建筑和多层建筑。以此来比较建筑物之间的高度，对建筑物的高度进行控制。

而消防部门对建筑高度的控制：则是考虑建筑高度对城市消防队有效扑救能力的影响，凡是建筑高度超过消防队有效扑救能力的，应定为高层建筑，该类建筑在发生火灾时，由于不能得到消防队的有效扑救，故应要求高层建筑应具有自防自救的消防能力。因此，消防部门对建筑高度的控制应以最高使用楼层的楼板面作为控制点。

由此可知：两部规范对建筑高度的控制目标是完全不同的，它们各自所指的“建筑高度”的含义是完全不同的，所以控制方法也不应相同才对。《建筑设计防火规范》GB 50016—2014（2018 年版）按建筑高度进行分类时，大体沿用了《民用建筑设计统一标准》GB 50352—2019 的建筑高度分类方法，这与消防救援需要是不相符的。

（7）不科学的控制方法会产生不良的后果

《建筑设计防火规范》GB 50016—2014（2018 年版）以建筑物室外地面到其檐口或屋面面层的垂直高度（包括檐口与屋脊的平均高度的那一点）来计算“建筑高度”的方法，违背了消防救援的客观规律，用与消防救援没有必然关联的控制点（檐口或屋面）作为划分高层建筑和多层建筑的依据，不科学的控制方法会使规范产生一些无法解释的和相互矛盾的条文内容。

1）现行规范条文中存在两种截然不同的建筑高度计算方法

《建筑设计防火规范》GB 50016—2014（2018 年版）规范中明确，“建筑高度”的计算方法是以建筑物室外地面到其檐口与屋脊的平均高度或屋面面层的垂直高度作为计算依据。但在规范条文中却有以楼层高度作为“建筑高度”的条文，规范自身就违背了自己的规定：

如在规范第 5.1.1 条中有“建筑高度 24m 以上部分任一楼层建筑面积大于 1000m² 的商店、展览等建筑”应为一类高层民用建筑。在条文说明 P253 页中指出：“建筑高度 24m 以上部分任一楼层，是指该层楼板的标高大于 24m。”这里采用了以楼层的楼板面垂直高度来认定一类高层民用建筑的条文，这与该规范对“建筑高度”的计算方法规定是完全不符合的：

又如第 5.5.13A 条规定：“建筑高度大于 24m 的老年人照料设施，其室内疏散楼梯应采用防烟楼梯间”，在其条文说明中指出：当老年人照料设施设置在其他建筑内或与其他建筑组合建造时，本条中“建筑高度大于 24m 的老年人照料设施，包括老年人照料设施部分的全部或部分楼层的楼地面距离该建筑室外设计地面大于 24m 的老年人照料设施”。该条文也是按楼层的楼板面垂直高度来认定建筑高度的，这与规范对“建筑高度”的计算方法也是不符合的：

既然规范明确规定了“建筑高度”的计算方法，在使用“建筑高度”术语时不应当违背自己对“建筑高度”的计算规定。

但笔者认为，规范在条文中运用建筑高度这一概念并没有错，因为这才是人员疏散和消防救援的实际需要。“建筑高度”的运用实践证明，现行规范的“建筑高度”的计算方法是不符合消防救援实际需要的。

2）《建筑设计防火规范》GB 50016—2014（2018 年版）对“建筑高度”的计算方法，

无法解释单层建筑与高层建筑的火灾危险性差别

单层建筑、多层建筑、高层建筑这三个术语都用“层”的数量和高度来表达建筑高度对人居生活和消防救援的影响，所以楼层的数量和高度是决定建筑消防自防自救能力的核心要素，而檐口或屋面则不是。

从《建筑设计防火规范》GB 50016—2014（2018 年版）对“建筑高度”的计算方法看，为什么建筑高度相同的高层公共建筑的防火要求要严于单层公共建筑。例如，一座单层公共建筑的屋面面层的建筑高度与另一座高层公共建筑的屋面层的建筑高度都相同，都是 25m，但它们在建筑耐火等级、允许建筑高度或层数、一个防火分区的最大允许建筑面积和消防设施的配置上的要求却是不相同的，高层公共建筑的要求要严于单层公共建筑。既然按《建筑设计防火规范》GB 50016—2014（2018 年版）对“建筑高度”的计算方法，它们的建筑高度都相同，只是建筑的层数不同，为什么从建筑高度方面来衡量建筑物的火灾危险性差别就这样大呢？对此，规范无法回答。

建筑高度的计算方法是从建筑高度来衡量建筑物火灾时得到消防队及时有效救援的可能性，它应当能够科学地解释单层建筑与高层建筑火灾时建筑高度对消防队有效救援的影响。

笔者认为：如果建筑高度的计算方法是以最高使用楼层的楼板面至室外地坪的垂直高度来计算时，对这个问题的解答就顺理成章，很好解释了：高层建筑的最高使用楼层的楼面高度超过 23m，已超过消防队员的平均极限登高能力，火灾时不能得到消防队有效救援，所以高层建筑的火灾危险性高于多层建筑，建筑自身必须具有自防自救能力；而多层建筑的最高使用楼层楼面高度不超过 23m，火灾时能够得到消防队及时有效救援，在自防自救能力的要求上可低于高层建筑；而单层建筑在火灾时消防队员无须攀爬楼层，直接进入建筑内就可进行救援，因此，从建筑楼层高度来衡量其火灾危险性，对建筑的自防自救能力的要求上就可低于高层建筑和多层建筑。所以从消防救援而言，单、多层建筑的火灾危险性低于高层建筑。

消防对建筑高度的控制是以消防队对建筑火灾的及时有效扑救能力为出发点，来控制建筑高度，建筑物的檐口或屋面面层都不是火场，也不会是消防队员救援的目标场地，所以不应是消防评价建筑高度的控制点。

3.2 注意“高层建筑”术语定义引出的逻辑混乱

“高层建筑”这一术语是原《高层民用建筑设计防火规范》GBJ 45—82 版问世以来就一直使用的，在该规范的总则中就指明：*高层建筑是高层民用建筑的简称*。虽然该规范从未对“高层建筑”术语进行定义，但却明确了这两个术语所指称的事物特性是相同的，而且经历了几十年的应用时间，在业内已经形成约定俗成的认知，大家都知道该规范所说的“高层建筑”概念，就是指“高层民用建筑”。

《建筑设计防火规范》GB 50016—2014 首次对“高层建筑”进行定义，打破了人们已经建立的对“高层建筑”的一贯认知。

《建筑设计防火规范》GB 50016—2014 对“高层建筑”的定义是：“*高层建筑是指建筑高度大于 27m 的住宅建筑和建筑高度大于 24m 的非单层厂房、仓库和其他民用建筑。*”，规范的这一改动是结构性的，它首次把“建筑高度大于 24m 的非单层厂房、仓库”也纳入“高层建筑”概念之中，同时又把原《建筑设计防火规范》GB 50016—2006 中的“多层厂房（仓库)”“高层厂房（仓库)”的定义予以撤销，从概念体系看“高层建筑”是上位概念，它包含着的下位概念是“高层仓库（厂房)”及“高层民用建筑”，它是针对“多层建筑”而言的，并与“多层建筑”共同组成了以建筑高度特征来区别建筑类别的概念体系。应当说这是没有异议的。《建筑设计防火规范》GB 50016—2014 对“高层建筑”进行定义的同时，使原来的“高层建筑”概念上升为上位概念，但对规范中使用的“高层民用建筑”“高层厂房（库房)”“单、多层民用建筑”“单、多层厂房（库房)”“高层公共建筑”等下位概念，就应当同时应给予定义，才能建立完整的以建筑高度特征来区别建筑类别的概念体系，在使用这些术语时才能得心应手。

《建筑设计防火规范》GB 50016—2014 首次将民用建筑和工业建筑中的“高层”合并为一个称谓，显然，规范所指称的高层建筑就包含了高层民用建筑和高层工业建筑，这样，高层建筑与高层民用建筑就是不同的概念了，就不能混用。

《建筑设计防火规范》GB 50016—2014 在使用“高层建筑”这一术语时，无论在条文或条文说明中，在本应使用“高层民用建筑”的地方却大量使用了“高层建筑”，可能规范认为：章是分类单元，在第 5 章民用建筑中所讲的内容都指的是民用建筑，所以第 5 章中使用的“高层建筑”都是指“高层民用建筑”。但是《建筑设计防火规范》GB 50016—2014 既然定义了“高层建筑”，向公众指出规范所指称的高层建筑就包含了高层民用建筑和高层工业建筑，在规范中使用“高层建筑”及“高层民用建筑”这两个术语时，就应予以严格区别，准确使用，规范应当严格遵循“一个术语或符号，应始终表达一个概念；一个概念应始终采用同一术语或符号”。不能让读者在规范的“高层建筑”词语逻辑中去剥离“高层工业建筑”，这样做就违背了规范编制应遵循的“技术内容表达明确，通俗易懂，便于理解执行”的适用性原则。

我们仅举规范对“裙房”和“高层建筑”的定义引出的一个逻辑混乱问题为例并列于表 3-1 中。

建筑设计防火规范对“裙房”“高层建筑”定义　　表 3-1

术语	术语定义	引出的逻辑混乱问题
高层建筑	建筑高度大于 27m 的住宅建筑和建筑高度大于 24m 的非单层厂房、仓库和其他民用建筑	按照逻辑推理该术语定义的高层厂房（仓库）的底部也可以设置裙房
裙房	在高层建筑主体投影范围外，与建筑主体相连且建筑高度不大于 24m 的附属建筑	

裙房只在高层民用建筑的底部出现，是高层民用建筑可以拥有的建筑形态，由于规划要从城市环境和宜居的需要出发，对民用建筑规定了诸如总建筑面积、建筑高度、容积率、建筑密度等规划控制指标，而开发商总是希望在规定指标的允许范围内，获得最大的商业利益，在交通要道的商业经济繁华地段，临街的高层民用建筑的底部几个楼层商业价值较高，经济效益最好，希望尽可能地有最大的商业面积，在容积率不突破的前提下，把规划允许的建筑密度做够，所以高层民用建筑的底部平面比标准层平面宽大了许多，这样做也有利于把建筑的标准层内难以布置的大空间功能用房，布置在建筑的底部，这就出现了“裙房”这样的建筑形态，所以在原《高层民用建筑设计防火规范》GB 50045—1995

（2005年版）中才有“裙房”这个术语。

所以读者在学习《建筑设计防火规范》GB 50016—2014“5 民用建筑”一章的条文与条文说明时，应当注意建筑防火规范中有很多处使用“高层建筑”术语的地方，不论是主体，还是客体，其实是指“高层民用建筑”。

术语是专门的词语，用来标记某一领域中特定事物的特征，减少信息交流中的同义与多义，避免信息交流中的歧义与误解，使信息交流更加准确方便。建立术语必须从该术语在该专业术语体系中的确切位置与相互关系出发，应用术语也必须准确。

4　我国规范对安全出口的消防要求与常见问题

按照现行国家标准《消防词汇　第2部分：火灾预防》GB/T 5907.2—2015对“疏散通道”的术语定义：“疏散通道是建筑物内具有足够防火和防烟能力，主要满足人员安全疏散（人员由危险区域向安全区域撤离）要求的通道”。

其实“疏散通道”应当是一个更大、更广义的概念，是建筑发生火灾时，人们从建筑内任意位置畅通无阻地通向市政街区的一条连贯的疏散通道。它应由建筑物内的疏散通道和建筑物外的疏散出口场地共同组成。它包括建筑内的疏散走道、疏散门和安全出口，以及通向市政道路的出口场地。

疏散通道是建筑疏散系统的大概念，是指由房间内走道、公共走道（过道、走廊、坡道、凹廊、连廊、天桥）、通向前室的阳台、房间疏散门、前室、安全出口（水平的和垂直的）、建筑外门、大厅、下沉广场、有顶步行街、避难走道、疏散楼梯、屋顶平台、天井、建筑室外集散场地等组成的通向市政道路的疏散路径（线路）。市政道路是火灾时人们逃离着火建筑的最终目的地。

疏散设施：是指人从房间内任意位置经由内走道→房间疏散门→公共走道→安全出口→疏散楼梯→建筑外门→集散场地区→市政街区，这样一条疏散路线上的各类设施，是保障人们在火灾时，在安全疏散时间内，能够安全地逃离着火建筑，到达市政街区。为此，对于疏散路线上的各类设施，如疏散门、疏散走道、疏散楼梯、安全出口、临时避难区、紧急逃生设施等，它们是疏散系统的组成部分，应有严格的防火防烟要求及安全通行条件。比如，疏散通道的通行容量、疏散宽度、通道的最小宽度、安全出口数量、疏散通道的布局、疏散距离、疏散服务设施等都应有消防要求。再如，对疏散门及安全出口门的安全要求就有许多内容，如门的类型、门的耐火防烟性能、门的启闭状态、门的开启方向、门的控制方式、门的最小净宽、门的最小净空高度、门地面的内外通行条件、门的锁闭装置性能和耐火能力、门的布置，门的易识别和容易到达等诸多要求。而且疏散设施的这些安全要求是所有建筑共同的要求。

在火灾时，为了使人们尽快地离开火场，让人们在安全的环境下疏散到建筑物外，疏散设施必须是安全的，当人们进入到安全出口，就离开了火场，进入到相对安全的区域，在免受火灾烟气威胁的环境下继续疏散。

《建筑设计防火规范》GB 50016—2014（2018年版）对“安全出口”的定义是：供人员安全疏散用的楼梯间和室外楼梯的出入口或直通室内外安全区域的出口。“安全出口”

是疏散路线上的出入口和直通室内外安全区域的出口。

其中室内安全区域是指符合要求的避难层、相邻防火分区，因此直接通向这些室内安全区域的出口也可叫“安全出口”。室外安全区域是指能够直接通达市政街道的室外地面及符合疏散要求的上人屋面、室外平台、室外天桥或连廊、下沉式广场等区域，人员在此可不受火灾威胁，且可借助这些设施能到达市政街道。因此能直接通向这些室外安全区域的出口，方可叫“安全出口”。有的安全出口两侧的地平面是水平的，如通向相邻防火分区、下沉广场等的安全出口，就应当称为“水平安全出口”，只有安全疏散用的楼梯（楼梯间、封闭楼梯间、防烟楼梯间和室外疏散楼梯）的入口是“垂直安全出口”。

“安全出口”是疏散通道的一部分，是建筑火灾时人们离开危险区域的出口，例如疏散楼梯在各层的入口，就是人们离开火场危险区域的出口，又如建筑首层的疏散外门、通向下沉广场的疏散门、通向相邻防火分区的防火门等，都是人们离开火场危险区域的水平出口，这些出口的净宽度都可计入疏散总净宽度之内。而疏散楼梯在首层落地后直通室外的出口，以及地下室疏散楼梯在首层出地后直通室外的出口，它们的净宽度都不能再重复计入疏散总净宽度之内。

“安全出口”是疏散设施的构成部分，它必须具有三个基本性能：即防火防烟、易于寻找和通行、能畅通无阻地到达市政街道。

4.1 安全出口应具有防火防烟性能

“安全出口”的防火防烟性能是通过用规定的耐火及防烟构件将安全出口与建筑内的其他空间完全隔离，并按规定的构造形式设置，并具有防烟性能，才能确保安全疏散。

“安全出口”设置的“门”及其围护构件应是耐火及防烟构件，有的“门”之后是室外敞开空间，如建筑首层的疏散外门、下沉广场、具有前室功能的阳台、凹廊等，它们的室外敞开空间就能将火灾烟气散尽，起到防止火灾烟气侵入疏散通道的作用，所以是具有防火防烟性能的“安全出口”，有的“门”之后是设有防烟设施的封闭空间，能阻止火灾烟气侵入，所以，火灾时只要人员进入安全出口内部后就不会再受到火灾烟气的威胁。

楼梯间应能天然采光和自然通风，并宜靠外墙设置。靠外墙设置时，为了防止火灾时，功能房间的火灾烟气从外墙开口窜入楼梯间内，要求楼梯间、前室、合用前室外墙上的窗口与两侧门、窗洞口最近边缘的水平距离不应小于1.0m。

须知，计入疏散总净宽度之内的“安全出口”的“门”并不一定都是防火门，凡是进入前室、合用前室及疏散楼梯的门，以及通向相邻防火分区的门都必须是防火门，除通过建筑外墙进入室外疏散楼梯的门应为乙级防火门外，首层外墙上安全出口的门及通向下沉广场上的门，以及避难走道直通地面出口设置门时，只要外墙是普通外墙，也不要求是防火门。

4.2 “安全出口”应能为人员疏散顺利到达室外市政道路提供保证，不能使疏散人员中途受困

疏散人员应能通过“安全出口”经疏散通道畅通无阻地到达室外市政道路是安全出口的重要性能。如果人员通过安全出口后，不能保证人员能畅通无阻地到达室外市政道路，它的出入口都不是真正意义上的安全出口。

由于我国标准对“室外安全区域”这个术语没有定义，规范所指称的“室外安全区域”包括：室外地面、符合疏散要求并具有直接到达地面设施的上人屋面、平台，以及符合规范要求的天桥、连廊等。然而所谓的“室外地面”及“室外空间”不一定就是安全的，只有当它们能够通行到市政街道时，它们才是安全的，因为任何安全区域都不应使人员受困。例如有封闭内院或天井的建筑物（天井为由建筑或围墙四面围合的露天空地，与内院类似，只是面积大小有所区别），其内院或天井的地面也可能被理解为“室外地面”，如果内院或天井没有设置直通市政街道的人行通道，这个“室外地面”是不能称为“室外安全区域”的。再如上人屋顶（面）和敞开阳台也可叫室外空间，但如屋顶（面）或敞开阳台没有能直接到达室外地面，并能到达市政街道的疏散设施时，这样的屋顶（面）或阳台也不能叫“室外安全区域”。

另外，人们经安全出口进入楼梯间，如果楼梯落地后不能够直通室外，而要经过没有与功能房间分隔的大厅才能到达室外时，这样的安全出口也不能叫作真正的安全出口。只有楼梯落地后能经过扩大的封闭楼梯间或扩大的防烟楼梯间前室到达室外，这样的安全出口才能叫真正的安全出口。因为当首层功能房间着火，高温烟气殃及大厅时，落地在大厅的疏散楼梯会进烟，失去疏散功能。

由此可知，室内外安全区域必须具备直接通向市政街道的基本条件，人们在疏散过程中才不会受困，这是对疏散的基本要求之一。

4.3 安全出口应能易于寻找和直接到达

为了确保人员密集场所的安全出口易于寻找和直接到达，人员密集场所的安全出口必须做到以下几点：

（1）大型商场内的安全出口不应布置在没有统一管理的商铺内。

（2）安全出口必须和疏散走道及疏散设施直接相通，疏散走道的尽头应当直接通向安全出口，不宜设袋形走道。

（3）安全出口处不应设屏障、门帘，安全出口也不允许被隐匿、伪装和遮挡；必须有醒目的安全出口标志和疏散指示标志。

图 4-1 是大型商场内的安全出口被伪装，不易辨识的实例。

图 4-2 是安全出口被隐匿在商铺内示意图，图中 B 门是楼梯间的安全出口，被隐匿在

图 4-1 大型商场内的安全出口被伪装

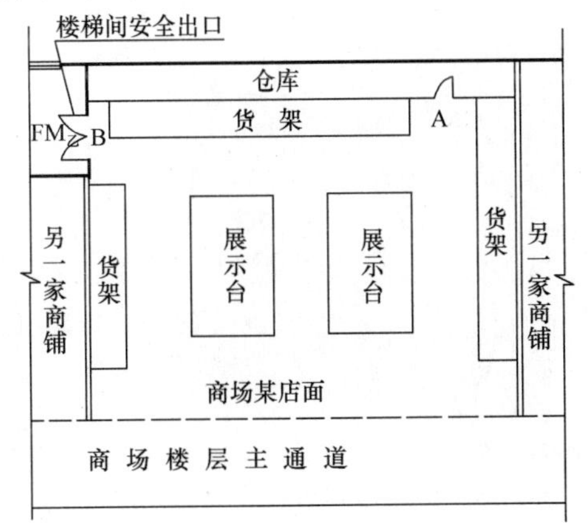

图 4-2 安全出口隐匿在商铺内

商铺内，并不与商场主通道直接相通，火灾时不容易找到，而且通行受阻，当商店着火时该安全出口B将被火烟闭封堵。

图4-3是安全出口在商店内的隐蔽处，没有与商场的主通道直接相通。

我国大型商场普遍存在安全出口被隐蔽在店铺内的现象，这是非常危险的。产生这一现象的原因是：我国规范没有明确规定疏散通道与安全出口应直接相通，再加上商家消防意识淡薄而产生；另一个客观原因则是我国建筑设计防火规范规定的人员密度指标过高，所需的设计疏散总净宽度过大。因而造成楼层的安全出口数量过多，无法确保每一个安全出口都与主通道直接相通，有的安全出口不得不被隐蔽在店铺内。如果要求每一个安全出口要与主通道直接相通，由于安全出口数量太多，商场营业厅的业态将被通道严重破坏。

图4-4是大型商场内的安全出口处设有双开式布门帘，该布门帘平时将安全出口遮挡，不易被找到，而且商场内发生火灾时，布门帘易被引燃，封住安全出口。

图4-3　安全出口在隐蔽处

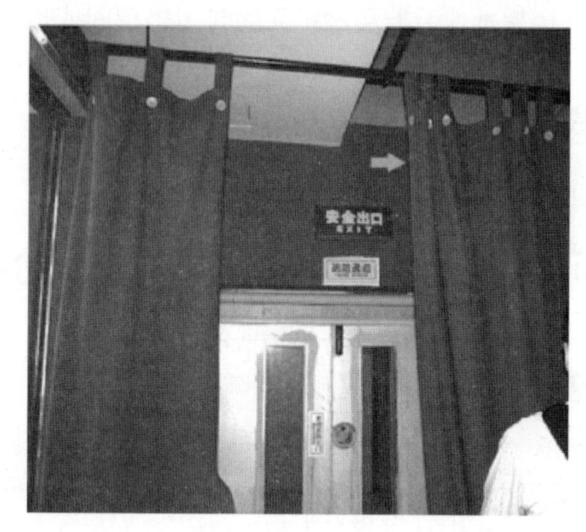

图4-4　楼梯间安全出口有门帘遮挡

（4）安全出口的防火门不应被装修，门面上和门的四周均不应镶嵌镜面玻璃，避免引起视觉判断错误。

图4-5大型商场内的安全出口防火门被装修后不易识别，而右侧有一个储藏室设有一扇门，由于门前灯光明亮，在其门上没有显著的禁入标志，应急疏散时，很容易被误导进入。

图4-5　大型商场内的安全出口被装修

图4-5的安全出口布局与图4-2的安全出口隐匿在商铺内示意图相似，图4-2中B门是通向疏散楼梯间的安全出口，被隐匿在商铺内，并不与商场主通道直连，而A门是通向该商铺仓库的门，其位置却容易被主通道上的人发现，明亮的门洞极易误导进入，而且门

上没有禁入标志，所以，安全出口附近如有进入房间的支道时，应在进入走道处设门，并在门上设禁入标志，防止逃生人员误入，安全出口应当明亮，不应被装修，使人难以辨认。

(5) 大型商场内通向安全出口的主通道应设能保持视觉连续性的疏散导流标志，标志应沿主通道中线布置，也可以布置在通道一侧的墙面，离地不高于 500mm 处，导流标志应指向安全出口，导流标志应采用发光型（光致发光或电致发光型），发光指示标志的宽度不小于 80mm，长度不小于 300mm，间距不大于规定，对光致发光型间距不大于 1m，对电致发光型间距不大于 3m。

在光致发光型导流标志的附近应有足够照度的白色光源提供激活能源，当正常电源切断时，光致发光型导流标志才能发光，发挥指示功能。

4.4　安全出口必须保证能够安全通行

为此必须做到以下几点：

(1) 疏散走道和安全出口的顶棚、墙面不应采用影响人员安全疏散的镜面反光材料。

图 4-6 中大型商场内的安全出口附近右侧与出口门垂直方向墙面上镶嵌有镜面玻璃，照片中安全出口是被装修过的；这样做违背了《建筑内部装修设计防火规范》GB 50222—2017 对“疏散走道和安全出口的顶棚、墙面不应采用影响人员安全疏散的镜面反光材料”的规定。在疏散走道和安全出口附近采用镜面、玻璃等反光材料进行装饰，极易引起疏散人员视觉判断错误，同时考虑到普通镜面反光材料在高温烟气作用下容易炸裂，而热烟气一般悬浮于建筑内上空，故顶棚也限制使用此类材料。

图 4-6　大型商场内的安全出口附近处镶嵌镜面玻璃

(2) 地上建筑的水平疏散走道和安全出口的门厅，其顶棚应采用 A 级装修材料，其他部位应采用不低于 B1 级的装修材料；地下民用建筑的疏散走道和安全出口的门厅，其顶棚、墙面和地面均应采用 A 级装修材料。不允许粘贴纸制装饰板、印刷木纹人造板、塑料壁纸、无纺贴墙布、复合壁纸、墙布等材料。

(3) 疏散楼梯间和前室的顶棚、墙面和地面均应采用 A 级装修材料。建筑物内设有上下层相连通的中庭、走马廊、开敞楼梯、自动扶梯时，其连通部位的顶棚、墙面应采用 A 级装修材料，其他部位应采用不低于 B1 级的装修材料。

(4) 人员密集场所安全出口的门应向疏散方向开启，安全出口门的最小净宽不应小于 1.4m，安全出口及疏散门均不应设门槛，紧靠安全出口门及疏散门口的内外 1.4m 范围内，均不应设阶梯。图 4-7 是疏散门口的外侧 1.4m 范围内不应设阶梯示意图。

图 4-8 是茶楼安全出口的通道上有二阶台阶。上述照片中的这些部位，由于台阶不足三阶，只能做成斜坡，不应有一阶或二阶台阶。

(5) 平时需要控制人员随意出入的安全出口的门，应具有在火灾时不需使用钥匙等任何工具，且不需要专业知识，即能从内部易于打开，并应在显著位置设置标识和使用提示，平时需要保持常开的安全出口门，应按常开防火门的要求设置。

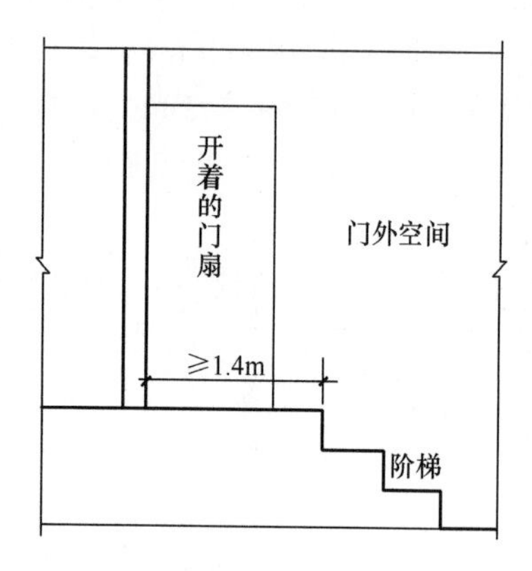

图 4-7　疏散门的外侧 1.4m 范围内不设阶梯示意图

图 4-8　茶楼安全出口的通道上有二个台阶

(6) 人员密集场所通向安全出口的疏散通道两侧，与黄色标线外侧贴邻的展示架及其商业设施、物品等均不应伸过黄色标线，展示架及其放置在地面的可移动物件（如座椅、板凳）均应与地面固定，防止逃生时倾覆，造成事故。

(7) 商场的安全出口应设编号标志牌，便于商场在火灾时对安全出口的管理和组织人员疏散。

(8) 人员密集场所内的疏散通道净宽应符合相关规范要求，且不应小于 1.4m，通道两侧应设固定黄色标志线，线宽不小于 80mm，面向疏散通道营业的柜台，其台前沿应后退固定黄色标志线的外边缘不小于 500mm；安全出口的围护结构附近如有柜台、货架时、其台、架边缘与门的边缘水平距离不应小于 500mm。

(9) 建筑首层直通室外安全出口门外上方应设挑出宽度不小于 1.0m 的防护挑檐。

(10) 安全疏散用的楼梯间不能用于除疏散以外的其他用途，楼梯间不应有可燃物，并应保持畅通。

图 4-9 是某超市将防烟楼梯间前室改为商品周转储存室的场景。

疏散楼梯间是人员疏散的竖向安全通道，也是消防员进入建筑进行灭火救援的主要路径，必须避免楼梯间内发生火灾，也要防止火灾通过楼梯间竖向蔓延，因此，安全疏散用的楼梯间不能改作他用，只能用于疏散用途。

在人员密集的商场为了满足疏散总净宽度的要求，设计了许多宽敞的疏散楼梯间，这些楼梯间由于平时不使用，被商家改为仓库，这是非常危险的。一旦商场发生火灾，人员在紧急疏散时，由于楼梯间不通畅，容易在楼梯间内被货品绊倒而发生踩踏拥挤事故。另外疏散楼梯间内有许多可燃物，一旦着火，火灾烟气就会直接沿楼梯间向上蔓延，迅速扩大火灾。

图 4-10 是商场安全出口的楼梯间堆满商品纸箱。

图 4-9　某超市将防烟楼梯间前室改为商品周转储存室的场景

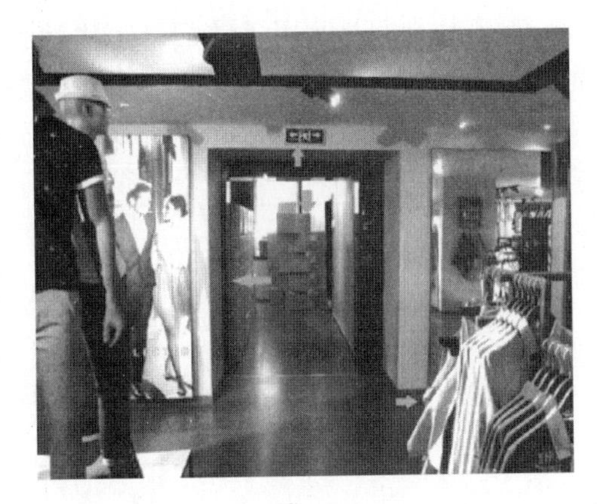

图 4-10　商场安全出口的楼梯间堆满商品纸箱

5　对我国疏散楼梯消防要求的解读

楼梯是建筑内楼层之间平时垂直交通设施，它由连续行走的楼梯段，休息平台和楼梯扶手及相应的支托结构等建筑部件组成。

疏散楼梯是竖向疏散设施，疏散楼梯与楼梯是两个既有联系而又不完全相同的概念，疏散楼梯的构件按建筑的耐火等级不同，有不同的耐火极限和燃烧性能的要求，而且对防烟性能有严格的规定，疏散楼梯是火灾时能够满足疏散使用要求的楼梯。疏散楼梯的形式应根据建筑使用性质、建筑类别、建筑高度、层数、部位等的不同，分别选用敞开楼梯间、封闭楼梯间、防烟楼梯间和室外疏散楼梯等形式作为疏散楼梯，只要采用了符合规范规定的疏散楼梯形式作为疏散设施，它们的入口都叫安全出口，其出口数量和净宽度才可以计入该出口所在防火分区或楼层所需的出口数量和疏散总净宽度之内。

建筑内的疏散楼梯按其构造和形式，大体分为敞开楼梯间、封闭楼梯间、防烟楼梯间、室外疏散楼梯。按照楼梯的平面形式又可分为直跑楼梯、平行双跑楼梯、剪刀楼梯等。

5.1　敞开楼梯间

敞开楼梯和敞开楼梯间不仅在构造上和平面上有明显区别，而且敞开楼梯间是火灾时的疏散设施，而敞开楼梯则不是。敞开楼梯不一定要靠外墙设置，当要靠外墙设置时，楼梯梯段的至少有两个立面是敞开在建筑功能空间内的，不靠外墙设置时整个梯段完全敞开在建筑功能空间内，在火灾时，它完全浸没在烟气中，因而不能使用，所以它不是疏散用楼梯，但作为平常通行的楼梯，它有便于识别，便于寻找的优点，是平时上下楼层的重要交通设施，图 5-1 是敞开楼梯示意图。

而敞开楼梯间必须要靠外墙设置，它的梯段立面必须是三面靠墙，楼梯间必须能天然采光和自然通风，且楼梯间内墙上不应有通向功能房间的开口。敞开楼梯间的优点是，有一定的自然通风条件，而且便于识别、便于寻找、便于通行。缺点是火灾时。仅靠自然通风是不够的，它的一个梯段立面毕竟是向功能空间敞开的，使敞开楼梯间成为烟气的竖向通道。所以我国消防规范对它在建筑中的使用是有严格限定的，仅可在规定范围内允许使用。敞开楼梯间是利用了防烟分隔构件和自然通风，通过对流排出烟气的方式实现防烟的，是疏散楼梯中防烟性能最差的疏散楼梯间。图 5-2 是敞开楼梯间示意图，从图可知：

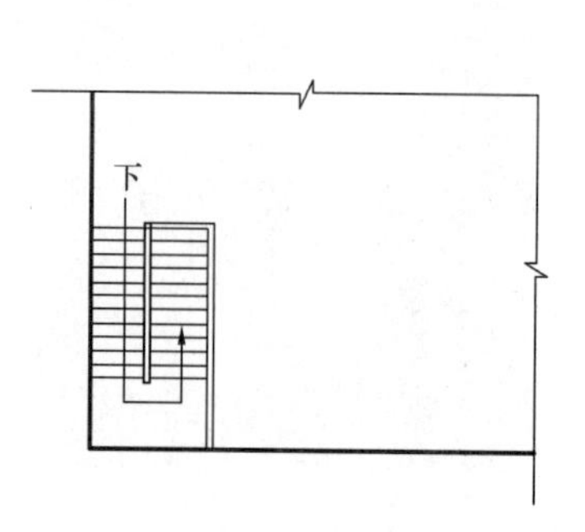

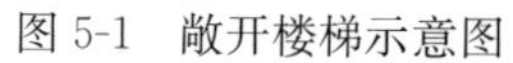
图 5-1　敞开楼梯示意图

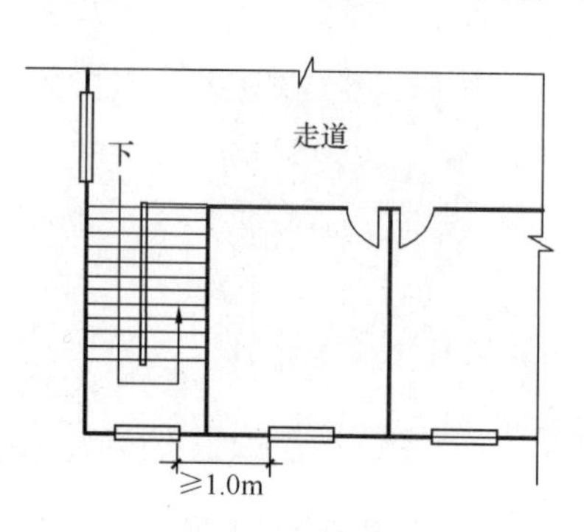

图 5-2　敞开楼梯间示意图

当走道的另一侧也是房间时，敞开楼梯间是向走道敞开的，功能房间着火后，烟气会从走道窜到敞开楼梯间向上面楼层蔓延；当走道的另一侧只有栏，没有墙体时，整个走道是向大气敞开的，成为敞开式外廊，功能房间仅在楼梯间同一侧，功能房间的火灾烟气直接窜向大气，敞开楼梯间就难以进烟，这样的敞开楼梯间也是安全的。

5.2　封闭楼梯间

封闭楼梯间是梯段的四个立面都做了封闭，其中一个立面是楼梯间入口，在该入口处设置有门，能够防止火灾的烟和热气进入的楼梯间。封闭楼梯间必须靠外墙设置，并能自然采光和自然通风，楼梯间入口处设置的门是楼梯间与建筑内部其他功能区联系的唯一可开启的开口，在规定的建筑中应采用乙级防火门，在规定以外的其他建筑中可采用双向弹簧门，封闭楼梯间是利用了防烟分隔构件的完全封闭和自然通风，通过对流排出烟气的方式实现防烟的，它的防烟性能仅次于防烟楼梯间。图 5-3 是封闭楼梯间示意图，由图可知：当走道的另一侧也是房间时，封闭楼梯间与走道相通的门是常闭的，功能房间着火后，烟气不会立即从走道窜到封闭楼梯间，所以封闭楼梯间相对于敞开楼梯间是较安全的；当走道的另一侧没有功能房间，走道只有护栏，没有墙体时，整个走道是向大气敞开的，成为敞开式外廊，功能房间仅在封闭楼梯间同一侧，功能房间的火灾烟气直接窜向大气，封闭楼梯间就难以进烟，这时封闭楼梯间也就可以不封闭，成为敞开楼梯间也是安全的。

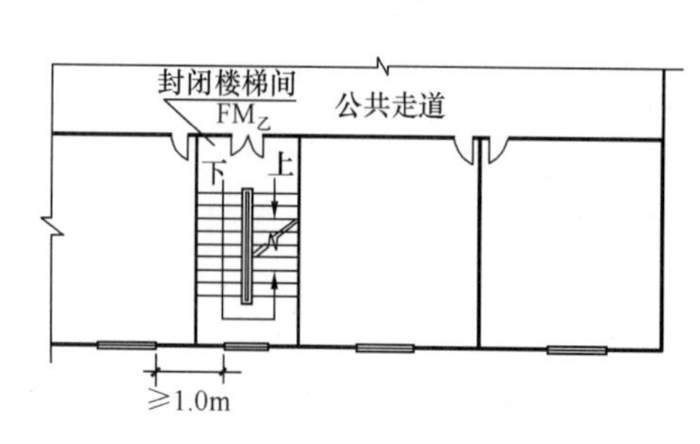

图 5-3　封闭楼梯间示意图

5.3　防烟楼梯间

防烟楼梯间是梯段的四个立面都做了封闭，其中一个立面是楼梯间入口，该入口与防烟的前室、开敞式阳台或凹廊等防烟空间相通，从走道进入楼梯间必须经过这一防烟空间，使楼梯间多了一层可靠的防烟屏障。且通向前室和楼梯间的门均为防火门，能够防止火灾的烟和热气进入前室和楼梯间。防烟楼梯间是利用了防烟分隔构件的完全封闭和防烟前室来实现防烟的，它的楼梯间和前室可采用自然通风或正压送风方式防烟，前室还可以是向大气敞开的方式实现防烟，由于其楼梯间有前室或类似前室的防烟空间保护，故火灾烟气难以侵入，是疏散楼梯中防烟性能最优的疏散楼梯间，什么叫前室，规范没有定义，常将开敞式阳台或凹廊等也称为前室。实际上前室是进入楼梯间必须经过的一个独立的有防烟性能的空间，它的围护结构具有规定的耐火极限。图 5-4是防烟楼梯间示意图。

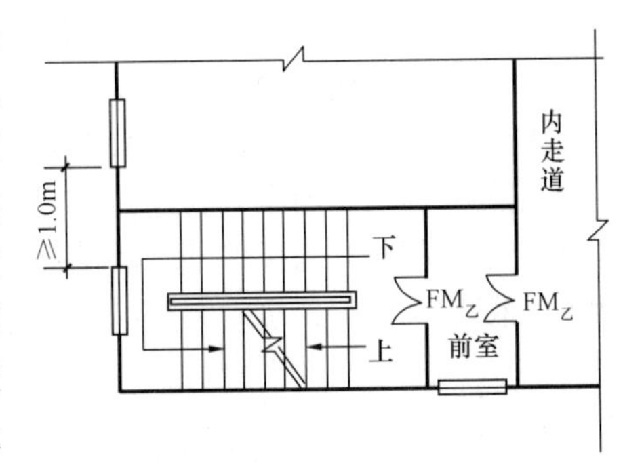

图 5-4　自然通风方式的防烟楼梯间示意图

5.4　室外疏散楼梯

室外疏散楼梯是设置在建筑的室外，有规定的防火安全保护，可作为防烟楼梯间或封闭楼梯间使用，但主要还是辅助用于人员的应急逃生和消防员直接从室外进入建筑物，到达着火层进行灭火救援，其出口净宽可计入防火分区或楼层的总净宽度之内，图 5-5 是室外疏散楼梯示意图。

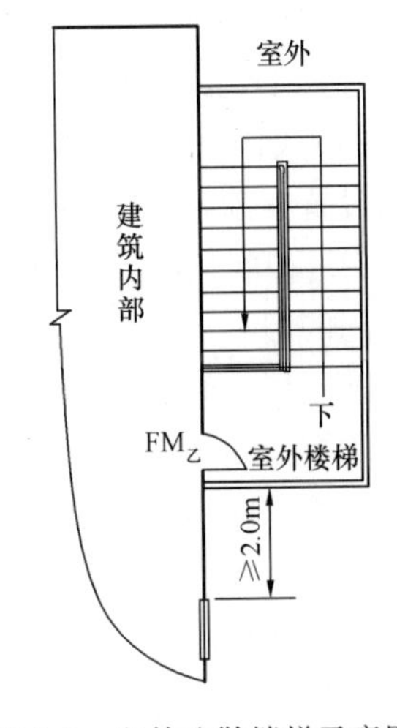

图 5-5　室外疏散楼梯示意图

5.5　对疏散楼梯间的消防要求要点

所谓“疏散楼梯间”是指敞开楼梯间、封闭楼梯间和防烟楼梯的楼梯间及前室、合用前室、共用前室的总称。

疏散楼梯间首先应能防烟，应具有在一定时间内能防止烟气从建筑内部或外部侵入楼梯间及前室、合用前室、共用前室的防烟设施，且其围护构件应具有规定的耐火极限及燃烧性能。

防止烟气从建筑内部或外部侵入楼梯间及前室、合用前室、共用前室的防烟设施有以下四种：

（1）采用防火分隔构件将防烟空间与建筑内的其他空间分隔开来，阻止烟气进入疏散楼梯间或前室、合用前室、共用前室防烟空间；

（2）采用自然通风方式，通过对流排出烟气，防烟空间应靠外墙，并应有可开启外窗，具备对流条件；

（3）在疏散楼梯间或前室、合用前室、共用前室内建立正压阻止烟气侵入，送风空间应有建立正压的条件和送风设备；

（4）采用与大气直接相通的自然空间作为前室将疏散用楼梯间与建筑内部隔开，利用扩散方式，阻止烟气侵入，如全敞开的凹廊、阳台以及敞开式外廊。

我国消防规范对疏散楼梯间的防烟方式是以防火分隔构件形成封闭空间为前提，再在楼梯间及前室、合用前室、共用前室辅以自然通风方式防烟或机械送风方式防烟。利用全敞开的凹廊、阳台作为防烟楼梯间的前室，以及敞开式外廊都是自然通风方式防烟的特例。但为了维持送风空间的正压效果，凡是采用机械加压送风的正压空间，不应设置百叶窗，且不宜设置可开启外窗等自然通风设施。

疏散楼梯间和前室、合用前室、共用前室的墙，是疏散楼梯的防火分隔构件，是建筑整体的组成部分，为了保证疏散楼梯在火灾时的一段时间内能继续使用，墙的燃烧性能和耐火极限应符合与建筑耐火等级相对应的要求，当靠外墙布置时，外墙部分墙体的燃烧性能和耐火极限应按外墙对待。

5.6 对疏散楼梯间及前室墙上门、窗、洞口的要求

疏散用楼梯间的墙上除开设疏散门及外窗以外，不允许开设通向其他功能房间的门、窗、洞口。

除住宅建筑的楼梯间前室外，防烟楼梯间及其前室、合用前室的内墙上除开设疏散门及送风口外，不允许开设其他门、窗、洞口，也不能开设电缆井、管道井的检查门。对于住宅建筑的防烟楼梯间，当平面布置上难以将电缆井和管道井的检查门开设在其他位置时，可以设置在前室或合用前室内，但检查门应采用丙级防火门。

图 5-6 是在前室内墙上错误地开设了通向房间的门，同样在楼梯间的墙上也不允许开设通向房间的门。

同样敞开楼梯间、封闭楼梯间的墙上也不允许开设通向房间的门、窗、洞口。敞开楼梯间、封闭楼梯间只允许和走道相通、防烟楼梯间的楼梯间只允许和其前室或合用前室、共用前室相通，前室或合用前室、共用前室只允许和走道相通，只有这样才能保证楼梯间和前室，合用前室、共用前室的疏散安全。

防烟楼梯间和前室、合用前室、共用前室均应设乙级防火门，并向疏散方向开启，乙级防火门是防烟楼梯间与前室、合用前室、共用前室之间相通的活动防火分隔构件，也是前室、合用前室、共用前室与走道之间相通的活动防火分隔构件。封闭楼梯间与走道之间相通的活动防火分隔构件，在高层建筑、人员密集的公共建筑、人员密集的多层丙类厂房、甲、乙类厂房，其封闭楼梯间的门应采用乙级防火门，并应向疏散方向开启；其他建筑，可采用双向弹簧门。如图 5-7 所示。

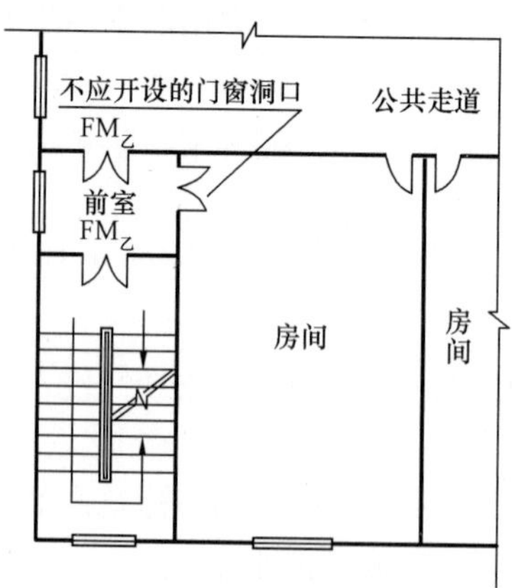

图 5-6 在前室内墙上错误地开设了通向房间的门

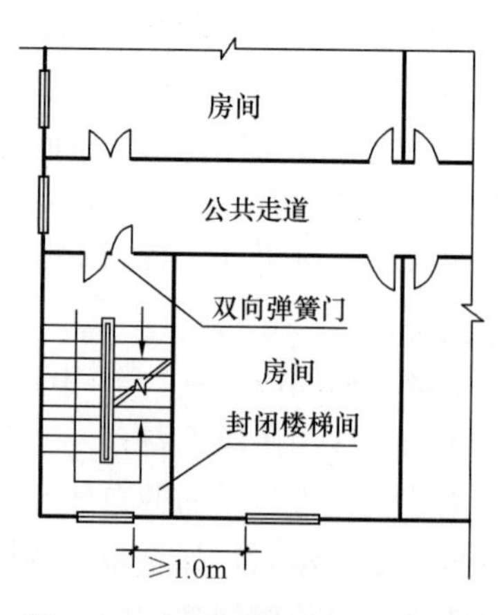

图 5-7 采用双向弹簧门的封闭楼梯间

5.7 对楼梯间防烟设施的要求

（1）对楼梯间、前室、合用前室、共用前室防烟设施的一般要求。

采用自然通风方式防烟的楼梯间应靠外墙设置，应能自然通风和自然采光。可开启外窗或开口的有效面积计算应符合规定，可开启外窗应能方便开启。

为了防止房间火灾时的烟气从外墙上的开口蔓延到楼梯间或前室（合用前室）内，靠外墙设置的楼梯间、前室（合用前室）外墙上的窗口与两侧门、窗、洞口之间最近边缘的水平距离不应小于 1.0m，如图 5-8 中所示的 L 尺寸不应小于 1.0m。

（2）建筑高度大于 50m 的公共建筑、工业建筑和建筑高度大于 100m 的住宅建筑，其防烟楼梯间、独立前室、共用前室、合用前室及消防电梯前室，均应采用机械加压送风方式的防烟系统。这一规定是防烟楼梯间、独立前室、消防电梯前室及合用前室、共用前室采用自然通风方式防烟的最高建筑高度限制，超过这一高度就不允许采用自然通风方式防烟，这是由于建筑高度较高时，风压作用加强，自然通风防烟方式的可靠性受到影响，因此，应全部采用机械加压送风方式的防烟系统。图 5-9 是防烟楼梯间及其合用前室均采用机械加压送风的防烟系统。

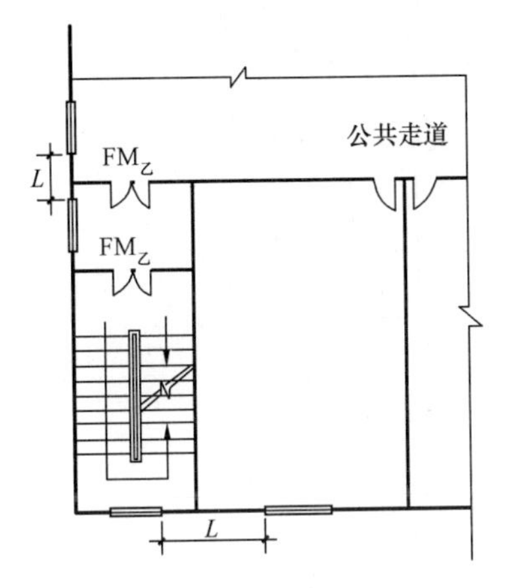

图 5-8 楼梯间及前室外墙窗口与两侧门窗洞口最近边缘的水平距离

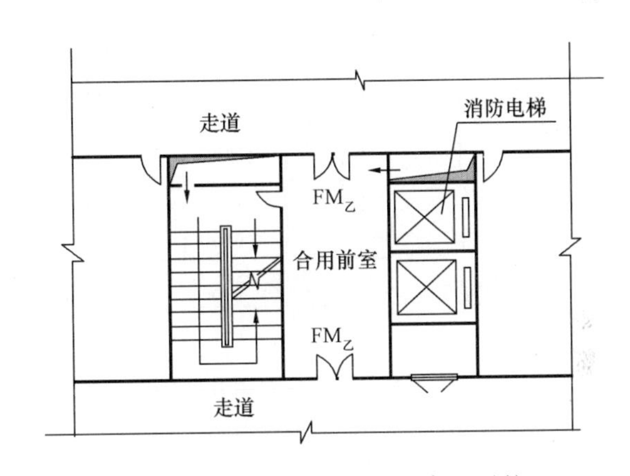

图 5-9 合用前室和楼梯间都送风的防烟楼梯间示意图

（3）建筑高度小于或等于 50m 的公共建筑、工业建筑和建筑高度小于或等于 100m 的住宅建筑，其防烟楼梯间、独立前室、共用前室、合用前室（除共用前室与消防电梯前室合用外）及消防电梯前室应采用自然通风系统：

采用自然通风方式的封闭楼梯间、防烟楼梯间，当疏散楼梯间靠外墙设置，允许采用自然通风方式时，防烟楼梯间应在最高部位设置面积不小于 1.0m^2 的可开启外窗或开口；当建筑高度大于 10m 时，尚应在楼梯间的外墙上每 5 层内设置总面积不小于 2.0m^2 的可开启外窗或开口，且布置间隔不大于 3 层。

防烟楼梯间的前室采用自然通风方式时，独立前室、消防电梯前室可开启外窗或开口的面积不应小于 2.0m^2，共用前室、合用前室不应小于 3.0m^2。

（4）建筑高度小于或等于 50m 的公共建筑、工业建筑和建筑高度小于或等于 100m 的住宅建筑，其防烟楼梯间、独立前室、共用前室、合用前室（除共用前室与消防电梯前室合用外）及消防电梯前室，应采用自然通风系统当不能设置自然通风系统时，应采用机械加压送风系统。防烟系统的选择，尚应符合下列规定：

1）当独立前室或合用前室满足下列条件之一时，楼梯间可不设置防烟系统：

① 当独立前室或合用前室采用全敞开的阳台或凹廊；

当防烟楼梯间不能够自然通风，但独立前室或消防电梯前室及合用前室靠外墙设置，具备自然通风的防烟条件时：当独立前室或合用前室采用全敞开的阳台或凹廊时，楼梯间可不设置防烟系统，如图 5-10、图 5-11 所示，这是利用全敞开的阳台或凹廊的对流条件，阻隔烟气进入楼梯间的防烟措施。要求凹廊、阳台是全敞开的，不允许封闭，凹廊、阳台不能与房间相通。

当以全敞开的凹廊、阳台作为防烟楼梯间的前室时，其使用面积应满足前室的要求：公共建筑、高层厂房（仓库），不应小于 6.0m²；住宅建筑，不应小于 4.5m²；防烟楼梯间的前室与消防电梯间前室合用时，合用前室的使用面积为：公共建筑、高层厂房（仓库）不应小于 10.0m²；住宅建筑不应小于 6.0m²。

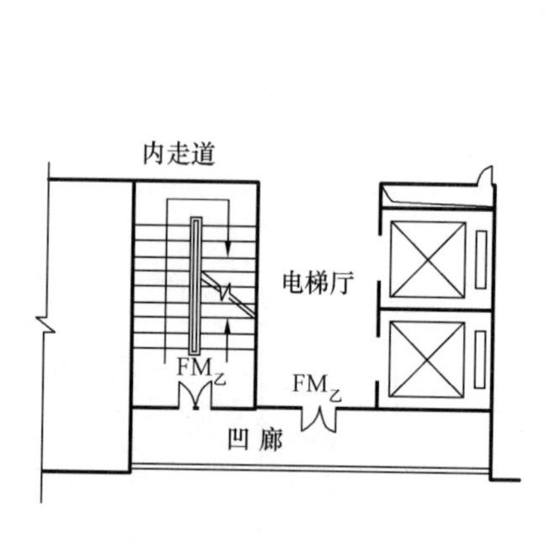

图 5-10 设有敞开凹廊的防烟楼梯间

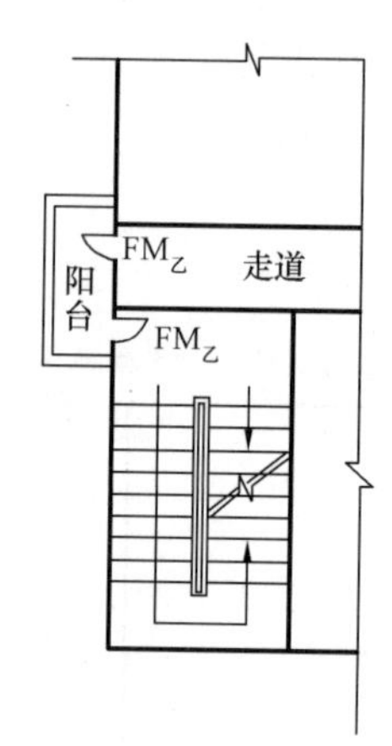

图 5-11 设有敞开阳台的防烟楼梯间

② 当独立前室或合用前室设有两个及以上不同朝向的可开启外窗，且独立前室两个外窗面积分别不小于 2.0m²，合用前室两个外窗面积分别不小于 3.0m²，楼梯间可不设置防烟系统。见图 5-12 中独立前室的 A 窗和 B 窗在不同朝向的外墙上，且两个外窗面积分别不小于 2.0m² 时，楼梯间可不设置防烟系统。

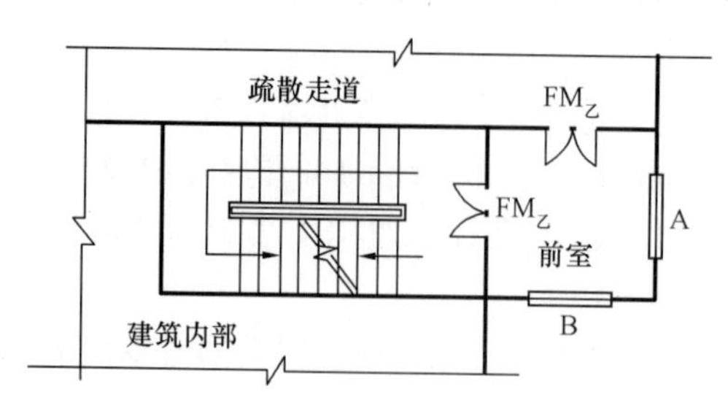

图 5-12 楼梯间可不设置防烟系统示意图

2）当独立前室、共用前室及合用前室的机械加压送风口设置在前室的顶部或正对前室入口的墙面时，楼梯间可采用自然通风系统；当机械加压送风口未设置在前室的顶部或正对前室入口的墙面时，楼梯间应采用机械加压送风系统。

对建筑高度小于等于 50m 的公共建筑、工业建筑和建筑高度小于等于 100m 的住宅建筑，当楼梯间靠外墙具备自然通风条件，而前室或合用前室、共用前室不具备自然通风条件时，若独立前室或合用前室、共用前室采用机械加压送风系统，而且其加压送风口设置在前室的顶部，能够在前室形成风幕，或者加压送风口正对前室入口的墙面上时，楼梯间可采用自然通风方式。当前室的加压送风口的设置不符合上述规定，其楼梯间就必须设置机械加压送风系统。

3）当防烟楼梯间在裙房高度以上部分采用自然通风时，不具备自然通风条件的裙房的独立前室、共用前室及合用前室应采用机械加压送风系统，且独立前室、共用前室及合用前室送风口的设置方式应符合本条第2）款的规定。

4）建筑高度小于或等于50m的公共建筑、工业建筑和建筑高度小于或等于100m的住宅建筑，当采用独立前室且其仅有一个门与走道相通时，可仅在楼梯间设置机械加压送风系统，独立前室可以不设加压送风。如图5-13所示；但当独立前室有多个门时，楼梯间、独立前室应分别独立设置机械加压送风系统。这样做的原因是独立前室仅有一个门时，漏风量小，能够保证防烟楼梯间、前室、走道之间形成压力梯度，以楼梯间压力为最高，前室次之，当开启疏散门时，能产生指向人群的新鲜气流，保证疏散人群迎着新鲜气流进入前室，避开烟气侵袭。因此，防烟楼梯间设机械加压送风而其前室可以不设加压送风的必要条件是设置的独立前室仅有一个门与走道相通；这里应当注意，独立前室的门只能与公共走道相通，而不能与房间相通。

《建筑防烟排烟系统技术标准》GB 51251—2017第3.1.5条规定：“防烟楼梯间及其前室的机械加压送风系统的设置应符合下列规定：1 建筑高度小于或等于50m的公共建筑、工业建筑和建筑高度小于或等于100m的住宅建筑，当采用独立前室且其仅有一个门与走道或房间相通时，可仅在楼梯间设置机械加压送风系统”，该规定中允许“独立前室开一个门与房间相通”是不妥的，因为当房间直接向前室开门时，一旦房间着火会直接威胁到前室的安全，但避难场所例外。图5-14是楼梯间前室不应开设通向房间的门的示意图。

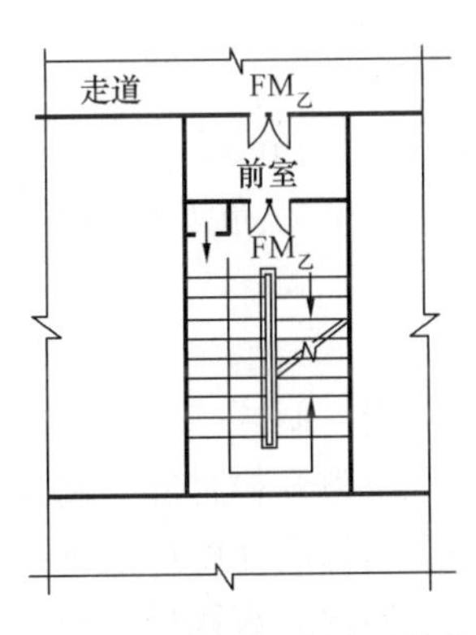

图5-13　楼梯间送风而前室不送风的防烟楼梯间示意图

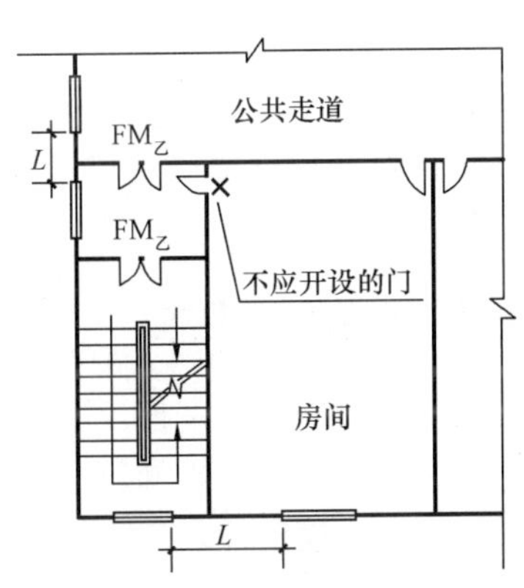

图5-14　楼梯间前室不应开设通向房间的门示意图

（5）建筑地下部分的防烟楼梯间前室及消防电梯前室，当无自然通风条件或自然通风不满足要求时，应采用机械加压送风系统。

（6）在防烟楼梯间及其前室、合用前室、共用前室设置的机械加压送风系统应符合以下要求：

1）当采用合用前室、共用前室时，楼梯间、合用前室、共用前室应分别独立设置机械加压送风系统。

因为采用合用前室、共用前室这一类非独立的前室时，机械加压送风的楼梯间溢出的空气会通过非独立前室中的其他开口或缝隙而流失，无法保证前室和走道之间的压力梯度，不能有效地防止烟气的侵入，此时非独立的前室应设置独立的机械加压送风防烟设施。

防烟楼梯间与合用前室、共用前室之间必须形成压力梯度，才能有效地阻止烟气入侵，如将两者的机械加压送风系统合设一个管道甚至一个系统，势必难以保证压力差的形成，故要求防烟楼梯间与合用前室或共用前室均应分别独立设置机械加压送风系统。如图 5-15所示。

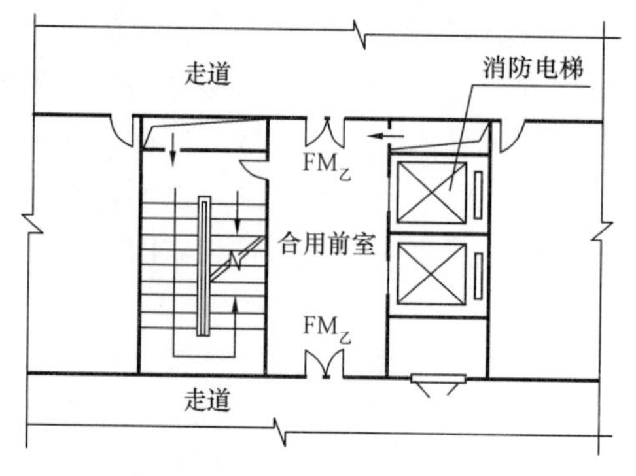

图 5-15　楼梯间和合用前室都分别送风的防烟楼梯间示意图

2）当采用剪刀楼梯时，其两个楼梯间及其前室的机械加压送风系统应分别独立设置。

对于剪刀楼梯无论是公共建筑还是住宅建筑，为了保证两部楼梯的加压送风系统不至于在火灾发生时同时失效，其两部楼梯间和前室、合用前室的机械加压送风系统（风机、风道、风口）应分别独立设置，两部楼梯间也要独立设置风机和风道、风口。

（7）封闭楼梯间应采用自然通风系统，对不能满足自然通风要求的封闭楼梯间，应设机械加压送风系统或采用防烟楼梯间。当地下、半地下建筑（室）的封闭楼梯间不与地上楼梯间共用，且地下仅为一层时，可不设置机械加压送风系统，但首层应设置有效面积不小于 1.2m^2 的可开启外窗或直通室外的疏散门。

当封闭楼梯间靠外墙设置，具备采用自然通风条件时，封闭楼梯间应在最高部位设置面积不小于 1.0m^2 的可开启外窗或开口；当建筑高度大于 10m 时，尚应在楼梯间的外墙上每 5 层内设置总面积不小于 2.0m^2 的可开启外窗或开口，且布置间隔不大于 3 层。

5.8　对疏散楼梯在首层的要求

楼梯间在首层落地后应直通室外，不能经过其他功能空间才能到达室外，因为一旦首层功能空间发生火灾以后，整个楼梯就会无法使用，所以敞开楼梯间、封闭楼梯间、防烟楼梯间在首层落地后应直通室外，当封闭楼梯间、防烟楼梯间在首层落地后，直通室外有困难时，封闭楼梯间可采用扩大的封闭楼梯间再直通室外，防烟楼梯间可采用扩大的前室再直通室外。

图 5-16 是敞开楼梯间在首层落地后直通室外示意图；

图 5-17 是封闭楼梯间在首层落地后形成扩大的封闭楼梯间再直通室外示意图；

图 5-18 是防烟楼梯间在首层落地后形成扩大的前室后再直通室外示意图。

对于在首层的扩大的前室、扩大的封闭楼梯间，其楼梯间与直通室外的出口（门）的距离不应超过 15m。

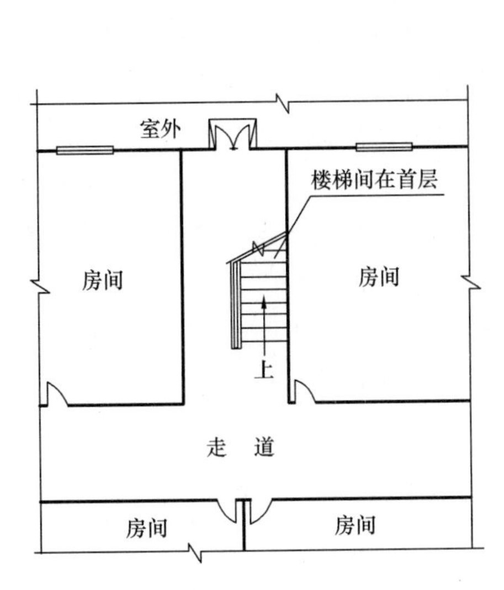

图 5-16 敞开楼梯间在首层落地后直通室外示意图

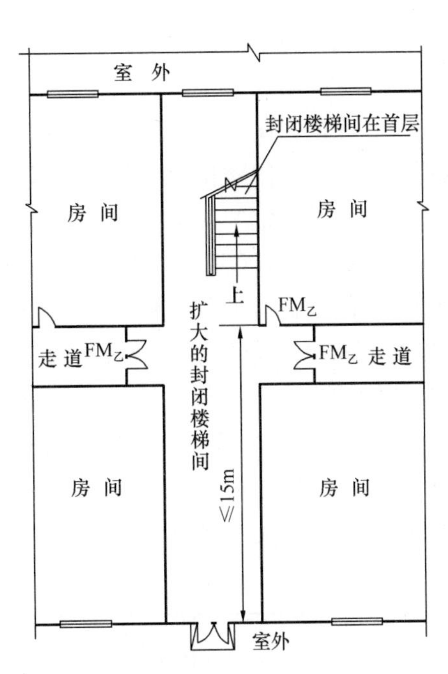

图 5-17 封闭楼梯间在首层形成扩大的封闭楼梯间直通室外示意图

如果建筑层数不超过 4 层，而且未采用扩大的封闭楼梯间或防烟楼梯间前室时，可将直通室外的门设置在离楼梯间不大于 15m 处。图 5-19 是建筑层数不超过 4 层，在首层未采用扩大的封闭楼梯间或防烟楼梯间扩大前室时，将直通室外的出口（门）布置在距离楼梯间不超过 15m 处的示意图，图中，$A+B\leqslant 15\text{m}$。

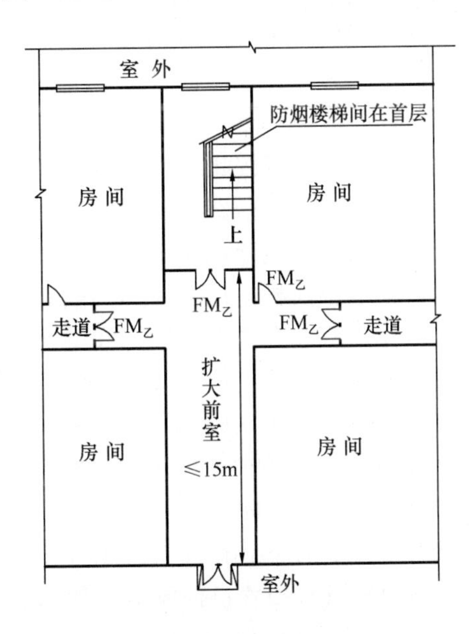

图 5-18 防烟楼梯间在首层形成扩大的前室直通室外示意图

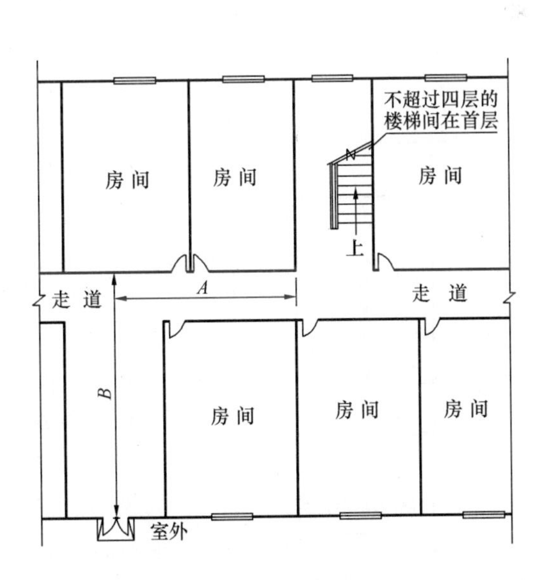

图 5-19 敞开楼梯间在首层至室外出口的距离限制

前室、合用前室、共用前室、扩大的封闭楼梯间、扩大的前室等术语，在规范中均未定义。

对于“扩大的封闭楼梯间”规范规定：封闭楼梯间的首层可将走道和门厅等包括在楼梯间内形成扩大的封闭楼梯间，但应采用乙级防火门等与其他走道和房间分隔。

对于“扩大的前室”规范规定：防烟楼梯间的首层可将走道和门厅等包括在楼梯间前室内形成扩大的前室，但应采用乙级防火门等与其他走道和房间分隔。

应当注意的是，对于由“前室”衍生出来的各种类型的合用前室、共用前室、扩大的前室，以及形成“扩大的前室”“合用前室”“共用前室”的墙体，其耐火极限和燃烧性能应满足建筑物的耐火等级所对应的前室的耐火性能指标；对于“扩大的封闭楼梯间”和“扩大的防烟楼梯间”的墙体，其耐火极限和燃烧性能同样应满足建筑物的耐火等级所对应的楼梯间的耐火性能指标，表 5-1 是规范对民用建筑不同耐火等级建筑中楼梯间和前室墙体的燃烧性能和耐火极限规定。

民用建筑楼梯间和前室墙体的燃烧性能和耐火极限　　表 5-1

构件名称	耐火等级			
	一级	二级	三级	四级
楼梯间和前室的墙（燃烧性能/耐火极限（h））	不燃性 2.00	不燃性 2.00	不燃性 1.50	难燃性 0.50

5.9　疏散楼梯间在首层及顶层的门应向疏散方向开启

除敞开楼梯间外，疏散楼梯和疏散楼梯间的门应向疏散方向开启。首层及能上人的屋面层是疏散楼梯间的疏散方向之一，所以楼梯间在首层及顶层的门应向离开楼梯间的方向开启，如图 5-20 是楼梯间在顶层的门应向离开楼梯间的上人屋面层方向开启，而楼梯间在标准层的疏散方向是楼梯间内，所以楼梯间的门应向进入楼梯间的方向开启，对于防烟楼梯间前室的门的开启方向也应按此原则设置。

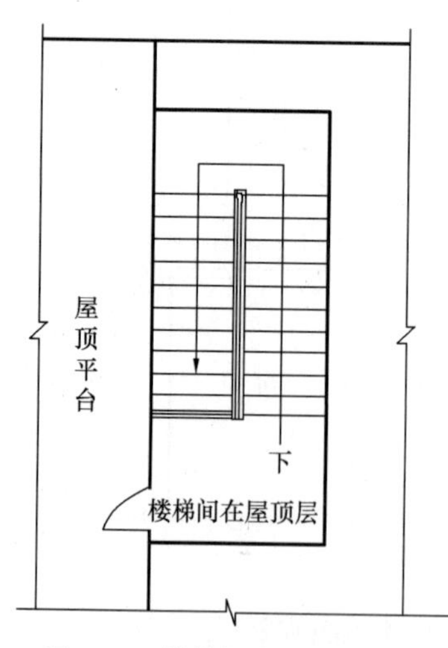

图 5-20　楼梯间在屋顶层的门应向上人屋顶平台方向开启

在大型商业建筑中，由于疏散距离的限制，有的设计采用将前室拉长的做法来解决疏散距离短的问题，我国规范对前室只控制其最小面积，这是考虑到前室不仅起防烟作用，而且可作为疏散人群进入楼梯间的缓冲空间，同时也可以供灭火救援人员进行进攻前的整装和灭火准备工作。火灾时人群进入前室后，会以一种相对平静的心态等候进入楼梯间，宽大的前室有利于缓冲楼梯的疏散荷载，实现有序疏散，因此控制前室、合用前室的最小面积是正确的，由于前室具备的安全条件，进入前室就相对安全，所以就没有必要再控制前室内的步行距离。

在大型商业建筑中，往往存在将前室的门至楼梯间的门之间的距离拉长的做法，使前室成为拉长前室，其目的是：在避免增加楼梯数量的前提下，用拉长前室来解决疏散距离过长的问题，为此商家愿意牺牲一部分营业面积，来满足规范的要求，但前室过度拉长也会产生使用上的风险，如不加以控制也会出现安全问题，因此，必须采取一定的措施来保证前室拉长后的安全性能，建议对拉长前室做如下控制：

（1）防止业主在使用中改变拉长前室的用途和构造；

（2）走道开向拉长前室的乙级防火门数不宜超过 2 个；

（3）拉长前室的最小净宽不应小于 1.4m；

（4）拉长前室的疏散照明应符合疏散走道的规定；

（5）拉长前室的加压送风的余压值应为 25～30Pa，且开门的推门力不大于 133N。

5.10　对地下或半地下建筑（室）的疏散楼梯的技术要求

建筑的地下或半地下部分与地上部分不应共用楼梯间，地下或半地下部分的楼梯间在首层应直通室外。除住宅建筑套内的自用楼梯外，地下或半地下建筑（室）的疏散楼梯间，应在首层采用耐火极限不低于 2.00h 的防火隔墙与其他部位分隔，并应直通室外，确需在隔墙上开门时，应采用乙级防火门，这里的防火隔墙是指地下或半地下部分的疏散楼梯间及前室在首层与其他区域（走道及房间等）的分隔墙体。如图 5-21 是地下室封闭楼梯间在首层直通室外出口示意图，图中首层封闭楼梯间与房间走道的隔墙应采用耐火极限不低于 2.00h 的防火隔墙分隔；图中建筑的地下部分与地上部分没有共用楼梯间，地上部分的楼梯间和地下部分的楼梯间在首层都各自直通室外。

图 5-22 是地下室防烟楼梯间在首层直通室外出口示意图，在前室的内墙上不应开设门窗洞口，确需开门时，只能开设由首层走道通向前室的门，且应采用乙级防火门，并应开向前室，图中首层防烟楼梯间及其前室与房间、走道的隔墙应采用耐火极限不低于 2.00h 的防火隔墙。

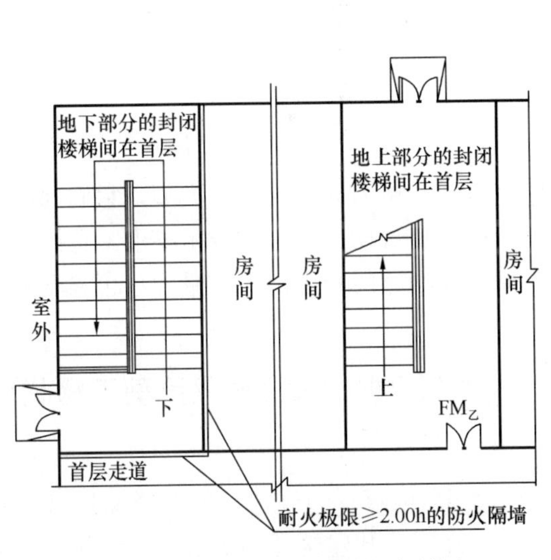

图 5-21　地下室封闭楼梯间在首层直通室外出口示意图

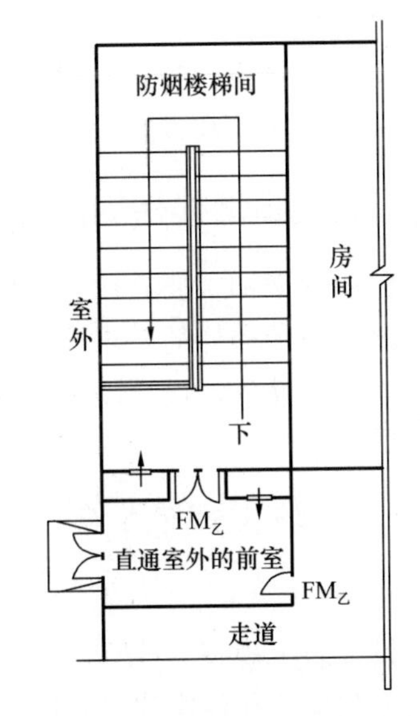

图 5-22　地下室防烟楼梯间在首层直通室外出口示意图

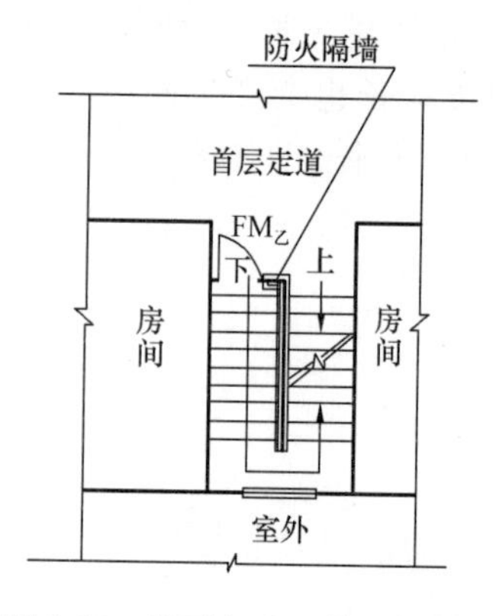

图 5-23 地下与地上共用楼梯间在首层连通空间完全分隔示意图

当建筑的地下或半地下部分与地上部分确需共用楼梯间时，应在首层采用耐火极限不低于 2.00h 的防火隔墙和乙级防火门，将地下或半地下部分与地上部分的连通部位完全分隔，并应设置明显的标志。这里的防火隔墙是指地下或半地下部分的疏散楼梯间在首层的上下梯段之间的防火隔墙，它将楼梯的地下部分与地上部分的连通空间完全分隔，分隔的目的是防止地下室火灾失去控制后，烟气侵入地上部分的楼梯间，乙级防火门还能防止地上楼层的人员误入地下室。如图 5-23 是地下或半地下部分与地上部分共用楼梯间时，在首层采用耐火极限不低于 2.00h 的防火隔墙和乙级防火门将地下或半地下部分与地上部分的连通部位完全分隔示意图。

我国规范规定当建筑的地下或半地下部分疏散楼梯间、地上部分疏散楼梯间确因条件限制难以直通室外时，可以在首层通过与地上疏散楼梯间共用的门厅直通室外，但楼梯间在地下层与地上层的连接处应有规定的防火分隔。

我国规范对疏散楼梯的消防技术要求主要是防烟、防燃、疏散安全三个方面，既要防止建筑内部火灾烟气侵入楼梯间，也要避免楼梯间内部发生火灾或其他安全事故，造成楼梯间不能使用，因此应采取防烟和安全措施，规范对疏散楼梯间作出了以下具体规定，并适用于敞开楼梯间、封闭楼梯间、防烟楼梯间：

（1）疏散楼梯间内不应设置烧水间、可燃材料储藏室、垃圾道。

（2）疏散楼梯间内不应有影响疏散的凸出物和其他障碍物。

（3）封闭楼梯间、防烟楼梯间及其前室不应设置卷帘。

（4）疏散楼梯间内不应设置甲、乙、丙类液体管道。

（5）封闭楼梯间、防烟楼梯间及其前室内禁止穿过或设置可燃气体管道。敞开楼梯间内不应设置可燃气体管道，当住宅建筑的敞开楼梯间内确需设置可燃气体管道和可燃气体计量表时，应采用金属管和设置切断气源的阀门。

5.11 其他形式的疏散楼梯的设置要求

其他形式的疏散楼梯主要有剪刀楼梯、四跑楼梯和剪刀式套梯三种类型，它们都应是防烟楼梯，除遵照防烟楼梯的要求设置外，尚应有与自身构造相关的技术要求，它们都是在我国规范的特定条件下，设计人员为解决大型商业场所的安全出口数量和总净宽度不足而借鉴和创造的。

5.12 《建筑设计防火规范》GB 50016—2014(2018年版)对采用剪刀楼梯的规定

按《建筑设计防火规范》GB 50016—2014（2018 年版）的规定，剪刀楼梯只可有条件地用于高层公共建筑和住宅建筑，应用条件是：高层公共建筑任一疏散门（或住宅建筑任一户门）到最近疏散楼梯间入口的距离不大于 10m，方可采用剪刀楼梯间，剪刀楼梯的楼梯间应为防烟楼梯间，两梯段之间应设有耐火极限不低于 1.00h 的防火隔墙。

高层公共建筑的剪刀楼梯间前室应分别设置，剪刀楼梯前室使用面积不应小于 $6.0m^2$；楼梯间前室可与消防电梯前室合用，合用前室使用面积不应小于 $10.0m^2$；宜有环形内走道实现双向疏散，两个楼梯间内的送风系统不能合用。

住宅建筑的剪刀楼梯前室使用面积不应小于 $4.5m^2$；住宅建筑剪刀楼梯的两个楼梯间前室可共用，共用前室的使用面积不应小于 $6m^2$，楼梯间的前室或共用前室不宜与消防电梯的前室合用，当楼梯间的共用前室与消防电梯的前室合用时，合用前室的使用面积不应小于 $12.0m^2$，且短边不应小于 2.4m，两个入口之间的距离仍要不小于 5m。

对多层公共建筑中是否可采用剪刀楼梯，规范既没有规定，也未禁止，更没有说明在多层公共建筑中采用剪刀楼梯有什么危害！

剪刀楼梯间是由两部单跑楼梯组合交叉而成，它由耐火极限不低于 1.00h 的不燃烧体隔墙，将这两部单跑楼梯分隔成为两部互不相通，相互独立的楼梯间。由于两部单跑楼梯是沿分隔墙的两个立面缠绕布置，在立面上梯段投影是相互交叉的，形似剪刀，故称剪刀楼梯，而把楼梯梯段、平台与其围护结构形成的空间称为剪刀楼梯间。

剪刀楼梯的特点是在狭窄的空间里，有两部互相独立，互不相通，向两个方向疏散的楼梯间，实现了双向疏散所需要的两个出口，而且一部剪刀楼梯间在一层中大约可节约 $6\sim8m^2$ 的平行双跑楼梯所占面积，降低了一部楼梯在建筑总面积中占用的比例，具有明显的经济性，对解决了两个出口和疏散总净宽是有利的，但剪刀楼梯由于每一部楼梯都是单跑梯，梯段长度比折跑梯长，楼梯显得深坠，中间没有休息平台（只有当超过 18 阶时才设休息平台），与人们习惯的平行双跑梯不太一样。

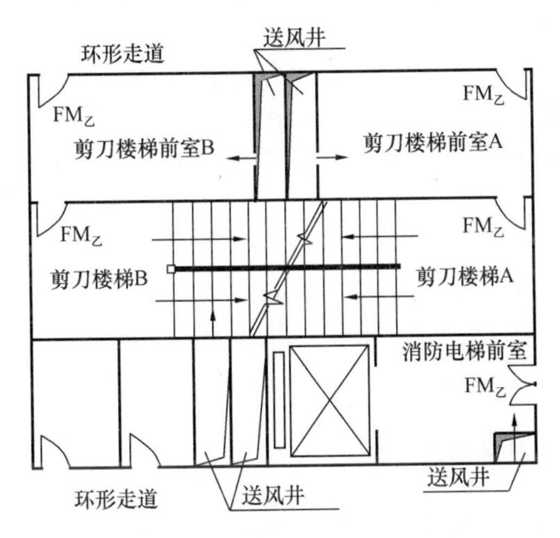

图 5-24 剪刀楼梯的平面布置示意图

图 5-24 是剪刀楼梯的平面布置示意图，图中剪刀楼梯的两部楼梯的梯段之间设有耐火极限不低于 1.00h 的防火隔墙，把两部楼梯分隔为互不相通，相互独立的楼梯间 A 和楼梯间 B，而且每部楼梯间，各有自己的防烟前室 A 和防烟前室 B，每个前室的使用面积均不小于 $6.0m^2$，满足了剪刀楼梯必须是防烟楼梯间的规定，这对于高层公共建筑中的剪刀楼梯，是完全符合规范要求的。

在规定设置机械加压送风系统的建筑中，无论是公共建筑还是住宅建筑，只要一部剪刀楼梯是按两个安全出口使用时，为了保证两部楼梯的加压送风不至于在火灾发生时同时失效，其两部楼梯间和前室、合用前室的机械加压送风系统（风机、风道、风口）应分别独立设置，而且两部楼梯间也要分别独立设置风机和风道、风口。

图 5-25 是剪刀楼梯与消防电梯合用前室的平面布置示意图，图中合用前室的使用面积，对公共建筑不小于 $10.0m^2$，对住宅建筑不小于 $6.0m^2$。

在高层公共建筑中，只要剪刀楼梯是按防烟楼梯间设计，而且符合“相互独立，双向疏散”的原则时，对这样的剪刀楼梯就没有两个安全出口必须相距 5m 的要求，规范的条文说明中指出：对于楼层面积比较小的高层公共建筑，设置剪刀楼梯是解决在难以按本规

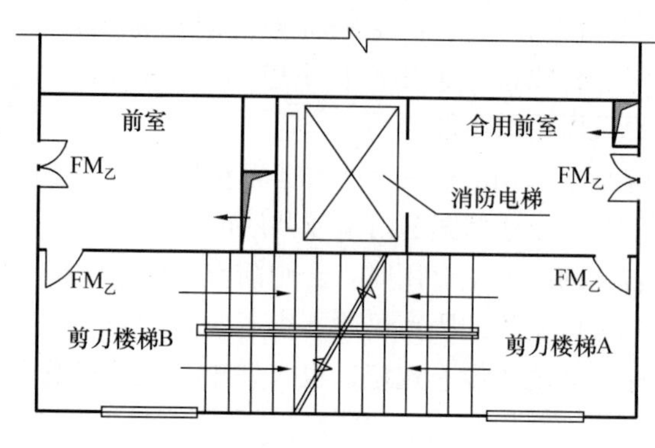

图 5-25 剪刀楼梯与消防电梯合用前室的平面布置示意图

范要求间隔 5m 布置两个安全出口时的变通措施。如图 5-24 是高层公共建筑中的剪刀楼梯，每个楼梯间有各自的前室，就没有两个安全出口之间必须相距 5m 的要求。

我国规范规定住宅建筑的剪刀楼梯前室使用面积不应小于 4.5m²，楼梯间的前室不宜共用，共用时，共用前室使用面积不应小于 6.0m²。住宅建筑剪刀楼梯间的前室或共用前室不宜与消防电梯的前室合用，当剪刀楼梯间的共用前室与消防电梯的前室合用时，合用前室的使用面积不应小于 12.0m²，且短边不应小于 2.4m，这一规定，实际上已经表达了共用前室的两个安全出口之间最近的水平距离不应小于 5.0m，而且进入剪刀楼梯间前室的入口应该位于不同方位，不能通过同一个入口进入共用前室，图 5-26是住宅剪刀楼梯间的共用前室与消防电梯的前室合用时的基本要求示意图。

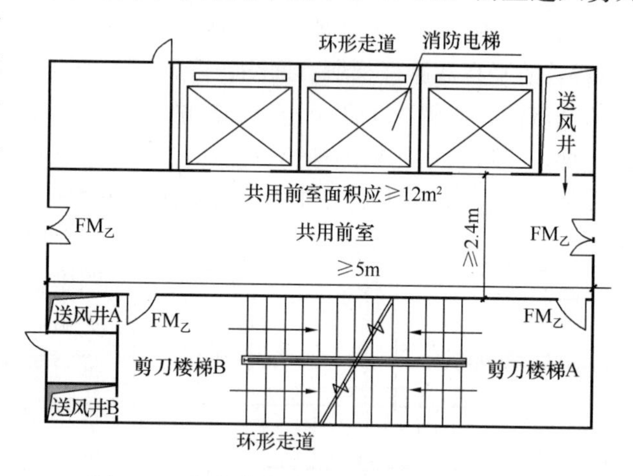

图 5-26 住宅建筑剪刀楼梯间的共用前室与消防电梯的前室合用的示意图

当住宅建筑的剪刀楼梯间的两个前室是相互独立的，或一个前室与另一个合用前室也是相互独立的时，规范没有规定，两个安全出口之间相邻两个疏散门最近边缘之间的水平距离不应小于 5.0m。只要两个安全出口位于不同方位即可。

通常，当剪刀楼梯每层梯段在 18 阶及以上时，一般可满足两个安全出口之间最近的水平距离不应小于 5.0m 的规定。

5.13 关于前室、合用前室、共用前室的概念和要求

前室、合用前室、共用前室这三个术语没有术语定义，在概念上容易混淆：

前室是从走道进入防烟楼梯间的一个独立的防烟空间。建筑中如果有向大气敞开的阳台、凹廊，它们也具有防烟功能，当它们处于从走道进入防烟楼梯间前的路径上，而且阳台或凹廊等的使用面积也满足前室的有关要求，它们可等效地替代前室，但它们毕竟不具有“室”的特征，故不能叫“前室”“等效”不是“等同”!

共用前室具有前室的功能，但它是指两部防烟楼梯间的前室是合而为一的防烟空间，两部防烟楼梯间共同使用一个前室。要实现两部防烟楼梯间共同使用一个前室，只有剪刀楼梯才能做到，所以共用前室是剪刀楼梯前室的一种形式，只有剪刀楼梯才有条件设共用前室。由于《建筑设计防火规范》GB 50016—2014（2018 年版）规定：高层公共建筑的

疏散用楼梯采用剪刀楼梯间时，楼梯间的前室应分别设置，使每部楼梯间的前室成为各自独立的空间。所以共用前室只在住宅建筑采用剪刀楼梯间时才允许使用，但使用面积也满足共用前室的有关要求。

合用前室是指防烟楼梯间的前室与消防电梯间前室合用的防烟空间，具有消防电梯间前室和防烟楼梯间前室的一切功能，不仅平行双跑楼梯的防烟楼梯间前室可与消防电梯间前室合用，剪刀楼梯间的一部楼梯间的前室也可与消防电梯间前室合用，但要求合用前室的使用面积应满足合用前室的有关要求；另外，住宅建筑的剪刀楼梯间采用共用前室时，也可以与消防电梯间前室合用，楼梯间的共用前室与消防电梯的前室合用时，合用前室的使用面积不应小于12.0m^2，且短边不应小于2.4m，而且进入剪刀楼梯间合用前室的入口应该位于不同方位，不能通过同一个入口进入共用前室，两个入口之间的距离仍要不小于5m。由于共用前室只在住宅建筑采用剪刀楼梯间时才允许使用，所以这种具有合用前室使用功能的共用前室，也只能在住宅建筑采用剪刀楼梯间时允许使用。

剪刀楼梯的梯段之间应设置耐火极限不低于1.00h的防火隔墙，这是因为该防火隔墙使一部剪刀楼梯有两个楼梯间，并与两个防烟前室配合，作为两部疏散楼梯的两个安全出口来对待的。这样，一部剪刀楼梯就可以认为有两个安全出口，而且有两个疏散净宽可计入楼层或防火分区的总净宽之内。当没有了梯段之间的防火隔墙时，一部剪刀楼梯的两个楼梯间就不存在了，就只能算作一个楼梯间，尽管有两个防烟前室与两个出口相配合，也只能算作一个安全出口，因为任一个前室进烟都会威胁到楼梯间的安全，这种情况是在楼层或防火分区的安全出口数量已满足要求的情况下，为解决疏散总净宽不足而设置的剪刀楼梯，因为没有了梯段之间防火隔墙的剪刀楼梯，虽然只算一个安全出口，但两个梯段的净宽仍可计入总净宽之内，当一部剪刀楼梯就只能算作一个安全出口时，两个防烟前室就可以合并成一个。

所以当剪刀楼梯的梯段之间设置有耐火极限不低于1.00h的防火隔墙时，这样的剪刀楼梯是以解决两个安全出口为目的；当剪刀楼梯的梯段之间不设置耐火极限不低于1.00h的防火隔墙时，这样的剪刀楼梯是以解决疏散总净宽度为目的。

四跑楼梯设有三个中间平台，二个楼层平台，用四跑梯段完成一个楼层的竖向疏散，因此它的楼梯梯段缩短了许多，楼梯平面投影面积大为减小，因而在每层节省了不少面积，对于净空高大的楼层特别适用。

剪刀式叠合楼梯（俗称套梯）则是在同一楼梯空间内，容纳了两对折跑楼梯，梯段如剪刀式套合，每个楼层设有通向楼梯的两个出入口，它和一般折跑梯的区别是：

（1）折跑梯在上下楼层的中段只设一个中间平台，而叠合楼梯的上下楼层的中段却设两个相互对应的中间平台；

（2）一般折跑梯在每个楼层设有通向楼梯的1个出入口，而叠合套梯在每个楼层设有通向楼梯的两个出入口。

叠合套梯的占地面积与一般折跑梯相同，但疏散宽度却是一般折跑梯的两倍，当为防烟楼梯间时，需设两个防烟前室，前室所占面积是一般折跑梯的两倍，叠合套梯虽然有两部楼梯，两个出入口，但由于同处一个空间，所以也只能算一个安全出口，只是疏散宽度增大了一倍而已。

四跑楼梯和剪刀式叠合楼梯（俗称套梯）都是极致地利用了楼梯竖向空间换取了平面

投影面积，从而使疏散楼梯在每层的占用面积得以缩小，对于楼层净空高度较大的商场特别适用。使用时应注意平台的净空高度应满足最小净高的规定。

在条件相同时，防烟楼梯采用四跑楼梯的每层的占用面积最小，剪刀楼梯次之，双跑楼梯最大。

5.14 疏散楼梯的踏步防滑与排水

现行国家标准《建筑设计防火规范》GB 50016—2014（2018年版）对疏散楼梯的踏步防滑与排水没有做出规定，可能是因为规范认为，《民用建筑设计统一标准》GB 50352—2019已对楼梯的踏步防滑做出了规定，按标准采取防滑措施即可，该标准规定：踏步应采取防滑措施。“可采用饰面防滑、设置防滑条等。防滑措施的构造应注意舒适与美观，构造高度可与踏步平齐、凹入或略高”。

疏散楼梯的踏步防滑与排水是火灾时人员疏散所必需的安全物质条件，火灾时人们涌入疏散楼梯内，消防用水也会流入疏散楼梯，如果疏散楼梯的踏步防滑仅满足一般楼梯正常使用要求是不够的，例如防滑条纹在水湿条件下仍应有充分的防滑阻力、防滑条纹的高度不能使人绊倒、防滑条纹的部位应在下楼时人的脚首先接触到踏步的位置、防滑条纹不应影响踏步表面排水等要求。疏散楼梯的踏步排水要求在美国标准《建（构）筑物火灾生命安全保障规范》NFPA 101—2006中是强制规定的，例如要求疏散楼梯踏步及平台应有不大于1英寸/4英尺（合20.8mm/m）坡度，有利于排水，楼梯踏步表面高摩擦材料做成的防滑条纹不应存在绊倒的危险。

规范应考虑到，人在下楼梯时比在平地上走更容易摔倒，这是因为人在平地上走动时，脚对地面的蹬力可以获得足够大的摩擦阻力，有利于人向前行走，而人在楼梯踏步上向下走动时，脚对踏步表面的蹬力比在平地要小得多，踏步对脚掌提供的摩擦阻力要小，所以人容易滑倒，再加上水的润滑，踏步的滑倒危险增大，所以在踏步表面增加高摩擦材料做成的防滑条纹来提供更大摩擦阻力，并辅以排水措施使疏散人员的滑倒危险减小，但防滑措施不能带来绊倒的危险。

6 关于公共建筑采用敞开楼梯间的解读

我国规范对疏散楼梯的采用有严格规定，因为疏散楼梯是连通上下楼层的竖向通道，也是火灾烟气向上部楼层传播的途径，火灾时疏散楼梯如果没有可靠的防烟措施，一旦楼梯进入烟气，整个疏散楼梯就不能使用，还可能危及疏散人员的生命安全，疏散楼梯在火灾时也可能是火灾蔓延到上部楼层的传播通道。而建筑火灾的烟气向上部楼层传播在一定程度上是依赖于烟囱效应，烟囱效应在竖井中所产生的压差大小与计算点距中性面的高度成正比，因此，建筑高度愈高，烟囱效应在竖井中所产生的压差愈大，所以疏散楼梯的防烟性能要求，由建筑高度和建筑的使用性质共同决定，现行国家标准《建筑设计防火规范》GB 50016—2014（2018年版）对敞开楼梯间、封闭楼梯间、防烟楼梯间的选用有严格规定。

6.1 关于公共建筑采用疏散楼梯间的规定

（1）一类高层公共建筑和建筑高度大于32m的二类高层公共建筑，其疏散楼梯应采用防烟楼梯间。

建筑高度大于24m的老年人照料设施，其室内疏散楼梯应采用防烟楼梯间；

当独立建造的老年人照料设施的建筑高度大于24m应为一类高层公共建筑，当老年人照料设施设置在其他建筑内或与其他建筑组合建造时，如老年人照料设施部分的全部或部分楼层的楼地面距离该建筑室外设计地面大于24m的老年人照料设施，也应属于“建筑高度大于24m的老年人照料设施”，故室内疏散楼梯也应采用防烟楼梯间。

（2）裙房和建筑高度不大于32m的二类高层公共建筑，其疏散楼梯应采用封闭楼梯间。

注：当裙房与高层建筑主体之间设置防火墙时，裙房的疏散楼梯可按本规范有关单、多层建筑的要求确定。

（3）下列多层公共建筑的疏散楼梯，除与敞开式外廊直接相连的楼梯间外，均应采用封闭楼梯间：

1）医疗建筑、旅馆及类似使用功能的建筑；

2）设置歌舞娱乐放映游艺场所的建筑；

3）商店、图书馆、展览建筑、会议中心及类似使用功能的建筑；

4）6层及以上的其他建筑；

5）建筑高度不大于24m的多层老年人照料设施的疏散楼梯或疏散楼梯间宜与敞开式外廊直接连通，不能与敞开式外廊直接连通的室内疏散楼梯应采用封闭楼梯间。

6.2 住宅建筑采用疏散楼梯的规定

（1）建筑高度不大于21m的住宅建筑可采用敞开楼梯间；与电梯井相邻布置的疏散楼梯应采用封闭楼梯间，当户门采用乙级防火门时，仍可采用敞开楼梯间。

（2）建筑高度大于21m、不大于33m的住宅建筑应采用封闭楼梯间；当户门采用乙级防火门时，可采用敞开楼梯间。

（3）建筑高度大于33m的住宅建筑应采用防烟楼梯间。户门不宜直接开向前室，确有困难时，每层开向同一前室的户门不应大于3樘且应采用乙级防火门。

6.3 地下或半地下建筑（室）采用疏散楼梯间的规定

除住宅建筑套内的自用楼梯外，地下或半地下建筑（室）的疏散楼梯间，当室内地面与室外出入口地坪高差大于10m或3层及以上的地下、半地下建筑（室），其疏散楼梯应采用防烟楼梯间；其他地下或半地下建筑（室），其疏散楼梯应采用封闭楼梯间。

6.4 关于公共建筑采用敞开楼梯间的解读

敞开楼梯间在现行国家标准《建筑设计防火规范》GB 50016—2014（2018年版）中，既没有定义，也没有像对封闭楼梯间、防烟楼梯间那样，单独明确规定出敞开楼梯间应有的技术要求，住宅建筑明确了什么样的建筑可采用敞开楼梯间，但公共建筑则没有可采用敞开楼梯间的明文规定，我国规范虽然没有明确规定什么样的多层公共建筑可以采用敞开楼梯间，但读者可依据《建筑设计防火规范》GB 50016—2014 第 5.5.13 条的规定，从条文措辞，推演出可采用敞开楼梯间的依据：

"5.5.13 下列多层公共建筑的疏散楼梯，除与敞开式外廊直接相连的楼梯间外，均应采用封闭楼梯间：

1 医疗建筑、旅馆及类似使用功能的建筑；

2 设置歌舞娱乐放映游艺场所的建筑；

3 商店、图书馆、展览建筑、会议中心及类似使用功能的建筑；

4 6 层及以上的其他建筑。"

按照条文可推演出，以下多层公共建筑可采用敞开楼梯间：

（1）医疗建筑、旅馆及类似使用功能的建筑、设置歌舞娱乐放映游艺场所的建筑、商店、图书馆、展览建筑、会议中心及类似使用功能的建筑、6 层及以上的其他多层公共建筑，当建筑中的楼梯间直接与敞开式外廊相连时，该楼梯间可为敞开楼梯间；

（2）5 层及以下的其他多层公共建筑可采用敞开楼梯间。条文中的"其他建筑"是指：除 1 项、2 项、3 项所指的公共建筑以外的其他多层公共建筑，如集体宿舍、教学建筑、普通办公建筑等。

《建筑设计防火规范》GB 50016—2014 第 5.5.13 条中："除与敞开式外廊直接相连楼梯间外，均应采用封闭楼梯间"，条文中"与敞开式外廊直接相连的楼梯间"就是指敞开楼梯间，因为只有敞开楼梯间才能与敞开式外廊直接相连。所以，条文暗含了多层公共建筑的疏散楼梯，只要该楼梯间与敞开式外廊直接相连的，该楼梯间可不封闭，这就指敞开楼梯间；

又如《建筑设计防火规范》GB 50016—2014 第 6.4.1 条中："疏散楼梯间应符合下列规定"，该疏散楼梯间就应包括了敞开楼梯间。因为规范对疏散楼梯间没有定义，按照规范规定，敞开楼梯间是住宅建筑的疏散楼梯之一，因此可以认为，疏散楼梯间应当是指敞开楼梯间、封闭楼梯间、防烟楼梯间。

对于单独建造的剧院，影院，礼堂，体育馆的疏散楼梯形式，《建筑设计防火规范》GB 50016—2014 在条文说明中指出："由于剧场、电影院、礼堂、体育馆属于人员密集场所，楼梯间的人流量较大，使用者大都不熟悉内部环境，且这类建筑多为单层，因此规定中未规定剧场、电影院、礼堂、体育馆的室内疏散楼梯应采用封闭楼梯间。但当这些场所与其他功能空间组合在同一座建筑内时，则其疏散楼梯设置形式应按其中要求最高者确定，或按该建筑的主要功能确定。如电影院设置在多层商店建筑内，则需要按多层商店建筑的要求设置封闭楼梯间。"这里的"未规定剧场，电影院，礼堂，体育馆的室内疏散楼梯应采用封闭楼梯间"就是指对这类单独建造的剧场，电影院等场所，其室内疏散楼梯可采用敞开楼梯间。

规范条文说明中所说的"与敞开式外廊直接相连的楼梯间可不设置封闭楼梯间"，是说，当规范规定多层公共建筑应采用封闭楼梯间时，只要该楼梯间是与敞开式外廊直接相连的，该楼梯间可不封闭，这个楼梯间就是事实上的敞开楼梯间，如图 6-1 所示。

敞开楼梯间在《建筑设计防火规范》GB 50016—2014（2018 年版）中是客观存在的，也是现实社会生活的客观需要，它有存在的价值。因为在设置敞开楼梯间的多层民用建筑中，多数情况下是不设电梯的，敞开楼梯间就是平时唯一的上下交通设施。敞开楼梯间在平时的生活和工作中，在众多人员通过时，承受人员疏散冲击荷载的通过能力强，安全性较好，这对于多层建筑中的教学楼、集体宿舍楼、一般办公楼，单独建造的电影院、剧院等人员密集、人流量较大的场所，当建筑内不设客用电梯时，建筑内平时的竖向交通完全靠楼梯，因人群流动有非常强的节律性，对出口的冲击性也很大，平常使用时对楼梯通道的开放性和可通行性的要求都较高，所以采用敞开楼梯间就非常方便和适用。火灾时利用敞开楼梯间作为疏散楼梯，是人们熟悉的通道，而且建筑高度不大、楼层数少，在这些建筑内利用敞开楼梯间作为疏散楼梯还是适宜的，反之如要求采用封闭楼梯间，对于像教学楼、集体宿舍楼的建筑而言，楼梯间的防火门很容易损坏。

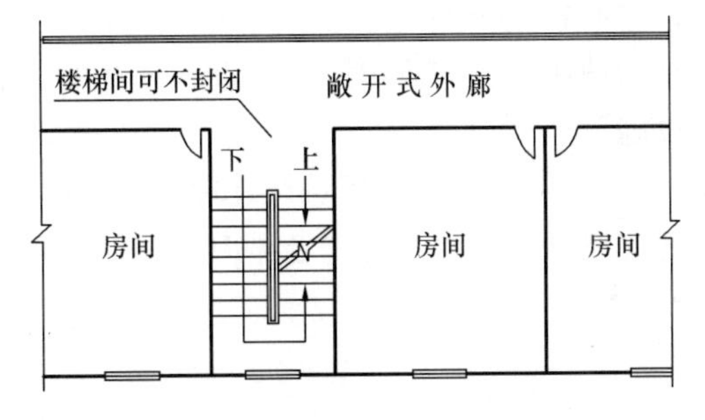

图 6-1　与敞开式外廊直接相连的楼梯间可不封闭

《建筑设计防火规范》GB 50016—2014（2018 年版）版中关于敞开楼梯间的使用问题，仅在住宅建筑中明确了什么样的住宅建筑可采用敞开楼梯间。而对多层公共建筑中使用敞开楼梯间的问题，是没有明确规定的，而且没有对敞开楼梯间进行定义，更没有对敞开楼梯间提出技术要求。什么样的公共建筑可使用敞开楼梯间只能由读者从条文规定中，通过逻辑推理才能知道。这与规范条文应遵循的“技术内容表达明确，通俗易懂，便于理解执行”的适用性原则不符。

敞开楼梯间在公共建筑中使用是客观存在，敞开楼梯间与封闭楼梯间、防烟楼梯间、室外疏散楼梯是组成疏散楼梯系统中不可缺失的一种疏散楼梯形式，这些疏散楼梯各有各的优势和缺点，它们都有存在的价值，各有各的适用范围，在技术上应客观对待，明确表述。

但切忌把敞开楼梯间和敞开楼梯相互混淆。

7　对我国规范老年人照料设施的消防要求解读

现行国家标准《建筑设计防火规范》GB 50016—2014（2018 年版）在原规范的基础上，完善并强化了对老年人照料设施的防火要求，将原规范中的“老年人建筑”术语修改为“老年人照料设施”术语，并对“老年人照料设施”采取更系统的、针对性更强的防火技术措施，虽然规范没有对“老年人照料设施”术语进行定义，但是在条文及条文说明中对“老年人照料设施”的概念做了明确规定。

7.1　老年人照料设施的基本概念

《建筑设计防火规范》GB 50016—2014（2018 年版）在第 5.1.1 条的条文说明指出：“本规范条文中的‘老年人照料设施’是指现行行业标准《老年人照料设施建筑设计标准》JGJ 450—2018 中床位总数（可容纳老年人总数）大于或等于 20 床（人），专为老年人提供集中照料服务的公共建筑，包括老年人全日照料设施和老年人日间照料设施。其他专供老年人使用的、非集中照料的设施或场所，如老年大学、老年活动中心等不属于老年人照料设施”

《老年人照料设施建筑设计标准》JGJ 450—2018 将老年人照料设施定位在养老服务设施的概念层次上，与“老年人居住建筑”并列，见图 7-1 所示。

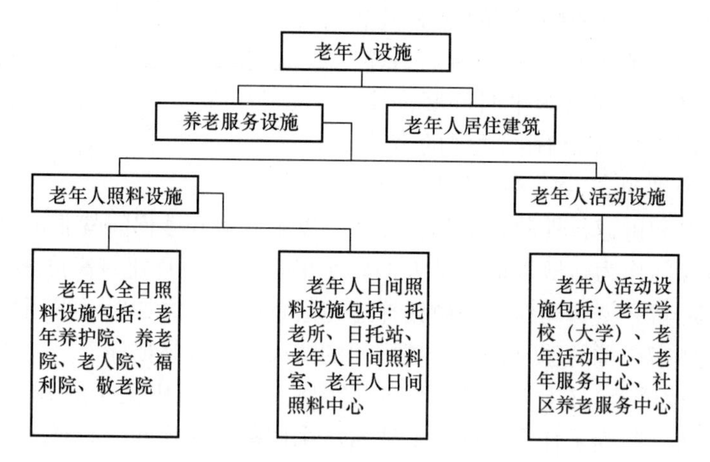

图 7-1　老年人照料设施在老年人设施中的概念层次定位

《老年人照料设施建筑设计标准》JGJ 450—2018 标准给出设计总床位数（老年人总数）下限值，也明确了设计总床位数小于或等于 19 床的老年人全日照料设施，以及设计老年人总数小于或等于 19 人的老年人日间照料设施的建筑设计可不按 JGJ 450—2018 执行。

由此可知，在该标准所指的老年人照料设施的建筑中，并不包括老年人居住建筑和老年人活动设施。

7.2 《建筑设计防火规范》GB 50016—2014（2018 年版）对老年人居住建筑的划类

《建筑设计防火规范》GB 50016—2014（2018 年版）第 5.1.1 条条文说明指出：“本条表 5.1.1 中的‘独立建造的老年人照料设施’，包括与其他建筑贴邻建造的老年人照料设施；对于与其他建筑上下组合建造或设置在其他建筑内的老年人照料设施，其防火设计要求应根据该建筑的主要用途确定其建筑分类。其他专供老年人使用的、非集中照料的设施或场所，其防火设计要求按本规范有关公共建筑的规定确定；对于非住宅类老年人居住建筑，按本规范有关老年人照料设施的规定确定”。

这里的“其他专供老年人使用的、非集中照料的设施或场所”是指什么？《建筑设计防火规范》GB 50016—2014（2018 年版）并不明确。可能是指《老年人照料设施建筑设计标准》JGJ 450—2018 图 7-1 的“老年人居住建筑”，如果是指“老年人居住建筑”，按我国对居住建筑的分类方法，它就包括了“老年人非住宅类居住建筑”和“老年人住宅建筑”。对于“非住宅类老年人居住建筑”，《建筑设计防火规范》GB 50016—2014（2018 年版）明确应按规范有关“老年人照料设施”的规定确定，对于“老年人住宅建筑”的防火设计要求，则应按规范有关公共建筑的规定确定。这是《建筑设计防火规范》GB

50016—2014（2018年版）把《老年人照料设施建筑设计标准》JGJ 450—2018“老年人居住建筑”中的专供老年人使用的、非集中照料的“非住宅类老年人居住建筑”划入了“老年人照料设施”范畴，使《建筑设计防火规范》GB 50016—2014（2018年版）所指称的“老年人照料设施”中，既包含了专为老年人提供集中照料服务的老年人照料设施，也包含了专供老年人使用的不提供集中照料的老年人居住建筑，从而使规范的老年人照料设施的概念与第5.1.1条的条文说明相违背，把老年人照料设施的概念变得浑浊，并与《老年人照料设施建筑设计标准》JGJ 450—2018标准中的“老年人照料设施”在概念上拉开了距离。另外《建筑设计防火规范》GB 50016—2014（2018年版）还首次将“老年人住宅建筑”划归公共建筑的范畴。

《老年人照料设施建筑设计标准》JGJ 450—2018标准的老年人照料设施是指为老年人提供集中照料服务的设施，是老年人全日照料设施和老年人日间照料设施的统称，属于“公共建筑”。

《老年人照料设施建筑设计标准》JGJ 450—2018标准的老年人全日照料设施是为老年人提供住宿、生活照料服务及其他服务项目的设施，其中“生活照料服务”是指：向老年人提供饮食、起居、清洁、卫生照护的活动。除生活照料服务之外，老年人全日照料设施还可根据实际运营需求，提供老年护理服务、康复服务、医疗服务等其他服务项目（具体服务项目及要求见现行国家标准《养老机构服务质量基本规范》GB/T 35796—2017）。符合上述特点的设施，无论其实际的设施名称如何，均应纳入标准所定义的“老年人全日照料设施”范畴。目前常见的设施名称有：养老院、老人院、福利院、敬老院、老年养护院、老年公寓等。需注意，部分老年公寓为供老年人居家养老使用的居住建筑，不属于老年人全日照料设施。

《老年人照料设施建筑设计标准》JGJ 450—2018中“老年人日间照料设施”是为老年人提供日间休息、生活照料服务及其他服务项目的设施，是托老所、日托站、老年人日间照料室、老年人日间照料中心等的统称。老年人日间照料设施区别于老年人全日照料设施的主要特征是只提供日间休息和相关服务。其具体的服务项目通常包括膳食供应、个人照顾、保健康复、娱乐和交通接送等日间服务。老年人日间照料设施的服务对象是较为多样的，既包括能力完好的老年人，也包括存在一定程度失能状况的老年人。老年人日间照料设施既可以是独立建设和运营的设施，也可以是老年人全日照料设施的组成部分。目前常见的设施名称有：托老所、日托站、老年人日间照料室、老年人日间照料中心等。

“设施”是指安排布置的实体，是为某种需要而建立并按一定规则安排布置的机构，系统、组织、建筑等。“设施”具有系统性、整体性，是概念层次高于“建筑”的术语、它指称的范畴比“建筑”要广。比如“老年人照料设施”就包括了“基地与总平面”、场地内的“各类建筑及用房”“建筑设备”等，在《建筑设计防火规范》GB 50016—2014（2018年版）中对老年人照料设施的防火要求与规定，是针对老年人照料设施中建筑物的具体的防火要求。

7.3 老年人照料设施的消防要求

（1）老年人照料设施的防火要求

《建筑设计防火规范》GB 50016—2014（2018年版）的“老年人照料设施”包括三种

建造形式：

1）独立建造的老年人照料设施；

2）与其他建筑组合建造的老年人照料设施；

3）设置在其他建筑内的老年人照料设施。

《建筑设计防火规范》GB 50016—2014（2018年版）规定：除木结构建筑外，老年人照料设施的耐火等级不应低于三级，独立建造的三级耐火等级老年人照料设施，不应超过2层。老年人照料设施设置在木结构建筑内时，应布置在首层或二层。

三级耐火等级的老年人照料设施的吊顶，应采用不燃材料；当采用难燃材料时，其耐火极限不应低于0.25h。这是因为，耐火等级低的建筑，其火灾蔓延至整座建筑较快，建筑构件在火灾中的失效时间短，而老年人照料设施中的大部分人员年老体弱，行动不便，动作迟缓，需要更长的有效疏散时间和火灾扑救时间，故要求老年人照料设施具有较高的耐火等级。当老年人照料设施采用三级耐火等级的建筑时，要求此类建筑不应超过2层。

吊顶是受点火源直接冲击的部位，当采用可燃吊顶时，吊顶会迅速参与燃烧，对地面形成强烈的热辐射，会很快导致房间全面燃烧，缩短有限的逃生时间。

老年人照料设施宜独立设置。

独立建造的一、二级耐火等级老年人照料设施的建筑高度不宜大于32m，不应大于54m；独立建造的老年人照料设施的建筑高度超过24m的，应为一类高层民用建筑。当确需建设建筑高度大于54m的老年人照料设施的建筑时，要在规范规定的基础上采取更严格的针对性防火技术措施，并按照国家有关规定经专项论证确定。

对于设置在其他建筑内的老年人照料设施或与其他建筑上下组合建造的老年人照料设施，其设置高度和层数也应符合规范的这一规定，即老年人照料设施部分所在位置的建筑高度或楼层也要符合规范的这一规定。

当老年人照料设施设置在其他建筑内或与其他建筑组合建造时，“建筑高度大于24m的老年人照料设施”是指老年人照料设施部分的全部或部分楼层的楼地面距离该建筑室外设计地面（的垂直高度）大于24m的老年人照料设施。

当老年人照料设施与其他建筑上、下组合时，老年人照料设施宜设置在建筑的下部，并应符合下列规定：

1）老年人照料设施部分的建筑层数、建筑高度或所在楼层位置的高度应符合本规范第5.3.1A条的规定；

注：5.3.1A：独立建造的一、二级耐火等级老年人照料设施的建筑高度不宜大于32m，不应大于54m；独立建造的三级耐火等级老年人照料设施，不应超过2层。

5.3.1A条文说明：新增条文，本条规定是针对独立建造的老年人照料设施。对于设置在其他建筑内的老年人照料设施或与其他建筑上下组合建造的老年人照料设施，其设置高度和层数也应符合本条的规定，即老年人照料设施部分所在位置的建筑高度或楼层要符合本条的规定。

2）老年人照料设施部分应与其他场所进行防火分隔，防火分隔应符合本规范第6.2.2条的规定。

注：6.2.2：医疗建筑内的手术室或手术部、产房、重症监护室、贵重精密医疗装备用房、储藏间、实验室、胶片室等，附设在建筑内的托儿所、幼儿园的儿童用房和儿童游

乐厅等儿童活动场所、老年人照料设施，应采用耐火极限不低于 2.00h 的防火隔墙和 1.00h 的楼板与其他场所或部位分隔，墙上必须设置的门、窗应采用乙级防火门、窗。

（2）老年人照料设施中公共活动用房及康复与医疗用房的设置要求

当老年人照料设施中的老年人公共活动用房、康复与医疗用房设置在地下、半地下时，应设置在地下一层，每间用房的建筑面积不应大于 $200m^2$ 且使用人数不应大于 30 人。

老年人照料设施中的老年人公共活动用房、康复与医疗用房设置在地上四层及以上时，每间用房的建筑面积不应大于 $200m^2$ 且使用人数不应大于 30 人。

要求建筑面积大于 $200m^2$ 或使用人数大于 30 人的老年人公共活动用房应设置在建筑的一、二、三层，可以方便聚集的人员在火灾时快速疏散，且不影响其他楼层的人员向地面进行疏散。

注：老年人照料设施中的老年人公共活动用房是指用于老年人集中休闲、娱乐、健身等用途的房间，如公共休息室、阅览或网络室、棋牌室、书画室、健身房、教室、公共餐厅等。

老年人生活用房是指用于老年人起居、住宿、洗漱等用途的房间。

康复与医疗用房是指用于老年人诊疗与护理、康复治疗等用途的房间或场所。

（3）老年人照料设施的防火分隔要求

老年人照料设施与其他建筑组合建造时，不仅要执行“同一建筑内设置多种使用功能场所时，不同使用功能场所之间应进行防火分隔”的规定，老年人照料设施应采用耐火极限不低于 2.00h 的防火隔墙和 1.00h 的楼板与其他场所或部位分隔，墙上必须设置的门、窗应采用乙级防火门、窗。对于与其他建筑贴邻建造的老年人照料设施，应按独立建造的老年人照料设施考虑，因此要采用防火墙相互分隔，并要满足消防车道和救援场地的相关设置要求。对于与其他建筑上、下组合的老年人照料设施，应按规定要采用防火墙相互分隔，并要满足防火分隔要求。

（4）老年人照料设施的外墙保温防火要求

除建筑外墙采用保温材料与两侧墙体构成无空腔复合保温结构体的情况外，独立建造的老年人照料设施及与其他建筑组合建造且老年人照料设施部分的总建筑面积大于 $500m^2$ 的老年人照料设施的内、外墙体和屋面保温材料应采用燃烧性能为 A 级的保温材料。

（5）老年人照料设施的疏散和避难要求

老年人照料设施的疏散楼梯或疏散楼梯间宜与敞开式外廊直接连通，不能与敞开式外廊直接连通的室内疏散楼梯应采用封闭楼梯间。

建筑高度大于 24m 的老年人照料设施，其室内疏散楼梯应采用防烟楼梯间。建筑高度大于 32m 的老年人照料设施，宜在 32m 以上部分增设能连通老年人居室和公共活动场所的连廊，各层连廊应直接与疏散楼梯、安全出口或室外避难场地连通。

当老年人照料设施设置在其他建筑内或与其他建筑组合建造时，本条中“建筑高度大于 24m 的老年人照料设施”，包括老年人照料设施部分的全部或部分楼层的楼地面距离该建筑室外设计地面大于 24m 的老年人照料设施。

要求建筑高度不大于 24m 的老年人照料设施的疏散楼梯或疏散楼梯间宜与敞开式外廊相连通，是因为外敞开式走廊直接与大气相通，具有较好的扩散烟气的条件，而且当疏散楼梯或疏散楼梯间与敞开式外廊相连通时，疏散楼梯间可采用敞开楼梯间，有利于老年人的安全疏散。当疏散楼梯间不与敞开式外廊相连通时，应采用封闭楼梯间。封闭楼梯间或防烟楼梯间有较好的防烟能力，都能在火灾时为人员疏散提供较安全的疏散环境，有更长的时间可供老年人安全疏散，为满足老年人照料设施中难以在火灾时及时疏散的老年人的避难需要，老年人照料设施要尽量设置与疏散或避难场所直接连通的室外走廊，为老年人在火灾时提供更多的安全疏散路径。外走廊不应封闭，对于需要封闭的外走廊，则要具备在火灾时可以与火灾报警系统或其他方式联动自动开启外窗的功能，实现敞开式外廊的扩散烟气条件。

对于与其他建筑上、下组合的老年人照料设施，除要按规定进行分隔外，对于新建和扩建建筑，应该有条件将安全出口全部独立设置；对于部分改建建筑，受建筑内上、下使用功能和平面布置等条件的限制时，要尽量将老年人照料设施部分的疏散楼梯或安全出口独立设置。

建筑高度大于32m的老年人照料设施，宜在32m以上部分增设能连通老年人居室和公共活动场所的连廊，各层连廊应直接与疏散楼梯、安全出口或室外避难场地连通。建筑高度的增加会显著影响老年人照料设施内人员的疏散和外部的消防救援，故要求是在室内疏散走道满足人员安全疏散要求的条件下，在外墙部位再增设能连通老年人居室和公共活动场所的连廊，以提供更好的疏散、救援条件。

老年人照料设施内的非消防电梯应采取防烟措施，当火灾情况下需用于辅助人员疏散时，该电梯及其设置应符合规范有关消防电梯的设置要求。

五层及以上，且总建筑面积大于3000m^2（包括设置在其他建筑内五层及以上楼层）的老年人照料设施应设消防电梯；

三层及三层以上总建筑面积大于3000m^2（包括设置在其他建筑内3层及以上楼层）的老年人照料设施，应在二层及以上各层老年人照料设施部分的每座疏散楼梯间的相邻部位设置1间避难间；当老年人照料设施设置与疏散楼梯或安全出口直接连通的开敞式外廊、与疏散走道直接连通且符合人员避难要求的室外平台等时，可不设置避难间。避难间内可供避难的净面积不应小于12m^2，避难间可利用疏散楼梯间的前室或消防电梯的前室。

老年人照料设施的避难间的其他设置要求：

1）避难间应采用耐火极限不低于2.00h的防火隔墙和甲级防火门与其他部位隔开；

2）避难间兼作其他用途时，应保证人员的避难安全，且不得减少可供避难的净面积；

3）应设置直接对外的可开启窗口或独立的机械防烟设施，外窗应采用乙级防火窗；

4）应设置消防专线电话和消防应急广播；

5）避难间的入口处应设置明显的指示标志。

对于老年人照料设施只设置在其他建筑内三层及以上楼层，而一、二层没有老年人照料设施的情况，避难间可以只设置在有老年人照料设施的楼层上相应的疏散楼梯间附近。

《建筑设计防火规范》GB 50016—2014（2018年版）规范要求：老年人照料设施的“避难间可以利用平时使用的公共就餐室或休息室等房间，一般从该房间要能避免再经过走道等火灾时的非安全区进入疏散楼梯间或楼梯间的前室；避难间的门可直接开向前室或疏散楼梯间。当避难间利用疏散楼梯间的前室或消防电梯的前室时，该前室的使用面积不

应小于 $12m^2$，不需另外增加 $12m^2$ 避难面积。但考虑到救援与上下疏散的人流交织情况，疏散楼梯间与消防电梯的合用前室不适合兼作避难间。

避难间的净宽度要能满足方便救援中移动担架（床）等的要求，净面积大小还要根据该房间所服务区域的老年人实际身体状况等确定。美国相关标准对避难面积的要求为：一般健康人员，$0.28m^2$/人；一般病人或体弱者，$0.6m^2$/人；带轮椅的人员的避难面积为 $1.4m^2$/人；利用活动床转送的人员的避难面积为 $2.8m^2$/人。考虑到火灾的随机性，要求每座楼梯间附近均应设置避难间。建筑的首层人员由于能方便地直接到达室外地面，故可以不要求设置避难间。”

老年人照料设施的总建筑面积计算要求：当老年人照料设施独立建造时，为该老年人照料设施单体的总建筑面积；当老年人照料设施设置在其他建筑或与其他建筑组合建造时，为其中老年人照料设施部分的总建筑面积。

供失能老年人使用且层数大于 2 层的老年人照料设施，应按核定使用人数配备简易防毒面具。这是考虑到失能老年人的自身条件，当供失能老年人使用的老年人照料设施层数超过 2 层的，在老年人照料设施内，要按核定使用人数配备简易防毒面具，以提供必要的个人防护措施，降低火灾产生的烟气对失能老年人的危害。

（6）老年人照料设施的消防设备

体积大于 $5000m^3$ 的老年人照料设施的建筑应设置室内消火栓系统。

老年人照料设施内应设置与室内供水系统直接连接的消防软管卷盘，消防软管卷盘的设置间距不应大于 30m。

老年人照料设施应设置自动喷水灭火系统。老年人照料设施设置自动喷水灭火系统，可以有效降低该类场所的火灾危害。根据现行国家标准《自动喷水灭火系统设计规范》GB 50084—2017，室内最大净空高度不超过 8m、保护区域总建筑面积不超过 $1000m^2$ 及火灾危险等级不超过中危险级Ⅰ级的民用建筑，可以采用局部应用自动喷水灭火系统。因此，当受条件限制难以设置普通自动喷水灭火系统，且又符合上述规范要求的老年人照料设施，可以采用局部应用自动喷水灭火系统。

老年人照料设施应设置火灾自动报警系统。老年人照料设施中的老年人用房及其公共走道，均应设置火灾探测器和声警报装置或消防广播。

规范认为：“为使老年人照料设施中的人员能及时获知火灾信息，及早探测火情，要求在老年人照料设施中的老年人居室、公共活动用房等老年人用房中设置相应的火灾报警和警报装置。当老年人照料设施单体的总建筑面积小于 $500m^2$ 时，也可以采用独立式烟感火灾探测报警器。独立式烟感探测器适用于受条件限制难以按标准设置火灾自动报警系统的场所，如规模较小的建筑或既有建筑改造等。独立式烟感探测器可通过电池或者生活用电直接供电，安装使用方便，能够探测火灾时产生的烟雾，及时发出报警，可以实现独立探测、独立报警。规范指称的‘老年人照料设施中的老年人用房’，是指现行行业标准《老年人照料设施建筑设计标准》JGJ 450—2018 规定的老年人生活用房、老年人公共活动用房、康复与医疗用房。”

老年人照料设施建筑内的避难间、楼梯间、前室或合用前室、避难走道内应设疏散照明，疏散照明的地面最低水平照度应不低于 10.0lx。

老年人照料设施建筑内应设消防应急照明和灯光疏散指示标志，其备用电源的连续供电时间不应少于 1.0h；

老年人照料设施的非消防用电负荷应设置电气火灾监控系统。

老年人照料设施的规定场所或部位应按规范要求设置防烟及排烟设施。

8 有顶商业步行街消防技术要求的解读

有顶商业步行街是《建筑设计防火规范》GB 50016—2014 为适应我国的商业建筑的发展而首次提出的。

我国的商业建筑自改革开放以来有了很大的发展。从服务模式看：从原来单纯的商品陈列和卖场用途发展到营业、仓储的综合用途，出现了百货公司、商场、超市等商业场所、今天的商业地产已经是集营业、仓储、休闲、娱乐、餐饮、美容美发、加工、修理等综合服务功能的超大型商业中心。从营业场所的规模看：大型商业建筑的建筑面积已经从原来的 15000m^2，发展到现在的数十万平方米，如北京的金源购物中心的建筑面积达 68 万 m^2。浙江海宁银泰商业城建筑面积达 43 万 m^2。由于规模巨大、原来的楼层式平面空间已经不能满足商业的需要和消防要求，商业步行街也就应运而生，在这之前的《建筑设计防火规范》GB 50016—2006 中已经产生了诸如“下沉广场”“安全通道”“防火隔间”“亚安全区”“避难走道”等消防技术，为商业步行街的出现奠定了消防技术基础。

消防技术始终是为经济服务的，经济的发展是消防技术的催生剂，消防技术只有在为经济服务中得到发展，这就是消防技术与经济之间的辨证关系，由于出现了商业步行街，下沉广场等新技术，使商业建筑挣脱了旧有规范的束缚和限制，能够建的更大，更通透，更加多功能化，甚至出现了多种零售店铺、服务设施集中在一个建筑物内或一个区域内的建筑群里，向消费者提供综合性服务的商业集合体。这种商业集合体内通常包含数十个甚至数百个服务场所，业态涵盖大型综合超市、步行街、专业店、专卖店、饮食店、杂品店以及娱乐健身休闲。甚至出现了“HOPSCA”这样的城市商业综合体，它是把酒店（Hoted），写字楼（Office Building），公园（Park），购物中心（Shopping Mall），会议中心（Convention），公寓（Apartment）等功能场所用步行街集约为商业群体，满足了顾客的“一站式”消费的愿望，各功能建筑都为提高综合体的商业价值起到了链条作用。从而推动了我国商业经济的发展，对扩大内需做出了贡献，在这里消防技术功不可没。

有顶步行街应具有以下要素：

（1）有顶步行街是两侧商业餐饮娱乐等商业建筑物之间的空地利用，用于步行购物和应急疏散。

步行街两侧建筑，必须是耐火等级不低于二级的不同建筑。步行街的街面宽度，应由规范对相应高度的建筑应有的防火间距要求决定，且不应小于 9m。规范没有限定步行街两侧建筑必须是多层民用建筑，但规定两侧建筑不应是同一建筑物。

图 8-1 是由建筑物 A 和建筑物 B 组成的步行商业街示意图，两栋建筑都是商业建筑，建筑之间由顶棚和街面、层间的回廊联系。

图 8-2 是由建筑物 A 和建筑物 B 组成的步行商业街示意图，建筑之间除由顶棚和街面联系外、每层可用回廊、天桥联系。

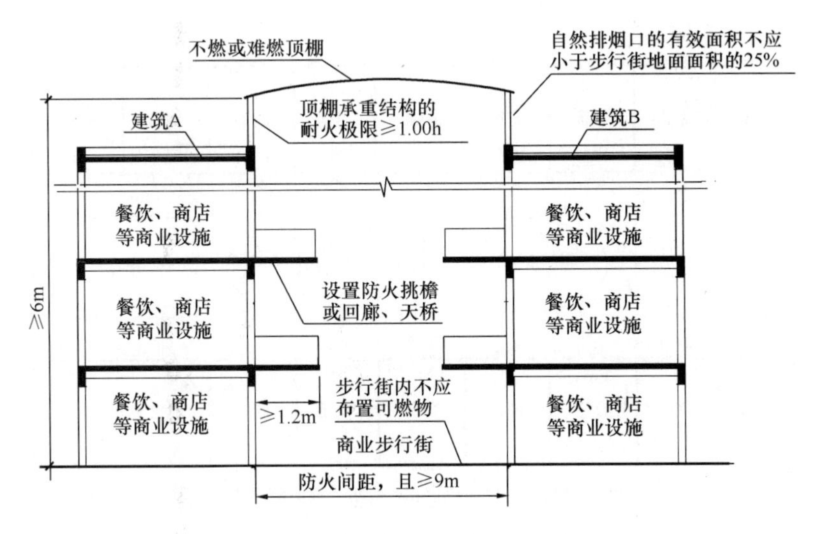

图 8-1　步行商业街技术要求示意图（一）

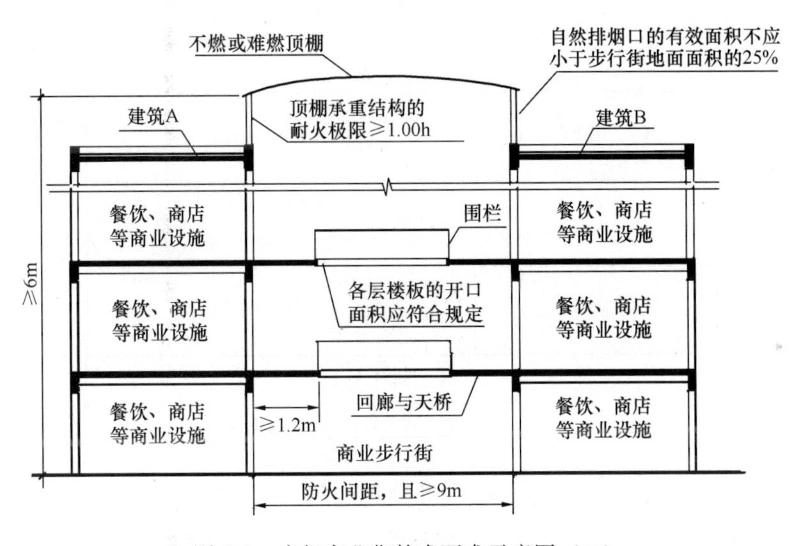

图 8-2　步行商业街技术要求示意图（二）

（2）有顶步行街的街面空间应保持通透。

步行街的顶棚下檐距地面的高度不应小于 6.0m，顶棚应设置自然排烟设施，并宜采用常开式排烟口，自然排烟口的有效面积不应小于步行街地面面积的 25%，见图 8-1 步行商业街技术要求示意图（一）及图 8-2 步行商业街技术要求示意图（二）；

当街面以上各层设有相互连接的回廊、天桥时，各层楼板的开洞面积不应小于步行街地面面积的 37%，各层楼板的开洞应均匀布置，见图 8-3。

步行街两端不应有端位建筑，步行街的各层端部回廊均不应布置商业设施，端部在各层立面均不宜封闭，确需封闭时，应在外墙上设置可开启的门窗，且可开启门窗的面积，不应小于该部位外墙面积的一半，见图 8-4。

（3）有顶棚的步行街两侧商铺应有严格控制火灾蔓延的措施。

有顶棚的步行街应有控制火灾蔓延的措施，首先是通过控制商铺的面积来控制商铺的

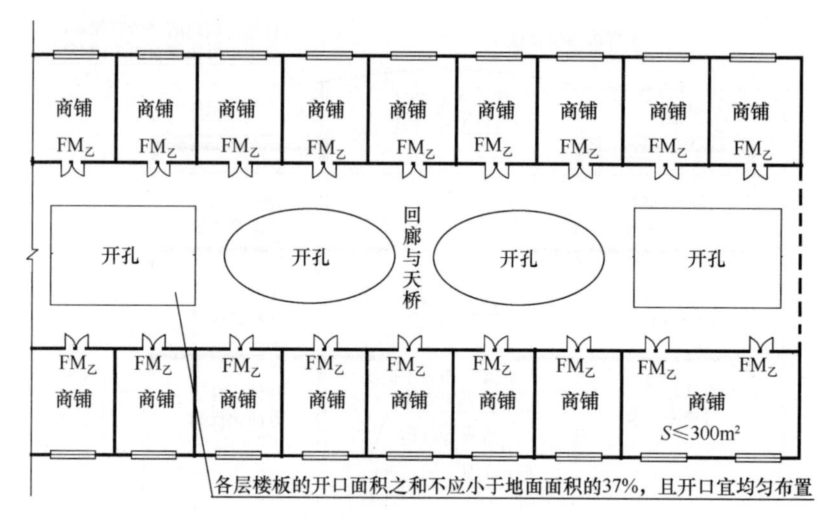

图 8-3　步行商业街技术要求示意图（三）

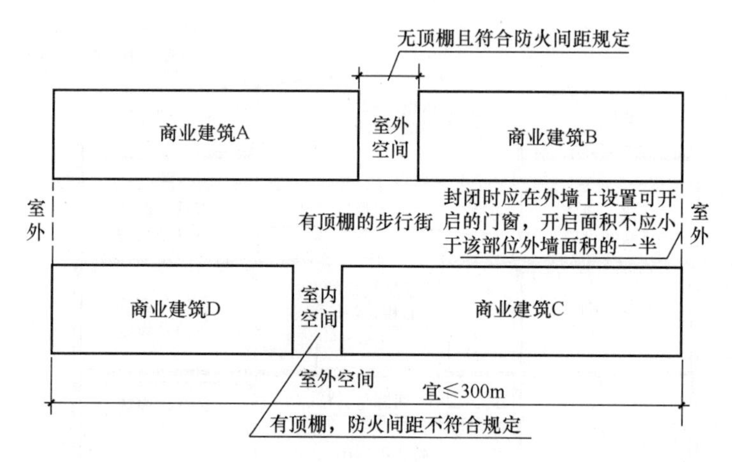

图 8-4　步行商业街技术要求示意图（四）

火灾荷载，并设置自动喷水灭火系统把商铺内的火灾控制在初期阶段，其次是控制商铺内火灾向水平方向蔓延和向竖直方向蔓延。

步行街两侧与步行街直接相通的每间商铺的建筑面积不应大于 300m²，每间商铺内应设置自动喷水灭火系统，减小火灾损失，提高消防救援成功率。

相邻商铺之间应设置耐火极限不低于 2.00h 的防火隔墙。

每层回廊均应设置自动喷水灭火系统，防止商铺内火灾向回廊蔓延。

商铺面向步行街一侧的围护构件的耐火极限不应低于 1.00h，并宜采用实体墙，其门、窗应采用乙级防火门、窗。当采用防火玻璃墙（包括门、窗）时，其耐火隔热性和耐火完整性不应低于 1.00h；当采用耐火完整性不低于 1.00h 的非隔热性防火玻璃墙时，应设置闭式自动喷水灭火系保护。

相邻商铺之间面向步行街一侧，应设置宽度不小于 1.0m，耐火极限不低于 1.00h 的实体墙。

上述要求见图 8-5。

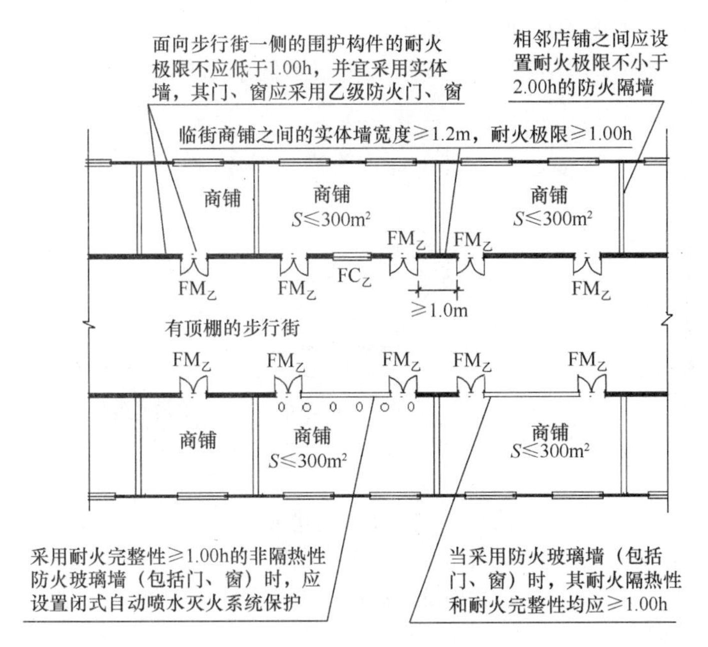

图 8-5　步行商业街技术要求示意图（五）

当步行街两侧建筑为多个楼层时，每层商铺的外墙（含外墙及面向步行街一侧墙面）的上下层开口之间均应采取防止火灾竖向蔓延的措施，这一规定是《建筑设计防火规范》GB 50016—2014（2018 年版）对所有建筑外立面上下层开口之间采取防火措施的统一规定，步行街两侧建筑为多个楼层时也必须遵守这一规定。

建筑外墙采用落地窗，上下层之间不设置实体墙的现象比较普遍，一旦发生火灾易导致火灾通过外墙上的开口在竖直方向蔓延。因为，建筑外墙设置普通玻璃窗墙开口时，玻璃在火焰和高温烟气的作用下很容易被破坏，导致火焰和高温烟气窜出外墙，而火焰和高烟气在外墙上有贴附效应，所以火焰和高温烟气会贴在墙面上向上蔓延，当遇到上一楼层的外墙玻璃时，会将玻璃损坏，火焰和高温烟气就会从开口窜入上一层的室内，引燃上一个楼层的可燃物，使火灾向建筑的竖直方向蔓延。为此要求建筑外墙上下层开口之间必须采取防火措施。

步行街两侧建筑为多个楼层时，每层商铺的外墙（含外墙及面向步行街一侧墙面）的上下层开口之间均应采取防止火灾竖向蔓延的措施，这些措施是：

每层外墙的上下层开口之间应设置高度不小于 0.8m 的实体墙（因商铺内应设置有自动喷水灭火系统）或挑出宽度不小于 1.0m、长度不小于开口宽度的防火挑檐，设置防火挑檐后，上下层开口之间的实体墙高度可小于 0.8m。上下层开口之间设置实体墙确有困难时，可设置防火玻璃墙，但高层民用建筑的防火玻璃墙的耐火完整性不应低于 1.00h，多层民用建筑的防火玻璃墙的耐火完整性不 0.50h，外窗的耐火完整性不应低于防火玻璃墙的耐火完整性要求。

每层面向步行街一侧的商铺的上下层开口之间应设置高度不小于 0.8m 的实体墙（因商铺内设置有自动喷水灭火系统）或挑出宽度不小于 1.2m、长度不小于开口宽度的防火挑檐，设置防火挑檐后，上下层开口之间的实体墙高度可小于 0.8m，当在商铺临街面一侧设有回廊时，回廊宽度不应小于 1.2m。

实体墙及防火挑檐均为不燃性，其耐火极限不低于 1.00h，实体墙及防火挑檐设置要求见图 8-6～图 8-8。

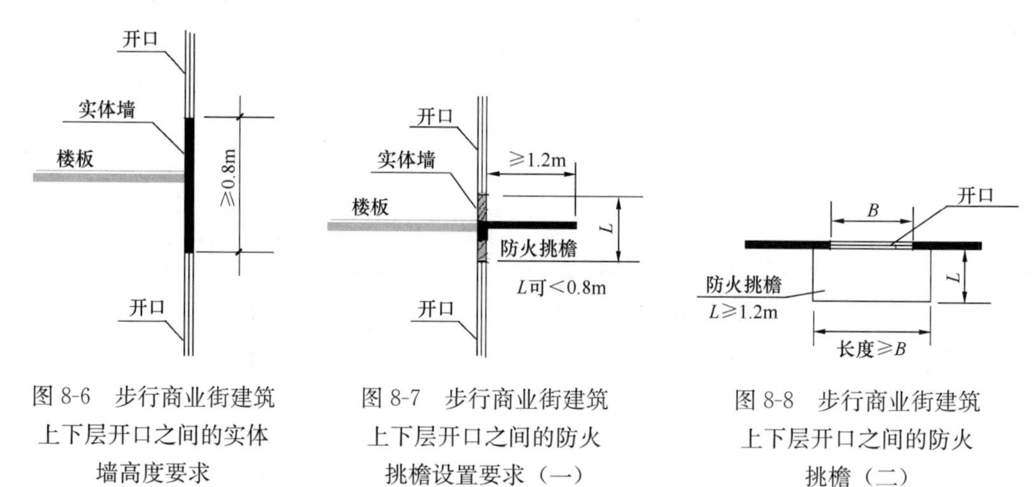

图 8-6　步行商业街建筑上下层开口之间的实体墙高度要求

图 8-7　步行商业街建筑上下层开口之间的防火挑檐设置要求（一）

图 8-8　步行商业街建筑上下层开口之间的防火挑檐（二）

（4）规范对有顶棚的商业步行街安全疏散的要求：

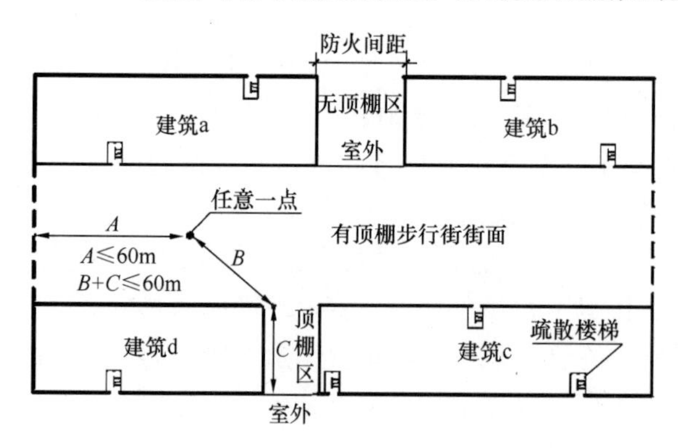

图 8-9　步行商业街首层疏散距离要求示意图

步行街两侧建筑内的疏散楼梯应靠外墙设置并宜直通室外，确有困难时，可在首层直接通至步行街，首层商铺的疏散门可直接通至步行街，步行街内任意一点到达最近室外安全地点的步行距离不应大于 60m，见图 8-9。示意图中，建筑 a 和建筑 b 之间的空地，由于防火间距符合规定，上空也没有任何建筑构件遮盖，因此该空地可认定为室外安全地点，室外边缘线在建筑临街一侧的建筑边缘，而建筑 c 和建筑 d 之间的空地，由于防火间距不符合规定，上空还有顶棚等，因此该空地的空间不可认定为室外空间。而是步行街的一部分，室外边缘线在建筑外墙一侧的建筑边缘，建筑宽度 C 应计入疏散距离之内。

步行街两侧建筑二层及以上各层商铺的疏散门至最近疏散楼梯口和其他安全出口的直线距离不应大于 37.5m，见图 8-10。

从规范对有顶棚的商业步行街安全疏散的要求来看，步行商业街首层疏散距离是与避难走道的要求相同的，即“任一防火分区通向避难走道的门至该避难走道最近直通地面出口的距离不应大于 60m”，步行商业街二层及以上层疏散距离是按商店建筑营业厅疏散距离的要求提出的，即“一、二级耐火等级商店营业厅，其室内任一点至最近疏散门和安全出口的直线距离不应大于 30m，当该场所设置自动喷水灭火系统时，安全疏散距离可增加 25%”。由此可以认为，有顶棚的商业步行街街面的使用性质在火灾时仅仅是疏散的通行区域，而不是安全区域，因而从二层及以上层的楼梯落地后通向步行街的楼梯，不是真正

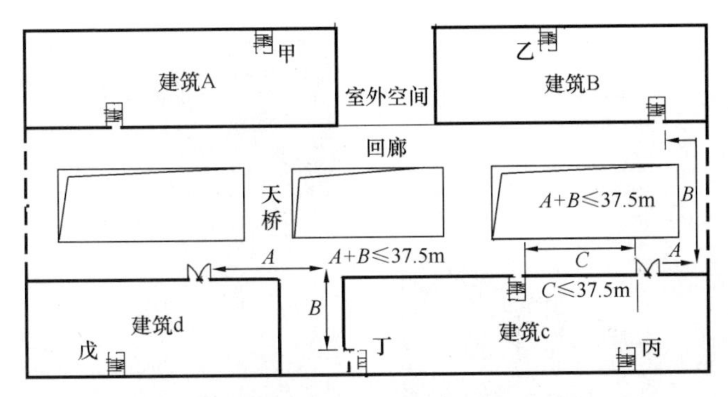

图 8-10　步行商业街二层及以上层疏散距离要求示意图

意义上的安全出口，步行街只能类似于“扩大的封闭楼梯间”的作用，但安全性要更高。只有从二层及以上层的楼梯落地后直通室外的楼梯才能认定是疏散楼梯，它们在各层的出入口才是符合“安全出口”定义的安全出口。如图 8-10 中的甲、乙、丙、丁、戊 5 部疏散楼梯，落地后是直通室外的，其他的楼梯落地后是通向步行街的。

由于疏散距离不应大于 60m 的限制，步行街两侧建筑在长度上必须在适当部位断开，为街面提供室外安全地点（室外出口），因此步行街两侧建筑在长度上应是排列的多栋建筑，建筑之间的空地认定为室外空间时，空地才能作为室外看待，用以解决疏散距离不大于 60m 的限制。

既然有顶棚的商业步行街两侧建筑在长度上必须在适当部位断开，这就引出了另外一个问题，如果断开处又形成另一条步行街，即两条符合要求的步行街成十字交叉是否允许，笔者认为只要交叉处符合步行街的所有要求，能保持两条街面空间通透，保证疏散和防火分隔的基本条件应是允许的。

步行街两侧的每间商铺内应设置自动喷水灭火系统和火灾自动报警系统，每层回廊均应设置自动喷水灭火系统，步行街两侧建筑的商铺外应每间隔 30m 设置 $DN65$ 的室内消火栓，并应配备消防软管卷盘或消防水龙。步行街两侧建筑的商铺内外均应设置疏散照明、灯光疏散指示标志和消防应急广播系统。

有顶棚的步行街应设置环形消防车道，确有困难时，可沿建筑的两个长边设置消防车道。步行街建筑当为高层民用建筑时，还应按规定布置消防车登高操作场地，当建筑按规定是应设置消防电梯的建筑时，尚应按规定配置消防电梯。

以下介绍的是一座有 6 层商铺的有顶步行街，步行街两侧为各自独立的商业餐饮娱乐建筑，建筑之间保持 9m 的防火间距，建筑物之间由街面、回廊、天桥联系形成步行街，两端出口及端口没有端位建筑，端部也未封闭，保持街面空间的通透，顶部设有不燃性采光顶棚，并设有敞开的通风口。

图 8-11　有顶步行街端面未封闭

图 8-11～图 8-13 是浙江诸暨雄风永利商业广场有顶步行街内外部景观照片，

图 8-12　有顶步行街的顶层、顶棚及端面

图 8-13　有顶步行街的回廊、天桥景观及自动扶梯布置

各层回廊、天桥景观及自动扶梯布置，步行街街面上空的各层楼板开孔形状多样，而且层间开孔适度错开，在自然光的照耀下，诱发出步行街的美感。

规范对有顶棚的商业步行街的规定在一定程度上为解决我国以往商业步行街的火灾隐患提供了技术依据，过去的规范没有这方面的要求，所以商业步行街都不设顶棚，建成后商家为了防雨，在街面搭设布篷，这样做却大大增加了商业步行街的火灾危险性，图 8-14、图 8-15 是一条无顶棚的商业步行街，两侧建筑为三层砖混结构，底层为布艺与服装市场，二层及三层均无商业设施．底层每间商铺面积不超过 100m^2，建成后商家自行在首层街面设置防雨布篷，一旦某一店面起火，点燃布篷，当布篷燃断后，布篷塌落下来，而布篷的另一侧仍悬挂在对面商铺上方，塌落的布篷就会成为对面商铺门前的火帘，将商铺引燃，这时布篷会成为对面商铺的直接引火源，这是非常危险的。建筑虽然符合了防火规范，但由于为了防雨而搭设了布篷，造成了布篷的火灾隐患。

图 8-14　无顶棚步行街的布篷景观（一）

图 8-15　无顶棚步行街的布篷景观（二）

9 下沉广场消防技术要求解读

“下沉广场”是《建筑设计防火规范》GB 50016—2006首次提出的，但现行国家标准《人民防空工程设计防火规范》GB 50098—2009就已经提出了“下沉广场”这一概念，而且各地通过专家论证会的形式将“下沉广场”技术广泛应用于地下商业建筑，经过十余年的应用，在行业中已经达成了共识，下沉广场是与地下建筑直接相连的室外开敞空间，是地下商业建筑的人员疏散设施，也可作为大型地下商业建筑分隔为多个相互独立的区域后，区域之间的连通设施，它和“防火隔间”“避难走道”等设施都是大型地下商业建筑分隔为多个相互独立的区域后，用于不同区域之间相互连通的设施，因为当地下商业建筑的总面积大于20000m^{2}时，按规定应采用无门窗洞口的防火墙、耐火极限不低于2.00h的楼板分隔为多个面积不大于20000m^{2}的相互独立的区域，当区域之间需要水平连通时，只能采用“下沉广场”“防火隔间”“避难走道”等设施。

图9-1是地下商业建筑采用“下沉广场”“防火隔间”设施将不同区域连通的示意图。

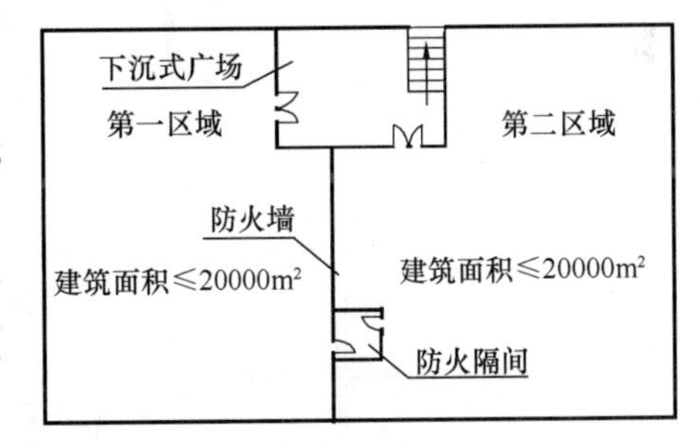

图9-1 采用“下沉广场”“防火隔间”设施水平连通的示意图

《建筑设计防火规范》GB 50016—2014(2018年版）规定了“下沉广场”消防技术要求如下：

（1）下沉广场的性质：符合规范要求的室外开敞空间，能够有效防止烟气聚集，阻止火灾蔓延的疏散逃生空间。

（2）下沉广场的作用：

1）当地下、半地下商店在总建筑面积大于2万m^{2}时，由于按规定采用无门窗洞口的防火墙被分隔为多个不大于2万m^{2}的不同区域，为解决不同区域之间的水平连通，而设置的能阻止火灾向相邻区域蔓延的室外开敞空间；

2）也常用于解决地下、半地下商店在总建筑面积不大于2万m^{2}时，不同防火分区之间的水平连通（应用扩展)。

（3）下沉广场的设置要求：

1）不得用于人员疏散以外的其他商业用途；

2）下沉广场用于疏散用的净面积不应小于169m^2，见图9-2；

3）当下沉广场用于人员疏散时，应设不少于1部直通地面的疏散楼梯，其总净宽度不少于任一防火分区通向下沉广场的所有安全出口的设计疏散总净宽度，见图9-2；

4）不同分隔区域通向下沉广场的开口（如安全出口及其他窗洞)，相邻两个开口其最近边缘之间的水平距离不应小于13m，见图9-2；

5）同一防火分区通向下沉广场的外墙上的两个相邻安全出口（疏散门）之间最近边缘的水平距离不应小于5.0m，见图9-2；

6）防风雨篷不应完全封闭，四周开口部位应均匀布置．有效开口面积不应小于广场室外地面面积的25%，开口高度不应小于1.0m。开口设置百叶时，百叶的有效排烟面积可按百叶通风口面积的60%计算，见图9-3。

下沉广场消防技术要求见图9-2和图9-3示意图。

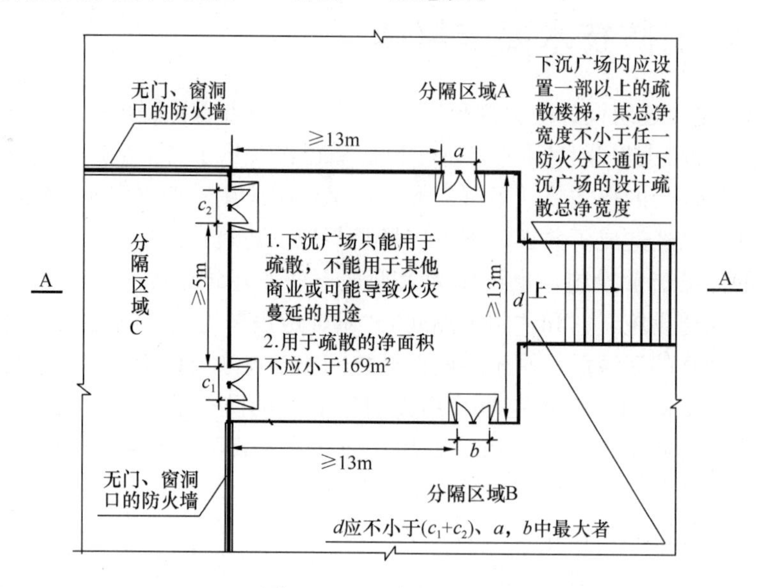

图9-2　下沉广场平面图

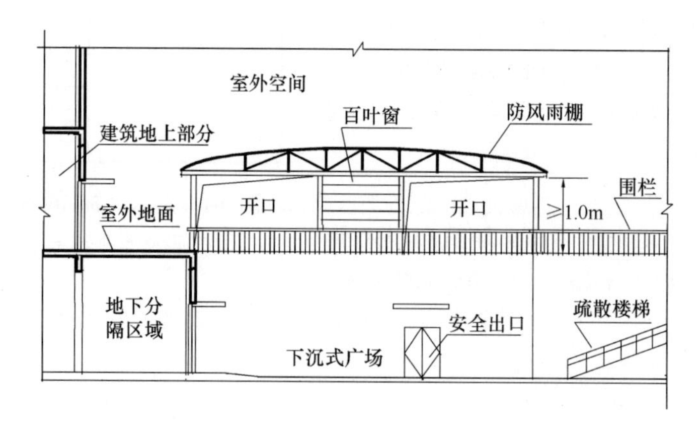

图9-3　下沉广场A-A剖面图

《建筑设计防火规范》GB 50016—2014（2018年版）并没有对“下沉广场”这一术语给予定义，但对“下沉广场”的技术要求已很明确，设置下沉广场是解决大型地下商业建筑内，建筑面积不大于2万m^2的分隔区域之间平时的交通联系，以及火灾时的人员疏散。因此“下沉广场”是疏散设施，必须符合疏散安全的要求，由于“下沉广场”是室外开敞空间与地下商业建筑的结合体，当地下商业建筑是地上建筑的一部分时，地上建筑必然与“下沉广场”发生关系，建筑立面的复杂变化就会使结合体更加多样，这就会影响到“下沉广场”的疏散安全，特别是对通向下沉广场外墙上的安全出口的安全性的认定，带来一些新的问题。比如当地上楼层的投影线侵入下沉广场，而被下沉广场连通的地下建筑的外墙线缩回在地上楼层的投影线以内，这样的“下沉广场”的安全出口，其安全性应如何认定，就引发了争议。

图 9-4、图 9-5 是一座商业建筑的无防风雨篷的下沉广场实体景观。

图 9-4 不设防风雨篷的下沉广场

图 9-5 不设防风雨篷的下沉广场全景

10 避难走道的消防技术要求解读

避难走道是《建筑设计防火规范》GB 50016—2006 首次提出的，但现行国家标准《人民防空工程设计防火规范》GB 50098—2009 就已经提出了“避难走道”这一概念，并提出了 7 条详细的技术要求，可以说《建筑设计防火规范》GB 50016—2014（2018 年版）对“避难走道”的技术要求，是在《人民防空工程设计防火规范》GB 50098—2009 的基础上优化而成的。

《建筑设计防火规范》GB 50016—2014（2018 年版）对“避难走道”的设置技术要求如下：

（1）避难走道的性质：“避难走道”是疏散设施，进入避难走道的前室就进入了相对安全区域；

（2）避难走道的作用：解决大型建筑中疏散距离过长，或难以按规范要求设置直通室外的安全出口问题；

（3）避难走道的技术要求见图（10-1）。

1）避难走道的防火隔墙耐火极限不应低于 3.00h，楼板的耐火极限不应低于 1.50h。

2）避难走道直通地面的出口不应少于两个，并应设置在不同方向，当避难走道仅与一个防火分区相通，且该防火分区至少已有一个直通室外的安全出口时，避难走道可设置一个直通地面的出口。

任一防火分区通向避难走道的门至该避难走道最近直通地面的出口的距离不应大于 60m。

3）避难走道的净宽度不应小于任一防火分区通向该避难走道的设计疏散总净宽度。

4）避难走道的内部装修材料的燃烧性能应为 A 级。

5）防火分区至避难走道入口处应设防烟前室，防烟前室的使用面积不应小于 6.0m^2，防火分区开向前室的门应采用甲级防火门，前室开向避难走道的门应采用乙级防火门。

6）避难走道内应设置室内消火栓、消防应急照明、应急广播和消防专用电话。

避难走道是疏散设施，“避难走道”是用于解决大型建筑中疏散距离过长或难以按照规范规定要求设置直通室外的安全出口等问题而提出的。它实际上是一条两侧采用 3.00h 的防火隔墙与其他区域分隔，水平连通多个防火分区的供人员安全疏散到室外地面用的水平防烟长走道，走道与防火分区相通的口部设有防烟前室。

“避难走道”在使用功能上与防烟楼梯间类似，都设有防烟前室，都是火灾时的疏散设施，都能把人们疏散到地面，疏散时只要人员进入“避难走道”“防烟楼梯间”就可视为进入了相对安全的区域。不同的是“避难走道”是水平设置的，它连通的是若干个水平防火分区，而防烟楼梯间则是连通若干个竖向楼层的疏散楼梯。“避难走道”的功能在于为人们提供疏散用防烟长走道，而非停留避难，所以把“避难走道”称为“防烟疏散通道”就更为贴切了，千万别把“避难走道”理解为避难设施。

避难走道的净宽度不应小于任一防火分区通向该避难走道的设计总净宽度，这一设计需要的总净宽度是为满足疏散需要而提出的，当避难走道在平时是供人们通行的，往往需要更宽大的门，或更多数量的入口，只要入口处有前室，宽大的门符合防火要求，均是允许的，所以当防火分区通向避难走道的门的数量和净宽度是按平时使用需要设计的，可能产生防火分区通向避难走道的总净宽度是大于规范规定的设计总净宽度的情况，这时避难走道的净宽度仍可按规范规定的设计总净宽度考虑，不需按平时使用需要设计（图 10-1）。

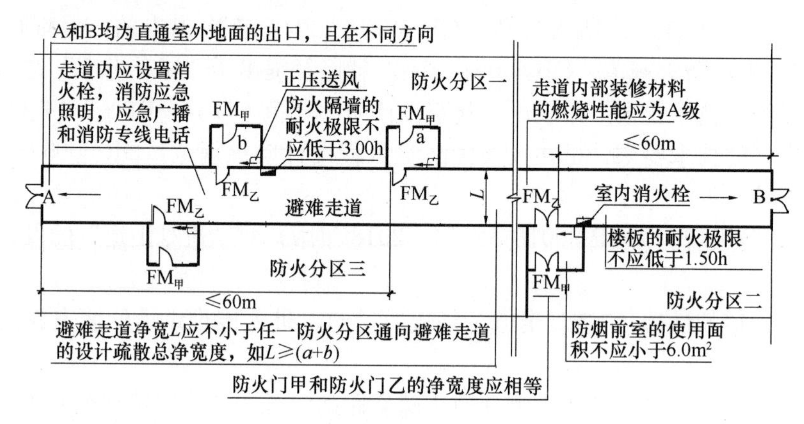

图 10-1　避难走道设置要求示意图

11　防火隔间的消防技术要求解读

防火隔间是《建筑设计防火规范》GB 50016—2006 首次提出的，用于解决大型地下、半地下商业建筑采用无门窗洞口的防火墙分隔为不同的分隔区域后，区域之间平时的人员通行，该防火隔间不是消防疏散设施，而是消防对建筑的防火要求，由于防火隔间是不同的分隔区域之间平时的人员通行场地，所以它必须临靠防火墙设置，防火隔间必须在防火墙上开门，从而使防火墙上出现了开口，为此防火墙上的门必须采用甲级防火门，而防火隔间的防火隔墙上的门也必须采用甲级防火门，而且要求防火隔间内部不能有可燃物，规范规定防火隔间的围护墙体应为耐火极限≥3.00h 的防火隔墙，而不是防火墙，但防火隔间在火灾时是不能使用的。

防火隔间也可用于地上商业建筑采用防火墙分隔后，防火分区之间的平时人员通行。

《建筑设计防火规范》GB 50016—2014（2018 年版）对“防火隔间”的技术要求如下：

（1）防火隔间性质：相邻两个分隔区域之间平时相互通行的有严格防火要求的隔间场地；

（2）防火隔间作用：为相邻两个分隔区域之间平时的人员通行提供场地；

（3）防火隔间的技术要求：

1）不能用于除人员平时通行以外的其他用途；

2）防火隔间应临靠防火墙设置，其余墙体为耐火极限≥3.00h 的防火隔墙；

3）不同分隔区域开向隔间的门应采用甲级防火门，门之间的最小间距应≥4.0m；

4）防火隔间的建筑面积应≥6.0m^2；

5）防火隔间的内部装修材料的燃烧性能应为 A 级；

6）不同分隔区域通向隔间的门不应计入安全出口的数量和净宽之内。

图 11-1 是防火隔间设置技术要求示意图。

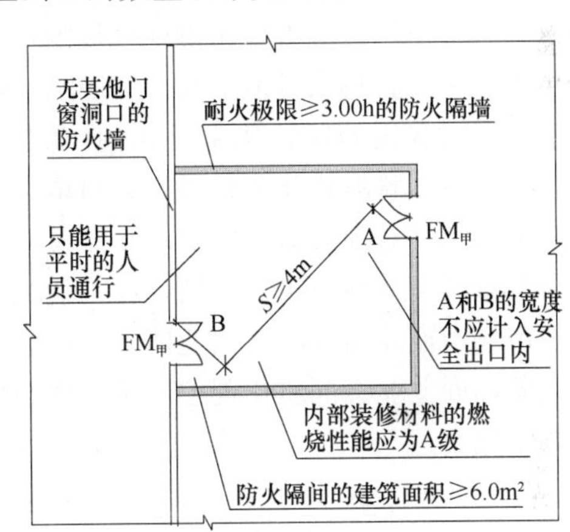

图 11-1 是防火隔间设置技术要求示意图

“下沉广场”“防火隔间”“避难走道”这三种设施都是地下大型商业建筑被分隔为多个面积不大于 20000m^2 的相互独立的区域后，用于区域之间平时需要的水平连通设施，但不同的是下沉广场和避难走道是火灾时使用的疏散设施，各防火分区通向下沉广场和避难走道的防火门是安全出口，可计入防火分区所需的安全出口疏散总净宽度和数量之中，而各防火分区通向防火隔间的那道甲级防火门，则不是安全出口，不能认定为疏散设施。笔者见过一个防火隔间的设计，所有设计均符合规定，但宽大的防火隔间内有一部疏散楼梯通向首层大厅，设计认为：这是一部从地下通向首层大厅的楼梯。而《建筑设计防火规范》GB 50016—2006 对防火隔间的要求是：“不能用于除人员通行外的其他用途”和“甲级防火门不能计入防火分区的安全出口数量和疏散宽度”。但其条文及条文说明中并没有规定火灾时不能使用防火隔间，规范也没有火灾时禁用防火隔间的措施。后来，因该楼梯不能直通室外，且防火隔间也没有防烟设施，在火灾时不具有防烟性能，故将那部楼梯取消。如果防火隔间内的这部楼梯设有防火门，进入防火隔间后再通过防火门进入楼梯间，从楼梯直通室外地面，这时防火隔间就具有防烟前室的功能，对这样的防火隔间应怎样认定是值得思考的。

12 对我国消防规范人员密度指标的思考

人员密度指标（人/m^2）是决定疏散人数的重要指标，从而也决定了疏散门、疏散楼梯、安全出口、公共走道的各自总净宽度。在我国规范中对无固定座位的公共场所，如展览厅、歌舞娱乐放映游艺场所中的厅室、商店等场所，都规定了人员密度指标，它是非常重要的疏散设计指标。

现行国家标准《消防词汇 第2部分：火灾预防》GB/T 5907.2—2015给出了"人员密度"的术语定义："单位建筑面积上的人员数目，用于计算安全出口数量和出口宽度"，人员密度指标是消防使用的理论值。该定义明确了人员密度指标仅用于计算安全出口数量和出口宽度，而且以建筑面积作为计算依据。

公共场所的人员密度是周而复始地变化的，随人的生活规律和习惯而有节律的变化，由于人员密度指标是决定火灾时人员疏散的总净宽度，所以各场所的人员密度指标取值均按一年中的人员密度极值为依据，不考虑极值出现的概率，也不取平均值，一座建筑的疏散所需的最小总净宽一经确定，其疏散设施的容量一直伴随到建筑的使用性质改变为止。

在零售商业场所内的人员密度又与其商业业态密切相关，在城市人均商业面积较小的年代，以柜台销售为主要经营形态的百货商店，其人员密度最高，改革开放后，随着商品经济的发展，购买力提高，出现了以自选销售形式与柜台销售形式相结合的超级市场及大型综合超级市场，随着城市商业规模的增大，使城市人均商业面积也逐渐增大，零售商业场所人员密度就越来越低。在2006年我国经过18年的改革开放，我国经济已进入快速发展期，当时我国的城镇化率已达到43.9%，人民收入也大幅度提高，使商品的"内需"强劲增长，尽管城镇化率使城市人口增大，会摊薄人均商业面积这一指标，但由于人民生活水平的提高对商业业态的需求，以及社会财富的积累，需要寻求增值的出路等原因，都大大刺激了商业地产迅猛发展，在三线城市大型超市已经普及，同时出现了大卖场、专业批发市场、商业街等大型商业体。当时大型超市，大型百货在一、二线城市出现了重复建设现象，商业业态同质化现象严重，使商场的人员密度大大下降，据资料记载2013年我国城镇化率达53.37%，当时在一线城市如北京、上海、广州、深圳等城市的人均商业面积接近1.5m^2/人，即使在二、三线城市，每千人拥有的商业面积已达（400～800m^2）/1000人，已大大超过国际平均水平，由于业态同质化对商业品牌的消耗，使商业地产的发展向业态复合度更高、规模更大、服务更丰富的层次发展，不仅要提供商品销售，更要提供休闲、娱乐、餐饮、健身美容等服务，出现了主题式商业地产，复合式商业地产、城市综合体商业地产，再由于城市地下交通的迅猛发展，商业地产要利用地铁提供的交通人流，出现了"站点式商业体"，为了利用住宅、办公、旅游提供的人流，出现了"复合式商业体"和"大型购物中心""HOPSCA"和"Mall"大型综合商业体等，这就是现代大型商业体。现代化大型商业体的迅速发展，满足了人们在短距离，短时间内得到多种服务与享受，以适应快节奏的现代生活追求，商业体内不仅有商品销售，还有丰富的服务，甚至有休憩的公园。

2006年我国商业地产已经从零售商业地产发展到现代商业地产，商业业态已经从1985年时的简单购物，发展到今天的休闲、享受、体验式购物休闲。使过去百货公司的拥挤现象已不复存在！而今，如果商业体内的人员密度经常保持在《建筑设计防火规范》GB 50016—2014（2018年版）规定的人员密度水平的商场，现代的人们是不会去那里购物的，因为在网上就能轻松地购到自己喜欢的物品。

12.1 决定人员密度指标的三个要素

决定人员密度指标高低的要素有：公共场所的使用性质、计算面积和公共场所的楼层位置。

（1）公共场所的使用性质

《建筑设计防火规范》GB 50016—2014 规定：用人员密度指标来计算疏散区域内人员总数的场所有：歌舞娱乐放映游艺场所的厅室、展览建筑的展览厅、商店建筑的营业厅、证券营业厅。对于商店建筑的营业厅，又可按照行业标准《商店建筑设计规范》JGJ 48—2014 的规定，凡是为商品直接进行买卖和提供服务供给的公共建筑均称为商店建筑，它包括诸如零售业、购物中心、百货商场、超级市场、菜市场、专业店、书店、药店、家居建材商店和灯饰展示建筑、步行商业街。而步行商业街的经营范围又有购物、饮食、娱乐、休闲等。在上述人员密集的厅室中，凡是没有固定座位的场所均应采用“人员密度”指标来计算疏散总人数。

（2）计算面积是按使用面积（净面积）计算，还是按建筑面积（毛面积）计算

《建筑设计防火规范》GB 50016—2014（2018 年版）给出的“人员密度”的计算单位为（人/m^2），即：人员密度＝计算面积上的人员总数（人）/计算面积（m^2），它的倒数是人均面积（m^2/人），因此，“计算面积”是确定人员密度的计算基础。

首先应当明确“使用面积”和“建筑面积”的概念，在商店建筑中，表征人员聚集程度的方法有两种：

1）用顾客可以自由通行和进行购物或休闲活动的“使用面积”作为计算人数的“计算面积”，其人员密度指标真正体现人员密度的意义。

2）用“建筑面积”作为计算人数的“计算面积”，这是不扣除设备占用面积，建筑结构占用面积，设施占用面积和人不能进入区域的面积，这时表征商场人员分布密集程度的人员密度指标不是真正意义上的人员密度。

所以，在比较不同标准给出的人员密度指标时，不能只看指标的大小，一定要弄清楚该人员密度指标的计算面积是以建筑面积（毛面积）为基础还是以使用面积（净面积）为基础，只有建筑的使用性质相同，计算面积的基础相同的人员密度指标才有比较的价值。

我国《建筑设计防火规范》GB 50016—2014 给出的商店的“人员密度”的计算单位为（人/m^2），其计算面积是“营业厅的建筑面积”。按照《建筑设计防火规范》GB 50016—2014（2018 年版）规定：商店的“营业厅的建筑面积”，既包括营业厅内展示货架、柜台、走道等顾客参与购物的场所，也包括营业厅内的卫生间、楼梯间、自动扶梯等的建筑面积。对于进行了严格的防火分隔，并且疏散时无需进入营业厅内的仓储、设备房、工具间、办公室等，因它们是有自己单独疏散设施的区域，故它们的区域面积，可不计入营业厅的建筑面积之内。

《建筑设计防火规范》GB 50016—2014（2018 年版）没有对“建筑面积”给出定义，按照现行国家标准《建筑工程建筑面积计算规范》GB/T 50353—2013 对建筑面积术语的定义：建筑面积：是指建筑外墙勒脚线以上外围水平面积，多层建筑按各层外围水平面积之和计算；所以“建筑面积”计算，应按建筑外包尺寸的长度×宽度×楼层数所得的地板面积的总和，它是由三部分面积构成，它们是：使用面积＋辅助面积＋外墙、柱结构占用面积。

建筑面积是以平方米反映建筑的建设规模，是国家对建设进行宏观调控的技术经济指标。

使用面积：是直接供生产和生活使用的面积。在商店建筑中"使用面积"是直接为商业营业、储存、办公、设备等所使用的面积。包括营业设施用房（货架、柜台、促销台、加工点、收银台、陈列柜、加工点等）和景观、小品等所占用的面积，以及人的购物活动所使用的面积。储存使用的面积，包括集中的或分散的仓库，卸货区的面积。办公及设备使用面积，包括营业管理用房、服务台面积，设备间和工具间面积。

辅助面积：是指为生产和生活服务的设施所占用的面积。在商店建筑中"辅助面积"是指楼梯间、门厅、寄存柜、进厅闸位、出厅收银包装位、各类井道、电梯、厅外过道、变配电、空调通风机房、门卫等辅助用房所占用的面积。这部分面积在产权分割的商场中是分摊到各产权业主的共同占有使用的面积。

结构占用面积：结构占用面积是指外墙，柱结构所占有的面积。

由此可知，我国《建筑设计防火规范》GB 50016—2014（2018 年版）规定计算商店营业厅总人数的"营业厅的建筑面积"，是否与现行国家标准《建筑工程建筑面积计算规范》GB/T 50353—2013 定义的"建筑面积"是否相同并不明确。

（3）商店的楼层位置对"人员密度（人/m^2）"指标的影响

商店的楼层位置对"人员密度（人/m^2）"指标有一定影响，这主要是由人的习惯和店商业态布点有关。商店总是把人们购买频率高或价值高的商品布置在首层，而人们总是在最容易到达的商业楼层逗留，所以在地上商店的首层人员密度最高，楼层位置愈高，人员密度随之降低。

12.2 新《建筑设计防火规范》商店人员密度指标的由来

《建筑设计防火规范》GB 50016—2014 规定：每层的房间疏散门、安全出口、疏散走道和疏散楼梯的各自总净宽度，应根据疏散人数按每 100 人的最小疏散净宽度不小于规范规定计算确定，商店的疏散人数计算公式如下：

每层营业厅疏散人数(人)＝每层营业厅建筑面积(m^2)×人员密度(人/m^2)；

由于公式中的人员密度(人/m^2)是由《建筑设计防火规范》GB 50016—2006 的下式计算得到的：

人员密度(人/m^2)＝面积折算值(%)×人数换算系数(人/m^2)；

故新《建筑设计防火规范》GB 50016—2014 的商店疏散人数计算公式实际是《建筑设计防火规范》GB 50016—2006 的公式演化得到的下式：

疏散人数＝每层营业厅建筑面积(m^2)×[面积折算值(%)×人数换算系数](人)；

由此可知：《建筑设计防火规范》GB 50016—2014 的人员密度（人/m^2）值指标是完全沿用了原《建筑设计防火规范》GB 50016—2006 的人数换算系数（人/m^2）指标与面积折算值（%）相乘而来的，并未对指标做过调整。这一人员密度指标（人/m^2）实际上是沿用了《商店建筑设计规范》JGJ 48—1988 标准中的人数换算系数（人/m^2）而来。

《商店建筑设计规范》JGJ 48—1988 发布于 1988 年 9 月，其编制调研于 20 世纪 80 年代中期，我国正处在城市恢复发展阶段，那时我国经济欠发达，我国的商业业态，以传统的小型零售模式为主导，大型百货公司（商店）在省会城市才有，即使个别大城市有超市，数量也很少，再由于百货商店布点不均，加上商品流通组织不畅，所以不同城市，或同一城市的不同地段的商店人员密度相差很大，因此规范按人员密度高的商店统计人员密度，作为规范的人员密度指标是不足奇的。

但在《商店建筑设计规范》JGJ 48—1988 颁发 26 年后的 2014 年，商业地产迅猛发展，在三线城市大型超市已经普及。同时出现了大卖场、专业批发市场、商业街等大型商业体的今天，商业业态同质化的消耗现象严重，以及方便的网络销售快递，使商场的人员密度大大下降，今天绝大多数大型商场的人员稀疏现状与规范的人员密度指标形成了鲜明对照。

我国规范的商店营业厅内的人员密度（人/m^2）指标过高，已不符合现今商场的实际情况，过高的人员密度（人/m^2）指标，造成了疏散楼梯总净宽过大，挤占商业营业厅面积过多，楼梯占用外墙面积过大，特别是占用首层外墙面积过大，挤占了商业利益，这是值得深思的问题。

12.3 大型商业建筑疏散设计应注意的几个问题

（1）由于 4 层以下各层的“人员密度指标（人/m^2）”不相同，造成各层及各层防火分区所需的疏散总净宽度不相同；

（2）疏散总净宽度是对每个楼层而言的。计算对象是“安全出口”“疏散走道”“疏散楼梯”，另外“房间门”也应分别计算“房间总净宽度”；

（3）计算和分配各层疏散总净宽度时，应注意“梯段净宽”和楼梯间“疏散门净宽”的关系：“梯段净宽”、楼梯间“疏散门净宽”“首层疏散外门净宽”都有最小净宽限制，且疏散楼梯间的防火门还受检验标准限制，对于一部疏散楼梯而言，楼梯间的门和梯段都存在“净宽”和计算基准问题，即是以楼梯间的门净宽或梯段净宽作为计入安全出口总净宽的依据。

当以“梯段净宽”为计算依据时，楼梯间“疏散门净宽”不小于“梯段净宽”。

当以楼梯间“疏散门净宽”为计算依据时，“梯段净宽”不小于楼梯间“疏散门净宽”。

另外，对于一部疏散楼梯而言，可能每个楼层的疏散人数差别很大，会出现各层所需安全出口疏散总净宽度不相同，造成同一部疏散楼梯梯段净宽在各层不相同的情况，《建筑设计防火规范》GB 50016—2014 第 5.5.18 条规定：地上楼层的下层“梯段净宽”或“门净宽”不应小于上层；地下楼层的上层“梯段净宽”或“门净宽”不应小于下层；这一规定表达了火灾时人流在疏散楼梯梯段上的疏散方向，对于地上楼层的疏散楼梯，其疏散方向是向下到达首层地面；对于地下楼层的疏散楼梯，其疏散方向是向上到达首层地面，所以当各层疏散楼梯梯段净宽不相同时，应遵守的原则是在疏散楼梯的疏散方向上，梯段净宽只能扩大，不能缩小。

需要注意的是，我国《建筑设计防火规范》GB 50016—2014 中对这些“净宽”都没有定义，也没有测量规则，例如《防火门》GB 12955—2008 就没有“门净宽”这个术语，它所指的门宽是在距门扇上下两横边 50mm 处用卷尺测量的门扇宽度。

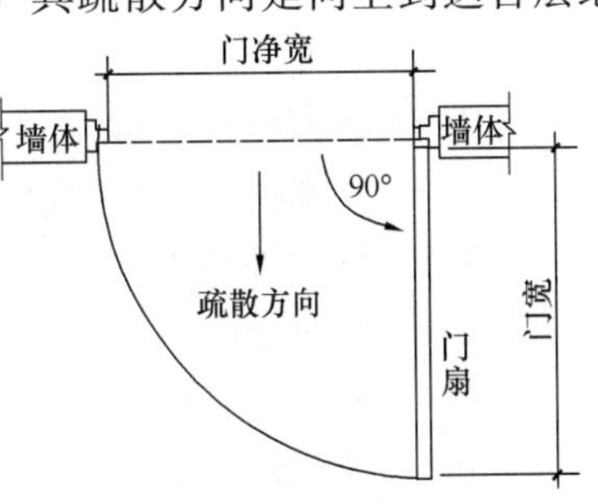

图 12-1 美国规范规定的门净宽测量规则

图 12-1 为美国（建（构）筑物火灾生命安全保障

规范）NFPA 101—2006 规定的平开式单扇门的门净宽测量规则，门的宽度与门净宽是既有关联但又不同的两个概念。在测量门净宽时，当门的通过宽度上有凸出物时，还应以凸出物表面测量门净宽。

13 对我国建筑疏散设施容量计算规定的解读

人员疏散设施必须满足疏散要求，要在规定的安全疏散时间内，把着火区域（如厅室等）的人员全部疏散出去，所以就必须要计算疏散区域内的疏散总人数、疏散设施容量，并控制疏散区域的最大疏散距离，这是三个重要疏散指标，是疏散设施必须满足规定的基本指标。

疏散设施容量是指疏散区域所需的疏散通道的总净宽度和疏散出口的总数量。

计算疏散通道的总净宽度的目的，是保证在火灾时能让受到火灾威胁的人群在规定的时间内从疏散通道的出口处全部通过，及时疏散到安全区域。为了防止火灾时疏散通道及疏散出口被火封死，不能使用，所以疏散通道及疏散出口不能少于 2 个，并应布置在不同方向，这就需要把计算得到的疏散通道的总净宽度，按每个疏散通道及疏散出口的净宽度不小于规定的最小净宽，分解为若干个出口，并布置在不同方向，因此，疏散出口的数量可能是多个。

13.1 公共建筑的百人净宽度指标

公共建筑中疏散通道总净宽度计算，除有固定座位的剧场、影院等以外的公共建筑，其房间疏散门、安全出口、疏散走道和疏散楼梯的各自总净宽度，应根据疏散人数按每 100 人的最小疏散净宽度指标（以下简称为百人净宽度指标或百人指标）的规定计算确定。

我国规范对公共建筑的百人指标取值是按建筑耐火等级、建筑的地上楼层数、地下楼层所在平面与地面出入口地面的高差，选取不同的百人净宽度指标。显然建筑耐火等级高的建筑百人净宽度指标应低，而建筑的地上楼层数越多，百人净宽度指标应越高、地下楼层所在平面与地面出入口地面的高差低，疏散难度相对较小，百人净宽度指标应低。《建筑设计防火规范》GB 50016—2014 P290 给出的百人净宽度指标计算公式如下：

$$B=\frac{N\times b}{A\times t}\,(\text{m}/100\text{ 人})$$

式中 B——百人净宽度指标（m/100 人）；

N——在规定的时间内通过疏散通道或疏散出口的人数；取 100 人；

A——每分钟单股人流通过的人数；即单股人流通行能力[人/(min・单股)]，门和平坡地时 $A=43$，阶梯地和楼梯时 $A=37$；

b——单股人流宽度（m），取 $b=0.55$m；

t——规范允许的通行时间（min）。

公共建筑中百人净宽度指标的确切含义是：每 100 人，在规定的时间内，按给定的单股人流通行能力［人/（min・单股)］和单股人流宽度（m），通过疏散通道或疏散出口时所需的最小总净宽度。百人净宽度指标是对疏散通道或疏散出口最小通行能力的最低要求，所以该指标对建筑内所有房间疏散门、安全出口、疏散走道、疏散楼梯都适用。由于供其他各楼层疏散用的首层疏散外门的总净宽度是按建筑内人数最多一层的人数计算确定，所以对首层疏散外门同样也适用。

当给定百人净宽度指标时，该指标就暗含了通过疏散通道或疏散出口的时间因素，例如我国《建筑设计防火规范》GB 50016—2014（2018 年版）规定：剧场、电影院等公共建筑的安全疏散百人总净宽度指标是根据人员疏散出观众厅的疏散时间，按一、二级耐火等级建筑控制为 2min，三级耐火等级建筑控制为 1.5min 这一原则决定的。若取单股人流宽度 $b=0.55$m，单股人流通行能力，平坡地时 $A=43$ 人/(min·单股)，阶梯地时 $A=37$ 人/(min·单股)，代入上式可得在一、二级耐火等级建筑的剧场，电影院的百人总净宽度指标是平坡地时 $B=0.65$m/100 人：阶梯地时 $B=0.75$m/100 人；在三级耐火等级建筑的剧场，电影院的百人总净宽度指标是平坡地时 $B=0.85$m/100 人：阶梯地时 $B=1.00$m/100 人。

美国《生命安全规范》NFPA 101—2006 规定安全疏散总净宽度指标则是按人均最小净宽度（mm/人）来计算。

从百人净宽度指标（m/100 人）公式可知：影响百人总净宽度指标的因素主要是 3 个，即单股人流通行能力、规范允许的通行时间、单股人流宽度。

单股人流通行能力 A 是与疏散通道通行条件、人流的自主通行能力相关的，比如正常人在平坡地上行走的通行能力高于在楼梯上的通行能力，正常人在平坡地上行走的通行能力高于病人、老人、儿童等在平坡地上行走的通行能力，自主行为能力低下的人群活动场所疏散通道的单股人流通行能力 A 应低于正常人，其百人净宽度指标应高于正常人。

单股人流宽度 b 是正常人群在自组织条件下，人群按一定的移动规则单向行进时，单股人流左右摆幅的宽度。所以单股人流宽度与人群特性和组织状态密切相关，在商场、办公楼这样的公共场所，人群数量大，人群特性的差别不大，但对老人院、医院病房楼、疗养院这样的场所其人群特性和商场、办公楼这样的公共场所相比，差别就应较大。

规范允许的通行时间 t 与建筑的用途和计算区域的使用性质、建筑耐火等级、计算区域是在地上或地下，以及地下楼层距地面的深度等因素有关，例如《建筑设计防火规范》GB 50016—2014（2018 年版）关于剧场、电影院、礼堂等公共建筑观众厅所需安全疏散宽度的规定，就是按一、二级耐火等级建筑疏散时间控制在 2min、三级耐火等级建筑疏散时间控制在为 1.5min 考虑的。

应当说商业建筑中的楼层位置对人员疏散设施容量是有重要影响的，但那是因为楼层位置不同，人员密度是不相同的，一般，地上首层和地下负一层人员密度较高，其他楼层人员密度较低，地上楼层越高，人员密度越低，人员密度的高低决定了疏散设施容量的大小，而楼层间交通设施便利程度及楼层使用功能又对人员密度产生影响，但均不会影响单股人流的通行能力，所以不会对百人净宽度指标产生影响。

需要注意的是，百人净宽度指标仅仅是指：每 100 人在规定的时间内通过某一开口时，所需开口的最小净宽度。它的取值与建筑的用途和计算区域的使用性质，通道通行条件等因素有关，仓库建筑不适用。

13.2 自主行为能力低下人群活动场所的百人净宽度指标应提高

公共建筑中疏散百人净宽度指标是疏散通道或疏散出口的最小取值，这是满足人们疏散需要的最小使用尺度。规范中对不同类型的建筑，其取值是不一定相同的；由于疏散百人总净宽度指标因素中涉及单股人流通行能力，而不同人群的通行能力是有差别的，例如医院病房楼、疗养院、老人院、幼儿园等场所的人群，其人群的自主疏散能力比正常人群差，单股人流通行能力低，其疏散百人净宽度指标理应比正常人群高，另外疏散百人净宽度指标因素中涉及允许的通行时间，所以当房间存在有高危险物或其他高危险因素时，人们应在短时间内疏散出去，因此允许的通行时间应比正常情况要短，其疏散百人总净宽度指标理应比正常情况要高，只有这样才更加符合安全疏散要求。

13.3 疏散楼梯都是有明确的疏散方向的

由于设有疏散楼梯的建筑，可能存在各层人数不等的情况，而疏散楼梯是贯通各层的，因此就存在各层楼梯的计算总净宽度不相同的情况。为此，《建筑设计防火规范》GB 50016—2014 第 5.5.21 条规定，“当每层疏散人数不等时，疏散楼梯的总净宽度可分层计算，地上建筑内下层楼梯的总净宽度应按该层及以上疏散人数最多一层的人数计算；地下建筑内上层楼梯的总净宽度应按该层及以下疏散人数最多一层的人数计算”，规范的这一规定清楚地表明了疏散楼梯在火灾时的人流疏散的方向是向首层的。也就是说，疏散楼梯在疏散前进方向的楼梯的总净宽度应不小于其后方疏散人数最多一层的楼梯的总净宽度。人群在楼梯中的疏散是有方向的，只有同向而行的疏散才是有序的和安全的，疏散楼梯在火灾时的疏散方向是由人在火灾时的向地心理决定的，人群需要通过楼梯到达地面，逃离着火建筑。有的建筑设有可上人的屋面层，靠近屋面层的楼层的人，疏散时也可以向屋面层疏散，但这是个例。

13.4 火灾时在多大的区域内同时实施人员疏散

（1）按整个楼层同时疏散计算，且各防火分区安全出口的总净宽度和数量也应符合规定：

《建筑设计防火规范》GB 50016—2014 规定：除剧场、电影院、礼堂、体育馆外的其他公共建筑，“每层的房间疏散门、安全出口、疏散走道和疏散楼梯的各自总净宽度，应根据疏散人数按每 100 人的最小疏散净宽度不小于表 5.5.21-1 的规定计算确定”。规范的这段话表达了疏散区域是按楼层计算的，并要求在按整个楼层同时疏散计算时，各防火分区的疏散楼梯的总净宽度和数量也应符合规定。

（2）疏散区域大小是决定疏散设施容量的关键因素：

公共建筑中疏散设施容量是按疏散区域的人员总数和规定的百人指标计算确定，什么是疏散区域，即在什么样的火灾条件下，在多大的范围内实施人员疏散？是非常重要的核心问题，它决定了公共建筑中疏散设施的容量，决定了公共建筑中疏散设施是否既安全可靠又经济合理，对此应有充分认识。

公共建筑中只要有可燃物或有人活动之处，都有可能发生火灾，都可能成为火场，都需要疏散，都是可能的疏散区域，都必须为它们提供疏散设施。都要考虑疏散通道上的疏散走道和口部的净宽度满足疏散要求，显然，有人的功能房间都可能发生火灾，都要考虑人员疏散问题，火灾时人要能及时从着火房间的疏散门疏散到公共走道，再通过疏散楼梯疏散到地面。

这里就有三个指标要满足要求，首先从房间疏散到公共走道（疏散走道）时，房间疏散门的容量要满足要求，其次从公共走道疏散到安全出口时，安全出口的容量要满足要求，当然疏散走道的最小净宽也要满足要求。

规范规定“公共建筑内房间的疏散门数量应经计算确定，且不应少于 2 个，符合条件的可设一个”，对人员数量较多的会议室、接待室、大空间弹性分隔的办公区应逐个计算，房间疏散门的最小总净宽度应根据疏散人数，每 100 人的最小疏散净宽度不小于按规范规定经计算确定，然后按每个疏散门的最小净宽将计算的最小总净宽度分解为多个疏散门，但不少于 2 个，除非规范另有规定。对于人数较少的其他房间，由于按规范要求设置的疏散门的最小净宽大于由百人指标和人数共同决定的房间疏散门的总净宽度，所以可直接取规范要求的房间疏散门最小净宽值作为房间疏散门的净宽度，再按规范对房间疏散门的数量要求和疏散距离布置疏散门。

从公共走道疏散到安全出口时，安全出口的容量应按防火分区内人员数量与规范规定的百人指标共同确定。我国的规范规定：公共建筑的每个防火分区或一个防火分区的每个楼层，其安全出口的数量应经计算确定，且不少于 2 个，规范另有规定的除外。

由此可知，安全出口的容量是对防火分区而言的，是防火分区内所有房间的人员共用的安全疏散出口，人们进入了这一出口就是进入了安全区域。这就意味着当某个房间发生火灾时，考虑到房间人员用灭火器灭火失败或房间的自动喷水灭火失效、用软管卷盘灭火失败，火灾有很大可能蔓延出房间，所以会出现防火分区内所有房间的人员可能都要疏散的极端情况，因此一个防火分区安全出口的容量应按每个防火分区或一个防火分区的每个楼层全部人员计算确定，然后将计算得到的安全出口的总净宽度，按每个安全出口的最小净宽分解为多个安全出口，按疏散距离的要求布置在防火分区内。

13.5 在设计安全出口的容量时，按整个楼层同时疏散是我国规范的基本指导思想

这里必须要说明的是，《建筑设计防火规范》GB 50016—2014（2018 年版）第 5.5.21 条规定：除剧场、电影院、礼堂、体育馆外的其他公共建筑，其每层的房间疏散门、安全出口、疏散走道和疏散楼梯的各自总净宽度应根据疏散人数按每 100 人的最小疏散净宽度不小于规范规定计算确定。

这就是说规范对安全出口、疏散楼梯的各自总净宽度是按“楼层”计算的，而不是按“防火分区”决定的，不论每层是一个防火分区，还是多个防火分区，均应按“楼层”计算确定，但每个防火分区的各自总净宽度仍应校核并符合规定。这里就引出了一个悖论，即我国规范要求严格划分防火分区，并要求防火墙的耐火极限不低于 3.00h，防火墙应能在火灾初期和灭火过程中将火灾有效地限制在防火分区内，阻断火灾在防火墙一侧而不蔓延到另一侧。然而在考虑人员疏散时，却不认为防火分区是安全的，所以当一个楼层有多个防火分区时，仍应按“层楼”计算安全出口和疏散楼梯的各自总净宽度及数量。

13.6 在设计火灾自动报警系统时，按全楼疏散是我国报警系统设计规范的基本指导思想

现行国家标准《火灾自动报警系统设计规范》GB 50116—2013 中规定：“应在确认火灾后，启动建筑内的所有火灾声光警报器”“确认火灾后应同时向全楼进行广播”。所以《火灾自动报警系统设计规范》GB 50116—2013 要求在设计火灾自动报警系统时，按全楼疏散是基本指导思想。这种人员疏散模式比《建筑设计防火规范》GB 50016—2014（2018 年版）标准按楼层疏散更进了一步。

14 对借用相邻防火分区进行疏散的解读与分析

《建筑设计防火规范》GB 50016—2014（2018 年版）对借用通向相邻防火分区的甲级防火门作为安全出口进行人员疏散有详细的规定。说明我国规范已允许将防火分区防火墙上的甲级防火门作为安全出口进行人员疏散，尽管仍有一些限制，但总还是前进了一步。

我国《建筑设计防火规范》GB 50016—2014（2018 年版）第 5.5.9 条规定：“一、二级耐火等级公共建筑内的安全出口全部直通室外确有困难的防火分区，可利用通向相邻防火分区的甲级防火门作为安全出口，当该安全出口设置符合规范要求时，该防火分区通向相邻防火分区的甲级防火门疏散净宽度不应大于按规范规定计算所需的该防火分区疏散总净宽度的 30%，且建筑各层直通室外的安全出口总净宽度不应小于按规范规定计算所需的疏散总净宽度”。这就是所谓“借疏散距离不借疏散宽度”的规定，即当某一个防火分区的某些部位安全出口直通室外确有困难，需要借用通向相邻防火分区的甲级防火门作为安全出口来满足疏散距离超标时，该防火分区和该楼层的疏散总净宽度仍应符合要求。

《建筑设计防火规范》GB 50016—2014（2018 年版）第 5.5.9 条规定的要求可用图 14-1来表达。

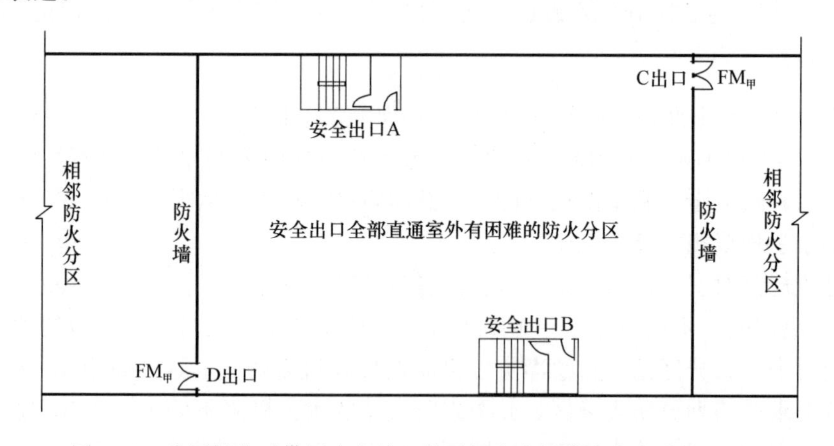

图 14-1 我国规范对借用防火墙上的甲级防火门作为安全出口的图示

在图 14-1 中，该建筑耐火等级不低于二级，在某一楼层的平面上，中间的防火分区面积大于 1000m²，是全部安全出口直通室外有困难的防火分区，它只设有两部疏散楼梯

（即安全出口 A 和 B）可以落地直通室外，为解决该防火分区某些区域疏散距离超标和楼梯不能落地直通室外的问题，就借用了与左右相邻防火分区防火墙上的甲级防火门 D 和 C 作为中间防火分区的安全出口。规范对借用要求是：借用的安全出口甲级防火门 D 和 C 的净宽之和不应大于按规定计算的该防火分区所需的疏散总净宽度的 30％，该防火分区，直通室外的安全出口不应少于 2 个；该楼层的疏散总净宽度仍应符合要求；借用的安全出口（甲级防火门）D 和 C 的净宽度，使左右防火分区的疏散人员负荷增大，故需相应增大相邻防火分区的直通室外的疏散净宽度，故应分别在左右两个防火分区内再各增加疏散楼梯的疏散净宽度。

（1）对我国规范的借用要求作如下归纳和诠释：

1）借用的前提：一、二级耐火等级的公共建筑中，全部安全出口直通室外有困难的防火分区，可有条件借用相邻防火分区防火墙上的甲级防火门作为安全出口。

2）借用的条件：

① 公共建筑内的安全出口全部直通室外有困难的防护分区，方可利用通向相邻防火分区的甲级防火门作为安全出口，建筑各层直通室外的安全出口总净宽度不应小于规定所需总净宽度，按“楼层”疏散是基本原则；

② 该防火分区通向相邻防火分区的疏散总净宽度不应大于该防火分区计算所需疏散总净宽度的 30％，即，被借用的净宽度不应大于该防火分区计算所需疏散总净宽度的 30％；

③ 与相邻防火分区之间的分隔墙应为防火墙，而不是防火隔墙，更不是防火卷帘；

④ 借用的安全出口必须是防火墙上的甲级防火门，并向疏散方向开启；

⑤ 对需借用安全出口的防火分区，直通室外安全出口的数量要求：建筑面积大于 $1000m^2$ 的防火分区，直通室外的安全出口不应少于 2 个；建筑面积不大于 $1000m^2$ 的防火分区，直通室外的安全出口不应少于 1 个；

⑥ 只有在一、二级耐火等级的公共建筑中才允许借用；

⑦ 被借用的净宽度应在借用的相邻防火分区内以直通室外安全出口的形式予以补足，保证整个楼层的疏散总净宽度满足要求。

3）我国规范的借用注意事项：

① 借用的净宽度不能计入楼层所需的疏散总净宽度内；

② 规范要求只能在整个楼层的疏散总净宽度满足要求时才允许借用，而且各防火分区的安全出口总净宽度和直通室外的安全出口数量尚应满足规范要求。

《建筑设计防火规范》GB 50016—2014（2018 年版）第 5.5.9 条规定的意义，在于解决个别防火分区疏散距离超标及疏散楼梯落地直通室外有困难的情况；从规范的这些规定可理解为，这种借用方式，业内人士称为“解决疏散距离，而不是解决疏散宽度”。

（2）国外规范对借用相邻防火分区防火墙上的防火门作为安全出口的做法：

美国《建（构）筑物火灾生命安全保障规范》NFPA 101—2006 中文版，是在原公安部消防局协助下，从英文译成中文版的，翻译由全国消防标准化技术委员会负责。

可以参见美国《建（构）筑物火灾生命安全保障规范》NFPA 101—2006 版对借用相邻防火分区防火墙上的防火门作为安全出口时，是怎样规定的：

美国《建（构）筑物火灾生命安全保障规范》NFPA 101—2006 版是指导美国建筑设计防火的强制性规范，该规范中对借用相邻防火分区防火墙上的甲级防火门作为安全出口的要求如下：

1）美国 NFPA 101 规范对安全出口的称谓：相邻防火分区防火墙上的甲级防火门称为“水平安全出口”，因为疏散是在同一水平面上进行的；对疏散楼梯间的防火门称为“垂直安全出口”，因为疏散是由楼层平面进入竖向楼梯；

2）美国 NFPA 101 规范把安全出口的设计指标定名为“容量”，它包含安全出口的数量和总净宽度两个指标；

3）美国 NFPA 101 规范的有关水平安全出口的规定要点是：

① 每个防火分区的疏散容量由计算确定，并不少于规定值，按照规定：商场人数大于 1000 人时，安全出口数量不少于 4 个，商场人数大于 500 人但不超过 1000 人时，安全出口数量不少于 3 个；

② 规范允许使用水平安全出口作为防火分区疏散容量的一部分，且允许双向设置；

③ 在计算相邻两侧防火分区的疏散容量时，水平安全出口的容量不允许超过实际设置总容量的 50%（注意：不是计算值或需要值），即净宽度与数量均不应超过实际设置总容量（净宽度与数量）的 50%；

④ 双向借用水平安全出口时，水平安全出口任一侧的地板面积（指人员活动用）应足以容纳两侧的全部人员，最小的人均占用净面积按 $3ft^2$（换算为 $0.28m^2$）计算；

⑤ 水平安全出口的防火隔断耐火极限不低于 2h，其耐火构造应符合规定。

4）美国《建（构）筑物火灾生命安全保障规范》NFPA 101—2006 规范对商场的每个防火分区疏散人员总数及所需疏散容量计算有如下规定：

① 商场每个防火分区疏散人员总数 N=(每个防火分区建筑面积 S)/(人均占有面积 F)；

人均占有面积 F 按楼层位置规定，当在街面层以上时，F 值取 $60ft^2$/人(换算为 $5.6m^2$/人)；

② 商场的疏散总净宽度容量因子不小于 0.3in/人(换算为 7.6mm/人)；每个安全出口的最小净宽度为 36in(换算为 915mm)；

疏散区域人数大于 1000 人时，安全出口数量不应少 4 个，疏散区域人数大于 500 人，但不超过 1000 人时安全出口数量不应少 3 个；

美国《建（构）筑物火灾生命安全保障规范》NFPA 101—2006 条文说明 A7.2.4.1.2 给出了一个借用水平安全出口的计算实例如下：

这是一个设在街面层以上的中度危险级百货商场，其楼层尺寸为：

长 350ft(换算为 107m)×宽 200ft(换算为 61m)，层面积为 $70000ft^2$(换算为 $6527m^2$)；

按街面层以上楼层，每人占有建筑面积为 $60ft^2$/人(换算为 $5.6m^2$/人)计算，故每层有人员 1166 人，按人均疏散宽度为 0.3in/人(换算为 7.6mm/人)计算，其楼层平面的计算所需疏散总净宽度为 349.8in(换算为 8885mm)，应设梯段净宽度 44in(换算为 1120mm)的楼梯共 8 部，按中危险级满足疏散距离≤150ft(换算为 45.7m)的要求布置安全出口在楼层四周，南边及北边各 3 部，东边及西边各 1 部，如图 14-2 所示，楼梯间的安全出口门选用尺寸为 46in 的门，门全开后的净宽为 44in 就符合了美国 NFPA 101 规范对疏散的要求。

业主如果认为 8 部疏散楼梯太多，可采用防火墙将该层百货商场分隔为东、西两个区域，如图 14-3 所示：

东区商场面积为 220ft×200ft=44000ft^2(换算为 67m×61m)；

西区面积为 130ft×200ft=26000ft^2(换算为 40m×61m)。

用下列公式可计算得到东区、西区所需要的安全出口总净宽：

总净宽度=[商场面积(ft^2)/人均占有面积(ft^2/人)]×人均净宽度(in/人)计算：

东区需要的安全出口总净宽为：44000ft^2/60(ft^2/人)=733.33 人×0.3(in/人)=220in(5.6m)；

西区需要的安全出口总净宽为：26000ft^2/60(ft^2/人)=433.33 人×0.3(in/人)=130in(3.3m)。

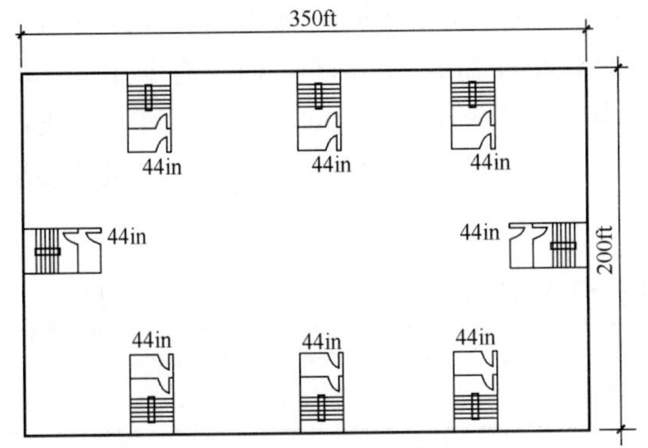

图 14-2 8 部疏散楼梯的布置示意图

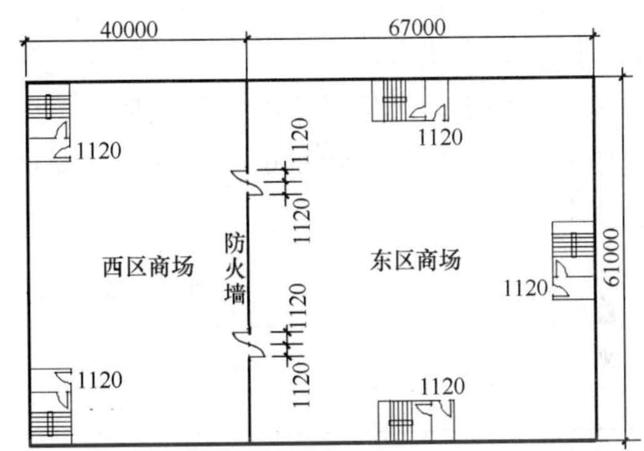

图 14-3 采用防火墙分隔为两个区域的安全出口布置

若在防火墙的适当位置开设四樘甲级防火门作为水平安全出口，使东区和西区都能利用水平安全出口相互借用，每樘甲级防火门净宽为 44in（名义宽度为 46in)，有两樘防火门开向西区，另两樘防火门开向东区，则在东区可设三部净宽 44in 的楼梯和两樘净宽 44in 的水平安全出口，东区安全出口总净宽为 5×44in=220in，而西区可设二部净宽 44in 的楼梯和两樘净宽 44in 的水平出口，西区安全出口总净宽为 4×44in=176in，各区均满足用总人数计算的安全出口总容量（总净宽和总数量）要求，而且，东区和西区各自的水平安全出口总净宽和总数量均不超过实际设置的安全出口总净宽和总数量的 50%，均符合规定。这就意味着防火墙上的两组防火门置换掉了三座楼梯，在以下各层节约了 3 座楼梯所占的商业面积，东区和西区的安全出口布置如图 14-3 所示。

如果业主认为东区疏散楼梯仍多了一些，还有另一个方案可供选择，即将东区现有的三部净宽 44in 的楼梯，取消一部，将余下的两部楼梯和两樘净宽 44in 的水平安全出口的净宽放大为 56in，这样东区安全出口总净宽为 4×56in=224in，且核算疏散距离仍符合要求，这一方案的安全出口布置见图 14-4 所示。

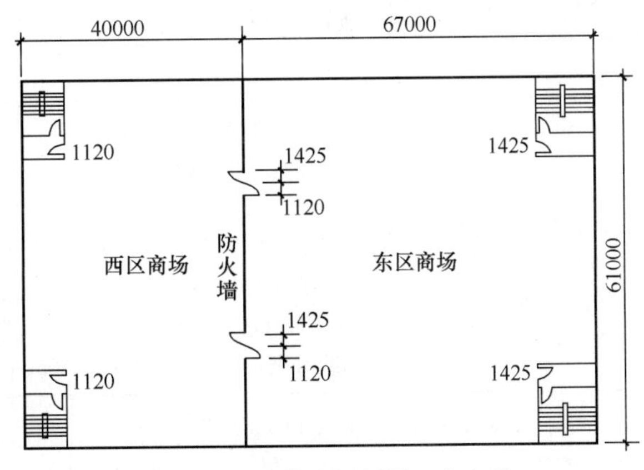

图 14-4 可供选择的另一个方案

（3）中美两国规范对利用水平安全出口疏散的比较：

笔者对美国《建（构）筑物火灾生命安全保障规范》NFPA 101—2006 版条文说明 A7.2.4.1.2 给出的利用水平安全出口疏散的计算实例，再用我国《建筑设计防火规范》GB 50016—2014（2018 年版）对利用通向相邻防火分区的甲级防火门作为安全出口进行人员疏散的规定，对计算实例的总净宽进行计算，与美国标准对比：同一商场的人员实际设置的疏散楼梯总净宽之比，我国的疏散楼梯总净宽是美国的 3.26 倍。而美国的人员疏散人均净宽度指标是我国人均净宽度指标（由百人指标换算而来）的 1.17 倍。按中美两国规范给出的利用水平安全出口的实例进行计算对比见表 14-1，本文中的中美两国楼梯容量对比说明，划分防火分区后，借用水平出口的政策规定不同，造成疏散楼梯容量不同，因此，为了方便对比，在计算时对我国楼梯最小净宽采用 1.1m，而没有采用 1.4m，如按中国规定，人员密集的公共场所疏散门的净宽度不应小于 1.4m 的规定计算，中美两国楼梯容量对比的比例将更大。在计算时按我国规范要求，按设在一、二耐火等级的多层商场考虑。

中美两国商场疏散楼梯总量对比表　　表 14-1

项目	中国《建筑设计防火规范》GB 50016—2014（2018 年版）	美国《建（构）筑物火灾生命安全保障规范》NFPA 101
楼层建筑面积	106.68m×60.96m＝6503.21m^2	350ft×200ft＝70000ft^2
防火分区	多层建筑（设喷淋）层面积大于 5000m^2 应划分防火分区	可不分区
楼层疏散人数（按第二层计）	6503.21m^2×0.43 人/m^2＝2796.4 人	70000ft^2÷60ft^2/人＝1166 人
楼层所需疏散总净宽度	2796.40 人×0.65m/100 人＝18.18m	1166 人×0.3in/人＝350in（约合 8890mm）
用防火墙隔开的东区及西区建筑面积	东区 67.06m×60.96m＝4087.97m^2； 西区 39.62×60.96m＝2415.24m^2	东区 44000ft^2； 西区 26000ft^2
分区后各区所需疏散总净宽度（m）	东区 11.43m； 西区 6.75m； 东区＋西区＝18.18m	东区 220in（5.588m）； 西区 130in（3.3m）； 东区＋西区＝350in（8.89m）
分区后各区安全出口实设总净宽度	东区：9 部净宽 1.1m 楼梯 1 部净宽 1.6m 楼梯； 合计 11.5m＞11.43m； 西区：5 部净宽 1.1m 楼梯， 1 部净宽 1.3m 楼梯； 合计 6.8m＞6.75m； 实际净宽：东区＋西区＝18.30m	东区设净宽 44in 安全出口 5 个（楼梯 132in＋防火门 88in），合计 220in； 西区设净宽 44in 安全出口 4 个（楼梯 88in＋防火门 88in），合计 176in； 东区＋西区＝396in　（其中楼梯净宽为 220in，约合 5.59m）
分区后各区的疏散楼梯实际总净宽度（m）	东区 11.5m；西区 6.8m； 东区＋西区＝18.30m＞18.18m	东区 132in；西区 88in； 东区＋西区＝220in

续表

项目	中国《建筑设计防火规范》GB 50016—2014（2018年版）	美国《建（构）筑物火灾生命安全保障规范》NFPA 101
在防火墙上设防火门作为水平安全出口的要求	认定西区是安全出口全部直通室外确有困难的防火分区时，在东西区的防火墙上，可设由西区开向东区的防火门，但防火门的疏散净宽度不应大于规范计算的疏散总净宽度的百分之30%，西区直通室外的安全出口不应少于两个； 因为西区需要的疏散总净宽度为6.75m，故通向相邻防火分区的防火门净宽不能大于西区所需总净宽的30%，故西区通向东区的防火门净宽为（6.75m×0.3）=2.025m，故只能设一樘净宽不能大于2m的防火门； 为了确保整个楼层楼梯总净宽不变，东区应另增加一部净宽1.95m楼梯	通向相邻防火分区的水平安全出口的容量不允许超过实际设置总容量的50%（即总净宽度与数量均不应超过实际设置总净宽度与数量的50%）； 东区的实际设有总净宽度为220in，总数5个，水平安全出口是2樘净宽44in的开向西区的防火门，故水平安全出口总净宽不大于220in×0.5=110in；现为88in，数量2个均不大于总数的50%； 西区的实际设有总净宽度为176in，总数量为4个，其水平安全出口是2樘净宽44in的开向东区的防火门，故水平安全出口总净宽不大于176in×0.5=88in，现为88in，数量2个均不大于总数的50%
最终的安全出口设置	东区：设9部净宽1.1m楼梯；1部净宽1.6m楼梯；另增补1部净宽1.95m楼梯；合计安全出口总净宽为13.45m； 西区：设3部净宽1.1m楼梯；1部净宽1.5m楼梯；设一樘净宽2m的甲级防火门；合计安全出口总净宽为6.8m>6.75m； 整个楼层楼梯总净宽度： 东区+西区=18.25m>18.18m	东区：设2樘净宽44in的开向西区的防火门作为水平安全出口，设三座净宽44in楼梯，合计总净宽220in； 西区：设2樘净宽44in的开向东区的防火门作为水平安全出口，设两部净宽44in的楼梯，合计总净宽176in； 整个楼层楼梯总净宽度： 东区+西区=220in，（约5.59m）
中、美疏散楼梯实际总净宽比值，中国/美国18.25m/5.59m	3.26	1
中、美人员密度指标	中国商业营业厅第二层人员密度为0.43人/m^2	美国街面层以上楼层人均占有面积为60ft^2/人； 换算为人员密度：0.1794人/m^2
中、美人员密度指标比值	2.397	1
中、美两国百人指标比值为0.855	0.65m/100人	因0.3in/人，故30in/100人 即0.762m/100人

注：1in=25.40mm；1m=3.2808ft；1ft=0.3048m；1ft^2=0.0929m^2

（4）对美国《建（构）筑物火灾生命安全保障规范》NFPA 101—2016规范允许利用防火墙上的水平安全出口作为防火分区疏散容量的一部分，有以下解读：

1）美国《建（构）筑物火灾生命安全保障规范》NFPA 101—2016规范的这一规定是基于：防火墙能在一段时间内将火灾限制在着火的防火分区内，当商场楼层有多个防火分区时，只有着火的防火分区的人员是直接受到火灾威胁的，需要限时疏散出去，取用百人指标才有意义。而非着火的防火分区的人员由于暂时没有受到火灾的直接威胁，是不需要在第一时间内限时疏散的，而且火灾在防火墙上防火门的耐火极限时间内是不会蔓延到相邻防火分区去的，所以人员限时疏散仅限于着火的防火分区是安全的，因此，疏散设施的总容量按各防火分区分别计算，当一个楼层有2个及以上防火分区时，可不按楼层同时疏散计算，这是对防火分区控制火灾蔓延价值的信任，也是对划分防火分区的鼓励：美国规范允许相邻防火分区之间双向借用，但要求双向借用水平安全出口时，水平安全出口任一侧的可供人员使用的地板面积，应足以容纳两侧的全部人员，最小的人均占用净面积按 $3ft^2$（换算为 $0.28m^2$/人）计算，这符合疏散时人员等待的安全需要。

2）美国规范主张可双向利用水平安全出口，是对防火墙价值的充分发挥，既然认为西区可利用防火墙上的水平安全出口作为防火分区疏散容量的一部分是安全的，所以东区同样也可以利用。

3）美国规范主张水平安全出口的容量不允许超过实际设置总容量的50%，其操作性好，检查方便。因为每个防火分区的实际总净宽总是不小于计算所需总净宽的，这样做就比用计算值来控制更加符合控制需要，检查校核就很方便。

4）美国规范主张相互借用水平安全出口的容量不允许超过实际设置总容量的50%，该容量不仅指总净宽度，还包括安全出口的数量，即在总净宽度符合要求时，水平安全出口的数量在总的安全出口的数量之比还不应超过规定，因为疏散楼梯是直达地面的，更加符合安全疏散的需要。

同一案例的同一楼层，按我国规范需设15部疏散楼梯，而按美国规范仅需设5部疏散楼梯。这个差别是很大的。在商场内疏散楼梯数量较为合理时，对商业店面布局的影响是较小的，能够做到使每一条公共走道与安全出口对应，人们才能畅通无阻地通向不同方向的安全出口，商家也不会占用安全出口。当按规范需设15部疏散楼梯时，要实现这一要求，就会有大量的公共走道把商业店面的业态布局完全破坏，因此无法做到使每一条公共走道与安全出口直连对应，人们也就不能畅通无阻地通向不同方向的安全出口。而且在商场内设置大量平时根本不用的疏散楼梯，既破坏商业店面布局，又给管理带来问题。因为疏散楼梯是沿建筑外墙布置，占用的是商业的黄金地面，当大量安全出口布置在黄金地面时，许多安全出口就会在商家店面内，商家必然会将其隐蔽，并将将楼梯间当作仓库使用，真正到火灾疏散时，是很难派上用场的，这会给管理带来许多麻烦。

（5）限时疏散与不限时疏散是不能混淆的。

当一个楼层有多个防火分区时，因某个防火分区的某个房间着火，而要求整个楼层的所有防火分区的人员都同时疏散，是不合理的，因为规范规定划分防火分区的目的是用防火墙及其分隔构件能在分隔设施的耐火极限时间内，把火灾限制在着火的防火分区内，如果在考虑人员疏散时，不承认防火分隔设施的有效性，是说不过去的，当然不可否认的是，当某个着火防火分区人员向相邻防火分区疏散时，会引发相邻防火分区的人员疏散，但这是两种性质完全不同的疏散行为，着火防火分区的人员疏散是在受到火灾直接威胁下的限时疏散，疏散设施容量是按百人净宽度指标计算决定的，应满足限时疏散的需要；而其他非着火的相邻防火分区的人员并没有受到火灾直接威胁，而且在防火分隔设施的耐火极限时间内，他们也不会受到火灾威胁，他们没有必要立即限时疏散，他们的疏散时间是不受百人指标的疏散时间限时的，只要相邻防火分区的地板面积能够容纳下两个防火分区的全部人员，使其暂时免受火灾直接威胁，慢慢地疏散出去，其疏散通过时间也远远大于百人指标暗含的疏散通过时间，因此用百人指标计算的疏散容量足以满足更多疏散人员的荷载要求，相邻防火分区之间防火墙上的甲级防火门只要其容量符合要求，完全可视为水平安全出口，可计入防火分区的疏散容量之内的。所以有多个防火分区的楼层，在火灾时实施全楼同时疏散的理念，是不合乎火灾实际需要的，也是不可取的。错在把两种性质完全不同的疏散模式混为一谈，是不符合消防要求的经济适用原则的。既然采取了严格的防火分区措施，就应当发挥其效用，这样才有利于处理好消防安全和消防投入的关系。

15　对我国屋顶直升飞机停机坪设置的解读与分析

屋顶直升飞机停机坪是与避难层（间）、消防车道和消防电梯、消防救援场地和入口、辅助疏散逃生设施等共同组成了建筑消防避难救援设施，它们只有在规定的情况下才必须设置。用于消防救援的屋顶直升飞机停机坪只在建筑高度大于 100m，而且标准层建筑面积大于 2000m² 的公共建筑的屋顶设置。图 15-1 为屋顶直升飞机停机坪照片。

图 15-1　屋顶直升飞机停机坪照片

人员疏散、避难、救援设施的动用率与火灾发展时间、火灾是否能在初起时被控制住是密切相关的，房间火灾时，在点火源状态下，房间内的人员首先疏散，火场的人们可用灭火器灭火，另外设有自动灭火设备时，灭火设备可以自动响应并控制住火势，而且消防队可在接警后 5min 内到达责任区的着火建筑出水灭火，所以在正常情况下常规的疏散设施动用率最高，即使是火灾蔓延出着火房间，引起相邻房间较大范围内的人员疏散，但多数情况下火灾也仅限于着火房间所在防火分区。这时仍然可动用常规的疏散设施就能满足疏散需要，建筑的自防自救能力愈高，需要动用避难救援设施的概率愈低。

原《高层民用建筑设计防火规范》GB 50045—1995 从 1995 年首次规定建筑高度超过 100m，且标准层建筑面积超过 1000m² 的公共建筑，宜设置屋顶直升飞机停机坪，至今已经历了 26 年，国内仍未见一例建筑火灾利用屋顶直升飞机停机坪救援成功的报道，即使是 2010 年 11 月 15 日上海胶州路 728 号教师公寓火灾，及时出动了 3 架直升飞机，也因火势失控，屋顶直升飞机停机坪也未能动用。

国内外火灾案例说明，超高层民用建筑只要具备严防自救的能力，就能把火灾控制在点火源状态，避难救援设施的动用概率就可以降至很低。所以应当把控制点火源的防火措施做好、做扎实是治理超高层民用建筑火灾的首要任务，愈是初起火灾愈容易控制，花费的代价愈小，如果火灾失控，不仅灭火难度大，花费的代价也极大，而且即使动用直升飞机也未必能发挥效用。

15.1　我国屋顶直升飞机停机坪的提出

我国《高层民用建筑设计防火规范》GB 50045—1995 首次提出：“建筑高度超过

100m，且标准层建筑面积超过 1000m² 的公共建筑，宜设置屋顶直升机停机坪或供直升机救助的设施”。其用意是：当超高层公共建筑发生火灾时，有个屋顶直升飞机停机坪，就可以用直升飞机将在楼顶层躲避火灾的人员疏散到安全地区，并为消防救援提供条件。因此，超高层公共建筑设置直升机停机坪对人员疏散有积极作用，是一种可行的安全技术措施。

但在超高层公共建筑发生火灾时，直升机停机坪能不能发挥效用，还取决于以下七个条件：

1）当地有没有可供调用的直升飞机；

2）当地低空空域是否开放，直升飞机救援能不能得到空管统筹并为其提供服务；

3）直升飞机有没有灭火救援装备和空中灭火救援技术；

4）当地有没有灭火救援的支持场地；

5）着火建筑的空域条件能否允许直升飞机靠近；

6）着火建筑的火情火势是否允许直升飞机靠近和停靠；

7）当时的气候条件能否允许直升飞机起飞和靠近。

其中 1）、2）、3）、4）、5）项为基本条件，缺一不可，6）、7）项为偶然条件，任一条件不具备都会造成救援失败。

直升飞机救援需要直升飞机从其所在机场起飞，从开放的行政区域领空飞行到目标场地停靠或悬停实施救援，然后再飞到支持场地，卸放被救人员或补充装备和救援人员，完成救援任务后再返回机场，在整个过程中必须得到空管部门同意并为其提供服务才能安全飞行。

（1）我国的直升机及空域资源基本情况回顾

1995 年《高层民用建筑设计防火规范》提出设屋顶直升飞机停机坪时，我国低空空域没有开放、我国公安部尚未取得航空器管理权限，国内也尚无警务直升机。

国内警用直升机最早使用的第一架直升机是湖北武汉市公安局在 1996 年投用的 EC135 型直升机，当时及以后的很长一段时期内我国警用直升机不具有消防救援的装备和能力。

据资料记载，在 1995 版《高层民用建筑设计防火规范》提出设屋顶直升飞机停机坪的 8 年后，2003 年国务院、中央军委才正式批准公安部成为第 5 个拥有航空器管理权限的单位，从此公安机构可以使用警务直升机，此后各省市陆续组建了警务航空队；至 2013 年 5 月 26 日止全国有 13 个城市有警务航空队，共有直升飞机约 20 架；近两年警务直升飞机增长速度加快，至 2014 年 5 月 19 日止全国有警务直升飞机约 54 架。

1995 版《高层民用建筑设计防火规范》提出设屋顶直升飞机停机坪时，当时及以后相当长一段时间内，我国低空空域是空中管制状态。

在国家空管委领导下，由空军统一组织实施全国飞行管制，民航空中管制由民航空管局负责，下设地区空管局和空管分局，实行区域管制、进近管制、机场管制三级管理，将低空空域划设为管制空域、监视空域、报告空域；航空用户必须事前向空管部门和空军申请计划、报告飞行计划、通告起降时刻，才能得到空管统筹并为其提供服务。

直到 2010 年 11 月 14 日国务院、中央军事委员会发布《中央军委关于深化我国低空空域管理改革的意见》，文件指出：为发展通用航空，有效利用我国空域资源，繁荣航空业，决定有步骤地开放我国低空空域：2011～2015 年为推广期，在 5 个城市划设低空空域，2015～2020 年为深化期。按文件规定：对我国的空中禁区，空中危险区、国境地带，重点防空目标区及其周围一定范围的上空、飞行密集区、机场管制地带的低空空域仍属于管制空域，只有管制空域以外的区域，如监视空域和报告空域，只要有报批的飞行计划可以自由组织飞行，这样，通用航空产业就才有了发展空间，直升飞机救援才能得到空管部门提供的服务，救援直升飞机才能安全飞行。

（2）规范提出的两个直升飞机救援成功案例是特例

原 1995 版《高层民用建筑设计防火规范》为了说明设置屋顶直升飞机停机坪很有必要，在条文说明中举出了用直升飞机救援成功的两个国外火灾案例：

1）巴西圣保罗市安德拉斯大厦火灾案例："1972 年 2 月 4 日，安德拉斯大楼发生火灾。当局出动 11 架直升机，经过 4 个多小时营救，从高 31 层的屋顶上，救出 400 多人。"

2）哥伦比亚波哥大市航空大厦火灾案例："1973 年 7 月 23 日。哥伦比亚波哥大市高 36 层的航空楼发生火灾。当局出动五架直升机，经过十个多小时抢救，从屋顶救出 250 人。"

原 1995 版《高层民用建筑设计防火规范》进一步指出："通过这两个案例，说明直升机用于高层建筑火灾时的人员疏散是可取的。"

但是规范并没有给出这两个案例的建筑概况及火灾经过，供人们全面分析这两个直升飞机救援成功案例的条件与可能，人们也就很难判定高层建筑火灾需要直升飞机救援的安全性和必要性。下面是笔者搜集的关于这两次用直升飞机救助成功的国外火灾案例的建筑概况、火灾发展过程及用直升飞机救援情况，供读者分析：

① 巴西圣保罗市安德拉斯大厦火灾直升飞机救援简介：

1972 年 2 月 4 日巴西圣保罗市安德拉斯大厦的地上第二层百货商场的衣料部由于电气短路引发火灾，在 50min 内大楼便成火柱，死亡 16 人，伤 329 人。

大厦建于 1962 年，地上 31 层，地下 1 层，第四～五层为百货商场，商场以上其余楼层为办公楼，每层使用面积为 840m^2，大楼设一座封闭楼梯间，屋顶设直升飞机停机坪，火灾时大楼内总人数约 2000 人。

大楼内的每层采用大开间，由可燃分隔构件分隔，地面及吊顶材料均为可燃，并使用液化气瓶，火灾时液化气瓶发生爆炸，加剧了火势的蔓延；大楼的一面外墙为落地式大玻璃，有利于火势向上蔓延。

大楼内只设室内消火栓系统，而没有设自动喷水灭火系统和火灾自动报警系统。

火灾时，消防人员采用在第十层架设梯子组织人员向毗邻的"巴拉齐奥大厦"疏散外，并组织人员向屋顶停机坪疏散，用 11 架直升飞机在 4 个多小时救出 410 人，消防队于下午 3 点 40 分接警，至次日临晨 4 点将火扑灭。

这次火灾之所以能有 4 个多小时的直升飞机的营救时间，是由于起火点的楼层在第二层，在大楼底部，距屋顶尚有 29 个楼层。

② 哥伦比亚波哥大市航空大厦火灾直升飞机救援简介：

哥伦比亚波哥大市 AVIANCA 航空大厦，建于 1968 年，占地面积约 700m^2，地上 36 层，每层平均使用面积约 450m^2，大楼设一座疏散楼梯间和两部电梯，只设有室内消火栓系统和通风系统，未设自动喷水灭火系统和火灾自动报警系统。

火灾发生在13层楼的库房内，起火后35min报警，消防队到达时，火已蔓延到第十四～十五层，消防队组织着火层以上的人员从楼梯疏散到安全地带，一部分人则疏散到屋顶，由5架直升飞机救出250人，直升飞机还担负运送消防人员和灭火器材到屋顶。这次火灾从十三层直烧到三十六层是由于第二十层和三十六层的消防水箱缺水，造成灭火失败。

以上两个火灾救援案例之所以需要直升飞机救援是因为两座大楼都是只有一部疏散楼梯，没有设自动喷水灭火系统和火灾自动报警系统，根本不具有自防自救能力，更不要说严防自救能力了。由于火灾失控概率高，必然对直升飞机救援的依赖性强，两个案例的直升飞机能成功地救出数百人，是因为着火楼层位置距屋顶还有29个楼层或23个楼层，使得直升飞机有足够的安全救援时间从事救援作业，如果着火楼层位置较高，距屋顶较近，直升机救援成功的可能性就没有那样高了，所以（1995版）《高层民用建筑设计防火规范》的两个直升飞机火灾救援案例是救援成功最好的特例。

15.2 国内外直升飞机救援建筑火灾的情况简介

粗略统计国内外有资料可查的，由直升飞机救援的建筑火灾案例共12次，救援情况如下：

（1）1981年2月10日拉斯韦加斯市希尔顿酒店火灾：建筑共30层，采用封闭楼梯间，第八层纵火，25min波及至三十层，用直升机在屋顶救援，仅死亡8人，伤350人，飞机营救人数不详，着火层在建筑物下部第八层距屋顶有22个楼层。

（2）1979年7月29日肯尼亚内罗毕市办公楼火灾：建筑共17层，第六层用清洗剂清除地毯，胶粘剂起火，火灾波及至第七层，大楼顶层3间套房的11人由直升机救出，着火层在建筑物下部，为可燃蒸汽引发的建筑火灾。

（3）1973年7月23日哥伦比亚波哥大市航空大厦火灾：建筑共36层，1968年建成；长120ft、宽62ft，每层建筑面积7440ft^2，设一座疏散楼梯，从第十三层库房起火，直烧到三十六层，第二十层水箱无水，第三十六层水箱用完后，电源无电，供水不足，出动5架直升机在屋顶救出250人，着火层离屋顶有二十三层，有停机坪，无自动喷淋系统和火灾自动报警系统，着火层在建筑物下部。

（4）1974年2月1日巴西焦马办公大厦火灾：大厦于1973年建成，地上25层，地下1层，首层为档案文件储存室、二～十层为汽车库，第十一～二十五层为办公楼，层面积为6292ft^2（584.5m^2），采用1部1.18m宽的疏散楼梯间，大楼无自动喷淋系统，无直升机停机坪，1974年2月1日上午9点5分第十二层窗式空调机电线短路着火，火势沿外墙向上蔓延，大楼内有756人被困，其中在十一层～二十五层有601人在办公室内，消防队在接警后5min内到达，并组织救援，大部分人由楼梯向下疏散逃生，有171人逃到二十五层的屋顶，在火灾盛期，建筑已成为火柱，强大的热气流使直升飞机无法靠近大楼，直升飞机无法实施救援，只待火势平息，确认对飞机没有威胁后，直升飞机再飞到北楼屋顶依靠悬停方式救出81人幸存者，这81人由于成功躲避了烟气侵害，从而存活下来，被飞机救走，但仍有90人在屋面被烟气呛死，（南屋顶死60人，北屋顶死30人），这一案例的着火楼层离屋顶仅13个楼层。严格地讲，这只能算是火灾后期的成功医疗救援案例。

（5）1984年1月14日韩国釜山一旅馆火灾：建筑共10层，楼内有233人，占地面积690m²。建筑周围场地无法停靠云梯车，起火在裙房建筑第四层，向煤油炉加油引发火灾，从而引燃主楼，死亡38人，5架直升机悬停，放救生绳和绳梯救人，救人数不详，每层面积690m²，全楼有84间客房。

（6）1972年2月4日巴西圣保罗市安得拉斯办公大厦火灾：1962年建成，地上共31层，层面积840m²，建筑共三十一层，楼内人数2000人；设一座封闭楼梯间，二层百货商场电气火灾，50min内全楼着火，楼内人员从电梯和楼梯疏散，死亡16人；隔墙、地板、吊顶均为可燃材料，临街外墙为落地式大玻璃窗，出动11架直升飞机（政府3架，民间8架）在4个多小时内共救出410余人，直升机运载能力为1～8人/架次不等，室内无自动喷淋系统和火灾自动报警系统，屋顶设停机坪，着火楼层在第二层，距屋顶有29个楼层。

（7）1988年1月1日泰国曼谷第一酒店建筑火灾：建筑共9层，死亡13人，集中在四～六层，直升飞机从窗口救出一些人，人数不详，设有火灾自动报警系统和自动喷淋系统，但喷淋系统不起作用。

（8）1988年5月4日美国洛杉矶市第一洲际银行火灾：建筑共62层，占地2000m²，有封闭楼梯间4部，电梯9部，晚上10点半起火，楼内仅40余人，死1人，起火点在第十二层，只烧到第十五层止，直升机从屋顶救出8人，正在安装自动喷淋系统，故不起作用，屋顶离燃烧层共有50个楼层。

（9）1980年11月21日美国拉斯韦加斯市米高梅酒店火灾：建筑共26层，上午7点10分，一层餐厅南墙电气火灾，（由电线短路着火），引燃黛丽糕点店，继而蔓延至娱乐场．烟气进入所有竖向通道，采用封闭楼梯间，人员无法疏散，着火层离屋顶有26个楼层，首层、二十～二十五层无自动喷淋系统，仅有手报，起火后首层无法疏散，通向屋顶的门反锁，直升机到达屋顶后开门，营救出300余人，仍死亡84人，烧伤600余人，空调系统继续运行把烟气送进客房，61人在塔楼客房被呛死。

（10）1982年2月8日日本东京新日饭店火灾：建筑共10层，1960年建成，第九层客房因客人吸烟导致火灾，烧至第十层，大楼无自动喷淋系统，火灾自动报警系统为防误报而处于手动状态，虽出动2架直升机救援，直升机救出人数不详，仍死32人，失踪30人，伤34人。

（11）1972年11月29日美国罗尔特中心大厦火灾：建筑共十六层，十五层会议室起火，4人跳楼死，2人死在电梯，十六层有140人，其中132人由楼梯逃生，8人由直升机从屋顶救出，室内无喷淋系统，着火层离屋面仅一层之隔。

（12）2012年11月15日上海胶州路教师公寓火灾：建筑共26层，室内消防设施齐全而能正常工作，外墙保温施工时电焊引燃九～十四层外墙保温材料，死亡58人，3架直升机虽快速到达，但因火势太大，无法靠近而返航，是外墙保温材料火灾。

对以上12起用直升飞机救援建筑火灾案例的分析：

（1）见于报道的国外建筑火灾曾使用直升飞机救援的11例中，有3例救援人数不详，巴西焦马办公大厦救出的81人只能视为事后医疗救援，另外6例共救出988人，其中巴西为410人，美国为316人，哥伦比亚为250人，其他国家为12人。美国和巴西这两个国家都是通用航空业较发达的国家，而且私人飞机占绝大多数。在圣保罗市安得拉斯大楼火灾出动的 11 架飞机中，政府 3 架，民间 8 架。

上述 12 例用直升飞机悬停救援方式的案例有两例，一例是巴西焦马办公大厦救出的 81 人，另外一例是韩国釜山一旅馆 5 架直升机悬停，放救生绳和绳梯救人，救人数不详。

（2）上述 12 例用直升飞机救援的案例中，上海胶州路教师公寓火灾是救援失败的案例，其余 11 例中，有两例的着火楼层在屋顶下面的第二层，是着火楼层最高的案例，其中一例救援人数不详，另一例的最高层有 140 人，其中 8 人上了屋顶，被直升飞机救出，另 132 人从楼梯向下逃生脱险，另外 8 例的着火楼层都在楼层数的一半以下，从这 8 例的直升飞机救援看，人在屋顶被直升飞机救出的人数为 980 人（不含事后医疗救援的 81 人），占总救出人数的 99.1%，由此可见，着火楼层在建筑中的相对位置，特别是着火楼层距建筑屋顶的楼层数，对直升飞机救援时间和救援成功概率影响很大，条件相同时，着火楼层距建筑屋顶的楼层数愈少，留给直升飞机的安全救援时间就愈短。

（3）超高层建筑自身不具有“严防自救”的能力是造成建筑物火灾时对空中救援依赖的重要因素。

超高层建筑由于其建筑高度较高，火灾危险性较大。发生火灾时，火势蔓延快、疏散较困难、扑救难度大。故要求建筑防火设计时，应采取严格的防火措施，保证高层建筑应具有“严防自救”的消防能力，如果超高层建筑不具有“严防自救”的消防能力，火灾时不能控制住火势蔓延，对外部救援的依赖就很强，这是造成高层建筑火灾时对空中救援依赖的重要因素；

上述 12 个用直升飞机救援的案例中，除我国的上海胶州路教师公寓火灾是属于外墙外保温火灾外，其余 11 例均为室内可燃物火灾。上海胶州路教师公寓建成于 1998 年 1 月，建筑具有“严防自救”的消防能力，但由于是外墙外保温火灾，室内消防设施无法控制。其余 11 例建筑的建成年代都在 20 世纪 80 年代以前，建筑的防火设计水平很低，不具有“严防自救”的消防能力。所以，国内外用直升机外部救援的建筑物室内火灾案例，大多发生在 20 世纪 80 年代以前。相比之下，20 世纪 90 年代以后国内外的新建建筑发生室内火灾，由直升机外部救援的案例相对较少，这与 20 世纪 90 年代以后新建建筑防火设防水平和管理水平的提高，以及设自动喷水灭火系统全保护有关。

如果上述案例的大楼，按 1995 版《高层民用建筑设计防火规范》对高层建筑的防火要求建设，每个防火分区有两部防烟楼梯，疏散人群不会因为唯一的通道被堵，而被迫向屋顶疏散，在这样的情况下，绝大多数人群就会从防烟楼梯间向下疏散，如果案例均设置自动喷水灭火系统和火灾自动报警系统全保护，就能在开放少数几只喷头的情况下，将火灾控制在初起阶段，就能尽早地有序疏散人群，这样的超高层公共建筑的就具有严防自救的消防能力，火灾时对直升飞机救援的依赖程度就很低！

上述 12 个用直升飞机救援的案例中，有 7 例建筑内未设自动喷水灭火系统，1 例有自动喷水灭火系统，但正在改装，不能发挥效用；另 1 例虽有喷淋，也能正常工作，但在外墙保温材料包围燃烧条件下，亦不可能控制外墙火势，另外 3 例是否设喷淋不详；如果建筑内没有自动喷水灭火系统保护，就不具有自动扑灭初起火灾的能力，就不能阻止建筑火灾的蔓延。如果它们设有自动喷水灭火系统，并能正常工作时，系统能在开放不超过 4 只喷头的情况下将初起的局部火灾控制住，等待消防队到达，火灾波及全楼的概率就很低。

直升飞机救援成功率的高低还与建筑体型相关，非塔式建筑比塔式建筑的直升飞机救援成功率要大，美国拉斯韦加斯市米高梅酒店火灾用直升飞机屋顶救援出300余人，救援的成功率高，是因为该建筑首层火灾封住了疏散楼梯出口，但该建筑不是塔式建筑，当火灾在一层南墙处发生时，直升机可以在北部26层屋顶救人，从而避开浓烟和高温气流对直升机的威胁。

外墙保温材料火灾对直升机救援的威胁最大，上述第12个案例中上海胶州路教师公寓外墙外保温火灾，起火时间14点14分，而起火后36min，上海警务航空队首架直升机到达，进行空中观察，继后另两架警务航空队直升机相继到达应急救援，试图将1名任务员下降至屋面，终因火势的烟雾太大，而无法实施，因为此次火灾从九层外墙着火到蔓延至外墙顶部仅用了4min，尽管按直升机飞行程序，此次直升机到达目标场地的反应是很迅速，但反应速度仍迟于火灾蔓延速度！由于该建筑有严防自救能力，消防设施在火灾中都能及时响应，但对扑灭外墙保温材料火灾也毫无效用，造成直升飞机救援失败。由此可知，如果是直升飞机异地远程救援，困难会更大，救援成功的可能性会愈小。

15.3 直升飞机救援必须有严格的安全条件

认真地分析上述12个直升飞机救援案例可知：直升飞机救援是受严格的安全条件限制的，在超高层公共建筑发生火灾时，直升机停机坪能不能发挥效用，还取决于当地有没有可供调用的直升飞机，远程调用的飞行时间是否满足救援需要、当时的气象条件能否允许直升飞机起飞和靠近、着火建筑的火情火势是否允许直升飞机靠近和停靠、着火建筑的空域条件能否允许直升飞机靠近，建筑的最终进近和起飞区（FATO）方向的建筑是否满足飞机起降的要求、当地有没有灭火救援的支持场地、直升飞机有没有适合现场的灭火救援装备和空中灭火救援技术、当地低空空域是否开放，直升飞机救援能不能得到空管统筹并为其提供服务等条件，都影响直升飞机的救援成功率，任何一个条件不具备都会造成救援失败。所以，屋顶停机坪作用的发挥也是受限的，屋顶直升飞机停机坪为大楼增加的安全度也是受限的，屋顶直升飞机停机坪的效用取决于在救援时间内直升飞机是否会受到上述条件的限制。这些条件都影响着直升飞机飞行安全，其中有一些条件的出现都具有偶然性。

当然，如屋顶设有高架直升机场时，由于其低空空域是“管制空域”，能够为直升飞机提供接地、离地、停放等勤务保障和消防保障，当该建筑发生火灾时，建筑屋顶能为直升飞机直接降落提供条件，这是建立屋顶高架直升机场的优势。如果该建筑的低空空域不是“管制空域”时，其屋顶应作为野外临时着陆点对待，按规定，直升飞机在野外临时着陆点降落前，必须有3min的“盘旋通场”时间，由飞行员根据场地风速、风向和障碍物条件，确定着陆方案。而3min的“盘旋通场”时间，对火灾救援的争分夺秒，着实是太长了，至于屋顶直升飞机停机坪是否不按野外临时着陆点对待，主要看飞机停机坪的低空空域是不是“管制空域”，航径上的障碍物是否能得到控制。

15.4 “屋顶直升机场”“直升机临时停靠场地”和“救援目标场地”的区别

《建筑设计防火规范》GB 50016—2014明确指出，屋顶直升飞机停机坪应按《民用直升机场飞行场地技术标准》MH5013—2014的技术要求来建设，却又不指明屋顶直升飞机停机坪是标准中哪种类型的高架机场，这就容易混淆高架机场和等待直升飞机救援的“临时停靠的目标场地”的区别。

“屋顶直升机场”是建在屋顶的直升飞机的机场。

“救援目标场地”是直升飞机从它的机场起飞后飞向指定的救援地点，所能停靠或悬停实施救援的场地。

两个场地的技术要求、保障要求、建设程序、使用管理的内容是不同的，高架直升机场与超高层建筑“屋顶直升机停机坪”究竟有什么区别，各具有什么功能，必须通过建立标准来予以明确。

表 15-1 依据相关规范要求和使用功能及设施的不同列出了高架直升机场与“屋顶直升机停机坪”的区别。

高架直升机场与“屋顶直升机停机坪”的区别　　表 15-1

项目	屋顶直升机停机坪	高架直升机场
依据标准	《建筑设计防火规范》GB 50016—2014	《民用直升机场飞行场地技术标准》MH 5013—2014
（1）性质	救援目标场地 需要得到直升机救援的建筑屋顶供直升机起降、停靠的一块地平面，属于直升机野外救援作业的目标对象； 如果是支持场地应另按“直升飞机临时停靠场地”要求对待	（1）为直升机从事飞行活动而设在建（构）筑物屋顶的直升机专用机场，为直升机提供接地、离地、停放、训练、加油等勤务保障和消防保障； （2）人口稠密的高架机场只允许具有最高飞行性能的1级直升机起降
（2）对场地的使用要求	作为野外救助对象，由飞行员根据实际情况决定使用，可降落，也可悬停，救援场地目前尚无相关法规标准要求	应由空管部门验收后发给飞行场地许可证（适航证），无证照机场不允许使用
（3）对场地的设计要求	作为建筑屋面接受飞机救助的场地的要求尚无相关标准，急需制定	应由有飞行场地设计资质的单位依据其场区净空条件，气象及环境条件、直升机型决定飞行程序设计（FATO 最终接地和离地方位）及场地规格、形状尺寸和设施，环评报告、报政府批准报空管部门，飞行部门认可批准，民航部门验收发证
（4）对场地空域的要求	作为直升飞机救援目标的停机坪目前尚无标准，机场部门也没有法规依据进行管理	要求以机场为中心 3.5km 范围内的低空空域内的建筑物高度由机场管理部门按飞行程序报告中的机场净空限制范围图的要求进行控制，周围再建新的建（构）筑物时应事先征得机场管理部门的同意，以确保机场的 FATO 方向不改变
（5）对低空空域的要求	作为直升飞机救援目标的屋顶停机坪，属于“监视空域”和“报告空域”	要求机场上空空域是“管制空域”一切飞行活动受飞行管制部门的管制指挥。不允许划设“监视空域”和“报告空域”
（6）停机坪设施	作为直升飞机救援目标的野外作业用屋顶停机坪，尚无相关标准	应有：停机坪、坪面标识、机坪出入口、保护围栏、助航灯（边界灯、泛光灯、障碍灯、标灯、着落坡度指示灯）风向标、坪面排水等

续表

项目	屋顶直升机停机坪	高架直升机场
(7) 通信设施	作为直升飞机救援目标的野外作业用屋顶停机坪，尚无相关标准	应设无线及有线通信设备与当地空管部门和直升飞机取得联系，接受指挥，通报信息，确保安全飞行，无线电通信频率应向当地民航无线电管委会申请并向地方无线电管委会备案
(8) 导航设备	作为直升飞机救援目标的野外作业用屋顶停机坪，尚无相关标准	全自动导航仪，由直升机在30km外用VHF频率自动打开机场导航仪及导航灯，在6km时显示导航信号
(9) 消防保障	作为直升飞机救援目标的野外作业用屋顶停机坪，尚无相关标准，但按照高架直升机场标准的规定，当为无人值守的机场时，可不提供消防保障	应按高架机场的类别确定消防保障水平，其B类泡沫混合液的喷射率，辅助灭火剂的最小可用量及应答时间应符合规定

“直升飞机临时停靠场地”是直升飞机救援的“支持场地”，直升飞机救援作业必须有“支持场地”作为依托，直升飞机从机场起飞后，要到“支持场地”载运消防员和器材，到火场救人后，直升飞机不可能把被救人员运回机场，也不可能飞回到机场补充灭火装备和救援人员，因此直升飞机救援必须有“支持场地”供直升飞机临时停靠，所以直升飞机救援时，总是在“救援目标场地”和“支持场地”之间来回作业。“支持场地”可以是固定的，如指定的医院、指定的灭火装备和救援人员储备点，也可以是临时选定的，如可以靠停的医疗救护点。对于固定的“支持场地”应由地方行政部门在辖区内统一规划定点，按《民用直升机场飞行场地技术标准》MH 5013—2014 的直升飞机机场进行建设，建成后对其低空空域应由机场管理部门按飞行程序报告中的机场净空限制范围图的要求进行控制，但“支持场地”不提供直升飞机训练、加油等机场勤务保障和机场消防保障。对于不固定的“支持场地”应由飞行员选定后通知地面的消防救援指挥人员，对场地飞行设施没有要求，且场地可以是非着火建筑的屋面，也可以是街区广场的地面，非固定“支持场地”的缺点是无法在夜间实施救援时启用。

所以，《建筑设计防火规范》GB 50016—2014（2018年版）提出的超高层建筑设置的“屋顶直升机停机坪”，其本质是直升飞机的野外“救援目标场地”，当该超高层建筑着火后，它的屋顶就可能成为直升机停靠的机坪，而平时是不使用的。为此不应按《民用直升机场飞行场地技术标准》MH 5013—2014 的直升飞机机场进行建设。如果是直升飞机屋顶机场，建成后那是要由空管部门对其低空空域按其净空限制范围进行控制的，可想而知，一座城市每座超高层建筑都把“救援目标场地”按“屋顶直升机场”来建设，这座城市的低空空域都成了禁飞区，哪里还有可以自由飞行的空域？城市的净空都成了净空限制范围，城市还怎么发展建设？

15.5 用于人员疏散的屋顶停机坪或机场也是存在风险的

此外也有用直升飞机救援建筑火灾发生事故的案例，如1971年12月25日圣诞节上午，韩国大然阁旅馆火灾（21层），火灾起于2楼一只备用液化气罐爆底，引燃咖啡店，火势向上蔓延，死亡163人，其中：楼内死亡121人，38人跳楼而亡，2人死于医院，2人从直升机上掉下摔死！用直升飞机悬停救出6人。所以超高层建筑火灾采用直升飞机屋顶救援，尚需有相应的立法来保护应急救援工作的正常进行。

另外一个值得思考的问题是，在超高层建筑的屋顶，不论是设屋顶直升机停机坪，还是设直升飞机机场，都会给火灾时的人员疏散带来一定风险，当超高层建筑的屋顶成为疏散方向后，火灾时，在同一楼梯梯段上，既有向下疏散到地面的人流，又有向上疏散到达屋顶的人流，两股人流逆向流动必然会破坏人员疏散的有序性，没有防止“逆向人流”对人员有序疏散的破坏，人员疏散的安全就得不到保证，停机坪和机场的设置就会带来新的风险。

当超高层建筑的屋顶设有停机坪或机场，火灾时就会有人向屋顶疏散，而人们向屋顶疏散不一定能得到直升飞机的安全救援，他们并不知道直升飞机能不能到达和靠近，他们在等待的过程中，火势总是沿楼层向上蔓延的，当楼梯被火封住后，在屋顶等待直升飞机救援的人们，无异于处于绝境，须知在火灾失控的情况下，屋顶并不一定是安全的，与向地疏散相比，向屋顶疏散是有风险的，怎么规避这样的风险，必须要有措施。

另一个问题是：离屋顶较远的楼层中的人员有多少人能够有能力通过疏散楼梯爬到超高层建筑的屋顶去等待直升飞机救援？直升飞机能够从屋顶救出多少人，与有多少人能够在火灾烟气尚未威胁到直升飞机安全时，人能够爬多少个楼层到达屋顶有关。

15.6 对超高层建筑的屋顶停机坪（或机场）及直升飞机救援的思考

综上所述，我国超高层建筑用于消防的屋顶停机坪或机场，在火灾时，在什么条件下才能发挥效用，究竟能有多大效用，是值得我们深思的。我国超高层建筑防火设计应当以“严防自救”为原则的条件下，辅助设置能保证直升机安全悬停与救援的设施。这是比较合适的应急救援方式，是各方都能接受的。

从 1995 年《高层民用建筑设计防火规范》要求建筑高度超过 100m，标准层建筑面积超过 $1000m^2$ 的超高层公共建筑宜设屋顶直升机停机坪以来，已经过去了近 26 年，但这 26 年来我国所建的这些屋顶直升机停机坪从未见到有被动用的报道。据资料记载：改革开放以来，我国高层建筑发展迅速，截至 2010 年，我国有高层建筑 30 余万栋，其中建筑高度超过 100m 的超高层建筑约有 2500 余栋，我国平均每年发生火灾约 14 万起，如按此平均数推算，从 1995 年《高层民用建筑设计防火规范》颁布以来至 2018 年的 23 年中，我国共发生建筑火灾约 322 万起，但仍未见过有动用直升飞机救援建筑火灾成功的报道，究其原因可能有两个：一是当时我国大多数城市尚不具备用直升飞机救援建筑火灾的条件；二是我国超高层建筑是按《高层民用建筑设计防火规范》要求建设，必须具有“严防自救”能力，即使发生火灾，自动喷水灭火系统能把火灾控制在初起阶段，确保了消防队扑灭火灾的成功率，多数情况下建筑室内火灾不会失控到需要直升机救援的程度，动用直升机救援的可能性很小。

我国从 1995 年起建设了大量屋顶直升机停机坪，都是被闲置的，多年不用的停机坪到急用时是否能用都是问题。现在低空空域开放了，如果因商业用途而要重新启用，还要重新报批，重新更新机场设施，这是值得我们深思的，像这样的例子全国是很多的。据资料记载：我国当年建设的高架直升机场，大多是没有按审批程序报中国民航当地管理局和当地民用航空安全监督管理局以及空军等部门审批和验收的，这些高架直升机场自建成至今都没有使用过一次，大量屋顶直升机停机坪被闲置不用而成为无效投入。

尽管我国现在已经有了自己知识产权的消防用直升飞机 AC313，但并不是立即能成为一种装备向各城市消防队配备，要在所有城市配备消防用直升飞机 AC313，这在相当长的一个时期也是有困难的，而且，养一架直升机的费用很高，仅靠消防一家，是否养得起，用得好，还是一个问题。所以消防直升机屋顶救援，不是消防部门想干就能干成的，它必须要考虑应急救援直升机的利用率，要养得起，才有持续发展下去的可能。消防直升机屋顶救援只有融入城市直升飞机为核心装备的航空应急体系之中，形成城市空中应急救援体系，才有长期存在的条件，体系中不仅有城市医用直升机、还应有警用直升机，消防直升机，这些直升飞机还应有与之配套的医疗急救装备、消防装备，警用装备，机组也必须具有空中消防救援的熟练技能，另外还必须有应急救援机场和固定的支持场地，才能形成城市空中应急救援体系，这样的综合应急救援体系必须经过立法才能逐步形成。笔者认为有规划、有选择性地在城市中设屋顶直升飞机机场，兼用于消防救援是可行的，这也是今后城市应急救援事业发展的需要和方向，但我们不能不根据实际条件和实际需要，而千篇一律地要求超高层公共建筑都设屋顶直升飞机机场，这样会给城市的规划发展带来困难，并给我国高层建筑艺术的发展戴上"紧箍咒"。

我们在吸取国外火灾救援成功经验和火灾教训时，一定要认清这些经验和教训的历史背景和具体条件，即认真分析灾害发生的时间、地点、条件，从中提取适合国情现状的有用经验，任何事物总是千差万别的，总是利和弊同存的！如果不注意这一点，在别国有用的做法，在我们这里就可能会是对社会财富的无功消耗，这样做在客观上也是另一种损害。

16 高层建筑中的避难层（间）设置要求解读

《建筑设计防火规范》GB 50016—2014（2018 年版）提出：建筑高度大于 100m 的公共建筑，应设置避难层（间），高层病房楼应在二层及以上的病房楼层和洁净手术部设置避难间。建筑高度大于 100m 的住宅建筑应按公共建筑的要求设置避难层，建筑高度大于 54m 的住宅建筑，每户应有一间房间应符合临时避难的要求。规范在条文说明中说："建筑高度大于 100m 的建筑，使用人员多，竖向疏散距离长，因而人员的疏散时间长，……规定从首层到第一个避难层之间的高度不应大于 50m，以便火灾时不能经楼梯疏散而要停留在避难层的人员可采用云梯车救援下来，根据普通人爬楼梯的体力消耗情况，结合各种机电设备及管道等的布置和使用管理要求，将两个避难层之间的高度确定为不大于 50m 较为适宜"。

16.1 设置避难层的作用

规范设置避难层（间）的用意是，超高层公共建筑在火灾时，人员沿楼梯向下疏散的时间长，为了便于火灾时不能经楼梯疏散而需要停留在避难层的人员可采用云梯车救援下来，故应设避难层。至于什么原因会发生"火灾时人员不能经楼梯疏散而需要停留在避难层"，是疏散楼梯不能使用？还是个人不愿继续疏散？规范都没有说明。也就是说，避难层提供的避难是临时性的短暂停留，还是较长时间的"被困"是不明确的，但可以理解的是，目前国内主战举高消防车：50m 高云梯车的操作范围之内的第一个避难层的避难人员是可以得到云梯车的救援，到达地面，那么不在 50m 高云梯车的操作范围之内的其他避难层的避难人员如何救援，规范也没有说明。

避难层的作用是涉及如何合理地为需要避难的人员提供避难的问题，是集中设“避难层”，还是分散设“避难区”，是争论的焦点。

我国规范对超高层公共建筑避难层（间）的设置要求是集中设“避难层”，至于是设置避难层还是避难间，主要根据该建筑的不同高度段内需要避难的人数及其所需避难面积确定，避难间的分隔及疏散等要求同避难层。

对建筑高度大于 100m 的住宅建筑是按公共建筑的要求集中设置避难层，对建筑高度大于 54m 的住宅建筑，是按每户应有一间符合临时避难要求的房间，分散在各户避难。

16.2 我国规范对公共建筑避难层（间）的设置要求

（1）第一个避难层（间）的楼地面至灭火救援场地地面的高度不应大于 50m，两个避难层（间）之间的高度不宜大于 50m。注意第一个避难层（间）的高度计算起点是指建筑物室外灭火救援场地地面。

（2）通向避难层（间）的疏散楼梯间应在避难层分隔、同层错位或上下层断开。其目的是使需要避难的人员，必须经过避难层方能上下，避免疏散人员错过避难层。

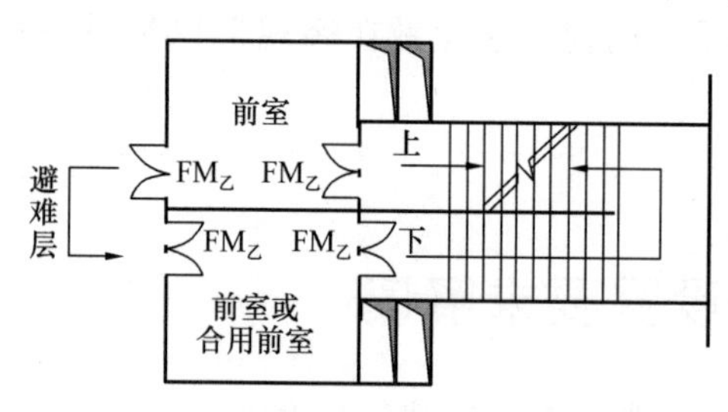

图 16-1　防烟楼梯间应在避难层分隔的平面示意图

国家建筑标准设计图集《建筑设计防火规范》图示 13J811-1 对通向避难层的疏散楼梯间可采用的三种形式做了准确的表示，见图 16-1 防烟楼梯间应在避难层分隔的平面示意图；图 16-2 通向避难层的防烟楼梯间应在避难层同层错位的平面示意图；图 16-3 通向避难层的防烟楼梯间应在避难层上下层断开的平面示意图。这三种形式的避难人员都必须经过避难层才能继续上下，但经过的路径长短有所不同，其中以图 16-1 防烟楼梯间应在避难层分隔的做法为最短，但不管怎样，疏散人员的脚也是踏在避难层楼面才能转向下一个梯段，继续向下疏散。这三种形式都具有“强制疏散人员必须经过避难层方能上下”的功能。

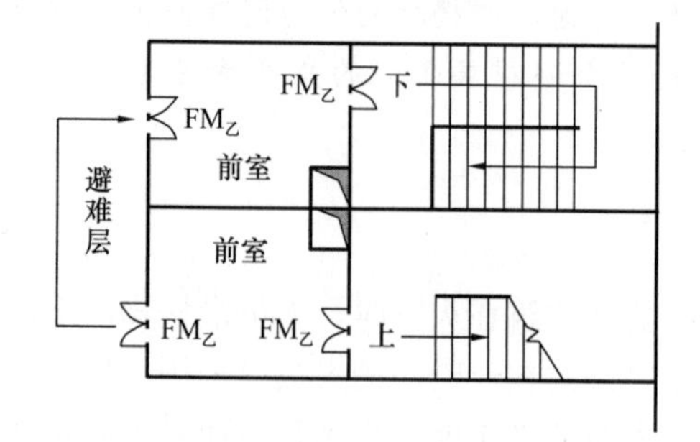

图 16-2　防烟楼梯间应在避难层同层错位的平面示意图

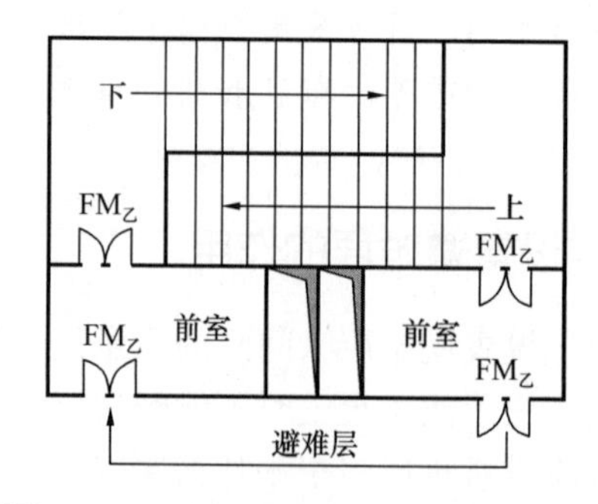

图 16-3　防烟楼梯间应在避难层上下层断开的平面示意图

（3）避难层（间）的净面积应能满足设计避难人数避难的要求，并宜按 5.0 人/m^2 计算。

（4）避难层（间）的其他设置要求如下：

图 16-4 为避难层的设置要求示意图；图 16-5 为避难间的设置要求示意图。两图中的大写英文字母表示了《建筑设计防火规范》GB 50016—2014（2018 年版）对避难层（间）的设置要求：

1）两图中的防烟楼梯间都在避难层分隔，人员向下疏散时都必须经过避难层，方能继续向下疏散，见图 16-4 之 B 项；或者必须经过避难间，方能继续向下疏散，见图 16-5 之 B 项。

2）避难层可兼作设备层。设备管道宜集中布置，其中的易燃、可燃液体或气体管道应集中布置，设备管道区应采用耐火极限不低于 3.00h 的防火隔墙与避难区分隔。管道井和设备间应采用耐火极限不低于 2.00h 的防火隔墙与避难区分隔，管道井和设备间的门不应直接开向避难区；确需直接开向避难区时，与避难层区出入口的距离不应小于 5m，且应采用甲级防火门。

图 16-4 中的 C 项为易燃、可燃液体或气体管道集中布置的管道区，该区如与避难区相邻时，应采用了耐火极限不低于 3.00h 的防火隔墙与避难区分隔。

图 16-4 之 A 项为管道井和设备间的门不应直接开向避难区，确需开向避难区时，应采用甲级防火门，且与避难区出入口的距离不小于 5m。

管道井和设备间应采用耐火极限不低于 2.00h 的防火隔墙与避难区分隔，见图 16-4 之 L 项、K 项、E 项和图 16-5 之 L 项；管道井和设备间的门不应直接开向避难区，见图 16-4之 K 项及 E 项；管道井和设备间的门不应直接开向避难间，见图 16-5 之 M 项。

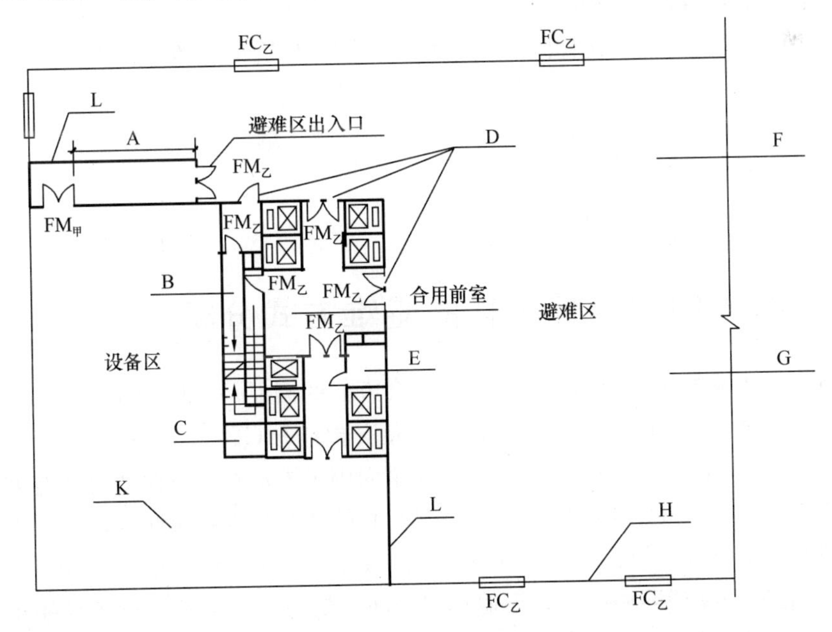

图 16-4　避难层的设置要求示意图

避难间内不应设置易燃、可燃液体或气体管道，不应开设除外窗、疏散门之外的其他

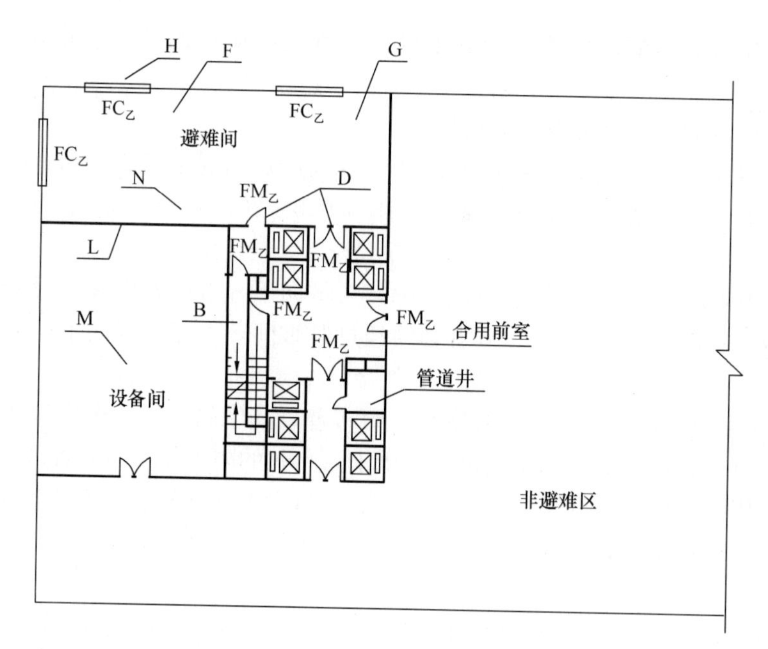

图 16-5　避难间的设置要求示意图

开口，见图 16-5 之 N 项。

3）应设置消防电梯出口，图 16-4 和图 16-5 中都有消防电梯出口经合用前室与避难区（间）相通。

4）应设置消火栓和消防软管卷盘，见图 16-4 之 F 项及图 16-5 之 F 项。

5）应设置消防专线电话和应急广播，见图 16-4 之 G 项及图 16-5 之 G 项。

6）在避难层（间）进入楼梯间的入口处和疏散楼梯通向避难层（间）的出口处，应设置明显的指示标志，见图 16-4 之 D 项及图 16-5 之 D 项。

7）应设置直接对外的可开启窗口，或独立的机械防烟设施，外窗应采用乙级防火窗，见图 16-4 之 H 项及图 16-5 之 H 项。

17　火灾时人们需要什么样的避难方式分析

超高层公共建筑中什么样的避难方式更适合人们的需要是值得研究的。

现行国家标准《消防词汇　第 2 部分：火灾预防》GB/T 5907.2—2015 对避难层（间）这一术语的定义是：避难层（间）——建筑内用于人员在火灾时暂时躲避火灾及其烟气危害的楼层或房间。该定义指明了避难层（间）的暂时性和防火防烟性。至于为什么人员要在避难层（间）暂时躲避火灾及其烟气，《建筑设计防火规范》GB 50016—2014（2018 年版）在其条文说明中指出，设避难层（间）是为“火灾时不能经楼梯疏散而要停留在避难层的人员”避难。所以，只有受到火灾直接威胁而又不能经疏散楼梯到达地面的人，才需要避难，没有受到火灾直接威胁，就谈不上避难。所谓“受到火灾威胁而又不能经疏散楼梯到达地面”是指直接威胁，它包括两种情况：一是疏散人员因为自身的原因，不能经楼梯到达地面；二是防烟楼梯间进烟，疏散人员不能经楼梯到达地面。这两种情况都是在人受到火灾及其烟气危害，被迫产生的暂时避难需要。但什么样的避难方式更适合这些人员的避难需要是值得考虑的。

对于第一种情况下的人员，在超高层建筑中，人群在受到突然发生的火灾威胁时，人的避难行为受到心理素质、生理素质和接受消防培训所具备的自救逃生能力的共同影响，本能地产生应急反应，其疏散逃生行为是多样的：有具备消防知识，而心理和生理素质较好者，能很快奔向安全出口逃生；有思维清晰，行动敏捷的人，他们是在从众心理支配下跟随引导者奔向安全出口疏散逃生；另外还有相当一部分人员是不会立即疏散逃生的，他们中有训练有素，但需要组织人员疏散逃生，第一时间不能离开火场的人；有对突发事件产生怵惕，需要弄清情况而迟疑不决的人；有需要等待熟人结伴同行的人；有对突发事件惊慌失态，不知所措的人；有老弱病残行动不便要等待救援的人；甚至还有需要寻找自己贵重物品携带逃生的人等，随着时间的推移，火灾的发展，他们就会成为可能受到所在楼层火灾直接威胁的人群，这部分人群往往需要在附近有一个相对安全的就地避难区域，供他们滞留等待，这部分人群也是最需要在本楼层就地避难的人群，另外，也有在疏散过程中发生受伤或体力不支而急需休整的人在向下疏散时，进入下一个楼层的核心筒的就地避难区域休整，消防人员在着火楼层也需要有一块可供灭火救援人员做进攻前的整装和灭火准备工作的场地，为上述人员在楼层的核心筒提供一个相对安全的区域就地避难是应当做，也是能做到的事。

通常的避难方式有两种，即集中在避难层避难和分散在各层临时避难区就地避难，我们对以下两种避难方式进行分析，看哪种避难方式最适合大多数避难人群的需要。

17.1 集中在避难层避难

这是《建筑设计防火规范》GB 50016—2014（2018 年版）规定的唯一避难方式。

我国规范要求在超高层公共建筑设避难层（间）的理由是：超高层公共建筑内的人员多，需要的疏散时间长，存在火灾时不能经楼梯疏散而要停留在避难层避难的情况，一是疏散人员由于长时间疏散，会因个人身体上的原因而在疏散的过程中，发生不能经楼梯继续疏散，需要临时避难的情况；二是疏散时间长，可能发生由于火灾的发展失去控制，而使防烟楼梯间进烟，从而使楼梯间丧失疏散功能的情况，这种情况是属于最严重灾情下的被迫避难，这时楼梯间内的所有人员，不论什么情况都需要有避难场所避难，故应设避难层提供避难。

（1）集中在避难层避难的优缺点

我国规范规定的避难层（间）是按建筑高度不大于 50m 竖向分段设置的，是专用于避难的消防设施，对于在第一个避难层（间）避难的人员，还可以通过云梯车救援下来。避难层（间）有良好的防火防烟措施和通信设施，有更加安全的避难条件。

（2）专用避难层是利用率很低的消防设施

从我国规范对超高层公共建筑“严防自救”的要求来看，凡是按我国规范设计的建筑，出现火灾失去控制，达到必须利用避难层（间）避难的概率是极低的，这就注定了我国超高层公共建筑的避难层（间）是利用率很低的消防设施。上已述及，当火灾的发展失去控制而使一部防烟楼梯间进烟，而另一部防烟楼梯间没有丧失疏散功能时，人员仍可通过楼梯间疏散到达地面，对于体力充沛的人来说只有到达地面是最安全的。只有当同一防火分区的两部防烟楼梯间相继进烟，才会使全部楼梯间丧失疏散功能，这是最严重的灾情，楼梯间内的所有人员，不论什么情况都需要到专用避难场所避难。然而，在超高层公共建筑中这种最严重灾情出现的概率是极低的。因为，当房间发生火灾时，建筑火灾有个从发生到发展的过程，总是由点火源蔓延到整个房间，首先是建筑内火灾自动报警系统能及时响应，及早发现火情，发出火警信号，联动消防设备，为着火楼层的人员尽早疏散提供安全条件；同时消防人员有及时处置灭火的能力；而且，建筑内的自动喷水灭火系统会自动响应并控制住火势；在火灾报警后，消防队能在接警后5min内即可到达消防站责任区的边缘，能够很快到达火灾现场，并动用建筑内的室内消火栓系统扑灭火灾；由于超高层公共建筑内有各类系统的全面保护，对人员疏散起到重要的保障作用。即使出现最严重的灾情，我们也还可以利用设备层、结构转换层、电梯群转换层作为避难层（间）来应对这种极端情况，也不至于一定要牺牲功能层来作为避难层（间）。从人类在与灾害作斗争的历史经验可知，防范发生概率愈小的灾害，其付出的代价愈大。所以对发生概率愈小的灾害防范所采取的措施，必须要权衡利弊。

原国家标准《高层民用建筑设计防火规范》GB 50045—1995（2005年版）规定要求建筑高度超过100m的公共建筑应设置避难层（间）时，规范条文说明中也仅举例了我国已有十栋高层建筑设有避难层，但却没有举例证明超高层公共建筑设避难层（间）在火灾中产生效用的实例，自《高层民用建筑设计防火规范》GB 50045—1995（2005年版）颁布以来，已经过去了二十多年，我国设有避难层的超高层建筑至少已超过1000栋，但从未见过有关避难层在火灾中产生效用的实例报道，这足以证明避难层是利用率很低的消防设施。

（3）专用避难层的代价是巨大的

按《建筑设计防火规范》GB 50016—2014（2018年版）的规定：“第一个避难层（间）的楼地面至灭火救援场地地面的高度不应大于50m；两个避难层（间）之间的高度不宜大于50m，……避难层可兼作设备层”。这就是说，如果按层高3m折算，当公共建筑的地面以上层数超过34层时，均应设置避难层。一栋34层的公共建筑按设置避难层的要求，可设一个避难层及一个避难间，也可能是设2个避难层；这样，每建100栋34层的超高层公共建筑，就总共有200个避难层，相当于每修100栋34层的公共建筑，就有5.88栋34层的高楼是平时不能用的避难层建筑！虽然规范规定，“避难层可兼作设备层”，但被严格执行的避难层间隔规定，使建筑中利用设备层、结构转换层、电梯群转换层兼作避难层的利用率受限，往往要用功能层来改作专用避难层（间）。

设备层、结构转换层、电梯群转换层是高层民用建筑必须存在的楼层，而避难层（间）是火灾发展到最严重程度时才可能被使用的消防设施，按照兼用原则，消防设施应在符合消防要求的前提下，应当尽可能地利用建筑设施来兼用，所以“设备层可兼作避难层”的原则才是正确的。对于利用率极低，而又不能为大多数人提供便捷的临时避难服务的避难层（间），就没有必要以牺牲功能层来作为专用避难层（间），即便是设置，也只能利用设备层、结构转换层、电梯群转换层来兼容设置，这才更加合理。

（4）专用的避难层并不能为人们提供便捷的临时避难

设专用避难层（间）不仅代价巨大，而且又不能为人们提供便捷的临时避难服务。

我国规范的分段设置避难层（间）的规定，要求需要避难的人员必须通过若干个楼层才能到达，这对于一部分行动不便，体力不支的人群来说，到达避难层（间）是有困难的，既然已经行动不便，体力不支了，就更需要就地避难。此外，建筑火灾时，着火楼层还有许多在第一时间内不能逃离该楼层的人，超高层公共建筑，应当为这些暂时无法逃生的人提供便捷的临时就地避难，如果要他们到指定的避难层（间）去避难是说不过去的，也是欠妥的。

17.2　分散在各层临时避难区就地避难

各层就地避难区是指在每个使用楼层的核心筒内，按避难区的要求，建立一个相对安全的区域，为人们提供在火灾时的临时避难，这个区域是与平时使用的公共功能区兼容的，只是区域面积能容纳本层全部人员，并采取了必要的防火防烟措施，这是人们经常通行，比较熟悉，而又能在火灾的第一时间最容易便捷到达，临时停留躲避火灾的安全区域，该区域的每寸面积在平时都是被利用的，火灾时既可供本楼层人员使用，也可供上部楼层需要在疏散途中临时休整的人员进入使用。是利用价值较高的，能为疏散人员提供自主选择就地避难的一种避难方式。

在超高层公共建筑中，人群在受到火灾威胁时，应急反应的差别很大，总有一部分人群不能在第一时间立即疏散逃生；即便是有思维清晰、行动敏捷的人，他们在疏散逃生途中，可能由于体力不支，或厌烦楼梯环境而迫切需要临时休整；还有一些人在沿楼梯向下疏散时，发生身体伤害后，需要就近休息整理；这些人在开始疏散时，尚属正常人群中的一员，只是在疏散途中出现意外而迫切需要就近避难的，此时如在下一个楼层有临时避难区，而该层的人员可能已疏散完毕，正好可供需要休整的人员进入休息，这是就地避难区作用的延伸。需要就地避难的人群，可能出现在离地面 50m 高度以上的楼梯间内，也可能出现在离地面 50m 高度以下的楼梯间内，也就是说，除首层外，其余各楼层均可能出现，所以就地临时避难是人们普遍需求的一种避难方式。对大多数人来说，火灾时要他们到指定的避难层（间）去避难，是不合情理的，也是不安全的。

当然，也有一些人固有的意识认为，在避难层避难最安全，即使他们有体力能继续在防烟楼梯间向下疏散，而疏散设施仍保持其疏散能力，但他们还是愿意在到达避难层后，留下来避难，不会再沿楼梯向下步行疏散，这些人群需要的是向下运动到达避难层，而不会是向上爬楼到达避难层，因为他们知道向上爬楼，与主流人群逆向而行是危险的。这时利用结构转换层、设备层或电梯群的转换层兼作避难层（间），来对各层的临时避难区的一种补充，也是可行的。

综上所述，就避难需求而言，就地避难和避难层避难都有需求，但避难层是严重灾情下被迫避难的场所，是在极端情况下使用的避难场所，它对健康人群适用，而对不能经楼梯疏散的人群不太适用，而各层的临时避难区是与公共功能区兼用的，是人们熟悉而最易到达的就地避难区域，也是因体力不支等个人原因而被迫避难的最好场所，适用于各类人群。两种避难方式相结合的避难方案，更能满足在各种情况下人们的避难需要。

17.3　国外有关避难设施的要求可供参考

美国《建（构）筑物火灾生命安全保障规范》NFPA 101—2006 规定，为了给坐轮椅的人提供就地避难需要，每个避难区的大小应考虑每 200 人应提供一个面积为 30in×48in

(0.76m×1.22m) 的轮椅空间或与该避难区的使用荷载对应的轮椅空间，该类轮椅空间应不小于疏散通道的宽度，且至少为其使用荷载所需的最小宽度，并至少为 36in (0.76m)。因此，可以把防烟楼梯间前室面积计算在临时避难区面积之内。图 17-1 是美国规范提出的利用楼梯间的一小块平台作为避难的轮椅空间示意图。

加拿大火险管理条例国家研究委员会的 D. Yung 等人在 1998 年发表的论文《高层办公楼经济有效的防火设计》中介绍了一座 40 层，其标准层长×宽为 60m×50m 的超高层办公楼的防火设计方案，该方案采用火灾风险评估与费用估价计算机模型进行评估，以实现获得更安全的效果和经济合理的防火设计，评估的 5 个方案中的第 3 方案是把避难区设在每层的核心筒内，并为核心筒提供防烟性能，经评估该方案的安全效果好，符合加拿大国家建筑法规要求的安全水准，且经济效益良好，节约了投资并带来了商业利益。

该方案是在每个标准层均设临时避难区，每层总人数按 300 人计算，每人避难面积 $3ft^2$/人($0.28m^2$/人)，每层临时避难区所需避难总面积为 $900ft^2$ ($83.6m^2$)，故把避难区与核心筒的电梯厅融合布置，形成一个避难区净面积为 $90m^2$ 的避难区，这是从办公区到疏散楼梯间必须经过的区域，该方案的避难区设置如图 17-2 所示。

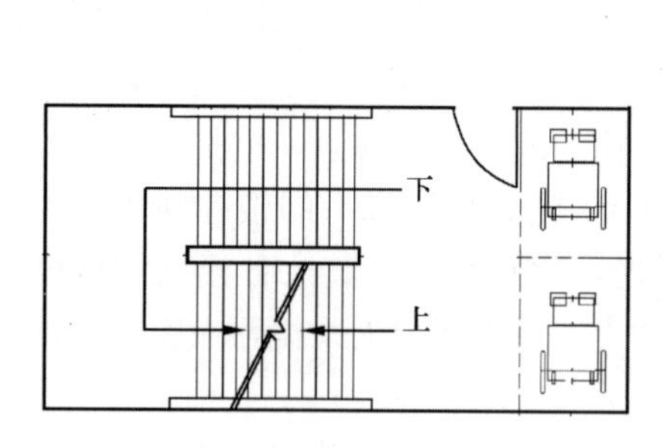

图 17-1　利用楼梯间平台作为轮椅的避难空间

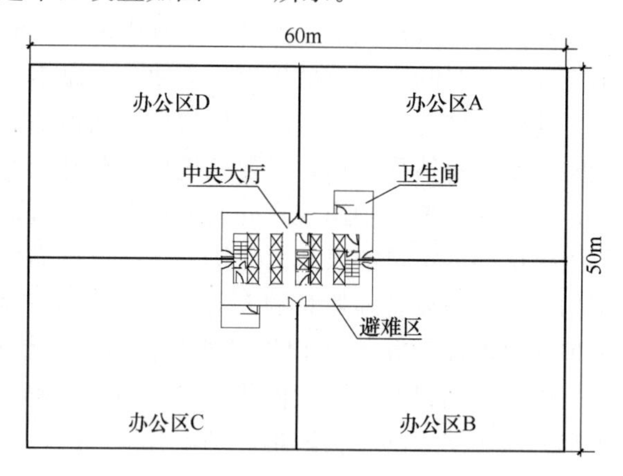

图 17-2　超高层办公楼临时避难区设计方案示意图

该方案设置临时避难区的优点是：

(1) 方案设计的临时避难区是布置在人们从办公区到疏散楼梯的必经之路上的开阔区域，人们在此区域可以继续向下疏散，也可以滞留，是所有行动不便者、滞留等待者、引导和救援者都希望有的安全避难区，由于该区域是在电梯大厅基础上稍做扩大，为紧急疏散人员提供了安全的缓冲空间，使平时使用的大厅更加开阔。

(2) 该建筑所有楼层设有自动喷水灭火系统 (95%可靠度) 全保护，每个标准层的四个分区采用 90min 耐火极限的分隔构件与其他部位分隔，保证了核心筒在火灾时的安全，核心筒的临时避难区域设有防烟设施，办公区设有排烟设施，组合形成烟气控制系统，即使是火灾发展凶猛，没有能力从疏散楼梯及时逃生者，在此避难区域临时停留，都能得到安全庇护，救援人员的安全也得到保证，且因整个楼层均采用自动喷水灭火系统 (95%可靠度) 全保护，能够把火灾控制在初期阶段，在绝大多数情况下火灾不会危及避难区域的安全。

(3) 该建筑没有专门的避难层(间),而把避难区与核心筒的电梯大厅融合布置,既获得了商用面积,又方便了平时使用,该区域的环境是人们熟悉和信任的,火灾发生后人们在此避难,不会有火灾时对陌生环境的恐惧心理。

(4) 各楼层的核心筒均设临时避难区,本层使用者不经爬楼梯,从水平方向易于到达,当上部楼层人员在楼梯内行走,因体力不支或其他原因不能继续向下疏散时,随时可以到着火楼层下部的每层核心筒避难区休息,无需一定要到避难层才能获得避难。

另外,马来西亚吉隆坡城市中心的双塔有1处避难区,位于地面以上170m处第四十一层与第四十二层的空中大厅为避难区,并有连接双塔的空中之桥,是人们逃生到另一塔的通道,其余楼层未见专用避难层。

原美国纽约世界贸易中心(WTC)的双塔(南塔建筑高度415m,北塔建筑高度417m)除第43层及78层有两个空中大厅具有避难功能外,未见有专用的避难层。该双塔的每座塔楼外墙尺寸为208ft×208ft(63.4m×63.4m),而核心筒尺寸为79ft×79ft(24m×24m),扣除建筑设施及设备所占面积后,各层核心筒区的供临时避难的区域,足以容纳下本层人员临时避难。

总的来看对避难区的设置要求应做到目的明确,适用性强,经济性好,易于接受。

17.4 规范规定引出的避难层面积计算争论

《建筑设计防火规范》GB 50016—2014(2018年版)规定:“第一避难层(间)的楼地面至灭火救援场地地面的高度不应大于50m,两个避难层(间)之间的高度不宜大于50m”,而且在条文说明(P297)中又指出“人员均须经避难层方能上下”。该规范的这一段条文,在执行过程中使超高层公共建筑避难层设计面积计算出现了争议,设计方和消防建审方由于各有不同的理解,因而采取了不同的避难疏散方式,导致了避难净面积计算结果的不同。同样一段规范条文,两种不同的理解,产生不同的结果,究竟错在哪里?

某地一座32层的超高层办公楼,各标准层避难人数按当地消防建审意见为133人。

设计单位的设计避难疏散方式是:火灾时,在第十四层及以下各层人员均向首层疏散;第十五层设避难层供十六~二十九层的全部人员避难;另在三十层设一避难间,可供第三十~三十二层的全部人员避难。

消防建审方要求的避难疏散方式是:按“避难层下方7个楼层的人员全部向上爬楼到达避难层,避难层上方7个楼层的人员全部向下疏散到达避难层”的方案疏散到达避难层避难。即要求:第七层及以下楼层的人员向首层疏散,第八~十四层的楼层人员全部向上爬楼到达第十五层避难层避难,而第十六~二十二层人员全部向下疏散到达第十五层避难层避难,第二十三~二十九层的人员全部向上爬楼到达第三十层避难层避难,第三十~三十二层的人员全部向下疏散到达第三十层避难层避难,所以第三十层应设避难层并以此确定避难层的净面积。

设计方和消防建审方在避难人数和避难净面积的计算方法上都是一致的,在第十五层设避难层也没有分歧,主要争议焦点是在第三十层设避难层,还是设避难间。产生争议的原因是各方的疏散避难方案完全不同,虽然设计方和消防建审方各自的设避难层(间)方案,都符合按“从首层至第一个避难层之间的高度不应超过50m或两个避难层之间的高度不宜超过50m”的规定,但人员疏散到达避难层的疏散方向是完全不同的,从而导致按

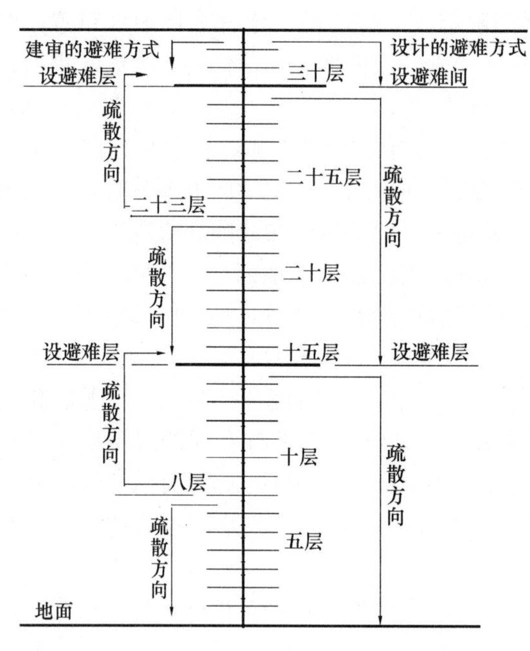

图 17-3　两种不同的避难疏散方案

消防建审方的要求，业主需要多拿出供七个楼层全部人员避难的净面积。现将设计方和消防建审方各自的避难疏散方案绘制成图 17-3 所示。

设计和业主方的观点认为：

（1）在第十五层设第一个避难层，又在第三十层设一个避难间容纳三十～三十二层的避难人员，这是符合规范对避难层、避难间设置要求的，而且人员疏散方向一致向下，也符合人们的疏散习惯，在梯段上也不会发生逆向人流，是符合安全要求的，而且我国建筑防火设计规范对疏散楼梯的疏散方向从来都是向地疏散模式。如《建筑设计防火规范》GB 50016—2014 第 5.5.21 条就明确规定：“地上建筑内下层楼梯的总净宽度应按该层及以上疏散人数最多一层的人数计算；地下建筑内上层楼梯的总净宽度应按该层及以下疏散人数最多一层的人数计算”。这充分表达了规范的疏散楼梯的疏散方向是指向地面，疏散人流在疏散楼梯的行进方向是向地面疏散的。

（2）建审意见是要求设两个避难层，要求“避难层下方 7 个楼层的人员全部向上爬楼到达避难层，避难层上方 7 个楼层的人员全部向下疏散到达避难层”的方案疏散到达避难层避难，问题是火灾时谁来实施使避难层下方 7 个楼层的人员全部向上爬楼到达避难层？如果没有措施让这 7 个楼层的人员全部向上爬楼，这个疏散方案就会产生疏散人群在楼梯上的逆流对撞，会引发聚集人群的踩踏事故，这既不符合人们的疏散习惯，也危及疏散安全。而且火灾时要人们向上爬 7 个楼层去避难层避难，在恐惧的心理下能够向上爬 7 个楼层的人是不会太多的。建审意见的这个疏散避难方案，有违人在火灾时的“向地心理”，特别是办公楼的梯段最小净宽 1200mm 的楼梯，只能供 2 股人流同向疏散，当有逆向人流时，疏散效率会大大降低。在没有消防人员组织下，发生踩踏事故的概率会是很高的。一旦发生踩踏事故楼梯将不能继续使用。

消防建审方认为：《建筑设计防火规范》GB 50016—2014 第 5.5.23 条的条文说明指出：“对通向避难层楼梯间的设置方式作出了人员均须经避难层方能上下的规定”，即通向避难层楼梯间的疏散方向是可上可下的，所以应采用“避难层下方 7 个楼层的人员全部向上爬楼到达避难层，避难层上方 7 个楼层的人员全部向下到达避难层”的方案疏散避难，是符合规范要求的。

该建筑的避难层（间）设计最终还是按消防建审方的意见，设了两个避难层，不过在该建筑发生火灾时，谁能保证楼内人员能按建审认定的疏散方向到达指定的避难层是令人担忧的。

关于避难人流在疏散楼梯的疏散方向，《建筑设计防火规范》GB 50016—2014

第5.5.23条文说明中有“人员均须经避难层方能上下”一说。这一说法表明规范认为，避难人流可以是向上到达避难层，也可以是向下到达避难层。

我们知道，火灾初期的人员疏散必须有序，有序是人员疏散的安全保障，而人流沿同一方向疏散是有序的前提，《建筑设计防火规范》GB 50016—2014（2018 年版）第 5.5.21 条规定：“地上建筑内下层楼梯的总净宽度应按该层以上各层疏散人数最多一层的疏散人数计算确定”。这一规定就表明了规范的观点：即人流在疏散楼梯的疏散方向是向地面的。所以人流在地上的疏散楼梯内疏散时，应当是沿楼梯向下疏散到达地面，为了保证人员有序疏散，在疏散通道上不允许出现逆向人流，另外，防烟楼梯间的乙级防火门是向疏散方向开启的，所以要求寻求避难的人员只能经过避难层才能继续向下疏散，乙级防火门的开启方向是有利于沿楼梯向下疏散的。如允许“人员均须经避难层方能上下”时，在疏散人流向下疏散时，在梯段上就会出现另一股逆向人流，有序疏散将被破坏，人员的疏散安全是得不到保证的。当然在火灾对防烟楼梯间产生威胁时，地上的着火层以上的楼梯间是不能向下疏散的，但这时已有消防队在现场组织和救援。

《建筑设计防火规范》GB 50016—2014（2018 年版）的第 5.5.21 条的规定，表明疏散楼梯的疏散方向是向地的，而第 5.5.23 条的规定，避难层楼梯间的设置方式应满足避难人员须经避难层方能上下的规定。对于地上楼梯间“须经避难层方能下”的要求与疏散楼梯的疏散方向是一致的，这好理解，对于“须经避难层方能上”的规定，由于与规范规定的疏散楼梯的疏散方向是反向的，令人费解，另外，火灾时，不在避难层避难，要通过楼梯间经避难层上去干什么呢?

另外，我国规范对避难层和避难间没有分别进行定义，人们不知道它们在技术上有什么区别，避难区域的净面积多大时叫避难层，在什么情况下叫避难间，造成避难层（间）的设置上的争议，作为业主必然要为此争利，这个利的消耗，实际上是整个社会资源的流失，因为要求设避难层，投资者要拿出不菲的代价，建造不能产生效用，不知道什么时候才能派上用场，而又要占据功能层的避难层，对业主是一种伤害。

17.5 关于云梯车对第一个避难层救援的讨论

《建筑设计防火规范》GB 50016—2014（2018 年版）认为：从首层到第一个避难层之间的高度不应大于 50m，以便火灾时不能经楼梯疏散而要停留在避难层的人员，可采用云梯车救援下来。那么，云梯车（举高车）的救援能力和效用究竟有多大?

为此，我们必须知道云梯车的救援效率，才能认识第一个避难层在火灾中所发挥的作用。

有资料记载：云梯车（举高车）的救人能力为 2～4 人/min；消防电梯救人能力为 5 人/min；两股人流的疏散楼梯在消防人员组织下向下疏散的通行能力为 60 人/min。

从以上三种疏散救援方式看，防烟楼梯的疏散效率最高，按我国规范要求，每个防火分区的安全出口不应少于 2 个，当一部不能使用时，另一部防烟楼梯也能在不长的时间内把全部人员疏散完毕，而且受到外界环境因素的影响也是最小的。当然，肯定也有少数人员在火灾时，很难自行从楼梯疏散，这就需要消防电梯或云梯车（举高车）作为辅助救援。相比之下云梯车（举高车）的救人能力是很低的，而且 50m 的云梯车（举高车）必须在不受火灾烟气，气候，风力的影响下工作，并希望被救的人员中没有“恐高症”的人耽误救援时间。

云梯车（举高车）的救援能力由其车型和工作方式决定，它可用于救援在它的工作高度范围内的呼救人员，如果大量人员依靠它救援其效用低、难度大、危险大，因而不适用于以它为主要疏散方式来救援大规模的人群！

云梯车（举高车）在完成一处救援后，能否通过工作幅的摆动，在第二处实施救援？如果不能，云梯车（举高车）只能通过移位到达第二处实施救援，这就有一个“缩臂——收腿架——启动——支腿架——再伸臂”的过程，这一过程所需时间与救援楼层高度和云梯车（举高车）车型有关，救援楼层高度愈低，其车型愈小，移位时间愈少，反之救援楼层高度愈高，其车型愈大，移位时间愈长，一般需要的移位时间约500s，即8min，如果救援楼层高度再高，这一过程会更长，如一台救援高度54m的云梯车（举高车）的伸臂时间为180s，支腿架时间为45s，而救援高度101m的云梯车（举高车）的伸臂时间为660s，支腿架时间约45s。

云梯车（举高车）升降斗的工作效率与工作方式、一次救人数和升降速度有关。由于云梯车（举高车）的升降斗的容积有限，一般，一次为2～3人/次，最大的也就4人。关于云梯车（举高车）在一次火灾中救出人数最多的资料记载为：1991年5月28日大连饭店火灾用了53 m和46 m两部举高消防车救出19人；“1993年5月13日南昌万寿宫商城火灾，云梯车（举高车）在建筑倒塌前6 min将被困人员全部救出”，但没有云梯车（举高车）的台数和救出总人数记载，而当时南昌市仅有1台曲臂云梯车。

所以云梯车（举高车）的救援能力是极其有限的，与其他两种救援方式相比，救援风险也是最大的。

毫无疑问，建筑高度大于100m的公共建筑应当设置避难设施，避难设施应能满足人员的避难需要。但是究竟是设避难层（间），还是每层设避难区，笔者认为，应由设计人员根据建筑的具体情况来决定避难方案，规范只能提出避难的原则性要求，具体如何设计应由设计决定。当然针对超高层民用建筑火灾的这种极端情况，建立以各层临时避难区为主体，适当利用结构转换层、设备层或电梯群的转换层作为避难层也是可行的，但是硬要人们把功能层专门改做避难层就得不偿失了，何况设避难层的集中避难方式，对最需要避难的老弱病残伤者而言，是可望而不可及的，要求设避难层对他们是不公平的，没有照顾到他们的实际需要。

18 火灾初期利用电梯疏散是高层建筑的客观需要

在火灾中使用电梯有两种说法：“在火灾时不能使用普通电梯”与“普通电梯不能作为疏散设施”。前者说的是，在火灾时不能使用普通电梯，而后者说的是，普通电梯不能作为疏散设施来对待，不能认为是安全出口，其疏散能力不能作为扣减安全出口的设计总净宽度的依据，但并不排除火灾时动用普通电梯的可能性。

《建筑设计防火规范》GB 50016—2014（2018年版）第5.5.4条规定：“自动扶梯和电梯不应计作安全疏散设施”。并在条文说明中指出：“本条规定要求在计算民用建筑的安全出口数量和疏散宽度时，不能将建筑中设置的扶梯或电梯的数量和宽度计算在内。……对于普通电梯，火灾时动力将被切断，且普通电梯不防烟、不防火、不防水，若火灾时作为人员的安全疏散设施是不安全的。……消防电梯在火灾时如供人员疏散使用，需要配套多种管理措施，目前只能由专业消防救援人员控制使用，且一旦进入应急控制程序，电梯的楼层呼唤按钮将不起作用，因此消防电梯也不能计入建筑的安全出口”。

《建筑设计防火规范》GB 50016—2014（2018年版）对火灾时不能利用普通电梯作为安全疏散设施的规定，是认为：普通电梯和消防电梯都不应作为火灾时人员的安全疏散设施，也不应因此而抵扣安全出口的设计总净宽度。所以这一规定是从保证安全出口的设计总净宽度为出发点的，并没有禁止在火灾初期时使用电梯的意思。

《火灾自动报警系统设计规范》GB 50116—2013 则规定：“消防联动控制器应具有发出联动控制信号强制所有电梯停于首层或电梯转换层的功能，但并不是一发生火灾，就使所有的电梯均回到首层或电梯转换层，设计人员应根据建筑特点，先使发生火灾及相关危险部位的电梯回到首层或转换层，在没有危险部位的电梯，应先保持使用”。《火灾自动报警系统设计规范》GB 50116—2013 主张发生火灾时，消防管理人员应依据火灾对电梯运行的危害及电梯运行对火灾蔓延的影响，分别采取有危险的电梯停运回归，暂时没有危险的电梯可保持运行。所以该规范条文强调的是消防联动控制器应具有这种能力，而不是控制模式，并不要求全部自动控制回归。这样的规定是科学的，是从实际出发的。

18.1 普通电梯为什么不能作为疏散设施来对待

传统的观点都认为，在火灾时利用客梯疏散是不安全的，其原因有许多，但最主要是，客梯暴露在没有保护的电梯大厅中，火灾时，功能区的火灾烟气会直接侵袭电梯竖井，并通过竖井蔓延，威胁到运行中的电梯安全。此外客梯的电源不是消防电源，没有持续供电的保证，客梯的电缆在高温烟气中会被破坏……归纳起来有以下危险：

（1）电梯竖井可能成为火灾传播蔓延的途径，火灾烟气可以通过电梯运行从竖井直接进入电梯机房；

（2）火灾时，高温烟气进入电梯竖井后会使电梯井道内和轿厢上的各类电气控制装置失效，使安全回路和开关等发生故障，都会使电梯在火灾中突然停运，使轿厢乘客受困在电梯竖井中；

（3）火灾时，各楼层的人员在紧张的心理作用下，如没有消防人员组织时，恐慌地挤向电梯轿厢内，会使电梯轿厢超载，当超载开关闭合后，电梯发出报警信号而停运；

（4）火灾时，建筑内的水灭火系统消防用水，会涌入电梯竖井，如果竖井底部没有排水装置，就会危及电梯的安全；

（5）火灾时，电梯井道上的层站门会在温度达到70℃以上时无法正常工作。尽管要求电梯层门具有1.0h耐火极限，但不能保证层门在温度升高后仍能正常工作。

由此可知，火灾时暴露在火灾烟气中的电梯，会在高温烟气的作用下，随时发生故障从而使乘客的安全受到威胁，为此火灾时受到火灾烟气威胁的电梯是绝对不能使用的。

18.2 受到火灾烟气威胁的电梯是不能使用的

火灾时电梯能不能使用，主要取决于电梯是不是受到火灾的威胁，由于建筑火灾总是有个发生和发展的过程。从时间的发展看，火灾由点火源状态发展到轰燃是需要时间的，当处在点火源状态时，火灾威胁到的是局部区域，即使是房间发生轰燃，火灾也尚未威胁到整个防火分区，即使是着火防火分区不安全了，相邻防火分区总还是安全的。而客用电梯的运送能力是按服务区确定的，消防电梯是按每个防火分区设置的。所以不同服务区域的电梯或不同防火分区的消防电梯，在一般情况下，是不可能同时受到火灾威胁的，因此当楼层有多个不同服务区域时，不同地点或部位的电梯受到火灾威胁的时间是不相同的，比如，当着火防火分区的电梯受到火灾威胁时，相邻防火分区的电梯没有受到火灾威胁，仍然是能够使用的。

另外，电梯具有的防烟条件不同时，火灾对电梯的威胁也是不相同的，比如，电梯处于有防止火灾烟气侵入的核心筒的防烟候梯厅内时，能够保证在一段时间内火灾烟气不会侵入防烟候梯厅，电梯在没有受到火灾烟气威胁的一段时间内仍然可以继续使用。

近年来我国某些规范对火灾时使用电梯疏散人员做了很符合实际的规定，例如《人民防空工程设计规范》GB 50098—2009 规定：下沉广场疏散楼梯总宽度中可包括自动扶梯按 0.9 折减的宽度，这一规定对于设在安全区域的电梯可以计入疏散楼梯总宽度提供了范例。笔者认为，凡是火灾时没有受火灾直接威胁的客梯都是可以在一定时间一定范围内用于疏散的。

所以，火灾时建筑内的电梯受到火灾威胁的时间、地点、条件是不会相同的，消防管理人员完全可以根据电梯受到火灾威胁的情况，按照“受到或即将受到火灾威胁的电梯，应归底断电，没有受到火灾威胁的电梯，仍然可以继续运行”的原则，利用电梯组织人员疏散。所以对火灾时使用电梯的问题，不能一概而论。笼统地说火灾时不能使用电梯的说法是有些绝对化，应当这样说：“火灾时受到火灾威胁的电梯不能使用”是正确的。

2009 年 4 月 19 日中午南京中环国际广场商住楼火灾，消防队没有按常规将电梯迫降断电，而是利用客梯组织疏散，使受困的 400 余人安全快捷获救。

澳大利亚法规规定，火灾发生后在消防队到达之前的这段时间里，允许建筑管理人员使用消防电梯疏散人员。

“火灾时电梯不能作为疏散设施”的说法原本是对计算楼层及防火分区所需疏散总净宽度而言的，即在计算所需疏散总净宽度时，不能把普通客梯作为疏散设施而扣减疏散人数，这和消防或管理人员在火灾时，根据现场情况，酌情使用不受火灾烟气威胁的电梯，应急疏散人员是两个不同的概念。

18.3 用电梯将行为能力低下人员接送到地面是社会的道义责任

疏散楼梯，纵然是建筑火灾的主要疏散设施，但在超高层民用建筑中，完全依靠疏散楼梯也存在安全问题，且建筑内还有另一部分需要依赖电梯疏散的人群是不可忽略的。

（1）在超高层建筑中还会有行为能力低下的人群，如老，弱，病，残，孕妇，他们就很难通过楼梯自行疏散，对他们来说，仅向他们提供他们无法自行使用的疏散楼梯是不公平的，既然他们能平等地享受电梯把他们送达他们想去的高层环境，那么，火灾时他们亦应享有与正常人同等的依靠电梯快速逃生的权利，能够送他们上去，也应负担接他们下来的道义责任，这是顺理成章的事，楼层数越多，这种道义责任就越大！我国建筑防火规范既然规定了超高层建筑的防火要求，就应当考虑这部分人群在火灾时利用快速电梯疏散的问题。所以笼统地说火灾时不能使用电梯，就不太恰当了。

（2）完全依靠疏散楼梯疏散，耗用时间太长，甚至可达 2.0h 以上，当利用疏散楼梯疏散人群的最长时间超过两道 A1.00 乙级防火门抵抗火灾烟气的时间时，两道乙级防火门失效后火灾烟气侵入楼梯间井道，楼梯间就不能使用了。另外过长的疏散时间，有许多难以预料的不确定因素，可能会给疏散者造成困难。人们只熟悉每天使用的电梯，而并不熟悉他们从不使用的疏散楼梯，由于人们对疏散楼梯的陌生，使得在火灾的紧急情况下，当疏散人群从疏散楼梯到达转换层后，难以寻找分段疏散楼梯的入口，会耽误疏散时间，造成人群在转换层的聚集，容易发生群体聚集事件。

18.4 在应急事件中，超高层建筑利用电梯疏散具有无比的优越性

2001 年美国“9・11”事件告诉我们，在应急情况下应当辅以高效垂直运载设施——安全客梯进行疏散。纽约世界贸易中心的 1 号办公塔楼［高度 1368 ft（417m）］和 2 号办公塔楼［高度 1362 ft（415m）］，塔楼外墙尺寸为 208 ft×208 ft（63.4m×63.4m），核心筒尺寸为 79 ft×79 ft（24m×24m），每层建筑面积 43264 ft^2（4019m^2），每座塔楼内能容纳 2.5 万人办公。每座塔楼在第四十四层和第七十八层设有两个空中转换大厅，每座塔楼内有三部疏散楼梯和 108 部电梯，其中有一部从地下六层至一百零九层的消防快速电梯，有分别直达两个空中大厅的快速电梯群组，及 10 个分段电梯群组。快速电梯的运行速度为 27 ft/s（8.2m/s），整个电梯系统的运送能力是按在高峰期时 5min 内最大人员流动量与一台电梯在 5min 内的最大运送量来确定建筑内电梯数量的。

有资料记载了美国“9・11”事件中人群的逃生方式与逃生效率有很大关系，选择通过疏散楼梯逃生和选择通过电梯逃生的命运是完全不同的，证明了在应急情况下，超高层建筑应当辅以高效的安全客梯进行疏散是非常必要的。据估计两座塔楼内当天至少有 4 万余人上班，而双塔倒塌后，世贸中心的死亡人数仅为 2749 人，意味着有 37251 人是通过疏散楼梯或电梯群组逃生的。

18.5 北楼（1 号塔）勇敢者采用电梯逃生的命运

2001 年 9 月 11 日，恐怖分子劫持 1 架美航波音 767 客机，以时速 490 英里/h（788km/h）于上午 8 时 46 分 40 秒由北向南撞入 1 号北塔的 93 层与 99 层之间，其 69t 燃油洒入大楼之中，引发火灾，燃烧中大楼坚持了 102min 后，于上午 10 时 29 分 40 秒坍塌。

飞机撞击北塔后，第九十四层及以上各层人员由于大楼的三部疏散楼梯全部损坏，无法向下逃生，有约 20 名人员跳楼死亡，其中一人跳楼后把地面的一名消防员当场砸死，第九十二层及以下各层的人员仍可向下疏散，当时在九十一层的 31 位公司职员在利用普通电梯至七十八层空中大厅，再换乘快速电梯疏散到达首层仅用了 72s。

但在北楼第八十层 8067 办公的 44 岁软件工程师，在飞机撞入此楼的最初几分钟内，即从第八十层步行至第七十八层空中大厅，由于找不到转换楼梯的入口，等待了 15min，由管理员引导进入下段楼梯入口，又用了 1 小时 20 余分钟从第七十八层步行到地面，然后用尽力气飞跑完 400m，跑出危险区后大楼即倒塌；如果这位工程师是从九十一层步行到首层，即使是他体魄健壮能完全依靠疏散楼梯到达首层，恐怕已精疲力尽，还没有跑完 400 余米就会在大楼坍塌的劫难中丧命，这是许多利用楼梯疏散的人没有预料到的！这就是说在第八十五～九十二层的人员如完全依靠楼梯疏散向下疏散即使他体魄健壮也难逃厄运。

在讨论超高层建筑的火灾疏散避难时，美国“9·11”事件的人员疏散并不具有普遍意义，因为，其突发事件概率极小，而灾害损失极大，要防范这样的突发事件灾害，已经超越了我们今天能够在建筑上所能采取的防范火灾的能力，若为防范这样的灾害而设防，不仅代价巨大，风险也是巨大的。不如在建筑以外采取其他防范措施，既可靠，代价也很小。所以从这个意义上讲，美国“9·11”事件的火灾对消防是一个特例。但它却证明了快速电梯在火灾应急事件中有令人吃惊的高效率。所以，利用超高层建筑中的快速电梯担负火灾时的人员疏散任务是非常必要和可能的。

18.6 “安全电梯”的基本概念

既然受到火灾烟气威胁的电梯是不能使用的，为此我们也可以为电梯设计创造出防止火灾烟气侵入的环境条件，保证客梯达到消防安全要求，使客梯成为“安全电梯”。

安全电梯不是消防电梯，而是为逃生者使用，由管理者操纵的。安全电梯应具备四个方面的条件：即应处在良好的防烟环境中、要有更好的防超载能力、有符合疏散要求的控制方式、有更好的运行保障。

安全电梯应处在良好的防烟环境中，保证火灾发生时，在一定的时间内火灾烟气不会侵入安全电梯前厅。所以安全电梯的竖井和机房应独立设置，到达首层的安全电梯宜靠外墙，人员直达室外；

应将安全电梯设在火灾烟气难以侵袭的部位，因此安全电梯应设前厅（室），当各层设有临时避难区时，安全电梯应设在避难区内；当只在某个楼层设避难区时，安全电梯应设在每个楼层的防烟环境中，即通过平面布置使电梯在一定时间内免受火烟威胁，如人从功能房间出来再通过有排烟设施的走道，才能进入安全电梯的前厅。安全电梯的前厅应按避难区设计；前厅应有正压送风；前厅应有足够大的面积使前厅起缓冲区的功能，容纳本层的等候人员；分段电梯的换乘层向下和向上的安全电梯应在换乘层空中大厅相邻，并有明显标志，便于逃生人员容易找到另一段向下安全电梯的入口，实现上下段安全电梯的顺畅接续；空中大厅应按避难区域设计。对于设在建筑外墙的观光电梯，只要电梯两侧外墙一定范围内有足够的防火保护，火灾时火灾烟气不会威胁到层门和轿厢安全，而且入口形式符合该建筑疏散楼梯间入口形式，或者入口处于前室的保护之中，其观光电梯也可以作为安全电梯。将消防功能赋予这些平时使用的客用电梯，只要能保证它们在火灾中的安全，是完全可以使用的。

安全电梯要有更大的防超载能力是指：安全电梯的额定载重量与轿厢最大有效面积之比应比客用电梯更大，保证在应急情况下不会发生超载，超载开关不会闭合，电梯仍然可以照常运行。现行国家标准《电梯制造与安装安全规范》GB 7588—2003 规定，为了防止人员超载，电梯应设置称重单元和防超载装置，所谓“超载”是指轿厢超过额定载荷的10%，至少为 75kg 时，防超载装置应发出声光报警信号，并取消所有运行操作，防止正常启动及再平层，自动保持轿厢门的开启状态。规范为了防止人员超载，并且规定了电梯在额定载荷下轿厢允许的最大有效面积，以严格控制轿厢厢体的最大有效面积，来防止在正常情况下电梯轿厢超载，并要求乘客电梯应有专门的管理人员操纵电梯，来保证乘客的安全和电梯的效率。对于安全电梯，由于是在应急用情况下使用的，所以电梯要有更大的防超载能力，故要求安全电梯的额定载荷应更大，轿厢有效面积应当更小，在没有专门的管理人员操纵时，即使电梯轿厢挤满了人，也不会发生超载停运。

安全电梯要有符合疏散要求的控制方式是指：安全电梯运行控制模式应符合应急疏散的需要。火灾确认后，消防中心应当根据火灾发生的楼层部位，向有关区段的安全电梯发出回归指令，使安全电梯归底，等待管理人员通过基站（首层或回归层）的专用按钮，将客梯运行模式转换为应急救援运行模式，管理人员通过轿厢内操作按钮使电梯从基站出发直达救援层开始灭火救援工作，接送人员并将他们运送至下一个不受火灾威胁的安全楼层（如首层或避难大厅），不论楼层数多少，安全电梯运行于基站（首层或回归层）与救援层之间，电梯各层门站的呼叫及显示功能应全部失效，安全电梯通过轿厢内的电话，接受消防中心的指令。安全电梯的运行速度不应小于超高速电梯的运行速度，且不低于 3.5m /s。

超高层建筑的电梯疏散系统都设有 2 个或以上的电梯转换大厅，这是超高层建筑内电梯群组分区段运行的需要，电梯转换大厅的设置，有利于服务区段间电梯群组的分工，获得最好的运输能力和最短的候梯时间，提高电梯群组的运送效率和电梯服务质量。当建筑中竖向楼层的使用功能不同时，分区段运行能更好地适应不同客流量的需要。电梯转换大厅将建筑在竖向分为若干个电梯运行区段。除在首层设有可以分别直达每一个电梯转换大厅的快速电梯群组以外，各服务区段还应有运行于本区段的直达快速电梯和运行于区段内不同楼层的客梯，能将本区段的人员运送到电梯转换大厅后，再换乘另外的快速电梯到达首层。这些快速电梯都应是安全电梯，整个安全电梯系统的运送能力按在火灾时最大人员运送量确定。

在设计安全电梯疏散系统时，通常应将建筑竖向楼层划分为至少三个区段，按照低区段楼层以疏散楼梯为主的疏散方式；高区段楼层以安全电梯为主的疏散方式；中间区段楼层以疏散楼梯和安全电梯混合疏散方式进行分区。以疏散楼梯为主要疏散的区段楼层的绝大部分人员是通过疏散楼梯到达首层，例如首个避难层以下楼层区段的人员以疏散楼梯为主要疏散方式；中间区段楼层则采用疏散楼梯和安全电梯混合疏散方式，可按楼层高度和客运量的一半配置安全电梯；高区段楼层以安全电梯为主的疏散方式，应按不低于 90% 客运量配置安全电梯。安全电梯的疏散方向可以是直达首层，也可以是直达避难大厅层。安全电梯的疏散能力与安全楼层和发生火灾的着火楼层的相对位置有很大关系，当着火层距离安全楼层愈远，安全电梯的运行区间愈长，其路程耗时也愈长，故疏散能力占总人数的比例也愈小，反之则愈大。

安全电梯有更好的运行保障是指：安全电梯应有可靠的供电保障、随行电缆有更好的防水能力、电梯竖井底坑应有符合要求的排水能力。

安全电梯是和客梯是兼容的，火灾时要转换为特定工作模式继续运行，因此应按其疏散能力和防烟保护程度的不同，可适当扣减疏散楼梯的总容量（总宽度和数量），因为它能在火灾时安全地疏散人员，这是客观存在的，只有这样才能鼓励配置安全电梯，力求做到既安全又能物尽其用。

马来西亚吉隆坡城市中心（KLCC）的 PERONAS 双塔，总高 451.9m，共 88 层，每个塔内有 54 部电梯服务，其中有 29 部双层电梯能在 180s 内将顾客从首层运至顶层，这些双层电梯在火灾时是作为安全电梯用于疏散人员使用的，双层安全电梯是两个重叠的轿厢由一部曳引机拖动运行，同时为上下两个楼层服务，火灾时用来疏散着火层及上一层的逃生人员，采用分段疏散到达安全大厅往返运行的方式，安全电梯应具有消防电梯的安全保障，在火灾时保持定向定点运行状态，即安全电梯在接到火警指令后由客梯群的运行模式自动转换为火灾运行模式，轿厢内的召唤指令控制盘能有效操作，而各层门站的呼叫均失效，安全电梯只运行于空中大厅与首层基站之间，KLCC 双塔的空中大厅设在第四十一～四十二层，空中大厅作为避难中心，并用空中之桥（长 58.4m）与另一座塔的空中大厅相通，人员可以通过该层的“空中之桥”逃向另一座塔，也可以在空中大厅乘坐往返于空中大厅至首层地面的双层安全电梯疏散。

18.7 安全电梯的其他防火安全措施

（1）安全电梯前厅的防火保护是保护电梯及竖井的屏障，前厅面积应能容纳不小于该电梯在该层所服务区域的人员总数的 50%，人均面积按 5 人/m^2计，宜按每 50 人考虑一个面积为 0.76m×1.22m 的轮椅空间；前厅与功能区之间应采用耐火极限不低于 1.00h 的不燃烧体防火隔墙分隔；前厅的门应采用有隔热性能要求的乙级防火门，此时电梯层门可以不要求耐火极限，安全电梯竖井的耐火极限应符合消防电梯的要求。

安全电梯基站均应具有与前厅同样的防烟性能。

（2）在基站入口处应设专用操作按钮以转换电梯功能，按钮应有保护和警示标志；

（3）轿厢内部装修应采用不燃材料；

（4）电梯的供电应不受非消防电源切断的影响，能在疏散时间内持续供电；

笔者认为：当安全电梯启用后，所有客用电梯应当停止运行。

对于可用作火灾疏散的自动扶梯的要求，《地铁设计规范》GB 50157—2013 规定：从站台层至站厅层的自动扶梯可计入事故疏散用，按 6min 疏散时间计算，其通过能力乘以 0.9 折减系数，并考虑其中的一台因故障而不能运行，此外下行的自动扶梯应在火灾时自动转变为上行，自动扶梯的供电应为一级负荷。我国规范的这些规定都是符合安全适用、经济合理原则的。

由此可知，建筑内的自动扶梯在条件具备时，仍可作为疏散用途，条件是在疏散时间内，自动扶梯区域是安全的，在国外地铁规范中，自动扶梯的供电可以不是一级负荷，但应能自动静止，因为自动静止时仍可疏散，考虑到人员疏散时争先恐后，自动扶梯可能超载，所以还要求采取防止超载时踏步板坍塌的措施，来确保疏散安全；

为了使消防投入尽可能获得更大的效益比，把一些消防功能附加在常用设施上，花少量的钱，就可以使某些常用设施在火灾时发挥消防功能是明智而可取的，“该专设的必须专设，可兼容的尽可能兼容”，这才是消防投入的原则。

当消防队认为有足够安全条件时，消防电梯的回程也可以用于疏散人群，将着火层及以上层人员输送到回程中的避难层或首层，所以避难层应留消防电梯的出口。

火灾时利用电梯疏散是消防的道义责任，只要做到安全可靠，用电梯疏散也是可行的，利用电梯疏散在国内外是有先例的，利用电梯疏散，减少闲置楼梯的宽度和数量，于国于民是一大好事，关键是要认清和理解消防投入的特殊性。

19 火灾时电梯联动控制的要求解读

建筑内竖向运行的电梯有客用电梯、载货电梯、医用电梯、观光电梯、车辆电梯、消防电梯等。竖向电梯是建筑内的垂直交通工具，它运行于电梯竖向井道内，除观光电梯外，电梯竖向井道是贯穿于电梯运行区间的整个建筑楼层的，把各个楼层连通，如果电梯井道每层出口不设置候梯厅，火灾时竖向电梯井道就直接暴露在火灾烟气中，电梯井道就会成为加速火势蔓延的竖向通道，当电梯运行时，轿厢使井道拔风抽烟，危及轿厢人员安全。所以，火灾时，着火防火分区内没有候梯厅的竖向电梯，在可能受到火灾烟气威胁时，是不能运行的，且要求各层层门应保持封闭，层门的耐火极限应不低于 1.0h，这是因为一般层门在温度超过 70℃时就不能工作了。

由此可知，火灾时着火防火分区内没有候梯厅的竖向电梯是不能运行的，《火灾自动报警系统设计规范》GB 50116—2013 规定："对于非消防电梯，不能一发生火灾，就立即切断电源"，消防联动控制器应具有发出联动控制信号，强制所有电梯停于首层或电梯转换层的功能，但并不是一发生火灾就使所有的电梯均回到首层或转换层，设计人员应根据建筑特点，先使发生火灾及相关危险部位的电梯回到首层或转换层，所在部位没有危险的电梯（比如非着火的防火分区内的电梯），可继续保持使用，这一规定是非常正确的。

电梯归底或归至转换层时应慎重：火灾时要求电梯归底，是因为电梯竖井是拔风引烟的通道，当着火区的电梯继续运行时，电梯竖井就会拔风进烟，使轿厢内人员受到烟气威胁，甚至有生命危险，所以在着火区受到火灾威胁的电梯严禁继续运行；但是非着火区的电梯以及不可能受到火灾威胁区的电梯，仍可继续运行，以便为行动不便的人提供快速交通到达首层，直到消防队到达后，再根据现场情况决定是否继续运行或归底。启动电梯归底或归至转换层的时间和条件应当是在"火灾确认后"，不应是"火灾报警后"，由于火灾报警信号可能存在误报，如在误报条件下启动电梯归底，将会造成正常工作和生活秩序混乱。

电梯归底或归至转换层的原则是：仅要求联动控制器具备能使全部电梯归底或归至转换层的功能为原则，并不要求一有火情就一定要实施自动控制。

所有客梯归底或归至转换层的控制信号，应由消防控制中心的消防联动控制器在火灾确认后发出。启动电梯归底或归至转换层的范围应当是控制着火的防火分区内受到火灾威胁的所有客梯归底，当为高层建筑时，如为分段运行方式，则还应明确，启动着火区段的电梯归底。

关注电梯的自动平层功能与切断电源的关系。

《火灾自动报警系统设计规范》GB 50116—2013 条文说明第 4.7.1 条认为："对于非消防电梯，不能一发生火灾，就立即切断电源，如果电梯无自动平层功能，会将电梯里的人关在电梯轿厢内，这是相当危险的"。

应当注意，是不是凡是有自动平层功能的非消防电梯在发生火灾时，就可以立即切断电源，因为有自动平层功能，电梯就不会发生危险呢？

答案是否定的！这是对电梯的"自动平层功能"存在误解造成的。凡是运行于各楼层的电梯都必须有自动平层功能，该功能必须依赖持续供电才能实现。火灾时突然断电会使轿厢内人员处于危险之中。据资料记载：1993 年 2 月 26 日中午，美国纽约世界贸易中心（WTC）地下二层发生汽车库大爆炸，引发了建筑火灾，由于爆炸损坏了由爱迪生电站向 WTC 供电的线路，造成短路，一次电路保护装置切断了向损坏的电路供电。电站的保护继电器也同时切断了供电。当正常电源失电后，应急发电机组随即启动，但因冷却水系统损坏仅运行了 20min 就因过热而停运，至此 1 号和 2 号塔楼的全部电梯在运行中突然断电，轿厢因失电而停滞于电梯井道内，数以百计的人员被困在轿厢中，由于爆炸损坏了地下二层的部分电梯井道，使部分电梯井道进烟，烟气威胁着被困在轿厢中人员的安全，为了解救被困于轿厢中的人员，消防队员首先要寻找电梯轿厢，他们按每五层在电梯井道上开洞的方法探察轿厢位置，因为能见度的限制不能再增大开洞的间隔距离，仅 1 号和 2 号塔楼就动用了 82 个消防中队，从中午到晚上 11：45 时才完成全部电梯轿厢人员救援工作。由于救援及时，尽管有的人被解救时已昏迷，但仍幸免于难。美国纽约世界贸易中心的所有电梯，都具有自动平层装置，都能够自动平层。这一事件说明，即使有自动平层装置的电梯，也不能在火灾时突然断电。

什么是电梯的自动平层功能，国家标准《电梯、自动扶梯、自动人行道术语》GB/T 7024—2008 对有关平层的术语有以下定义：

“平层——轿厢接近停靠站时，欲使轿厢地坎与层门地坎达到同一平面的慢速动作过程。

平层区——轿厢停靠站上方和（或）下方的一段有限距离。在此区域内换速平层装置动作，使轿厢准确平层。

平层装置——在平层区内，使轿厢地坎与层门地坎自动准确平层的装置”。

由此可知，电梯的自动平层功能是电梯轿厢到达平层区后为了使轿厢地坎与层门地坎达到同一平面的一种自动平层过程，因为电梯以一定速度（低速或高速、超高速）上下垂直运行，将乘客及货物运送到目的站后，必须停靠才能上下乘客及装卸货物，为了保证乘客上下安全和舒适，货物运送更平稳，电梯轿厢的地坎与层门地坎上平面垂直方向的误差值应符合使用要求，实现这一动作的过程叫平层和再平层，实现这一动作的装置叫换速平层装置，凡是到站后要停靠的电梯都必须设换速平层装置，才能够在电梯轿厢到达距离目的站一定距离时，自动将电梯的层间快速切换为慢速，最终平层停靠，所以除自动扶梯外的其他垂直运行的客、货梯，都必须具备自动平层功能，实现平层停靠，这一功能没有选择性。

电梯的自动平层是由换速平层装置实现的，在电梯的轿厢侧装有一只上行换速感应器和一只下行换速感应器，在井道中每个层站的向上换速点和向下换速点分别装有一块短的隔磁板，当电梯上下运行到达换速点时，隔磁板插入感应器，感应器动作，使减速开关闭合，轿厢进入爬行平层。现在有许多电梯还采用光电开关换速平层装置，它是由固定在轿厢顶上的光电开关和固定在井道轿厢导轨上的遮光板共同构成。当电梯上下运行到达换速点时遮光板路过光电开关的预定通道时，由于遮光板隔断了光电发射管与光电接收管之间的通道，使光电接收管不能接收光电发射管的信号而实现对电梯的换速平层和停靠。由此可见，在电梯的整个自动平层过程中都需要有电力的供应做保证，没有电力供应即使具有自动平层功能的电梯，也就不能实现电梯的自动平层，电梯同样会因断电将乘客困在井道中的轿厢内遭受危险。

层门的启闭在正常情况下只能接受轿厢门的控制，而轿厢门的控制只能在轿厢平层停靠后由开门机构驱动！所以开门是轿厢平层之后的动作，没有平层（或高速梯的再平层）就没有开门动作。因此，自动平层是除自动扶梯外的所有自动电梯必备的功能，而且自动平层和开门时，换速平层装置和开门机都需要电源持续供电！电梯中途断电，不论电梯在何位置，即使有自动平层装置，电梯都会中止运行，火灾时人会困在电梯内，一旦电梯井道进烟，同样是危险的。所以火灾时不能随意切断电梯电源，只有归底或召回到转换层的电梯可切断电源。因此，凡是垂直运动的客梯和货梯都必须有自动平层功能，但有自动平层功能并不能保证不会发生电梯中途断电后将电梯里的人关在电梯轿厢内的危险事件。

消防电梯之所以能够在火灾时继续运行，是因为它有一个消防电梯前室，有防烟设施的消防电梯前室具很好的防烟功能，前室的耐火构造把消防电梯与功能区相隔离，使消防电梯免受火灾烟气威胁。消防电梯能每层停靠，电梯从首层到顶层的运行时间不大于60s，消防电梯还具有其他如防水，防火等许多消防性能，所以消防电梯能够在火灾时继续运行。但是消防电梯并不属于联动控制对象！它是供消防队员在火灾时救援使用的消防设备，所有控制权均应在消防队员掌握，消防中心只需知道消防电梯和一般电梯的工作状态信息。

客用与消防兼用电梯在火灾发生时，应能按下列控制方式改变运行状态：

（1）客用与消防兼用电梯在火灾发生时，消防中心发出控制信号后，兼用电梯应能停止所有应答召唤信号，自动返回基站，结束客用服务，开门待应；

（2）消防队员通过设在基站的专用操作按钮，将客用电梯转换为具有消防功能的电梯，只有转换为具有消防功能后的电梯才具有消防功能；

（3）消防队员在轿厢内通过专用消防电话接受消防指挥，通过设在轿厢内的工作按钮，操纵消防电梯运行于目的层站与基站之间，各层门站的“门站呼叫”功能全部失效，除目的层站与基站外，在各层门站的电梯“平层开门”功能全部失效；

（4）客用与消防兼用电梯归底信号及运行情况应反馈回消防中心。

20 耐火极限规定中值得思考的问题

建筑耐火等级是建筑结构耐火性能的集中体现，它决定了建筑物的其他防火设计要求，可以说建筑耐火等级是建筑防火设计中首先要决定的前提条件，当建筑的类别确定之后，建筑耐火等级也就确定了。

如果建筑构件在火灾中，在规定时间内不能保持其完整性、稳定性、隔热性，造成建筑构件提早失效，使火灾蔓延扩大，甚至建筑垮塌，就谈不上灭火救援了。

建筑物是由各种功能的建筑构件和配件组成的，建筑构件主要包括基础、墙体和柱、楼地层、楼梯、屋顶、门窗、阳台、雨篷，台阶、散水等组成。按建筑构件在建筑体系中的受力状况，将他们分为承载构件和围护构件两大部分，如承重墙、柱、楼板、楼梯、屋顶和基础等，通常称其为建筑构件；如分隔墙、屋面和门窗等，通常称其为建筑配件。对于有楼层的建筑来说，还有楼梯构件。

承载构件是指承受各种荷载作用的结构，如承重墙、剪力墙、框架、楼板和地面、梁、柱、屋顶承重构件等，它们是决定建筑物整体耐火性能的构件；

围护构件是指外围护构件的屋顶和外墙、外门及外窗，以及建筑内部的分隔墙和房间门、吊顶、屋面、承重墙等。其中承重墙既是承载构件，也是围护构件；

建筑配件是指为满足建筑使用功能和结构安全要求所配备的部件如门窗，楼梯扶手、结构连接件等，其中门窗也是起围护作用的部件。这些由各种功能构、配件组合形成的空间才能营造出供人们生产生活或进行其他活动的空间场所。

20.1 楼板耐火性能是决定其他构件耐火性能的基准

对建筑防火而言，楼板是承重构件，也是防火分隔构件，它是建筑的主要水平承重构件和水平支承构件。它将楼面上的家具、设备和墙体等荷载传递到承重墙、梁、柱等支承构件上，同时又对楼面上的墙体起着水平支撑作用，而它在竖向上又将建筑分隔为不同的楼层，它也是建筑内竖向防火分区的分隔构件。楼板在火灾时要为人员疏散、消防救援提供条件，所以应当有一定的耐火时间，而支承楼板的梁、柱、承重墙等承载构件的耐火时间理应比楼板要长，而由楼板支承的分隔墙、外墙等构件的耐火时间则可不高于楼板，因此楼板是确定建筑内其他构件耐火时间的基准，这样由多种不同燃烧性能和耐火极限的建筑构件组合的整个结构体系，在火灾温度和荷载共同作用下，维持体系效用的时间会有多种，而建筑的使用性质和功能不一，火灾荷载及类型差别较大，建筑高度及火灾扑救难度亦不相同，故有必要按建筑类别、使用功能、重要性和火灾扑救难度等条件，对不同的建筑提出不同的耐火性能要求，这就是建筑耐火等级。这样做既可以有利于建筑物的消防安全，也有利于节约建筑防火的建设投资，而且为灾后建筑物重新修复使用提供有利条件。

建筑的耐火等级是衡量建筑物整体在火灾温度和荷载的共同作用下，耐受火灾能力的分级标准，也是建筑物耐受火灾能力的最低要求，而组成建筑整体的单个建筑构件的燃烧性能和耐火极限是构成建筑整体耐火性能的基础。所以耐火等级愈高的建筑物，发生火灾时，被火烧坏、倒塌的概率愈低，而且建筑物在火灾后重新修复使用的可能性也愈大，为修复所付出的代价也愈小；耐火等级愈低的建筑物，发生火灾时，造成局部损毁和整体倒塌的可能性越大，而且建筑物在火灾后重新修复使用的可能性也愈小，为修复所付出的代价也愈大。

20.2 我国建筑物的耐火等级分级方法

防火墙不是耐火等级分级的依据，防火墙是建筑防火设计的要件，它是防火分区分隔构件，也具有围护构件的功能，它在建筑的耐火等级分级中占有一席之地，但它不是耐火等级分级的依据，不论什么耐火等级的建筑，除甲、乙类厂房和甲、乙、丙类仓库内的防火墙以外，其防火墙的燃烧性能和耐火极限都是一样的，都必须是不燃烧性，且耐火极限不低于 3h。

我国建筑物的耐火等级分为四级，木结构建筑不在这个分级之内。

我国建筑物的耐火等级分级是以历年火灾统计为依据，将二级耐火等级民用建筑的楼板燃烧性能定为不燃性，将耐火极限定为 1.0h，以此为基准，确定其他耐火等级建筑的楼板燃烧性能和耐火极限；一级耐火等级民用建筑的楼板燃烧性能定为不燃性，耐火极限应高于二级，定为1.50h；而三级耐火等级民用建筑的楼板燃烧性能定为不燃性，耐火极限可低于二级，定为0.50h，以此类推。

当楼板的燃烧性能和耐火极限确定后，可依据楼板来确定建筑内其他构件耐火时间的基准，按照“支承楼板的梁、柱、承重墙等承载构件的耐火时间应比楼板要高，而由楼板支承的分隔墙、外墙等构件的耐火时间可不高于楼板”的规则，确定其他建筑构件的燃烧性能和耐火极限 。

建筑物的耐火等级既决定了建筑物的骨架结构在火灾中的耐火性能，还决定了各种建筑构件在火灾中保持其效用的能力，在火和时间的共同作用下，构件必须要保持其稳定性、完整性和隔热性，而且墙体分隔构件所处的环境条件的不同，对耐火性能的完整性和隔热性要求也是不一样的，只有这样才能把火灾限定在各构件组成的功能空间内，防止火灾烟气的蔓延扩散和结构坍塌，又要不使资源过度耗费是建筑物划分耐火等级的目的和方法。

建筑构件按燃烧性能分类为可燃性构件、难燃性构件和不燃性构件。构件的燃烧性能反映了建筑构件在空气中受到火焰或高温作用时的燃烧特性。

不燃性构件在空气中受到火焰或高温作用时，不起火、不微燃、不碳化，对火灾的发生和发展的助推作用很小，没有潜在的火灾危险，是一级耐火等级建筑所有构件必须具备的燃烧性能，是二级耐火等级建筑中除吊顶以外的所有构件必须具备的燃烧性能，如，钢结构件、钢筋混凝土构件、混凝土构件、砖砌体构件等都具有不燃性。

难燃性建筑构件在空气中受到火焰或高温作用时，难起火、难微燃、难碳化，当火源移走后，燃烧和微燃立即停止，对火灾发生和发展的助推作用较小，有一定的潜在的火灾危险，如经阻燃处理的木结构构件、含有经阻燃处理的木质材料的防火门、B_1级夹芯板制品构件等。

可燃性建筑构件在空气中受到火焰或高温作用时，立即起火或微燃，而且在火源移走以后，仍继续燃烧和微燃，对火灾发生和发展的助推作用较大，存在很大的潜在的火灾危险，如木结构构件、B_2级夹芯屋面板等。

耐火极限是判定建筑构件在火灾中受到高温作用失去效用的时间长短的指标，我国《建筑设计防火规范》GB 50016—2014（2018年版）对耐火极限的定义是：“在标准耐火试验条件下，建筑构件、配件和结构从受到火的作用时起，至失去承载能力、完整性和隔热性时止的时间，用小时计”。耐火极限表达了建筑构件在耐火试验中满足相应耐火性能判定准则的时间，建筑构件耐火极限的判定条件包括承载能力（在规定荷载下保持稳定性的能力）、完整性和隔热性三种耐火性能。

建筑的受限空间发生火灾时，火灾空间内的气相温度的变化与火灾持续时间是按一定的规律发展的。研究建筑受限空间内气相温度与火灾持续时间的变化规律，是以固体可燃物火灾为基础的。由于房间大小、通风条件和可燃物的荷载密度不同，房间发生轰燃所需的临界热释放速率也不一样，火灾的升温过程差别很大，建筑构件在火灾中受到火和温度的作用过程也不相同，集中体现在房间内火灾的时间—温度曲线的差异，为了确定房间内建筑构件耐受火灾的极限能力，需要找到普遍适用的建筑火灾的升温过程，找到建筑火灾从明火点燃后到火灾全面发展阶段，室内升温过程的普遍规律，把它作为标准，即“标准火”，用标准火来试验判定建筑构件耐受火灾的极限能力，这样，用标准火确定的建筑构件的耐火极限在火灾中就不会过早失效，也不至于不经济。我国规范采用国际上通行的建筑构件耐火试验标准规定的建筑构件耐火试验方法，根据我国国情制定了国家标准《建筑构件耐火性能试验方法》GB/T 9978.1～9 系列标准，标准中规定了“标准火”的火灾持续时间与其气相温度（$T-T_0$）的数学关系式，按照这一数学关系式，可以绘制出火灾持续时间-温度标准曲线，受限空间内火灾持续时间与其气相温度的变化规律，就可以用一条以火灾发展时间（min）为横轴，以火灾气相温度（℃）为纵轴的曲线来描述。我们就可以按标准的规定，设计制造出火灾试验炉，试验炉内的升温过程完全符合“标准火”，当把建筑构件放在炉内，按规定的试验条件及判定规则进行构件耐火试验，并按标准的时间-温度曲线控制炉内火焰使炉内按曲线升温，来观察建筑构件抵抗火作用的时间，确定该构件在“标准火”作用下失效的时间，以此来判定构件在升温过程中抵抗火作用的极限能力，即构件的“耐火极限”，所以构件的“耐火极限”有三个要素，即在规定的标准耐火试验条件下，在标准升温过程中，失去效用的时间。对建筑构件进行“耐火极限”试验的目的是为建筑耐火设计提供实验依据。

现行国家标准《建筑构件耐火性能试验方法 第 1 部分：通用要求》GB/T 9978.1—2008 提出的建筑火灾的标准时间-温度曲线，如图 20-1 所示，曲线上各点的火灾持续时间与其气相温度（$T-T_0$）的数学关系符合下式：

$$T-T_0=345\times\lg(8t+1)$$

式中 T——封闭空间在火灾持续时间 t 时刻的气相温度，对于试验炉则是炉内温度（℃）；

T_0——封闭空间的初始环境温度（℃），为 20℃；

t——按标准时间-温度曲线升温的火灾持续时间（min）。

该公式是受限空间内以固体可燃物为燃料的火灾，其火灾持续时间与气相温度（$T-T_0$）的变化的数学方程，图 20-1 是试验炉内标准火的气相温度升温过程曲线，本曲线仅绘出了 140min 以前的一段。

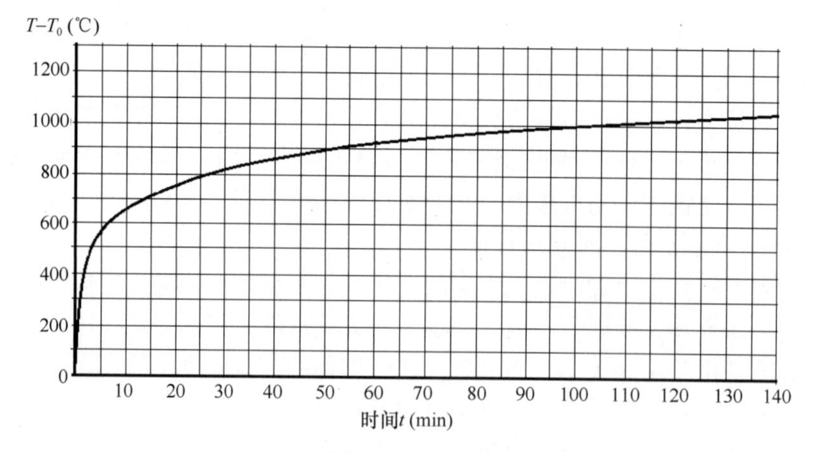

图 20-1　我国的建筑火灾的时间-温度标准曲线

由曲线可知，建筑构件在试验炉内耐受的是火焰使炉内从急剧升温到缓慢升温的时间过程，在这一过程中只要建筑构件出现失去承载能力、失去隔热性、失去完整性即表明该构件抵抗火作用的时间终止，耐火能力（时间）达到极限，终止时间就是耐火极限。通过大量实体构件的耐火试验，得出不同材质、不同种类的各种建筑构件，在不同厚度或截面最小尺寸时的耐火极限，供设计选用。

建筑构件的承载能力主要针对承重构件，用构件在受火作用下失去支持能力或失去抗变形能力来判断，如墙试件（承重墙和自重墙）在试验中发生了垮塌，这表明墙试件失去了承载能力；如梁、板试件在试验中发生了垮塌，这表明梁、板试件失去了承载能力，如梁、板试件在试验中的最大挠度超过 $L/20$，则表明梁、板试件失去了抗变形能力；如柱试件在试验中发生了垮塌，这表明柱试件失去了承载能力，如柱试件在试验中轴向压缩变形速度超过规定，则表明柱试件失去了抗变形能力。

建筑构件的完整性主要针对分隔构件（如楼板、门窗、隔墙、吊顶等），用构件在受到单面火作用下，在试验过程中构件出现穿透性裂缝或穿火孔隙，使其背面可燃物点燃，这表明构件已失去阻止火焰和高温气体穿透或失去阻止其背面出现火焰的能力，可判定构件已失去完整性。

建筑构件的隔热性主要针对有隔热性要求的分隔构件，隔热性反映了建筑分隔构件隔绝过量热传导的能力，一般采用试验构件背火面的单点温升及平均温升作为判定依据，在试验中，当试验构件的背火面任一温升超过规定，就表明分隔构件失去隔热性。

对于分隔构件，如内墙体、吊顶、门窗等其耐火极限用完整性和绝热性两个条件共同控制，试验中，当试验构件的任一个条件丧失时，即认为构件已达到其耐火极限。

对于承重构件，如梁、柱、屋顶承重构件等，用承载能力单一条件来控制其耐火极限。

对于承重分隔构件，如承重墙、楼板、屋面板等用稳定性、完整性和绝热性三个条件来共同控制其耐火极限，试验中，当试验构件的任一个条件丧失时，即认为构件已达到其耐火极限。

试验中构件的隔热性和完整性对应承载能力，当构件的承载能力已不符合要求时，则自动认为构件的隔热性和完整性也不符合要求。当构件承载能力丧失时，就谈不上构件还具有隔热性和完整性，所以构件的承载能力时间应不低于隔热性和完整性的时间；

试验中构件的隔热性对应完整性，即当构件的完整性已不符合要求时，则自动认为构件的隔热性也不符合要求。当构件丧失完整性时，就谈不上构件还具有隔热性，所以构件的完整性时间应不低于隔热性的时间。

特级防火卷帘、防火墙、防火隔墙在进行耐火极限试验时，当构件的承载能力已不符合要求时，则自动认为构件的隔热性和完整性也不符合要求。

建筑物的耐火等级是由组成建筑物各构件的燃烧性能和耐火极限共同决定的，建筑内的防火墙和楼板应能在预期的时间内把火灾控制在防火分区内，其他的墙体，如房间隔墙、疏散走道两侧隔墙、住宅建筑单元之间的隔墙和分户墙、防火隔墙等，只要按照从结构面到结构面的方式砌筑墙体，这些隔墙应能在预期的时间内把火灾控制在发生火灾的房间内；而楼梯间和前室的墙、电梯井和电缆井，管道井、排烟道、排气道、垃圾道等竖向井道的井壁（墙）、建筑外墙等墙体则是防止火灾高温烟气沿竖向蔓延的分隔构件。而楼梯间和前室的墙、疏散走道两侧隔墙它们应能阻挡火灾高温烟气和热量对人体的作用，为人员疏散创造安全条件。而其他管道井、排烟道、排气道、垃圾道等竖向井道的井壁墙的井道内是没有人员活动，也没有可燃物的。从这些分隔构件的耐火极限来看，防火墙的耐火极限最高，用于疏散和交通设施的防火分隔构件的耐火极限次之，即便是耐火极限较低的房间隔墙，在三级耐火等级建筑中其耐火极限也不低于 0.50h，也就是说房间隔墙应能在火灾持续时间 30min 以内时，应能把火灾限制在起火房间内，需要知道，按我国标准的升温曲线，这时起火房间内的气相温度已经达到 842℃，房间隔墙在此时应仍能保持其隔热性和完整性，当然隔墙应保持其承载自身重量而不垮塌是前提，事实上当房间起火后，房间内的人会很快从房间逃出，在设有火灾自动报警系统和自动喷水灭火系统的建筑中，在多数情况下同楼层的人员也会在 20min 时间内疏散到楼梯间内，因为按我国的百人宽度指标计算的疏散所需总净宽度的通过能力是能够满足这些要求的《建筑设计防火规范》GB 50016—2014（2018 年版）在第 10.1.5 条条文说明中指出：“试验和火灾证明，单、多层建筑和部分高层建筑着火时，人员一般能在 10min 以内疏散完毕。”

美国《建（构）筑物火灾生命安全保障规范》NFPA 101—2006“第 7.2.3 防烟封闭楼梯间”一节规定，楼梯间耐火极限不应低于 2.00h，当设有前室时，前室墙耐火极限不应低于 2.00h，进入前室的门，应是耐火极限为 1.5h 的防火门，由前室通向楼梯间的防火门至少应具有 20min 的耐火极限，门的密闭性能良好，且为自闭门或与设在距前室门 120 英寸以内的感烟探测器联动的自动关闭门。

20.3 我国建筑构件耐火极限中值得思考的问题

（1）关于我国耐火风管的耐火极限问题

我国《建筑设计防火规范》GB 50016—2014（2018 年版）对耐火极限的定义是：*在标准耐火试验条件下，建筑构件、配件和结构从受到火的作用时起，至失去承载能力、完整性和隔热性时止的时间，用小时计。*而现行国家标准《建筑构件耐火性能试验方法 第 1 部分：通用要求》GB/T 9978.1—2008 规定的建筑构件耐火性能试验方法适用的建筑结构的各种构件，如墙、楼板、屋面板、梁或柱。标准的建筑构件耐火性能试验方法适用的对象中并不包括风管、防火卷帘的防烟箱。

风管及防火卷帘的防烟箱究竟是建筑构件，还是建筑设备的问题，是值得研究的。因为认定为建筑构件或建筑设备对风管应采用什么方法来控制火灾经风管蔓延有关键影响。

《建筑设计防火规范》GB 50016—2014（2018 年版）对其标准所称的“耐火风管”并未定义，因此“耐火风管”的概念在规范中是不清晰的。如果认定“耐火风管”是管形构件，对风管的耐火极限就要有严格的要求，要求耐火风管应具有完整性、隔热性，而且也应能在火的作用下保持其承载能力。这时则把耐火风管视为一个防火分隔物，即耐火风管内是一个被隔离的空间，耐火风管外是另一个相邻空间，因此，当耐火风管穿过建筑防火分隔构件时，其耐火极限不应低于其防火分隔构件的耐火极限。由于耐火风管已作为完整的分隔构件对待，已具备了防火分隔构件的耐火能力，因此在穿越处的耐火风管上就不应再要求安装防火阀门了，除非有其他功能需要。

当把风管视为通风管道设备来认定时，风管没有必要具有耐火极限，当风管穿越防火分隔构件时，则应在穿越处设防火阀，保持风管穿越处具有防火分隔能力，这是《建筑设计防火规范》GB 50016—2006 对风管穿越防火分隔构件时的技术要求。

对风管系统穿越建筑防火分隔构件时的上述两种观点，在不同的国家有不同的技术政策。

我国最早以强制性条文的形式提出了“防火风管”的耐火等级要求的标准，是我国的国家标准《通风与空调工程施工质量验收规范》GB 50243—2002标准，该标准对“防火风管”的定义是：“采用不燃、耐火材料制成，能满足一定耐火极限的风管”，该标准还在其条文说明中指出：“防火风管为建筑中的安全救生系统，是指建筑物局部起火后，仍能维持一定时间正常功能的风管。它们主要应用于火灾时的排烟和正压送风的救生保障系统，一般可分为1h、2h、3h、4h等的不同要求的级别”。但由于该GB 50243—2002标准没有对这些内容予以说明，无法知道其风管的耐火极限是按什么标准检验的。

我国风管耐火性能是由规定的耐火试验标准来判定的，在GB 50243—2002标准提出“防火风管”时，我国仅有《通风管道的耐火试验方法》GB 17428—1998，该标准的风管最高耐火极限仅有1.5h，这和GB 50243—2002标准要求的耐火时间2h、3h、4h相差甚远，因该试验标准规定试验中“虽未出现试件达到耐火极限的任一情况，但试件耐火时间已达1.5h时，试验即可终止”。这就是说，当时的GB 17428—1998规定的风管最高耐火极限仅有1.5h，而且该标准在其应用范围中指出：“本标准适用于安装在空调通风系统中各种材质的管道”“不适用于火焰来自管道外部的通风管道”。因此《通风与空调工程施工质量验收规范》GB 50243—2002对于排烟和火焰来自管道外部的正压送风管道在火灾时的耐火性能规定，是不能按《通风管道的耐火试验方法》GB 17428—1998进行试验的，虽然GB 50243—2002以强制性条文的形式提出了防火风管耐火极限要求，由于没有相应的风管耐火性能试验标准的支持，该强制性条文实际上是无法执行的。

当时，对于防排烟系统的“风管”，在我国原《建筑设计防火规范》GB 50016—2006、原《高层民用建筑设计防火规范》GB 50045—1995等规范中，对排烟及通风空调系统管道都只有应采取防火、防烟措施的要求，而并没有提出风管耐火极限的要求。

《建筑设计防火规范》GB 50016—2014（2018年版）第6.3.5条规定：“风管穿过防火隔墙、楼板、防火墙时，风管上的防火阀、排烟防火阀两侧各2.0m范围内的风管应采用耐火风管或风管外壁应采取防火保护措施，且耐火极限不应低于该防火分隔体的耐火极限”。该条文所指的风管是指防烟、排烟、通风和空气调节系统中的风管，当风管在穿越防火隔墙、防火墙、楼板时，由于它们都是大截面的管道在建筑内的不同空间穿越，它们在火灾中有可能成为火灾传播的通道，且它们的系统本身也可能是火灾的危险源，所以对建筑内的防排烟系统和通风、空气调节系统都应采取相应的防火措施，降低其火灾传播的危害。这些措施的宗旨是保证管道不会因受热变形而破坏整个分隔体的有效性和完整性，所以应在穿越处安装防火阀、排烟防火阀，且在风管上的防火阀、排烟防火阀两侧各2.0m范围内的风管应采用耐火风管或风管外壁应采取防火保护措施，防止烟气和火势蔓延到不同的区域，而且要求对穿越处的风管应保证风管耐火极限不应低于该防火分隔体的耐火极限，笔者认为，这是针对某些重要穿越处采取的防火保护措施。

我国现行国家标准《建筑防烟排烟系统技术标准》GB 51251—2017在条文或条文说明中对加压送风管及排烟管道提出了有关风管耐火极限的一些要求：

例如：第3.3.8条规定：机械加压送风管道的设置和耐火极限应符合下列规定：

“1　竖向设置的送风管道应独立设置在管道井内，当确有困难时，未设置在管道井内或与其他管道合用管道井的送风管道，其耐火极限不应低于 1.00h；

2　水平设置的送风管道，当设置在吊顶内时，其耐火极限不应低于 0.50h；当未设置在吊顶内时，其耐火极限不应低于 1.00h。”

第 4.4.8 条规定：“排烟管道的设置和耐火极限应符合下列规定：

1　排烟管道及其连接部件应能在 280℃时连续 30min 保证其结构完整性。

2　竖向设置的排烟管道应设置在独立的管道井内，排烟管道的耐火极限不应低于 0.50h。

3　水平设置的排烟管道应设置在吊顶内，其耐火极限不应低于 0.50h；当确有困难时，可直接设置在室内，但管道的耐火极限不应小于 1.00h。

4　设置在走道部位吊顶内的排烟管道，以及穿越防火分区的排烟管道，其管道的耐火极限不应小于 1.00h，但设备用房和汽车库的排烟管道耐火极限可不低于 0.50h。”

《建筑防烟排烟系统技术标准》GB 51251—2017 对加压送风管道及排烟管道的耐火极限要求是：“对于管道的耐火极限的判定也应按照现行国家标准《通风管道耐火试验方法》GB/T 17428 的测试方法，当耐火完整性和隔热性同时达到时，方能视作符合要求”。

显然，现行国家标准《建筑防烟排烟系统技术标准》GB 51251—2017 在条文或条文说明中提出的对加压送风管、排烟管道耐火极限的要求应符合现行国家标准《通风管道耐火试验方法》GB/T 17428—2009 的测试方法。

现行国家标准《通风管道耐火试验方法》GB 17428 有两个版本，即 1998 年版本和 2009 年的 GB/T 推荐性版本：

《通风管道耐火试验方法》GB/T 17428—2009“范围”一节中规定：“本标准规定了水平通风管道在标准火条件下的耐火性能试验方法，用来检验通风管道承受外部火（管道 A）和内部火（管道 B）作用时的耐火性能。垂直管道的耐火试验可参照本标准执行，本标准不适用于：

a）耐火性能取决于吊顶耐火性能的管道；

b）带检修门的管道，除非将检修门纳入到管道中一起试验；

c）两面或三面的管道；

d）排烟管道；

e）与墙或楼板连接的吊挂固定件。”

该标准明确指出：本标准不适用于排烟管道和与墙或楼板连接的吊挂固定件。这就是说现行国家标准《建筑防烟排烟系统技术标准》GB 51251—2017 对排烟管道的耐火极限要求，目前尚没有相应的试验标准的支持，即使是通风管道，也只能认定管道的耐火性能，而对通风管道的与墙或楼板连接的吊挂固定件的耐火性能仍然不能通过试验来确定，而排烟管道能否在管道外部火的条件下正常工作，还要取决于支持排烟管道的吊挂固定件能否在管道外部火的条件下保持其对管道的支持能力，如果不能确定吊挂固定件（用来将管道吊挂在梁板上或固定到墙体上的部件）的耐火性能，对吊挂或固定到墙体上的排烟管道的耐火极限要求就是一句空话，除非改变排烟管道的安装方式。

所以两个新标准对风管耐火极限的规定能否得到执行，仍然取决于有没有风管耐火性能试验标准的支持，这里需要介绍现行国家标准《通风管道耐火试验方法》GB/T

17428—2009，并与其1998版本中主要技术要求对比变化列表20-1，标准通风管道耐火试验接管示意图见图20-2和图20-3，图中尺寸单位均为毫米。

《通风管道耐火试验方法》GB 17428 技术要求变化　　表 20-1

主要项目	GB 17428—1998	GB/T 17428—2009
试验装置	试验装置见图20-2	试验装置见图20-3
火焰源	来自管道内部	来自外部（A管道）； 来自内部（B管道）
适用范围	适用于安装在空调通风系统中的各种材质的管道； 排烟管道可参照	仅适用于水平通风管；垂直管道可参照； 排烟管道不适用； 不适用于与墙、楼板连接的吊挂固定件
最大耐火时间（h）	1.5	没有限定
风管耐火试验条件：风机启动后试件内部应保持的状态	保持调节阀的烟气渗漏量在（700～1000）$Nm^3/(h \cdot m^2)$之间	管外火（A管）时：在试验开始时控制管道A内的压力低于大气压力（300±15）Pa，并在整个试验期间保持这一压力值不变。 管内火（B管）时：在试验开始之前，使管道B内的空气流速稳定在（3±0.45）m/s。调整风机使其在试验期间处于“开启”位置时管道B内能保持（3±0.45）m/s的气体流速
试件长度与接头	试件一端的开口伸进试验炉炉墙内壁即可，试件的其余部分在炉墙外，其全长不小于2m，试件在炉外应有一个接头	试件的最小长度： 在炉内部分的长度3m； 在炉外部分的长度2.5m； 试件在炉内和炉外的管段上均应各有一个接头； 管外火时：炉内部分管道为全封闭； 管内火时：炉内部分管道为有规定尺寸的开口，为不全封闭管段
判定条件及观察	完整性（棉垫、缝隙、火焰）；垮塌	完整性（棉垫、缝隙、火焰）； 对管外火的A管：尚应以管内的负压差能否保持为条件； 隔热性（试件背火面平均温升与最高温升）； 观察管道垮塌时间

原国家标准《通风管道的耐火试验方法》GB 17428—1998中通风管道耐火试验接管示意图见图20-2，试件长度不小于2m，且至少包含1个接口。

现行国家标准《通风管道耐火试验方法》GB/T 17428—2009中通风管道耐火试验接管示意图见图20-3。

现行国家标准《通风管道耐火试验方法》GB/T 17428—2009与原标准相比在技术要求上有以下重要变化：

1）GB/T 17428—2009（简称新标准）在GB 17428—1998（简称旧标准）仅适用于“火焰来自管道内部的通风管道”的基础上新增加了“火焰来自管道外部为条件”的试验方法；

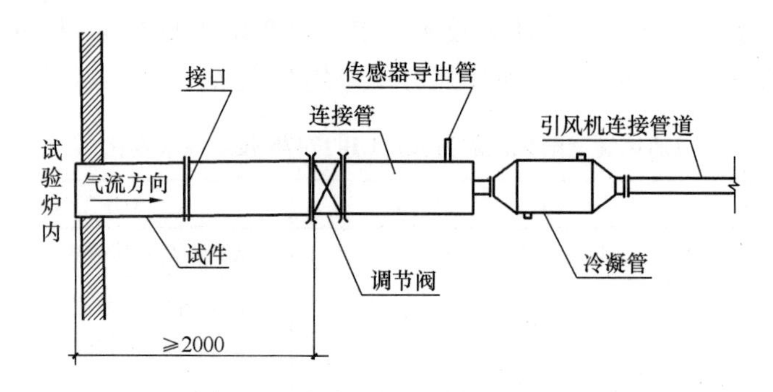

图 20-2　GB 17428—1998 标准通风管道耐火试验接管示意图

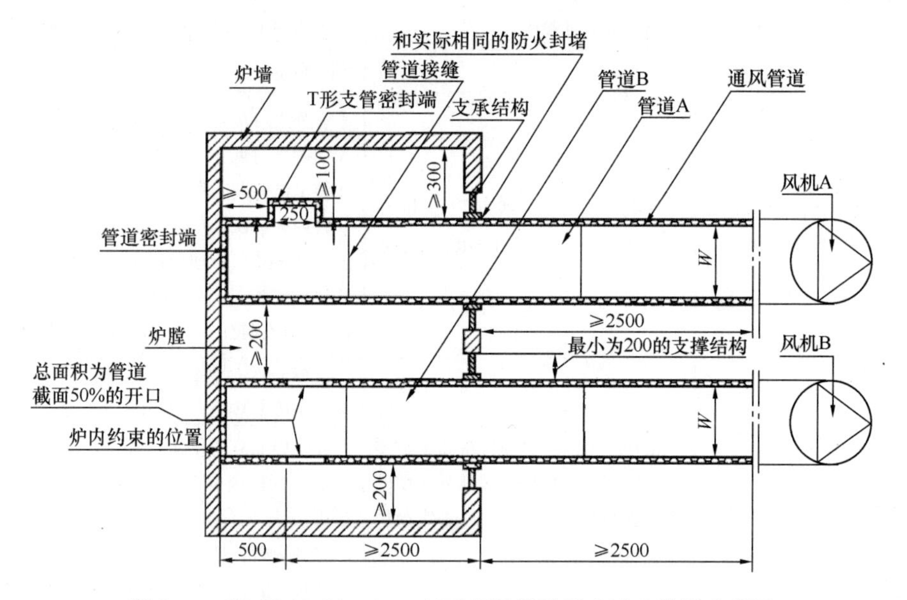

图 20-3　GB/T 17428—2009 标准通风管道耐火试验接管示意图

2）新标准在旧标准“耐火完整性”指标的基础上，新增加了“耐火隔热性”指标作为判定条件；

3）对标准的适用范围，新标准是颠覆性调整，新标准规定：标准仅适用于水平通风管道；垂直管道可参照；不适用于排烟管道；不适用于与墙、楼板连接的吊挂固定件；

4）对“火焰来自管道内”时，新旧标准的试验条件有根本的不同：

旧标准要求风机启动后试件内部应保持调节阀的烟气渗漏量在（700～1000）$Nm^3/(h \cdot m^2)$之间；新标准要求风机 B 启动后应使管内保持（3±0.45)m/s 气流速度；

5）新标准要求在“管外火”时，风机 A 启动后应保持管内压力低于大气压 300±15Pa，当不能保持管内压力差低于大气压 300±15Pa 时，即认定完整性不合格，这一压差，既是试验条件，也作为完整性不合格认定条件之一。

从以上变化要点可知：

1）新标准并不适用于排烟系统的管道，这样，排烟系统的耐火性能认定就没有标准依据，而《建筑设计防火规范》GB 50016—2014（2018 年版）要求所有风管在防火分隔构件处穿越时都必须具有与分隔构件相同的耐火极限，这样的要求对排烟系统的管道而言，就没有试验标准的支持。

2）旧标准和新标准，都把风管认定为分隔构件，都要求在一定的耐火时间内保持其耐火完整性。不同的是新标准认定风管仅保持其完整性是不够的，还应增加隔热性指标，故增加了风管背火面温升的控制指标，不论是管内火或管外火、不论风管的使用功能有何不同，都应一律要控制风管的背火面温升。

空调通风系统及防排烟系统的管道在建筑中穿行，把各个独立的空间贯通，成为传递火灾的通道，为火烟传递提供驱动力，有的系统本身也可能是火源地，国内由通风管道传递引发的火灾蔓延案例也不少，但是我国目前没有专门的通风管道防火规范，没有自己的系统的风道防火的基本对策，究竟是把风管作为一条具有耐火极限的构件对待，还是作为一般风管对待，只在穿越时加防火阀，在两个国家标准中的认识是不统一的。要求整个风管作为具有一定耐火极限的风道，其风道在选材，制作，连接，绝热等方面与一般风道有何区别？在防火方面哪一种思路更有效，更可靠，更经济都是需要解决的问题，再加上我国目前消防设施的故障率是惊人的高，特别是防排烟系统，在交工时多数都是带病的，消防设施的无效投入浪费很大，对我国建筑消防能力影响很大，是需要努力解决的问题。

（2）对建筑分隔构件耐火极限判定条件的思考

从建筑分隔构件耐火极限的判定条件可知：对分隔构件来说，耐火完整性是最基本的耐火性能要求，此外还有耐火隔热性要求及保持稳定性的要求；它们之间的对应关系是：当分隔构件发生完整性丧失时，即认为隔热性也丧失；当构件发生承载力丧失时，即认为隔热性和完整性也都丧失。

我们知道：当分隔构件的任一侧均有可燃物或人员伤害危险时，仅有耐火完整性指标是不够的，尚应增加耐火隔热性指标！反之，当分隔构件的另一侧没有可燃物，也没有人员伤害危险时，仅有耐火完整性和稳定性指标就足以能够阻挡火烟从开口处蔓延，若再要求增加耐火隔热性指标就没有更多必要了。比如我国的《建筑通风和排烟系统用防火阀门》GB 15930—2007 对防火阀、排烟防火阀的耐火性能要求中就只有耐火完整性要求。

《建筑设计防火规范》GB 50016—2014（2018 年版）在对建筑分隔构件的耐火性能提出要求时，也是采用分析危害，区别对待的态度，例如：对于防火玻璃隔墙，当设在中庭时要求耐火完整性和耐火隔热性；当设在一般的外墙时只要求耐火完整性，这就说明分隔构件的耐火性能判定条件可以按其危险性的需要取舍，但对分隔构件而言耐火完整性是基本的，这样的例子在《建筑设计防火规范》GB 50016—2014（2018 年版）中还有许多。

其实，建筑内有许多分隔构件的背火面并不存在危险源和人类生命的活动，这类分隔构件只要具备完整性和稳定性也就够了，没有必要再要求其隔热性。分隔构件的隔热性指标不仅会限制金属材料的应用，也会大大增加消防投入，而且当标准不切实际地对防火提出超过实际需要的要求时，其防火措施亦未必能发挥效用，这实际是一种资源的过度耗用。

就以风管为例，当采用不燃材料的风管时，风管内表面只要没有内衬可燃材料、不产生油垢或可燃粉尘的存积，风管内就不存在可燃物，当发生管外火时，只要风管保持其完整性和承载力，管外火也不可能对风管系统造成火灾蔓延的危害！即使管外火把金属风管烧穿而发生管内火时，只要系统能及时停运，管道上的防火阀及时自动关闭，管内没有燃料支持，管段能够及时封闭，就不会发生管内火的持续燃烧，不发生烟气流动，管内火也不会在风管内持续！对这类风管的耐火极限要求仅有完整性和承载力就能满足防火安全要求。

有人认为："耐火极限 1.50h 防火管道与 280℃排烟防火阀的耐火极限相当"，是指 280℃排烟防火阀按照《建筑通风和排烟系统用防火阀门》GB 15930—2007 的耐火试验方法判定具有 1.5h 耐火时间的耐火性能。该标准是我国唯一的用以检验防火阀、排烟防火阀和排烟阀（口）耐火性能和其他使用性能的标准，它替代了原《防火阀试验方法》GB 15930—1995 和原《排烟防火阀试验方法》GB 15931—1995 两个标准。该标准规定，防火阀应在耐火试验开始后 1min 内阀的温控器应能动作关闭，排烟防火阀应在耐火试验开始后 3min 内阀的温控器应能动作关闭，所以防火阀、排烟防火阀的耐火性能试验是在阀件关闭条件下进行的，并以阀的叶片在标准受火条件下，单位面积上的漏烟量 [$m^3/(h \cdot m^2)$] 和在规定的耐火时间内，阀表面不出现连续 10s 以上的火焰、耐火时间不少于 1.50h 来判定其耐火性能，这与 GB 9978.1～9 系列对建筑分隔构件的耐火性能是以构件的完整性和隔热性作为判定条件，是有很大差别的，所以《建筑通风和排烟系统用防火阀门》GB 15930—2007 对防火阀、排烟防火阀的耐火性能没有使用"耐火极限"，而用"耐火时间"来表达，对此我们应有足够的注意。

同样，《防火卷帘、防火门、防火窗施工及验收规范》GB 50877—2014 规定：防火卷帘防护罩（箱体）是用于保护卷轴和卷门机的，"防护罩的耐火性能应与防火卷帘相同"，为此，在验收防火卷帘防护罩（箱体）时，不仅要检查防护罩钢板厚度不应小于 0.8mm，而且还应查验防护罩（箱体）的耐火性能。但是该标准并没有明确防护罩耐火性能是指什么？按什么标准进行耐火性能检验？

21 关于中庭的消防安全技术要求解读

《建筑设计防火规范》GB 50016—2014 及其既往版本，以及原《高层民用建筑设计防火规范》GB 50045—1995 及以后的各版本中，均使用了"中庭"这个术语，并对中庭防火提出了要求，但均没有把它作为术语予以定义。

术语是约定性语言，是思想认识交流的工具，是学术交流的前提，是学术开放和技术进步所需要的背景，即使是强制执行的规范，也还需要术语，并应对其定义，否则人们不知道规范中所说的词语是定位在什么概念层次上的。我国防火规范在当年没有对防火卷帘术语及时定义，走过的弯路就是教训。规范是对作业行为及活动的定性要求，在多数情况下由于无法对这些思维、方法、行为作出精确定量的约束，故才把这类针对设计、施工等事项的标准称为"规范"，规范中表达的重复使用频率高的，基本的、通用的概念必须用简明的术语来表达，并予以定义，定义的术语必须保证其科学性、稳定性、单名单义性、顾名思义性、简明准确性等，并应与相关学科的术语保持协调一致。如果不对规范中需要定义的专业术语进行定义，就不可能统一表达，统一思想，就会出现"你说的是一个概念，他理解的却是另一个意思"的混乱局面。

原《高层民用建筑设计防火规范》GB 50045—2005 的条文说明给出了"中庭"来历，即："希腊人最早在建筑物中利用露天庭院（天井）这个概念。后来罗马人加以改进，在天井上盖屋顶，便形成了受到屋顶限制的大空间——中庭。今天的中庭还没有确切的定义，也有称为‘四季庭’或‘共享空间’的”。注意，这里是“天井上盖屋顶”，而屋顶是盖屋面板，还是具有采光功能的屋顶并不明确，而且规范又将中庭与“四季庭”“共享空间”的概念等同，使人对中庭的认识更加模糊不清。

我国经济腾飞后，建筑物大型化发展很快，规范滞后现象愈显突出，上百万平方米的建筑越来越多，由于疏散距离的限制，迫使大体量建筑要寻求“准室外空间”的理念进行设计，使“准室外空间”概念很快的得到应用发展，各地的“内天井”“风雨棚”技术的运用，与人们对中庭烟气输运规律的认识相关而存在，由于我国规范对“内天井”“中庭”术语都没有给予定义，这为“内天井”的运用，留下了技术空间，各地的做法丰富了“内天井”技术，比如，采用“内天井”的建筑，当发生火灾时，其顶部活动排烟窗开启面积不少于天井地面积的80%，宽度尺寸不小于9m等。这时，谁也不能回答：顶部活动排烟窗是排烟用的，还是为造就一个“准室外环境（空间）”而存在，但这又引出一个待解的问题，什么是“准室外环境（空间）”？“准室外环境（空间）”应具备哪些消防条件？毫无疑问，人们需要在建筑中建立准室外环境（空间），这是建筑功能发展引出的消防安全需求。

《建筑设计防火规范》GB 50016—2014对有顶棚的商业步行街与中庭的区别，作了如下的说明：“有顶棚的商业步行街与商业建筑中的中庭的主要区别在于，步行街如果没有顶棚，在步行街两侧的建筑就成为相对独立的多座不同建筑，而中庭则不是”，按照规范的条文说明推论，中庭是同一建筑中的有顶棚的竖向连通各楼层的共享空间，而有顶棚的商业步行街则是不同建筑之间的共享空间。

21.1　规范对中庭的防火防烟要求

由于中庭的建筑体量大，又连通各楼层，因此，研究中庭烟气运动规律，对控制大空间场所的火灾危害，制定控烟对策有重要意义。

关于中庭的火灾危险性，原国家标准《高层民用建筑设计防火规范》GB 50045—1995第5.1.5条的条文说明中指出：“中庭防火设计不合理时，其火灾危害性大。1973年3月2日，美国芝加哥海厄特里金希奥黑尔旅馆夜总会中庭发生火灾，造成30多万美元的损失。1977年5月13日美国华盛顿国际货币基金组织大厦火灾是由办公室烧到中庭的，造成30多万美元的损失。1967年5月22日比利时布鲁塞尔伊露巴施格百货大楼发生火灾，由于中庭与其他楼层未进行防火分隔致使二层起火后很快蔓延到中庭，中庭玻璃屋顶倒塌，造成325人死亡，损失惨重”，在布鲁塞尔伊露巴施格百货大楼中庭火灾中，由于中庭没有进行防火分区分隔，所以死亡人数中有260人是死在四楼的食堂。

《建筑设计防火规范》GB 50016—2014及《建筑防烟排烟系统技术标准》GB 51251—2017对建筑的中庭防火的主要要求是：

（1）将中庭作为一个防火分区与其他连通空间进行防火分隔；

（2）在中庭与房间的回廊上设置火灾自动报警系统和自动喷水灭火系统，将回廊成为阻止火灾烟气在中庭与房间之间相互流动和蔓延的缓冲区，成为中庭与房间之间的可靠防火屏障；

（3）综合考虑在中庭、回廊、房间设置组合式排烟系统；防止火灾烟气在中庭与房间之间相互蔓延，防止火灾烟气在中庭积聚扩散；

（4）控制中庭的火灾荷载，甚至不在中庭布置可燃物。

《建筑设计防火规范》GB 50016—2014 对中庭防火的具体要求是：

“建筑内设置中庭时，其防火分区的建筑面积应按上、下层相连通的建筑面积叠加计算；当叠加计算后的建筑面积大于规范的规定时，应符合以下规定：

1　与周围连通空间应进行防火分隔：采用防火隔墙时，其耐火极限不应低于 1.00h；采用防火玻璃墙时，其耐火隔热性和耐火完整性不应低于 1.00h，采用耐火完整性不低于 1.00h 的非隔热性防火玻璃墙时，应设置自动喷水灭火系统进行保护；采用防火卷帘时，其耐火极限不应低于 3.00h，并应符合规范第 6.5.3 条对防火卷帘的规定；与中庭相连通的门、窗，应采用火灾时能自行关闭的甲级防火门、窗；

2　高层建筑内的中庭回廊应设置自动喷水灭火系统和火灾自动报警系统；

3　中庭应设置排烟设施；

4　中庭内不应布置可燃物。”

规范在中庭与周围连通空间之间采取防火分隔措施将中庭与其他区域分隔出来，单独作为一个独立的防火单元，并采取防止火灾和烟气在相邻区域互相蔓延的防火措施。当中庭与周围连通空间设有回廊时，其防火分隔所在部位如下：

（1）采用防火隔墙分隔时，其防火隔墙在回廊的房间一侧。与中庭相连通的门、窗，应采用火灾时能自行关闭的甲级防火门、窗。

（2）采用防火玻璃墙分隔时，其防火玻璃墙在回廊的中庭一侧。

（3）采用防火卷帘时，其防火卷帘在回廊的中庭一侧。

当中庭与周围连通空间不设回廊时，其防火分隔所在部位在中庭一侧，其与中庭相连通的门、窗，应采用火灾时能自行关闭的甲级防火门、窗。

21.2　中庭与周围连通空间之间划分防火分区问题

《建筑设计防火规范》GB 50016—2014（2018 年版）条文指出：“建筑内设置自动扶梯、敞开楼梯间等上、下层相连通的开口时，其防火分区的建筑面积应按上、下层相连通的建筑面积叠加计算；当叠加计算后的建筑面积大于本规范第 5.3.1 条的规定时，应划分防火分区”。在其条文说明中又指出：“这样的开口主要有：自动扶梯、中庭、敞开楼梯等”。

我们注意到规范条文在对中庭与周围连通空间之间采用实体墙进行防火分隔时，使用了“防火隔墙”，而没有用“防火墙”，这是正确的。因为在上述开口部位的建筑承重构件要满足防火墙的要求是困难的。既然用“防火隔墙”作为防火分隔构件单独划分开来的区域，那就不能叫“防火分区”，因为，防火分区的术语定义中指出，防火分区的防火分隔构件是防火墙。所以包括中庭在内的所有竖向开口与周围连通空间之间的防火分隔，只能使用“单独的防火单元”这一术语。虽然中庭防火单元与其连通区域之间的防火分隔和其他部位的防火分区的防火分隔，在性质上都是区域之间的防火分隔，但采用的防火分隔构件是不相同的，中庭防火单元由于无法采用防火墙，故只能采用防火隔墙，其他部位的防火分区则应采用防火墙。

21.3 中庭空间进行防火分隔的四种替代技术

现行国家标准《建筑设计防火规范》GB 50016—2014（2018 年版）强制规定：中庭内不应布置可燃物。因此，中庭的火灾危险主要来源于中庭防火单元的地面周围的功能区域发生火灾时，火势和烟气也会通过中庭侵入上部楼层，以及与中庭联通的周围空间发生火灾时，火势和烟气也会从开口部位通过中庭侵入上部楼层，对人员疏散和火灾的控制带来危害。所以中庭区域的防火单元建筑面积应按上下层相连通的建筑面积叠加计算，当叠加计算后的建筑面积大于规范规定的防火分区面积时，应将与中庭周围相联通的空间进行防火分隔。由于我国中庭地面和回廊部位是不应布置可燃物的，当中庭防火单元采用防火分隔构件与其联通的周围空间进行防火分隔后，如果中庭防火单元的地面周围功能区域采用自动喷水灭火系统保护后，中庭的火灾危险可大大减轻，这对中庭防火分隔构件是有利的。

《建筑设计防火规范》GB 50016—2014（2018 年版）对中庭空间进行防火分隔提出了四种方案，是四种替代技术，其替代的技术指标是防火分隔构件的耐火极限不应低于 1.00h，也就是说分隔构件的耐火隔热性和耐火完整性不应低于 1.00h，只要选用的替代技术符合耐火极限不应低于 1.00h 的这一条件，替代就是等效而没有风险的。耐火极限不应低于 1.00h 的这一要求，就是中庭防火分隔的技术替代的条件，按照技术标准的技术中立原则，标准只能确定技术替代的技术要求，才能为各种技术提供技术公平竞争、合法应用的机会。

《建筑设计防火规范》GB 50016—2014（2018 年版）对中庭空间采用防火卷帘进行防火分隔时，要求防火卷帘的耐火极限不应低于 3.00h，规范说：“尽管规范未排除采取防火卷帘的方式，但考虑到防火卷帘在实际应用中存在可靠性不够高的问题，故规范对其耐火极限提出了更高要求。”这可能是规范认为上述四种防火分隔替代技术中，防火卷帘是唯一的活动分隔构件，而其他三种分隔方案都是固定分隔构件，防火卷帘在活动关闭时存在可靠性不够高的问题。但规范用提高卷帘的耐火性能指标的方法，也不能解决卷帘关闭可靠性不够高的问题。

笔者认为，防火卷帘作为防火分隔构件有国家产品和安装标准控制，是国家认可的防火分隔构件，在《建筑设计防火规范》GB 50016—2014（2018 年版）中与其他防火分隔构件应有等效地位，以便让投资者按照“等价条件下效用优先，等效条件下价格优先”的原则，有更多的等效替代选择余地。

《建筑设计防火规范》GB 50016—2014（2018 年版）对防火卷帘在中庭的应用也有网开的一面，如规定在中庭使用防火卷帘时，可不受防火卷帘总宽度要按“1/3 与 20m”的原则限制。

21.4 中庭的烟气控制问题

《建筑防烟排烟系统技术标准》GB 51251—2017 考虑到建筑中庭内部形态多样，并结合建筑功能需求，针对性地按中庭及其周围环境的实际需要，提出了防排烟设计的具体要求。并在其条文说明中指出：“中庭的烟气积聚主要来自两个方面，一是中庭周围场所产生的烟羽流向中庭蔓延，一是中庭内自身火灾形成的烟羽流上升蔓延。中庭周围场所的火灾烟羽向中庭流动时，可等效视为阳台溢出型烟羽流，根据英国规范的简便计算公式，其数值可为按轴对称烟羽流计算所得的周围场所排烟量的2倍。对于中庭内自身火灾形成的烟羽流，根据现行国家标准《建筑设计防火规范》GB 50016—2014的相关要求，中庭应设置排烟设施，且不应布置可燃物，所以中庭着火的可能性很小。但考虑到我国国情，目前在中庭内违规搭建展台、布设桌椅等现象仍普遍存在，为了确保中庭内自身发生火灾时产生的烟气仍能被及时排出，本标准保守设计中庭自身火灾在设定火灾规模为4MW且保证清晰高度在6m时，其生成的烟量为107000m^3/h，中庭的排烟量需同时满足两种起火场景的排烟需求”。

对于中庭周围场所产生的烟羽流向中庭蔓延一项，主要是指中庭防火单元内与中庭连通的周围场所，该场所的排烟设施存在两种情况，即不需要设排烟设施的场所和应设排烟设施的场所，对前者，火灾时烟气必然向中庭蔓延，中庭设排烟设施是合理的；对于后者，规范认为："虽然，公共建筑中庭周围场所设有机械排烟系统，但考虑中庭周围场所的机械排烟系统存在机械或电气故障的可能性，导致烟气大量流向中庭，因此规定：当公共建筑中庭周围场所设有机械排烟时，中庭排烟量可按周围场所中最大排烟量的2倍取值，且不应小于107000m^3/h"，所以，规范对于不布置可燃物的中庭，当中庭周围场所设有机械排烟时，中庭仍应设排烟设施，实际上这是为机械排烟系统的"机械或电气故障"而设的后备保护。

由此可知：

(1)《建筑设计防火规范》GB 50016—2014规定，建筑的中庭应设置排烟设施，且中庭区域不应布置可燃物。这是以强制性条文作出的规定，违反这一规定就是违法。

(2)《建筑防烟排烟系统技术标准》GB 51251—2017规定，建筑中庭排烟量需同时满足两种起火场景的排烟需求，即既要满足中庭周围场所发生火灾时的阳台溢出型烟羽流向中庭蔓延，还要满足中庭自身火灾形成的烟羽流上升蔓延的排烟需求。

(3)《建筑防烟排烟系统技术标准》GB 51251—2017对于中庭内自身火灾形成的烟羽流，与现行国家标准《建筑设计防火规范》GB 50016—2014（2018年版）规定"建筑中庭不应布置可燃物"的强制性要求是不相符合的，因为当中庭内不布置可燃物时，中庭地面自身区域就不可能发生火灾，只是中庭防火单元内的功能区域可能发生火灾。由于中庭周围环境可能发生火灾，所以中庭必须设置排烟设施，如果能够利用排烟设施，用于中庭自身火灾的排烟，这是经济合理的。另外，规范规定中庭不应布置可燃物的要求，不等于中庭就不会有可燃物，就一定不会发生火灾。建筑中庭不应布置可燃物的要求是限制发挥建筑中庭使用价值的做法，消防没有必要限制建筑的使用功能和使用价值，消防的任务是最大限度发挥建筑使用价值而采取必要的消防措施。所以《建筑防烟排烟系统技术标准》GB 51251—2017对于中庭的排烟要求更加合理，更加能够实现消防安全，如果能把中庭自身火灾规模4MW换算为中庭地面的火灾荷载密度（MJ/m^2），就非常有利于后期防火管理。国外对中庭火灾规模的控制，主要从控制中庭的火灾荷载，中庭可以布置可燃物，也可以不布置可燃物，但当中庭布置可燃物时，必须控制其火灾荷载。

22 防火隔墙的由来与消防技术要求

防火墙与防火隔墙都是防火用的重要分隔构件，其主要任务是防止火灾蔓延。

“防火墙”这一术语，从1974年颁发的《建筑设计防火规范》TJ 16—74中一直使用了40年后，在2014年的《建筑设计防火规范》GB 50016中才首次定义。而“防火隔墙”也是在这一版本中才首次出现并定义。应当说“防火墙”这一术语在过去的规范中，虽没有定义，但规范以详尽的条文规定已经把“防火墙”的全部技术概念阐述清楚了。

关于我国规范GB 50016—2014中“防火墙”和“防火隔墙”这两个术语的定义和技术要点见表22-1，防火墙的设置和构造见图22-1。

规范对“防火墙”和“防火隔墙”的定义、技术要点　　表22-1

术语名称	防火墙	防火隔墙	注释
定义	防止火灾蔓延至相邻建筑或相邻水平防火分区，且耐火极限不低于3.00h的不燃性墙体（甲、乙类厂房和甲、乙、丙类仓库内的防火墙，其耐火极限不应低于4.00h）	建筑内部防止火灾蔓延至相邻区域且耐火极限不低于规定要求的不燃性墙体	（1）防火墙是相邻建筑或相邻水平防火分区之间的分隔构件，耐火极限不低于3.00h； （2）防火隔墙是建筑内部相邻区域之间的分隔构件，且耐火极限不低于规定要求，但都在3.00h以内
技术要点	（1）应直接设在耐火极限不低于防火墙的建筑基础、框架、梁等承重结构上； （2）应从楼地面基层隔断至梁、楼板等承重结构件的底面基层或屋面板的底面基层，当屋面承重结构及屋面板的耐火极限低于规定值（高层厂房仓库为1.00h，其他为0.50h）时，防火墙应伸出屋面0.5m；建筑外墙为难燃烧性或可燃性墙体时，防火墙应凸出墙的外表面0.4m以上，当外墙为不燃性墙体时，防火墙可不凸出墙的外表面； （3）防火墙的构造应能在防火墙任一侧结构（屋架、梁、楼板等）受到火灾的影响而破坏时，不会导致防火墙倒塌； （4）防火墙上为甲级防火门窗	（1）隔断应从楼地面基层隔断至梁、楼板或屋面板的底面基层，屋面板的耐火极限不应低于0.5h； （2）防火隔墙的耐火极限由所在部位决定，一般不低于3.00～1.00h不等； （3）墙上开口应为甲级或乙级防火门窗，由防火隔墙所在部位决定	（1）从下面结构的基层隔断至上面结构的底面基层是它们的共同要求； （2）防火墙应直接设在耐火极限不低于防火墙的建筑基础、框架、梁等承重结构上，而防火隔墙则没有这一要求； （3）防火墙的耐火极限不应低于3.00h，而防火隔墙的耐火极限按分隔部位火灾危险性确定，不高于3.00h； （4）防火墙不会因任一侧结构（屋架、梁、楼板等）的破坏而破坏，而防火隔墙没有这一要求； （5）防火墙在必要时有伸出屋面板或凸出外墙的外表面要求，而防火隔墙则没有这一要求
构件分类	防火分区分隔构件	相邻区域之间的分隔构件	它们都是自重墙

我国《建筑设计防火规范》GB 50016—2014版要求：“防火墙应直接设置在建筑的基础或框架、梁等承重结构上，框架、梁等承重结构的耐火极限不应低于防火墙的耐火极

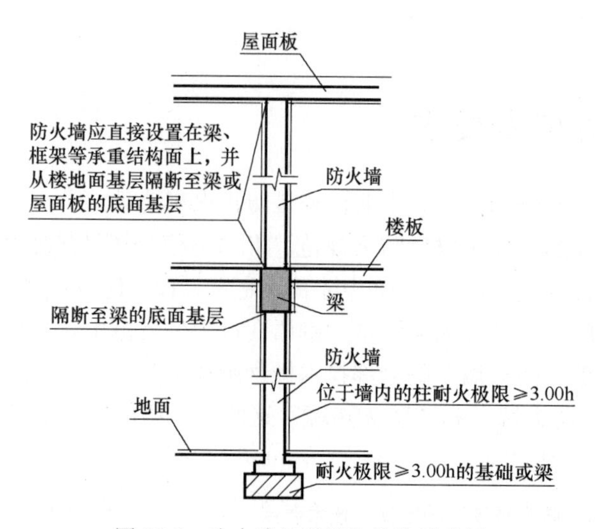

图 22-1 防火墙的设置和构造示意图

限。防火墙应从楼地面基层隔断至梁、楼板或屋面板的底面基层。”且在第P 302 页指出：防火墙“应从建筑基础部分就应与建筑物完全断开，独立建造”，当把防火墙建造在建筑框架上或与建筑框架相连接时，要保证防火墙在火灾时能真正发挥作用，就应确保防火墙的结构安全，而且从上至下均应处在同一轴线位置，相应框架的耐火极限要与防火墙的耐火极限相适应，建筑框架的耐火极限不应低于防火墙的耐火极限，才能很好地实现防止火灾从防火墙的一侧蔓延到另一侧的目标。

由此可知，防火墙建造条件是很苛刻的，不是能随意设置的，例如《建筑设计防火规范》GB 50016—2006 版规定，“防火隔间”的墙应为实体防火墙，但这一类墙体就很难按照规范对防火墙的规定进行建造，即使建造了，也不是真正意义上的防火墙。另外以往的《建筑设计防火规范》中要求，当火灾危险性较大或性质较为重要的房间与其他区域相邻时，应采用“耐火极限不低于多少小时的不燃烧体隔墙”与其他区域隔开，但规范中的这种以防火分隔为目的而大量设置的这一类墙体，却只有耐火极限和燃烧性能要求，而没有其他技术要求是不够的，人们很可能把它当做有耐火极限和燃烧性能要求的一般分隔墙来对待，从而降低了防火分隔的作用，为此《建筑设计防火规范》GB 50016—2014 版将这一类无法按防火墙要求建造的防火分隔墙，统一命名为“防火隔墙”，表明它是防火用隔墙，必须按防火要求建造和管理。

《建筑设计防火规范》GB 50016—2014 版是用“防火隔墙”来表达这一类隔墙是防火用隔墙，必须是从楼地面基层隔断至梁、楼板或屋面板底面基层，并具有规定的耐火极限！哪些部位应采用“防火隔墙”在规范中已明确，部位达 31 处之多！由于要求设置防火隔墙的部位太多，很难一一记住，但只需记住“防火隔墙”是按以下原则设置的即可：

（1）用于火灾时需要避难的场所与其他区域之间的防火分隔；

（2）用于建筑内有明火和高温部位与其他功能区域之间的防火分隔；

（3）用于不同火灾类别区域之间的防火分隔；

（4）用于不同火灾危险性区域之间的防火分隔；

（5）用于自主疏散行为能力较弱的人群活动区域与其他区域之间的防火分隔；

（6）用于火灾时需要动用的用于灭火救援的设备间与其他区域之间的防火分隔；

（7）需要用防火墙隔断，但又不满足设置防火墙条件的部位；

（8）防止火灾在建筑内竖向蔓延，需要与周围连通空间分隔的部位，如中庭；

（9）用于性质重要的房间与其他区域之间的防火分隔。

23　建筑保温与外墙装饰的防火要求解读

"建筑保温与外墙装饰"防火要求一节，是《建筑设计防火规范》GB 50016—2014 版新增的，这是针对近年来我国建筑外墙内外保温与外墙装饰，大量使用可燃易燃材料而火灾频发的这一现状而提出的，建筑外墙内外保温是建筑节能的技术措施，是无可非议的，也是能源事业发展的必由之路。《民用建筑节能设计规范》JGJ 26—86 自 1997 年规定强制建筑节能由 30%过渡到 50%，推动了外墙及屋面保温得到迅速发展，由于轻质复合墙体和屋面板具有自重轻、隔声、隔热的优点，特别是它的恒载比很小，提高了下部空间的利用率，而被广泛应用，尽管 2002 年《建筑设计防火规范》规范组对轻质复合墙体和屋面板的燃烧性能进行了研究，认为由于轻质复合墙体的芯材是可燃材料，必须限制使用！但当时对外墙及屋面保温尚缺乏关注，防火规范仍然没有对外墙及屋面保温采取严格的防火措施，外墙及屋面保温火灾没有得到及时控制。

从 2008 年至 2013 年全国相继发生了十余次著名的外保温与装饰火灾，特别是上海胶州路教师公寓和沈阳皇朝万鑫大厦外墙火灾和央视文化中心屋面外墙火灾，其火灾之惨烈令人震惊。上海静安区胶州路教师公寓外墙保温火灾发生于 2012 年 11 月 15 日 14 时，火灾损失：死亡 58 人，伤 71 人住院 ，地上二层至二十八层 92 户内装及家居物品全烧毁，首层办公商铺全烧毁。

（1）外墙保温系统的火灾教训

1）建筑外墙保温系统和幕墙装饰如使用有机发泡可燃材料，由于其着火点低，容易被引燃，如模塑聚苯乙烯板 EPS 为 B2 级可燃材料，挤塑聚苯乙烯板 XPS 为 B3 级易燃材料，如没有防火措施，建筑外墙上一旦着火，会在短时间内形成立体火灾，当消防队到达时火势已向建筑顶部发展，同时火灾会迅速向室内蔓延；

2）建筑外墙外保温系统火灾，既不能像室内火灾那样能得到消防队的及时扑救，而室内消防设施也不能对外墙火灾发挥作用，外墙外保温系统立体火灾的扑救难度，随建筑高度的增大而越加困难，由于外墙立体火灾和室内各层大面积火灾同时存在，需要大量的消防力量和消防装备，灭火救援难度很大。

3）皇朝万鑫大厦"2.3"火灾中 A 座与 B 座，C 座的防火间距本应为 13m，但因 A 座与 B、C 座相邻面的外窗使用了固定的甲级防火窗（厚度 12mm 的单片铯钾玻璃，窗耐火极限 90min）因此防火间距可缩短为 4m，本工程为 6.5m，符合规定。但没想到外墙保温材料厚度达 60～90mm 的聚苯乙烯板会成为强大的火灾荷载，在飞火和热辐射作用下将 A 座引燃 ，一旦被引燃将难以控制。

外墙保温系统与和幕墙装饰的防火首先要做到保温材料不会燃起来，即使燃起来也不会迅速蔓延扩展。所以必须从控制保温结构材料的燃烧性能和防火构造两个方面看手，做到保温层材料不燃、外层有不燃体保护、中间分段隔离，才有可能把外墙保温系统火灾限制在一定范围内。

（2）建筑外保温系统简介

建筑外墙保温系统，指建筑外墙的保温和屋面保温系统。

外墙保温系统又分为外保温系统和内保温系统：

建筑外墙的内保温系统，其保温材料设置在建筑外墙的室内一侧，如果采用可燃或难燃保温材料，不但增加了室内火灾危险性，在火灾时会加剧室内火灾的发展，且在遇热或燃烧时保温材料会分解产生大量毒性较大的烟气，对于人员安全带来较大的危险。

建筑外墙的外保温系统，其保温材料设置在建筑外墙的室外一侧，如果采用可燃或难燃保温材料，也会增大建筑的火灾危险，一旦被引燃，火灾的发展会很快，特别是高层建筑的外墙的外保温系统火灾难以扑救，且外墙外保温火灾会引发室内火灾，使本来就难以补救的外保温火灾，更加难以补救。

按保温结构和保温材料的不同，建筑外墙保温系统又分为：粘贴泡沫塑料保温板系统、胶粉 EPS 颗粒浆料保温系统、保温饰面板保温系统、EPS 板现浇混凝土（无网）保温系统、EPS 网架板现浇混凝土（有网）保温系统、胶粉 EPS 颗粒浆料贴砌保温板系统、现场喷涂硬聚氨酯（PU）保温系统等。

外墙保温系统由外墙（基层）、粘结层、保温层、抹面层、饰面层和固定材料构成，并用固定材料（胶粘剂和锚固件）将保温层固定在外墙外表面，是非承重保温结构。外墙是基层，是保温系统的依附墙体；起保温作用的保温层是通过胶粘剂和锚固件与外墙固定，保温层的外面是抹面层，它对保温层起到外覆保护作用，抹面层中间满铺增强网，起到防火、防水、防开裂、耐冲击的作用，抹面层的材料必须是不燃材料，饰面层是外墙保温系统的装饰层。保温层可使用预制保温板，如模塑聚苯乙烯板 EPS、挤塑聚苯乙烯板 XPS、硬聚氨酯泡沫 PU 板等有机材料的塑料发泡板，也可使用现场喷涂方式将保温材料直接喷涂在外墙基层上，形成保温层，如胶粉 EPS 颗粒浆料、现场喷涂硬聚氨酯泡沫。也有采用 EPS 板（无网或有网）与现浇混凝土一体化保温结构，还可以将保温层、抹面层、饰面层复合为保温装饰板固定在基层上，结构形式是多样的。

（3）保温材料的燃烧性能

保温材料的燃烧性能按现行国家标准《建筑材料及制品燃烧性能分级》GB 8624—2012 进行分级的，该标准明确了建筑材料及制品燃烧性能的基本分级为：A 级、B1 级、B2 级、B3 级，并建立了与欧盟标准分级 A1 级、A2 级、B 级、C 级、D 级、E 级、F 级的对应关系。其中《建筑材料及制品燃烧性能分级》GB 8624—2012 的 A 级对应 A1 级、A2 级；B1 级对应 B 级、C 级；B2 级对应 D 级、E 级；B3 级对应 F 级。

A 级保温材料——属于不燃材料，火灾危险性很低，不会导致火焰蔓延。因此，在建筑的内、外保温系统中，要尽量选用 A 级保温材料，这类保温材料有：岩棉、矿棉、玻璃棉、泡沫玻璃、膨胀珍珠岩、膨胀蛭石等，另外一部分经特殊配料的胶粉聚苯颗粒（EPS）保温浆料也属 A 级；

B1 级保温材料——属于难燃材料，在要求的试验条件下，材料难以进行有焰燃烧，当被外部火源点燃，在撤离外部火源后会自行熄灭，不撤离外部火源仍会持续燃烧。

（4）外墙保温系统使用的材料

外墙保温系统中使用的材料有保温材料、胶粘材料、抹面材料、固定材料、饰面材料等多种材料。

保温材料有预制 EPS 板、XPS 板、EPS 钢丝网架板、胶粉 EPS 颗粒保温浆料、硬聚氨酯泡沫 PU 板、岩棉板等。

EPS板是模塑聚苯乙烯泡沫板，是由可发性聚苯乙烯树脂加热发泡在模具中加热成型的闭孔结构的硬质保温板，又叫膨胀型EPS板，属于有机保温板类，具有密度低（18～20kg/m³），吸水率低、导热系数小、能耐低温、施工方便等优点而被广泛使用，但由于其使用温度不高于75℃，且其燃烧性能为B1级和B2级，对应于现行国家标准《建筑材料及制品燃烧性能分级》GB 8624—2012的B级、C级和D级、E级，属于难燃级和可燃级，故其应用范围受到一定限制。

EPS钢丝网架板是由EPS板内插腹丝，外侧有焊接钢丝网构成的网架芯板，用于有网现浇混凝土保温系统作为保温层，腹丝和网架使保温层与现浇混凝土及抹面层能很好地固定。

胶粉聚苯乙烯EPS颗粒保温浆料（砂浆），是以聚苯乙烯泡沫颗粒为轻骨料，以预混合型干拌砂浆为主要凝胶材料，加入适当的抗裂纤维及多种添加剂，按一定配合比例配制成的复合保温材料，其干密度在250～180kg/m³之间，导热系数低、耐候性好、抗压强度高、粘接性好、不易空鼓开裂，是无机材料与有机材料复合的保温材料，胶粉聚苯乙烯EPS颗粒保温砂浆的燃烧性能在A级和B1级，对应于《建筑材料及制品燃烧性能分级》GB 8624—2012标准的A1级、A2级和B级、C级，属于不燃级和难燃级，对于难燃级，其应用范围应受到一定限制。

XPS板是挤塑聚苯乙烯泡沫板，是由聚苯乙烯树脂或其共聚物，添加剂加热发泡经挤塑成型的闭孔结构的硬质保温板，又叫挤塑型XPS板，属于有机保温板类，具有密度低（35～45kg/m³），抗压强度高，吸水率低、导热系数小、能耐低温、施工方便等优点，常用于屋面的外保温，但由于其使用温度不高于75℃，且其燃烧性能在B1级和B2级，对应于《建筑材料及制品燃烧性能分级》GB 8624—2012标准的B级、C级和D级、E级，属于难燃级和可燃级，故其应用范围受到一定限制。

PU聚氨酯泡沫板是由异氰酸酯、多元醇（组合聚醚和聚酯）为主料，加入添加剂组成双组分，按一定比例混合发泡成型，闭孔率不低于92%的硬质泡沫板，导热系数低、密度为35～40kg/m³，有软质和硬质两种，软质泡沫板质轻，弹性好抗撕抗震性好，聚氨酯泡沫板强度高，不吸水、不易变形、与其他材料粘接性好、可在现场直接发泡施工。也很方便，但PU聚氨酯泡沫板的燃烧性能在B1级和B2级，对应于《建筑材料及制品燃烧性能分级》GB 8624—2012的B级、C级和D级、E级，属于难燃级和可燃级，故其应用范围受到一定限制。

岩棉板是由熔融的天然火成岩制成的一种无机纤维矿物棉板，导热系数低、密度在80～250kg/m³之间，最高使用温度达700℃，强度高，耐腐蚀好，燃烧性能为A级，但由于吸湿性强，安装施工不方便的原因应用受限。

保温饰面板常采用EPS、XPS、PUR等预制保温装饰板，它是由预制保温板做保温层与衬板、涂料饰面层组合，用连接件复合为一个整件，直接用胶粘剂和固定件与基层固定，由于保温饰面板需要平整的基面才能可靠粘接固定，所以必须在外墙面上先做一层找平层，该保温系统采用涂料饰面，衬板为不燃材料。

胶粉聚苯颗粒（EPS）保温浆料，它的聚苯颗粒为有机材料，但被无机的胶粉包裹，受热时只融化不燃烧，颗粒形成空腔，故把它认定为难燃材料；酚醛树脂泡沫（PF）也属此类，另外有部分有机保温材料如经特别配料的聚苯乙烯泡沫（EPS模塑、XPS挤塑）、聚氨酯泡沫（PU）也属此类；

保温系统所用粘结材料有胶粘剂和界面砂浆等，它们都是以聚合物水泥砂浆为主料，用于保温板与基层或保温板之间的粘接，以及改善保温板表面的粘接性能。

抹面材料主要是抹面胶浆，它由高分子聚合物、水泥、沙为主料，具有一定变形能力和良好粘结性能的聚合物水泥砂浆，抹面层内一般都满铺增强网对保温层起保护作用，所以抹面层就是防护层，它必须具有不燃烧的性能。

机械固定件是将保温系统固定在基层上的专用固定件。

饰面材料对保温系统外表面起装饰作用，常用的饰面材料有涂料、饰面砂浆、饰面砖或金属饰面板。

建筑外保温系统的技术发展很快，结构形式多样，我国建筑外保温系统常用的几种构造见表 23-1。

我国建筑外保温系统常用的几种构造介绍　　表 23-1

保温系统名称	基层	粘结层	保温层	抹面层	固定材料	饰面层
（1）粘贴泡沫塑料保温板外保温系统	外墙	胶粘剂为聚合物水泥砂浆	可任选一种预制保温板，如 EPS、PU、XPS 等预制保温板	抹面浆料＋耐碱玻纤增强网	锚固件	涂料或饰面砂浆
（2）胶粉 EPS 颗粒浆料保温系统	外墙	界面砂浆为聚合物水泥砂浆	胶粉 EPS 颗粒浆料，现场喷涂在基层上	抹面胶浆＋耐碱玻纤增强网；采用面砖饰面层时，应改用热镀锌电焊网	采用面砖饰面层时，应用热镀锌电焊网并应增加锚栓固定	可采用面砖饰面层或涂料饰面层
（3）胶粉 EPS 颗粒浆料贴砌保温板系统	外墙	界面砂浆层＋胶粉 EPS 颗粒粘结浆料层	预制 EPS 板两面喷界面砂浆	胶粉 EPS 颗粒浆料找平层（厚度≥15mm），然后抹涂抹面层复合耐碱玻纤增强网	—	涂料为饰面层
（4）EPS 网架板现浇混凝土（有网）保温系统	现场在预制 EPS 板内侧面现浇混凝土外墙	预制单面 EPS 网架板	预制单面 EPS 网架板置于外墙外模板内侧，网架板外侧面有矩形齿槽与抹面层接触，与现浇混凝土接触面有辅助固定件；预制 EPS 板宽 1.2m，板高为建筑层高	保温层有矩形齿槽的外表面抹掺有外加剂的水泥砂浆做厚抹面层	保温层与混凝土之间由尼龙锚栓固定，另有 ϕ6mm 的 L 形钢筋腹丝作为辅助固定件	涂料或饰面砂浆为饰面层
（5）EPS 板现浇混凝土（无网）保温系统	现场在预制 EPS 板内侧面现浇混凝土外墙	预制 EPS 板两侧面预涂界面砂浆	预制 EPS 板置于外墙外模板内侧，内侧面有矩形齿槽与现浇混凝土接触；预制 EPS 板宽 1.2m，板高为建筑层高	抹面胶浆＋耐碱玻纤增强网	锚栓固定	涂料或饰面砂浆为饰面层

续表

保温系统名称	基层	粘结层	保温层	抹面层	固定材料	饰面层
（6）现场喷涂硬聚氨酯（PU）保温系统	外墙	以界面砂浆为界面层	现场喷涂硬聚氨酯（PU）硬泡沫保温层后，再现场喷涂硬聚氨酯（PU）界面层，在界面层表面用胶粉EPS颗粒保温浆料找平	在找平层表面用抹面胶浆抹面+耐碱玻纤增强网	界面砂浆	涂料为饰面层
（7）保温饰面板保温系统	外墙	先做防水找平层后再用聚合物水泥砂浆做粘结层	用EPS、XPS、PUR等预制保温装饰板，它由保温层、衬板、饰面层和连接件复合而成。涂料饰面，衬板为不燃材料	无抹面层，仅用保温嵌缝条材料嵌填板缝，再用硅酮密封胶封填或柔性勾缝腻子勾缝	应用胶粘剂和锚固件同时固定	—

（5）建筑外保温系统的防火要求

《建筑设计防火规范》GB 50016—2014版针对各种不同的保温结构形式，不同的火灾蔓延危险及对人的伤害程度的不同，提出了外保温的防火要求，主要有两个方面的防火措施，即保温材料选择与防火隔离。

总的原则是：

1）建筑的内外保温系统所用的保温材料宜用A级，不宜用B2级，严禁用B3级。防护层应为不燃材料，其厚度应符合规定，采用燃烧性能为B1级的保温材料时，防护层的厚度不应小于10mm。设置保温系统的基层墙体和屋面板的耐火极限应符合规范有关规定。

2）外保温系统的保温材料的燃烧性能、产烟产毒性，防护层厚度等要求，应根据外墙的内保温与外保温等的不同，其防火要求的严格程度有所不同：内保温严于外保温；人员密集场所的建筑严于其他建筑；建筑的疏散通道，避难场所等部位严于其他部位；建筑高度越高要求越严；有空腔结构的严于无空腔结构的；用明火及高温部位严于其他部位；外墙严于屋面。

3）屋面的外保温系统所采用的保温材料按屋面板耐火极限确定，当屋面板耐火极限≥1.00h时，屋面的保温材料可采用B2级；当屋面板耐火极限<1.00h时，屋面的保温材料不应低于B1级；当采用B1级、B2级的保温材料时，应采用不燃材料做防护层，防护层厚度不应小于10mm。

当建筑的屋面和外墙外保温系统均采用B1级或B2级保温材料时，屋面与外墙之间应采用宽度不小于500mm的不燃材料设置防火隔离带进行分隔。

4）当外墙外保温采用B1级或B2级材料时，应在保温系统中每层设置水平防火隔离带。防火隔离带应采用燃烧性能为A级的材料，防火隔离带的高度不应小于300mm。

5）建筑外墙外保温系统应采用不燃材料在其表面设置防护层，防护层应将保温材料完全包覆，除建筑外墙采用保温材料与两侧墙体构成无空腔复合保温结构体时的情况外，当按规范规定采用B1级或B2级保温材料时，防护层厚度，在首层不应小于15mm，其他楼层不应小于5mm。

建筑外墙采用保温材料与两侧墙体构成无空腔复合保温结构体是指由内叶墙与外叶墙构成复合墙体，在内叶墙与外叶墙之间的空腔充填B1级或B2级保温材料形成无空腔的一种复合墙体保温结构，这种情况下要求两侧墙体均应为不燃烧体，而且各自的墙体厚度不应小于50mm。由于保温层两侧与墙体贴合，故没有防护层。

（6）对建筑外墙保温系统采用保温材料的具体规定

1）《建筑设计防火规范》GB 50016—2014版规定：除人员密集场所的建筑外，对基层墙体、装饰层之间有空腔的建筑外墙外保温系统，其保温材料应符合下列规定：

① 建筑高度大于24m时，保温材料的燃烧性能应为A级；

② 建筑高度不大于24m时，保温材料的燃烧性能不应低于B1级。

2）《建筑设计防火规范》GB 50016—2014版对基层墙体，装饰层之间无空腔的建筑外墙外保温系统其保温层材料使用的防火规定见表23-2。

建筑外墙采用外保温系统时对保温层材料使用的防火规定　　表23-2

建筑及场所	建筑高度 h	A级保温材料	B1保温材料	B2保温材料
（1）人员密集场所	—	应采用	不允许	不允许
（2）住宅建筑	$h>100$m	应采用	不允许	不允许
	$100\text{m}\geqslant h>27$m	宜采用	可采用： （1）每层设置高度不小于300mm的水平防火隔离带。 （2）建筑外墙上门窗的耐火完整性不应低于0.50h	不允许
	$h\leqslant 27$m	宜采用	可采用： 每层设置高度不小于300mm的水平防火隔离带	可采用 （1）每层设置高度不小于300mm的水平防火隔离带。 （2）建筑外墙上门窗的耐火完整性不应低于0.50h
除（1）、（2）项外的其他建筑	$h>50$m	应采用	不允许	不允许
	$50\text{m}\geqslant h>24$m	宜采用	可采用： （1）每层设置高度不小于300mm的水平防火隔离带。 （2）建筑外墙上门窗的耐火完整性不应低于0.50h	不允许
	$h\leqslant 24$m	宜采用	宜采用： 每层设置高度不小于300mm的水平防火隔离带	可采用 （1）每层设置高度不小于300mm的水平防火隔离带。 （2）建筑外墙上门窗的耐火完整性不应低于0.50h

建筑外墙采用内保温系统时，其保温层材料使用的防火规定见表23-3。

建筑外墙内保温系统保温层材料使用的防火规定 **表 23-3**

场所或部位	A 级保温材料	B1 保温材料
(1) 人员密集场所	应采用	不允许
(2) 用火、燃油、燃气等火灾危险性场所	应采用	不允许
(3) 各类建筑内的疏散楼梯间、避难走道、避难层、避难间等部位	应采用	不允许
除上述 (1)、(2)、(3) 项外的其他场所或部位	宜采用	可采用，但应为低烟低毒的保温材料；防护层应为不燃材料，且防护层厚度≥10mm

另外《建筑设计防火规范》GB 50016—2014（2018 年版）第 6.7.4A 条规定：除本规范建筑外墙采用保温材料与两侧墙体构成无空腔复合保温结构体的情况外，下列老年人照料设施的内、外墙体和屋面保温材料应采用燃烧性能为 A 级的保温材料：

① 独立建造的老年人照料设施；

② 与其他建筑组合建造且老年人照料设施部分的总建筑面积大于 500m^2 的老年人照料设施。

24 设置防火卷帘应注意的防火要求

在防火分隔构件中，防火门窗和防火卷帘占有重要位置，在快速响应喷头问世以后，自动喷水灭火系统已能将 70%的火灾控制在初起阶段，而且开放的闭式喷头不会超过 4 个，因此在设有符合要求的自动喷水灭火系统的建筑中，防火分区发挥效用的概率已大幅降低，而防火门窗和挡烟垂壁、防火卷帘在火灾初起阶段仍然有着重要的，阻止火灾蔓延的效用，防火门窗和防火卷帘都是活动的防火分隔构件，在火灾发生时都要保持关闭状态。

防火卷帘由防火帘板、座板、导轨、支座、卷轴、防烟箱、控制箱（按钮开关盒）、卷门机、限位器、门楣、手动速放开关装置、温控释放装置、电气装置、防烟装置和保险装置等部件组成，共同完成在火灾时的防火分隔功能，防火卷帘的选型、设置，特别是怎样与建筑结构联结成一个整体，共同抵挡火灾蔓延尤为重要。

除原国家标准《消防基本术语第一部分》GB 5907—1986 对“防火卷帘”术语进行过定义外，我国其他消防规范中使用的“防火卷帘”术语均没有定义，使“防火卷帘”的使用走过了很长一段弯路。

我国消防规范中使用的“防火卷帘”这个术语是一个较小层次的下位概念，它指称的是一种“平时可收卷，火灾时能展开，并在一定时间内阻止火灾蔓延到相邻区域的卷帘”，它是一种活动的防火分隔构件，但由于“防火卷帘”这个术语仍然不能表达消防规范所指称的防火卷帘作为防火分隔构件必须具备什么区别特性。比如，卷帘的收卷和展开仅表达了卷帘的本质特性，从卷帘的收卷和展开方式，又可分为：从卷帘开始下落展开就能挡烟的向下展开式以及卷帘必须完全展开后才能封闭洞口的沿左右方向展开式和收卷的侧身启闭的防火卷帘；还有沿水平方向展开才能封闭楼板洞口的水平启闭的防火卷帘。这些展开和收卷方向不同的卷帘就具有不同的区别特性，而且这一区别特性决定了防火卷帘对建筑结合部的要求，影响着防火卷帘的防火隔烟能力。而消防用的防火卷帘应有的基本功能是在火灾初起阶段就能阻止烟气向相邻区域蔓延，所以，卷帘的展开方向必须与烟气层的增厚方向一致才行，比如下垂展开的防火卷帘，在火灾发生时当联动控制卷帘向下展开关闭时，卷帘在整个洞口向下展开的方向与烟气的厚度增长方向一致，当卷帘下降速度大于烟气厚度的增长速度时，就能保证在卷帘在向下关闭的过程中，火灾烟气层界面底部不会越过防火卷帘。如要采用侧向移动的防火卷帘（移门）作为防火分区的分隔构件时，卷帘侧身移动展开时，在没有完全闭合之前，洞口的未闭合部分是能过烟的，所以必须采取更严的辅助隔烟措施。

《建筑设计防火规范》GB 50016—2014（2018 年版）指称的防火卷帘，从启闭方式来看是不明确的，只能从条文的语意猜测是指向下展开，向上收卷的垂直防火卷帘。

24.1 防火卷帘必须有与之相适配的耐火挡烟构造

修订后的现行国家标准《防火卷帘》GB 14102—2005 中，对钢质防火卷帘、无机纤维复合防火卷帘及特级防火卷帘进行了定义，而且规定了防火卷帘有三种启闭方式，并用规定符号来表示，即 C_Z表示垂直展开收卷式、C_X表示侧身展开收卷式、S_P表示水平展开收卷式，现行国家标准《防火卷帘》GB 14102—2005 为三种启闭方式的防火卷帘的应用提供了依据。

显然，由于《建筑设计防火规范》GB 50016—2014（2018 年版）对“防火卷帘”这个术语没有定义，对卷帘的展开和收卷方向并未明确作出限制，从法理上讲，就表示该规范不禁止使用侧身展开收卷式和水平展开收卷式的防火卷帘，然而规范又没有对侧身展开收卷式和水平展开收卷式的防火卷帘提出隔烟构造的技术要求，这些防火卷帘的不当应用，将会失去设置防火卷帘的意义和作用。作为活动防火分隔构件的防火卷帘应能阻止火灾蔓延，而阻止火灾蔓延必须做到两点，即防火卷帘在没有完全封闭洞口之前火灾高温烟气层的界面底部不能越过洞口，而且防火卷帘的耐火性能指标应满足使用要求。

首先防火卷帘在没有完全封闭洞口之前火灾高温烟气层的界面底部不能越过洞口，是防火卷帘防止火灾蔓延的起码要求，这一要求是由防火卷帘与建筑构件结合部共同完成的，以垂直启闭防火卷帘为例，如图 24-1 所示，防火卷帘必须与梁和洞口两侧的墙体结合成为防烟结合部，防烟箱及箱内卷帘机械必须固定于建筑构件上，防烟箱与梁共同形成阻挡火灾初期的烟气层界面底部越过洞口的挡烟结构，当卷帘受控向下展开时，卷帘向下展开方向与火灾烟气层界面下降方向一致，整个火灾过程中烟气层界面都不会向相邻区域蔓延。

同样，在设置侧身展开收卷式和水平展开收卷式防火卷帘时，也更需要由建筑结构的隔烟构造来完成在防火卷帘没有完全封闭洞口之前，火灾高温烟气层的界面底部不能越过洞口的技术要求，对于侧身展开收卷式的防火卷帘，一般是在防火卷帘的上方应设置一条下垂高度不小于 500mm 的不燃烧体耐火挡烟结构，用以挡住初起火灾的烟气不越过洞口，而且应保证侧向移动的防火卷帘（移门）在整个关闭的过程中，火灾烟气层界面底部不会越过防火卷帘上部的耐火挡烟结构下沿，耐火挡烟结构的耐火极限不应低于该部位防火分隔构件所应有的耐火极限，才能配合实现防火卷帘的挡烟功能；同样当采用水平移动

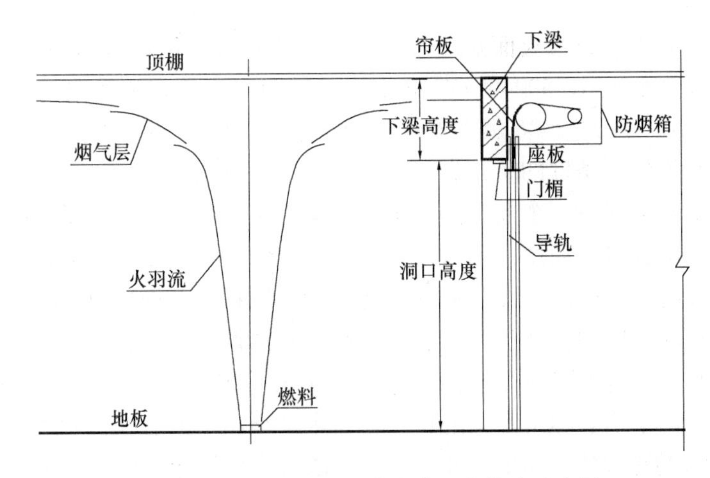

图 24-1 防火卷帘防止火灾蔓延的构造示意图

的防火卷帘与楼板配合作为划分垂直空间防火分区的分隔构件时，也应采取隔烟措施，应在水平移动的防火卷帘的下方四周设置一条下垂高度不小于 500mm 的不燃烧体耐火挡烟结构，用以挡住初起火灾的烟气在整个关闭的过程中不会越过垂直空间的分隔区域，所以在执行《建筑设计防火规范》GB 50016—2014（2018 年版）时，应针对所选择的防火卷帘，按其启闭方式，应采取相应的挡烟构造。

防火分隔是建筑防火的重要内容，建审时应重点审查防火卷帘处有没有合适的挡烟构件。

24.2 防火卷帘的耐火极限

防火卷帘的耐火极限性能指标应满足使用要求，这是指防火卷帘的耐火完整性和隔热性两个指标，其中防火卷帘的耐火隔热性指标的判定条件在国家标准中却有两类：即以背火面温升为判定条件为一类，和以距背火面一定距离的辐射热强度为判定条件为另一类，而且两类隔热性指标的判定条件都有存在价值。以背火面温升为判定条件为一类的防火卷帘，在耐火极限时间内，防火卷帘能保持耐火完整性和隔热性两个指标，这对于防火卷帘两侧有人、可燃物、贵重物件等，需要在耐火极限时间内防止烟气侵入和过度的热量传播的场合非常必要。而以距背火面一定距离的辐射热强度为判定条件的另一类防火卷帘，在耐火极限时间内，能保持耐火完整性指标，这对于防火卷帘另一侧没有人、可燃物、贵重物件等，仅需在耐火极限时间内防止烟气侵入的场合也是需要的。

《建筑设计防火规范》GB 50016—2014（2018 年版）中用以替代防火墙的防火卷帘的性能要求是：当不采用冷却防护时，防火卷帘的耐火极限的隔热性指标应采用以背火面温升为判定条件。但由于当时的国家标准《消防基本术语 第一部分》GB 5907—1986 对防火卷帘的定义是："在一定时间内，连同框架能满足耐火稳定性和耐火完整性要求的卷帘"。从 1987 年的国家标准《门和卷帘的耐火试验方法》GB 7633—1987 标准颁布，继后《建筑设计防火规范》GBJ 16—1987 版本提出允许采用"防火卷帘加水幕替代防火墙"，由于规范未对它所指称的防火卷帘对应于国家标准 GB 7633—1987 中的哪一类防火卷帘并不明确，所以在执行中由于采用以距背火面一定距离的辐射热强度为判定条件的防火卷帘价格低，因而被大量应用，从而使防火卷帘的设计和使用出现混乱，这就违背了规范的本意，规范本意是应采用以背火面温升为判定条件的防火卷帘！所以在 2005 版的《高层民用建筑设计防火规范》GB 50045—2005 中才予以明确。一直到后来的国家标准《建筑设计防火规范》GB 50016—2006 版本才针对 GB 7633—1987 要求作为防火分隔构件时应采用以背火面温升为判定条件的防火卷帘。

当然，我们不可能通过一个复杂的词组作为术语来把防火卷帘主要耐火性能完整地表达，这样的复杂术语也难以使用。但可以对"防火卷帘"术语予以定义，在定义中明确表达规范中用以替代防火墙的防火卷帘的本质特性和区别特性，即用以替代防火墙的防火卷帘必须是在耐火极限时间内保持稳定性、完整性、隔热性三个指标。这里的隔热性必须是以背火面温升为判定条件的卷帘是规范所指称的防火卷帘。这就是术语和其定义的关系，以及定义的重要性，术语表达了定义的要旨，而定义指出了概念在概念体系中的确切位置和与其他概念相区别的特征。如果一开始就对"防火卷帘"术语给予定义，在交流时一说到防火卷帘，除特别说明外，都明白是指耐火极限包含背火面温升为判定条件的替代防火墙或防火隔墙的防火卷帘，就不会产生歧义和误解。

24.3 国家标准对防火卷帘的分类、命名和定义

现行国家标准《防火卷帘》GB 14102—2005 对防火卷帘给以分类、命名和定义：

"钢质防火卷帘——指用钢质材料做帘板、导轨、座板、门楣、箱体等，并配以卷门机和控制箱所组成的能符合耐火完整性要求的卷帘，用 GFJ 作代号。

无机纤维复合防火卷帘——用无机纤维材料做帘面（内配有不锈钢丝或不锈钢绳），用钢质材料做夹板、导轨、座板、门楣、箱体等，并配以卷门机和控制箱所组成的能符合耐火完整性要求的防火卷帘，用 WFJ 作代号。

特级防火卷帘——用钢质材料或无机纤维材料做帘面，用钢质材料做导板、座板、门楣、箱体等，并配以卷门机和控制箱所组成的能符合耐火完整性、隔热性和防烟性能要求的防火卷帘，用 TFJ 作代号。

无机纤维复合帘面无耐风压要求"；

特级防火卷帘在其名称后面加字母 G、W、S、Q 表示结构特征：G——表示帘面为钢质材料；W——表示帘面为无机纤维复合材料；S——表示帘面两侧有独立的闭式自动喷水系统保护；Q——表示帘面为其他结构形式。

防火卷帘的耐火极限分为：有防烟性能要求的防烟卷帘用 FY 表示，在其后附加数字表示其耐火极限（h）；没有防烟性能要求的防火卷帘用 F 表示，在其后附加数字表示其耐火极限（h）。

按照现行国家标准《防火卷帘》GB 14102—2005 的规定，防火卷帘的运行速度应符合表 24-1 要求。

防火卷帘的运行速度 **表 24-1**

项目	垂直卷	侧身卷	水平卷
运行速度（m/min）	电动启动 2～7.5 自重下降≤9.5	电动启动≥7.5	电动启动 2～7.5

24.4 设置防火卷帘应注意以下一些问题

(1) 在建筑防火分隔部位设置防火卷帘时，应符合宽度限制的规定：

《建筑设计防火规范》GB 50016—2014（2018年版）规定：防火卷帘可按规定设置在防火分隔部位的防火墙、防火隔墙上，也可以设置在为解决防火间距的外墙开口部位；对设置在防火墙、防火隔墙及建筑外墙开口部位用“防火卷帘”作为防火分隔构件时，除中庭外，对其宽度应有以下限制：

1）当防火分隔部位宽度不大于30m时，防火卷帘的宽度不应大于10m；当防火分隔部位宽度大于30m时，防火卷帘的宽度不应大于该部位宽度的1/3，且不应大于20m；简称“1/3与20m”限制规定。

2）“防火分隔部位的宽度”是指：某一防火分隔区域与相邻防火分隔区域两两之间需要采用防火分隔构件（防火墙、防火隔墙和防火卷帘）分隔的总宽度。

① 当某一防火分隔区域分别与两个不同防火分隔区域有相邻分隔边界时，某一防火分隔区域的卷帘总宽度可不叠加。

如图24-2所示是三个防火分区（也可以不是防火分区）相邻，在防火墙（也可以是防火隔墙）上使用防火卷帘进行防火分隔，防火分区A与防火分区B有一相邻分隔部位，分隔部位宽度为L_1，防火卷帘宽度为S_1，防火分区A与防火分区C有一相邻分隔部位，分隔部位宽度为L_2，防火卷帘宽度为S_2，防火分区B与防火分区C有一相邻分隔部位，分隔部位宽度为L_3，防火卷帘宽度为S_3，在两两相邻区域的防火墙上设置防火卷帘时，防火卷帘的宽度应符合“1/3与20m”限制规定。

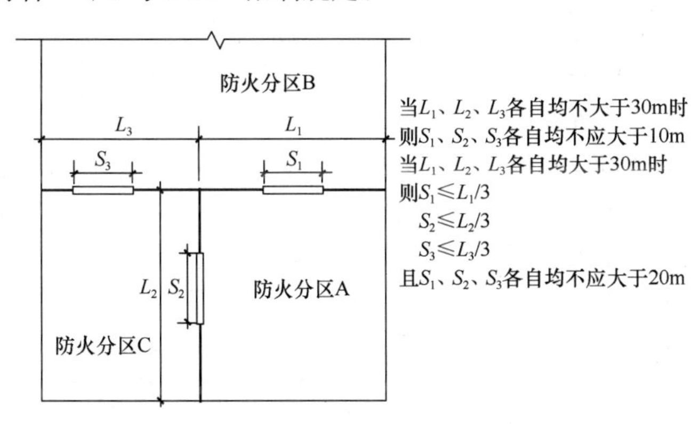

图24-2 防火卷帘宽度的限制规定示意图（一）

规范对防火卷帘宽度的“1/3与20m”限制规定，仅用于相邻两个防火分隔区域之间，而防火分区B与防火分区A有一相邻防火分隔部位L_1，防火分区B与防火分区C也有一相邻分隔部位L_3，它们虽然在一条防火墙上，但它们的宽度可以不叠加计算。

② 相邻防火分隔部位两两之间不论是直线或折线，防火卷帘总宽度应叠加计算，如图24-3所示，防火分区A与防火分区B有两条相邻分隔部位L_1和L_2，在各边上有防火卷帘，其宽度为S_1和S_2，这时防火卷帘总宽度应叠加计算．并应符合“1/3与20m”的限制规定。

3）对设在防火墙、防火隔墙及建筑外墙上防火卷帘总宽度均要按“1/3与20m”的限制原则控制！但设在中庭周边的防火卷帘的总宽度可不受限制。

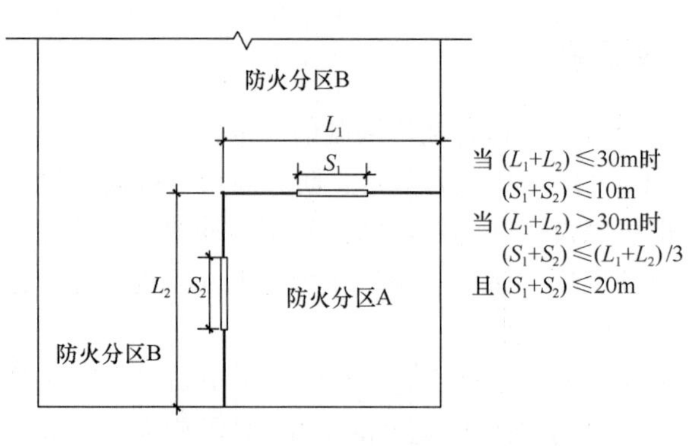

图 24-3　防火卷帘宽度的限制规定示意图（二）

4）防火卷帘的耐火极限由卷帘所在部位防火分隔构件的耐火极限决定。

（2）防火卷帘应与建筑结构共同组合为一个防烟体系才会具有阻止火灾蔓延的能力

防火卷帘必须与建筑结构结合成为一个防烟体系，才能实现防火分隔构件的防烟功能，建筑结构既是防火卷帘的卷帘机械及导轨、防护罩箱体等生根固定的承载体，也是与防火卷帘共同阻止火灾烟气蔓延的分隔构件。因此防火卷帘与建筑结构的结合部的防烟能力尤为重要。

按现行国家标准《防火卷帘》GB 14102—2005 的规定，垂直展开和收卷的防火卷帘，其卷门机、传动装置、卷轴、电气装置等都应设在防护罩（箱体）内，箱体的钢板厚度应大于等于 0.8mm，防烟箱与门楣，导轨，结构梁等组合成封闭的箱形构造，保证火灾高温烟气层的界面底部不能越过洞口，不会蔓延到相邻区域，同时箱体也对卷门机、传动装置、卷轴及电气装置进行保护，以免卷门机等暴露在火灾高温烟气中使设备毁损。所以下垂的梁或其他结构是支持卷帘机械的结构，也是与卷帘防护罩箱体共同阻止火灾烟气蔓延的挡烟构造，故称卷帘防护罩箱体为“防烟箱”，其中门楣（钢板厚≥0.8mm）是支持防烟装置与梁等挡烟构造密贴接触的部件，也是保证防火防烟卷帘漏烟量不超标的重要部件，支持防烟装置的固定件安装应牢固，固定点间距应为 600～1000mm。门楣与防烟装置对于安装在防火墙上的防火卷帘是不难的，因为防火墙必须砌筑在框架或梁上，而且防火墙的结构从上至下均应处在同一轴线位置。但对于安装在防火隔墙上的防火卷帘就必须要注意，因为防火隔墙可以是从地面或楼面砌至上一层楼板或屋面板底部，防火隔墙洞口处的防火卷帘上部应有下梁或其他结构与防烟箱配合，组成防烟构造才能挡住火灾高温烟气，所以在门洞处上方必须有一段由横梁支撑的墙体，该段墙体耐火极限不应低于防火卷帘所在部位墙体的耐火极限。

（3）防火卷帘必须有防烟要求

防火卷帘必须有防烟要求，是指在安装防火卷帘时，对防火卷帘周围的缝隙应采用严格的防火，防烟封堵，防止烟气和火势通过防火卷帘与楼板、梁、柱、墙之间的空隙传播蔓延。

防火卷帘防烟箱与梁之间的结合部是有空隙的，帘面插入导轨后也存在空隙，都需要用专用的防火封堵件进行封堵。垂直展开和收卷的防火卷帘与梁的防烟装置安装示意图可见图 24-4。

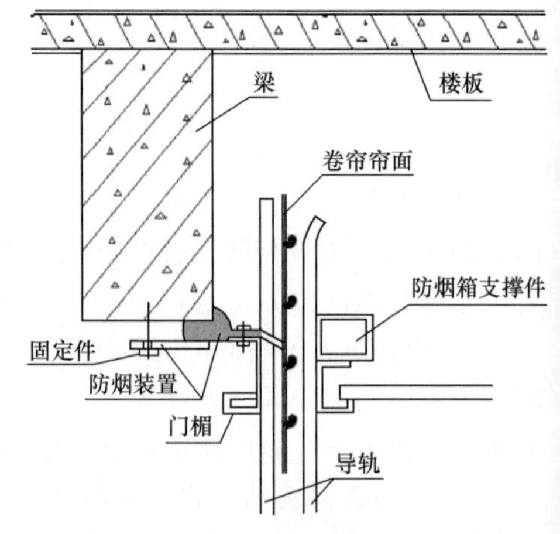

图 24-4　防火卷帘与梁的防烟装置安装图

垂直展开和收卷的防火卷帘帘面上下运行是依靠导轨限制的，卷帘帘面必须插入两侧导轨内，防火卷帘的导轨应安装在建筑结构上，并应采用预埋螺栓、焊接或膨胀螺栓连接固定，导轨安装应牢固，固定点间距应为 600～1000mm，为了防烟必须安装防烟装置，防烟装置安装在导轨上，应使导轨的防烟装置紧贴卷帘帘面，这是保证防火防烟卷帘漏烟量不超标重要部件，所以导轨必须能固定住防烟装置，首先要保证导轨的钢板材料厚度不小于规定，对掩埋型导轨的钢板材料厚度不应小于 1.5mm，对外露型导轨的钢板材料厚度不应小于 3.0mm，其次卷帘帘面插入两侧导轨内的深度应符合表 24-2 规定。

卷帘帘面插入两侧导轨内的深度要求 **表 24-2**

导轨之间的水平间距 B	帘面每端插入导轨的深度（mm）
B＜3000mm	＞45
3000mm≤B＜5000mm	＞50
5000mm≤B≤9000mm	＞60
B＞9000mm	水平间距每增加 1m，帘面每端插入导轨的深度应增加 10mm

垂直卷的防火卷帘帘面与导轨内的防烟装置安装示意图见图 24-5，该安装示意图不是唯一的，随着防烟装置的类型不同，防烟装置的安装形式可以有多种。

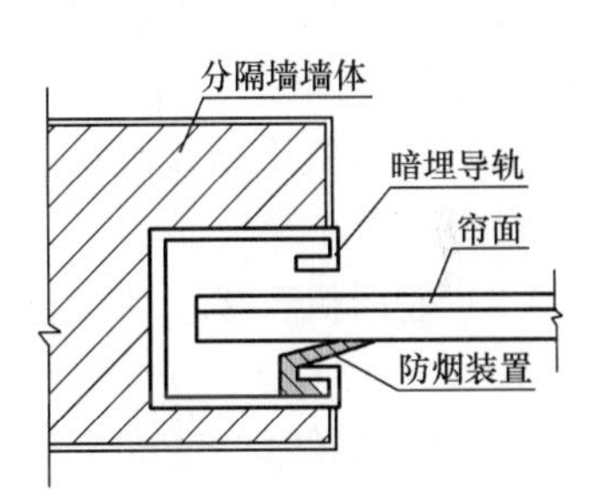

图 24-5 导轨内的防烟装置安装图

由于防火卷帘主要用于需要进行防火分隔的墙体开口处，特别是防火墙、防火隔墙及外墙开口处因生产、使用等需要开设较大开口而又无法设置防火门时的防火分隔用。规范所说的较大开口，是指从结构到结构的开口，绝不是指吊顶下部的开口，如图 24-6 所示，封闭洞口高度是指：从下梁底部到楼地面的垂直高度，而不是吊顶至楼地面的垂直高度。

图 24-6 中常把吊顶下部空间错误地当作防火卷帘的封闭洞口在工程中并不少见，整樘卷帘在吊顶以下部分似乎是起了分隔作用，而吊顶内部由于没有防烟箱，卷帘与建筑结构之间均未做防烟处理，完全不能起到防火分隔作用。须知，吊顶是起不到防火分隔作用的，因为即便是一级耐火等级建筑，其吊顶的耐火极限也仅有 0.25h，所以防火卷帘的分隔应从楼板或梁到地面的完全分隔，而不是从地面到吊顶的局部分隔。防火卷帘的构造应符合《防火卷帘》GB 14102—2005 的规定，防火卷帘的卷轴及卷门机应由防烟箱保护，防烟箱应固定于下梁结构上，防烟箱应与建筑结构之间做防烟处理。

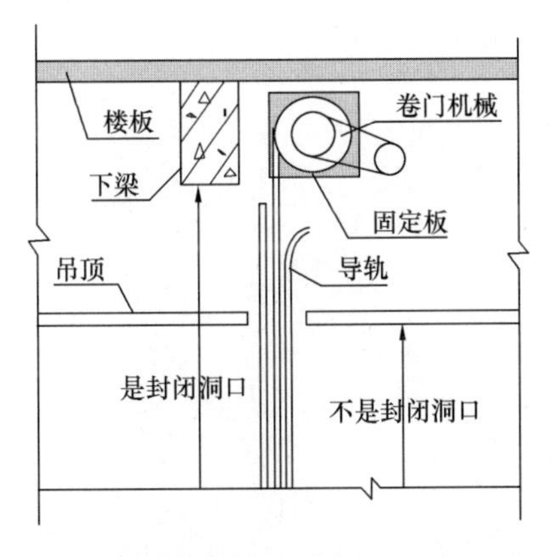

图 24-6 防火卷帘的封闭洞口示意图

在有吊顶的情况下设置防火卷帘时，为了检修卷帘机械的需要，应在吊顶处设检修孔。

现行国家标准《建筑设计防火规范》GB 50016—2014（2018 年版）规定，防火卷帘应具有火灾时靠自重自动关闭功能；现行国家标准《防火卷帘》GB 14102—2005 规定，防火卷帘应具有电动启闭及自重下降及手动控制功能，垂直运行的防火卷帘应设置温控释放装置，防火卷帘温控装置释放后，卷帘能依靠自重下降关闭，在控制装置发生故障状态时仍能起到防火分隔的作用。

现行国家标准《防火卷帘、防火门、防火窗施工及验收规范 》GB 50877—2014 对垂直展开的防火卷帘的控制功能有以下要求：

防火卷帘的自动控制关闭功能：防火卷帘控制器应能直接或间接地接收来自火灾探测器组发出的火灾报警信号，应执行预定动作，对于非疏散通道上防火卷帘，应控制防火卷帘由上限位自动关闭至全闭；对于疏散通道上防火卷帘，应控制防火卷帘按两步下降方式自动关闭至全闭；并应发出声、光报警信号，将防火卷帘下降关闭信号送至火灾报警控制器或消防联动控制器，并显示部位号。

温控自动释放功能：防火卷帘应装配温控释放装置，当释放装置的感温元件周围温度达到 73±0.5℃时，释放装置动作，卷帘应依靠自重下降关闭。

防火卷帘的手动控制功能：

1）手动操作防火卷帘控制器上的按钮或手动按钮盒上的按钮，能控制防火卷帘的上升、下降、停止；

2）卷门机手动速放功能：拉动卷门机的手动速放装置，防火卷帘应恒速下降（手动速放）至全闭；

3）卷门机直接手动操作功能：手动操作拉动卷门机的手动拉链，使防火卷帘下降或开启；

4）防火卷帘的逃生控制功能：根据《防火卷帘》GB 14102—2005 对防火卷帘控制器的要求，防火卷帘应具有逃生控制功能：当火灾发生时，若防火卷帘处在中位以下，手动操作控制箱上任意一个按钮，防火卷帘应能自动开启至中位，延时 5～60s 后继续关闭至全闭。

24.5　现场错误安装的防火卷帘照片

下面的一组照片反映了防火卷帘现场安装中出现的错误，供大家参考。

图 24-7 和图 24-8 是防火卷帘按钮盒设置不符合规定的工程照片，该防火卷帘的按钮盒被关在电视接线盒内，而且有两道锁，火灾时人们察觉不到控制箱发出的声光报警信号，也无法手动操作。图 24-8 是图 24-7 中按钮盒的细部放大照。

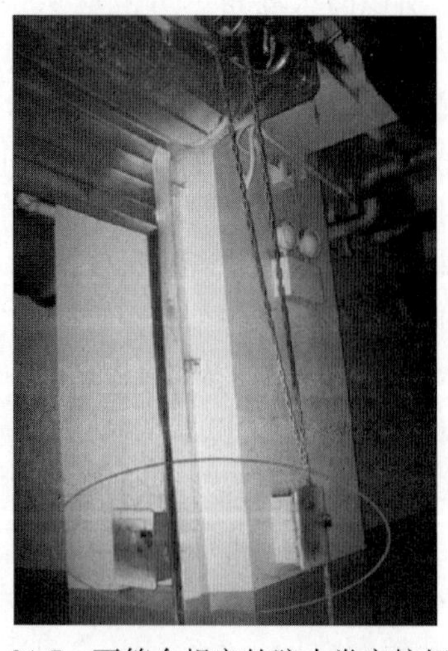

图 24-7　不符合规定的防火卷帘按钮盒

图 24-8　防火卷帘按钮盒被锁闭在电视接线盒中

标准规定防火卷帘的控制箱和手动按钮盒应分别安装在防火卷帘内外两侧的墙壁上，当卷帘一侧为无人场所时，可仅安装在一侧墙壁上，控制箱是火灾时直接或间接接收来自火灾探测器或联动器控制器发出的报警信号后按预设程序发出声光报警信号，并自动控制卷帘完成规定动作，也可供人们在火灾时手动操作使用，也是平时检验防火卷帘可靠性的控制装置，控制箱上应有红色报警指示灯、黄色故障指示灯、绿色电源指示灯以及启闭按钮，所有指示灯和按钮均应清楚地标注出功能。手动按钮盒应安装在便于识别和操作的位置，且应标出上升、下降、停止等功能。

图 24-9 是无机纤维复合防火卷帘在防火墙门洞处安装未设防烟箱的工程照，该防火卷帘没有按产品规定配齐组件，它没有防烟箱，所以卷帘电气装置、电机等机械均裸露，这样的防火卷帘是没有防烟能力的，卷帘电气装置的供电线路也没有按消防电源的要求进行保护。

图 24-10 是无机纤维复合防火卷帘在防火墙门洞处安装，在吊顶内未封闭的工程照，从照片可以看出卷帘没有设防烟箱、因而卷帘没有将吊顶上方的门洞完全封闭，安装时试图用无机纤维布遮挡洞口，另外卷门机和卷帘电气装置、卷轴均裸露在外，卷帘电气装置的供电线路也没有按消防电源的要求进行保护。

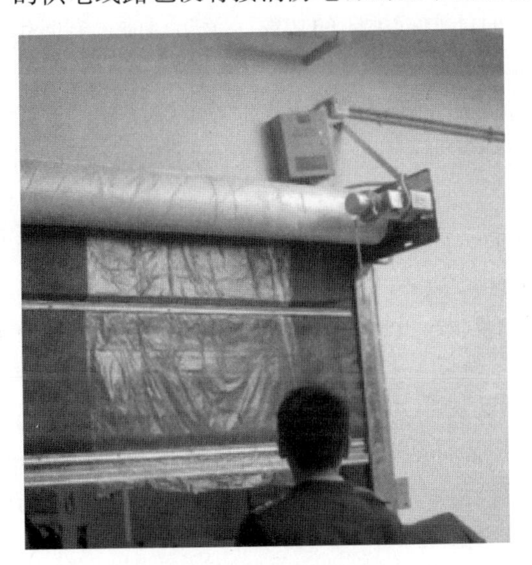

图 24-9　防火卷帘未设防烟箱

图 24-10　防火卷帘在防火墙门洞处安装时在吊顶内未封闭

24.6　建审验收时应重点审查防火卷帘的防烟构造

由于防火卷帘是与防火墙、防火隔墙共同配合实现防火分隔的，所以在墙洞口处的防火卷帘的防火隔断也必须是从地面或楼面隔断至上一层楼板或梁的底部，按《防火卷帘》GB 14102—2005 给出的防火卷帘安装结构图，是必须有防烟构造与其配合。对于垂直启闭的防火卷帘，其防烟构造是指在卷帘防护罩（以下称防烟箱）处必须有一段与防火卷帘等宽的下垂梁或墙与卷帘防烟箱配合才能挡烟，而且防烟箱与建筑构件生根结合处与楼板、梁和墙、柱之间的空隙应采用防火封堵材料封堵严密，形成防烟构造。是防火卷帘设置成功与否的关键，该段下垂梁或墙体耐火极限不应低于防火卷帘所在部位墙体的耐火极限。为此，在建筑设计时就应予以设计，消防建审时应予注意。否则防火卷帘的防火隔断也会失败。

按照现行国家标准《防火卷帘、防火门、防火窗施工及验收规范》GB 50877—2014的规定：防护罩既是用于保护卷轴和卷门机的，也是防火卷帘与洞口上部建筑结构生根形成挡烟构造的防烟箱，防护罩（即箱体）的耐火性能应与防火卷帘相同，才能起到防护作用。为此，在建筑消防验收时应注意防护罩（钢板厚≥0.8mm）的耐火性能应与防火卷帘相同，否则防火卷帘的防火隔断也会失败。

25 防火门、窗的消防要求解读

防火门与防火窗都是防火分隔构件，防火门是活动的防火分隔构件，而防火窗可以是活动的，也可以是固定的防火分隔构件。

防火门是供人们平时通行或使用，火灾时关闭，阻止火灾蔓延的构件，除门禁系统的外门外，防火门应带有手动启闭装置和具有火灾时能自行关闭的功能，关闭后应具有防烟性能，但管井检修用防火门和住宅的户门（防火门）除外。

防火窗是为采光和透气而设置的，它们作为防火分隔构件在火灾时是必须关闭的。除固定防火窗外，活动防火窗均带有手动启闭装置和具有火灾时能自行关闭的功能，关闭后应具有防烟性能。

常闭式防火门应具有自行关闭功能；常开式防火门应能在火灾时自行关闭，并应具有信号反馈功能；双扇防火门应具有按顺序自行关闭的功能。

现行国家标准《防火门》GB 12955—2008 对防火门进行了分类，并对其定义，规定了防火门的代号与标记方法。

现行国家标准《防火门》GB 12955—2008 对防火门的定义是：

（1）平开式防火门：由门框，门扇和防火铰链、防火锁等防火五金配件构成的，以铰链为轴垂直于地面，该轴可以沿顺时针或逆时针单一方向旋转以开启或关闭门扇的防火门。

（2）木质防火门：用难燃材料或难燃木材制品做门框、门扇骨架、门扇面板、门扇内若填充材料，则应填充对人体无毒无害的防火隔热材料，并配以防火五金配件所组成的具有一定耐火性能的门。

（3）钢质防火门：用钢质材料制成门框、门扇骨架和门扇面板，门扇内若填充材料则应填充对人体无毒无害的防火隔热材料，并配以防火五金配件所组成的具有一定耐火性能的门。

（4）钢木质防火门：用钢质和难燃木质材料或难燃木材制品制作门框、门扇骨架、门扇面板，门扇内若填充材料则应填充对人体无毒无害的防火隔热材料，并配以防火五金配件所组成的具有一定耐火性能的门。

（5）其他材质防火门：采用除钢质、难燃木材料或难燃木材制品以外的无机不燃材料或部分采用钢质、难燃木材或难燃木材制品材料制作门框、门扇骨架、门扇面板，门扇内若填充材料则应填充对人体无毒无害的防火隔热材料，并配以防火五金配件所组成的具有一定耐火性能的门。

（6）隔热防火门（A类）：在规定时间内能同时满足耐火完整性和耐火隔热性要求的防火门。

（7）部分隔热防火门（B类）：在规定大于等于0.50h时间内，满足耐火完整性和隔热性要求，在大于0.5h后所规定的时间内能满足耐火完整性要求的防火门。

（8）非隔热防火门：在规定时间内能满足耐火完整性要求的防火门。

现行国家标准《防火门》GB 12955—2008对防火门的分类代号用FM表示，在前面冠以防火门材质代号表示，如：木质防火门用MFM；钢质防火门用GFM；钢木质防火门用GMFM。

防火门的耐火性能代号见表25-1。

防火门耐火性能代号　　**表25-1**

名称	耐火性能及指标		代号
隔热防火门（A类）	耐火隔热性≥0.50h；耐火完整性≥0.50h		A 0.5（丙级）
	耐火隔热性≥1.00h；耐火完整性≥1.00h		A 1.00（乙级）
	耐火隔热性≥1.50h；耐火完整性≥1.50h		A 1.50（甲级）
	耐火隔热性≥2.00h；耐火完整性≥2.00h		A 2.00
	耐火隔热性≥3.00h；耐火完整性≥3.00h		A 3.00
部分隔热防火门（B类）	耐火隔热性≥0.50h	耐火完整性≥1.00h	B 1.0
		耐火完整性≥1.50h	B 1.50
		耐火完整性≥2.00h	B 2.00
		耐火完整性≥3.00h	B 3.00
非隔热防火门（C类）	耐火完整性≥1.00h		C 1.0
	耐火完整性≥1.50h		C 1.50
	耐火完整性≥2.00h		C 2.00
	耐火完整性≥3.00h		C 3.00

在工程中防火门的设置主要有以下几个方面的问题应予注意：

25.1　防火门窗的耐火性能应符合所在部位的要求

《建筑设计防火规范》GB 50016－2014版要求，在规定部位应使用规定耐火性能的防火门窗，例如：防火隔间的门应为甲级防火门；避难层的避难区、避难间应设置直接对外的可开启窗口，外窗应采用乙级防火窗；从避难走道前室开向避难走道的门，应为乙级防火门；从防火分区开向避难走道前室的门，应为甲级防火门；从室内通向室外疏散楼梯的门应采用乙级防火门等，共有52处明确的规定应遵照执行。建筑内的管道井等竖向井道的检查门应采用丙级防火门。建筑内的竖井上下贯通，一旦发生火灾，容易沿竖井竖向蔓延。因此建筑中的管道井、电缆井，排气道、排烟道、垃圾道等竖向井道，其井道壁的耐火极限不应低于1.00h，井壁上的检查门应采用丙级防火门。

防火门的耐火性能指标宜由所在部位防火分隔需要决定，现行国家标准《防火门》GB 12955—2008将防火门分为三类，即隔热防火门（A类）、部分隔热防火门（B类）、非隔热防火门（C类）是针对我国的火灾科学技术的实践和防火的客观需要而提出的，对我国在建筑防火设计中合理利用资源，做到技术先进，经济合理，无疑是正确的。因为在建筑中不可能只有隔热防火门（A类）一种需要。

耐火隔热性指标是指在一定的时间内，能阻止过度的热量传递到分隔构件背火面的耐火性能。《防火门》GB 12955—2008标准对防火门的分类是合理的举措，建筑内防火分隔构件的任务是防止火灾蔓延到相邻区域，防火分隔构件在火灾时需要在一定时间内保持其完整性，当相邻区域有人员活动、有可燃物或有怕高温作用的设备时，对防火分隔构件还需要有隔热性要求，所以防火分隔构件在建筑内所处的环境条件是多样的，差别很大，在火灾时对防火分隔构件的耐火性能的需要也就不一定相同，在建筑防火中的防火分隔构件需要有耐火隔热性和耐火完整性指标的不同组合，有的防火分隔构件需要在整个耐火完整性保持的时间内，还需要保持其耐火隔热性，其防火门应为完全隔热的防火门，如防火墙上的防火门和抵抗内火外窜或外火内窜的防火门，这时防火门两侧都有火灾危险，比如建筑内的库房门、消防水泵房的门、柴油机房的门、锅炉房的门、消防控制室的门、排烟机房的门、变配电室的门、通风空气调节机房的门等，以及其他火灾荷载密度较大的房间的门；也有的防火分隔构件需要在一定时间内保持其耐火隔热性，当耐火隔热性丧失后的一段时间内仍需保持其耐火完整性，这时防火门的一侧有火灾危险，而另一侧没有可燃物和需要隔热的设备，只有在疏散时间内有人员活动，如房间与室内通道的隔墙，因为通道内没有可燃物，只是在人员疏散期间需要保持其耐火隔热性，待人员疏散完毕后只需要保持其耐火完整性即可，实际上在火灾时着火楼层的疏散时间是有限的，一般认为不会超过20min，这些分隔部位的防火门采用部分隔热耐火性能的防火门是完全可行的；有的防火分隔构件只需要在一定时间内保持其耐火完整性，而不需要保持其耐火隔热性，因为被分隔的一侧相邻区域内既没有人员活动，也没有可燃物，如管道井、排气道等，又如房间与宽大的通道、街面、庭院之间的隔墙，其被分隔的一侧相邻区域既没有可燃物，也没有害怕热作用的设备，即便是有人活动，人也有自动避开热作用空间的能力，该隔墙就可以只要求在一定时间内保持其耐火完整性，隔墙上的防火门也只要求在一定时间内保持其耐火完整性。

另外像防烟楼梯间的两道乙级防火门，其中进入前室的门在火灾时是首当其冲的，是暴露在火灾烟气中的，而且它也保护着从前室进入楼梯间的那道防火门，应当说这两道防火门的耐火极限应有所差别才是合理的。美国《建（构）筑物火灾生命安全保障规范》NFPA 101—2006第7.2.3.4对防烟楼梯间的防火门设置要求是：进入前室的门，其耐火极限为1.5h的防火门，由前室通向楼梯间的防火门应具有不少于20min的耐火极限。美国消防标准对受前一道防火门保护下的防火门的耐火极限，采取区别对待的态度，其原则是直接暴露在火灾环境下的防火门其耐火极限应高于在它保护之下的防火门。如从防火分区进入前室的防火门其耐火极限应高于从前室进入楼梯间的防火门的耐火极限。这一规定是合理的，为社会的消防投入节省了大量资源。也体现了标准在消防投入上精打细算的务实精神，同时也是对消防力量灭火救援的信赖。

在自动喷水灭火系统得到普遍应用的今天，特别是快速响应喷头的应用，能将70%以上的火灾控制在初期阶段，而且现行国家标准《建筑设计防火规范》GB 50016—2014（2018年版）条文说明P373页指出：“实验和火灾证明，单、多层建筑和部分高层建筑着火时，人员一般能在10min以内疏散完毕。”在这样的条件下防火分隔构件的耐火性能指标应按实际需要有所降低才对。

在上述防火分隔部位安装的防火门，理应与隔墙的耐火性能指标一致，现行国家标准《防火门》GB 12955—2008对防火门的分类定级，为相关的建筑设计防火规范进一步调整奠定了技术基础，在建筑防火中不能一说到防火分隔构件的耐火极限就必须是耐火隔热性和完整性都要等量齐观的双指标，这是不符合“安全适用、技术先进、经济合理”的建设政策的，也是不符合实际需要的。

25.2 具有疏散功能的平开防火门应向疏散方向开启

人数较多的房间疏散用防火门应向疏散方向开启、疏散设施的防火门的开启方向均应朝向疏散设施。这里说的“向疏散方向开启”是指平开防火门的开启方向，而不是防火门在平时的开启状态。

具有疏散功能的平开防火门的设置，应满足《建筑设计防火规范》GB 50016—2014版对防火门的设置要求。具有疏散功能的平开防火门应向疏散方向开启是指：疏散楼梯间的门在首层应开向室外，在其他楼层应开向前室和楼梯间；通向室外楼梯的门应开向室外楼梯；与中庭相通的过厅、通道等处的门应开向有疏散设施的一侧；防火墙上的门应开向需要疏散的方向一侧；防火隔墙上的门应开向走道、过厅等公共区域，例如商业步行街两侧商铺的门，应开向步行街；在两个危险区域之间的防火隔墙上的门应开向危险性相对较低的区域，例如丁、戊类厂房内的通风空调机房的甲级防火门应开向丁、戊类厂房，设置在建筑变形缝附近的防火门，其防火门应设置在楼层较多的一侧，并应保证平开防火门开启时的门扇不跨越变形缝。

平开防火门应为自闭门，在平时应保持关闭状态，只有疏散通道上的平开防火门在平时应保持开启状态，火灾时应受控关闭，叫“常开防火门”。

规范要求设置常开防火门的部位主要是：

（1）设置在疏散通道上的常开防火门，如疏散通道跨越防火墙处的常开防火门；

（2）设置在合用前室或共用前室的常开防火门；

（3）设置在与中庭相连通的过厅、通道等处的常开防火门。

凡事都有例外，并不是所有的防火门都具有疏散功能，有的防火门并不具有火灾时疏散的功能，它只起防火分隔作用，例如防火隔间的两樘甲级防火门，一樘安装在防火墙上，另一樘安装在耐火极限3.00h的防火隔墙上，这两樘甲级防火门仅供平时通行用，火灾应保持关闭，所以它没有疏散功能，该防火门只能开向防火隔间。

25.3 防火门的控制要求

关于防火门的控制要求，首先应正确理解规范使用的两句话：

“常开防火门应能在火灾时自行关闭，并应具有信号反馈的功能”。

"除管道井检修门和住宅的户门外，防火门应具有自行关闭功能。双扇防火门应具有按顺序自行关闭的功能"。

规范的"自行关闭功能"和"在火灾时能自行关闭"两个用语讲的都是自行关闭，即防火门都应是自闭门。其中"自行关闭功能"，说的是防火门在平时应保持关闭状态，当有人通过后应能自行关闭，这样的启闭功能要求，一般的闭门器可以完成。"在火灾时能自行关闭"说的是防火门在平时应保持常开状态，当有火灾发生时应能受控自动关闭，这样的启闭功能要求，光有闭门器是不能完成的，所以常开式防火门还必须配用防火门释放器才能与闭门器配合实现在火灾时防火门应能受控自动关闭功能。这一功能对于经常有人通行的通道处的防火门非常适用。

25.4 防火门的闭门器和释放器

（1）防火门的闭门器

防火门闭门器是控制平开式防火门自行关闭的重要配件，而顺序器是控制双扇防火门在自行关闭时，自动按规定的顺序关闭的装置。图 25-1 防火门闭门器。

图 25-1　防火门闭门器

防火门闭门器是安装在平开式防火门门扇上，用以自行关闭门扇的组件，它由调速阀、齿条柱塞、传动齿轮、摇臂及连杆、复位弹簧等组成，由金属弹簧和油压阻尼机械组合的控制防火门自行关闭的装置，金属弹簧提供门扇关闭的动力，而油压阻尼机械为门扇关闭提供阻尼，使门扇平稳闭合，实际上金属弹簧是一种储能机械，当人将门扇推开时，人对门所做的功使金属弹簧变形、并使液压器受到压缩，当推开门扇的推力消失后，金属弹簧试图恢复原来的状态而释放，通过摇臂及连杆使门扇复位，为了防止冲击式闭门，油压阻尼机械为门扇关闭提供阻尼，使门扇平稳关闭，调速阀是调节门扇的关闭速度和关闭时间的组件，调速阀是两挡全程调速，在从门扇开启角为 90°～20°之间为关门调速段，门扇开启角为 20°～0°之间为锁门调速段。当将调速螺丝沿顺时针方向拧紧时，将关门的阻尼作用调大，门的关闭速度变慢，当将调速螺丝沿逆时针方向拧松时，将关门的阻尼作用调小，门的关闭速度变快。

防火门闭门器是一种纯机械的自动闭门装置，防火门闭门器应符合《防火门闭门器》XF93—2004 的规定，防火门闭门器性能要求是：

1）防火门闭门器在使用时应运转平稳、灵活，其贮油部件不应有渗漏油现象；

2）防火门闭门器在常温下的开启力矩和关闭力矩应符合规定；

3）防火门闭门器在常温下的最大关闭时间不应小于 20s；最大关闭时间是指在完全关闭调速阀，门扇开启 70°，门扇自行关闭所需的最大时间；

4）防火门闭门器在常温下的最小关闭时间不应大于 3s；最小关闭时间是指在完全开启调速阀，门扇开启 70°，门扇自行关闭所需的最小时间；

5）防火门闭门器在常温下的闭门复位偏差不应大于0.15°。

（2）防火门释放器

防火门释放器是使平开式防火门常开定位，火灾时能自行动作释放，防火门在闭门器的作用下自行关闭的一种装置，在设有火灾自动报警系统的建筑中，防火门关闭应能将关闭信号反馈给联动控制器或防火门监控器。由此可知，防火门释放器是与闭门器及一个有地址的信号开关（触点开关或门磁开关）、手动释放按钮共同组合使用的。释放器在火灾时应能接收控制信号自行动作释放，闭门器使防火门自行关闭，信号开关则输出门扇关闭的状态信号。释放器为平开式防火门常开定位提供定位力，而闭门器使防火门自行关闭提供关闭力，对防火门而言关闭力在防火门常开定位时始终存在，所以当定位力撤销后，关闭力才能表达。

防火门释放器有脱扣型和门吸型两种定位方式。

电磁脱扣器由释放器主体和钢丝绳锁扣两部分组成。释放器主体内有电磁吸铁、杠杆、阀片、弹簧等。在防火门开启后手动将锁扣插入电磁释放器主体内卡住，使开启的门扇定位，火灾时向电磁吸铁线圈通电，使电磁铁动作解锁，锁扣在拉力作用下与电磁释放器分离，从而将定位力解除，防火门即在闭门器作用下自行关闭。电磁脱扣器是通电脱扣的，所以不能使用普通电源，应由消防电源供电。脱扣型防火门释放器见图25-2，该释放器左上方有手动释放按钮，供现场人员手动释放用。

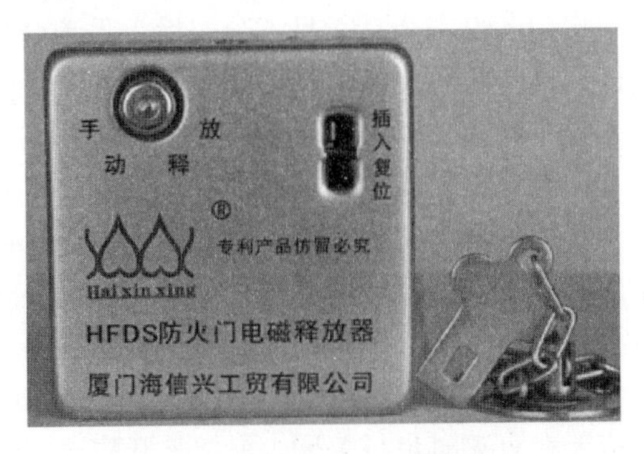

图25-2　脱扣型防火门释放器

电磁门吸释放器由固定电磁铁、吸板及安装支座组成，平时由普通电源向固定电磁铁线圈通电，当将防火门推开后固定电磁铁与吸板两两相吸而使防火门被定位，火灾时由于固定电磁铁失电而失去电磁吸力，自行与吸板脱开而将门扇释放，防火门即在闭门器作用下自行关闭。电磁释放器应自带手动释放按钮，可实现现场手动按压自复位电源开关，电磁铁短时失电，磁铁中心防剩磁分离弹簧柱压缩弹力作用下推开吸板，依靠闭门器力量自动关闭防火门。电磁门吸释放器见图25-3所示，图25-4电磁门吸释放器的手动按钮。

图25-3　电磁门吸释放器

图25-4　电磁门吸释放器的红色手动按钮

电磁脱扣器和电磁门吸都是常开防火门的定位装置，为常开防火门的开启定位提供定位力，电磁脱扣器的定位力由锁扣机构产生，而解除定位力则由电磁力解锁释放，平时无需供电；电磁门吸的定位力由电磁力产生，而解除定位力则由断电消磁释放，平时需要供电。它们都必须在火灾时由电信号控制其释放，防火门才能自动关闭，所以必须设置消防模块，用以接收消防联动控制器或防火门监控器发来的控制信号，使防火门释放器及时释放，并将防火门关闭信号向消防联动控制器或防火门监控器反馈。

由于每扇防火门都需要一副闭门器，常开防火门还需要每扇防火门配一副释放器，才能实现在火灾时自行关闭的功能，对于双扇防火门则需要每扇防火门配一副闭门器，并配一副顺序器，而对于常开双扇防火门则需要每扇防火门配一副闭门器和一副释放器，而不需要再配顺序器，因为可以通过预定程序控制左、右两扇防火门分别延时关闭，左右门扇就可按顺序释放关闭。

应当注意，凡是常开防火门都应设置便于手动操作的手动释放开关，双扇常开防火门应每扇门各设一个，而且不分先后，手动释放开关应是一个动作即可使常开防火门转变为自闭门而能自行关闭。特别是采用锁扣式定位的释放器和采用的温度控制元件的释放器，如不设手动释放开关，一旦防火门释放器在火灾时不动作是很危险的。

说到这里，我们必须明确一个概念，常开防火门在火灾时应自行关闭，但常开防火门不一定就是由火灾报警系统的联动控制信号控制的，只有在设有火灾自动报警系统的建筑中的常开防火门才是由火灾报警系统控制关闭的。而在没有火灾自动报警系统的建筑中的常开防火门只能采用温度控制元件的防火门释放器来控制防火门。

现行国家标准《建筑设计防火规范》GB 50016—2014（2018 年版）规定：常开防火门应能在火灾时自行关闭，是指常开防火门应能接受火灾报警控制信号自行关闭，还包括在火灾时由火灾产物——火场温度使防火门释放器的温度感应元件动作，使释放器释放。

采用温度控制元件的防火门释放器主要用于不设置火灾自动报警系统建筑内的常开防火门上，通常采用的温度控制元件有两种，一种是低熔点合金制成的易熔脱开元件，该元件在环境温度达到 70℃时，由于低熔点合金熔断，闭锁元件在弹力作用下脱开，防火门在闭门器作用下关闭，这种控制方式受低熔点合金的熔断因素的影响，是一次性使用后需要另行更换。另一种是用形状记忆合金作温控元件，他利用记忆合金的可逆弹性马氏体在温度变化过程中发生可逆转相变的特点，经高低温训练后对变形的记忆，实现定温动作。这种记忆合金不仅是热敏元件也是驱动元件，当它达到公称动作温度时，记忆合金会回复到原态，产生变形，同时产生回复力，驱动闭锁元件脱开而释放，使防火门在闭门器的作用下关闭，当温度降低后他又会回复到变形状态，等待下次动作。这种记忆合金的重复使用性较高，而且动作灵敏准确，结构简单。

人员密集场所疏散用防火门如果设有门锁，应无需钥匙或其他工具，也无需专门知识和麻烦的操作就能从房间内部开启，当设有门栓时，应设置便于操作的释放装置，该装置在任何照明条件下均易于操作，而且一个动作就可以释放。实际上，对“设有门锁的疏散门，应无需钥匙或其他工具，也无需专门知识和麻烦的操作就能从房间内部开启”的要求，是远远不够的，因为尽管门锁自动解锁，但门仍处于关闭状态，对于不熟悉环境的人来说还需要找寻识别疏散门，因此对于设有门锁的疏散门，应在火灾时由消控中心控制解锁后，疏散门应能自动开启，使安全出口敞开，才更符合疏散需要。

在防火墙上设置的水平安全出口，是为防火隔断一侧的人员提供疏散出口，则应在防火墙上设置向疏散方向开启的平开门，而且在防火门上应有标明开启方向的明显指示。

不是所有防火门都必须安装防火门闭门器的，比如管道井、电梯井等竖向井道井壁上的丙级防火门，这些防火门是供检修时使用的，为了防止火灾烟气沿管井竖向蔓延，故要求设丙级防火门，该防火门平时应处于关闭状态，但不要求具有自行关闭的功能，而是在检修门上加锁，由物业管理，又如住宅建筑的户门采用乙级防火门时也不要求具有自行关闭的功能。

(3) 防火窗

窗是供采光和通风用的，防火窗也是供采光和通风用的，且能防止火灾蔓延的防火用窗，可开启防火窗平时可以开启，但火灾时应能受控关闭，可开启防火窗是活动的防火分隔构件。而固定防火窗只具有采光和防火的功能，是固定的防火分隔构件。

按照《建筑设计防火规范》GB 50016—2014（2018 年版）的要求：安装在防火墙、防火隔墙上的活动式防火窗，应具有火灾时能自动关闭窗扇的功能、现场手动启闭窗扇的功能。

有关防火窗的标准如下：

1)《防火窗》GB 16809—2008；

2)《防火卷帘、防火门、防火窗施工及验收规范》GB 50877—2014。

火灾时自动关闭窗扇的功能，应由防火窗的温控释放装置动作使窗扇关闭，现场温控释放功能可以是利用易熔合金件或玻璃球等热敏感元件自动控制关闭窗扇的装置来实现。

安装温控释放装置的活动式防火窗，应按同一工程同类温控释放装置抽检 1～2 个，进行防火窗温控释放装置加温试验，试验时，活动式防火窗应处于开启位置，用加热器对温控释放装置的热敏感元件加热，使其热敏感元件升温动作，当热敏感元件升温至 73±0.5℃时，活动式防火窗应在 60s 内自动关闭。试验后，应重新安装新的防火窗温控释放装置。

火灾时能自动关闭窗扇的功能应以防火窗的温控释放装置为主，可另附加其他自动控制启闭窗扇的控制功能，如附加电信号释放器控制窗扇关闭；或附加电信号控制器控制窗扇启闭。

在附加电信号控制器时又有三种控制方式，如：电信号控制电磁铁关闭或开启、电信号控制电机关闭或开启、电信号控制气动机构关闭或开启。

对于附加电信号释放器或电信号控制器的活动式防火窗，应能接受消防联动控制器的联动控制信号而自动关闭，其关闭信号应反馈至消防联动控制器。试验时活动式防火窗应处于开启位置，可用专用测试工具模拟火灾，使常开防火窗任意一侧的火灾探测器发出报警信号，消防联动控制器发出关闭防火窗信号后，常开防火窗应能自动关闭，并应将关闭信号反馈至消防控制室，且应符合产品说明书要求。

现行国家标准《防火窗》GB 16809—2008 对防火窗术语进行了定义，对产品做了分类、命名，规定了产品的规格型号与代号等技术要求。

1) 防火窗按使用功能分：

固定式防火窗：无开启窗扇的防火窗。

活动式防火窗：有开启窗扇，且配有窗扇启闭装置的防火窗。

2）防火窗按耐火性能分：

隔热式防火窗（A类）：在规定时间内能同时满足耐火隔热性和耐火完整性要求的防火窗。

非隔热式防火窗（C类）：在规定时间内能满足耐火完整性要求的防火窗。

3）窗扇启闭装置：

活动式防火窗中控制活动窗扇开启、关闭的装置，具有手动控制启闭窗扇的功能。而且至少具有易熔合金件或玻璃球等热敏感元件自动控制关闭窗扇的功能。

注：窗扇的启闭控制方式可以附加有电动控制方式，如：电信号控制电磁铁关闭或开启、电信号控制电机关闭或开启、电信号控制气动机构关闭或开启。

4）防火窗产品代号：

钢质防火窗用GFC表示，是指窗框和窗扇框架采用钢材制造的防火窗；木质防火窗用MFC表示，是指窗框和窗扇框架采用木材制造的防火窗；钢木复合防火窗用GMFC表示，是指窗框采用钢材，窗扇框架采用木材制造或窗框采用木材，窗扇框架采用钢材制造的防火窗。

防火窗的耐火等级代号见表25-2。

防火窗耐火等级代号 **表25-2**

耐火性能类别	耐火等级代号	耐火性能（h）
A类 隔热防火窗	A 0.50（丙级）	耐火隔热性≥0.50；且耐火完整性≥0.50
	A 1.00（乙级）	耐火隔热性≥1.00；且耐火完整性≥1.00
	A 1.50（甲级）	耐火隔热性≥1.50；且耐火完整性≥1.50
	A 2.00	耐火隔热性≥2.00；且耐火完整性≥2.00
	A 3.00	耐火隔热性≥3.00；且耐火完整性≥3.00
C类 非隔热防火窗	C 0.50	耐火完整性≥0.50
	C 1.00	耐火完整性≥1.00
	C 1.50	耐火完整性≥1.50
	C 2.00	耐火完整性≥2.00
	C 3.00	耐火完整性≥3.00

防火窗的耐火性能试验是按现行国家标准《镶玻璃构件耐火试验方法》GB/T 12513—2006的规定进行的，该标准规定了隔热性镶玻璃构件和非隔热性镶玻璃构件在一面受火时的耐火试验方法和镶玻璃构件耐火性能判定准则。

活动防火窗的控制原理与常开防火门相似，它们必须有驱动器为门扇或窗扇提供持续而平稳的关闭力，为了保持常开还必须有常开定位装置，为门扇或窗扇提供与关闭力平衡的，能自行释放的定位支撑力，在活动防火窗中驱动器就是闭窗器，定位装置就是能温感释放的支撑装置，支撑装置为窗扇的开启提供定位支撑力，它既能温感释放，又能手动释放，当支撑装置释放后，闭窗器的关闭力就能自动将窗扇关闭，触点信号装置将窗扇关闭信息送达联动控制器或防火门窗监控器，从而实现防火窗“在火灾时应能自行关闭”的功能，当然还可以附加其他的电动控制方式。

需要注意的是：《防火卷帘、防火门、防火窗施工及验收规范》GB 50877—2014 对活动式防火窗提出的联动控制要求，是参照常开式防火门的联动控制要求提出的，要求活动式防火窗在火灾时，“其任意一侧的火灾探测器报警后，应自动关闭”“接到消防控制室发出的关闭指令后，应自动关闭”“并应将关闭信号反馈至消防控制室”。而这些规定在《火灾自动报警系统设计规范》GB 50116—2013 中是没有的，即使在《防火窗》GB 16809—2008 中也仅是可以附加的控制方式。《防火窗》GB 16809—2008 对活动式防火窗提出的控制要求是：“活动式防火窗中，控制活动窗扇开启、关闭的装置，该装置具有手动控制启闭窗扇功能，且至少具有易熔合金件或玻璃球等热敏感元件自动控制关闭窗扇的功能。

注：窗扇的启闭控制方式可以附加有电动控制方式，如：电信号控制电磁铁关闭或开启、电信号控制电机关闭或开启、电信号气动机构关闭或开启等。”

26 镶玻璃构件的耐火性能解读

镶玻璃构件是指玻璃幕墙、玻璃隔墙、防火窗等垂直、水平、倾斜的有耐火性能要求的玻璃构件，其耐火性能符合现行国家标准《镶玻璃构件耐火试验方法》GB/T 12513—2006 的要求。按照标准对镶玻璃构件、隔热性镶玻璃构件和非隔热性镶玻璃构件术语的定义如下：

镶玻璃构件：指由一块或多块透明或半透明玻璃镶嵌在玻璃框中而组成的分隔构件。

隔热性镶玻璃构件：在一定时间内能同时满足耐火完整性和耐火隔热性要求的镶玻璃构件。

非隔热性镶玻璃构件：在一定时间内能满足耐火完整性要求，若需要还能满足热通量要求，但不满足耐火隔热性要求的镶玻璃构件。

《镶玻璃构件耐火试验方法》GB/T 12513—2006 的镶玻璃构件耐火性能判定准则见表 26-1。

GB/T 12513—2006 的镶玻璃构件耐火性能判定准则　　表 26-1

<table>
<tr><th>类别</th><th colspan="2">耐火性能判定条件</th></tr>
<tr><td rowspan="4">隔热性镶玻璃构件（在保持右侧耐火完整性条件不出现的条件下，耐火隔热性判定条件中任一条件最先出现即认为丧失隔热性，条件出现的时间即为耐火时间）</td><td rowspan="3">耐火完整性</td><td>（1）缝隙超限：背火面出现贯通至试验炉内的缝隙时，用 $\phi 6 \pm 0.1$mm 探棒穿透缝隙，并沿缝隙长度方向移动 150mm 以上，或用 $\phi 25 \pm 0.2$mm 探棒可从缝隙穿入炉内</td></tr>
<tr><td>（2）棉被点燃：背火面棉被点燃</td></tr>
<tr><td>（3）连续火焰：背火面窜火出现连续 10s 以上火焰</td></tr>
<tr><td>耐火隔热性</td><td>背火面平均温度超过试件表面初始温度 140℃
或背火面单点温度超过该点初始温度 180℃</td></tr>
<tr><td rowspan="2">非隔热性镶玻璃构件（右侧耐火性能判定条件中任一条件最先出现即认为丧失完整性，条件出现的时间即为耐火时间）</td><td rowspan="2">耐火完整性</td><td>（1）缝隙超限：背火面出现贯通至试验炉内的缝隙时，用 $\phi 6 \pm 0.1$mm 探棒穿透缝隙，并沿缝隙方向长度移动 150mm 以上，或用 $\phi 25 \pm 0.2$mm 探棒可从缝隙穿入炉内</td></tr>
<tr><td>（2）连续火焰：背火面窜火出现连续 10s 以上火焰</td></tr>
</table>

原国家标准《镶玻璃构件耐火试验方法》GB/T 12513—1990 对镶玻璃构件的耐火试验中，没有按镶玻璃构件的耐火性能对构件进行命名和分类，而且该标准规定，除镶玻璃防火门外，其他的镶玻璃构件可不测背火面温升，只有当镶玻璃防火门的玻璃面积大于 $0.065m^2$时，才要求测背火面温升。对其他的镶玻璃构件只测耐火完整性和以热辐射计在背火面规定距离内测临界热辐射强度，因为该标准仅用于测定非承重垂直玻璃构件延缓火焰和热气流穿过玻璃的耐火能力。

现行国家标准《镶玻璃构件耐火试验方法》GB/T 12513—2006 对镶玻璃构件的耐火性能的分类只有隔热性镶玻璃构件和非隔热性镶玻璃构件两类，所以防火窗产品的耐火性能的分类也只能有两类，因为防火窗的主要材料是防火玻璃。GB/T 12513—2006 适用于玻璃幕墙、玻璃隔墙等垂直、水平、倾斜的镶玻璃分隔构件的耐火试验。所以防火窗、玻璃幕墙、玻璃隔墙等镶玻璃分隔构件的耐火性能的分类也只有隔热性镶玻璃构件和非隔热性镶玻璃构件两类，并没有部分隔热玻璃分隔构件。但防火门则有部分隔热防火门，其原因是防火门所使用的隔断材料与防火窗是不相同的，防火门是按现行国家标准《防火门》GB 12955—2008 进行分类的，所以防火门和镶玻璃构件的防火窗执行的标准不同，因而分类方法也不相同。尽管现行国家标准《防火门》GB 12955—2008 按耐火性能对防火门进行分类时有“部分隔热防火门（B 类）”，但《建筑设计防火规范》GB 50016—2014（2018 年版）对部分隔热防火门（B 类）和非隔热防火门（C 类）都没有规定其用途。

欧洲《建筑用防火玻璃防火性能分类》EN357—2004 将防火玻璃按防火性能分类为 E1、EW、E 三个类别，每个类别又按耐火时间再分级。E1 类防火玻璃具有耐火完整性和耐火隔热性；EW 类具有耐火完整性和热辐射强度；E 类具有耐火完整性。耐火隔热性的指标是背火面平均温度超过试件表面初始温度 140℃或背火面单点温度超过该点初始温度 220℃。热辐射强度的要求是在耐火时间内背火面指定距离处测得的热辐射强度不应大于 $15kW/m^2$。且要求防火玻璃完成耐火试验后应进行射水试验，看防火玻璃是否直接破碎。该性能可以防止在用水灭火时，由于防火玻璃激冷破碎，而丧失分隔性能。

欧洲《建筑用防火玻璃防火性能分类》EN357—2004 标准的防火玻璃按防火性能分类表明，防火玻璃没有射水试验不能证明防火玻璃在消防队灭火射水时，仍具有防火分隔性能。而且防火玻璃只有隔热性镶玻璃构件和非隔热性镶玻璃构件是不够的，应当有耐火完整性和热辐射强度耐火性能的防火玻璃。

我国防火玻璃按结构可分为单片防火玻璃（DFB）和复合防火玻璃（FFB）。

单片防火玻璃是由单层防火玻璃构成，并满足相应耐火等级要求的防火玻璃，它有单片硼硅防火玻璃、高强度单片铯钾防火玻璃、高强度低辐射镀膜防火玻璃、薄涂型防火玻璃等，由于是单片，故质量轻、透明度好，但由于其隔热性或热辐射强度只能达到 C 类级别的耐火性能要求，在我国的《建筑设计防火规范》GB 50016—2014（2018 年版）中，不能单独作为隔墙的材料使用，只能与自动喷水灭火系统配合使用。通常可以将单片防火玻璃作为复合防火玻璃的原片，采用多片粘接为多层防火玻璃或多层灌注型防火玻璃。

单片铯钾防火玻璃是采用化学处理方法来提高平板玻璃表面的压应力，以抵抗热裂应力，从而提高铯钾防火玻璃抗热冲击性能。单片铯钾防火玻璃是在平板玻璃表面喷涂钾盐、铯盐溶液，经干燥后送入热处理炉中进行化学钢化，依靠大量杂质的注入弥散，在高温下产生弥散强化而得到表面压应力，它可以在1000℃的气相温度下，可保持1.00h以上的完整性，其强度为钢化玻璃的1.5～3倍。

复合防火玻璃按制造工艺又可分为粘接型和灌浆型两种，粘接型由两层或以上的平板玻璃或防火玻璃用防火胶粘剂粘接而成，火灾高温使防火胶粘剂分解起泡产生隔热作用，阻挡过量的热量透过玻璃层。灌浆型由两层或以上的平板玻璃或防火玻璃，将玻璃的两两之间的周边用粘接条封住边口成空心状，经试漏后，再灌注防火凝胶，经固化封口成为透明的复合防火玻璃，复合防火玻璃的耐火性能，能达到A类隔热性要求，但单位面积的质量重，受高温作用后，透光率变差。

防火玻璃原片可选用镀膜或非镀膜的浮法玻璃、钢化玻璃。复合防火玻璃原片可选用单片防火玻璃。

夹丝玻璃（嵌丝玻璃）是在玻璃压延成型时，将预热的金属丝或金属网压在玻璃平板中制成。它是一种安全玻璃，其最大优点是在受热或受外力时，裂而不脆，破而不缺，始终保持其完整性，但它并不隔热，受火10min左右，背火面温度可达400～500℃，其耐火隔热性不能满足隔热性防火玻璃的要求，夹丝玻璃没有隔热性指标，故不能用于走道隔墙，人在热辐射强度达到0.96W/cm^{2}时只能耐5s，在热辐射强度达到0.335W/cm^{2}时只能耐60s。美国《建（构）筑物火灾生命安全保障规范》NFPA101—2006标准规定：在中庭至少用耐火不少于1h的防火隔断将中庭与邻近区间分隔开来，当采用玻璃隔断时，可用钢化玻璃、嵌丝玻璃或迭层玻璃，并应按规定安装闭式洒水喷头保护，保证闭式洒水喷头启动后，能喷湿玻璃的整个表面，而且要求玻璃框架系统即使变形，玻璃也不会破碎。

27　防火玻璃隔墙的消防要求解读

防火玻璃隔墙在《建筑设计防火规范》GB 50016—2014中对采用防火玻璃隔墙提出设置要求的部位有：中庭与周围连通空间应进行防火分隔的部位；步行街两侧建筑的商铺其面向步行街一侧的围护构件；建筑外墙上下层开口之间的部位。规范对这些部位的防火分隔要求见表27-1。

我国规范对采用防火玻璃隔墙的部位提出的设置要求　　表27-1

项目	中庭	有顶步行街	建筑外墙
部位	中庭与周围连通空间应进行防火分隔的部位	步行街两侧建筑的商铺其面向步行街一侧的围护构件	外墙上下层开口之间的部位
防火分隔的基本规定	与中庭上下层相连通的建筑面积叠加计算后，建筑面积大于规范规定的防火分区面积时，对中庭部分与周围连通空间应进行防火分隔	步行街两侧商铺应采用防火分隔构件与步行街进行防火分隔	建筑外立面上下层开口之间应设置高度不小于1.2m的实体墙，或挑出宽度不小于1m，长度不小于开口宽度的防火挑檐，当室内设置自动喷水灭火系统时，上下层开口之间实体墙高度不应小于0.8m

续表

项目	中庭	有顶步行街	建筑外墙
防火分隔的防火要求	（1）可采用耐火极限不低于1.00h的防火隔墙； （2）采用隔热性防火玻璃墙时，其耐火隔热性和耐火完整性不应低于1.00h； （3）采用非隔热性防火玻璃墙时，其耐火完整性不应低于1.00h，且应设置闭式自动喷水灭火系统或冷却水幕系统保护； （4）采用防火卷帘分隔时，其耐火极限不应低于3.00h，并应符合设置防火卷帘的有关规定	（1）可采用耐火极限不低于1.00h的实体墙； （2）采用隔热性防火玻璃墙时，其耐火隔热性和耐火完整性不应低于1.00h； （3）采用非隔热性防火玻璃墙时，其耐火完整性不应低于1.00h，且应设置闭式自动喷水灭火系统保护	也可采用非隔热性防火玻璃墙，高层建筑的防火玻璃墙的耐火完整性不应低于1.00h；多层建筑的防火玻璃墙的耐火完整性不应低于0.50h。外窗的耐火完整性不应低于防火玻璃墙的耐火完整性要求

《建筑设计防火规范》GB 50016—2014对上述三个部位可使用防火玻璃墙作为防火分隔构件的规定，有个共同的环境条件，即防火玻璃墙的一侧是有人员活动或有可燃物，而另一侧是没有可燃物或没有人员活动的，比如，建筑的外墙上下层开口之间的部位的另一侧是室外空间，既没有人员活动也没有可燃物；有顶步行街的街面是没有可燃物，可以作为安全疏散使用的区域；被防火玻璃墙分隔的中庭一侧是中庭地面的上部空间。

使用防火玻璃时需要注意以下几点：

（1）防火玻璃不能在现场加工（如切割，钻孔，磨边），所以热处理尺寸应准确；

（2）防火玻璃隔墙的框架应与防火玻璃一同保证整体耐火极限；

（3）一般防火玻璃在受高温热后遇水激冷会爆裂。

防火玻璃隔墙的技术要求还应符合现行行业标准《防火玻璃非承重隔墙通用技术条件》XF 97—1995的要求。应按该标准的技术要求，检验方法，检验规则等对防火玻璃非承重隔墙进行质量控制。由于现行国家标准《镶玻璃构件耐火试验方法》GB/T 12513—2006对镶玻璃构件的耐火试验所用的试件，均应完全反映镶玻璃构件在使用中的实际情况，所以要求试件所用的材料、制作工艺，框架结构，衬垫密封材料和安装方式等均应与实际使用情况相符。因此，防火玻璃隔墙在安装前必查看产品检验报告中试件自身的条件是否与到场的防火玻璃隔墙相符。

28　防火间距术语定义解读

《建筑设计防火规范》GB 50016—2014对“防火间距”的术语定义是：“防止着火建筑在一定时间内引燃相邻建筑，便于消防扑救的间隔距离。”在其条文说明中又指出：“防火间距是不同建筑间的空间间隔，既是防止火灾在建筑之间发生蔓延的间隔，也是保证灭火救援行动既方便又安全的空间。”我们对其条文的理解是：防火间距是不同建筑间的空间间隔，既是防止火灾在建筑之间发生蔓延的间隔，也是保证灭火救援行动既方便又安全的空间。为了防火，不同建筑之间的空间间隔也不能太大，还要顾及节约土地资源，因此规定了防火的最小水平间隔距离，即防火间距。

《建筑设计防火规范》GB 50016—2014 以附录 B 给出了防火间距的计算方法。

“附录 B 防火间距的计算方法

B.0.1 建筑物之间的防火间距应按相邻建筑外墙的最近水平距离计算，当外墙有凸出的可燃或难燃构件时，应从其凸出部分外缘算起。

建筑物与储罐、堆场的防火间距应为建筑外墙至储罐外壁或堆场中相邻堆垛外缘的最近水平距离。

B.0.2 储罐之间的防火间距应为相邻两储罐外壁的最近水平距离。

储罐与堆场的防火间距，应为储罐外壁至堆场中相邻堆垛外缘的最近水平距离。

B.0.3 堆场之间的防火间距，应为两堆场中相邻堆垛外缘的最近水平距离。

B.0.4 变压器之间的防火间距，应为相邻变压器外壁的最近水平距离。

变压器与建筑物、储罐和堆场的防火间距，应为变压器外壁至建筑外墙、储罐外壁或相邻堆垛外缘的水平距离。

B.0.5 建筑物、储罐或堆场与道路、铁路的防火间距，应为建筑外墙、储罐外壁或相邻堆垛外缘距道路最近一侧路边或铁路中心线的最小水平距离。”

从规范对“防火间距”的术语定义可知：

（1）“防火间距”是不同建筑之间相邻的空间间隔；对于同一座建筑不存在“防火间距”。

（2）规范并没有指明规范使用的“建筑”是广义的，还是狭义的。

但从规范附录 B 防火间距的计算方法可知：

（1）附录 B 所指的防火间距包括：建筑物与建筑物之间、建筑物与储罐、堆场之间、储罐之间、储罐与堆场之间、堆场与堆场之间、变压器与变压器之间、变压器与建筑物、储罐和堆场之间、建筑物、储罐或堆场与道路、铁路之间均应有防火间距；

（2）其中的“建筑物”是狭义的，仅指房屋建筑，不包括构筑物。

（3）其中的“储罐”“变压器”是设备，其中的“道路和铁路”是构筑物，其中的“堆场”是场所。

我们知道，“建筑”是建筑物与构筑物的总称。广义的建筑是指人工建筑而成的所有建（构）筑物，既包括房屋，又包括构筑物；狭义的建筑仅指房屋建筑，不包括构筑物。

房屋是指有基础、墙、顶、门、窗，能够遮风避雨，供人在内居住、工作、学习、娱乐、储藏物品或进行其他活动的空间场所。

构筑物是指房屋以外的建筑，人们一般不直接在内进行生产和生活活动，如水塔、桥梁、水坝、围墙、道路、铁路、水井、隧道、纪念塔和烟囱等。这些构筑物若采用不燃材料建设，它们自身不会发生火灾，其中，房屋不会与桥梁、隧道相邻，而房屋与道路、铁路相邻时，由于路面上的车辆具有火灾危险，所以必须从防火的需要来控制房屋与道路、铁路的间隔距离。

“储罐”“变压器”是设备，而“堆场”是场所。如果规定它们与房屋建筑之间或它们相互之间的间隔间距也称为防火间距时，与规范对“防火间距”的术语定义是相违背的。

"防火间距"这一术语概念所表达的客体特征是：相邻的不同建筑之间的防火需要的空间间隔。"建筑"术语的概念包括一切由人类建造的，永久固定的，人们直接在内生产生活的场所，如工业建筑、民用建筑。即使概念外延，也仅包括道路和铁路。不能把设备和场所也纳入进来。

《建筑设计防火规范》GB 50016—2014 是为预防建筑火灾，减少火灾危害，保护人身和财产安全为目标，在建筑防火设计时，应遵照的建筑设计防火规定。所以对规范附录 B 中建筑之间应有防火间距，建筑物与有火灾危险的构筑物、设备、道路、铁路、堆场等之间应有防火间距的规定，尽管与"防火间距"的术语定义相悖，但可通过修改术语定义来解决，这些都是没有非议的。虽然设备、堆场等相互之间应有防火间距的规定，与建筑物防火没有关系，不属于《建筑设计防火规范》GB 50016—2014 范围内的事宜，但规范顺便列入，也是可以理解的。

另外，按照规范对"防火间距"的术语定义，"防火间距"是对相邻的不同建筑物之间的空间间隔而言的，因此对于同一座建筑就不存在"防火间距"。故对同一建筑不可使用"防火间距"术语。

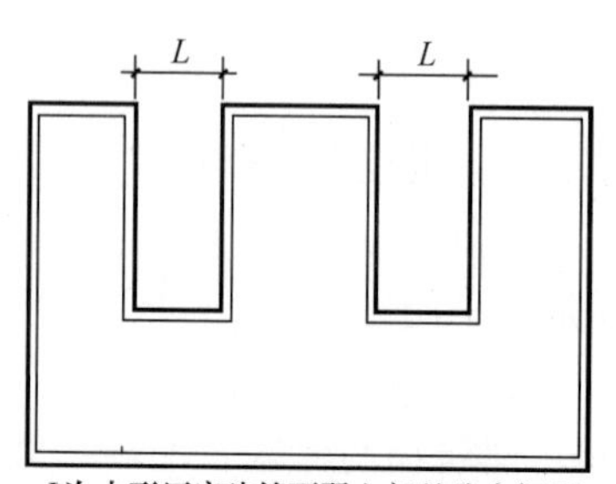

图 28-1 "山"形厂房相邻两翼之间的防火间距

但是《建筑设计防火规范》GB 50016—2014 在第 3.4.7 条中对同一座"U"形或"山"形厂房中相邻两翼之间的间隔距离的规定是："同一座 U 形或山形厂房中相邻两翼之间的防火间距，不宜小于本规范第 3.4.1 条的规定"。显然《建筑设计防火规范》GB 50016—2014 把同一座"U"形或"山"形厂房中相邻两翼之间的空间间隔也称为"防火间距"。这就违背了本规范术语定义条文说明中所说的，防火间距是不同建筑间的空间间隔的概念特征，规范还在条文说明中给出了图示来说明什么是"山"形厂房中相邻两翼之间的防火间距，如图 28-1 所示。

仅就《建筑设计防火规范》GB 50016—2014 对"防火间距"的术语定义一例说明，我们在学习《建筑设计防火规范》GB 50016—2014 时，不仅要看术语定义，了解术语所对应的概念特征，并知道某一概念在体系中的确切位置，同时还要通读条文，全面理解规范条文中术语使用所表达的真正含义，才能正确认识并融会贯通地执行规范。

防火间距实际上是防止可能发生火灾的建筑物、构筑物、可燃设备、可燃实体之间以及建筑物本体的两翼之间，因飞火、热对流、热辐射的作用而相互引燃所需采取的最小空间间隔，也是灭火救援需要的最小空间间隔，在两个需要的最小空间间隔指标中选取最大值作为防火间距。

29 解读火灾自动报警系统

我国的火灾自动报警系统的技术标准主要有：

现行国家标准《火灾自动报警系统设计规范》GB 50116—2013，该标准规定了火灾自动报警系统的设计要求。

现行国家标准《火灾报警控制器》GB 4717—2005，该标准规定了火灾报警控制器的分类、术语和定义、技术要求、试验、检验规则、标志。

现行国家标准《消防联动控制系统》GB 16806—2006，它对消防联动控制系统的定义是：火灾自动报警系统中，接收火灾报警控制器发出的火灾报警信号，按预设逻辑完成各项消防功能的控制系统。通常由消防联动控制器、模块、气体灭火控制器、消防电气控制装置、消防设备应急电源、消防应急广播设备、消防电话、传输设备、消防控制室图形显示装置、消防电动装置、消火栓按钮等全部或部分设备组成。该标准规定了消防联动控制器及其各组成设备的基本性能试验的要求。

按照现行国家标准《 消防词汇 第 2 部分：火灾预防》GB/T 5907.2—2015 的术语定义：

"火灾自动报警系统——能实现火灾早期探测、发出火灾报警信号、并向各类消防设备发出控制信号完成各项消防功能的系统，一般由火灾触发器件、火灾警报装置、火灾报警控制器、消防联动控制系统等组成。

电气火灾监控系统——由电气火灾监控设备、电气火灾监控探测器组成，当被保护电气线路中的被探测参数超过报警设定值时，能发出报警信号、控制信号并能指示报警部位的系统。

消防联动控制系统——通常由消防联动控制器、模块、气体灭火控制器、消防电气控制装置、消防设备应急电源、消防应急广播设备、消防电话、传输设备、消防控制中心图形显示装置、消防电动装置、消火栓按钮等设备组成，在火灾自动报警系统中，接收火灾报警控制器发出的火灾报警信号，完成各项消防功能的控制系统。"

按照现行国家标准《火灾自动报警系统设计规范》GB 50116—2013 的术语定义："火灾自动报警系统——探测火灾早期特征、发出火灾报警信号，为人员疏散、防止火灾蔓延和启动自动灭火设备提供控制与指示的消防系统"，在该标准中，消防联动控制器是作为控制显示设备存在于系统中的。

29.1　火灾自动报警系统的任务

火灾自动报警系统能够探测早期火灾，发出火灾报警信号，为人员疏散赢得更多时间，能控制自动灭火设备及时启动，把火灾控制在初期阶段，并能自动控制建筑消防设备启动，为人员安全疏散创造良好条件，减少火灾损失，保护人员生命及财产安全。

有文献记载：建筑内发现火灾的时间与火灾死亡率是密切相关的：英国统计资料显示，在明火点燃后的 5min 内发现火灾的死亡率为 0.31%，在 5min 至 30min 内发现火灾的死亡率为 0.81%，在大于 30min 后发现火灾的死亡率为 2.65%；美国统计资料显示，在安装有火灾自动报警系统的建筑内发生火灾的平均死亡率为 0.43%，而没有安装火灾自动报警系统的建筑内发生火灾的平均死亡率为 0.85%。

另据美国消防协会（NFPA）对 1980～1998 年的 100 起住宅火灾中死亡人数的统计，在已安装火灾自动报警系统的建筑火灾中平均死亡率为 0.57%，而在未安装火灾自动报警系统的建筑火灾中平均死亡率为 1.04%，可以认为由于安装火灾自动报警系统而使住宅建筑火灾的平均死亡率下降了 47%。

火灾自动报警系统是自动地对保护区域的火灾进行监视，并能在火灾初起时发出报警信号，相比于人工监视发现火灾是更为高效的自动报警方式。在中华人民共和国成立初期，我国的消防技术尚不发达，有许多重要建筑还没有设置火灾自动报警系统，只能用人工监视方法去发现和扑灭火灾。有资料记载：在1959年中华人民共和国成立十周年庆典时，在北京人民大会堂举行隆重的国庆招待会，有中外贵宾4706人参加，需要在东西长102m，南北宽76m的宴会厅内布置470桌宴席，由于建筑内未设火灾自动报警系统，而宴会厅用电负荷又很大，吊顶内的隐蔽部位是火灾的危险源，如此重大的招待宴会 一旦发生火灾其后果不堪设想，政治影响很大，所以消防保卫部门就只有采用人工监视防范火灾的方法，为此，在吊顶内隐蔽布置了50名保卫人员，每人手持一床棉被，一旦发现火情，立即用棉被捂住，使燃烧缺氧而熄灭。由于对消防保卫的重视，确保了国庆招待会安全成功地举办。

改革开放以后，我国消防技术突飞猛进，一般公共建筑和工业建筑的火灾自动报警系统和自动喷水灭火系统等自动消防设施已经普及，建筑消防安全保障水平已大幅提高。

29.2 火灾自动报警系统的组成

按现行国家标准《消防词汇 第2部分：火灾预防》GB/T 5907.2对“火灾自动报警系统”术语定义可知，火灾自动报警系统是由火灾探测报警部分和消防联动控制部分组合而成的系统，是以火灾早期探测及报警、联动控制消防设备，实现预定的消防功能并显示其工作状态为基本任务的重要消防设备。

火灾自动报警系统组成可用图29-1所示矩形框图来表达。

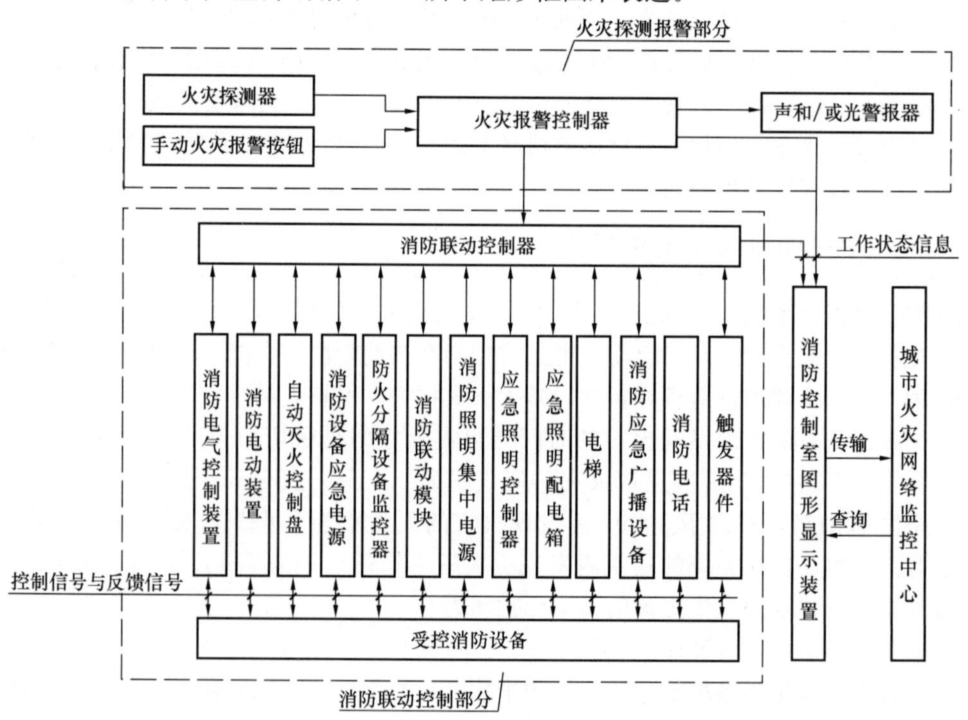

图29-1 火灾自动报警系统组成框图

(1) 火灾探测报警部分：是由触发器件（包括传感器件）、火灾警报装置、火灾报警及控制装置（如火灾报警控制器）、供电与信息传输网络，以及具有其他辅助功能的消防装置和消防电源设备等组成的，是自动探测早期火灾并自动发出火灾报警信号的设备。

1）火灾报警控制器是指能够监视和显示与其连接的探测器及其他部件，以及系统本身工作状态，处理接收到的火灾报警信号、指示火灾部位及报警时间、发出声光报警信号，并为与其连接的部件提供电源的设备。

2）触发器件是指各类自动或手动发出火灾报警信号的器件，如火灾探测器、手动报警按钮等器件。

火灾探测器是火灾自动报警系统中最重要的自动触发器件或传感器件，是组成火灾自动探测报警系统的“感觉器官”。它的任务是探测保护区域内早期火灾特征物理量，对火灾特征物理量信号进行处理（或将信号适时传输给火灾报警控制器），按规定的信号处理方法判断真实火灾是否发生，当确定是真实火灾信号时，即向火灾报警控制器发出火灾报警信号，当火灾报警控制器根据收到的火灾报警信号满足联动所需的逻辑组合时，即向联动控制器发出联动触发信号，所以火灾探测器的信号也是决定联动触发信号能否生成的基本信息，由于火灾探测技术、信息传输技术及信号处理技术的发展与进步，工程应用中不仅有开关量式火灾探测器，也有模拟量式火灾探测器，后者不再是向火灾报警控制器发出火灾报警开关量信号，而是将信号适时传输给火灾报警控制器，由控制器对信号进行处理，由控制器决定是否发出火灾报警信号；也有分布智能火灾探测报警系统，火灾探测器和火灾报警控制器都有智能，整个火灾特征参数的处理由各自分工进行，火灾探测器将采集到的特征参数进行处理并做出智能判断，并将判断信息传给控制器，由控制器再做更高级的处理，完成更复杂的判断，确认真实火灾发生后，即发出火灾报警信号。

“尽早报警，准确报警”是对火灾报警系统的基本要求，也是对开关量式火灾探测器的基本要求。

手动火灾报警按钮是人工手动触发报警器件，它是安装在位置明显并便于操作的公共部位（如疏散通道或出入口处），每个防火分区至少应设一只手动火灾报警按钮，从一个防火分区内的任何部位到最近的手动火灾报警按钮步行距离不应大于30m，供人们发现火灾时及时按下，向消防中心手动报警的消防设施，通常把它看作是火灾自动报警系统中的人工触发报警装置。

3）火灾警报装置（消防声光警报器）是火灾自动报警系统向报警区域发出火灾声、光报警信号的器件，警示环境已发生火灾，应尽快逃生和灭火救援。

消防声光警报器是一种受火灾报警控制器或消防联动控制器控制向保护区发出声光警报的讯响器件，它安装在保护区现场。火灾声光警报器当受火灾报警控制器控制时，只有当火灾报警控制器进入火灾报警状态后才能控制启动；声光警报器当受自动灭火控制器控制时，只有当控制器收到满足联动逻辑关系的首个联动触发信号后，就应启动设置在该防护区的声光讯响器件，满足联动逻辑关系的首个联动触发信号是指任一防护区内的感烟火灾探测器或其他类型的火灾探测器的首次报警信号或手动火灾报警按钮报警信号。当自动灭火控制器不直接接收火灾报警触发器件的火灾报警信号时，自动灭火控制器所收到“满足联动逻辑关系的首个联动触发信号”的信号源均应来自火灾报警控制器！

声光警报器有编码型与非编码型两种，编码型声光警报器可用电子编码器直接写入地址，并接入总线系统，无论何种类型的声光警报器都需要有 DC24V 电源接入。

由标准规定可知，声光警报器的启动应由火灾报警控制器或自动灭火控制器控制。手动火灾报警按钮是火灾报警控制器的人工触发报警器件，在任何情况下，是不允许由手动火灾报警按钮直接启动声光警报器的。

（2）消防联动控制部分：其任务是接收火灾报警控制器发出的火灾报警信号（联动触发信号），按预先设定的逻辑程序完成各项消防功能，并能控制显示联动控制对象的工作状态的联动控制显示设备。消防联动控制系统通常由消防联动控制器、模块、气体灭火控制器、消防电气控制装置、消防设备应急电源、消防应急广播设备、消防电话、消防电动装置、消火栓按钮等设备组成。由于技术的发展，消防联动控制系统还应包括消防应急照明控制装置、消防应急照明集中电源、防火（防烟）分隔设备监控器等消防设备。

消防联动控制系统中的触发器件，按规范规定由消防联动控制器直接配接的触发器件，其动作信号是向消防联动控制器输入，而由消防控制设备配接的触发器件，其动作信号应向消防控制设备输入。如由消防电气控制装置配接的压力开关，其动作信号应向消防电气控制装置输入，消防电气控制装置应将收到的动作信号传送给与其连接的消防联动控制器，在自动工作状态下，消防电气控制装置应执行预定的动作，控制受控设备进入预定的工作状态。

（3）消防控制室图形显示装置：该装置是建筑消防安全管理和消防灭火救援组织指挥的重要设备，集中报警系统和控制中心报警系统均应在消防控制室内设消防图形显示装置。

消防控制室图形显示装置（以下简称消防图形显示装置）是用于消防信息接收、显示、查询管理、储存与传送的设备，不应具有任何控制功能，不能对控制器进行复位、对系统进行设定、对消防设备进行任何控制操作。

消防图形显示装置应能接收与其连接的火灾报警控制器、消防联动控制器、电气火灾监控器、可燃气体报警控制器等消防设备发出的火灾报警信号或联动控制信号，并进入火灾报警状态或联动控制状态，显示相应信息，并能将接收到的信息按规定的通信协议格式及时传输给城市消防监管中心。应能接收和执行城市消防监管中心的查询指令，将建筑内的消防安全管理信息、各类消防系统及设备、设施的动态信息等，按规定的通信协议格式及时将相关信息传输给城市消防监管中心。

消防图形显示装置应能查询并显示监视区域内所有消防设备（设施）的实际地址及其对应的实时状态信息。当有火灾报警信号、监管报警信号、反馈信号、屏蔽信号、故障信号输入时，图形显示装置应点亮相应状态的专用总指示灯，显示相应部位对应总平面布局图中的建筑位置、建筑平面图，在建筑平面图上指示相应部位的实际地址，并记录时间。

消防图形显示装置应有信息记录功能，应能将与其连接的消防设备（设施）的状态信息予以记录，记录应包括报警时间、报警部位、复位操作、设备（设施）的启动时间和动作反馈等信息。

消防图形显示装置应能储存并查询显示建筑总平面布局图、各层平面及防火分区图、安全疏散与避难设施图、灭火救援设施图、建筑内各消防系统的系统图和消防设备的具体部位及工作状态信息。建筑总平面布局图尚应包括的信息有：建筑物周边消防车道、消防车登高操作场地、消防水源位置、与相邻建筑的防火间距、建筑物的使用性质、建筑高度、建筑面积、消防控制室位置等。显示时，显示界面应能完整地显示单个或多个建筑的总体布局图。

消防图形显示装置与其连接的各类消防控制设备及城市火灾监控中心之间的信息传输关系如图 29-2 所示。

图 29-2 是按现行国家标准《火灾自动报警系统设计规范》GB 50116—2013 绘制的，该规范规定：电气火灾监控器、可燃气体报警控制器与火灾报警控制器及消防联动控制器一样，都应将自己的系统运行工作状态信息适时向消防图形显示装置传输，再由图形显示装置将这些信息传输给城市消防网络监控中心。当建筑内不设消防图形显示装置时，电气火灾监控器和可燃气体报警控制器的适时状态信息应在起集中控制功能的火灾报警控制器上显示，并应设传输设备将这些信息传输给城市消防网络监控中心。

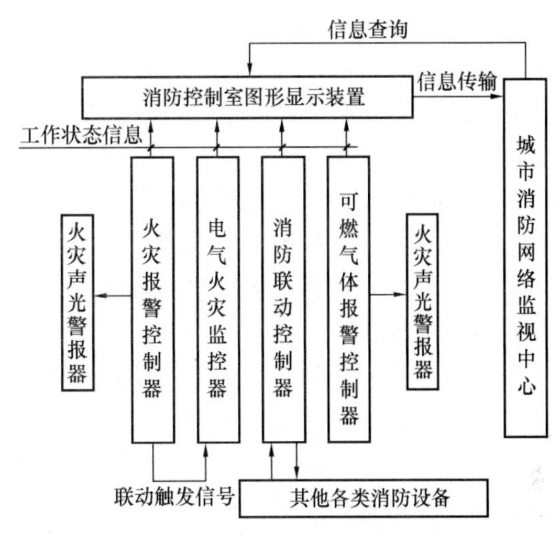

图 29-2 消防图形显示装置的信息传输关系

（4）电气火灾监控系统：由电气火灾监控器、电气火灾监控探测器组成。能在发生电气故障或产生一定电气火灾隐患的条件下，发出报警信号，提醒专业人员排除电气火灾隐患、实现电气火灾的早期预防，有很强的电气防火预警功能。电气火灾监控系统是单独的预警系统，为了对系统的信息进行统一管理，系统的运行状态信息应在消防控制室图形显示器或起集中控制功能的火灾报警控制器上显示。但这类信息的显示应与火灾报警信息应有明显的区别。

现行国家标准《建筑设计防火规范》GB 50016—2014（2018 年版）对设置电气火灾监控系统的场所有明确规定，这些场所内的非消防用电负荷均宜设置电气火灾监控系统。

（5）可燃气体探测报警系统：是由可燃气体报警控制器、可燃气体探测器和火灾声光警报器组成。能够在保护区域内泄漏可燃气体的浓度低于爆炸下限的条件下，提前发出报警信号，并应启动保护区域的声光警报器。从而预防由于可燃气体泄漏引发的火灾和爆炸事故的发生。系统是作为一个单独的系统存在的。为了对其系统的信息进行统一管理，可燃气体报警控制器的运行状态信息应在消防控制室图形显示器或起集中控制功能的火灾报警控制器上显示，但这类信息的显示应与火灾报警信息的显示应有明显区别。

建筑内可能散发可燃气体、可燃蒸气的场所，应设置可燃气体报警装置。

29.3 火灾自动报警系统的基本形式

（1）火灾自动报警系统按其系统组成及功能可分为区域报警系统、集中报警系统、控制中心报警系统三种基本形式。

区域报警系统仅具有报警功能，所以可采用不具有联动控制功能的区域火灾报警控制器，区域报警控制器应设置在有人值班的房间，如值班室、配电室、传达室等处。

集中报警系统是不仅需要报警，也需要联动自动消防设备的系统，需要采用具有联动控制功能的火灾报警控制器，且只设置一台具有集中控制功能的火灾报警控制器，但保护对象不同，所联动的自动消防设备就会有多有少，因此在选用火灾报警控制器和消防联动控制器时，对联动控制对象较多的保护对象，一般采用火灾报警控制器和消防联动控制器组合；而对联动控制对象不多的保护对象，一般采用联动型火灾报警控制器，这是在一个机箱内由火灾自动探测报警单元与消防联动控制单元组合在一起的报警控制设备，它具有火灾自动探测报警功能和简单的消防联动控制功能及显示功能。当联动的自动消防设备较多时，就需要将联动型火灾报警控制器的消防联动控制单元独立出来，成为单独的消防联动控制柜与火灾报警控制器组合。这样火灾报警控制器就出现了两种类型，即单纯的火灾报警控制器和联动型火灾报警控制器。集中报警系统中只能设一台集中报警控制器和两台及两台以上区域报警控制器，或者设一台集中报警控制器和两台及两台以上区域显示器；区域报警控制器直接和火灾探测器及触发装置连接，而集中报警控制器只与区域报警控制器及控制对象连接。

系统中起集中控制作用的消防设备，如火灾报警控制器和消防联动控制器、消防应急广播控制装置、消防专用电话总机、消防图形显示器等均应设置在消防控制室内，集中报警系统应具有将相关运行状态信息传输到城市消防远程监控中心的功能。

控制中心报警系统是指保护对象有两个及两个以上集中报警系统或设置两个及以上消防控制室时，应采用的火灾报警系统，当有两个及以上消防控制室时，其中一个消防控制室应为主消防控制室。系统中必须设消防图形显示器，主消防控制室应能集中显示所有火灾报警部位信号和消防联动控制状态信号；分消防控制室之间可互相传输、显示状态信息实现信息沟通与共享，但不能互相控制消防设备；系统中共同使用的重要消防设备应由主消防控制室统一控制；应具有将相关运行状态信息传输到城市消防远程监控中心的功能。

火灾自动报警系统按信息传输方式不同可分为多线制传输方式和总线制传输方式。

火灾自动报警系统保护对象的情况是千差万别的，规模和体量相差也很大，使用功能日趋复杂，有单一的建筑，也有复杂的建筑群，即使是一栋建筑物，其产权归属也可能是复杂的，所以需要的消防功能也更加复杂多样，再加上火灾自动报警设备的新技术，新产品的涌现，使得火灾自动报警设备的功能融合能力大大提高，使系统的结构形式向更灵活多样的方向发展，以适应各种保护对象的需要，所以系统的形式也不会绝对化，国家标准对火灾自动报警系统三种基本形式的规定是原则性的，以适应我国幅员辽阔、发展迅猛的实际需要，在工程中应按实际需要，在符合规范要求的前提下，应以“集中管理、可靠工作”的原则设计火灾自动报警系统。

消防联动控制器可以是单独的联动控制设备存在于火灾报警系统中，这种火灾报警系统中既有火灾报警控制器，也有消防联动控制器；消防联动控制器也可以和火灾报警控制器组合成一台报警与控制设备，这时一台火灾报警控制器中既有火灾报警单元，也有联动控制单元，通常将这种报警与控制设备称为联动型火灾报警控制器。

火灾报警控制器按设备的外形可分为壁挂式、立柜式和琴台式三种类型。

（2）各类火灾报警控制器在使用功能上的差别

区域火灾报警控制器、集中火灾报警控制器、通用火灾报警控制器在使用功能上有以下的差别：

1）区域报警控制器用于区域报警系统或集中报警控制系统的报警区域的控制显示，

区域报警控制器可以直接连接火灾探测器等触发装置并处理和显示报警信息，并向集中报警控制器传递火警信息。每个报警区域应设一台区域报警控制器（或区域显示器），为了更准确地确定报警区域内发生火灾的具体部位，还必须将报警区域按顺序编号划分为若干个探测区域，一般是按独立的房（套）间划分，一个探测区域可以是一个或多个火灾探测器所保护的局部空间，每个探测区域内的火灾探测器是互相并联，在区域报警控制器或区域显示器上占用一个部位号，是火灾自动报警系统的最小单元。区域报警控制器就是能够监视和显示探测器、触发器件及系统本身工作状态、处理接收到的火灾报警信号、指示火灾部位及时间、发出声光报警并为火灾探测器等触发器件提供电源的设备。起区域报警作用的区域报警控制器应安装在有人值班的场所，区域显示器则应安装在出入口等明显和便于操作的部位。

2）集中报警控制器用于集中报警系统或集中报警控制系统，是接收区域报警控制器传递回来的信息并能显示火灾报警的具体部位和区域报警控制器的工作状态，设有必要的消防联动控制输出接点和输入接点（或输出、输入模块），用以控制显示有关消防设备工作状态，实现简单的联动控制，并接收其反馈信号。

集中报警系统内应设置一台集中报警控制器和两台及两台以上区域报警控制器，也可以设置一台集中报警控制器和两台及两台以上区域显示器。

起集中报警和控制作用的集中报警控制器应安装在消防控制室。

3）通用报警控制器是既可以作为集中报警控制器使用，也可作为区域报警控制器使用的两用火灾报警控制器。当作为集中报警控制器使用时，应符合集中报警控制器的使用要求，当作为区域报警控制器使用时，应符合区域报警控制器的使用要求。

值得注意的是，当区域报警控制器无法满足在报警区域就地显示火灾报警信息时，可在报警区域设置区域显示器（国家产品标准名称为火灾显示盘），它是安装在每个报警区域就地显示该报警区域的火灾报警信息，它所显示的火灾报警信息是由区域报警控制器或集中报警控制器提供，因为它是重复再现该报警区域的火灾报警信息，所以通俗地叫它为“重复显示器”更能体现它火灾报警信息显示的特点。

30 主消防控制室的消防功能要求解读

《火灾自动报警系统设计规范》GB 50116—2013 第 3.2.4 条规定：“有两个及以上消防控制室时，应确定一个主消防控制室”，主消防控制室就是建筑（或建筑群）的消防中心。

该规范规定，设有火灾自动报警系统、自动灭火系统或设有火灾时需要联动的消防设备的建筑均应设消防控制室。

消防控制室的任务是落实消防管理责任制、通过管理机构对建筑消防进行日常管理、把消防设备和管理人员及管理制度有机结合，火灾时能有效地组织人员疏散和火场扑救。因此消防控制室在建筑中有很重要的地位，消防控制室是一个没有被定义的概念，消防值班室、消防控制室、主消防控制室等都是消防管理室，但它们之间有如下区别：

（1）消防值班室：建筑内仅设有区域报警系统，而保护对象中没有消防联动控制对象的，可设消防值班室；

(2) 消防控制室：建筑内不仅需要报警，同时需要联动消防设备时，应采用集中报警系统，而且仅设置一台具有联动控制功能的火灾报警控制器或由火灾报警控制器和消防联动控制器组合的保护对象，应设置消防控制室。这就是说，凡是具有消防联动功能的火灾自动报警系统的保护对象，均应设置消防控制室。消防控制室内还应设置消防应急广播的控制装置、消防专用电话总机等起集中控制作用的消防设备和消防控制室图形显示装置。

消防控制室图形显示装置应能显示建筑物内的全部消防系统及相关设备的动态信息和建筑的消防安全管理信息（如竣工图纸、各分系统控制逻辑关系说明、设备使用说明书、系统操作规程、应急预案、值班制度、维护保养制度及值班记录等文件资料），并应将这些信息及时传输给城市消防监管中心，消防控制室应设有用于火灾报警的外线电话。

消防控制室是建筑消防系统的信息中心、控制中心、日常运行管理中心和各自动消防系统运行状态监视中心，也是建筑发生火灾和日常火灾演练时的应急指挥中心。

(3) 消防控制中心：当建筑规模大，控制功能复杂，需要实现集中管理或分散与集中管理相结合的方式，对建筑的消防设施统一管理的保护对象，应采用控制中心报警系统，应设消防控制中心。所以，凡是设置两个及以上消防控制室的保护对象，或已设置两个及以上集中报警系统的保护对象，均应采用控制中心报警系统，并设置消防控制中心。消防控制中心除具有消防控制室的全部消防管理功能及对全部消防系统及相关设备的集中显示功能外，还应具有集中控制重要消防设备的功能。

所谓“集中”是指在主消防控制室应能集中显示所有保护对象的所有火灾报警信号和联动控制状态信号，并能对各系统共同使用的重要消防设备进行控制。实现对全部建筑消防的集中管理功能。当有两个及以上消防控制室时，具有这种集中管理功能的消防控制室就叫主消防控制室。

通常，在规模较大，消防设备多、控制功能复杂的建筑、往往设有两个及以上消防控制室，为了集中管理的需要，应确定一个主消防控制室。例如，在一幢建筑中由于管理体制的不同，或产权不同，可能存在各自设立消防控制室的情况，从而在一幢建筑中可能有2个或2个以上的消防控制室，分别管理控制自己辖区内的消防设备及消防事务。另外在由一个产权单位统一管理的建筑群，也存在2个或2个以上消防控制室的情况。

当存在2个或2个以上消防控制室时，由于管理上的分割，各自独立、使得火灾时没有一个消防控制室能担负得起对整幢建筑或建筑群的统一的灭火救援指挥任务，更重要的是消防队到达后不能很快找到能担负起灭火救援指挥任务的那个消防控制室，就会贻误救援工作。所以当有多个消防控制室时，必须确立一个主消防控制室。主消防控制室应当是建筑消防系统的信息中心、控制中心、运行管理中心，也是建筑发生火灾和日常火灾演练时的应急指挥中心，应能对从属的下一级消防控制室进行统一管理。

规范的上述规定，对于新建的建筑群来说，只要正确设计，这是不难实现的。但是在现实生活中，同一个单位的建筑群并不一定都是按照同一规划同时建造的，而是经历了一个年代久远的漫长过程逐渐形成的，每幢建筑都依据当时的消防规范采用了合适的系统和设备，但由于消防设备的更新换代快，给统一管理带来困难，例如火灾探测报警技术的发展进步，每幢建筑所采用的火灾探测报警设备可能是不相同的，即便是后来建造的建筑，业主在火灾探测报警设备选型时，为了与原来建成的建筑内的设备配套，希望采用相同类型的产品，但由于产品的型号早已淘汰或生产厂家已不复存在，只能另选新的产品。笔者见过同一个管理单位的8幢医疗建筑就没有一个消防控制室能担负起主消防控制室的全部功能，原因是该建筑群是经过30余年的漫长过程逐渐发展起来的，甚至8幢医疗建筑中每幢建筑的火灾报警控制器的生产厂家、型号规格也不是完全相同的，因为有些产品的生产厂家已不存在，有的产品的型号规格，原生产厂家早已淘汰，业主想更换也没有办法，如果要全面更新，还涉及停业的问题，这就更难解决了，以至于没有一幢建筑的火灾报警控制器能担负得起消防中心的重任。

对这样形成的建筑群，为了实现集中管理的要求，可以选择其中较为合适的消防控制室作为主消防控制室，对于共同使用的重要消防设备主消防控制室应能集中控制，在主消防控制室应配置消防控制室图形显示装置，集中显示建筑群的消防安全管理信息和各类消防系统及设备、设施的动态信息，并由该设备实现与城市消防监管中心之间的信息传输功能，这样做既满足了规范要求，也能实现集中管理的需要，实施起来也是不难做到的。

30.1 在主消防控制室设消防图形显示装置实现集中显示和集中管理功能

在主消防控制室应能实现对全部建筑消防的集中管理功能及对全部消防系统及相关设备的集中显示功能，要求主消防控制室的消防控制室图形显示装置（以下简称消防图形显示装置）应能接收和显示来自各分消防控制室内设置的火灾报警控制器和消防联动控制器、电气火灾监控器、可燃气体报警控制器等设备的全部信息，储存并查询显示监视区域内监控对象的物理位置及工作状态信息，如显示建筑总平面布局图、各建筑的各层平面及防火分区图、安全疏散与避难设施图、灭火救援设施图、所有建筑内各消防系统的系统图和消防设备的具体部位及工作状态信息；并能记录建筑群的全部消防安全管理信息，如系统内各消防设备（设施）的制造商、产品有效期、产品及各类消防设备的维护保养的内容与时间、系统操作人员的姓名及上岗证、操作权限与密码，消防日常检查记录及事故记录等。并能将收到的火灾报警信息按规定的通信协议格式及时传输给城市消防监管中心，能按城市消防监管中心的查询指令，按规定的通信协议格式及时传输建筑的消防控制室消防安全管理信息、各类消防系统及设备、设施的动态信息等传输给城市消防监管中心。消防图形显示装置只能作为消防控制室的消防信息中心存在于系统中，只能对消防信息进行接收、管理、储存、显示、查询与传送。不应具有与任何控制有关的功能，更不能对控制器进行复位、对系统进行设定、对联动设备进行控制等。

主消防控制室尽管处于消防控制中心的地位，但也没有必要对管辖范围内所有的消防设备都进行直接控制，只要求能具备对共用的重要消防设备集中统一控制的功能，如建筑（包括建筑群）内设置的各消防给水系统共用的消防水泵，主消防控制室应能集中控制统一管理。对于分散在各保护区域的，也不需要集中控制的消防设备，以及不便于集中控制的消防设备，如气体灭火系统，泡沫灭火系统，机械防排烟系统等，主消防控制室就没有必要对它们进行直接控制，只要它们的工作状态信号能在消防控制中心集中显示即可。

为了在消防控制室内集中实现对建筑全部消防信息的集中管理及对全部消防系统及相关设备的集中显示，对消防图形显示装置有以下要求：

（1）消防图形显示装置的一般要求

1）消防图形显示装置应在接通电源后，其程序运行应直接切入到该装置的正常运行界面，期间任何中断或操作都不能影响程序的运行和界面的弹出；在关闭消防图形显示装置时只要关闭操作界面，电源应自动关闭，期间任何中断或操作都不能影响界面的关闭和电源的自动关闭。

2）消防图形显示装置的状态指示可以用指示灯，也可用界面的虚拟指示灯指示，但指示所用的颜色应符合要求，报警和联动状态应用红色，故障状态应用黄色，正常状态应用绿色。

3）消防图形显示装置应能与配接的火灾报警控制器和消防联动控制器等控制器进行通信，能接收控制器发来的火灾报警信号或联动控制信号，并能在3s内进入火灾报警状态和/或联动控制状态，并显示相应信息，并在10s内将火灾报警信号按规定的通信协议格式发送给城市火灾监控中心。

4）消防图形显示装置应能查询并显示监视区域内监控对象系统内各个消防设备或设施的实际地址及其对应的适时状态信息，且能在发出查询指令后15s内显示相应信息。

5）消防图形显示装置应能监视并显示与其相连的控制器进行通信的工作状态，当控制器停止运行时，消防图形显示装置应能显示其停止运行的状态信息。

6）消防图形显示装置与控制器的信息显示应同步，并应保持一致，当通信中断并恢复后，应能重新接收并正确显示。

7）消防图形显示装置应能接收和执行由城市火灾监控中心发来的查询指令，在规定时间内按规定的通信协议格式将相关信息发送给城市火灾监控中心，在接收和发送信息期间应有状态指示。

8）消防控制室图形显示装置不能对控制器进行复位、系统设定以及联动设备的启动和停止等控制操作。

（2）对状态信息显示的功能要求

1）消防图形显示装置应能显示建筑总平面布局图，每个保护对象的建筑平面图、消防设施平面布置图及系统图。当监视对象为一多个建筑的建筑群时，尚应能显示建筑群的总体平面布局图，显示时，显示界面应能完整地显示单个或多个建筑的总体布局图。

建筑总平面布局图尚应包括的信息有：建筑物周边消防车道、消防车登高操作场地、消防水源位置、与相邻建筑的防火间距、建筑物的使用性质、建筑高度、建筑面积、消防控制室位置等。

2）消防图形显示装置在显示保护对象的建筑平面图时，应能显示每个保护对象及主要部位的名称和疏散路线、灭火器设置等；并能显示火灾自动报警系统和消防联动控制系统及其受控设备的名称、具体位置和各消防设备（设施）的当前工作状态。

当用图标表示各消防设备（设施）的名称时，应有专用的图例对每个图标予以说明。

3）消防图形显示装置应能显示保护对象的建筑消防设施系统及其设备的当前工作状态，这些建筑消防设施系统应包括：建筑消防系统的系统名称及系统图（系统总图及分系统图）、系统平面布置图。建筑消防系统是指建筑所设的火灾自动报警系统、消防联动控制系统、自动喷水灭火系统、气体灭火系统、水喷雾灭火系统、泡沫灭火系统、干粉灭火系统、消火栓系统、防排烟系统、消防应急照明和疏散指示系统等。

4）当有火灾报警信号、监管报警信号（火灾报警控制器监视的除火灾报警信号、故障报警信号以外的其他输入信号）、反馈信号、屏蔽信号、故障报警信号输入时，消防图形显示装置应有相应状态的专用总指示，在总平面布局图中应显示输入信号所在建筑物的位置、在建筑平面图中应显示输入信号所在的具体位置和名称，并记录时间和部位、输入信号的类别等信息，且显示内容和顺序均应符合要求。

5）消防图形显示装置应在信号输入后的规定时间内显示其相应的状态信息：对火灾报警信号、反馈信号应能在信号输入 10s 内显示相应的状态信息，对其他信号应能在信号输入 100s 内显示相应的状态信息。

6）火灾报警和联动状态信息显示

当有火灾报警信号、联动控制信号输入时，消防图形显示装置应能按以下内容和顺序显示与报警部位对应的建筑位置、建筑平面图，并在建筑平面图上指示报警部位的具体位置，记录报警时间和报警部位等信息。

消防图形显示装置应设报警与联动状态红色专用总指示灯，当显示装置处于报警、联动状态时，该专用总指示灯应点亮。该指示只能通过消防图形显示装置复位操作才能恢复，其他操作均不应对该指示产生影响。

消防图形显示装置应单独显示首火警部位，首火警平面图上应有首火警标注。消防图形显示装置在处于其他状态下应能直接切换到首火警平面图。

消防图形显示装置对后续报警部位应连续显示，并能手动查询火灾报警部位及其相关信息。

在火灾报警或联动状态下，消防图形显示装置应优先显示火灾报警平面图。当有多个报警平面图需要显示时，消防图形显示装置应能以自动或手动方式循环显示，且应显示报警平面图的总数及其序号。

在火灾报警或联动状态下，消防图形显示装置在显示非火灾报警平面图时。应能手动或在设定时间内自动直接切换到火灾报警平面图。

消防图形显示装置应能手动复位，复位后，应能在 100s 内重新显示控制器仍然存在的状态和相关信息。

7）故障状态显示

消防图形显示装置应能接收与其连接的各类消防设备，如各类控制器及各类消防设备与设施发出的故障信号，并在故障信号输入 100s 内显示相应的故障状态信息。

在火灾报警或联动状态下，消防图形显示装置可以显示故障状态信息，但不应影响火灾和联动报警状态信息的显示。

（3）通信故障报警功能

当消防图形显示装置与各类控制器及各类消防设备（设施）之间不能正常通信时，应能在 100s 内发出与火灾报警信号有明显区别的通信故障声、光信号，故障声信号应能手动消除，故障光信号应保持至故障排除。

（4）信息记录功能

1）消防图形显示装置应具有火灾报警和消防联动控制的历史记录功能，记录内容应包括：火灾报警时间、火灾报警部位、复位操作、消防联动设备的启动和动作反馈等信息，存储记录容量不应少于 10000 条，可采用存盘或刻录方式备份，记录备份后方可被覆盖。

2）消防图形显示装置应能记录消防安全管理的下列信息，存储记录容量不应少于

10000条，可采用存盘或刻录方式备份，记录备份后方可被覆盖。

值班及操作人员的名单及操作人员的上岗证、操作权限与密码、值班记录和操作记录、巡查记录及事故记录。

消防设备及设施的维护保养记录，应包括维护保养内容和时间。

消防设备及设施的检测记录，应包括检测对象的名称和项目等内容。

保护区内各类消防设备及设施当前的状态信息，若状态信息发生改变时应记录其状态变化的信息和时间。

3）消防图形显示装置应具有记录保护区域内监控对象系统中各个消防设备（设施）及组件的名称、规格型号、生产厂商名称和产品检验合格证、产品有效期等历史记录信息，可以采用手动录入方式，存储记录容量不应少于1000条，可采用存盘或刻录方式备份，记录备份后方可被覆盖。

4）消防图形显示装置应具有接受远程查询历史记录信息的功能。

5）消防图形显示装置应具有对记录信息进行记录打印或刻录存盘的功能，并定期对历史记录应打印存档或刻录存盘归档。

30.2 主消防控制室应设置的手动直接控制装置

标准要求：消防联动控制器（或联动型火灾报警控制器）对消防水泵和防烟及排烟风机等主要消防设备的控制，除采用联动控制方式外，还应在消防控制室设置手动直接控制装置。当有两个及以上消防控制室时，应确定一个主消防控制室，主消防控制室应对共同使用的重要消防设备设置手动直接控制装置。各分消防控制室应对设置在管辖范围内的重要消防设备设置手动直接控制装置。

这里的联动控制方式是指消防联动控制器能按设定的逻辑直接或间接控制与其连接的各类受控消防设备，包括在联动控制器上以手动控制和自动控制两种方式，完成对消防设备的控制，控制信号可以直接或间接作用到与其连接的各类受控设备，受控设备按事先设定的控制逻辑实现预定动作。

这里的手动控制方式是泛指消防联动控制器通过单一按键或开关对每个受控设备的手动控制和通过选用菜单操作或组合按键对每个受控设备进行的手动控制。对于总线系统而言，消防联动控制器仅通过选用菜单操作或组合按键等手动控制方式对每个受控设备实现手动控制是不够的，也是有风险的。为了保证在预计到的最不利条件下消防控制室仍能通过有效而可靠地控制消防水泵和防烟及排烟风机，还必须另外设置独立于总线的手动直接控制装置。这是针对火灾自动报警系统的信号传输方式由“多线制”向“总线制”发展进程中，出现的新问题而采取的针对性技术保障措施。

火灾自动报警系统按照线制可分为两大类：多线制火灾自动报警系统和总线制火灾自动报警系统。所谓“线制”是指探测器和报警控制器之间连接的外部线路的多少划分的制式，线制体现了火灾自动报警系统的运行机制。

多线制的优点是每只探测器故障都不会影响其他探测器与火灾报警控制器的信息传输，系统可靠性较高，但是由于连线太多，给线路敷设带来麻烦，使系统硬件的可靠性降低。

后来又发展出二总线，即只有P线（全部功能线）、G线（公共地线）系统，在一对总线上挂若干个探测器、手报、模块，实现报警和联动控制功能，总线大大减少了线路，由于P线要实现全部功能，众多信息需要在一条线上传输，因此需要有信息传输技术，寻址技术等微电子技术的支持。总线制的优越性是显而易见的，而且二总线也是今后的发展方向，但是事物总是一分为二的，总线制必然存在弊端，它对系统可能产生的安全损害必须予以防范，比如，当总线上的任一个探测器、手报、模块等器件或线路发生故障，都会造成系统中的一个回路瘫痪。为此，有针对性地采取一些技术措施：如回路成环，双向通信；每个探测器、手报、模块以及每个回路都设隔离器或隔离模块，保证任一寻址设备故障都不会影响整个回路；另外通过软件设计，再赋予系统以自诊断功能。尽管这样，仍然不能做到万无一失，对于消防自动化设备来说，为了防止系统失灵而使系统中的重要消防设备不能启动，所以对总线制系统的消防联动控制器，还必须增设由硬件电路建立的点对点手动直接控制装置，确保消防中心能在任何情况下都能手动直接控制消防泵，防烟风机及排烟风机等重要消防设备，因此，凡是采用通过总线编码模块实现对重要消防设备的手动控制，都不能算是直接手动控制方式，比如通过手动操作组合键盘或通过选用菜单操作等方式，所发出的启动控制信号去启动消防设备，虽说是“手动”操作，但仍是通过总线传输，故不能算直接手动控制。还必须在消防联动控制器上另设置由硬件电路建立的点对点手动直接控制装置，来直接控制重要的消防设备，而且要求每组开关对应一个直接控制输出，应有独立的状态指示；直接控制输出应采用非总线方式直接输出，并在总线控制失效条件下仍能正常输出，且受控设备的启动、反馈工作状态信息应予以显示，以保障重要设备控制显示功能的实现。《火灾报警自动报警系统设计规范》GB 50116—2013 指出，消防水泵、防烟和排烟风机的手动直接控制应通过联动型火灾报警控制器或消防联动控制器的手动控制盘实现，盘上的启动按钮和停止按钮应与消防水泵、防烟和排烟风机的电气控制柜直接用控制线和控制电缆连接，实现由硬件电路建立的点对点的手动直接控制。

对于主消防控制室来说，应设置对各消防给水系统共同使用的消防水泵组设置手动直接控制装置，对设在自己管辖范围内的重要消防设备设置手动直接控制装置。对于设置在各分消防控制室的防排烟设备，主消防控制室没有必要去手动直接控制。

31 消防控制室应急广播设备功能要求解读

消防控制室除应设火灾报警控制器、消防联动控制器和消防电气控制装置外，按规范规定，集中报警系统和控制中心报警系统应设置消防应急广播设备，以便于火灾时统一指挥和组织人员疏散，适时向建筑内人员通报火情信息，安抚群众心理，实现有序高效疏散。

消防应急广播设备是消防应急有线广播系统中设置在消防控制室的主机设备，它包括音源设备、扩音与控制显示设备、广播分配装置、供电设备等。另外还应有现场设备（输出模块和扬声器）及音频传输网络配合共同完成应急广播功能。当消防应急广播要利用服务性广播时，还应增设紧急广播控制器。消防应急广播设备应具备的主要功能有：应急广播功能、指示功能、故障报警功能、自检功能、电源功能等。

音源设备是发出音乐或语言的声音源，它有话筒、CD盘、卡座、收音机及录音机等，能够播放音乐、新闻、重要告知的信息、预先录制编排的播放内容等。

扩音与控制显示设备的功能是将音源的声压级提高、对音源信号进行处理，并将音源信号转变为可以通过音频网络传输的功率信号、对播放区域进行选择组合、对声音信号进行功率放大、对信号进行音量控制。

消防紧急广播控制器是消防应急广播与普通广播或背景音乐广播合用系统中必须有的应急切换和控制的专用设备，它应具有能在接收到联动触发信号后，使广播系统按预定方式转入紧急广播状态、停止其他服务性广播进入消防应急广播的分区，实现火灾时合用系统向消防应急广播的切换控制，并按预先录制的紧急广播内容和播放程序向需要知道消防信息的广播分区进行广播的切换与控制。

扩音与控制设备就是由具有以上功能的设备组合而成。它包括前置放大器、区域控制盘、功率放大器、音量控制器等。在消防应急广播与普通广播或背景音乐广播合用系统中，输出模块应能在火灾发生后，根据控制器发来的信号，将无源常闭触点断开，切除正常广播，并使无源常开触点闭合，启动与其联接的扬声器投入应急广播，实现消防应急广播的强切功能和分区应急广播功能。输出模块在切换到消防应急广播后，并将切换信息传回控制器，表达信令已执行。

扬声设备是消防应急广播系统对外发出声音的末端设备，它的功能是把功率放大器输出的通过有线音频网络传输进来的功率信号转换为声信号，以一定的声强向公众广播。

音频传输网络是由音频线将功率放大器、分路控制盘和扬声设备等功能设备相联接的网络，是信号传输的重要设备。

供电设备是向广播系统的各类设备提供电源的设备。

31.1 对消防应急广播设备的功能要求

（1）对应急广播功能的要求

1）当需要向相应的广播分区进行应急广播时，消防应急广播设备应能通过手动选择或通过逻辑编程自动选择一个或多个广播分区，并能同时对这些选定的广播分区进行应急广播。广播的语音应清晰，扬声器的声压级应符合要求，并应通过显示器或指示灯（器）显示出当前处于应急广播状态的广播分区；

2）消防应急广播设备应具有手动和自动控制功能，不但能手动操作启动、停止应急广播和选择广播分区；且能根据接收到的控制信号和报警信息，通过逻辑编程自动启动、停止应急广播和选择广播分区；在自动控制状态下手动操作优先；

3）消防应急广播设备在进入应急广播状态后，扬声器应在 10s 内发出广播信息，而且应自动将声频功率放大器的输出功率调整到预先设定值，并在应急广播期间一直保持，不能被人为改变；

4）消防应急广播设备应具备广播监听功能，监听信号应从声频功率放大器的输出端之后取出，以确保应急广播的信号能够正确输出，广播的信息准确无误；

5）对消防应急广播与普通广播或背景音乐广播合用系统应设消防应急广播控制器，并要求当有启动信号输入时，应急广播控制器应能自动停止非应急广播，直接进入应急广播状态；

6）当系统中任一扬声器本身发生故障时，不应影响其他扬声器的应急广播功能；

7）消防应急广播设备应根据使用情况预先设置适宜的应急广播信息，预设的应急广播信息应储存在内置的固态存储器或计算机硬盘中，不应储存在可移动的光盘或磁盘等器件中，以确保广播信息源的固定和可靠；

8）消防应急广播设备应能由授权人员或消防人员使用传声器（话筒或麦克）进行应急广播，传声器（话筒或麦克）应具有自复位开关，当按下开关后方可进行讲话、放开后能自动复位。

当使用传声器进行应急广播时，应能自动对广播内容进行录音，以记录现场应急指挥的情况，且录音时间不应少于30min；在使用传声器进行应急广播时，应能自动控制停止其他信息广播，包括自动应急广播、故障声信号、广播监听；当停止采用传声器进行应急广播后，消防应急广播设备应能在3s内自动恢复到传声器广播前的状态，包括自动应急广播状态和广播监听状态等。确保使用传声器进行应急广播不被干扰。

（2）指示功能要求

1）消防应急广播设备应设绿色电源工作状态指示灯，在主电源或备用电源正常时应点亮，除设备损坏、维护修理外该灯应始终点亮；

2）消防应急广播设备应设红色应急广播状态指示灯，在进行应急广播时应点亮；

3）消防应急广播设备应设黄色故障状态指示灯，当应急广播设备出现故障时应点亮。

（3）其他功能要求

1）消防应急广播设备应具有故障报警功能：消防应急广播设备在发生故障时，应在100s内发出故障声、光信号，故障声信号应能手动消除，消声后，如有新的故障信号输入时，声信号应能重新启动，故障光信号应保持至故障排除，只要有故障存在，故障光信号应一直保持。并应用黄色指示灯指示消防应急广播设备的故障状态。

2）消防应急广播设备应具有自检功能：消防应急广播设备的主机应能通过手动操作检查应急广播设备本机的控制和显示部分的所有指示灯和显示器、音响器件的功能，检查时所有指示灯应点亮，显示器应能正常工作、本机音响器件应发出报警声或故障声。

3）消防应急广播设备应具有的电源功能：消防应急广播设备的主电源应采用220V，50Hz交流电源，电源线输入端应有接线端子，不应采用插头，并有清晰标注；主电源应有过流保护措施；消防应急广播设备应具有备用电源或备用电源接口；备用电源可单独设置，也可以与其他消防用电设备共用备用电源或消防设备应急电源，此时，消防应急广播设备应设置备用电源接口；消防应急广播设备的电源部分应设有主、备电源自动转换装置，当主电源断电时，应能自动转换到备用电源；当主电源恢复时，应能自动转换到主电源。

消防应急广播设备的主、备电源转换不应影响消防应急广播设备的正常工作。

31.2 对合用的火灾应急广播系统应有强制应急广播功能要求解读

《火灾自动报警系统设计规范》GB 50116—2013 第 4.8.12 条规定：消防应急广播与普通广播或背景音乐广播合用时，应具有强制切入消防应急广播的功能。特别是在火灾应急广播采用有音量调节器或有开关的扬声器时，其配线方式也应满足强制应急广播功能的需要。

消防应急广播与服务性广播（即普通广播或背景音乐广播）合用时，应具有强制切入消防应急广播的功能。这是为了保证在火灾条件下能够将火灾信息有效而又及时地传递给疏散人群的基本要求。为了安全可靠而又要经济合理，通常都将建筑内的普通广播系统或背景音乐广播系统与消防应急广播兼容合用，通过资源共享使消防应急广播系统设备在平时处于工作状态，这是可行的，也是合理的，但必须保证在火灾时，广播系统必须能够无条件的切换至消防应急广播状态，消防控制室应能以手动或自动方式对合用系统的各广播分区进行消防应急广播。

由于普通广播系统或背景音乐广播系统的广播扩音装置不一定都设在消防中心内，而且消防应急广播与普通广播或背景音乐广播设备的合用程度可能不完全相同，有的是全部合用（消防应急广播系统全部利用日常广播或背景音乐系统的扩音机、馈电线路和扬声器等装置），仅在消防中心增设消防应急广播控制器；有的是部分合用（仅利用日常广播或背景音乐系统的扬声器和音频传输网络），消防应急广播系统的消防应急广播控制器和扩音机是专用的。由于合用系统的设备合用程度不同，合用系统的控制方式也略有差别。

当消防应急广播与服务性广播为全部合用系统时，消防应急广播全部使用了服务性广播系统的扩音与控制设备、扬声设备、供电等设备及音频传输网络。系统仅在消防控制室增设消防应急切换控制器，当服务性广播的主要设备（广播扩音设备）不在消防控制室时，无论采用哪种遥控播音方式，在消防控制室都应能用传声器（话筒或麦克）直接播音和遥控扩音机的开关，自动或手动控制相应分区，播送应急广播、在消防控制室尚应能监控扩音机的工作状态，监听消防应急广播的内容。在火灾发生时，联动触发信号应能自动地将系统转变为应急广播状态，并向需要知道消防信息的区域进行广播，停止其他服务性广播进入消防紧急广播的分区，并显示消防应急广播的分区部位号，所以消防应急切换控制器应具有切换、控制和显示等功能，如果消防控制室能设自己专用的功率放大器作为备用时，就能更进一步提高合用系统的安全性。

当消防应急广播与服务性广播为部分合用系统时，消防应急广播仅使用了服务性广播系统的扬声设备和音频传输网络，所以要完成消防应急广播尚应在消防控制室增设应急播送必需的音源设备、消防扩音与控制设备（包括消防分路控制盘）、消防应急切换装置，这些设备都是消防专用的，且必须设在消防控制室，火灾时联动触发信号应能自动地使消防扩音与控制设备开机，并按预定程序实现分路控制将系统转变为应急广播状态，且在消防控制室通过强切方式使服务性广播切除，而将应急广播接通，并接至相应广播区域的功率输出分路，一般是在功率输出线路上设控制模块，由控制模块将扬声器及音频网络与服务性广播的输出线路断开，并切换到应急广播的输出线路上，以实现合用系统向消防急应广播的转换。

不管消防应急广播与服务性广播的设备共用程度如何，也不论采用何种控制方式，都要求合用系统在任何情况下都能实现在火灾时系统能够及时地自动地由服务性广播转换为消防应急广播，且能按预先录制的应急广播内容和播放程序向需要知道消防信息的区域进行广播。当扬声器设有开关或音量调节装置时，应将扬声器用继电器强制切换到消防紧急广播线路上，广播消防信息；当客房设有床头控制柜来控制服务性广播时，不论床头控制柜内的扬声器处于什么工作状态，在火灾时都应能自动切除扬声器音量调节开关的工作回路，并将扬声器切换到消防紧急广播定压输入线路上，播放消防信息。

消防应急广播系统是建筑发生火灾时，消防控制室统一指挥组织人员有序地安全疏散，统一指挥消防员有效地扑救火灾的重要设备，正确设置消防应急广播系统是保证火灾时广播系统能正常工作的关键。尤其是对消防应急广播系统与普通广播或背景音乐广播合用时，规范规定了火灾时能使合用系统可靠工作的具体技术要求，但由于有线广播技术的不断发展，新技术，新设备不断出现，所以合用系统的控制方式也层出不穷，但目标只有一个，即合用系统在火灾时消防控制室应能以手动和自动控制方式可靠地将合用系统转换为消防应急广播状态，在规定的区域以规定的方式广播消防信息。

32 消防控制设备的操作级别限制功能解读

火灾自动报警系统及消防联动控制系统内的各类主要控制设备都必须有操作功能的操作级别限制，这是保证控制设备和整个系统能够在合法的范围内使用，是防止消防控制设备和系统的状态随意被改变，防止消防控制设备的数据、软件程序和历史记录随意被修改，使消防控制设备和系统在火灾发生时能够在消防要求的条件下可靠工作，保证消防控制设备的数据和历史记录等资源能有效地被保护和利用，是系统安全防范必不可少的控制手段。

火灾报警控制器、消防联动控制器和组成消防联动控制系统的 8 种控制设备，以及用于消防水泵巡检的控制装置等，都应具有操作功能的操作级别限制，而且这一技术要求都是强制性的。但由于各种控制设备操作项目的数量和内容有所不同，所以操作级别限制的操作项目也各有不同，表 32-1 是火灾报警控制器的操作级别限制，表 32-2 是消防联动控制器的操作级别限制。

火灾报警控制器的操作级别限制 **表 32-1**

序号	操作项目	操作级别限制			
		Ⅰ级	Ⅱ级	Ⅲ级	Ⅳ级
1	查询信息	O	M	M	
2	消除控制器的声信号	O	M	M	
3	消除和启动声和/或光警报器的声信号	P	M	M	
4	复位	P	M	M	
5	进入自检状态	P	M	M	
6	调整计时装置	P	M	M	
7	屏蔽和解除屏蔽	P	O	M	
8	输入或更改数据	p	P	M	
9	分区编程	P	P	M	
10	延时功能设置	P	P	M	
11	接通、断开或调整控制器主、备电源	P	P	M	M
12	修改或改变软、硬件	P	P	P	M
备注	(1) 操作级别限制符号的意义：P—禁止本级操作；O—可选择是否由本级操作；M—可进行本级及本级以下操作。 (2) 进入Ⅱ级、Ⅲ级操作功能状态可用钥匙、操作号码。 (3) 用于进入Ⅲ级操作功能状态的钥匙或操作号码，可用于进入Ⅱ级操作功能状态。 (4) 用于进入Ⅱ级操作功能状态的钥匙或操作号码不能用于进入Ⅲ级和Ⅳ级操作功能状态。 (5) Ⅳ级操作功能不能仅通过控制器本身进行				

消防联动控制器及其系统内各类控制设备的操作级别限制　　表 32-2

序号	操作项目	操作级别限制			
		Ⅰ级	Ⅱ级	Ⅲ级	Ⅳ级
1	查询信息	M	M	M	M
2	消除控制器的声信号	O	M	M	M
3	复位	P	M	M	M
4	手动操作	P	M	M	M
5	进入自检、屏蔽和解除屏蔽等工作状态	P	M	M	M
6	调整计时装置	P	M	M	M
7	开、关电源	P	M	M	M
8	输入或更改数据	P	P	M	M
9	延时功能设置	P	P	M	M
10	报警区域编程	P	P	M	M
11	修改或改变软、硬件	P	P	P	M
备注	(1) 操作级别限制符号的意义：P—禁止；O—可选择；M—本级人员可操作。 (2) 进入Ⅱ级、Ⅲ级操作功能状态可用钥匙、操作号码。 (3) 用于进入Ⅲ级操作功能状态的钥匙或操作号码可用于进入Ⅱ级操作功能状态。 (4) 用于进入Ⅱ级操作功能状态的钥匙或操作号码不能用于进入Ⅲ级和Ⅳ级操作功能状态				

(1) 使用两表应注意的问题。

对比两个表中的操作项目可知：火灾报警控制器的操作项目中没有“手动操作”项目、而“消防联动控制器和组成消防联动控制系统”的操作项目中却有“手动操作”项目。

规范对消防联动控制器和组成消防联动控制系统的各类控制设备的“手动操作”项目这个术语并没有定义，但从“消防联动控制”和“手动操作”字面可理解为：凡是通过对控制器的按钮、按键、开关、转换钮等控制器件的手动操作来达到改变本机或受控设备的工作状态的行为都应是“手动操作”。但另外一些操作也是由手动完成，如操作控制器的电源开关、将规定的信息用手动录入方式记录在消防控制室图形显示装置中等行为是否也属于“手动操作”项目范围？

笔者认为：各类控制设备的“手动操作”项目应是除两表中已有的操作项目以外的其他手动操作项目，已有的操作项目诸如：“查询信息”“消除控制器的声信号”“复位”“进入自检、屏蔽和解除屏蔽等工作状态”“调整计时装置”“开、关电源”“输入或更改数据”“延时功能设置”“报警区域编程”“修改或改变软、硬件”等，这些操作项目已在表中列出，自然就不应属于“手动操作”项目范围。所以表中的“手动操作”项目，一定是指通过对控制器的控制器件的手动操作来达到改变本机或受控设备的工作状态的行为，构成项目的两个要素是：是以手动作为操作行为，改变本机或受控设备的工作状态是行为的后果。

纯粹的火灾报警控制器的操作项目中没有将“手动操作”作为一个操作级别限制项目，火灾报警控制器在他的产品标准中对产品的控制功能也没有手动与自动方式的转换要求，火灾报警控制器直接控制的外控设备就是设置在保护区的火灾声和/或光警报器，尽管标准要求火灾报警控制器应能手动消除和启动火灾声和/或光警报器的声警报信号，但标准并没有将“手动操作消除和启动火灾声和/或光警报器的声警报信号”作为一个操作级别限制项目。

而消防联动控制器和组成消防联动控制系统的其他控制设备的操作项目中却有“手动操作”项目，消防联动控制器和组成消防联动控制系统的主要控制设备，在他们的产品标准中对产品的控制功能，一般都有：“控制器应能以手动控制和自动控制方式完成控制功能，并指示其控制状态，在自动控制方式下手动控制插入优先，应设有手动/自动控制的转换装置”等类似的要求，在现行国家标准《消防联动控制系统》GB 16806—2006 中消防联动控制系统有手动/自动转换装置要求的控制显示设备见表 32-3。

消防联动控制系统中有手动/自动转换装置要求的控制显示设备　　表 32-3

控制设备名称	转换装置要求
消防联动控制器	应有手动控制/自动控制转换功能
消防电气控制装置（含消防水泵巡检柜）	应能以手动方式控制受控设备，在手动工作状态下，装置只能通过本身的手动装置对受控设备进行控制，在自动工作状态下或延时启动期间，手动插入优先。 应有操作保护措施，对控制和设置应有操作级别限制
消防应急广播设备	应具有手动控制和自动控制功能，且能根据收到的控制信号和报警信号，通过逻辑编程自动启动、停止应急广播和选择广播分区
消防设备应急电源	同时具有手动和自动控制功能的消防设备应急电源，应设手动/自动转换装置，从手动控制状态转入自动控制状态应用密码或钥匙才能实现
气体灭火控制器	应有手动控制/自动控制转换功能
消防电动装置	同时具有手动和自动控制功能的消防电动装置，在自动工作状态下，手动插入优先

由表 32-3 可知，组成消防联动控制系统的控制显示设备大多数都具有手动控制/自动控制转换功能的功能要求，消防联动控制器是向系统内的其他控制设备发出联动控制信号的主要控制设备，而其他的控制显示设备则是接收联动控制信号，并执行联动控制要求，使受控设备按预先设定的联动程序动作的设备。

现行国家标准《火灾报警控制器》GB 4717—2005 规定：火灾报警控制器在机箱内设有消防联动控制设备时（即联动型火灾报警控制器），尚应满足现行国家标准《消防联动控制系统》GB 16806—2006 的要求，因此联动型火灾报警控制器的联动控制单元就必须具有手动控制/自动控制转换功能，所以对联动型火灾报警控制器的操作级别限制则应同时按上述两个表的操作项目执行。

消防联动控制系统中还有许多的各类控制设备，它们和联动控制器一样均应有操作保护措施，但不同的控制设备有不同的操作项目，只有设备的操作项目与表 32-2 中的操作项目相符时应满足表中的要求，当设备的操作项目与表 32-2 中的操作项目不符或相似时则应参照表中的要求执行。另外有的控制设备的操作项目可能较少，应有几项就执行几项。

（2）火灾报警控制器和消防联动控制系统的各类控制设备均应有操作保护措施，对其控制功能和设置功能均应有操作级别的限制，标准将各类控制设备需要操作保护的操作项目划分为Ⅰ级、Ⅱ级、Ⅲ级、Ⅳ级四个操作限制级别，每个操作限制级别所能进行本级操作的项目用M作标记，禁止本级操作的项目用P作标记，可以选择是否由本级操作的项目用O作标记。

Ⅰ级操作级别是无需使用钥匙或操作号码就可以进入操作功能状态的操作级别，但所能操作的项目也是有限的，可授权操作的项目也仅限于“查询信息”一项，对“消除控制器的声信号”的操作项目是作为可以选择是否由本级操作的项目列入，由此可知，拥有Ⅰ级操作级别的人员仅是消防控制室普通值班人员。

Ⅱ级操作级别是必需使用钥匙或操作号码才可以进入操作功能状态的操作级别，但仍不能进行“输入或更改数据”“延时功能设置”“报警区域编程”“修改或改变软、硬件”4个项目的操作，对火灾报警控制器尚应增加两个限制项目，即对“接通、断开或调整控制器主、备电源”的操作项目是禁止的，对“屏蔽和解除屏蔽”项目是作为可以选择是否由本级操作的项目列入的，由此可知，拥有Ⅱ级操作级别的人员只能是消防控制室主要操作人员，如值班负责人员。

Ⅲ级操作级别也是必须使用钥匙或操作号码才可以进入操作功能状态的操作级别，除不能对“修改或改变软、硬件”项目进行操作外，其余操作项目均可以凭钥匙或操作号码才可以进入操作。由此可知，拥有Ⅲ级操作级别的人员仅限于消防控制室设备管理人员或设备调试人员。

Ⅳ级操作级别也是必需使用钥匙或操作号码才可以进入操作功能状态的操作级别，拥有Ⅳ级操作级别的人员对全部操作项目均可以操作，而且Ⅳ级操作功能不能仅通过控制器本身进行。Ⅳ级操作级别所能操作的项目，已涉及软件控制等核心技术。由此可知，拥有Ⅳ级操作级别的人员仅限于产品生产厂家的技术人员。

从与操作级别所对应的操作项目的授权可知：从Ⅰ级到Ⅳ级的操作级别，其级别是逐渐升高的，随着操作级别的升高，授权的操作项目也是增加的，而且授权的操作项目内容从设备的器件操作到系统的软件控制设计，在技术上从物理控制到逻辑控制，所以较高操作级别的钥匙或操作号码可以进入较低操作级别的操作项目，而较低操作级别的钥匙或操作号码不可以进入较高操作级别的操作项目。

（3）显然，对控制器操作级别的限制，不能仅作为一种操作管理制度来规范人的操作行为，而应当是机器须对操作者进行限制的约束机制，这种约束机制必须是能使越权操作者的操作动作不能进行，操作效用不能实现，这样才能起到安全防范和对资源的保护作用。例如，当需要进入有操作级别限制的操作项目时，机器应要求采用钥匙进入或输入密码并确认后进入的方式，只有进入的方式符合后，机器才能完成对访问者身份的确认，才能完成对键盘解锁，操作者才能继续进行授权范围内操作项目的操作，具有操作级别的操作人员完成操作访问后离开机器时，应按下锁键功能键，并经确认后才能完成对操作键盘的锁定，使有操作级别限制的命令功能键锁定，使需要操作级别限制的操作项目进入被保护状态。

对操作进行限制的约束机制有以下功能：即控制器可以通过钥匙或操作号码来识别操作者的操作级别，并决定操作者可以对控制器进行何种类型及何种范围和层次的操作访问，对越权的操作访问应拒绝，使其操作动作无法实现，或者使操作动作无效（即使进行了操作动作，但不能实现预定的操作效用）。

33 消防控制室的消防要求解读

消防控制室是建筑消防系统的信息管理中心、消防设备控制中心、防火管理中心、各类自动消防系统运行状态的监视中心，在建筑发生火灾时，消防控制室是消防应急指挥中心。具有十分重要的地位。它具有将建筑内所有消防设施包括火灾自动报警系统和其他联动控制装置的状态信息集中显示和管理，并进行集中控制的功能。同时将状态信息通过网络或电话传输到城市建筑消防设施远程监控中心。消防控制室是建筑发生火灾时仍需坚持工作的要害部位，所以必须设置在疏散和通行方便，不会受到火灾威胁的部位，才能确保消防控制室的正常工作。

33.1 消防控制室的布置要求

规范规定，消防控制室应布置在建筑的首层或地下一层，并采用耐火极限不低于2.0h的防火隔墙和1.5h的楼板与建筑的其他部位隔开。

图33-1是消防控制室设置在建筑首层的布置示意图，消防控制室应靠外墙设置，应有开向内走道的乙级防火门与建筑内部联系，还应有一樘直接开向室外的疏散门。

图33-1中消防控制显示设备的布置必须满足消防人员对设备的操作、维护和管理的需要，因此要求：

（1）设备面盘前的操作距离，单列布置时，不应小于1.5m；双列布置时不应小于2.0m；在值班人员工作的一面，设备面盘至墙的水平距离D不应小于3m；

（2）设备面盘后与墙的维修距离A不宜小于1m；

（3）设备排列长度小于等于4m时，设备两端至墙的水平距离B不应小于0.5m；设备排列长度大于4m时，设备两端至墙的通道宽度B不应小于1m；

（4）当设备之间需要设置间隙时，其间隙C不应小于0.5m。

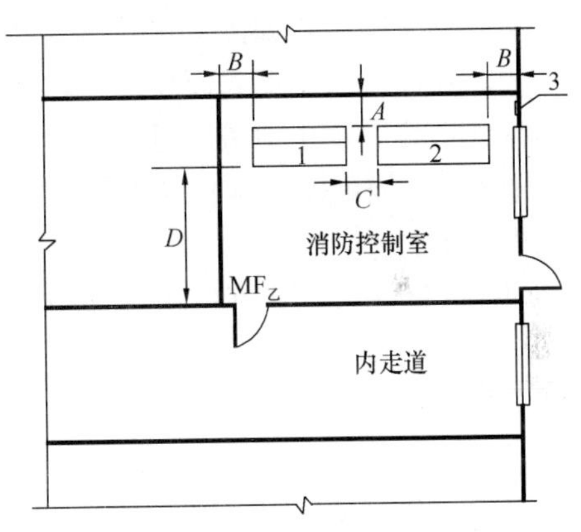

图33-1 消防控制室设置在建筑首层的布置示意图

1—火灾报警控制设备；2—消防联动控制及其他消防设备；3—接地板

图33-2是消防控制室设置在建筑地下一层的布置示意图，消防控制室采用了耐火极限不低于2.00h的防火隔墙和1.50h的楼板与建筑的其他部位隔开，消防控制室有开向内走道的乙级防火门与建筑内部联系，并能直接通向安全出口。消防控制室的设备布置要求与图33-1相同。

33.2 消防控制室的其他消防要求

（1）消防控制室的疏散门应直通室外或安全出口，门应向疏散方向开启，门上应有明

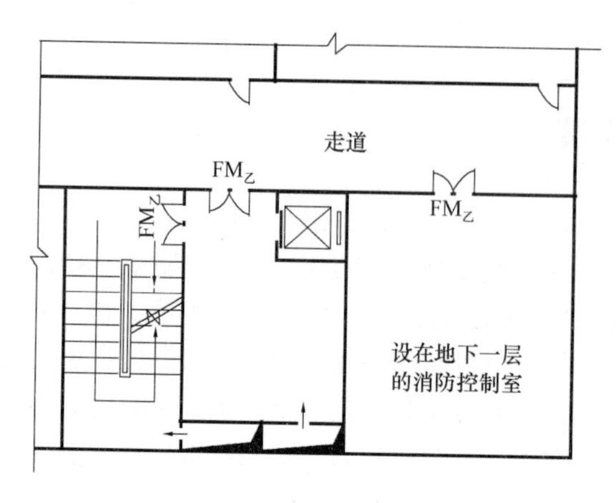

图 33-2　消防控制室设置在建筑地下一层的布置示意图

显的标志；消防控制室的疏散门应直通室外或安全出口，是指进出消防控制室的人员不需要经过其他房间就可以直接到达建筑外或通过疏散走道直接进入疏散楼梯间。

（2）消防控制室不应设置在电磁场干扰较强及其他可能影响消防控制设备正常工作的房间附近。

（3）消防控制室的门口应设置挡水门槛或设置排水沟等防淹措施。

（4）通风、空气调节系统的送回风管穿过消防控制室房间隔墙时应设防火阀。

（5）严禁无关的电气线路及管道穿过消防控制室。

（6）立柜式和琴台式控制柜均应直接与建筑构件——地板（楼地板）相固定。

凡是消防用的立柜式和琴台式控制柜均应直接与建筑构件——地板（楼地板）相固定，其方法是：先制作型钢架，作为支承和生根构件，将钢架和地板用膨胀螺栓固定，再将台柜与钢架固定，如图 33-3 所示，其安装要求是：用 L30mm×30mm×3mm 角钢摵制型钢架，焊接成与立柜底面尺寸相匹配的立体框架，框架高与静电地板上平面平齐，用膨胀螺栓将框架固定于地板，用螺栓将立柜固定于型钢框架上，型钢框架和柜的金属体均应做接地连接，控制器（柜）的进线和出线均应通过在地板下设有防火保护的金属线槽与柜内端子连接。

不应将台柜直接放在静电地板上，这会导致台柜位移使进线和出线损坏，而且当立柜式报警及联动控制设备的高度与底面尺寸相差悬殊时，由于设备重心高，很容易倾覆而损坏设备。

图 33-3 是标准规定的立式消防控制柜在楼地板上安装时与建筑结构直接稳固的示意图。

图 33-4 则是将立式控制柜直接放在静电地板上的工程实例。

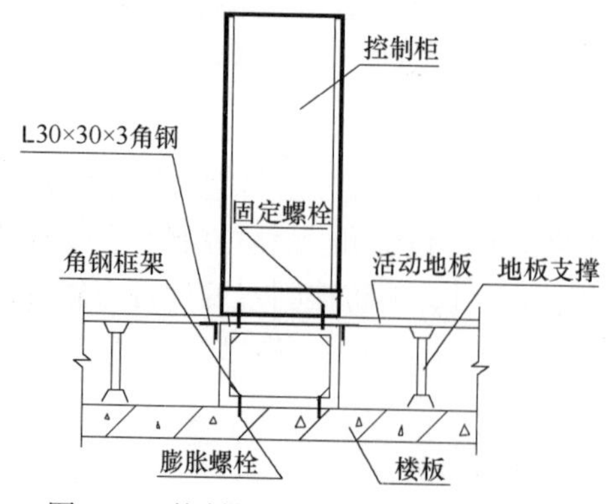

图 33-3　控制柜在楼地板上稳固示意图

图 33-4　将立式控制柜错误放在静电地板上

33.3 消防控制室的系统接地技术要求

消防控制室的系统接地是指室内的消防用电设备及消防电子设备因使用功能及人身安全需要，对设备进行的保护接地。

保护接地的作用是使消防电气设备的某部分与大地之间有良好的电气连接，并与大地保持等电位（没有电位差），避免人身遭受电击。因为当用电设备在用电过程中，由于绝缘损坏、过电压击穿、机械损伤等原因，会使设备本来不带电的金属外壳出现不正常带电，当人们触及金属外壳时就会发生触电事故，若消防电气设备有良好的保护接地，由于大部分电流已从保护接地分流到大地，只有一小部分电流从人体流过，因此能避免人身遭受危险电击，保护接地的绝缘电阻愈小，泄流的电流愈大，流经人体的电流愈少，保护接地的作用愈大。

火灾自动报警系统的消防控制室的保护接地主要是指共用接地装置或专用接地装置。

共用接地装置是将电气设备的金属外壳、安装和稳固电气设备的金属支架、盘柜的金属框架与自然接地体连接。常用的自然接地体是建筑物钢筋混凝土基础中的钢质网架，通常要求应从控制中心的接地板引至建筑物钢筋网基础或钢筋混凝土柱的外露钢筋连接，共用接地的接地电阻不应大于1Ω。

专用接地装置是将电气设备的金属外壳、安装和稳固电气设备的金属支架、盘柜的金属框架等应用铜芯绝缘导线与专用接地板连接，专用接地板再用铜芯绝缘导线与人工接地体连接，要求接地电阻不应大于4Ω。

接地装置包括接地体、接地板和接地线共同组成，所谓“接地”就是指接地装置将短路电流经接地体向大地作半球形流散时，因球面积与半径的平方成正比，离接地体愈远处的半球形的流散球面积愈大，远点处的流散电流密度愈小，当离接地体20m处半球面的面积已达2500m^2，这时在离接地体20m处的电流密度和电压已降为零，接地体的此点以远的地即为大地。对接地装置的基本要求是从电气设备至接地体之间的导电性必须是连续的，连接点必须接触良好可靠，有足够的抗腐蚀和抗机械损伤的能力，每一台电气设备的接地线应单独与接地板连接，严禁串接。接地体应与建筑物保持1.5m的水平距离，与独立避雷针的避雷接地体在地下应保持不小于3.0m的水平距离。

接地体可分为自然接地体和人工接地体，对于直接埋入地下的金属给水管道、钢筋混凝土基础中的结构钢筋都可作为自然接地体，这些结构钢筋通过混凝土与大地土壤紧密接触，由于土壤的导电信性好，释放电流的效果好，且接地电阻比较稳定，所以应尽可能地利用自然接地体。而人工接地体是指人为埋入地下的接地体，即直接埋入地下并与大地直接接触的金属体或成组相连的金属体，如埋入地下的钢管、角钢、扁钢等金属导体都可以是人工接地体。

人工接地体是由水平敷设的金属体与垂直敷设的多根金属体两部分组成，水平敷设的金属体应与垂直敷设的多根金属体（通常采用由两个或两个以上的接地体）焊接连接，形成一组多极的接地体，水平敷设的金属接地体如40mm×4mm镀锌扁钢，垂直敷设的多根金属体如镀锌角钢及钢管。规范对接地体的最小尺寸（直径、厚度、壁厚、长度、扁钢的截面积）和埋深都有规定，如钢管的壁厚不小于3.5mm，直径40～50mm；等边角钢为L40mm×4mm或L50mm×5mm，接地体长度不小于2.5m，相邻接地体之间水平距离约3～5m，钢管或角钢顶距地面的垂直距离均不低于600mm，且应在大地冻土层以下，钢管或角钢以及水平敷设的扁钢应用镀锌制件，在地下水平敷设的金属接地体最终要引入室内，这时金属接地体必须与接地引入干线（≥25mm²多股铜芯线沿柱内预埋PVC管敷设）可靠连接后方可引至室内，并应做成接地板，所有需要接地的电气设备均用规定的接地支线与接地板连接。接地支线的线芯截面积不应小于4mm²，专用接地的接地引入干线必须穿PVC管的原因是怕与柱墙内防雷接地相碰，必须予以绝缘。

图33-5 室内接地支线与室内的接地板的连接

室内应进行保护接地的用电设备，必须用单独的接地支线直接与室内的接地板连接，不允许把几台用电设备的接地支线相互串联后再用一根接地线与室内的接地板连接。接地支线与室内的接地板的连接应采用螺栓压紧连接，并应设防松螺母或防松垫圈，且接地板、螺栓、螺母及垫圈均应镀锌。室内接地支线与室内的接地板的连接参见图33-5。

共用接地的示意图见图33-6，图中表示地上消防控制室的接地板应采用线芯截面积不小于25mm²铜芯绝缘导线引至地下室内的共用接地换接板连接，而共用接地换接板则与作为自然接地体的钢筋网基础内的两根钢筋焊接，由钢筋混凝土结构的钢筋与钢筋网基础形成的接地网是良好的自然接地体。

专用接地的示意图见图33-7。

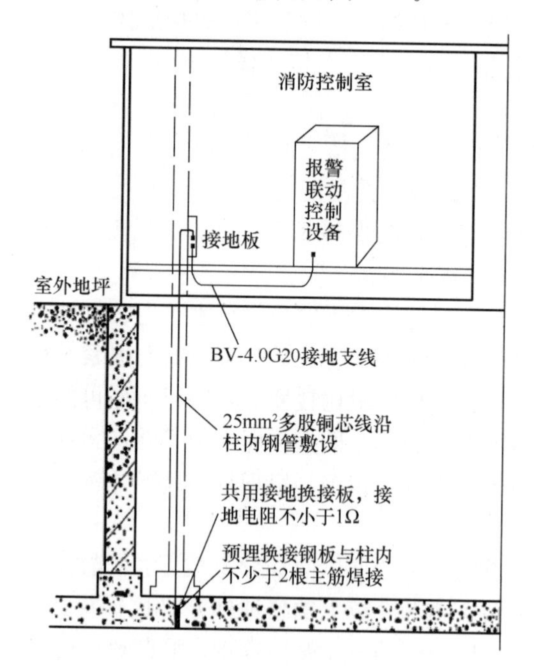

图33-6 共用接地示意图

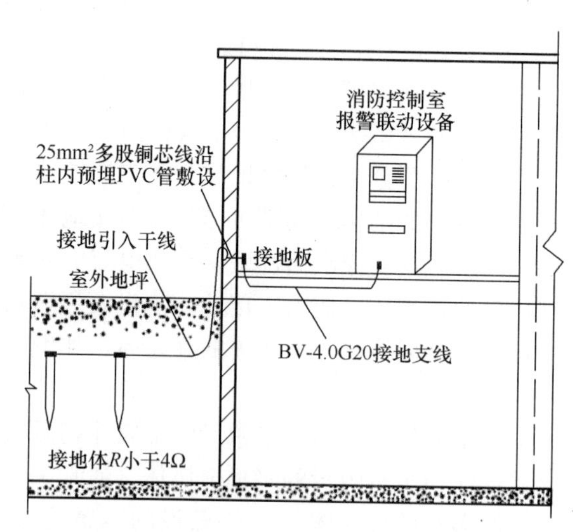

图33-7 专用接地示意图

但在工程中经常发生不按规范要求设置接地装置的现象：如有的消防电气设备的金属箱体，金属支架未做保护接地；消防控制室内未设接地板；电气设备的接地支线没有单独与接地板连接，而是错误地采用串联的连接方式；接地支线与接地板采用螺栓压接连接时，没有采用防松螺母或防松垫圈，存在接触不良现象，从接地板引至接地体的接地干线线芯截面小于 $25mm^2$ 铜芯绝缘导线，以及从接地板引至室内消防电子设备及用电设备的专用接地支线的线芯截面小于 $4mm^2$；接地体没有采用镀锌钢材；接地体埋深不够；接地装置制作时焊接长度不够；焊接后不做沥青防腐处理；接地装置的接地体之间的间距太短等缺陷。

工程中常将保护接地与保护接零相混淆，虽然他们都是为人身安全采取的保护措施，但他们的保护原理、适用对象等是不相同的。

保护接零是在中性点直接接地，电压为 380V/220V 的三相四线制配电系统中，把电气设备在正常情况下不带电的金属外壳部分与电网的零线紧密连接，当电气线路的某相带电体碰触设备外壳时，保护接零会通过外壳形成该相对零线的单相短路，短路电流会使线路上的保护装置（熔断器、断路器等）动作，从而把故障部分与电源迅速断开，消除触电危险，所以保护接零是将用电设备的金属外壳与电网的零线连接，而且必须与能在事故时自动断路的安全装置配合使用才能有效。

在中性点不直接接地系统中，当电气设备某处出现绝缘损坏，从而使正常情况下不带电的金属外壳部分带电，当人触及金属外壳时，电流便通过人体和电网对地绝缘阻抗线路与大地间存在的电容，形成回路，使人遭受触电危害，当电气设备有良好的保护接地时，电气设备发生金属外壳部分带电，当人触及金属外壳，接地的短路电流绝大部分从保护接地的接地体泄放，只有很小的电流通过人体，使人免遭电击。

判断接地装置的接地是否良好，主要是通过对接地装置的检查及对接地电阻的测量来认定：对接地装置的外观检查，包括对接地体、接地板和接地线的检查。主要检查接地装置的导电连续性和腐蚀情况，对地下部分的接地体应检查接地极与水平扁钢之间搭焊的焊缝处是否做沥青防腐处理，有无锈蚀脱开现象，接地板和接地线的螺栓连接和接地线与电气设备的螺栓连接，是否压紧，弹簧垫圈是否松脱。

对接地电阻的测量，可使用接地电阻测量仪或用电流表与电压表配合测量接地电阻。

接地电阻是指接地体的流散电阻与接地板和接地线的电阻之和，而接地体的流散电阻是短路电流通过接地体向周围大地流散时所遇到的全部电阻，显然接地电阻愈小，通过接地装置的短路流散电流愈大，分流短路电流的能力愈大，通过人体的流短路电流愈小，接地装置的保护作用愈大。

用接地电阻测量仪测量接地装置的接地电阻的工作原理见图 33-8。

用接地电阻测量仪测量接地装置的接地电阻，是利用接地电阻测量仪本身产生的交变接地电流沿被测接地极和辅助电流极之间构成的回路，来测量回路上的电流值 I 和电压值 U，由公式 $R=\dfrac{U}{I}$ 计算出接地大地的电阻 R；显然当电流值 I 一定时，电压值 U 愈小，电阻 R 也愈小，表明接地装置的分流能力愈强。

采用接地电阻测量仪测量接地装置的接地电阻时，需要向地下打入两个辅助接地极，两个辅助接地极应在被测接地极的一侧，两个辅助接地极与被测接地极（代号 E）应在一条直线上，离被测接地极较近的辅助接地极（代号 P）供测量电压用，故叫电压接地极，离被测接地极较远的辅助接地极（代号 C）供测量电流用，故叫电流接地极，他们之间的直

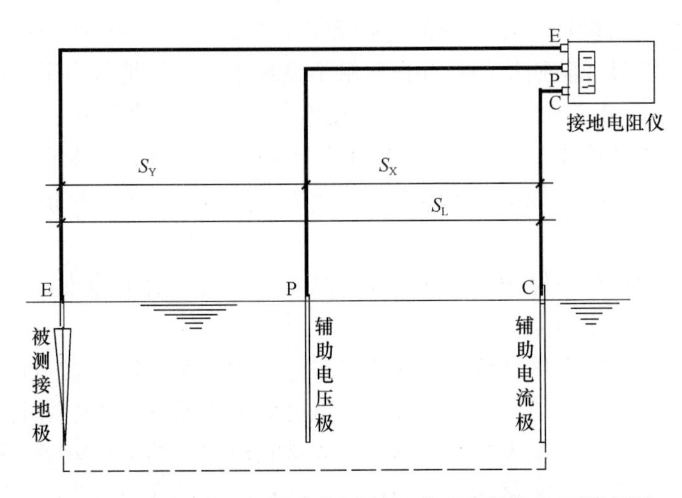

图 33-8 用接地电阻测量仪测量接地装置的接地电阻原理图

线水平距离 S_Y 和 S_X 均应不小于 5～10m，且宜较远值。辅助电流接地极可采用长度为 2.5m，直径 30～50mm 的钢管制作，将其打入地下，用 1.5～2mm² 的铜芯绝缘软线与接地电阻测量仪的 C 接线柱连接，辅助电压接地极可采用长度为 2m，直径 25mm 的钢管或钢筋制作，将其打入地下，用 1.5～2mm² 的铜芯绝缘软线与接地电阻测量仪的 P 接线柱连接，被测接地极应与室内网路断开后用 1.5～2mm² 的铜芯绝缘软线与接地电阻测量仪的 E 接线柱连接，当开始测量时，接地电阻测量仪与电流接地极 C 的回路上可测量出流散电流值 I，接地电阻测量仪与电压接地极 P 的回路上可测量出流散电流的电位差 U 值，即可计算出接地装置的电阻值 R。

在测量时应注意：一定要将被测接地装置与用电设备断开，才能避免测量时施加给被测接地体的电压反馈到与被测接地装置相连的其他导体上，影响测量安全和引起测量误差。

用普通接地电阻测量仪测量接地电阻需要打辅助接地极，很费事，相比之下，采用钳形接地电阻测量仪测量回路系统的接地电阻就方便多了。

34 对消防设备不应采用插座供电的思考

火灾报警控制器及消防联动控制器等消防用电设备均不应采用插座供电，消防用电设备都是固定的设备，均应采用电源线与设备接线端子直接连接的配电方式。所谓“直接连接”是指供电线路应与用电设备的接线端子板连接，即在电源导线上压接接线端子后，再把接线端子压接到端子板上，或将导线直接插入活动端子后用螺丝压紧，多股铜芯导线还应先搪锡再压接，这样的连接方式有两个优点，即必须通过工具才能解除连接，且能保证连接接头的连接紧密，实现导电的连续性，这是确保可靠供电的连接方式。

当采用插座供电时，人们可以不通过工具即可以方便地解除供电，这对消防用电设备是危险的。另外，多孔插座的负载是不确定的，当有其他非消防负荷的插头插入时，会增大线路负荷，甚至发生过载发热，加速线路老化，发生线路损坏，对消防供电极不安全，而且一旦接入其他非消防负荷，如电暖器，电水壶等也是容易引发电气火灾，成为火源，所以相关规范规定：消防用电设备（火灾报警控制器和联动控制柜、应急照明灯具等）严禁采用插座供电。《火灾自动报警系统施工及验收标准》GB 50166—2019 第 3.3.4 条规定：控制器的主电源应有明显的永久性标志，并应直接与消防电源连接，严禁使用电源插头。控制器与其外接备用电源之间应直接连接。这一规定对保证消防控制设备安全运行有重要意义，必须严格执行。

在工程中不仅有火灾报警控制器和联动控制柜的供电采用插座，消防应急照明灯也采用插座供电的现象更为普遍，而且应急灯具产品本身就带有插头，见图 34-1。

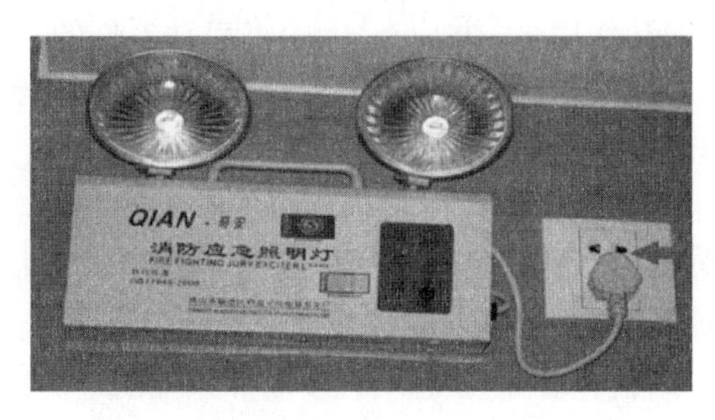

图 34-1 消防应急照明灯具采用插座取电

应当说消防应急照明灯具采用插座取电是不安全的，当插座安装在人手便于触及的地方时，很容易被人拔出插头使应急照明灯具失电，而且容易将灯具挪作它用，特别是当插座还有多余的插孔时，其他非消防电气设备可以在此取电，使线路负荷增大，带来安全隐患。

但笔者认为，由于消防应急照明灯具产品本身自带插头，而且现场安装插座也容易，因此使灯具的安装和维护较为方便，但为了灯具和配电线路的安全应采取措施防止被人拔出插头和接入非消防电气负载。这些措施是：插座安装位置应在人站立时手不能触及的部位，而且没有多余的插孔，并应采用插接后必须用专用工具才能解脱的单孔插座，这样就能保证灯具供电安全了。

35 消防电气控制装置的控制显示功能详解

消防电气控制装置是执行消防联动控制器信令的控制设备，它应能根据消防联动控制柜的指令控制受控消防设备进入预定工作状态，是消防联动控制系统的主要控制显示设备，用于控制各类消防电气设备，能以手动或自动工作方式控制消防水泵、防烟排烟风机及消防用补风机等消防设备，并显示其工作状态，将工作状态信息反馈给消防联动控制器，该装置通常称为消防电气控制箱（盘．柜）。

现行国家标准《消防联动控制系统》GB 16806—2006 是 2006 年颁布的强制性标准，它规定了消防联动控制系统中的消防电气控制柜的控制、显示功能的技术要求。

消防电气控制柜虽然有国家的强制性标准的规定，但在工程现场仍然存在大量使用非标产品的消防电气控制柜的现象，这些非标产品的控制、显示功能不符合标准规定，会造成消防泵及防排烟风机、补风机等重要消防设备在火灾时不能正常联动启动的事故多发。

35.1 《消防联动控制系统》GB 16806—2006 标准对消防电气控制装置的控制显示功能要求

（1）消防电气控制装置的控制功能要求

1）消防电气控制装置应具有手动和自动两种控制方式，应能接收来自消防联动控制器的联动控制信号，当其处于自动工作状态时，应能根据控制信号执行预定动作，使受控设备进入预定的工作状态。“预定动作”和“预定的工作状态”应按控制对象和电气控制装置产品的要求而定。

2）消防电气控制装置仅可以配接启动器件（即仅用于启动的触发器件，如压力开关等），当消防电气控制装置配接有启动器件时，消防电气控制装置应能够接收来自启动器件的动作信号，并应在3s内将启动器件的动作信号发送给与其连接的消防联动控制器，处于自动工作状态的消防电气控制装置在接收到启动器件的动作信号后，应能执行预定动作，控制受控设备进入预定的工作状态。

3）消防电气控制装置应具有手动控制功能，即能通过本身具有的手动控制装置，使受控设备进入预定的工作状态；在手动控制状态下，消防电气控制装置只能通过本身具有的手动控制装置对受控设备进行控制。

在自动控制状态下，手动插入控制应优先，即不论受控设备处于何种工作状态，只要有授权人员通过对消防电气控制装置的手动操作控制，受控设备都应执行手动控制对应的动作。

4）消防电气控制装置应能够接收来自受控设备的工作状态信息，并应在3s内将信息发送给与其连接的消防联动控制器。

5）消防电气控制装置在接收到来自消防联动控制器的联动控制信号后，应在3s内执行预定动作，控制受控设备进入预定的工作状态，但有延时要求的例外。

6）消防电气控制装置的各控制与设置功能的操作级别限制应符合消防联动控制系统的规定。

7）对采用三相交流电源供电的消防电气控制装置，应有电源监控功能，在电源缺相、错相时应发出声、光故障信号。在电源发生缺相、错相故障时均不应使受控设备产生误动作；

当消防电气控制装置不具备自动纠相功能时：在电源缺相、错相时，应发出声、光故障信号，且不应发出启动受控设备的指令；

当消防电气控制装置具备自动纠相功能时，由于电气控制柜内的控制电路采用了相序保护器，能分别控制正序和逆序两个交流接触器，不论任何相序，电动机都不会逆转，在电源错相时能自动纠相，可发出自动纠相功能启动或电源故障指示信号，可不发出声、光故障信号。

在电源缺相时应发出声、光故障信号，且不应发出启动受控设备的指令。

8）当受控设备为一用一备的双套互相切换的设备时，如在用受控设备因故障而不能执行预定动作时，消防电气控制装置应在3s内自动切换至备用设备，使备用设备执行预定动作，并发出相应的光指示信号。

（2）消防电气控制装置指示功能的要求

1）消防电气控制装置应设绿色主电源指示灯，当主电源正常时该灯应点亮。

2）消防电气控制装置应设红色启动指示灯，当电气控制装置执行启动动作后，该灯应点亮。

3）消防电气控制装置应设红色受控设备启动指示灯，当受控设备执行启动动作后，消防电气控制装置应能在收到受控设备启动的反馈信号后，该灯应点亮，表示该受控设备处于启动状态。

4）消防电气控制装置应设绿色自动/手动工作状态指示灯，当电气控制装置处于自动工作状态时，该灯应点亮，并用中文在其附近标注功能。

5）具有故障报警的消防电气控制装置应设音响器件和黄色故障指示灯，当有故障发生时，该指示灯应点亮，音响器件应发出故障声信号。

6）消防电气控制装置应设红色联动控制指示灯，当有联动控制信号输入时，该灯应点亮，并应发出与故障声有明显区别的声信号。

如消防电气控制装置配接有启动器件时，应设红色启动器件动作指示灯，当启动器件动作后，该灯应点亮，并应发出与故障声有明显区别的声信号。

消防电气控制装置的红色联动控制指示灯与红色启动器件动作指示灯可共用；提供声信号的音响器件可与提供故障声信号的音响器件共用。

在消防电气控制装置面板上的指示灯，不仅要用中文清晰地标明功能，还应能通过其颜色来标识其指示的工作状态，消防电气控制柜面板上的指示灯以其颜色共分三类：

第一类为红色报警状态，包括火灾报警信号、启动器件动作信号、联动控制信号、按钮启动动作信号、设备启动信号（执行了启动动作信号）、设备启动后的反馈信号等指示；

第二类为黄色异常状态，包括故障状态信号、屏蔽状态信号、回路自检等；

第三类为绿色工作状态，包括电源工作状态和自动控制状态，电源工作状态又分为主电源工作状态和备用电源工作状态。

（3）对消防电气控制柜操作级别限制功能的要求

现行国家标准《消防联动控制系统》GB 16806—2006 规定：消防电气控制装置的各控制、设置功能的操作级别应符合规范规定。消防电气控制装置应有操作保护措施，以防止非授权人员对其进行超越权限的控制或改变其工作状态等操作，各个操作项目应与其操作级别相对应，在进入Ⅱ级操作级别以上的操作项目时，操作人员需采用钥匙或密码进入，没有加密手段或采用其他手段不得进入，低级别的钥匙和密码不能进入高级别的操作项目，高级别的钥匙或密码可以进入低级别的操作项目。标准规定的操作级别限制功能是对消防联动控制系统中各类消防控制设备的统一规定。消防电气控制装置也应具备操作级别限制功能。但是，消防电气控制装置是分散布置在消防泵房、防排烟机房内，而不是像消防联动控制器那样，是集中设置在有人值班的消防控制室内，由于消防泵房、防排烟机房平时无人值守，其泵房、机房内的消防电气控制装置更需要具有操作保护措施。但操作保护措施如何设置才能保证火灾时的应急需要，是值得考虑的，如果，在火灾发生时，若消防联动控制系统出现故障，不能自动启动受控消防设备，而有操作权限的人员又不在现场，就无法对消防电气控制装置进行紧急操作，就会贻误战机。

《消防联动控制系统》GB 16806—2006 规定：“消防电气控制装置应具有手动控制功能，即能通过本身具有的手动控制装置，使受控设备进入预定的工作状态：在手动控制方式下，消防电气控制装置只能通过本身具有的手动控制装置对受控设备进行控制；在自动控制方式下，手动插入控制应优先，即不论受控设备处于何种工作状态，只要有授权人员通过对消防电气控制装置的手动操作，受控设备都应执行手动控制对应的动作”。该条规定的核心是消防电气控制装置的“手动插入控制应优先”，其前提是要有授权人员操作，即手动操作项目必须由有操作权限的人员采用钥匙或密码才能进入。如果在火灾时，有操作权限的人员不在现场，消防电气控制装置具有的手动控制功能就无法实现。

另一个现行国家标准《消防给水及消火栓系统技术规范》GB 50974—2014，对消防水泵电气控制装置（柜）的操作保护措施提出的要求是："消防水泵控制柜的前面板的明显部位应设置紧急时打开柜门的钥匙装置，在消防水泵控制柜出现故障，由有管理权限的人员在紧急时使用。该钥匙装置在柜门的明显位置，且有透明的玻璃能看见钥匙，在紧急情况需要打开柜门时，必须由被授权的人员打碎玻璃，取出钥匙"，《消防给水及消火栓系统技术规范》GB 50974—2014 的这一规定与《消防联动控制系统》GB 16806—2006 对消防电气控制柜操作保护措施的规定之间有什么联系是值得思考的。两部规范对消防水泵电气控制柜提出的防止非授权人员对其进行超越权限的操作，所采取的操作保护措施是不相同的，造成了执行上的困难是值得商榷的。但分散布置的消防电气控制柜，其操作保护措施在火灾时怎样才能保证应急手动操作的及时有效，也是亟待解决的。

35.2 消防电气控制柜控制显示功能详解

现行国家标准《消防联动控制系统》GB 16806—2006 所规定的消防电气控制柜的控制、显示功能技术要求是强制性的。建筑消防系统中，防烟风机、排烟风机、喷淋泵组、消火栓泵组都必须设消防电气控制柜，这些消防电气控制柜的控制，显示功能既要符合《消防联动控制系统》GB 16806—2006 要求，还必须满足相关标准对消防电气控制柜控制方式的要求。现将有关标准对防烟风机、排烟风机、喷淋泵组、消火栓泵组消防电气控制柜的规定详解如下：

本节的防排烟风机电气控制柜和消防水泵电气控制柜，均是从最末一级配电箱获得电源。

（1）防排烟风机电气控制柜的控制显示功能要求详解

防排烟风机应有的联动控制要求是由《建筑防烟排烟系统技术标准》GB 51251—2017 和《火灾自动报警系统设计规范》GB 50116—2013 规定的，这两个标准规定了防排烟风机联动控制方式、消防联动控制柜接收的用于逻辑判断的联动触发信号的来源、风机电气控制柜接收到消防联动控制柜发来的联动控制信号后执行预定动作的具体要求；而防排烟风机电气控制柜应有的控制，显示功能要求则是由《消防联动控制系统》GB 16806—2006 规定的。

对于以软件实现控制功能的消防联动控制系统，上述联动控制程序是以软件编程的方式写入设备的存储器。

1）防烟风机电气控制柜控制显示功能要求

防烟风机是指为正压送风系统送风的风机，用于控制这类风机，将其工作状态信息反馈给消防联动控制器，并予以显示的装置叫防烟风机电气控制柜。

防烟风机的控制方式应符合《建筑防烟排烟系统技术标准》GB 51251—2017 和《火灾自动报警系统设计规范》GB 50116—2013 的规定。防烟风机电气控制柜的控制显示功能要求应符合《消防联动控制系统》GB 16806—2006 对消防电气控制柜的规定。

正压送风系统的联动控制方式是：应由常闭式加压送风口所在防火分区内两个独立的火灾报警触发装置报警信号的"与"逻辑组合，作为常闭式加压送风口开启和防烟送风机启动的联动触发信号，并应由消防联动控制器联动控制该防火分区楼梯间的全部防烟送风机开启，并应同时开启该防火分区内着火层及其相邻上下层前室及合用前室的常闭加压送风口及其加压送风机。并要求在自动工作方式下，应做到，当“系统中任一常闭式加压送风口开启时，加压风机应能自动启动”，因此可以认为，正压送风系统的自动控制是以常闭式加压送风口为中心对系统进行联动控制的。常闭式加压送风口具有联动控制信号开启、现场手动开启、消防中心手动开启的功能。常闭式加压送风口和加压送风机是消防联动控制器的联动控制对象，其工作状态信息应在消防联动控制器上显示。

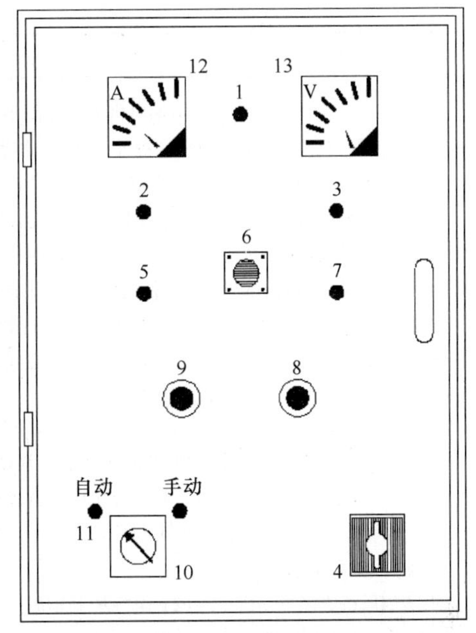

图 35-1　防烟风机电气控制柜面板图

1—绿色主电源指示灯；2—红色联动控制信号指示灯；3—黄色故障指示灯；4—操作钥匙插孔；5—红色启动指示灯；6—音响器件；7—红色反馈信号指示灯；8—手动停止按钮（带指示灯）；9—手动启动按钮（带指示灯）；10—自动/手动工作状态转换装置；11—绿色自动工作状态指示灯；12—电流表；13—电压表

现将这 3 个标准所规定的对防烟风机电气控制柜应有的控制显示功能要求绘制成表 35-1 防烟风风机电气控制柜控制显示功能要求详解和图 35-1 防烟风机电气控制柜面板图，供读者参考。

防烟风机电气控制柜的控制方式应按《建筑防烟排烟系统技术标准》GB 51251—2017 规定加压送风机应具备以下 4 种启动方式：

① 现场手动启动；

② 通过火灾自动报警系统自动启动；

③ 消防控制室手动启动；

④ 系统中任一常闭加压送风口开启时，加压风机应能自动启动。

防烟风机电气控制柜控制显示功能要求详解　　表 35-1

序号	项目	控制要求	显示要求
1	主电源正常时的指示灯		绿色主电源指示灯点亮
2	应设自动/手动转换装置	（1）应能接收来自消防联动控制器的联动控制信号，在自动工作状态下执行预定动作，控制受控风机进入预定工作状态；在自动工作状态下，手动插入控制应优先； （2）应能以手动控制方式控制受控风机进入预定的工作状态；在手动工作状态下，只能通过本身的手动操作装置对受控风机进行控制； （3）只有授权人员才能通过手动控制装置对受控风机进行手动操作控制； （4）手动控制方式包括手动启动和手动停运	（1）在自动工作状态下，绿色自动工作状态指示灯应点亮； （2）防烟风机运行后，红色设备启动指示灯（反馈指示信号）应点亮； （3）防烟风机手动停运后，除绿色自动工作状态指示灯、绿色主电源指示灯、黄色故障指示灯（如有故障时）应点亮以外，其他指示灯均应熄灭，但当采用防烟风机电气控制柜手动按钮停运时，其按钮指示灯应点亮，表明防烟风机处于停运状态

续表

序号	项目	控制要求	显示要求
3	防烟风机由火灾自动报警系统的联动控制信号启动（注：指由具有联动功能的火灾报警控制器或消防联动控制器发出的联动控制信号）	防烟风机电气控制柜应能接收联动控制信号，处于自动工作状态下的电气控制柜，应控制受控送风机进入预定工作状态，并予以显示，且音响器件应发出与故障声信号有明显区别的报警声信号；防烟风机进入预定工作状态后，电气控制柜应能接收防烟风机的工作状态反馈信号，应予以显示并将信息发送给与其连接的消防联动控制柜	（1）有联动控制信号输入后，应点亮红色联动控制指示灯； （2）防烟风机启动后，应点亮红色启动指示灯，表示执行了预定动作； （3）在防烟风机运行后，应点亮红色设备启动指示灯（反馈指示信号）
4	系统中任一常闭式加压送风口开启时，防烟风机应能自动启动（还包括系统中任一常闭加压送风口的现场手动开启和消控室手动装置的手动开启）	（1）系统中任一常闭加压送风口开启时，防烟风机应能自动启动。且音响器件应发出与故障声信号有明显区别的报警声信号； （2）电气控制柜应能接收防烟风机的工作状态反馈信号，并将风防烟机运行信息发送给与其连接的消防联动控制柜 注意：（1）常闭加压送风口受控于消防联动控制柜，不是电气控制柜配接的自动触发器件； （2）常闭加压送风口的开启动作信号是作为触发信号输入消防联动控制柜的	（1）联动控制信号输入后，应点亮红色联动控制指示灯； （2）防烟风机启动后，应点亮红色启动指示灯，表示执行了预定动作； （3）在防烟风机运行后，应点亮红色设备启动指示灯（反馈指示信号）
5	防烟风机由消防联动控制柜直接手动装置启动（是指点对点的硬件电路控制启动）	（1）在直接手动方式下启动时，电气控制柜不论处于任何工作状态均应执行启动指令，控制防烟风机启动，并予以显示；以上操作均必须由授权人员执行； （2）电气控制柜应能接收到防烟风机运行的反馈信号，并将防烟风机运行信息发送给与其连接的消防联动控制柜 注：另有一种间接手动启动方式，是通过总线的手动启动方式，电气控制柜应处于自动工作状态才能进入启动程序；该方式不能替代直接手动方式	在防烟风机运行后，应点亮红色设备启动指示灯（反馈指示信号）
6	在防烟风机处现场手动启动送风机（注：该按钮在送风机电气控制柜上，有对应的启动和停止两个按钮）	由防烟风机电气控制柜的手动装置（启动按钮）启动，由授权人员操作，不论防烟风机电气控制柜处于何种工作状态，启动按钮动作后，均应能使防烟风机进入启动状态；防烟风机启动运行后，风机电气控制柜应能接收其工作状态信息，并将信息发送给与其连接的消防联动控制柜	（1）按下启动按钮后，红色启动指示灯应点亮（在按钮本体处），表示手动操作动作有效； （2）防烟风机运行后，红色设备启动指示灯应点亮（反馈指示信号）
7	防烟风机吸入口处电动风阀控制	防烟风机启动应能联动开启电动风阀；防烟风机停运应能联动关闭电动风阀	电动风阀开启后，防烟风机电气控制柜的红色开启指示灯应点亮（可选）

续表

序号	项目	控制要求	显示要求
8	设有故障报警功能的电气控制柜	应设黄色故障指示灯和故障音响器件，在防烟风机电气控制柜发生故障时，应发出故障声光报警信号	故障时，黄色故障指示灯应点亮、故障音响器件应发出故障声信号
9	三相交流供电的电气控制柜	在电源缺相、错相时应发出声光故障报警信号，且不应使受控风机发生误动作； 但具有自动纠相功能的防烟风机电气控制柜，在能完成自动纠相功能时，可不发出声光故障报警信号	不具有自动纠相功能的防烟风机电气控制柜，在电源缺相、错相时，黄色故障指示灯应点亮、故障音响器件应发出故障声信号

2）排烟风机电气控制柜控制显示功能

排烟风机是指为机械排烟系统排烟用风机，用于控制这类风机，将其工作状态信息反馈给消防联动控制器，并予以显示的装置叫排烟风机电气控制柜。用于控制补风机，将其工作状态信息反馈给消防联动控制器，并予以显示的装置叫消防补风机电气控制柜。

排烟风机电气控制柜的控制方式应符合《建筑防烟排烟系统技术标准》GB 51251—2017 和《火灾自动报警系统设计规范》GB 50116—2013 的规定。排烟风机电气控制柜的控制显示功能要求应符合《消防联动控制系统》GB 16806—2006 对消防电气控制柜的规定。按《建筑防烟排烟系统技术标准》GB 51251—2017 规定，排烟风机电气控制柜对排烟风机应具备以下五种控制方式：

① 现场手动启动；

② 火灾自动报警系统自动启动；

③ 消防控制室手动启动；

④ 系统中任一排烟阀或排烟口开启时，排烟风机、补风机自动启动；

⑤ 排烟风机入口处排烟防火阀在 280℃时应自行关闭，并应联锁关闭排烟风机和补风机。

排烟风机电气控制柜的控制显示功能要求，除排烟风机入口处应设在 280℃时关闭的排烟防火阀外，其他的控制显示功能要求与防烟风机电气控制柜基本相同，故不再画出。

机械排烟系统的联动控制方式是：应由同一防烟分区内两个独立的火灾报警触发装置报警信号的“与”逻辑组合，作为常闭式排烟口、排烟阀开启的联动触发信号，并应由消防联动控制器联动控制常闭式排烟口、排烟阀开启，且常闭式排烟口、排烟阀的开启动作信号应反馈回消防联动控制器，并由消防联动控制器联动该系统的排烟风机、补风机启动运行。机械排烟系统中的常闭排烟阀或排烟口应具有火灾自动报警系统自动开启、消防控制室手动开启和现场手动开启功能，其开启信号应与排烟风机联动。当火灾确认后，火灾自动报警系统应联动开启相应防烟分区内的全部排烟阀、排烟口、排烟风机和补风设施，并应自动关闭与排烟无关的通风、空调系统。

机械排烟系统的联动控制还应做到“系统中任一排烟阀或排烟口开启时，排烟风机、补风机应能自动启动，同一防烟分区内的全部排烟阀、排烟口应联动开启”，因此可以认为，在自动工作方式下，机械排烟系统的自动启动，是以常闭式排烟口或排烟阀为中心，对系统进行控制，常闭式排烟口或排烟阀是消防联动控制器的联动控制对象，其工作状态信息应在消防联动控制器上显示。

排烟风机电气控制柜的控制显示功能要求可参见表35-1。

（2）消防水泵电气控制柜控制显示功能要求

消防泵是指为临时高压制消防给水系统供水的消防水泵，用于控制消防水泵并显示其工作状态信息，将其工作状态信息反馈给消防联动控制器的装置叫消防泵电气控制柜。

消防水泵的控制方式应符合《消防给水及消火栓系统技术规范》GB 50974—2014和《火灾自动报警系统设计规范》GB 50116—2013的规定。其中自动喷水灭火系统的喷淋泵电气控制柜对喷淋泵的控制方式尚应满足《自动喷水灭火系统设计规范》GB 50084—2017的规定。

消防水泵电气控制柜的控制显示功能要求应符合《消防联动控制系统》GB 16806—2006对消防电气控制柜的规定。

按照《消防给水及消火栓系统技术规范》GB 50974—2014的规定：消防给水及消火栓系统的消防水泵的控制方式应符合以下要求：

1）消防水泵应能手动启停和自动启动；消防水泵不应设置自动停泵的控制功能，停泵应由具有管理权限的工作人员根据火灾扑救情况确定；

2）消防水泵控制柜应设置机械应急启泵功能，并应保证在控制柜内的控制线路发生故障时由有管理权限的人员在紧急时启动消防水泵。机械应急启动时，应确保消防水泵在报警5.0min内正常工作；消防水泵、稳压泵应设置就地强制启停泵按钮，并应有保护装置；

3）消防联动控制柜（或盘）应设置专用线路连接的手动直接启泵按钮；消防联动控制柜（或盘）应能显示消防水泵和稳压泵的运行状态信息；

4）消防水泵应由消防水泵出水干管上设置的压力开关、高位消防水箱出水管上的流量开关，或报警阀压力开关等开关信号直接自动启动消防水泵。消防水泵房内的压力开关宜引入消防水泵控制柜内；

5）稳压泵应由消防给水管网或气压水罐上设置的稳压泵自动启停泵压力开关或压力变送器控制；

6）消防水泵应确保从接到启泵信号到水泵正常运转的自动启动时间不应大于2min；

7）消防水泵控制柜前面板的明显部位应设置紧急时打开柜门的装置。

《消防给水及消火栓系统技术规范》GB 50974—2014对消防水泵控制方式的上述规定，是对喷淋泵及消火栓泵等共同提出的。

（3）喷淋泵电气控制柜控制显示功能要求详解

《自动喷水灭火系统设计规范》GB 50084—2017针对系统类型的不同，对喷淋泵的控制方式提出了如下规定：

1）湿式系统、干式系统应由消防水泵出水干管上设置的压力开关、高位消防水箱出水管上的流量开关和报警阀组压力开关直接自动启动消防水泵。

2）预作用系统应由火灾自动报警系统、消防水泵出水干管上设置的压力开关、高位消防水箱出水管上的流量开关和报警阀组压力开关直接自动启动消防水泵。

3）雨淋系统和自动控制的水幕系统，消防水泵的自动启动方式应符合下列要求：

① 当采用火灾自动报警系统控制雨淋报警阀时，消防水泵应由火灾自动报警系统、消防水泵出水干管上设置的压力开关、高位消防水箱出水管上的流量开关和报警阀组压力

开关直接自动启动；

② 当采用充液（水）传动管控制雨淋报警阀时，消防水泵应由消防水泵出水干管上设置的压力开关、高位消防水箱出水管上的流量开关和报警阀组压力开关直接启动。

4）消防水泵除具有自动控制启动方式外，还应具备下列启动方式：

① 消防控制室（盘）远程控制启动；

② 消防水泵房现场应急操作启动。

现将这些标准所规定的对消防水泵电气控制柜应有的控制显示功能要求绘制成表 35-2 和图 35-2，供读者参考。

喷淋泵电气控制柜控制显示功能要求详解　　　表 35-2

序号	项目	控制要求	显示要求
1	主电源正常时的指示灯	—	绿色主电源指示灯应点亮
2	应设自动/手动转换装置	（1）应能接收来自消防联动控制器的联动控制信号或电气控制柜配接的压力开关动作信号，在自动工作状态下执行预定动作，控制受控喷淋泵进入预定工作状态；在自动工作状态下，手动插入控制应优先； （2）应能以手动控制方式控制受控喷淋泵进入预定的工作状态；在手动工作状态下，只能通过本身的手动操作装置对受控喷淋泵进行控制； （3）只有授权人员才能通过手动控制装置对受控喷淋泵进行手动操作控制； （4）手动控制方式包括手动启动和手动停运	（1）在自动工作状态下，绿色自动工作状态指示灯应点亮； （2）喷淋泵运行后，红色设备启动指示灯（反馈指示信号）应点亮； （3）喷淋泵手动停运后，除绿色自动工作状态指示灯、绿色主电源指示灯、黄色故障指示灯（如有故障时）应点亮以外，其他指示灯均应熄灭，表明泵喷淋处于停运状态
3	喷淋泵由火灾自动报警系统自动启动（注：喷淋泵自动启动条件中有火灾报警信号参与的系统，如预作用系统、雨淋系统、自动控制的水幕系统，其联动控制信号由具有联动功能的火灾报警控制器或消防联动控制器发出）	喷淋泵电气控制柜应能接收联动控制信号，处于自动工作状态下的电气控制柜，应控制受控喷淋泵进入预定工作状态，并予以显示，且音响器件应发出与故障声信号有明显区别的报警声信号；喷淋泵进入预定工作状态后，电气控制柜应能接收喷淋泵的工作状态反馈信号，应予以显示并将信息发送给与其连接的消防联动控制柜	（1）联动控制信号输入后，应点亮红色联动控制指示灯； （2）喷淋泵启动后，应点亮红色启动指示灯，表示执行了预定动作； （3）喷淋泵运行后，应点亮红色设备启动指示灯（反馈指示信号）
4	喷淋泵由报警阀组的压力开关动作信号直接联锁启动 注意：报警阀组的压力开关是喷淋泵电气控制柜直接配接的启动器件	喷淋泵电气控制柜应能接收报警阀组的压力开关动作信号，处于自动工作状态下的电气控制柜，应控制受控喷淋泵进入预定工作状态，并予以显示，且音响器件应发出与故障声信号有明显区别的报警声信号；喷淋泵启动后，电气控制柜应能接收喷淋泵的工作状态反馈信号，应予以显示并将信息发送给与其连接的消防联动控制柜	（1）压力开关动作信号输入后，应点亮红色启动器件动作指示灯； （2）喷淋泵启动后，应点亮红色启动指示灯，表示执行了预定动作； （3）喷淋泵运行后，应点亮红色设备启动指示灯（反馈指示信号）

续表

序号	项目	控制要求	显示要求
5	喷淋泵由消防联动控制柜直接手动装置启动 注：另有一种间接手动启动方式，是通过总线的手动启动，电气控制柜应处于自动工作状态才能进入启动状态；该方式不能替代直接手动方式	（1）在直接手动方式下启动时，喷淋泵电气控制柜不论处于任何工作状态均应执行启动指令；以上操作均必须由授权人员执行； （2）喷淋泵启动运行后，喷淋泵电气控制柜应能接收其工作状态信息，并将喷淋泵运行信息，发送给与其连接的消防联动控制柜 注：间接手动启动方式应按联动控制柜向喷淋泵电气控制柜发出联动控制信号对待	在喷淋泵启动后，应点亮红色设备启动指示灯（反馈指示信号）
6	在喷淋泵处现场手动启动喷淋泵 （注：该按钮在喷淋泵电气控制柜上，有对应的启动和停止两个按钮）	喷淋泵由泵电气控制柜的手动装置（启动按钮）启动，由授权人员操作，不论喷淋泵电气控制柜处于何种工作状态，启动按钮动作后均应能使喷淋泵进入启动状态；喷淋泵运行后，喷淋泵电气控制柜应能接收其工作状态信息，并将信息发送给与其连接的消防联动控制柜	（1）显示手动操作动作有效的红色手动按钮启动按钮指示灯应点亮； （2）喷淋泵启动后，应点亮红色设备启动指示灯（反馈指示信号）
7	应设主备泵互投切换装置	不论喷淋泵电气控制柜处于任何工作状态，只要主用的喷淋泵发生故障时，喷淋泵电气控制柜应能在 3s 内自动切换至备用喷淋泵，同时发出相应的指示信号； 执行预定动作的备用喷淋泵运行后，喷淋泵电气控制柜应能接收其工作状态信息，并将信息发送给与其连接的消防联动控制柜	（1）应有指示主用泵与备用泵运行的指示装置； （2）执行预定动作的备用喷淋泵运行后，其红色设备启动指示灯（反馈指示信号）应点亮
8	设有故障报警功能的喷淋泵电气控制柜	应设黄色故障指示灯和故障音响器件，在喷淋泵电气控制柜发生故障时，应发出故障声光报警信号	故障时黄色故障指示灯应点亮；故障音响器件发出故障声信号
9	三相交流供电的电气控制柜	在电源缺相、错相时应发出声光故障信号，且不应使受控喷淋泵发生误动作； 但具有自动纠相功能的喷淋泵电气控制柜，在能完成自动纠相功能时，可不发出声光故障信号	不具有自动纠相功能的喷淋泵电气控制柜，在电源缺相、错相时，黄色故障指示灯应点亮、故障音响器件应发出故障声信号

图 35-2 是按《自动喷水灭火系统设计规范》GB 50084—2017 对喷淋泵控制方式的规定和《消防联动控制系统》GB 16806—2006 对电气控制柜控制显示功能提出的要求绘制的喷淋泵电气控制柜面板示意图，仅供参考。该喷淋泵电气控制柜适用于临时高压制给水系统的喷淋泵控制。设有能在火灾报警后由消防联动控制柜发出联动控制信号自动启动喷淋泵的功能，当有消防联动控制信号输入时，红色联动控制信号指示灯会点亮；喷淋泵电气控制柜还直接配接有启动器件，由报警阀组的压力开关动作信号直接联锁启动喷淋泵，当有启动器件动作信号输入时，红色启动器件动作信号指示灯会点亮。手动按钮具有多样性，不同功能的按钮其配置也不完全一样。

图 35-2 中喷淋泵电气控制柜编号 7 主备泵操作指示钮，现设置为Ⅱ号泵为主用泵，

Ⅰ号泵为备用泵，该控制柜不具有延时启动功能，该控制柜操作级别限制是采用钥匙，有权限的管理人员可将钥匙插入编号19钥匙孔，对有操作级别限制的项目进行手动操作。

喷淋泵电气控制柜设有编号3绿色主电源指示灯，当主电源正常时该灯应点亮，由于该电气控制柜是从最末端配电箱取得电源，双电源自切互投装置设在最末端配电箱内。

喷淋泵电气控制柜设有编号18自动/手动转换钮，当转换钮处于自动工作方式时，编号20绿色自动工作状态指示灯应点亮；当有来自消防联动控制器的联动控制信号输入时，编号4红色联动信号指示灯应点亮，编号6音响器件应发出与故障声有明显区别的声信号，控制柜应能根据控制信号执行预定动作，使受控设备（主用泵Ⅱ号喷淋泵）进入预定的工作状态，控制柜的编号17红色启动指示灯应点亮，表示控制柜已执行预定动作，当受控设备进入预定的工作状态后，编号12的Ⅱ号泵红色反馈指示灯应点亮，表示受控设备已投入运行，控制柜并应将Ⅱ号泵的工作状态信息发送给与其连接的消防联动控制器。

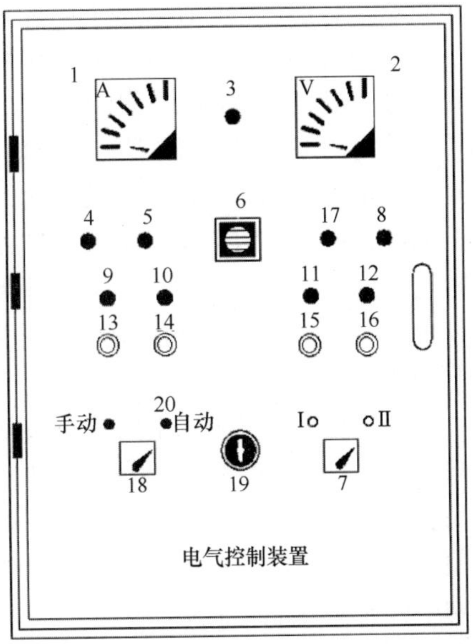

图35-2　喷淋泵电气控制柜面板示意图

1—电流表；2—电压表；3—绿色主电源指示灯；4—红色联动信号指示灯；5—红色启动器件动作信号指示灯；6—音响器件；7—主备泵操作指示钮；8—黄色故障报警指示灯；9—Ⅰ号泵红色启动按钮动作指示灯；10—Ⅰ号泵红色反馈指示灯；11—Ⅱ号泵红色启动按钮动作指示灯；12—Ⅱ号泵红色反馈指示灯；13—Ⅰ号泵启动按钮；14—Ⅰ号泵停止按钮；15—Ⅱ号泵启动按钮；16—Ⅱ号泵停止按钮；17—红色启动指示灯；18—自动/手动转换钮；19—操作级别钥匙插孔；20—绿色自动工作状态指示灯

注：本图中的手动按钮自身均不带指示灯，编号9和11的指示灯分别为Ⅰ号泵和Ⅱ号泵的按钮动作指示灯。

喷淋系统报警阀组的压力开关应作为喷淋泵电气控制柜直接配接启动器件，喷淋泵电气控制柜应能接收来自启动器件的动作信号，当有启动器件动作信号输入时，控制柜编号5的红色启动器件动作信号指示灯应点亮，表示有配接的启动器件动作信号输入，编号6音响器件应发出与故障声有明显区别的声信号，喷淋泵电气控制柜应将启动器件的动作信号发送给与其连接的消防联动控制器，处于自动工作方式下的喷淋泵电气控制柜，在接收到启动器件的动作信号后，应能执行预定动作，控制受控设备（主用泵Ⅱ号喷淋泵）进入预定的工作状态，控制柜的编号17红色启动指示灯应点亮，表示控制柜已执行预定动作，当受控设备进入预定的工作状态后，编号12的Ⅱ号泵红色反馈指示灯应点亮，表示受控设备已投入运行，控制柜并应将Ⅱ号泵的工作状态信息发送给与其连接的消防联动控制器。

当有操作权限的管理人员将钥匙插入控制柜编号19的钥匙孔后，可以对有操作级别限制的项目进行有效操作，如将编号18自动/手动转换钮，置于手动工作方式时，编号20绿色自动工作状态指示灯应熄灭，处于手动工作方式下的控制柜，只能通过本身的手动操作按钮对受控设备进行手动操作控制。

当有操作权限的管理人员将钥匙插入控制柜编号19的钥匙孔后，可以将喷淋泵电气控制柜编号18的自动/手动转换钮处于自动工作方式，编号20绿色自动工作状态指示灯应重新点亮，在自动工作方式下的控制柜，除可由自动工作方式启动喷淋泵外，还应能通过本身的手动操作按钮（泵启动按钮编号 13 或编号 15）对受控喷淋泵优先进行控制。即不论喷淋泵电气控制柜处于任何工作方式下，均应能通过手动操作电气控制柜上编号 13 的Ⅰ号泵启动按钮或编号 15 的Ⅱ号泵启动按钮，均应能分别控制喷淋泵启动，并使喷淋泵进入预定工作状态，这时，编号 9 的Ⅰ号泵的红色启动按钮动作指示灯或编号 11 的Ⅱ号泵的红色启动按钮动作指示灯均应分别点亮，该灯的点亮仅表示按钮手动操作有效，电气控制柜已执行了预定动作，当喷淋泵进入预定工作状态后，对应的编号 10 或编号 12 的泵红色反馈指示灯应分别点亮，控制柜并应将工作泵的工作状态信息发送给与其连接的消防联动控制器。

当使三相交流电源供电的喷淋泵电气控制柜中的任一相电源脱开，使泵电气控制柜处于缺相状态，电气控制柜的音响器件 6 应发出故障声信号，编号 8 黄色故障报警指示灯应点亮，分别手动操作编号 13 或编号 15 泵启动按钮时，均不应使泵产生误动作。同样人为地使喷淋泵电气控制柜产生错相故障时，电气控制柜应发出故障声光报警信号，故障条件下均不应使喷淋泵产生误动作。当喷淋泵电气控制柜具备自动纠相功能时，在电源发生错相时可不发出声、光故障信号。

喷淋泵组应为一用一备，电气控制柜应具有双泵互投自动切换的功能，当人为地使主用Ⅱ号喷淋泵发生故障，电气控制柜应发出故障声光报警信号。当由消防联动控制器向喷淋泵电气控制柜发出联动控制信号，Ⅱ号喷淋泵因故障而不能执行预定动作时，喷淋泵电气控制柜应能自动切换至备用Ⅰ号喷淋泵，使备用泵执行预定动作，此时，喷淋泵电气控制柜上的红色编号 4 联动信号指示灯应点亮，备用泵执行预定动作后，编号 10 的Ⅰ号喷淋泵红色反馈指示灯应点亮；控制柜并应将工作泵的工作状态信息发送给与其连接的消防联动控制器。

喷淋泵组是临时高压制自动喷水灭火系统必须设置的供水设备。也是自动喷水灭火系统的重要组成设备。但由于系统类型不同，其控制方式也有差别，所以喷淋泵组的消防电气控制柜的控制显示要求略有差别。

例如，规范规定：湿式系统及干式系统的喷淋泵组应由消防水泵出水干管上设置的压力开关、高位消防水箱出水管上的流量开关、报警阀组压力开关直接自动启动，设计时并不是要求系统均应同时设置这几种启泵方式，而是要求选择其中任意一种方式均应能直接启动喷淋水泵，通常是选用报警阀组压力开关作为直接启动喷淋泵组的启动器件，为了实现“直接启动”的要求，报警阀组压力开关应由喷淋泵电气控制柜直接配接，这样，湿式系统和干式系统的自动控制方式，就是由报警阀组的压力开关动作信号直接输入喷淋泵电气控制柜来实现。

对于雨淋系统、自动控制的水幕系统、预作用系统其喷淋泵组的自动启动有三种方式：一是仅有火灾自动报警系统一组信号联动启动，二是由火灾自动报警系统和自动喷水灭火系统闭式洒水喷头两组信号联动启动，三是由系统的启动器件一组信号联动启动。因此，凡是由系统的启动器件一组信号联动启动的，其启动方式与湿式系统相同，启动器件由喷淋泵电气控制柜直接配接；其余的两种自动启动方式，均应由消防联动控制器根据收到的联动触发信号及启动器件动作信号，在满足逻辑组合的条件下向喷淋泵电气控制柜发出联动控制信号，无论是启动器件动作信号及火灾自动报警系统的联动触发信号均应由消防联动控制器接收，所以其余的两种自动启动方式的系统，其系统的启动器件应由消防联动控制器配接。

由此可知：自动喷水灭火系统的喷淋泵电气控制柜的自动启动方式所要求的信号源有两种，即由消防联动控制器向喷淋泵电气控制柜发出的联动控制信号使喷淋泵进入预定工作状态或由喷淋泵电气控制柜直接配接的启动器件所发回的动作信号，使喷淋泵进入预定工作状态。只有当喷淋泵电气控制柜处于自动启动方式时，每一个信号源都应能使喷淋泵进入预定工作状态。

（4）消火栓泵组电气控制柜的控制显示功能

在《消防给水及消火栓系统技术规范》GB 50974—2014 实施之前，消火栓泵组仍按一用一备方式工作，所以电气控制柜所控制的仍是消火栓泵组，但原规范规定消火栓泵组是由消火栓按钮启动的，只有设有增压稳压装置的系统，才应增加压力开关，在增压稳压装置不足以稳定系统压力时，压力开关信号应能自动启动消火栓泵组，尽管临时高压制消火栓系统的消火栓泵能自动启动，但消火栓系统的主要灭火工作方式为手动操作水枪灭火，故仍决定了消火栓系统不应属于自动灭火系统。

《消防给水及消火栓系统技术规范》GB 50974—2014 实施后，由于标准规定消防泵组应由泵组出水干管上的压力开关、高位消防水箱出水管上的流量开关的动作信号直接自动启动火栓泵组消防水泵，设有增压稳压装置的系统，其压力开关信号应能直接自动启动消防水泵，因此，临时高压制消火栓系统的消火栓泵组应能由上述触发器件中的一种器件的触发信号直接联锁启动，所以消火栓泵组的工作方式及控制方式与喷淋泵泵组也基本相同，消火栓泵电气控制柜面板图没有画出，可参见图 35-2；消火栓泵电气控制柜的控制显示功能要求可参见表 35-2。

35.3　消防电气控制装置（柜）控制显示功能归纳

图 35-1～图 35-3 表达了《消防联动控制系统》GB 16806—2006 对消防电气控制装置使用功能的基本要求，不论是防排烟风机电气控制柜或消防泵电气控制柜都应具有这些控制显示功能，现将消防电气控制装置（柜）控制显示功能中需要解读的一些问题归纳如下：

（1）消防电气控制装置（柜）应具备的指示功能

1）主电源指示灯：用绿色指示灯点亮表示主电源正常工作，因本节中的消防电气控制柜是从最末一级配电箱获得电源，而双电源是在最末一级配电箱自切互投，符合规范要求；如果双电源是从低压配电室不同母线段引出，按放射式供电到消防电气控制柜 A. T. S 端自切开关各侧进线端，实现真正意义上的双电源末端互投时，在消防电气控制柜应设双电源自切互投装置，并配主备电源绿色指示灯，并对双电源自切互投功能提出要求。

2）红色联动控制指示灯：用红色联动控制指示灯点亮来表示有联动控制信号输入。

所谓“联动控制信号”，是指由具有联动功能的火灾报警控制器或消防联动控制器发出的联动控制信号，消防联动控制器（含具有联动功能的火灾报警控制器）只有在接收到的用于逻辑判断的联动触发信号满足规定的逻辑组合的要求后，才能产生并发出联动控制信号。这些联动触发信号可以是由火灾报警控制器发来的，也可以是由消防联动控制器直接配接的启动器件动作后输入的，如消防水泵出水干管上设置的压力开关、高位消防水箱出水管上的流量开关，当由消防联动控制器直接配接时，这些启动器件动作后输入的信号，都是联动触发信号，消防联动控制器接收到触发信号后，经逻辑判断，在联动触发信号满足规定的逻辑组合的要求后，消防联动控制器才能向消防电气控制装置（柜）发出联动控制信号。此外，消防联动控制器上通过总线传输的手动控制信号，输入消防电气控制柜时应按联动控制信号对待。

当有联动控制信号输入消防电气控制装置（柜）时，红色联动控制指示灯应点亮，音响器件应同时发出与故障声有明显区别的声报警信号。

3）应设红色启动器件动作指示灯，当消防电气控制装置（柜）直接配接的启动器件动作时，其动作信号应向消防电气控制装置（柜）输入，信号输入后，该灯应点亮，表示有启动器件动作信号输入，音响器件应同时发出与故障声有明显区别的声报警信号；该输入信号应能联锁启动与电气控制装置（柜）连接的消防设备。

红色联动控制指示灯可与红色启动器件动作指示灯共用。

4）应设黄色故障指示灯：用黄色故障指示灯点亮表示消防电气控制装置发生故障，音响器件应发出故障声信号。

5）红色启动指示灯：用红色启动指示灯点亮表示消防电气控制装置已执行了启动动作。例如当按下电气控制装置上的手动启动按钮后，该指示灯应点亮，表示手动操作有效。

6）红色受控设备启动指示灯：用红色受控设备启动指示灯点亮，表示消防电气控制装置所控制的消防设备（如消防泵、防排烟风机）已经启动，并进入了正常工作状态，这是受控设备进入运行状态后反馈回电气控制装置的工作状态信息；消防电气控制装置应能接收受控设备的工作状态信息，并应在3s内将该信息发送给消防联动控制器。

（2）消防电气控制装置（柜）应具备的控制功能

1）自动/手动工作状态转换钮（装置）应能设定消防电气控制装置的手动或自动工作方式，并能进入设定的控制状态；消防电气控制装置处于自动控制工作方式时，绿色自动工作状态指示灯应点亮。

在自动工作方式下，手动插入操作应优先，即不论消防电气控制装置处于何种工作状态，只要有授权人员通过消防电气控制装置对其进行手动控制，受控设备都应执行手动控制对应的动作。

在手动工作方式下，消防电气控制装置只能通过本身的手动操作装置才能对受控设备进行控制（消控室的手动直接控制方式例外）。

2）在自动工作方式下的消防电气控制装置应能在接收到与其连接的消防联动控制器发来的联动控制信号后，应在3s内执行预定动作，控制受控设备进入预定工作状态（有延时要求的例外）。

配接有触发器件（如压力开关、流量开关）的消防泵电气控制装置应能接收触发器件的动作信号，在自动控制工作方式下的消防电气控制装置应在接收到动作信号后3s内执行预定动作，控制受控设备进入预定工作状态，并将触发器件的动作信号传送给与其连接的消防联动控制器。

消防电气控制装置应能接收受控设备的工作状态信息，并应在3s内将信息传送给与其连接的消防联动控制器。

3）对于一用一备的双套互为备用，自切互投的受控消防设备，如设有备用泵的消防泵组，当在用受控设备发生故障时，消防电气控制装置应能在3s内自动切换至备用设备，并同时发出相应的指示信号，指示正在工作设备的编号。而且不论消防电气控制装置是处于手动控制工作方式，还是处于自动控制工作方式，当在用受控设备发生故障时，消防电气控制装置都应能自动切换至备用设备，执行预定动作。

4）对于采用三相交流电源供电的消防电气控制装置，在电源缺相、错相时应能发出故障声、光信号；具备自动纠相功能的消防电气控制装置，在电源错相并能自动完成纠相时，可不发出故障声、光信号。

消防电气控制装置在电源发生缺相、错相时不应使受控设备产生误动作。

35.4 需要说明的几个问题

（1）喷淋泵电气控制柜与防排烟风机电气控制柜在控制显示要求上的差别

喷淋泵电气控制柜与防排烟风机电气控制柜的控制显示要求，是大同小异的，这是由规范对喷淋泵、防排烟风机的控制方式要求的异同决定的：

喷淋泵电气控制柜所控制的是喷淋泵组，泵组为一用一备方式工作。对湿式系统、干式系统这样的闭式系统应由喷淋泵电气控制柜配接的压力开关动作信号直接联锁启动；对有火灾报警信号参与才能使系统启动的预作用系统、雨淋系统和自动控制的水幕系统，也必须有报警阀组压力开关动作信号与之配合，才能启动喷淋泵。不论是什么类型的自动喷水灭火系统必须具备在水泵房喷淋泵电气控制柜处手动应急操作、消防控制室手动控制和自动控制三种方式启动喷淋泵。

而消防泵电气控制柜在自动工作方式下的控制要求是："消防水泵应由消防水泵出水干管上设置的压力开关、高位消防水箱出水管上的流量开关，或报警阀压力开关等开关信号应能直接自动启动消防水泵"，为了实现"直接自动启动消防水泵"的要求，这些"开关"应作为消防水泵电气控制柜配接的启动器件，其动作信号应直接输入水泵电气控制柜，联锁启动消防水泵。而不应将它们的动作信号直接输入消防联动控制柜，这样做会增加失控概率，当消防联动控制柜处于手动工作方式时，尽管有压力开关等的动作信号输入，消防水泵电气控制柜将不能及时启动消防泵。

防排烟风机电气控制柜所控制的风机，不要求以一用一备方式工作。防排烟风机电气控制柜所控制的是单台防烟风机或排烟风机，防排烟风机的启动控制是以常闭式加压送风口的开启动作信号或排烟阀或常闭排烟口的开启动作信号为前提的。

防排烟系统的自动控制方式是以常闭加压送风口及常闭式排烟阀（口）为中心，它们是系统启动的触发器件，但它们是以手动和自动控制方式受控于消防联动控制器和自己的现场手动装置。如规范规定：机械排烟系统中常闭排烟阀或排烟口应具有火灾自动报警系统自动开启、消防控制室手动开启和现场手动开启功能，其开启信号应与排烟风机联动，常闭排烟阀或排烟口应受消防联动控制器控制；机械防烟系统中任一常闭加压送风口开启时，加压风机应能自动启动，常闭式加压送风口应设手动开启装置，常闭式加压送风口应受消防联动控制器控制。所以防排烟风机电气控制柜不能直接配接常闭排烟阀或排烟口、常闭式加压送风口。虽然在自动控制方式下的风机电气控制柜的信号源来自常闭排烟阀或常闭排烟口、常闭式加压送风口的开启动作信号，但向防排烟风机电气控制柜发出联动控制信号的则是消防联动控制柜。而报警阀的压力开关则是喷淋泵电气控制柜直接配接的自动触发器件，它不能手动启动，也不接受外部的电信号启动。

（2）临时高压制消火栓给水系统是人工操作的水灭火系统

在《消防给水及消火栓系统技术规范》GB 50974—2014 实施之前，规范规定消火栓泵组是由消火栓按钮启动的，只有在采用气压给水设备的系统中，才应增设压力开关，在增压稳压装置不足以稳定系统压力时，压力开关信号应能自动启动消火栓泵组。在《消防给水及消火栓系统技术规范》GB 50974—2014 实施之后，规范规定消火栓泵组不宜由消火栓按钮启动，而应由消防水泵出水干管上设置的压力开关、高位消防水箱出水管上的流量开关的开关信号直接启动消防水泵，而且消防水泵房内的压力开关宜引入消防水泵控制柜内。尽管这样，临时高压制消火栓系统也不可以认定为自动灭火系统。因为临时高压制消火栓系统的消火栓必须由人工手动操作水枪启用后，系统才能开放，消火栓泵才能自动启动。虽然，消火栓泵电气控制柜和喷淋泵电气控制柜一样都有自动工作方式，都能直接配接压力开关，压力开关动作后，都能直接自动启泵，但不可以认为消火栓系统就与自动喷水灭火系统一样，都是自动灭火系统。因为自动喷水灭火系统的系统开放是自动的，而消火栓系统的系统开放是人工的，所以消防水泵的电气控制柜的工作方式只能决定泵组的启动方式，而不能作为判断系统工作方式的唯一条件。而且报警阀组的压力开关应是符合《自动喷水灭火系统 第 10 部分：压力开关》GB 5135.10—2006 的产品，能将压力信号转变为电信号的一种自动触发器件，而且要求该信号应和喷淋泵直接联锁控制。而《消防给水及消火栓系统技术规范》GB 50974—2014 标准指称的压力开关是电接点压力表和压力传感器等，因此消火栓给水系统与喷淋系统在系统启动控制方式上还是有一些差别的。

另外《消防给水及消火栓系统技术规范》GB 50974—2014 对消防泵电气控制装置（柜）还有一些规定也应遵照执行，如规定消防水泵控制柜的前面板的明显部位应设置紧急时打开柜门装置。该装置为开启柜门的钥匙，以便于在紧急情况下，需要打开消防水泵控制柜的柜门时，由有管理权限的人员打碎玻璃取出钥匙，打开柜门，对消防水泵控制柜进行紧急处理。所以要求该钥匙装置应放在控制柜柜门的明显位置，且有能被击碎的透明玻璃保护，能看见钥匙。

35.5 消防电气控制装置在工程中常见的问题

在工程中常见消防电气控制装置（柜）不是经检验认证的产品，而是现场非标产品，这是比较普遍而又严重违规的，造成了消防泵在火灾时不能及时启动，致使灭火失败。图 35-3 反映了工程中消防电气控制装置的控制显示功能不满足标准要求的情况。

图 35-3、图 35-4 照片是工程中使用的不符合国家标准的消防电气控制柜，这些消防泵电气控制柜和防排烟风机电气控制柜都是非标产品，在火灾事故中消防泵不能及时启动的原因在很大程度上都是使用了这些不符合国家标准的消防电气控制柜！

（1）图 35-3 的消防泵电气控制柜从面板上可知道，该消防泵电气控制柜的控制显示功能不正确，存在以下问题：

1）虽具有自动/手动控制功能，其自动/手动转换钮设在正中（2 号位）时，是手动控制状态，设在左侧（1 号位）时，是Ⅰ主Ⅱ备的自动工作状态，设在右侧（3 号位）时，是Ⅱ主Ⅰ备的自动工作状态，但是没有按标准要求设绿色自动工作状态指示灯，指示控制柜的自动工作状态，并在处于自动工作状态时点亮。

2）具有手动控制Ⅰ泵或Ⅱ泵启动和停止的功能，可以通过操作绿色按钮启动消防泵；通过操作红色按钮停运消防泵，而且可认为这些操作不受控制柜处于何种工作状态的影响，但是，当按钮本身带有指示灯时，而且是由按下才能点亮时，该指示灯的点亮只能表示启动按钮的启动动作有效，执行了启动动作，因此该控制柜在手动状态下的启动指示灯可认为是已设置，但其指示灯的颜色应为红色，不能为绿色。

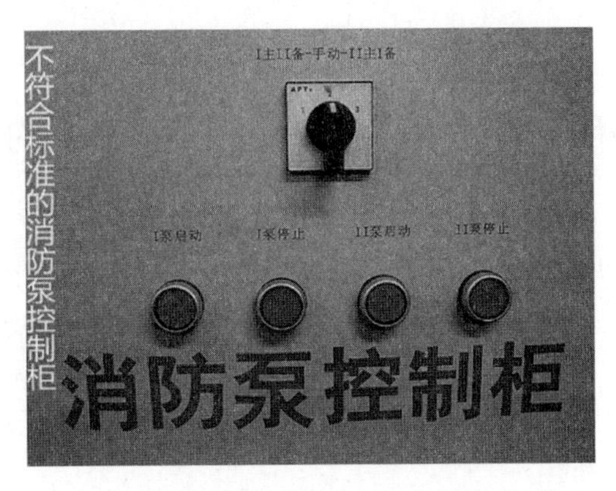

图 35-3　不符合国家标准的消防泵电气控制柜

3）控制柜未设操作级别限制，没有授权的人均可随意操作，改变其工作状态。

4）该控制柜没有按国家标准的规定具备下列显示功能：未设黄色故障报警状态指示灯，指示控制柜处在异常状态；未设红色受控设备启动后的反馈信号指示灯，指示受控设备处在启动运行的工作状态；未设绿色主电源工作状态指示灯，在主电源工作正常时该灯应点亮；未设红色联动控制指示灯，在控制柜接收到联动控制信号后，该灯应点亮；未设红色启动器件动作指示灯，在控制柜接收到启动器件动作信号后，该灯应点亮；未设音响器件，以便在火灾报警和故障报警时发出声信号。

既然控制柜没有按国家标准的规定具备以上控制显示功能，也就不能证明该控制柜能够接收消防联动控制器的控制信号，并执行预定动作，并将控制柜及消防泵的工作状态信息准确传递给消防联动控制器。

图 35-4　不符合国家标准的排烟风机电气控制柜

（2）图 35-4 是不符合国家标准的排烟风机电气控制柜，从电气控制柜面板上器件设置可知该排烟风机电气控制柜的控制显示功能存在以下问题：

1）控制柜的控制显示功能简单到比操作盘还要简单的程度，既无主电源工作状态指示，也没有联动控制信号输入指示、没有设风机自动/手动工作状态控制功能，也没有自动工作状态绿色指示灯，也没有控制柜执行启动动作的红色指示灯：面板上的 2 个带绿色指示灯的按钮，从标识看都与风机运行有关，但不能同时都采用相同的颜色，其中表示风机正常运行的指示灯的颜色应为红色。

2）面板上的黑色钮没有标志出该装置的功能。

3）控制柜没有设音响器件，以便在火灾报警和故障报警时发出声信号。

4）控制柜也未设操作级别限制，没有授权的人均可随意操作，而改变其工作状态。

36 解读消防联动控制信号的产生与传递

“联动触发信号”“联动控制信号”和“联动反馈信号”这三个与信号有关的术语在《火灾自动报警系统设计规范》GB 50116—2013 中做了如下定义：

“联动触发信号——消防联动控制器接收的用于逻辑判断的信号。

联动控制信号——由消防联动控制器发出的用于控制消防设备工作的信号。

联动反馈信号——受控消防设备（设施）将其工作状态信息发送给消防联动控制器的信号。”

由《火灾自动报警系统设计规范》GB 50116—2013 可知：消防联动控制信号，消防联动反馈信号和消防联动触发信号是消防联动控制器与火灾报警控制器、受控消防设备之间非常重要的传递信号，是实现消防联动控制系统控制显示功能的重要信息，消防联动控制器在接收到“联动触发信号”，经逻辑判断后，根据预先设定的逻辑向受控消防设备（设施）发出“联动控制信号”，受控消防设备（设施）在接收到联动控制信号后，应在规定时限内执行预定动作，受控的自动消防设备（设施）动作后，其工作状态信息应反馈到消防联动控制器，并予以显示，从而实现消防联动系统的控制显示功能。

由消防联动控制器的控制功能可知：消防联动控制器应能接收来自与其连接的火灾报警控制器发出的火灾报警信号，应显示报警区域，发出火灾报警声光信号，并应在 3s 内发出启动信号，指示启动设备的名称和部位、记录启动时间和启动设备的总数；消防联动控制器应能接收来自与其连接的消火栓按钮、水流指示器、压力开关、气体灭火系统启动按钮等触发器件发出的报警（动作）信号，显示动作信号的所在部位，并应发出报警声、光信号。

由此可知，消防联动控制器接收到的信号来源有两个：

（1）来自与其连接的火灾报警控制器发来的火灾报警信号，该信号应是火灾报警控制器进入火灾报警状态后，向消防联动控制器发出的联动触发信号，该信号应能表达火灾报警部位的具体地址，消防联动控制器才能根据报警信号的来源，经逻辑判断后，按预先设定的逻辑和时序，决定向所控制的需要启动的有关消防设备发出联动控制信号，这些信号源是“用于逻辑判断的信号”。

（2）来自与其连接的触发器件发出的动作信号，如消防水泵出水干管上设置的压力开关、高位消防水箱出水管上的流量开关、消火栓按钮、气体灭火系统启动按钮、报警阀的压力开关等动作信号。

当这些开关按钮是由消防泵电气控制柜或气体灭火控制盘直接配接时，它们的动作信号能发送给消防联动控制器。

当这些开关按钮由消防联动控制器直接配接时，它们的动作信号应由消防联动控制器接收，每个触发器件的动作信号应能表达动作信号的所在地址，经消防联动控制器逻辑判断后，才能按预先设定的逻辑和时序，决定向所控制的需要启动的有关消防设备发出联动控制信号。只有由消防联动控制器直接配接的触发器件发出的动作信号，才是“用于逻辑判断的信号”。实际上由消防联动控制器直接配接的触发器件还有常闭式送风口、常闭式排烟口等。

由于《自动喷水灭火系统设计规范》GB 50084—2017 规定：湿式系统和干式系统的喷头动作后，应由报警阀组压力开关直接自动启动消防水泵。所以该压力开关（启动器件）应由消防水泵电气控制柜直接配接，它的动作信号应直达消防水泵电气控制柜，当消防水泵电气控制柜接收到该压力开关动作信号后，应在 3s 内将启动器件的动作信号发送给与其连接的消防联动控制器。处于自动工作状态的消防水泵电气控制柜在接收到启动器件的动作信号后，应执行预定的动作，控制受控消防设备进入预定工作状态。因此不能把由消防水泵电气控制柜直接配接的压力开关动作信号作为联动触发信号看待。

另外《消防给水及消火栓系统技术规范》GB 50974—2014 规定：消火栓按钮不宜作为直接启动消防水泵的开关，该按钮的动作信号只能用于报警，故该按钮的动作信号也不是联动触发信号。

消防联动控制器接收到的“用于逻辑判断的信号”是由与其连接的火灾报警控制器发来的火灾报警信号，为此我们还是需要了解火灾报警控制器和消防联动控制器的产品标准对控制器的报警功能及控制功能的技术要求才能明白火灾报警控制器与消防联动控制器之间的信息传递关系。

36.1 火灾报警控制器是如何进入火灾报警状态的

现行国家标准《火灾报警控制器》GB 4717—2005 规定，火灾报警控制器应具有以下火灾报警功能：

（1）火灾报警控制器应能直接或间接地接收来自火灾探测器及其他火灾报警触发器件的火灾报警信号，发出火灾报警声、光信号，指示火灾发生部位，记录火灾报警时间。

解读：在这一条文中，火灾报警控制器应能接收来自与其连接的火灾探测器及其他火灾报警触发器件（如手动火灾报警按钮）的任一火灾报警信号均应进入火灾报警状态，并发出火灾报警信号。

（2）当火灾报警控制器需要接收两个或两个以上火灾报警信号才能确定发出火灾报警信号时，有以下两种情况：

1）需要接收到来自同一探测器（区）两个或两个以上火灾报警信号，才能确定发出火灾报警信号时，火灾报警控制器接收到第一个火灾报警信号时，应发出火灾报警声信号，并指示相应部位，但不能进入火灾报警状态。

火灾报警控制器只有在接收到第一个火灾报警信号后，控制器在 60s 内接收到要求的后续火灾报警信号时，应发出火灾报警声、光信号，并进入火灾报警状态；

当火灾报警控制器在接收到第一个火灾报警信号后，控制器在 30min 内仍未接收到要求的后续火灾报警信号时，应对第一个火灾报警信号自动复位。

解读：在这一条文中，标准并不明确发出火灾报警信号的器件是否包括手动火灾报警按钮。但从火灾探测区域的划分可推测：火灾探测区域是按独立的房间（套）划分的，而手动火灾报警按钮的设置是按防火分区布置的，因此，这里的“同一探测器（区）两个或两个以上火灾报警信号”应当是指同一个探测器（如可发出二次火灾报警信号的探测器）或在某些情况下可能出现的，同一探测区内的不同探测器或其他火灾报警触发器件发出的火灾报警信号。

2）需要接收到来自不同部位两只火灾探测器的火灾报警信号才能确定发出火灾报警信号时，控制器接收到第一个火灾报警信号时，应发出火灾报警声信号，并指示相应部位，但不能进入火灾报警状态。

火灾报警控制器在接收到第一个火灾报警信号后，在规定的时间间隔（不小于5min）内未接收到要求的后续火灾报警信号时，可对第一个火灾报警信号自动复位。

解读：在这一条文中，标准明确了发出火灾报警信号的是不同部位两只火灾探测器，并不包括手动火灾报警按钮。

标准还规定：火灾报警控制器在火灾报警状态下应有火灾声和/或光警报器控制输出，火灾报警控制器可设置用于火灾报警传输设备和消防联动控制设备等的控制输出，每一控制输出应有对应的手动直接控制按钮（键）；控制器在发出火灾报警信号后3s内应启动相关的控制输出。

这就是说，当火灾报警控制器发出火灾声和/或光警报信号时，表示火灾报警控制器进入火灾报警状态，并向消防联动控制设备发出控制输出，这个控制输出应当就是火灾报警控制器发给消防联动控制器的联动触发信号。

从《火灾报警控制器》GB 4717—2005的规定可知：火灾报警控制器的主要任务是直接或间接地接收来自火灾探测器及其他火灾报警触发器件（如手动报警按钮）的火灾报警信号，发出火灾报警声、光信号，指示火灾发生部位，它不仅能接收任一火灾探测器及其他火灾报警触发器件的火灾报警信号，按“或”逻辑组合方式判断真实火灾的发生，进入火灾报警状态，并发出火灾声和/或光警报信号及向与之连接的消防联动控制器发出控制输出。还具有一定的逻辑判别能力，能接收两个或两个以上火灾报警信号，按“与”逻辑组合方式判断真实火灾的发生，进入火灾报警状态，并发出火灾声和/或光警报信号及向与之连接的消防联动控制器发出控制输出。

在按“与”逻辑组合方式的火灾报警模式下，火灾报警控制器只有进入火灾报警状态才能有控制输出。所以在现场进行消防联动控制设计时一定要注意火灾报警控制器的这一功能，才能按标准的规定正确进行消防联动控制设计，也可以利用火灾报警控制器的这一功能，使两个独立的火灾报警触发装置的火灾报警信号在火灾报警控制器内形成“与”逻辑组合后，向消防联动控制器发出联动触发信号，这样消防联动控制器就能按照预置的逻辑程序，向各受控消防设备发出联动控制信号，控制受控消防设备进入预定工作状态。

36.2　消防联动控制器是怎样实现其联动控制功能的

现行国家标准《消防联动控制系统》GB 16806—2006对消防联动控制器的控制功能的规定是：“消防联动控制器应能接收与其连接的火灾报警控制器的火灾报警信号，并在3s内按照预设的联动控制逻辑发出启动信号；当火灾报警控制器为联动型的，应在发出火灾报警信号3s内，按照预设的联动控制逻辑发出启动信号。消防联动控制器在接收到与其连接的火灾报警控制器发来的火灾报警信号后，应显示报警区域，并发出火灾报警声、光信号。”

该标准还规定：“消防联动控制器应能通过手动或通过程序的编写输入启动的逻辑关系。消防联动控制器在自动方式下，如接收到火灾报警信号，并在规定的逻辑关系得到满足的条件下，应在3s内发出预先设定的启动信号”。在这里，标准要求只有在接收的火灾报警信号满足预先设定的联动逻辑关系，消防联动控制器才能发出启动信号，这时消防联动控制器应按信号逻辑关系决定所启动的消防控制设备的名称和部位，以及启动的先后顺序，发出联动控制信号。

消防联动控制器是通过一系列与之连接的消防控制装置，如消防电气控制装置、气体灭火控制装置、消防电动装置等，实现对众多消防设备的控制。当消防联动控制器接收到火灾报警控制器在进入火灾报警状态时发来的火灾报警信号时，消防联动控制器必须根据发生火灾报警的报警区域地址来决定启动哪些消防设备，向哪些消防控制装置发出联动控制信号，所以联动触发信号是为消防联动控制器提供用于逻辑判断的信号，由于该信号是触发消防联动控制器进入联动控制状态的信号，所以《火灾自动报警系统设计规范》GB 50116—2013 把该信号叫作“联动触发信号”。

由以上标准的规定可以看出，火灾报警控制器进入火灾报警状态是有条件的，即要有一定数量的火灾报警信号（火灾探测器或其他火灾报警触发器件的动作信号）进入火灾报警控制器，控制器才能按一定的表决方式决定是否进入火灾报警状态，并发出火灾报警信号和控制输出，这些表决方式有“或”逻辑形式和“与”逻辑形式。决定火灾报警控制器在什么条件下才能确定发出火灾报警信号，并进入火警状态，则是通过对火灾报警控制器的软件逻辑编程来实现，火灾报警控制器是产生火灾报警信号的设备，这个信号发给消防联动控制器时，就是联动触发信号。

消防联动控制器具有的控制功能是：消防联动控制器在自动工作条件下，接收与其连接的火灾报警控制器发出的火灾报警信号，并在规定的逻辑关系得到满足的条件下，在规定的时限内，按照预设的联动控制逻辑发出启动信号，使受控设备（如消防电气控制柜、气体灭火控制器等）执行预定动作，并接收其反馈信号。这里“在规定的逻辑关系得到满足的条件下”和“按预定的联动控制逻辑”是由消防联动控制器预先的逻辑编程完成。

36.3 与报警信号有关的术语没有定义，给消防联动控制设计留出很大的空间

火灾报警控制器接收到的火灾报警信号是生成“联动触发信号”的前提条件，但由于在相关标准中还有一些与报警信号有关的术语，如：“火灾报警信号”“确认火灾后”“两只独立的火灾探测器的报警信号”“专门用于联动防火卷帘的感烟火灾探测器的报警信号”“火灾报警状态”等术语都没有予以定义，这些术语究竟标记了一个什么特定概念？与其他相似概念究竟有什么区别？因此，在执行规范时，给消防联动控制设计带来很大的自由空间，就会由于各自的认识不同，产生许多不同的设计，丰富了消防联动控制设计内容，但也可能给联动控制设计带来一些麻烦与隐患。

比如，火灾报警触发器件向火灾报警控制器发出的“火灾报警信号”与火灾报警控制器进入火灾报警状态后发出的“火灾报警信号”，都是使用“火灾报警信号”术语，但它们的意义和作用是完全不同的，火灾报警触发器件向火灾报警控制器发出的火灾报警信号（动作信号）仅是火灾报警控制器对是否发生真实火灾进行逻辑判断的基本条件，而火灾报警控制器进入火灾报警状态后发出的火灾报警信号，则是火灾报警控制器在接收到火灾报警触发器件发出的火灾报警信号，并对这些信号进行处理后，当符合逻辑关系条件时，才能进入火灾报警状态，才能发出火灾报警信号，该信号是作为“联动控制触发信号”向

消防联动控制器输入的。

现行国家标准《火灾自动报警系统设计规范》GB 50116—2013 中要求："应采用两个独立的报警触发装置报警信号的'与'逻辑组合，作为自动消防设备的联动触发信号。"标准所指的"报警触发装置"是指火灾自动报警系统中的火灾探测器和手动报警按钮。这一要求与《火灾报警控制器》GB 4717—2005 的规定有部分相同，有部分不相同。例如，《火灾报警控制器》GB 4717—2005 规定："火灾报警控制器需要接收来自同一探测器（区）两个或以上火灾报警信号才能确定发出火灾报警信号"，这里"同一探测器两个或以上火灾报警信号"就不是由两个独立的报警触发装置发出的报警信号。例如多信号复合的火灾探测器和多参数复合的火灾探测器的报警信号，从个体上看，他们是一只火灾探测器，但多信号复合的火灾探测器却有两个阈值，能发出首个报警信号和后续报警信号，而多参数复合的火灾探测器则可以探测两种及以上不同类型的火灾参数，也能发出两个及以上火灾报警信号，是符合《火灾报警控制器》GB 4717—2005 要求的信号源，而且火灾报警控制器能够接收来自同一探测器两个或以上火灾报警信号，根据这些火灾报警信号，火灾报警控制器能够进入火灾报警状态，并发出火灾报警信号。但它却不是《火灾自动报警系统设计规范》GB 50016—2013 所要求的"两个独立的报警触发装置"的报警信号。

36.4 联动控制对报警触发装置的编址要求

在联动控制设计时，还应注意报警触发装置的编址问题，火灾探测器和手动报警按钮的动作信号应在报警控制器上显示其报警部位，并应按火灾触发装置的地址，按预定的逻辑关系确定是否进入火灾报警状态。因此，报警触发装置的编址对是否进入火灾报警状态，及被启动的联动控制对象的部位、范围起到至关重要的作用。

在多线制系统中，每一只报警触发装置都有一条信号线表达自己的地址，火灾报警控制器容易识别每一只报警触发装置器的地址，即便在维护管理时这些地址都不会改变。

但在总线制系统中，所有报警触发装置都共同使用一条地线和一条信息线，每个报警触发装置对控制器之间的信号传输是分时的，因此只能采用寻址技术来表达报警触发装置自己的地址，通常采用报警触发装置的编码开关的编码来写入自己的地址，而且这些地址又决定了报警触发装置所发挥的联动作用，因此报警触发装置的编址对联动控制的影响很大。

《火灾自动报警系统设计规范》GB 50116—2013 对联动控制设计时所取的火灾探测器的火灾报警信号的报警区域有明确的规定。表 36-1 是该规范对联动控制设计时所取火灾报警信号的所在区域的规定，表中的火灾报警信号仅由火灾探测器发出、不包括手动报警按钮的动作信号，具体采用何种类型的报警触发装置的报警信号应另见规范规定。

火灾声光警报系统、消防应急广播系统、消防照明与疏散指示系统、消防电梯（含兼用）非消防电梯、非消防电源等消防设备的联动控制应按规范要求应在火灾确认后，由消防中心按火场需要启动，由联动控制器监控。

联动控制设计时所取火灾报警信号所在区域的规定　　表 36-1

被控设备名称	联动控制方式所取的报警区域的信号
预作用系统（电探测启动型）	同一报警区域内的两只及以上的独立的感烟火灾探测器的火灾报警信号"与"逻辑组合信号启动

续表

被控设备名称	联动控制方式所取的报警区域的信号
雨淋系统（电探测启动）	同一报警区域内的两只及以上的独立的感温火灾探测器的火灾报警信号“与”逻辑组合信号启动
自动水幕系统（防火分隔用）	由该报警区域内的两只独立的感温火灾探测器的火灾报警信号“与”逻辑组合信号启动
自动水幕系统（冷却防护用）	由防火卷帘归底动作信号与本报警区域内的任一只火灾探测器的火灾报警信号“与”逻辑组合信号启动
气体灭火系统	同一防护区域内的两只独立的火灾探测器的火灾报警信号“与”逻辑组合信号或防护区门外的紧急启动信号启动
高倍数泡沫灭火系统	同一防护区域内的两只独立的火灾探测器的火灾报警信号“与”逻辑组合信号或防护区门外的紧急启动信号启动
机械防烟系统	由常闭加压送风口所在防火分区内的两只独立的火灾探测器的火灾报警信号“与”逻辑组合信号分别启动加压送风口、加压送风机
电动挡烟垂壁	由同一防烟分区内且位于电动挡烟垂壁附近的两只独立的火灾感烟探测器的火灾报警信号的“与”逻辑组合信号启动下垂
机械排烟系统	由同一防烟分区内的两只独立的火灾探测器的报警信号的“与”逻辑组合信号启动排烟口、排烟风机、补风机
通风空调系统	与机械排烟系统联动启动而停运，由同一防烟分区内的两只独立的火灾探测器的火灾报警信号的“与”逻辑组合信号联动启动机械排烟系统而停运
常开防火门	由所在防火分区内的两只独立的火灾探测器的火灾报警信号的“与”逻辑信号关闭
防火卷帘（疏散分隔用）	由所在防火分区内的任两只独立的火灾探测器的火灾报警信号的“与”逻辑信号启动；或任一只专用于联动防火卷帘的感烟探测器的火灾报警信号启动下降至距地 1.8m；继后任一只专用于联动防火卷帘的感温探测器的火灾报警信号再启动防火卷帘继续下降至完全关闭
防火卷帘（防火分隔用）	由所在防火分区内的任两只独立的火灾探测器的火灾报警信号的“与”逻辑组合信号启动防火卷帘下降至完全关闭

从表 36-1 可知：当以火灾报警信号或火灾确认信号联动启动消防受控设备时，发出火灾报警信号的触发装置必须要与联动对象在同一个相关区域内，而且是“两个相互独立”的触发装置，有的还要求应为“专用”的触发装置，这些都要求触发装置应具有自己的地址，然而火灾探测器中有一类能以编码开关写入其固定地址，对于采用编码开关写入其固定地址的火灾探测器，其产品的编码开关可以在火灾探测器的底座上，也可以在火灾探测器的探头上，所以，当火灾探测器为底座与探头可拆开式，若编码开关在火灾探测器的探头上时，探测器的编码地址就会随探头移位而带走，比如在维修安装时可能将原本用于卷帘的有编码开关的火灾探测器探头，错安在别处，而把另外没有地址的火灾探测器探头安在用于启动卷帘的火灾探测器底座上，出现“张冠李戴”，造成火灾时防火卷帘无法联动。这是需要注意的。

36.5 火灾探测技术和信息处理技术的进步带来的新问题

火灾探测技术和信息处理技术的进步推动着报警技术的发展，使联动控制技术的可靠性得到提高，用于生成联动触发信号的信息更加多样、丰富。

火灾自动报警系统中的火灾探测器探测到火灾信息，并发送到火灾报警控制器，使其进入火灾报警状态的过程中，火灾探测器和火灾报警控制器对火灾信息的处理的分工方式又是多种多样的，这又增加了联动控制设计的复杂性，在开关量的火灾自动报警系统中，一般可以把火灾信息的处理分工简单地归纳为两个环节：

第一，火灾探测器对所探测到的火灾信息进行处理，决定是否向火灾报警控制器发出火灾报警信号。火灾探测器探测到的火灾信息为火灾特征参数，大多由开关量式火灾探测器按预定的算法对采集的火灾信息进行处理，由火灾探测器决定是否向火灾报警控制器发出火灾报警信号。火灾探测器不同，火灾信息处理的算法也不完全相同。这一环节是火灾探测器对火灾信息的采集和处理，火灾探测器采集的信息既有火灾信息，也有大量的非火灾信息。

第二，火灾报警控制器接收到火灾探测器发送的报警信号，并对信号进行处理，决定控制器是否进入火灾报警状态，并发出火灾报警信号。火灾报警控制器接收到的火灾信号为开关量式火灾探测器动作信号，火灾报警控制器根据收到的火灾报警信号按预定的“逻辑关系”对开关量信号进行处理，处理的方式可以是“与”逻辑方式，也可以是“或”逻辑方式。当接收到的火灾探测器的动作信号，满足预定的“逻辑关系”时，火灾报警控制器就可以进入火灾报警状态，并发出火灾报警信号。这就是在开关量的火灾自动报警系统中，火灾探测器和火灾报警控制器对火灾信息处理的一般分工方式。

多信号火灾探测系统是指在同一探测区域采用不同类别的火灾探测器共同监视，实现对建筑火灾信息的更多采集与更早判断，比如在同一探测区域采用感烟探测器及感温探测器，或离子感烟探测器与光电感烟探测器，或感温探测器与感烟探测器，或感烟探测器与感光探测器，或定温探测器与差温探测器，或紫外探测器与红外探测器等不同类别的火灾探测器相互组合，共同监视同一区域。每一只火灾探测器都只能向火灾报警控制器发送一次报警信号，对火灾报警控制器来说每一只火灾探测器的报警信号都是火灾信号，这时对火灾是否真实发生有两种判别方法：一是可以把最先发出火灾报警的一只火灾探测器信号作为火灾报警信号，承认每一只火灾探测器信号都是有效的；二是把第一个火灾探测器的报警信号作为火灾预警信号，把第二个火灾探测器的后续报警信号作为火灾确认信号。当按上述两种火灾判别方法去联动消防设备时，必须考虑火灾信号的可靠性、消防设备启动的紧迫性和消防设备误动产生的后果；第一个方法适用于火灾时必须尽快联动，即使误动作也不会造成更大混乱和损失的场合；第二个方法适用于消防设备联动误动作会造成较大混乱和损失的场合。

多参数复合火灾探测器是指在同一火灾探测器内组合有 2 个或 2 个以上不同类别的火灾探测元件，一只火灾探测器可以采集 2 个或 2 个以上不同类别的火灾信息，并对 2 个或 2 个以上不同类别的火灾参数作出响应，在信号处理上可以采用“或”逻辑表决方式，以实现对探测区域更多更早的火灾信息采集与判决，以防漏报和不报；也可以采用“与”逻辑表决方式，以实现对探测区域更准更可靠的火灾信息采集与判决，以防止误报。这对于每一只火灾探测器都可以处理采集到 2 个或 2 个以上不同类别的火灾参数，并通过逻辑表决方式进行火灾判别报警，所以说这种多参数复合的每一只火灾探测器虽然可以探测到 2 个或 2 个以上的火灾参数，但只能发出一次火灾报警信号，该信号一定是我们需要的火灾确认信号。

多阈值探测器是指同一火灾探测器虽然只对一种火灾特征物理量进行探测，但是每一只火灾探测器却可以对多个火灾信号作出响应，例如，具有多级感烟灵敏度的多阈值感烟探测器，通常可以对 2 个不同灵敏度级别的报警阈值都进行响应，火灾探测器的第一次发出的报警信号作为火灾预警信号，第二个后续发出的报警信号作为火灾确认信号，这种多阈值感烟探测器虽然只对一种火灾物理量进行探测，但是一只火灾探测器却能发出两次火灾报警信号，这种火灾探测器只是多次发出意义不同的火灾报警信号，但没有对火灾报警信号进行按逻辑思维的表决处理，再如差定温火灾探测器，一只探测器既可以对火场的早期升温速率（℃/min）作出响应而发出报警信号，这对升温较快的火场有很好的早期响应性能，它也可以对火场的定温值作出响应而发出报警信号，这是对差温探测在某些升温速率较慢场合易发生漏报的后备保护，这种火灾探测器的固定阈值是稳定可靠的，通常可以把早期出现的差温报警信号作为火灾报警信号，而把后续出现的定温报警信号作为火灾确认信号。

上述火灾探测器都能探测火灾信息并对火灾参数进行处理，发出报警信号，但它们的报警阈值都是固定不变的，它们的火灾探测器或火灾报警控制器都是开关量的，有的最多是具备了逻辑判别模式，起到一定的防误报作用，仍不能从根本上防止误报，特别是由火灾探测器老化产生的误报，而且当采用相同类型相同阈值的多个火灾探测器监视同一空间时，由于环境的干扰信号不会仅作用于个别火灾探测器且各探测器探测元件的老化也是同步的，所以即使由报警控制器采用“与”逻辑方式由表决电路输出报警信号的火灾确认模式，仍然不能降低误报率，这时采用“与”逻辑方式对防误报的效果是不佳的，所以不是所有“与”逻辑表决模式都能降低误报率！

36.6 误报和漏报、迟报的存在是火灾探测技术和信息处理技术进步的动力

随着火灾探测技术和火灾信号处理技术、信息传输技术的进步，出现了能够适时传输监测空间火灾特征模拟量的火灾探测器，这时火灾探测器向报警控制器传输的信息不再是开关量报警信号，而是监测空间适时的特征物理量变化，由火灾报警控制器对这些信息按固定的算法程序进行处理分析，作出这些信息变化是由于火灾引发，还是由非火灾的类似火灾信号的干扰信号引发，从而决定是否发出火灾报警信号。这时的火灾探测器是纯粹的传感器，系统对火灾报警的判别完全在火灾报警控制器，火灾报警控制器不再由信号的幅值来判别火灾，而是按信号变化的方向及趋势的模拟量来判别火灾，火灾传感器仅是采集环境中的火灾参数，并把采集到的火灾参数通过模/数（A/D）转换为数字信号适时发给火灾报警控制器，控制器的微处理器对收到的数字信号按预定程序算法进行信号处理，与由软件建立的数学模型相比较来判断火灾是否真实发生，控制器通过与火灾传感器的适时对话监视其工作状态，并能在信号处理中识别出传感器因环境污染的积灰老化引起的信号渐变，而出现的零点飘移，人们针对性地采用了阈值自动补偿

技术，并在软件预定限度内给以补偿，当超出预定极限时，控制器则发出故障报警信号，从而实现了探测系统的探测智能、监控智能、抗扰智能，增强了系统防误报能力，提高了系统火灾报警的可靠性。

但是智能式火灾自动报警系统虽然更进一步的提高了火灾自动报警系统的可靠性，但它毕竟是按预先设定的模型程序运行，其智能也是有限的，它不能像人一样依靠大脑的思维判断识别火灾信息，特别是能从大量的与火灾特征物理量变化相似的环境信息中，识别出早期火灾信息。

随着火灾探测与信息传输技术和微处理技术的进一步发展，又出现了人工神经网络火灾探测技术，它对信息的处理是依靠人工神经网络算法来实现，它不需要固定不变的算法程序，它具有自适应和自学习的归化能力，能够适应环境并根据环境条件自动调整运行参数，它具有容错能力从而更进一步提高火灾自动报警系统的可靠性，它具有强大的逻辑推演，并行处理能力，使系统对火灾信息的反应速度和判别准确性都得到提高，实现了火灾探测必需更早、更准、更可靠的要求，但是再强大的微处理技术也需要计算方法和规则，由于社会经济发展使火灾成因及演变十分复杂，而人们对火灾的认识却总是落在后面，所以赋予计算机的模型与规则不能做到完美，误报与漏报仍然始终存在，实现更早更可靠更准确的火灾探测报警永远是我们追求的目标，就探测报警技术而言，识别明显的火灾信号并不困难，但要从环境中识别早期火灾信号就很困难，因为愈是早期火灾的信息，就与背景的非火灾信息的相似度愈接近，尽管探测技术对这些微弱的火灾信息有更加科学的算法加以识别，然而要实现火灾探测自动报警系统的零误报和零漏报却是不可能的。因为误报和漏报永远是客观存在的，误报和漏报是火灾探测自动报警技术中相互对立与相互统一的两个方面，如果说准确的火灾探测报警是系统的收益，那么误报和漏报就是与收益同时存在的风险，报警技术始终在追求可靠报警与避免误报和漏报之间确定一个适合的“度”，这个“度”是在承担一定风险的条件下确立的，在开关量报警系统中这个“度”就是报警阈值。可以说由于误报和漏报、迟报的存在，才使我们的火灾探测技术在无穷尽的探索中有了强大的推动力。

事物总是存在两面性的，而且总是向自己的反面发展，只有审时度势才能不会走向反面，火灾自动探测报警技术发展的历程证明了这一规律的普适性。可以说，没有误报就没有火灾自动探测报警技术的进步与发展。

由于火灾探测技术和火灾信息处理技术的发展进步，火灾探测器和火灾报警控制器之间原有的火灾信息处理分工方式已被突破，如点型复合式火灾探测器，它把两个或以上的火灾探测器件组合在一只探测器中，并将他们的信号按“与”逻辑复合，或按“或”逻辑复合。只有满足预定的“逻辑关系”时，火灾探测器才能发出火灾报警信号。例如光电感烟与感温复合探测器、红外/紫外复合探测器、光电感烟/离子感烟与感温复合探测器等，当这些复合探测器的信号采用“与”逻辑复合时，怎么认定这些复合探测器的报警信号，在《火灾自动报警系统设计规范》GB 50116—2013 中并没有规定，设计者有很大的设计空间。

火灾探测器和火灾报警控制器之间对火灾信息处理的分工的变化，无疑是为提高火灾报警信号的真实性而做出的技术改进，从而也就提高了消防联动控制器接收到的联动触发信号的准确性，使消防联动控制器发出联动控制信号的可靠性也得到提高，降低了火灾报警控制器的误报和漏报，使消防联动控制系统的误动作和不动作的概率降低到人们可以接受的程度。规范规定：应采用两个独立的报警触发装置报警信号的“与”逻辑组合，作为自动消防设备的联动触发信号。其目的也是为提高火灾自动报警系统的可靠性。防止由于联动触发信号不准确，造成消防设备误动作，对某些消防设备而言，误动作会产生很大的危害。

37 正确认识联动触发信号的可靠性

消防设备在火灾发生时应及时启动，没有发生火灾时不能误动作，不能及时启动和误动作，都会产生不良后果。不同的消防设备在火灾时的启动紧迫性的要求是不同的，不同的消防设备的误动作或迟动作所产生的不良后果也是不相同的，而且联动控制的范围愈大，误动作或迟动作所产生的不良后果也愈大。例如，在火灾发生时，要求启动全楼的火灾警报器和消防应急广播与要求启动一个防护区的火灾警报器和消防应急广播相比，当发生误动作时所产生的危害就大不相同。虽然这两个区域对火灾警报器和消防应急广播的启动紧迫性的要求是相同的，但由于误动作或迟动作所产生的不良后果大不相同，所以对联动触发信号的可靠性要求就不应相同。所以讨论联动触发信号的可靠性时，一定要看消防设备在火灾时的启动紧迫性的要求和误动作或迟动作所产生的不良后果大小共同考虑，不能一概而论。

37.1 联动触发信号的可靠性是由火灾报警系统的可靠性决定的

联动触发信号的可靠性是由火灾报警系统的可靠性决定的。而系统的可靠性是在比较中存在的，是用“可靠度”来量度的，系统的可靠度是指火灾探测报警系统在规定的时间内，在规定的工况下，系统完成规定的探测报警功能的能力或概率。火灾自动报警系统的可靠度是由组成系统的火灾探测器的可靠性及数量共同决定。既然系统完成火灾探测报警是存在一定概率的，所以就不存在百分之百可靠的火灾自动报警系统，任何一个火灾自动报警系统都是在允许的概率范围内工作的。为了防止消防设备误动作和迟动作产生更大危害，人们都希望选择“最可靠的联动触发信号”，这是无可非议的。但什么是最可靠最安全的联动触发信号呢？这既是技术问题，也还有个正确认识客观事物的观念问题。

火灾报警控制器有两种报警模式，一是任一火灾报警触发器件的信号输入时，能使火灾报警控制器发出火灾报警信号；二是需要接收到两只或两只以上火灾报警信号才能使火灾报警控制器进入火灾报警状态，并发出报警信号。这是火灾报警控制器应有的两种基本的报警控制功能。一般把首先进入火灾报警控制器的信号叫“火灾报警信号”，而把后续进入火灾报警控制器的信号叫“火灾确认信号”。一般认为用“火灾确认信号”作为联动触发信号去启动重要消防设备是较安全的。

37.2 误报是火灾探测技术中的客观存在

实际上，《火灾报警控制器》GB 4717—2005 的这两种自动报警模式都有各自的特点和用途，只有根据需要，选择适宜于现场和系统需要的报警模式，才能保证联动触发信号的可靠性。所以在选择“火灾报警信号”或“火灾确认信号”作为联动控制信号时，不可以认为哪一个是绝对准确的。从火灾探测技术的角度看：“绝对准确”的火灾报警信号一定是不安全的信号，因为“绝对准确”的火灾报警信号一定是失去了早期报警价值的信号，也就是说，当火灾已发展到大火时才能报警的信号，虽然绝对地准确可信，但会使人们面临更大的火灾危害，何况任何火灾探测器都不能做到绝对的可靠报警。火灾自动探测报警系统的价值在于应能根据早期火灾存在的客观根据和发展趋势，判断早期火灾存在的可能性。当火灾已发展到大火，火灾已经变为严重的现实存在，才作出响应，尽管是可靠报警，但已丧失了早期报警价值，这不是人们对火灾探测报警系统的预期要求。

因为我们需要火灾自动报警系统从监视空间内获取早期火灾信息，更早地判断火灾事件的发生。然而监视空间内却同时存在大量非火灾信息，即背景信息，其中也存在与火灾信息相似的非火灾信息，而且愈是早期的火灾信息与非火灾信息的特征相似度更加接近，这就要求火灾探测器对早期的火灾信息要更加敏感，当提高了火灾探测器对火灾信息的敏感度后，火灾探测器的探测准确度会随之降低，误报率必然就高；反之，如果希望火灾探测器能够准确地发出真实火灾的报警信号，必然要使火灾探测器的报警阈值与环境的背景干扰信号之间要有明显的不同，必须用加大它们之间信号的差别或幅值来降低误报，但这样做又会失去对火灾的早期报警，从而发生迟报，漏报，这又与我们希望早期报警的意愿相悖，所以在火灾报警的信号处理技术中有这样一条规律，即当要力求避免误报时，又容易发生迟报；当要避免迟报、漏报时，又可能发生误报，所以准确的报警阈值则总是存在于误报值和迟报值之间。因此“只有合适的报警阈值，没有100%准确可靠的报警阈值”的说法，就反映了误报和漏报是客观存在的规律，误报和迟报是火灾探测技术中相互依存、相互对立、相互制约的一对矛盾，这对矛盾的彼消此长，此长彼消过程推动着火灾探测技术的向前发展。所以零误报和零迟报是不存在的。我们只有接受我们能够接受的误报率，才能确保火灾探测器的质量成本更加符合市场需要，才有推广应用的价值。另外火灾探测器的误报和迟报不仅与火灾探测器本身的质量有关，还与火灾探测器的使用有关。正确选用火灾探测器、正确设计火灾联动控制系统、正确维护火灾报警系统才能确系统的可靠性，从这个意义上讲，我们所讲的联动可靠性实际上是以可接受的一定误报率而言的。

37.3 “与”逻辑组合对联动触发信号可靠性的影响是有利有弊的

《火灾自动报警系统设计规范》GB 50116—2013 规定：“需要火灾自动报警系统联动控制的消防设备，其联动触发信号应采用两个独立的报警触发装置报警信号的‘与’逻辑组合。”

为此，用两个报警信号的“与”逻辑组合来产生联动触发信号就成为我国消防设备联动控制的主要方式。

在工程中，将联动逻辑组合关系用门电路导通技术来实现自动控制，门电路又叫表决电路，是一种类似“门”的控制电路，平时“门”是关闭的，电路不导通，没有信号从门电路通过，当信号的到达条件具备时，门电路就会按预先设定的逻辑组合关系，对信号进行表决，决定门电路导通时，就会有信号从门电路通过，“门”会自动开启，信号会自动传递出去。

由上述描述可知：门电路实际是一种具有多个输入端和一个输出端的开关电路，当输入端的输入信号之间满足预定的逻辑关系时，门电路才有信号输出，否则就没有信号输出。门电路能够控制信号自动通过或不通过，门电路具有自动门的作用。

在联动控制逻辑组合关系中常用以下两种逻辑组合关系：

(1)“与”逻辑组合关系：只有当所有条件均出现，联动事件才能实施；

(2)“或”逻辑组合关系：当诸多条件中的任意一个条件出现，联动事件均能实施。

“或”逻辑组合关系是按“或”门电路设计的，通常采用“二取一”表决方式，即当两个条件中的任意一个出现时，门电路导通，即能发出联动触发信号。犹如日常生活中采用两个开关并联来共同控制一只灯泡的线路装置，当任意一个开关闭合时，都有电流通过，灯泡都会点亮。在火灾自动报警系统中，用“或”逻辑关系产生联动触发信号，是承认每个消防自动触发器件发出的火灾报警信号都是真实的，可信的；“或”逻辑表决方式可以有效地使每个信号充分发挥表决作用，信号的及时性好，但它容易发生误报。这对于火灾时不尽早启动消防设备，就会危及人员安全，即使误动作其危害也可以接受的消防设备是有利的，“或”逻辑关系的联动方式能够有效地降低迟动作或不动作的概率。

“与”逻辑组合关系也是按与门电路设计的，通常采用“二取二”表决方式，即当两个条件均出现时，门电路才能导通，联动触发信号才能发出。对“与”字的理解，即有相伴而行的意思，犹如日常生活中采用两个开关串联来共同控制一只灯泡的线路装置，当任意一个开关闭合时，都不会有电流通过灯泡，灯泡都不会点亮，只有当串联的两个开关都闭合时，才会有电流通过，灯泡就会点亮。“与”字表明了使灯点亮的两个开关必须都具备“通路”的条件。在火灾自动报警系统中，用“与”逻辑关系产生联动触发信号，则是认为每一个消防自动触发器件发出的火灾报警信号都只是表达了火灾的可能，其可信度仅为50%，若没有后续火灾报警信号的出现作为佐证时，火灾的真实性是不能认定的。这种表决方式显然可以有效降低发生误动作的概率，但它又容易在某一信号失灵时而不能动作，所以又容易发生迟动作或不动作的可能，“与”逻辑组合更适用于火灾时误动作产生的危害较大，对启动可靠性要求较高，但又没有必要必须尽早启动的消防设备。

这就说明了每种逻辑组合方式一定是有利和有蔽的。两种火灾探测器报警信号的“或”逻辑组合会产生“相得益彰”的表决效果，两种火灾探测器报警信号的“与”逻辑组合会产生“相互抑制”的表决效果。

37.4 逻辑组合关系的可靠性是相对的

单从逻辑关系看，“与”逻辑关系产生的联动触发信号似乎应更为可靠。

但实际上“与”逻辑和“或”逻辑产生的联动触发信号，都存在着可靠性问题，可靠与不可靠是辩证的对立统一关系，可靠性是相对于不可靠性而言的，他们既是对立的，而又是相互联系在一个统一的事物中的，他们都是从不同的方面揭示了火灾自动探测报警技术内部存在的矛盾与联系。因为系统要“更多”“更早”“更准确”地获取火灾信息，这是火灾自动探测技术始终追求的目标。“更多”就是要求系统不要漏报，“更准确”就是要求系统不要误报，“更早”就是要求系统不要迟报。所以迟报、漏报是误报的对立面，而我们需要的报警阈值就总是徘徊在迟报、漏报和误报之间的，所以火灾探测器的报警阈值一定是我们可以接受的具有一定的误报率的探测范围。例如我们将离子型感烟探测器和光电型感烟探测器的信号按“与”逻辑组合、“或”逻辑组合时，它们各自产生的联动触发信号都存在可靠性的问题。

"与"逻辑产生的联动触发信号不一定就绝对可靠，如不能正确使用，同样也是有风险的。

"与"逻辑组合关系无非是将不同的消防自动触发装置发出的触发信号按"二取二"，甚至"四取二"的方式，由表决门电路输出火警信号，以此来提高报警的准确性而已。如果选取的触发信号是适合的，就会如愿以偿，反之则会事与愿违，适得其反。

以点型感烟火灾探测器为例，若选用同型号同一相同固定阈值的感烟火灾探测器，如当火灾探测器处于同一环境条件下，采用"与"逻辑联动控制模式来防误动作，其防误报的效用是不高的。因为这些类别相同、阈值相同的感烟火灾探测器，又在相同空间的相同背景条件下，每个感烟火灾探测器对同一信号源都具有相同的敏感性，背景的非火灾信号既然可以使某个感烟火灾探测器误报，也必然可以使另一个类型相同、阈值相同的感烟火灾探测器误报，这时感烟火灾探测器的个体差异对探测器的影响很小，而且感烟探测器被环境污染造成探头积灰而发生阈值的零点漂移也都是一致的，差别不大的。它们同时发生感烟探测器误报是可能的，在这种情况下，"与"逻辑组合产生的联动触发信号就是由虚假信号生成，同样会产生误动作。

在空间高大的场合，采用点型感烟和感温探测器的"与"逻辑组合来产生联动控制信号控制消防设备时，消防设备在火灾时有可能迟启动，甚至不能启动。因为空间高大，没有足够大的火源功率，感温探测器难以在早期火灾中及时启动，当感温探测器被启动时，火源功率可能已经超过了初期火灾的规模。这时感烟探测器的早期报警优势将会被迟动作，甚至不能动作的感温探测器所抑制。

事物总是一分为二的，复合探测器也不是完美无缺的火灾探测器，一定有其优点和缺点，在应用时一定要根据现场条件选择适宜的复合探测器，以扬其长避其短。例如将光电感烟探测元件与离子感烟探测元件复合的感烟探测器，具有光电感烟探测器和离子感烟探测器的优势，但是复合感烟探测器采用什么表决方式来判别火灾，则可使探测器具有不同的可靠性：如将离子型感烟探测器和光电型感烟探测器的信号按"或"逻辑组合时，它结合了离子感烟探测器和火光电感烟探测器的各自优点，实现了探测范围互补，不论什么样的烟都能探测，无论对阴燃火，还是迅速燃烧的有焰火，探测器都能响应；不但可以对离子感烟探测器不能响应的大粒径烟雾进行响应，还可以对光电感烟探测器难以报警的小粒径烟雾进行响应，这种组合方式扩大了整个感烟探测器的响应范围，提高了防迟报和漏报的能力，但同时又把各自探测器的误报双双进行了叠加，使组合后的误报范围扩大，提高了组合探测器的误报率。如将离子型感烟探测器和光电型感烟探测器的信号按"与"逻辑组合时，火灾产生的烟雾只有在两种探测器都能响应的范围之内，"与"逻辑组合才能发出报警信号，这无异于是每种感烟探测器都要各自丢失一部分探测信息范围，只有每种感烟探测器都能共同响应的探测范围，才是组合后的探测响应范围，这使复合探测器的误报率得到一定抑制，但同时又使这种组合方式的整个感烟探测器的响应范围缩小，这又容易发生迟报和漏报。

手动火灾报警按钮与火灾探测器之间采用"与"逻辑联动控制模式时应慎重，不应被滥用。因为手动火灾报警按钮毕竟是人工手动报警装置，火灾时如果没有落实现场的责任人去及时启动手动火灾报警装置，手动火灾报警装置及时启动的可靠性是没有保证的，即使落实了启动手动火灾报警按钮现场的责任人，责任人能否长年24h坚持值守，也是值得怀疑的：当火灾探测器在火灾中能自动发出早期报警信号，但手动火灾报警装置却没能及时启动，“与”逻辑组合不能及时形成，联动控制就不能如期实现，联动控制对象就会产生迟动作或不动作的危险。同样，若现场有人发现早期火灾，能及时启动手动火灾报警装置时，却因火灾探测器没有及时响应，“与”逻辑组合不能及时形成，联动控制也不能及时实现，联动控制对象也会产生迟动作或不动作的危险，这时即使可靠的手动报警装置也会失去及时报警作用，这也是很危险的。这就是我们为了防误动作而遭来迟动作或不动作就更加危险了。

我国标准规定手动报警按钮是火灾自动报警系统中的人工触发器件，是与系统一并设置的，当火灾自动报警系统检修停用时，手动报警按钮也就失效了，当现场人员发现火灾时，是无法通过手动报警按钮向消防中心报警的。

所以“与”逻辑组合关系的逻辑判断模式，只是保证联动控制可靠性的一个方面，它只解决了火灾报警控制器在什么条件下才向消防联动控制器发出联动触发信号的问题，如上所述，如果采用不恰当的“与”逻辑组合，同样是不能作出真实火灾的正确判断，同样会发生误动作或迟动作、不动作的可能，所以“与”逻辑组合不是确保联动触发信号可靠的灵丹妙药，对此我们必须要有足够认识。

另外，采用“与”逻辑组合联动控制模式时，关键是同一探测区域内要有不少于2只的火灾自动报警触发装置，而且要能在初起火灾时及时响应，当一个房间内按规定可布置一只点型感烟（温）火灾探测器时，火灾时“与”逻辑组合就不能形成，对于在火灾时需要及时实现联动控制的场合而言，这是不利的，如果同一探测区域的吊顶平面不在同一平面时，布置在不同吊顶平面的点型火灾探测器，其响应的时间间隔也会更大，也会发生消防设备联动控制延迟的现象。此外当用不同类型的点型火灾探测器在同一房间或厅室布置时，在“与”逻辑组合联动控制模式下，不同类型的点型火灾探测器应怎么布置才能保证在火灾时能及时形成“与”逻辑组合，而房间或厅室布置的点型火灾探测器又不至于太多，也是值得思考的。

37.5 没有绝对可靠的联动触发信号，只有最适合现场需要的联动触发信号

之所以要求联动控制信号必须可靠，是因为联动控制对象的误动作、迟动作和不动作带来的危害已超过了人们能接受的程度。没有火灾时的频繁误动作、真正发生火灾时的迟动作、甚至不动作都会产生危险，如果危害的范围大，危险发生频繁，是人们难以接受的。所以人们要求火灾报警控制器发给消防联动控制器的联动触发信号要绝对地准确。前已述及，这个要求只是人们追求的愿望，是无法实现的。科学的方法是承认火灾是不可避免的，火灾探测的误报、迟报也是一种客观存在，在这样的前提下寻求一种减灾方法使误报、迟报产生的损失降低到能接受的程度。

误报产生的原因是我们一味地追求“更多”“更早”地获取火灾信息，迟报产生的原因是我们希望获取的火灾信息“更准确”。我们却忽略了不同的火灾场景对消防设备的启动时间（紧迫性）和启动范围的要求是不同的；在同一火灾场景中不同的消防设备的启动时间（紧迫性）和启动范围的要求也是不相同的，所以当我们不顾火灾时消防设备的启动紧迫性及误动作危害的不同，而千篇一律地要求采用同一类型的联动触发信号去启动所有

消防设备时，就会因为顾此失彼而遭受更大危害。而且当我们设定消防设备的启动范围愈大，误动作和迟动作所造成的危害性愈大，因此按照火场的实际需要严格控制消防设备的启动范围，是减轻消防设备误动作，迟动作造成过大危害的有效方法之一。

为了减轻消防设备误动作和迟动作的危害，可根据建筑火灾有个从点火源向全面燃烧的发展过程的这一特点，应当坚持以保护生命安全为第一要务，凡受到火灾直接威胁的人员应首先得到保护，暂时没有受到火灾直接威胁的人员可缓疏散，在一段时间内不会受到火灾直接威胁的人员，没有必要立即疏散；因此凡是有关保障人员疏散安全的消防设备，其启动紧迫性的要求，应按受到火灾威胁的程度不同而定，不同区域的消防设备其启动紧迫性也不同。当某个房间发生火灾时，在点火源阶段就应当向着火区域发出火灾报警信号，启动火灾声光警报器，启动着火区域的机械排烟设施和疏散通道的机械防烟系统，在疏散通道上形成有利于人员疏散的气流组织，这是对受到火灾直接威胁的人员提供避免烟气伤害的保护，火灾确认后应启动着火防火分区的消防应急广播，组织可能受到火灾威胁的人员疏散，同时启动疏散通道上的消防应急照明和疏散指示标志灯，为着火防火分区的人员疏散创造安全条件，这一切都是在一个限定的范围内进行的，即便是发生误动作，其危害也仅限定在一个较小的区域内。当建筑内设有自动喷水灭火系统时，着火区域的闭式喷头会及时响应火灾而自动启动，这是对受到火灾威胁的人员的最有效的保护。再例如，设有气体灭火系统保护的防护区内着火时，消防设备及设施的启动原则是：首先启动防护区域内的火灾声光警报器，需要尽早发出报警信号，分秒必争地为人们赢得疏散时间，警示人们尽快撤离防护区，以免防护区人员受到火灾和喷洒气体灭火剂对人的伤害，而一旦误动作会造成一个防护区内人员的惊扰，所以选用“火灾报警信号”是适宜的，当火灾确认后再按程序启动与形成防护区密闭条件相关的设备及设施，为全淹没灭火创造条件，经延时后自动进入喷洒程序。所以建筑发生火灾时接受到火灾威胁的严重程度，以保护生命至上，按需要、分区域、分时段启动消防设备是个最高原则，“按需要”是指受到火灾直接威胁的人员需要及时提供防伤害的保护，包括有序疏散，有序也是对疏散人员的保护，它由消防力量和消防应急广播来组织和提供。

但也不是说在火灾时有关人员疏散的火灾声光警报器，不论范围大小，不分先后地都应采用“火灾报警信号”来启动，例如建筑内某个房间发生了火灾，就采用“火灾报警信号”来启动全楼的火灾声光警报器，就是错误的，因为一旦误动作将会引发全楼的人员恐慌，破坏正常秩序，即使采用“火灾确认信号”作为联动触发信号来启动全楼的火灾声光警报器，也是不恰当的。因为这样做违背了“需要”原则，同时给人员有序疏散造成很大困难。

火灾时，启动着火区域的机械排烟设施和启动疏散通道的机械防烟系统是很紧迫的，及时排烟，防止烟气层界面下降威胁到人员安全疏散，防止烟气扩散，是对着火区域的人员提供及时保护，利用火灾报警信号启动，而不宜采用“火灾确认信号”启动是适宜的，因为一旦迟启动，烟气会威胁到人员安全疏散，助长烟气扩散。

火灾时，火灾报警信号的真实程度决定了联动触发信号的准确性，从而决定了联动控制信号的可靠性，这仅仅是一个方面，还需要研究某些消防设备启动的紧迫性，所以究竟是用“火灾报警信号”，还是用“火灾确认信号”作为火灾报警控制器向消防联动控制器发出联动触发信号的依据时，人们要考虑启动消防设备的紧迫性和误动作及迟动作所产生的危害性来进行综合评价，我们总是选择危害较轻的作为联动触发信号的依据。

消防联动控制对象启动的紧迫性和误动作及迟动作所产生的危害性，对不同的火灾场景和不同消防设备，总是千差万别的：对一些消防设备在火灾时，启动紧迫性很急，而一旦误动作及迟动作所产生的危害又轻，则宜选用“火灾报警信号”，对另外一些消防设备，如火灾时联动切断非消防电源，也不可采用“火灾报警信号”作为联动触发信号，即使采用“火灾确认信号”也是不妥当的，会造成人员混乱，易发生群体伤害事故。比如 2000 年 12 月 25 日河南洛阳东都商厦地下家具商场火灾，就是因为盲目拉闸停电，死亡 309 人。所以规范规定，在发生火灾时只要确认不是供电线路火灾，对切断非消防电源的要求都不是迫切的，暂时不切断正常照明的电源，对人员疏散和消防扑救也是有利的，即使是供电线路火灾也应在火灾确认后针对性地切断着火区域的非消防电源。这都说明火灾时的联动控制必须符合需要这一原则。

所以不能简单地认为“火灾报警信号”或“火灾确认信号”作为联动控制信号时哪一个最安全，因为“安全”是相对的，是对于我们能够接受的风险而言的，绝对的安全是不存在的。这是评价“火灾报警信号”或“火灾确认信号”作为联动触发信号时，哪一个最安全的基本思路。应考虑火灾时消防受控对象能不能如期启动和误动作所产生的危害轻重，影响范围大小等因素，进行全面评估后，针对火灾场景、环境因素、受控设备情况选用适宜自己需要的火灾探测器、设计合理的逻辑组合和联动控制方式，所以只有适宜的消防联动触发信号，而没有绝对安全的消防联动触发信号。

《火灾自动报警系统设计规范》GB 50116—2013 中规定：火灾声光警报器、消防应急广播系统、疏散通道的消防应急照明和疏散指示系统应在火灾确认后按规定要求及时启动。

我国标准中的“火灾确认”这一术语是没有被定义的，人们习惯地认为它包括两种确认方式：即设备自动确认和由消防中心人员通过程序对火灾的人工确认，其中设备的自动确认是指有“首个火灾报警信号”和“后续火灾报警信号”参与，并按“与”逻辑组合关系的逻辑确认方式。

设备自动确认火灾时，所说的“火灾报警信号”或“火灾确认信号”的意义是：

“火灾报警信号”一般是指单个火灾探测器发出的火灾报警信号、或按“或”逻辑产生的信号和“与”门表决方式中的首个信号；

“火灾确认信号”则是按“与”逻辑产生的信号，一定有个后续的火灾报警信号对首个报警信号的确认程序。

而人工确认则是指消防中心通过询问核实火情的过程。该过程中消防中心一定先获知火灾信息，然后由人工询问核实火情。而手动报警按钮的动作信号则是人工报警的火灾信号，只能认定为：有人在现场发现了火灾，向消防中心报警，它不是对火灾的确认，只有当消防中心由人工询问核实火情采信后，才能由消防中心向联动控制对象发出启动指令。规范要求宜选择带有电话插孔的手动火灾报警按钮，其目的就是使核实火情更方便更详细。

所谓“火灾确认”，按词意理解是指人或设备对已发生的火灾事件或收到的火灾信息，按一定的规则和程序进行核实、证明的判断过程。“火灾确认信号”应当是指后续的火灾报警信号，是对首个火灾报警信号的自动证明，是设备自动确认火灾真实发生的必需条件。火灾报警控制器接收到“火灾确认信号”后，在逻辑关系得到满足的条件下，才能向消防联动控制器发出“消防联动触发信号”。

“火灾确认信号”也应当包括由多参数，多灵敏度探测器发出的更高一级报警信号，更高一级报警信号或后续的火灾报警信号都是对首个火灾报警信号的自动证明。由此可知，把火灾报警信号按“与”逻辑关系组合，只是设备自动确认火灾的方式而已。

38 离子感烟探测器和光电感烟探测器的差异

离子感烟探测器和光电感烟探测器都是感烟火灾探测器，但它们的探测元件却是按不同的探测原理设计的，在使用性能上是有差别的。

38.1 点型离子感烟探测器的工作原理

点型离子感烟探测器通常是以探测器内部电离室的放射源（镅 Am^{241}）产生 α 射线对电离室内的空气进行轰击，空气中的氮分子和氧分子受放射性元素的轰击引起电离后，产生大量带正负电荷的离子，在两个极板间电场作用下，带电的正、负离子向与自己极性相反的极板运动，从而产生电离电流，施加在两个极板间的电压愈高，正负离子到达极板的数量愈充分，产生的电离电流愈大。电离室内气体电离的“电流——电压特性”是一条曲线，只有最初的一小段，其电离电流强度与施加在极板上的电压是遵循欧姆定律的，在恒定电压下离子电流也是恒定的。

电离电流在电离室尺寸、放射源活度及 α 射线能量、施加电压等电离条件一定时，电离电流的大小与进入电离室的气体密度、温度、湿度，流速有关。当电离室仅存在环境空气时，离子流保持恒定，电流也恒定，不会发出报警信号。当烟粒子进入电离室内时，由于烟粒子质量很大，可以俘获正、负离子，使正、负离子运动速度减慢，正、负离子复合概率加大，还由于烟粒子对 α 射线的遮挡阻断作用，都会引起电离能力下降，从而导致电离电流减小，不同的烟粒子浓度对电离电流的改变也是不相同的，按照欧姆定律，我们可以设定，当电离电流减小到某预定值时，离子感烟探测器会发出报警信号，以此来探测火灾。图 38-1 是点型离子感烟探测工作原理图。

点型离子感烟探测器最先的设计是采用双源双室探测方案，如图 38-2 所示，它由检测电离室和补偿电离室组成，每个室内都有一个放射源箔块和一对电极板，两个室内的放射源箔块的性能是一致的、相互匹配的。用电路将两个单极性电离室反串联起来，一个电离室向外开口，烟气很容易进入，叫检测电离室(外电离室)，另一个电离室几乎封闭，

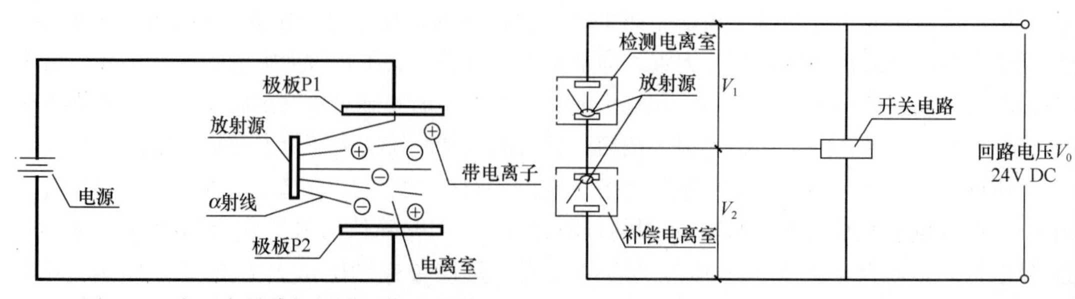

图 38-1 点型离子感烟探测工作原理图　图 38-2 双源双室点型离子感烟探测工作原理图

空气可进入，烟气难进入，叫补偿电离室（又叫参考电离室或内电离室），两个电离室形成一个分压器，两电离电流之和等于工作电压，流过两个电离室的电流相等。当火灾烟雾进入检测电离室后，由于烟雾粒子的直径大大超过被电离的空气离子的直径。因此，烟雾粒子在检测电离室内对离子产生的阻断和俘双重作用，从而减少了离子流，降低了电离电流，相当于检测电离室的等效阻抗增加，检测室两端的极板的电压产生一个增量 ΔV，而补偿电离室的电离电流和电压并没有改变，导致两个电离室的分压比改变，当电压增量 ΔV 增大到预定值时，开关电路动作，感烟探测器发出报警信号。

双源双室点型离子感烟探测的致命缺陷是检测电离室和补偿电离室的环境条件差别很大，检测电离室（外电离室）长期敞开于环境中，空气中的细微尘埃，也可以进入电离室，附着在电离室的原件上，检测电离室积尘污染随时间迁徙而愈是严重，而补偿电离室（内电离室）则处于相对封闭的环境条件下，其积尘与检测电离室是不同步的，在长期工作中，使检测电离室与补偿电离室的特性曲线差别愈来愈大，使误报漏报率增大。为此，又研发出了单源双室点型离子感烟探测器。

单源双室点型离子感烟探测器是目前应用最多的，其工作原理见图 38-3，从图中可以清楚地看出，检测电离室与补偿电离室共用一块放射源，补偿电离室包含在检测电离室之中，补偿电离室小，检测电离室大，两者按一定的比例设计，检测电离室直接与大气相通，而补偿电离室则通过检测电离室间接与大气相通。另外，检测电离室的 α 射线是通过中间电极中的一个小孔射出来的，由于这部分 α 射线的作用，使检测电离室中的空气部分被电离，形成空间电荷区。因为放射源的剂量是一定的，中间电极中的小孔面积也是一定的，从小孔中放射出的 α 粒子就是一定的，在正常情况下，它是不受环境影响的。因此，电离室的电离平衡是稳定的，可以准确地进行烟雾物理量的检测。外电极板上开有许多孔，能使外部气流方便地进入检测电离室，检测电离室开口处用不锈钢网罩住，防止昆虫、纤维等进入检测室，检测室外部设有塑料外壳保护。唯一的镅 Am^{241} 放射源是放置在不锈钢托片中间，设置在补偿电离室内电极板上。

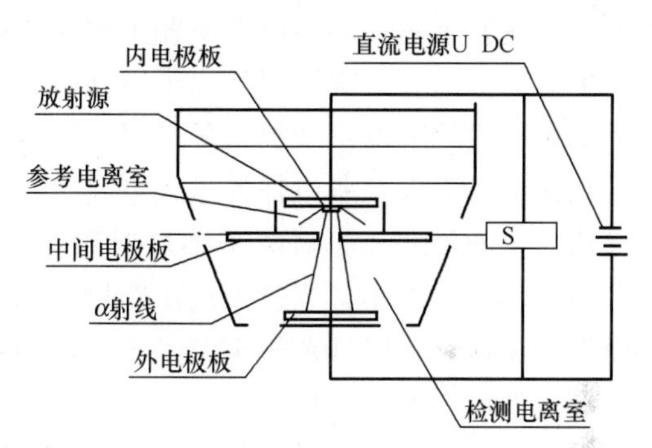

图 38-3 单源双室点型离子感烟探测工作原理图

由于补偿电离室与检测电离室是精确设计的，且具有很高的阻抗，即使是很小的电流变化也能测量出来。火灾时大量烟雾进入检测电离室，使电离电流变小，相当于检测电离室的空气阻抗增大，从而也使补偿电离室和检测电离室的分压比发生改变，从而推动后级电子电路工作，将烟雾浓度的物理量转变成电量，当检测电离室两端电压变化量达到预定值时，探测器会发出火灾报警信号。

单源双室电离方案与双源双室电离方案比较有以下优点：

单源双室电离方案中，由于两个电离室同处在一个相通的空间内，只要两个电离室的比例设计合理，既能保证早期火灾时烟雾能顺利进入检测电离室内能迅速报警，又能保证在环境变化时两个电离室同步变化，它的工作就能稳定，避免了双源双室电离方案的两室在同一环境条件下不能同步变化，而造成检测电离室分压的改变，从而发生误报的缺点，提高了单源双室电离方案对环境的适应能力。它不仅对环境因素（温度、湿度、气压和气流）的慢变化的适应性好，对快变化也有更好的适应性，提高了抗潮、抗温性能。

单源双室电离方案增强了抗灰尘、抗污染的能力。当灰尘轻微地沉积在放射源的有效源面上，导致放射源发射的 α 粒子的能量和强度明显变化时，会引起工作电流的改变，对双源双室电离方案来说，由于补偿电离室的放射源与检测电离室的放射源的积灰污染不同步，两室工作电流的改变也不同步，检测电离室阻抗增大明显，因而发生误报，但对单源双室电离方案来说，由于补偿电离室和检测电离室共用一个放射源，对两室而言积灰污染是同步的，而且两室的通风条件差别不大，两室内的积灰污染也是同步的，两室分压的变化均不明显。

一般双源双室离子感烟探测器是通过改变电阻的方式实现灵敏度调节的，这种调节是间断而不连续的，而单源双室离子感烟探测器则是通过改变放射源内电极板与中间电极板的距离来改变电离室的空间电荷分布，也即源极和中间极的距离连续可调，能比较方便地改变检测室的静态分压，实现灵敏度的连续可调，这种灵敏度调节连续而简便，有利于离子感烟探测器响应阈值一致性的调整。

因为单源双室只需一个更弱的 α 放射线，这比双源双室的电离室放射源强度可减少一半，且也克服了双源双室电离室要求放射源相互匹配的缺点。

单源双室电离方案可以使离子感烟探测器可以做的更小、更轻。

单源双室的电离室和放射源是离子感烟探测器的探测元件。由于任何烟粒子的尺寸与离子相比都非常大，所以任何进入电离室的烟粒子都能俘获离子，都会使电离电流减小，所以烟粒子的尺寸大小对离子感烟探测器的灵敏度影响不大，同样非火灾的所有微小粒子，不论其尺寸大小，当进入离子感烟探测器电离室后也会俘获离子，也会使电离电流减小而引起误报，所以规范规定离子感烟探测器不宜用于平时存在有粉尘、雾气、非火灾烟气、挥发性可燃液体的挥发产物的场所。离子感烟探测器的灵敏度只与烟粒子浓度有关而与烟雾颜色无关，不论是白烟、黑烟都能响应，只要燃烧的粒子产物能进入电离室，离子感烟探测器都能响应，但由于固体可燃物在热解和阴燃阶段产生的烟雾携带的热量少，当不能到达电离室时，离子感烟探测器就不能响应。

38.2 点型光电感烟火灾探测器的工作原理

点型光电感烟探测器则是利用烟雾粒子对光的散射和吸收作用而产生光电流的改变，当烟雾粒子达到一定浓度时，光电流的改变也会达到报警阈值而发出报警信号；点型光电感烟探测器就是利用火灾时产生的烟雾离子进入探测器内后，烟雾粒子和光相互作用时，能够发生烟雾粒子对光的散射和吸收两种不同的现象，分别做成两种不同原理的点型光电感烟探测器：

一是以散射现象做成的点型散射式光电感烟探测器。即烟雾粒子可以以同样波长再辐射已经接收的能量，再辐射可在所有方向上发生，即散射现象，但通常散射强度在不同方向上是不相同的，散射式光电感烟探测器就是利用光受烟雾粒子的作用后，产生散射作用的再辐射现象做成的，火灾时当烟雾粒子进入散射式光电感烟探测器后，受光元件就能够接收到烟雾粒子的散射光，当散射光强度达到预定阈值时，散射式光电感烟探测器会发出报警信号。

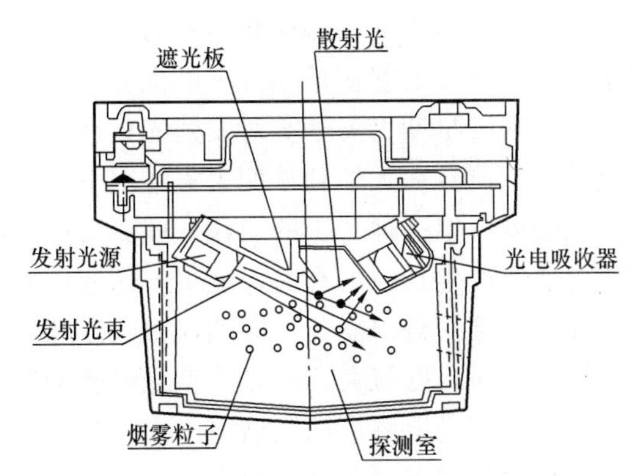

图 38-4 散射式点型光电感烟探测器

点型散射式光电感烟探测器工作原理见图 38-4，散射光型光电感烟探测器由内部发射光源、透镜、遮光板、内部光电接收器和采样室及印刷电路板组成，探测器的设计原理是：发它的红外发光元件（光二极管）发射的光线通过透镜聚成光束，由于发光二极管与光电接收器的位置不正对，加上遮光板的遮挡作用，平时光电接收器的光敏元件（光接收元件是硅光电池）是接收不到发光二极管发射的光束，因而电路参数维持正常监视状态，但当烟粒子以气溶胶的形式进入探测器的采样室内时，由于气溶胶粒子对发射光束的作用产生散射光，当光电接收器的光敏元件接收到这种漫反射的散射光时，由于廷德尔效应发生光电转换，产生光电流，电路参数发生改变，当光电流达到预定阈值时，散射光型光电感烟探测器会发出报警信号，在光源辐射功率和波长、散射参数一定时，光电流的大小与烟粒子浓度和粒径成函数关系。散射光型光电感烟探测器由于是以散射作用为主，故对灰色可见烟的响应灵敏度好，但对黑烟、浓烟均不适应。散射光型光电感烟探测器通常采用发光效率高的红外发光二极管作为发射光源，采用半导体硅光电池作为光电接收器，硅光电池具有的特性是：其阻抗是随采样室内烟雾浓度的增高而降低的，因此当烟雾浓度增高时，光电流信号会增大，当达到响应阈值时会产生信号输出，当与振荡器送来的周期脉冲信号复合后，“与”门电路导通，探测器会发出报警信号。

利用烟散射光原理做成的点型散射式光电感烟探测器，对固体可燃物阴燃产生的烟很敏感，它还适应可燃物产生的灰白烟雾和冷烟，由于散射式光电感烟探测器对粒径小于 0.4μm 的微粒子响应较差，所以对探测环境中发生的“正常”事件不太敏感，如刮风、打扫扬尘、雾剂飘逸等均适应，这是散射式光电感烟探测器优于离子感烟探测器的可贵之处，另外它无需要足够的光束长度就可以方便地做成点型，所以应用较广。

二是以吸收现象做成的点型减光式光电感烟探测器。

吸收现象，是光受烟雾粒子的吸收和遮挡，其辐射能可以转变成其他形式的能，如热能、化学反应能或不同波长的辐射，这个现象称作吸收。减光式光电感烟探测器就是利用光受烟雾粒子的吸收作用后，使光强度减弱的现象做成的。当火灾的烟雾粒子进入减光式光电感烟探测器后，对光产生吸收和遮挡，使受光元件接收到的光辐射强度减弱，阻抗增大、光电流减小，烟雾浓度愈大、烟雾愈黑，减光量愈大、光电流愈小，当减小到预定阈值时，减光式光电感烟探测器会发出报警信号。所以它的发光元件和光接收元件是对射式布置的，并确保有一定的光程，点型光电感烟探测器的对射光程不能过大，所以平时发光元件发射一定辐射波长的脉冲调制光源，发光元件发射的光线通过透镜聚成光束，该光束在圆形采样室内的两个相距 140mm 的平行反射镜间经过多次反射后被光敏元件（光电二极管）吸收，当有烟粒子以气溶胶形式进入采样室内，由于气溶胶对光束产生散射与吸收作用，使光敏元件吸收到的光通量下降，输出的光电流信号减弱，在两个自保电路上的信号差值会增大，当达到预定阈值时，减光型光电感烟探测器会发出报警信号。

由于减光式光电感烟探测器平时在无烟状态下，光接收元件收到的是发光元件的全光通量光强。而需要它在早期火灾的烟雾下，发出火灾报警信号，所以减光式光电感烟探测器应在稀薄的早期火灾烟雾对发射光束产生吸收和遮挡时，就应能报警，因此要求减光式光电感烟探测器在无烟和早期火灾情况下它们之间的典型信号变化差别应很小，才能有足够的灵敏度。但这种“小的变化”就会使探测器极易受到外部环境的干扰而发生误报，特别是可燃物产生灰白烟雾时，就很不适应，而对产生黑色烟雾的可燃物则较适应，另外减光式光电感烟探测器需要一定的光束长度才确保对烟雾的敏感性，当做成光程很短的点型感烟探测器时难度就大，所以点型光电感烟探测器通常较少采用减光原理的探测方法，而线型红外光束光电感烟探测器由于光程长故更适合采用减光原理的探测方法。所以减光式光电感烟探测器多做成线型而得到应用。

减光式点型光电感烟探测器工作原理图如图 38-5 所示。

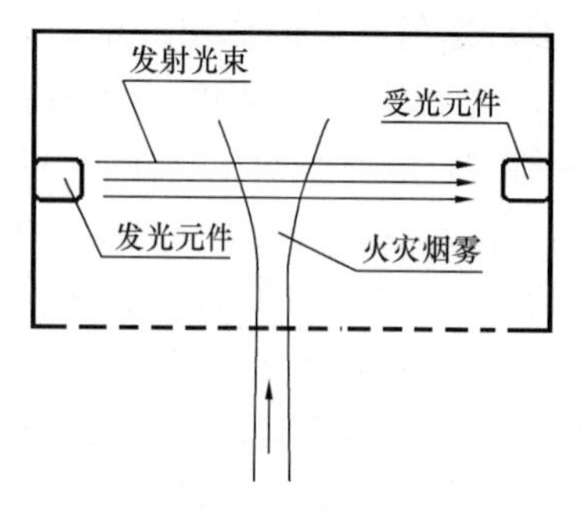

图 38-5　减光式点型光电感烟探测器工作原理图

减光型光电感烟探测器是以吸收作用为主的光衰减型感烟探测器，它对黑烟、浓烟均适应。

光电感烟探测器通常采用对燃烧产生的烟气比较敏感的红外发光二极管、可见光发光二极管、紫外光发光二极管作为光源，其中利用烟粒子对红外光产生散射或吸收作用，而使光电流信号发生改变而设计的红外光电感烟探测器应用较多。

光电感烟探测器由于光电流信号很微弱，为了检测需要必须依靠放大电路来放大，但在放大光电流信号的同时也会把背景干扰信号也一同放大了，所以它还必须有更高要求的抗干扰电路，另外为了保证大电流发光二极管的寿命，还必须要有振荡电路，使发光二极管能周期性地发出脉冲光束，另外还必须有记忆电路、门电路、信号检查电路等。散射光型光电感烟探测器应用较多，而减光型光电感烟探测器则应用较少。

光电感烟探测器的印刷电路板上有许多电路来保证实现探测器处理火灾信息并发出报警信号的一系列功能：

间歇振荡电路与发光光源串接，为发光光源周期性提供电源，当电路起振时，发光二极管才会发出脉冲光束，这样由于发光二极管是周期性发出脉冲光束，从而使整个探测器处于低耗状态，发光二极管的使用寿命得以延长；

信号放大电路是将光敏元件在受到散射光的照射而产生的微弱光敏电流放大成为光敏放大信号并输入延时电路。

同步信号电路也称为开关电路，它能接收间歇振荡电路为其提供的周期性的脉冲电信号，同时又能接收延时电路提供的光敏放大信号，但只有当脉冲电信号和光敏放大信号同步到达时，并连续出现一定次数后，同步信号电路才能输出一个报警信号，平时由于光敏元件得不到散射光的照射，就不能发出光敏电流，所以开关电路处于不导通状态，探测器处在正常监视状态下，因此同步信号电路实际上就是“与”门开关电路。

记忆电路是当探测器发出火灾报警信号后能长时间保持，即便是烟雾浓度淡化消失，火灾报警信号也能保持。只有在人工复位才能将火灾报警信号消除，收到两个以上“与”门开关电路提供的电信号才能输出一个火灾报警信号。

确认电路是在现场判断光电感烟探测器处于报警状态的电路，当探测器动作报警后，确认电路会使探测器上的红色报警确认灯点亮。

稳压电路是保证探测器在较大的电压波动范围内能正常工作的电路。

有的散射光型光电感烟探测器设计有模拟火灾信号检查电路及线路故障自动监测电路，该电路的作用是通过对电路施加电信号，模拟火灾使探测器动作，并使其发出火灾报警信号，实现远程对探测器进行模拟火灾试验，自动监测探测器及线路故障，免去了必须通过现场逐个加烟试验以确认探测器能否正常工作的麻烦。

从光电感烟探测器的工作原理可知：烟粒子尺寸大小对光电感烟探测器的灵敏度有较大影响，当烟粒子尺寸小于 0.4μm 时，探测器的响应性能很差，在高海拔地区因空气稀薄，烟粒子也稀薄，探测器也难以响应。离子感烟探测器和光电感烟探测器的使用性能比较见表 38-1。

离子感烟探测器和光电感烟探测器的使用性能比较　　表 38-1

使用性能	离子感烟探测器	光电感烟探测器
对烟粒直径大小的适应性	无要求，均能适应，但响应速度各有不同	对不可见的细微烟粒子不敏感； 对可见的较大烟粒子敏感
对烟雾颜色的适应性	无要求，均能适应，烟色不会影响探测器的响应灵敏度	对白烟、浅色烟均适应； 对黑烟、浓烟均不适应（但减光型例外）；散射光型对灰色可见烟的响应灵敏度好
对火源类型的适应性	对明火、炽热火均能适应； 对阴燃的响应差	阴燃和明火对光电感烟探测器的响应影响不大，均能探测，但对阴燃火的探测能力高
对环境条件（温度、湿度、气流）的适应性	适应性稍差	适应性较好
对安装高度的适应性	适应性好	适应性差

39 我国点型感烟（温）探测器的使用性能是有保证的

我国点型感烟（温）探测器是按国家标准《点型感烟火灾探测器》GB 4715—2005 和《点型感温火灾探测器》GB 4716—2005 生产的，探测器的报警性能是有保证的。我们需要知道点型感烟（温）探测器的响应阈值和响应灵敏度是在严格的试验条件下检验认定的。

39.1 我国点型感烟探测器的报警性能是有保证的

现行国家标准《点型感烟火灾探测器》GB 4715—2005 适用于一般工业与民用建筑中安装的使用散射光、透射光工作原理的点型光电感烟火灾探测器和电离原理的点型离子感烟火灾探测器的技术要求和检验规则。按照《点型感烟火灾探测器》GB 4715—2005 的规定，感烟探测器的火灾响应灵敏度和工作条件下的响应阈值是探测器的主要的性能指标，感烟响应灵敏度是指探测器在规定的条件下对烟浓度变化所致的响应量变化程度，而探测器的响应阈值是探测器在规定的标准条件下对最小烟浓度作出响应的能力。

感烟探测器的火灾响应灵敏度试验是将4只同型号同规格的试样在标准燃烧室中按规定条件进行检验的，其要求是在试验标准火的燃烧持续时间内探测器应发出火灾报警信号。

感烟探测器的响应阈值测定则是将单只试样在标准烟箱中按规定条件进行检验的。每一只感烟探测器在标准烟箱中检验的响应阈值只有一个，但同一类型和同一规格的多只点型感烟探测器或每一只感烟探测器在经历不同试验条件所测定的响应阈值却有差别，为了保证感烟探测器探测性能相对稳定，标准要求所测定的响应阈值应在一定范围之内，它们的最大响应阈值与最小响应阈值之比不应大于1.6。

按照现行国家标准《点型感烟火灾探测器》GB 4715—2005的规定，点型感烟探测器应在规定条件下，按规定的方法对点型感烟探测器进行21种有关响应性能及火灾灵敏度试验，其中20项试验是测定探测器在各种恶劣外界环境、外界干扰、工作条件、外界冲击碰撞等条件下的响应阈值，其中1次是测定点型感烟探测器在规定条件下对四种标准火的响应性能。

点型感烟探测器的响应阈值是在标准烟箱中按规定条件和方法进行检验，这些方法和条件可按检验目的不同，划分为基本检验和环境干扰检验两个大类。

基本检验包括重复性试验、方位试验、一致性试验三个项目，它们既是检验试样在标准条件下工作性能的项目，也是为其他检验项目提供检验依据的项目，基本检验项目所测定的感烟探测器的响应阈值偏差是由产品自身性能的差别造成，所以基本检验项目是检验产品自身性能的一致性和重复性。

重复性试验是检验单只试样反复多次报警时的响应阈值的一致性。

方位试验是检验单只试样在最有利进烟方位，及最不利进烟方位进烟时的响应阈值，检验进烟方位对响应阈值的影响，并为其他检验项目提供试样安装方位的依据，是其他检验项目的基础。

一致性试验是逐个检验全部20只试样在标准烟箱中按标准条件进行响应阈值测定时，全部试样响应阈值的一致性，并选择其中响应阈值最大的4只感烟探测器作为火灾响应灵敏度检验的试样，其余的16只试样应逐个随机编号后作为其环境干扰检验的试样，所以一致性试验既是检验产品的性能稳定性和一致性，也为其他检验项目提供试样的基本检验项目。

环境干扰检验共有17项目，每个项目应在特定条件下或经历特定环境考验后在标准烟箱中按规定条件和方法测定其响应阈值，由于环境条件（气候性、条件性、机械性等）的不同，所产生的对点型感烟探测器的响应阈值的干扰方式和程度也会不同，所以环境干扰检验项目主要是检验各种干扰源对试样响应阈值的影响程度，其检验方法有两类：一类是在干扰源存在的条件下，试样处于正常监视状态，在标准烟箱中测定其响应阈值；另一类是将试样在试验箱（台）经受干扰源的考验后，在标准烟箱中测定其响应阈值，并将测得的响应阈值与该试样在一致性试验时所测定的响应阈值比较，要求它们的最大响应阈值与最小响应阈值之比不应大于1.6，且在受干扰源干扰期间及监视条件下试样不发生报警信号为合格，对于环境的机械性干扰项目，尚应增加试样在经历干扰后紧固件不发生松动，试样完好为合格条件。环境干扰检验项目旨在证明产品能在严酷的干扰条件下保持正常工作的能力，因而可证明在干扰强度远低于检验项目的现场干扰环境下的探测器就能长期可靠稳定地工作。

在标准烟箱中测定的探测器响应阈值都是该探测器在该试验条件下的初始响应阈值，因为注入标准烟箱的是按标准升烟速率增长的烟。

环境干扰检验项目测定的探测器响应阈值是在试验条件下的初始响应阈值，因此他反映的是产品对各种不同环境干扰的抗扰度能力，是反映探测器受标准的环境干扰因素影响所导致响应阈值发生改变的程度。

通常用 y（无量纲）表示离子感烟探测器报警时刻的烟浓度作为响应阈值，他由离子烟浓度计测得，用 y_{min} 和 y_{max} 表示离子感烟探测器的最小响应阈值和最大响应阈值；对光电感烟探测器的响应阈值则用光电感烟探测器报警时刻的烟浓度 m（dB/m）表示，它又叫减光系数，是由光学密度计测得，其值的单位为 dB/m ，并用 m_{min} 和 m_{max} 表示光电感烟探测器的最小响应阈值和最大响应阈值。

现行国家标准《点型感烟火灾探测器》GB 4715—2005 规定："本标准认为任何对生命或财产构成危险的火灾发展的速率，至少要大于每小时 $A/4$，其中 A 为探测器在没有实现补偿条件下的正常响应阈值。因此本标准未规定小于每小时 $A/4$ 的传感器信号变化速率，也应是说本标准不要求探测器对低于该变化速率响应。

本标准未规定补偿的实现方式，只要求探测器对于任意一种大于每小时 $A/4$（A 为探测器不加补偿的初始响应阈值）的升烟速率 R，探测器发出的报警的时间应大于 100s 且不应超出 $1.6\times A/R$；且探测器的漂移补偿应设定在一定范围内，且在该范围内不应导致探测器的响应阈值与该只探测器不加补偿时的初始响应阈值之比超过 1.6。"

从《点型感烟火灾探测器》GB 4715—2005 的规定可知：点型感烟探测器对任何一种升烟速率 R 大于每小时 $A/4$（式中 A 为感烟探测器在没有补偿条件时的初始响应阈值）的烟，应作出响应，并发出报警信号，因为任何对生命或财产构成危险的火灾发展的速率，至少要大于每小时 $A/4$，因此，对于小于每小时 $A/4$ 的升烟速率 R，标准不要求感烟探测器对此类慢速发展的火灾烟作出响应，以防止误报率的提高，由此可知感烟探测器的响应阈值是对一定的升烟速率而言的，是以一定的误报率为条件的。

对于有阈值补偿的感烟探测器，标准要求对任何一种升烟速率 R 大于每小时 $A/4$（式中 A 为感烟探测器在没有补偿条件时的初始响应阈值）的烟应作出响应，但由于建立漂移补偿后的探测器对缓慢变化的烟信号敏感度会降低，所以要求有漂移补偿的探测器发出报警信号的时间应大于 100s，且不应超出 $1.6\times A/R$，且探测器的漂移补偿应设定在一定范围内，在该范围内不应导致探测器的响应阈值与该只探测器在不加补偿时的初始响应阈值之比超过 1.6。

标准规定，点型感烟探测器在正常工作条件下和环境干扰条件下的 y_{max}/y_{min} 或 m_{max}/m_{min} 的比值不应大于 1.6，这是保证点型感烟探测器响应阈值稳定可靠的基本要求，使感烟探测器在真实火灾时能及时发出报警信号，而不会发生迟报、漏报，但在没有火灾时又不会发生不能接受的误报率，这是标准根据我国国情确定的点型感烟探测器响应阈值的允许变化幅度，既能保证点型感烟探测器稳定可靠工作，又不至于增加生产成本，增大消防投入。当然生产厂家缩小这一比值也标志着产品质量的更大提高。

火灾灵敏度试验是在标准燃烧室内进行，燃烧试验室尺寸为长 9～11m 、宽 6～8m 、高 3.8～4.2m。顶棚为水平平面，用耐热隔热材料制成。试验室设有通风设备，并满足火灾试验所要求的环境条件。试验火点火前试验室内不允许有气流流动，火源设在标准燃烧室地面中心处，4 只感烟探测器和测量仪器应安装在以标准燃烧室内与地面中心相对应的顶棚中心为圆心、半径为 3m、圆心角为 60°的圆弧段上。在圆弧段上布置的感烟探测器为 4 只，测量仪器有光学密度计、离子烟浓度计、温度传感器。

试验火共四个种类，即 SH_1 木材热解阴燃火、SH_2 棉绳灼热阴燃火、SH_3 聚氨酯泡沫塑料明火、SH_4 正庚烷液体火。每种试验火都按标准规定配置和规定的点燃方式引燃，由于每种试验火的燃料质量和燃料消耗量是固定的，能确保试验烟的标准性和每一种试验火试验烟的一致性。

现行国家标准《点型感烟火灾探测器》GB 4715—2005 规定，点型感烟探测器在火灾灵敏度试验时应经历四种试验火的试验，每次试验时在试验火结束前探测器均应报警，并应测探测器报警时刻的温升和烟参数（m 及 y）作为合格判据，对于阴燃火还要求在试验结束前和探测器报警前，试验火不应有火焰产生。

原国家标准《点型感烟火灾探测器技术要求及试验方法》GB 4715—1993 规定，点型感烟火灾探测器的火灾灵敏度应按报警时刻的温升和烟参数（m 及 y）分为Ⅰ级、Ⅱ级、Ⅲ级。现行国家标准《点型感烟火灾探测器》GB 4715—2005 已经没有灵敏度分级要求了，所以现行国家标准的火灾探测器的火灾灵敏度试验已不具有划分点型感烟火灾探测器灵敏度的功能，而仅是检验探测器对模拟真实火灾试验火的响应性能。

火灾灵敏度试验是与环境干扰检验和基本检验在试验方法和试验意义上是完全不同的试验，火灾灵敏度试验是旨在检验产品在模拟真实火灾条件下对各种试验火的响应性能；而环境干扰检验和基本检验是旨在检验产品在正常工作条件下与环境干扰条件下响应阈值的稳定性和环境干扰对响应阈值的影响程度是否在规定的范围之内。环境干扰检验是在标准烟箱内检验其响应阈值，而火灾灵敏度试验是在标准燃烧室内检验其对四种类别试验火的响应能力；火灾灵敏度试验是检验产品能不能响应模拟真实火灾的试验火，而环境干扰试验是测定产品在各种工作条件下对标准烟响应的响应阈值；火灾灵敏度试验的烟源是不同燃料的四种标准火所产生的烟，而环境干扰试验及基本试验的烟源是烟粒子的粒径分布在 0.5～1.0μm 之间的具有规定升烟速率的标准试验烟（气溶胶）。

从现行国家标准《点型感烟火灾探测器》GB 4715—2005 规定可知：我国的经认证的点型感烟探测器的使用性能是有保证的，其误报率在可接受的范围之内。随着国民经济的发展和生产技术的进步，我国点型感烟探测器的生产质量一定会有进一步的提高。不能对我国点型感烟探测器的独立工作性能产生怀疑，而认为每只点型感烟探测器的报警信号是不可靠的，更不能把人为不当因素造成点型感烟火灾探测器的误报漏报率增大，看成是点型感烟探测器自身的缺陷。这些人为不当因素有：探测器选型不当，布置不当，维护不当等。

39.2 我国点型感温探测器的分类与检验方法

点型感温火灾探测器是响应警戒范围内火灾时某一点烟气温度参数的火灾探测器，它是以进入探头的烟气温度或烟气温度变化速率来探测火灾的。

感温火灾探测器是用感温元件对热的敏感特性进行温度测量，并将温度转换为电信号，并按一定的算法实现感温探测报警功能，按照探测器的敏感方式，可分为具有差温火灾探测器及不具有差温火灾探测器两类，也即定温火灾探测器、差温火灾探测器和定温与差温复合的火灾探测器；

点型感温火灾探测器都使用机械的原理制造的，图 39-1 所示的定温探测器，是利用热胀系数大的金属圆筒（不锈钢）作为外筒，直接与火灾热烟气接触，外筒受热膨胀伸长，而内筒中的两块相对的，形状完全相同的组件，是由左右两个热膨胀系数小的铜片（磷铜合金）共同支承着一块绝缘板，绝缘板上有触点，左右两个铜片的一端被固定在外筒端板上，整个组件沿轴向有弧度，两块组件上的触点是相对应的，平时是不接触的，当外筒受热膨胀伸长时，而内筒中的两块相对应的组件由于被拉伸而变直，使两触点接触，电路导通，发出火灾报警信号，完成定温探测和报警。

图 39-2 所示的定温探测器，也是用机械的原理制造的，不同的是它的两个触点中的一个是固定的，另一个活动触点是在双金属片的自由端，而双金属片的另一端是固定的，双金属片是由 A、B 两片热胀系数不同的金属片构成，其端部约束，B 金属片的热胀系数大于 A 金属片，当金属片受热时，双金属片向热胀系数小的 A 金属片方向弯曲，使双金属片的自由端向上弯曲，活动触点与固定触点闭合，电路导通，发出火灾报警信号，完成定温探测和报警。

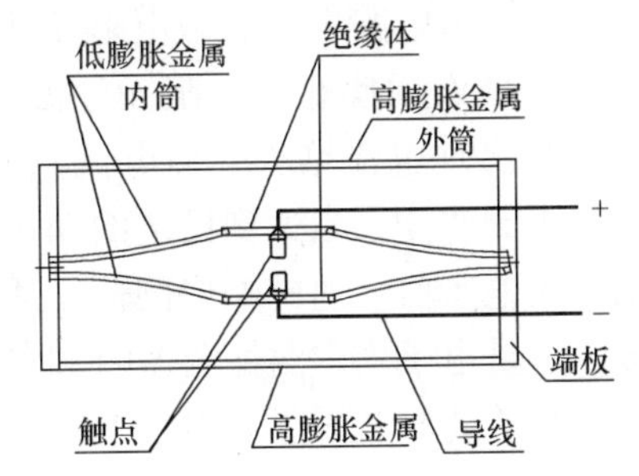

图 39-1　点型定温探测器工作原理图（一）

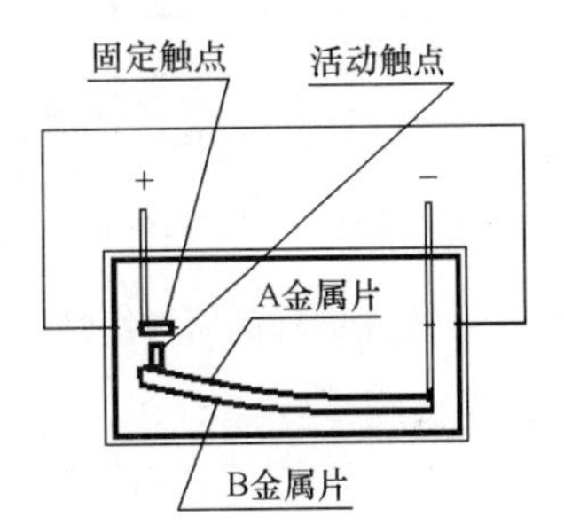

图 39-2　点型定温探测器工作原理图（二）

图 39-3 所示是差温探测器，也是用机械的原理制造的，但不是利用金属热膨胀，而是利用膜片受压原理制造的，它的两个触点中的一个也是固定的，另一个活动触点是设在膜片上，随膜片上下活动，当密闭感热室内空气受热膨胀时，感热室内空气压力迅速上升，膜片受到挤压，只能向上活动，带动其触点向上移动与固定触点闭合，电路导通，发出火灾报警信号，完成定温探测和报警。不同的是当密闭感热室内的空气温度缓慢上升时，室内受热膨胀的空气可以从容地由限流孔排出，只要限流小孔的排气速度仍不小于空气膨胀速度，密闭感热室内的空气压力就不会上升，膜片不会受到挤压，感温探测器就不会动作，只有当密闭感热室内的空气温度急速上升时，由于限流孔的排气速度小于空气膨胀速度，室内的空气压力才会上升，膜片就会受到挤压而使触点闭合，发出报警信号，所以这种感温探测器是响应在规定时间内的异常升温速率的差温探测器，它不是定

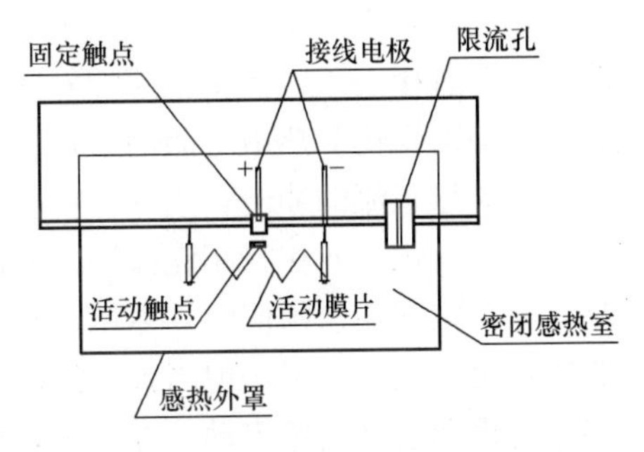

图 39-3　点型差温探测器工作原理图（三）

温动作的。由于早期火灾的特征是明火点燃以后最先出现的是温度跃变，所以差温探测器的响应时间是先于定温探测器的，因而升温速率就可以作为早期火灾的特征物理量用于火灾探测，差温探测器就适应了早期火灾的探测需要应运而生了，但是。也可能存在温度缓慢变化的情况，在差温探测器升温速度不能及时响应的条件下，火源会得以扩展，所以在可能存在缓慢升温的火灾时，仍需要与定温探测器配合，就更加稳妥，所以出现了差定温火灾探测器。

机械式点型差定温探测器是在差温探测器的基础上复合一个定温动作的火灾感温探测器而成，它的工作原理见图 39-4，它是在图 39-3 所示点型差温探测器内加装一个定温动作的弹簧片，弹簧片一端固定在感热外罩上，另一个自由端用易熔合金点焊在感热外罩上，当火灾发生时，感热外罩受热烟作用而升温，当温度达到易熔合金熔点时，易熔合金熔化，弹簧片自由端脱离感热外罩而弹起，把膜片顶起，使活动触点与固定触点闭合，电路导通而发出报警信号。

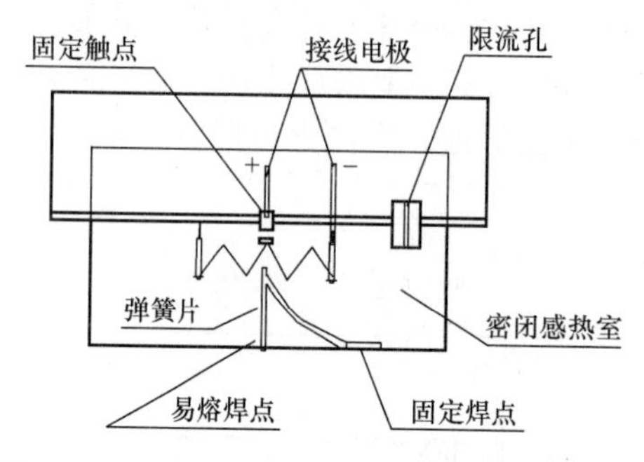

图 39-4　点型差定温探测器工作原理图（四）

以上感温探测器都是机械式的，也有电子式感温探测器，它是以热敏电阻作为感温元件，由于热敏电阻元件具有电阻值是随其温度的升高而阻值下降的特性，电子式感温探测器就利用这一特性设计，探测器电路中的热敏电阻元件，在火灾时，由于热烟作用使热敏电阻元件温度升高，阻值下降，会出现电流增大，而电流急剧增大，会引起端电压的改变，当达到设定的动作温度点时，电流及端电压值会达到响应阈值，从而发出报警信号。这是电子式定温探测器的工作原理。

电子式差定温火灾探测器有三个热敏电阻元件和两个电压比较器，其中有两只热敏电阻元件的型号是相同的，另外有一只是定温热敏电阻，是作为定温探测元件联结在电路中的，两只相同型号的热敏电阻元件中的一只是测量热敏电阻，它安装在探测室内，与外界环境是相通的，是探测火灾用的，另一只是补偿热敏电阻，被密封在探测器的内部，外界气流不能够直接进入，但仍能感知外界温度的缓慢变化，因而它可以补偿在正常条件下环境温度，湿度变化对热敏电阻的影响。当火灾时，暴露在探测室的测量热敏电阻元件最先探测到火灾热气流的冲击，当外界温度急剧上升时，位于探测室的探测热敏电阻元件电特性参数迅速变化，而在封闭在探测器内部的补偿热敏电阻元件的电特性参数变化却很小，当端电压变化到响应阈值时，电压比较器会作出响应而发出报警信号，这时电子式感温探测器的差温特性起作用，但当火灾温度上升缓慢时，探测器的差温特性不会起作用，但当火灾温度缓慢上升到预定动作温度时，定温热敏电阻的电特性参数会达到响应阈值，电压比较器会作出响应而发出报警信号，这时电子式感温探测器的定温特性起作用。

一般认为感温探测器虽然只能对明火燃烧产生的顶棚射流作出响应，但是这种探测器却很少误报，通常定温探测器的响应阈值不大于 62℃，也不小于 54℃，对差温探测器的响应阈值可根据情况选择升温速率为 5℃/min 、10℃/min、20℃/min 的差温探测器。

按照现行国家标准《点型感温火灾探测器》GB 4716—2005 的规定，点型感温探测器应按其典型应用温度（℃）划分为七个类别（A、B、C、D、E、F、G），每一类别号对应的最高应用温度及动作温度的上下限值应符合表 39-1 的规定。

点型感温火灾探测器类别号和应用温度及动作温度的上下限值表　　表 39-1

探测器类别	典型应用温度（℃）	最高应用温度（℃）	动作温度下限值（℃）	动作温度上限值（℃）
A1	25	50	54	65
A2	25	50	54	70
B	40	65	69	85
C	55	80	84	100
D	70	95	99	115
E	85	110	114	130
F	100	125	129	145
G	115	140	144	160

现行国家标准《点型感温火灾探测器》GB 4716—2005 在按应用温度和动作温度对点型感温探测器进行温度分类的同时，又按感温探测器对温度的敏感特性不同又分为具有温差特性的探测器和不具有温差特性的探测器两个类型。对具有温差特性的探测器在其温度分类的代号后面附加代号 R，对不具有温差特性的探测器在其温度分类的代号后面附加代号 S。

例如：对 A1 类有温差特性的感温探测器用“A1R”表示，对 A1 类没有温差特性的感温探测器用“A1S”表示。又如：对 D 类没有温差特性的感温探测器用“DS”表示，对 B 类有温差特性的感温探测器用“BR”表示等。

附加代号 S 是代表某个温度类别的不具有温差特性的感温探测器，该探测器的敏感特性是：即便是在较高升温速率下，在达到最小动作温度之前也不能发出火警信号。也就是说最小动作温度是探测器响应的前提，是属于不具有温差特性类型的感温探测器。

附加代号 R 是代表某个温度类别的具有温差特性的感温探测器，该探测器的敏感特性是：在较高升温速率条件下，即便是从低于典型应用温度以下开始升温也能满足响应时间的要求，是属于具有温差特性类型的感温探测器。

附加代号 P 表示该探测器可以在现场设置探测器类别的感温探测器。

按照现行国家标准《点型感温探测器》GB 4716—2005 的规定，点型感温探测器应在规定条件下，按规定的方法对点型感温探测器进行 21 种有关响应性能的环境试验及 2 项附加试验，检验项目可按检验目的不同，划分为基本检验项目和环境干扰检验项目两个大类：

基本检验项目包括方位试验、动作温度试验、响应时间试验、25℃起始响应时间试验、环境试验前响应时间试验五个项目，它们既是检验试样在标准条件下工作性能的项目，也是为其他检验项目提供检验依据的项目，另外一个检验项目是电压参数波动试验，是与工作条件（供电）有关，而不属于外部环境干扰的项目，这些检验项目所测定的是感温探测器的基本使用性能。附加试验是检验感温探测器的敏感特性的项目。

点型感温探测器的响应时间试验是在标准温箱中按规定条件和方法进行检验，标准温箱为一矩形截面，被测试的探测器应安装在温箱测试区的顶板下，探测器中心线应与顶板中心线重合，在被测试探测器迎气流方向的上游顶板下安装一个测温传感器，其时间常数应小于 2s，测温传感器与被测试探测器之间水平距离至少 50mm，测温传感器与顶板的垂直距离应大于 25mm，测试前试件应在温箱中保持初始温度（或典型应用温度）稳定 10min 后，按规定的升温速率升温至试样动作，记录下从开始升温至试样动作之间的时间间隔，并作为响应时间。试验时标准温箱中气流速度保持在 0.8±0.1m/s（25℃的测定值），温差为±2℃。在对试件进行响应时间试验时，采用 12 只试件，每 2 个为一组，一只在最小响应时间方位，另一只在最大响应时间方位，分别在 6 个升温速率下测定的响应时间应符合表 39-2 规定的范围之内。

探测器响应时间试验的响应时间范围 **表 39-2**

升温速率（℃/min）	A1 类探测器				A2、B、C、D、E、F、G 探测器			
	响应时间下限值		响应时间上限值		响应时间下限值		响应时间上限值	
	min	s	min	s	min	s	min	s
1	29	0	40	20	29	0	46	0
3	7	13	13	40	7	13	16	0
5	4	09	8	20	4	09	10	0
10	1	0	4	20	2	0	5	30
20	0	30	2	20	1	0	3	13
30	0	20	1	40	0	40	2	25

环境干扰检验项目是将试件处于规定的干扰环境下至规定的干扰时间，取出后在正常大气中恢复至规定的时间，并观察检查探测器有无异常，然后将试件放在标准温箱中，处于正常监视状态，并按规定的升温速率对试件进行环境干扰后的响应时间测定，其要求是：

1）在规定的干扰期间，试件不发出火警信号及故障信号，对机械性干扰试验还应检查试件外观完好性和紧固件的紧固性；

2）经环境干扰后的感温火灾探测器在标准温箱中以规定的升温速率（℃/min）进行响应时间测定时，其响应时间应符合规定，且与环境试验前响应时间相比，其变化值不应超过规定，对可复位的感温火灾探测器与不可复位的感温火灾探测器要求略有差别，对可复位的感温火灾探测器的各试验项目有不同要求，对不可复位的感温火灾探测器则应符合表 39-2 的要求。

检验感温探测器的敏感特性的附加试验项目，分为 S 型感温火灾探测器附加试验项目和 R 型感温火灾探测器附加试验项目：

S 型感温火灾探测器附加试验项目是检验没有差温敏感特性的感温火灾探测器对温度的响应性能，检验 S 型探测器在低于动作温度下限环境下的稳定性，S 型附加试验的目的是检验感温火灾探测器在任何升温速率的试验中，只要气流温度没有达到规定的动作温度下限值，探测器都不能报警。

R 型感温火灾探测器附加试验项目是检验有差温敏感特性的 R 型探测器在温度较低的环境中对快速升温的响应能力，R 型感温火灾探测器在附加试验时，是只以较高升温速率进行试验，而且试验的初始温度比其对应的典型应用温度低 20℃，在这样低的初始温度下还应在规定的较高升温速率中达到规定的响应时间要求，以此来证明 R 型感温火灾探测器具有差温响应特性。

40 受控消防设备对联动控制的基本要求

按照现行国家标准《消防词汇 第 2 部分：火灾预防》GB/T 5907.2—2015 对“消防联动控制系统”的定义：“能实现火灾早期探测、发出火灾报警信号、并向各类消防设备发出控制信号完成各项消防功能的系统，一般由火灾触发器件、火灾警报装置、火灾报警控制器、消防联动控制系统等组成。在火灾自动报警系统中，接收火灾报警控制器发出的火灾报警信号，完成各项消防功能的控制系统。”凡是在系统中能够接收火灾报警控制器发出的火灾报警信号，完成各项消防功能的消防设备，都属于“受控消防设备”，俗称“消防联动控制对象”。

消防设备是建筑设备的一部分，消防设备中有很大一部分是消防联动控制对象。只有消防联动控制对象，能够接收火灾报警控制器发出的火灾报警信号，完成各项消防功能。这些消防设备才存在联动控制可靠性的问题，才存在由于火灾探测器的误报、迟报和漏报而引起消防设备的误动作、迟动作和不动作，才会有选择什么样的逻辑组合方式来产生消防联动触发信号，既能满足消防设备启动紧迫性与动作可靠性要求，也能减轻消防设备误动作、迟动作或不动作所产生不良后果。

但是在众多消防设备中，哪些消防设备是消防联动控制对象，消防联动控制对象应具备什么条件是应当有明确的定位。笔者对消防联动控制对象的理解，列出了以下几种消防设备不应按消防联动控制对象对待的理由。

（1）消防电梯

消防电梯是设置在建筑的耐火封闭结构内，具有专用的机房，设有前室、备用电源以及其他防火保护、控制和信号等功能，在正常情况下可为普通乘客使用，在建筑发生火灾时能专供消防员使用的电梯。消防电梯运行完全由消防人员在轿厢内操作，虽然运行信息反馈至消防中心，但消防中心不能对消防电梯实施任何直接控制，需要时仅能通过电话指挥消防人员。

客梯兼用消防电梯时，只要客梯归底，消防员通过专用按钮的操作将客梯转换为消防电梯功能后，消防中心就不能对消防电梯实施任何直接控制。

1）消防减灾作用：火灾时为消防人员提供快速便捷到达火场开展灭火救援之用，消防电梯不属于联动控制对象；与客梯兼用时，在没有转换为消防电梯之前，仍为普通，应受联动控制信号归底或回归到转换层。

2）对使用的要求：火灾时消防电梯应由消防人员操作，当与客梯兼用时，应首先联动归底或回到转换层；再由消防人员通过功能转换钮转换为消防用电梯，在轿厢内能有效操作，层站失去呼叫功能；规范要求：火灾时客梯应具有联动归至首层或回到转换层的功能，在没有转换为消防电梯之前，客梯不执行消防电梯功能。

3）可能产生的不良后果：消防电梯通常与用客梯兼用，由于消防电梯前室或合用前室与其他功能区有防火分隔，所以在火灾时消防电梯运行，其电梯竖井对火灾传播没有影响。

（2）可燃气体探测报警系统

按规范规定这是一个由可燃气体报警控制器和可燃气体探测器组成的独立于火灾自动报警系统的系统。虽然可燃气体控制器应将其状态信息传输给消防控制室的图形显示装置或集中火灾报警的控制器，但不能对可燃气体报警控制器实施任何直接控制。

（3）电气火灾监控系统

按规范规定这是一个由电气火灾监控器和电气火灾监控探测器组成的独立于火灾自动报警系统的系统。虽然电气火灾监控器应将其状态信息传输给消防控制室的图形显示装置或集中火灾报警的控制器，但不能对电气火灾监控器实施任何直接控制；

该独立电气火灾监控系统的作用是：报警后提醒维护人员及时查看电器线路和设备，排除电气火灾隐患。没有必要自动切断保护对象的供电电源。

（4）干、湿式自动喷水灭火系统

1）系统开放洒水完全依靠闭式喷头的启动，与火灾自动报警系统无关；

2）火灾自动报警系统尽管可以控制喷淋泵的启动，但系统不开放，喷淋泵的启动对系统灭火，不产生直接效用；

3）系统及其喷淋泵电气控制柜在不设火灾自动报警系统的建筑中仍可独立存在。

系统的消防减灾作用：70%的建筑火灾都是在不超过5只闭式喷头开放而被控制住的，是能把火灾控制在初期阶段的自动灭火设备：

对系统启动的要求：由于不受消防联动控制，系统开放洒水的紧迫性完全由闭式喷头感温控制，喷淋泵的自动启动由系统内的压力开关与消防泵电气控制盘直接联锁控制，不依赖火灾自动报警系统的配合，系统启动的紧迫性与可靠性与火灾报警系统无关。

系统可能产生的不良后果：系统误喷与火灾自动报警系统无关，当有火灾自动报警系统时，可通过火灾自动报警系统传输线路来传输压力开关、水流指示器、信号阀、喷淋泵的状态信号与控制信号。

（5）充水传动喷头启动的雨淋系统

传动喷头是系统的火灾探测元件，系统的自动开放，完全由传动喷头的开放启动，传动喷头一旦动作开放，系统的雨淋喷头即洒水。

1）系统的消防减灾作用：是响应初期火灾的自动灭火；采用雨淋喷头洒水保护，由传动喷头探测火灾，并启动系统；传动喷头应在初期火灾时动作；系统不需要火灾自动报警系统配合，可以独立存在。

2）系统对紧迫性与可靠性要求：系统对紧迫性与可靠性要求与火灾自动报警系统无关，要求传动喷头在火灾初期迅速启动，并希望传动喷头应在火灾初期能尽快开放洒水泄压，使雨淋阀动作，能迅速使系统管网充水，并在整个保护区内同时洒水灭火；应按传动喷头安装的净空高度选择传动喷头的响应性能；当场所的净空高度超过规定时，不应采用充水传动方式。

应将雨淋阀传动腔接出的手动释放阀门，安装在保护场所附近门外的安全场所，提供现场手动方式，并设在保护盒内。

3）系统可能产生的不良后果：传动喷头误动作会造成系统误洒水，产生严重水渍损失；传动喷头迟动作会造成系统不及时喷水，产生火灾损失。

(6) 消火栓给水系统

1) 系统中水枪开放射水完全依靠消防员的操作，与火灾自动报警系统无关；

2) 火灾自动报警系统尽管可以控制消火栓泵的启动，但水枪不开放，消火栓泵的启动对系统灭火，不产生直接效用；

3) 系统及其消火栓泵电气控制柜在不设火灾自动报警系统的建筑中可独立存在；

4) 消火栓按钮只发出报警信号，在不设火灾自动报警系统的建筑中，消火栓按钮由消火栓泵电气控制柜配接。

系统的消防减灾作用：供消防队员人工操作扑灭火灾的水灭火系统，不一定需要火灾自动报警系统配合，可以独立存在；是由消防队员用以最终控制建筑火灾的重要水灭火设备；

系统的对紧迫性与可靠性要求：系统启动的紧迫性及可靠性与火灾自动报警系统无关；但要求系统水枪一旦被动用，消火栓泵应及时启动。宜将系统本身的压力开关与消防泵电气控制盘直接联锁控制；应设现场手动启泵装置。

系统可能产生的不良后果：系统开放不受火灾自动报警系统控制，所以系统启动及启动可靠性，所产生的不良后果与火灾自动报警系统无关；当有火灾自动报警系统时，可通过报警系统传输线路传输压力开关、流量开关、信号阀、消火栓泵的状态信号与消火栓按钮动作信号及其他控制信号。

(7) 消防专用电话系统

消防电话是在建筑内用于消防救援指挥时的信令直达的信息交流的工具，系统的使用功能必须保证总机能通过与分机的通话，及时了解火灾及救援场景，及时下达重要指令，确保救援的顺利进行，是重要的消防通信设施。但是消防电话系统却是独立存在于建筑中，唯一不与火灾报警系统发生联系的消防设备。

由此可以得出结论：当消防设备具备如下条件时，就不能认为是消防联动控制对象，反之就应当是消防联动控制对象：

1) 能够独立于火灾自动报警系统而单独存在的消防系统或消防设备；

2) 火灾自动报警系统虽然能够对某些消防系统中的某些设备进行控制，但不能控制系统开放，当系统不开放时，其控制不能产生消防效用；

3) 不需要火灾自动报警系统的火灾探测报警信号的配合，自己能独立完成消防功能的消防系统或消防设备。

对于消防联动控制对象，设计者必须要考虑消防设备对启动紧迫性与动作可靠性要求，必须考虑消防设备误动作、迟动作或不动作所产生的危害、影响范围等因素，并进行全面评估后决定是采用“火灾报警信号”，还是采用“火灾确认信号”作为产生联动触发信号的依据。不同的消防设备，有不同的减灾作用，消防设备误动作、迟动作或不动作所产生不良后果及影响范围的大小也不同、对启动紧迫性与动作可靠性要求也不会相同。那么，什么样的消防设备，在什么情况下采用什么样的逻辑组合来产生联动触发信号，就必须有一定的条件和因素来确定，一般应考虑以下三个因素：

1) 被控消防设备在火灾中的消防减灾作用；

2) 火灾中消防设备对启动紧迫性与可靠性的要求；

3) 消防设备误动作与迟动作所产生的不良后果的严重程度和影响范围大小。

41　火灾警报和消防应急广播联动控制要求解读

《火灾自动报警系统设计规范》GB 50116—2013 规定，“当确认火灾后，应同时向全楼进行广播和启动所有火灾声光警报器”，在执行这一规定时应注意以下问题：

任何事物都具有两面性，都在向自己的反面发展。火灾警报和消防应急广播系统能在火警时警示和呼唤人们尽早疏散，用广播的方式组织处于危险环境中的人们，尽早脱离火场，这是火灾警报和消防应急广播系统存在的价值（肯定方面），条件是必须按照现场条件和实际情况，有尺度地、恰当地利用这些音响设备才能产生好的疏散组织效用；当不顾现场条件和实际情况，而不恰当地利用这些音响设备时，就会引发群体的不稳定，甚至造成恐慌混乱，以致发生挤伤踩踏事故，这就是火灾警报和消防应急广播系统存在的否定方面，当肯定方面（价值）占主导地位时，肯定方面（价值）处在向否定方面发生量变的过程中，处理不好就会走向反面。如何正确处理，应正确认识建筑火灾是一个具有发展过程的火灾，针对这一特点，并遵循以下原则利用消防音响设备，才能发挥音响设备的疏散组织效用。

（1）建筑火灾的发展过程为人员的分时分区疏散创造了有利条件

不受控制的建筑火灾有个从初起的点火源发展到厅室全面燃烧的过程；设有自动灭火设备时，70％的建筑火灾都能在点火源的初起阶段被自动灭火设备控制住，未设自动灭火设备的建筑火灾，即使在失去人工干预时，也会被防火墙限制在防火分区内。所以建筑发生火灾时，在建筑内总是存在着危险区域、次危险区域和安全区域。在有合格的疏散设施的条件下，为保证疏散设施的疏散效率，应按区域的危险程度，需要救援的轻重缓急，依次分区、按顺序、有组织地疏散楼层人员，是最安全稳妥的办法，在消防应急救援力量有限的条件下，这是高效的疏散组织方式。

（2）火灾时保证人员疏散的有序，始终是第一位的

建筑火灾时人员疏散的有序是快速、有效疏散的前提，强调人员疏散的有序性，是因为公共建筑内群体对火灾的反应能力和个体疏散能力差异很大，而疏散设施和消防应急救援力量又很有限，群体一旦受到惊吓，极易产生恐慌，试想，如果一旦确认某个房间的局部区域发生火灾，就在全楼自动地突然发出声光警报信号，全楼的声警报器同时响起20s，就是正常人受到这一突然惊吓，这将会对人们产生极大的心理冲击，而群体中的个体耐受心理的冲击能力是不同的，在缺少应急救援力量的组织下，无序的逃生人群就会发生群体混乱，将直接削弱灭火救援效率，所以任何疏散模式都必须服从人员疏散的有序性要求。

火灾时，同时向全楼发出任何呼叫警报方式，都必须根据建筑物的规模、应急疏散设施能力和有序疏散的组织能力来共同决定。在有限空间内，人群聚集度愈高，发生人群聚集事故的概率愈大，事故损害也愈大。一部楼梯间对外到达安全区域的出口最多为 2 个（地面和屋顶），而入口为若干个，当人流的流入量远大于流出量时，无异乎是加大疏散楼梯系统的人群聚集度，当梯段上的人员密度增加时，人员在楼梯上的移动速度会减慢，甚至不能移动，造成人员堵塞，而且楼梯间内阶梯式梯段更容易导致人群聚集事故的发生，

只要有一人倒下，恐慌的人群会倒下更多，所以必须按照现场条件与火情发展，综合评估疏散模式的可行性，才能保证疏散的有序性是正确的。

（3）疏散群体的有序性是消防救援的前提条件

《火灾自动报警系统设计规范》GB 50116—2013 P77 页指出："疏散是指有组织的、按预定方案撤离危险场所的行为，没有组织的离开危险场所的行为只能叫逃生"。

火场疏散组织是消防中心的首要任务，消防中心是疏散群体的组织者，所谓"组织"就是在火灾的情况下，组织者以人为中心，把人、疏散设施合理配合为一体，并保持疏散群体的相对稳定和有序，以安全疏散到安全区域为共同的目标，而进行的组织活动。

消防中心作为组织者，以安全疏散为目标，以保持疏散群体的稳定和有序为前提，根据火场情况与条件，按照不同区域的危险程度，轻重缓急地分区、分时实施疏散是合理的。所有这些工作都必须根据火情和现场条件作出决定，这是组织者的权利。如果"在确认火灾后启动建筑内所有火灾声光警报器。"就会突然把全楼疏散人群的心理搞乱，疏散群体的稳定和有序就得不到保证，就谈不上组织，这实际上就剥夺和削弱了消防中心的组织权。

在疏散设施有限的条件下，人员疏散必须为保证疏散效率而依次、有序、有组织地疏散楼层人员，并按发生火灾的地点、危险程度等具体情况分别组织疏散，只有已经受到火灾威胁的人员，才急切地需要知道火灾信息，由于火灾事件打破了他们生存状态的恒常性，他们才需要知道火灾事件的信息，以便作出正确及时的避难逃生决策，火场指挥员应当以适当的方式向他们通报火灾信息，以便使他们配合组织疏散。

对于暂时不会受到火灾威胁的区域内的人员，由于他们与火灾事件在空间上保持一段距离，比如与着火防火分区相邻区域的人员，就不要过早地惊动他们，但因为着火防火分区的人员向相邻区域疏散时，会带来火灾信息，所以适时地向他们通报火灾信息是明智的。

对于暂时没有受到火灾威胁的区域内的人员，由于他们与火灾事件在空间上保持很大距离，比如着火楼层的以下各层，距着火楼层较远的楼层人员，他们在一段时间内，根本就不会处在危险之中，他们也没有知道火灾信息的要求，所以也没有必要惊动他们，避免使他们过早地受恐慌的煎熬。

当然，如果疏散设施容量足够，有足够的消防力量用来组织疏散，而且火势发展猛烈，让他们在第一时间内疏散出去，这样做也没有什么不好，比如，楼层数少、建筑耐火等级不高时，如消防中心人员足够，全楼同时报警也没有什么不好！另外，如果建筑发生重特大火灾，需要全楼疏散也是必要的，但这毕竟是概率较小的事件。

（4）个人的知情权必须服从于群体的安全利益

《火灾自动报警系统设计规范》GB 50116—2013 第 4.8.8 条规定："在确认火灾后，应同时向全楼进行广播。"，并在 P93 页条文说明中指出："火灾发生时，每个人都应在第一时间得知（火灾信息），……要求在确认火灾后同时向整个建筑进行应急广播"。其含意是指，同时向整个建筑进行应急广播，是保障公民知情权的举措。

所谓"知情权"是指公众对自己感兴趣的应急事件、公共事务、社会事务及与本人相关的私人信息有知悉和获得的权利，以便充实自己，为自己的选择提供依据。"知情权"也是公众监督社会，保护自己的权利，也是政府稳定社会，建立公众对公权力信赖而赋予公众的权利，在火灾发生时，公众的知情权体现在消防中心为了处于火灾威胁中的公众的安全利益，以适当的方式（警报、广播、现场通报）向人们通报火场信息，目的是保证公众安全，保持疏散群体的稳定。所以，个人知情权是以公众群体的整体利益为前提的，是受到时间、地点、条件限制的一种权利。如建筑发生火灾时，受到火灾威胁的现场受困人员，急切地希望知道自己究竟处在什么样的危险之中，需要及时获得火场信息，以便决定避难逃生策略，消防中心应当稳妥地告知他们火场信息，并安抚指导他们疏散；而对于其他区域的人员，他们没有或暂时没有受到火灾威胁，他们在一段时间内不会对火灾事件产生兴趣，但随着火灾发展，他们所处的区域可能受到火灾威胁，消防中心就有责任让他们适时知道火场信息，及时配合疏散，脱离危险。

火灾时，灭火救援指挥中心或消防中心掌握了80%以上的火场信息，这些信息对灭火救援的效率起到重要作用，灭火救援的效率愈高，公众安全愈能得到保证，灭火救援指挥中心或消防中心不能为了保障建筑内人员的知情权，就把这些火场信息统统公布于众。因为，我们掌握的火场信息是适时变化的，火场情况错综复杂，变化方向难以料定，如果一旦确认局部房间火灾，就全楼警报，如果火情很小就被消防员扑灭，那么全楼报警就会引起一场虚惊、混乱。因此，有经验的火场指挥员一定会在适当的时间、以适当的方式、在适当的范围内向公众告知火场信息，稳定公众情绪，组织受火灾威胁的公众有序疏散。这是在权衡了灭火救援效率与群体稳定、公众安全与公众知情权的利益取舍之后，做出的正确决断。

任何权利都是有限度的。没有绝对的权利，所以知情权必须有限度、有范围、有时限。因为在知情权之外还有其他与知情权同等重要的利益在法律的保护之下，比如公众安全利益、群体稳定利益、疏散效率利益等都是应当保护的利益，这些利益在一定时间、一定范围，一定尺度上也是受法律保护的，是与知情权相冲突的，所以在追求知情权时，不应忽视社会的效率、公众的安全、群体的稳定等利益．火场的群体稳定是一切知情权的前提。

现场消防指挥者应当正确处理和平衡公众对火场的知情权与公众整体的安全利益的关系。

（5）要注意控制全楼同时警报同时疏散产生的其他不良后果

1）全楼同时警报疏散将会占用大量消防力量，削弱火场灭火战斗力；当建筑楼层较多时，消防中心能有多少力量去各楼层督促组织疏散是必须权衡的，在楼层数达110层的超高层建筑中的人数高达2.5万人以上，如同时疏散，需要的消防力量是很大的。

2）全楼同时警报疏散时，会很快把全楼各层的人同时引导到楼梯间内，而进入楼梯间内的人群却再也听不到应急广播的信息，每一个人都在恐慌和从众心理的支配下向目标地行走，在消防力量不足的情况下，楼梯间内的人员密度会很快倍增，容易引发群体事故，一旦有情绪性传言，就会被无限放大而引起人员混乱。

3）全楼同时警报疏散时，会很快把全楼各层的人同时引导到楼梯间内，骤然增大楼梯间内的人员密度，而人群在楼梯间内的移动速度与人员的密度有直接的关系。在李念慈等著的《建筑消防工程技术》（2006年中国建材工业出版社出版）认为：人员密度对步行速度有重要影响。人员密度达到一定时，人员移动速度会随着人员密度增高而降低。当达到一定的密度值时人群移动速度会为零，因为人在群集步行时，需要与相邻人之间保持一定的间距，才能在行走摆动中有规律地占据前面的空间，从而释放后面的空间，才能前进，所以人员密度愈小、间距愈大、步距愈大、步行速度就越快。在地面为平地的前室疏散时，人员密度在 1.08 人/m² 及以上时，仍能够维持正常行走速度；当人员密度达到 2.0 人/m² 时，行走速度约 0.5～0.7m/s，人员密度再大就会造成人员堵塞；当人员密度达到 3.759 人/m² 及以上时，人员的行进速度为零，会造成堵塞危险。而人员在楼梯上的移动速度一般为 0.25m/s，当梯段上的人员密度增加时，人员在楼梯上的移动速度会更慢，甚至不能移动，造成人员堵塞。

另外如果进入楼梯间内的人，如能同时向一个方向疏散尚可，如果有人要反向疏散到避难层或屋面，当疏散人员在疏散楼梯上向上步行时会形成反向人流，在消防力量不足的情况下，容易引发群体事故，当在全楼同时进行警报疏散时，在疏散楼梯向上步行的反向人流在各避难层的下面楼层均存在，这是危险的。

4）全楼同时警报疏散时，在超高层建筑内设置的安全电梯，如果没有特别的防超载性能（见本书第 18 节火灾初期利用电梯疏散是高层建筑的客观需要），由于全楼同时警报，会把全楼各层的人同时召唤到安全电梯内，而管理人员又来不及同时到位时，就会造成安全电梯超载而停止运行，大大降低安全电梯的运送效率。

5）在超高层建筑内实施全楼同时警报疏散时，会在同一时间内把各层人员召唤到防烟楼梯间内，各层前室与走道相通的门都会开启，各层前室通向楼梯间的门都会开启，这样就大大地超过了设计的开门楼层数，使楼梯间的正压丧失，破坏楼梯间的防烟能力，是危险的。

消防中心作为安全疏散的组织者，肩负着疏散群体的稳定、有序、安全的责任，他们最了解火场情况与现场条件，能够合理地选择组织疏散的方案，这是组织者的权利。设计者绝对不能不根据建筑楼层数的多少和建筑体量的大小，一律采用“在确认火灾后启动建筑内所有火灾声光警报器”的全楼警报疏散模式，这样做就是剥夺和削弱了消防中心的组织权利。一切疏散模式都应由消防中心作出决定，任何疏散模式都不应削弱消防中心统一指挥的高度权威。

42 管网式气体灭火系统的类型与联动控制要求解读

管网式全淹没气体灭火系统按系统的结构特点可分为单元独立系统和组合分配式系统。

单元独立系统是用一套灭火剂储存装置保护一个防护区的气体灭火系统；

组合分配式气体灭火系统是用一套灭火剂贮存装置，通过管网的选择分配，保护两个及两个以上防护区或保护对象的气体灭火系统。

内贮压式七氟丙烷灭火系统、三氟甲烷灭火系统是至少应由灭火剂瓶组、驱动气体瓶组、单向阀、选择阀（适用于组合分配系统）、驱动装置、集流管、连接管、喷头、信号反馈装置、安全泄放装置、气体灭火控制器、检漏装置、低泄高封阀（适用于具有驱动气体瓶组的系统）、管路管件及固定件等部件共同组成的管网式气体灭火系统。

惰性气体灭火系统是至少应由灭火剂瓶组、驱动气体瓶组（不适用于直接驱动灭火剂瓶组的系统）、单向阀、选择阀（适用于组合分配系统）、减压装置、驱动装置、集流管、连接管、喷头、信号反馈装置、安全泄放装置、气体灭火控制器、检漏装置、低泄高封阀（适用于具有驱动气体瓶组的系统）、管路管件及固定件等部件共同组成的管网式气体灭火系统。

同一系统中相同功能部件的规格应一致（选择阀、喷嘴除外），各灭火剂贮存容器的容积、充装密度或充装压力应一致。

42.1 全淹没式气体灭火系统的技术目标与联动控制要求

全淹没式组合分配气体灭火系统是典型的管网式自动灭火系统，也是应用最多、构成也比较复杂、控制显示要求比较严格的系统。全淹没式气体灭火系统的预期目标是：在发生火灾时，系统应能按接收到的火灾报警信号，及时准确地向着火的防护区喷放气体灭火剂，并保证在规定的时间内，达到规定的灭火（惰化）浓度，并保持到规定的浸渍时间。为了实现系统的这一预期目标，对系统的控制提出了严格要求，气体灭火控制器的使用功能必须满足系统预期目标的要求，在火灾发生时才能按规定的联动控制程序，实现对全淹没式组合分配气体灭火系统的控制，其基本要求是：

（1）保证系统应能根据火灾报警的部位，及时准确地向着火的防护区喷放气体灭火剂；

（2）在喷放之前应首先启动发生火灾的防护区内的火灾声光警报器，警示人员疏散；

（3）通过预置的联动控制程序使着火的防护区形成封闭空间，满足全淹没所需的淹没条件，需要时还应开启泄压口；

（4）在有人的防护区应根据人员疏散情况设置延时；

（5）延时结束后向发生火灾的防护区的瓶组发出启动信号，灭火剂瓶组应按规定的动作向防护区喷洒全部的设计灭火剂量；

（6）在喷洒灭火剂期间应启动该防护区门外的声报警气体释放灯。

在整个联动控制过程中，气体灭火控制器是能直接或间接接收火灾报警信号，并对驱动装置及其他联动设备下达动作指令的装置，能按预置逻辑完成规定的一系列控制功能，在延时结束之前的一系列联动控制过程都是由气体灭火控制器按预置逻辑完成的；延时结束，向瓶组设备发出启动喷洒控制信号后，瓶组设备向着火的防护区喷洒气体灭火剂的一系列动作过程，则都是由系统的瓶组设备自行完成的，而且都是由机械器件的动作来实现。由此可知，全淹没式组合分配气体灭火系统的整个联动控制过程中，并不是所有的控制程序都是由软件逻辑编程决定的，气体灭火系统中灭火剂瓶组驱动和控制程序就是由机械器件的相继动作实现的，所以，只要系统进入启动程序后，灭火剂的喷洒程序就不受任何人为操作的控制。

气体灭火控制器是实现火灾自动报警及固定灭火系统驱动、控制等一系列预定控制程序的装置，应同时具备自动控制、手动控制两种控制方式。另外，在瓶组间还应设置能在应急时手动启动瓶组的机械应急操作控制方式。

42.2 气体灭火系统的启动和驱动方式

系统的“启动”是指系统的瓶头阀或容器阀接受指令，开始投入工作的动作。例如气体灭火控制器向气体灭火装置发出启动控制信号后，使气体灭火装置进入启动状态，如启动瓶的瓶头阀或容器阀的电磁型启动器接收到电信号而释放启动气源的动作，以及启动瓶的瓶头阀或容器阀的机械型启动器在人工操作下开放启动，释放启动气源的动作。

由电信号启动的选择阀，在接收到电信号而动作开放，以及选择阀的机械型启动装置在人工操作下开放的动作，都不是严格意义上的“启动”，它只是在组合分配系统中起着选择开放灭火剂通道的作用。

“启动”是指外部作用（自动启动、手动启动与机械应急操作启动）使启动瓶（或主动瓶）阀件受控开放释放启动气源的过程，启动更多地指向开始运行；

“驱动”是指系统的容器阀在启动气源的作用下开放动作的过程。如灭火剂瓶容器阀的气动启动器在启动气源作用下的开放动作过程，使气体灭火剂释放。同样，应用较多的由启动气源驱动开放的选择阀，它也只是在组合分配系统中起着选择开放灭火剂通道的作用。

“驱动”通常是指启动瓶（高压氮气瓶或灭火剂主动瓶）启动后释放出的高压气体去驱动气动式选择阀或灭火剂从动瓶容器阀的开放过程。“驱动”是指灭火剂瓶组设备的内部机械在高压气体作用下驱动开放的过程，驱动更多地指向按程序驱使推动。

在有两个及以上灭火剂瓶的气体灭火系统中，启动在先、驱动在后，驱动是由启动来触发的，没有启动触发就没有驱动过程。

《气体灭火系统设计规范》GB 50370—2005 规定：管网灭火系统应设自动控制、手动控制和机械应急操作三种启动方式。这里就明确是指系统应具备自动启动、手动启动和机械应急手动操作启动三种“启动”方式。

常用的启动装置有电磁型启动器、气动型启动器、机械型启动器，它们都是启动释放部件。这些启动装置可按需要安装在启动瓶的瓶头阀或容器阀上。如将电磁型启动器和机械应急操作启动器组合安装在氮气启动钢瓶的瓶头阀上，氮气启动钢瓶的瓶头阀就具有电信号启动和机械应急手动操作启动两种启动方式。需要注意的是：电信号启动包括由气体灭火控制器发出控制信号的自动启动和在气体灭火控制器上通过手动装置发出电信号的手动启动两种方式；又如将电磁型启动器和机械应急操作启动器组合安装在主动灭火剂瓶的容器阀上，主动灭火剂瓶的容器阀就具有电信号启动和机械应急手动操作启动两种启动方式，同样，电信号启动也包括在气体灭火控制器上的两种启动方式；又如将气动型启动器安装在从动灭火剂瓶的容器阀上，从动灭火剂瓶容器阀就具有气动开放的功能了。

系统的自动启动、手动启动都是通过气体灭火控制器完成，它们是通过电信号作用于系统中启动瓶的电磁启动器，如氮气启动瓶的瓶头阀的电磁启动器或灭火剂主动瓶的容器阀的电磁启动器接收电信号而动作开放，从而释放启动气源。凡是氮气启动瓶的瓶头阀和灭火剂主动瓶的容器阀都应具备自动启动和机械应急手动操作启动两种启动方式。

机械应急手动操作是在氮气启动瓶的瓶头阀或灭火剂主动瓶的容器阀的机械应急手动操作机构上完成，在电信号开启的选择阀上应设机械应急手动操作机构。

气体灭火系统的气瓶分为启动气瓶（氮气）和灭火剂瓶，过去把启动气瓶的封存、释放、充注启动气源的控制阀门叫瓶头阀，把灭火剂瓶的封存、释放、充注灭火剂的控制阀门叫容器阀，每一组灭火剂瓶组对应一只启动气瓶，用启动气瓶释放的启动气源去驱动同组的其他灭火剂瓶同时开放，实现在规定的时间内达到规定的灭火（惰化）浓度的要求。有的气体灭火系统不设启动气瓶，而将同一灭火剂瓶组中的一只灭火剂瓶作为主动瓶，主动瓶启动后释放的灭火剂去驱动同组的其他灭火剂瓶同时开放，其他灭火剂瓶叫从动瓶。所以在气体灭火系统中就存在能接收启动控制信号而启动的启动瓶（或主动瓶）和由启动瓶释放的气体驱动释放的灭火剂瓶（或从动瓶）。气体灭火控制器发出的控制信号仅作用于启动瓶（或主动瓶），有时还需要既作用于启动瓶，同时也作用于选择阀，而启动瓶（或主动瓶）开放后必须通过驱动程序才能驱动对应的选择阀及灭火剂瓶组开放，并向着火的防护区喷洒气体灭火剂。所以控制启动瓶（或主动瓶）开放和驱动灭火剂瓶组向着火的防护区喷洒气体灭火剂的一系列动作过程是由启动和驱动两个步骤实现。

如果一个防护区设计所需的系统灭火剂储存量小于一个灭火剂瓶的充装量，而且系统仅服务于一个防护区时，系统可不设启动瓶。但当组合分配式气体灭火系统中的灭火剂储存容器——钢瓶的充装量有限，需要多个灭火剂钢瓶为一组，并要求同时喷放才能满足防护区灭火浓度的要求时，由于启动信号源只有一个，所以必须设置一个启动装置接受启动信号而释放高压气体去驱动各个灭火剂储存容器的容器阀，使其同时释放灭火剂。此时气体灭火控制器发出的控制信号作用于系统中启动装置——启动瓶（或主动瓶），使启动瓶开放，并释放出驱动气源去驱动同一系统中的其他灭火剂瓶组开放，并向防护区同时释放出气体灭火剂。

42.3 气体灭火系统防护区门外的控制组件

另外还有两个控制装置能对气体灭火系统的联动控制过程产生影响，但他们都不在预置的联动控制逻辑之中，它们是应急手动启动和停止按钮及手动/自动转换装置。

防护区门外应设控制气体灭火装置的应急手动启动和停止按钮，供现场人员应急手动控制。通常，当火灾探测器发出报警信号，火灾声光警报器动作后，现场人员应对火场进行核实，在确认火灾，并在确认人员疏散完成后，可手动操作设在防护区门外的紧急启动按钮，由气体灭火控制器执行系统启动的联动控制程序，实施灭火；在延时结束之前，当有人发现防护区火警系误报或系统误动作，以及火灾已被人工扑灭时，可手动操作设在防护区门外的紧急停止按钮，由气体灭火控制器中止正在执行的启动联动控制程序。

需要注意的是，按《气体灭火系统设计规范》GB 50370—2005 的规定，当灭火设计浓度或实际使用浓度大于无毒性反应浓度或采用热气溶胶预制灭火系统的防护区，其防护区门外还应设置系统手动/自动转换装置，并能显示系统的手动/自动工作状态；当人员进入防护区时，转换装置应处于手动控制状态；当人员离开防护区时，转换装置应恢复到自动控制状态，在这样的防护区，气体灭火控制器的工作状态是由防护区内有无人员停留决定，因此在不同工作状态下的联动控制程序与内容，就不可以完全照搬一般防护区的联动控制要求。其联动控制程序与内容应与一般防护区有所差别。

为了让读者对气体灭火系统中灭火剂瓶组的启动和驱动程序有更深地了解，我们归纳出常用的 9 种系统类型，讲述管网式组合分配气体灭火系统喷洒灭火剂的启动控制与驱动程序，以帮助大家在实际工作中能正确掌握系统的联动调试方法。消防验收时，也必须要知道管网式气体灭火系统联动控制的技术要求、联动控制方式和系统的工作原理。气体灭火系统随着灭火剂的不同，系统的组件构成略有差别，本节以常用的七氟丙烷、惰性气体等这一类气体灭火剂，按全淹没应用方式的组合分配系统为例，通过介绍 9 类组合分配式气体灭火系统的工作原理，解读国家标准对管网式全淹没系统的控制显示要求。

42.4 九种类型管网式气体灭火系统工作原理介绍

管网式全淹没气体灭火系统中灭火剂瓶组设备的工作原理介绍如下：

(1) 氮气驱动单元独立系统

该系统只保护一个防护区，由氮气驱动瓶释放高压氮气用于驱动灭火剂瓶组的气体灭火系统，如图 42-1 所示。

氮气启动瓶的瓶头阀上安装有电磁启动器、并具有机械应急手动操作机构，3 个灭火剂瓶的容器阀上安装有气启动器，氮气启动瓶的瓶头阀至各灭火剂瓶的容器阀之间有氮气驱动管路。

气体灭火控制器的启动控制信号（自动方式或手动方式）是作用到氮气启动瓶的电磁启动器，使氮气启动瓶的电磁启动器动作，将瓶头阀释放，高压氮气作为启动气源通过氮气驱动管路输向各灭火剂瓶容器阀的气启动器，使灭火剂瓶的容器阀开启，灭火剂经集流管向防护区施放。此时压力开关感应管内压力的升高，向气体灭火控制器发出“灭火剂释放”的信息，并联动启动该防护区门外的声报警气体释放灯。当气体灭火控制器的启动控制失灵时，可由人工在现场手动应急启动时，只需按下该防护区的氮气启动瓶阀上的手动按钮，一个操作动作即可完成灭火剂的定向施放。

高压软管上都设有止回阀，其方向都是使灭火剂从灭火剂瓶流向集流管。软管上的止回阀可设在靠集流管一侧，也可以设在靠容器阀一侧。

(2) 氮气驱动组合分配系统

该系统可保护两个及以上的防护区，如图 42-2 所示。

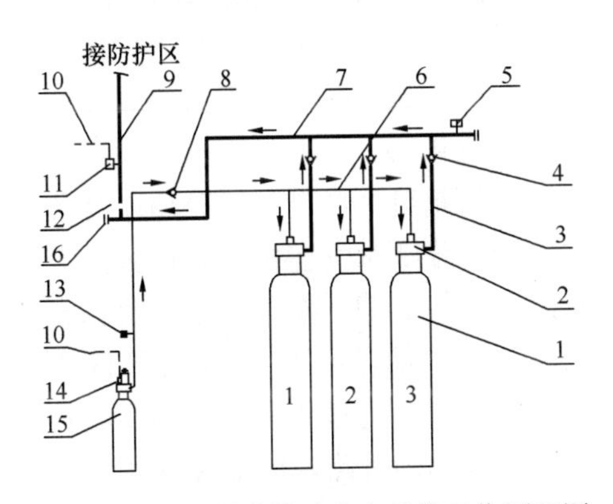

图 42-1　氮气启动单元独立系统工作原理图

1—灭火剂瓶组；2—灭火剂瓶组容器阀；3—高压软管；4—灭火剂管路单向阀；5—安全泄放装置；6—启动管路；7—集流管；8—驱动气体管路单向阀；9—出管组件；10—信号线路；11—压力开关；12—减压装置（若有）；13—低泄高封阀；14—电磁启动器；15—启动瓶组；16—盲板

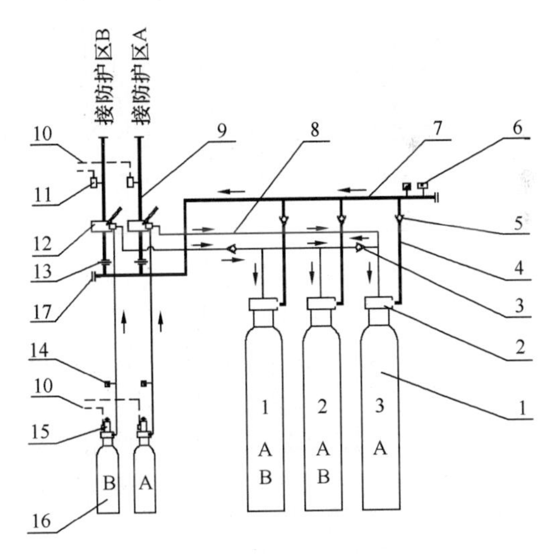

图 42-2　氮气驱动组合分配系统工作原理图

1—灭火剂瓶组；2—灭火剂瓶组容器阀；3—驱动气体管路单向阀；4—高压软管；5—灭火剂管路单向阀；6—安全泄放装置；7—集流管；8—启动管路；9—出管组件；10—信号线路；11—压力开关；12—选择阀；13—减压装置（若有）；14—低泄高封阀；15—电磁启动器；16—氮气启动瓶；17—盲板

系统由一组灭火剂瓶组共同保护 A、B 两个防护区，A 区所需气体灭火剂用量是 3 瓶，而 B 区所需气体灭火剂用量是 2 瓶，A 防护区、B 防护区的灭火剂瓶组分别由各自的氮气驱动瓶驱动，氮气驱动瓶瓶头阀安装有电磁启动器，并具有机械应急手动操作机构。电磁启动器接收来自气体灭火控制器的联动控制信号（自动方式或手动方式）启动，启动后高压氮气首先进入对应的选择阀汽缸，将选择阀打开，高压氮气再从汽缸出口输向对应的灭火剂瓶的气启动器，将容器阀开启，灭火剂经高压软管输向集流管通过已打开的选择阀进入防护区喷洒，此时，压力开关感应管内压力的升高，向气体灭火控制器发出“灭火剂释放”的信息，并联动启动该防护区门外的声报警气体释放灯。当气体灭火控制器的启动控制失灵时，可由人工在现场手动应急启动时，只需按下该防护区的氮气启动瓶瓶头阀上的机械应急手动操作机构，一个操作动作即可完成灭火剂的定向施放。对组合分配系统，有时为了能方便在一个地点一个操作动作完成两个阀的同步打开，可将氮气启动瓶瓶头阀上的机械应急手动操作机构与对应的选择阀的机械应急手动操作机构用拉索连动。

由于氮气驱动瓶和选择阀是一一对应的关系，而且从启动顺序讲，是先打开选择阀，后打开灭火剂瓶容器阀，因而较为安全合理。

高压软管上都设有止回阀，其方向都是使灭火剂从灭火剂瓶流向集流管。软管上的止回阀可设在靠集流管一侧，也可以设在靠容器阀一侧。

(3) 氮气分别驱动的组合分配系统

该系统可保护两个及以上的防护区，如图 42-3 所示。

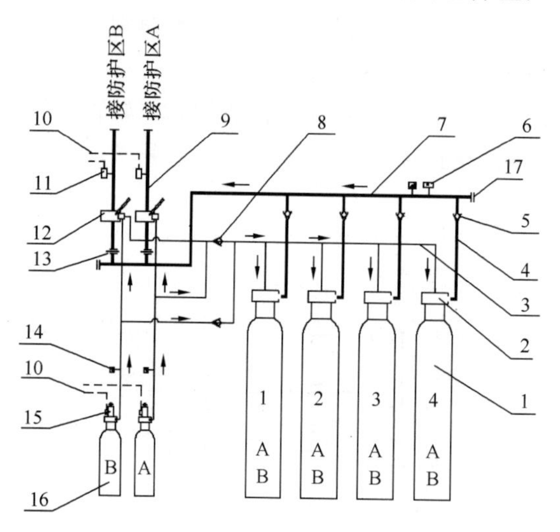

图 42-3 氮气启动组合分配系统工作原理图
1—灭火剂瓶组；2—灭火剂瓶组容器阀；3—启动管路；4—高压软管；5—灭火剂管路单向阀；6—安全泄放装置；7—集流管；8—驱动气体管路单向阀；9—出管组件；10—信号线路；11—压力开关；12—选择阀；13—减压装置（若有）；14—低泄高封阀；15—电磁启动器；16—启动瓶组；17—盲板

系统由一组灭火剂瓶组共同保护 A、B 两个防护区，A 区和 B 区所需气体灭火剂用量均是 4 瓶，系统中设有 A、B 两个氮气启动瓶和 A、B 两个选择阀及共用的一组灭火剂瓶组。每个氮气启动瓶有各自的驱动管路分别对应连接，防护区的灭火剂瓶组及 A、B 两个选择阀分别由各自的氮气启动瓶驱动，由于 A 区和 B 区所需气体灭火剂用量均是 4 瓶，故两个防护区共用了一段驱动管路，因而在共用段前的驱动支管上设置了止回阀。氮气启动瓶瓶头阀的电磁启动器，具有机械应急手动操作机构，电磁启动器接收来自气体灭火控制器的联动控制信号启动，启动后高压氮气是分两路分别输向对应的选择阀和容器阀，使选择阀和容器阀在高压氮气的驱动下开放，灭火剂向本防护区喷洒，此时压力开关感应管内压力的升高，向气体灭火控制器发出“灭火剂释放”的信息，并联动启动该防护区门外的声报警气体释放灯。当气体灭火控制器的启动控制失灵时，可由人工在现场手动应急启动时，只需按下该防护区的氮气启动瓶阀上的手动按钮，一个操作动作即可完成灭火剂的定向施放。本系统与图 42-2 的组合分配系统驱动原理完全一样，不同之处是，驱动容器阀的氮气不需经过选择阀，所以选择阀和容器阀是同步打开的，这样的控制方式也能实现一个控制动作完成气体喷放，但要求选择阀的开启时间不应迟于容器阀的开启时间。

对组合分配系统，有时为了能方便在一个地点一个操作动作完成两个阀的同步打开，可将氮气启动瓶瓶头阀上的机械应急手动操作机构与对应的选择阀的机械应急手动操作机构用拉索连动。

高压软管上都设有止回阀，其方向都是使灭火剂从灭火剂瓶流向集流管。软管上的止回阀可设在靠集流管一侧，也可以设在靠容器阀一侧。

（4）多瓶组氮气驱动的组合分配系统

如图 42-4 所示，该系统的启动流程和图 42-2 完全一致，不同的是，该系统设有三个防护区，每个防护区有自己的灭火剂瓶组，A 区为 9 个灭火剂瓶，B 区为 6 个灭火剂瓶，C 区为 3 个灭火剂瓶，每个氮气驱动瓶所驱动开放的灭火剂瓶数是不相同的，所以在启动管路上设有 3 个单向阀以实现对应于防护区瓶组的分区启动。

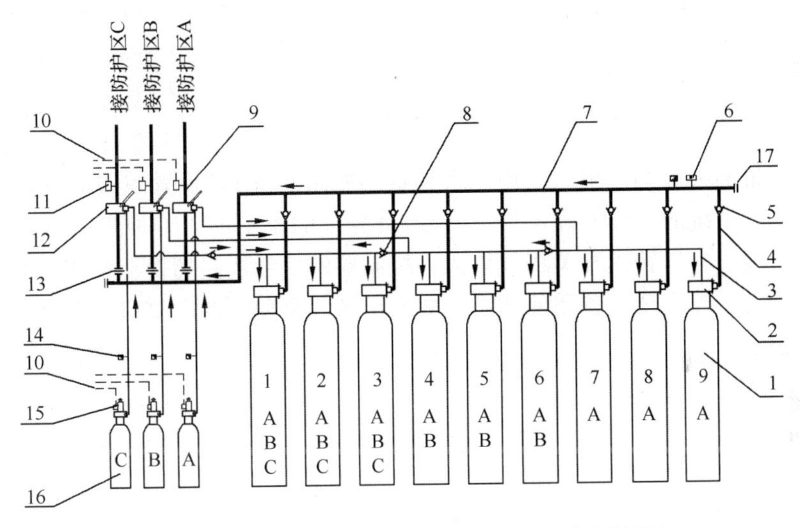

图 42-4　多瓶组氮气启动组合分配系统工作原理图

1—灭火剂瓶组；2—灭火剂瓶组容器阀；3—启动管路；4—高压软管；5—灭火剂管路单向阀；6—安全泄放装置；7—集流管；8—驱动气体管路单向阀；9—出管组件；10—信号线路；11—压力开关；12—选择阀；13—减压装置（若有）；14—低泄高封阀；15—电磁启动器；16—启动瓶组；17—盲板

对组合分配系统，有时为了能方便在一个地点一个操作动作完成两个阀的同步打开，可将氮气启动瓶瓶头阀上的机械应急手动操作机构与对应的选择阀的机械应急手动操作机构用拉索连动。

高压软管上都设有止回阀，其方向都是使灭火剂从灭火剂瓶流向集流管。软管上的止回阀可设在靠集流管一侧，也可以设在靠容器阀一侧 。

（5）带备用瓶组的氮气驱动组合分配系统

如图 42-5 所示，该组合分配系统是带备用瓶组的，当防护区需要不间断保护或气体喷放后在 72h 内无法恢复系统正常工作的，需要设置 100％备用瓶组。即在一条集流管上

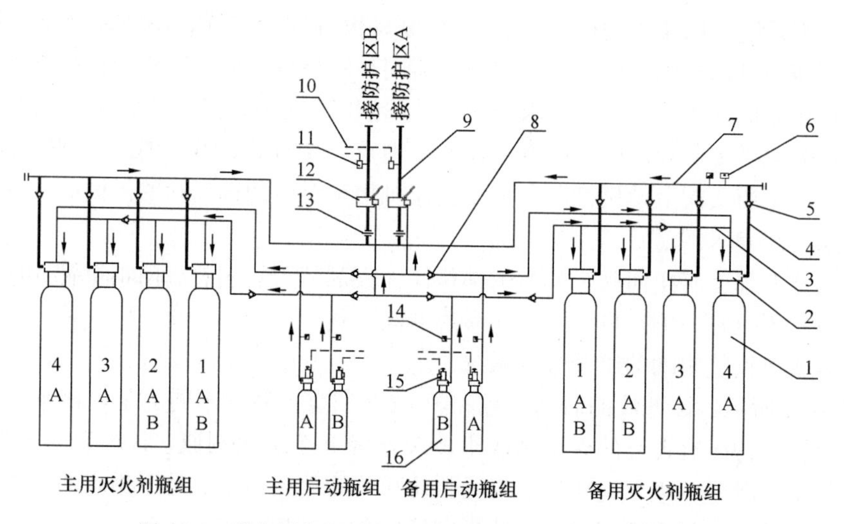

图 42-5 带备用瓶组的气启动组合分配系统工作原理图

1—灭火剂瓶组；2—灭火剂瓶组容器阀；3—启动管路；4—高压软管；5—灭火剂管路单向阀；6—安全泄放装置；7—集流管；8—驱动气体管路单向阀；9—出管组件；10—信号线路；11—压力开关；12—选择阀；13—减压装置（若有）；14—低泄高封阀；15—电磁启动器；16—启动瓶组

连接有两组等量的灭火剂瓶组（主用瓶组和备用瓶组），同时设置主用氮气驱动瓶和备用氮气驱动瓶。此系统的工作原理与图 42-3 组合分配的系统的工作原理一致，当主用瓶组释放后，需要通过电气转换开关将气体灭火控制器的信号线路切换至备用瓶组的氮气驱动瓶电磁启动器上，以实现主备用的切换，故两组氮气驱动瓶的电磁启动器之间在电气控制上应是联锁的。

（6）无氮气瓶驱动的单元独立系统

如图 42-6 所示，系统只保护一个防护区，但系统不是由氮气驱动瓶释放驱动的气体

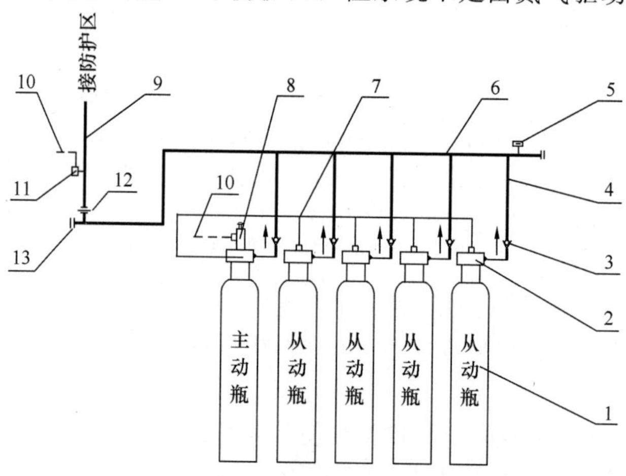

图 42-6 无氮气瓶驱动的单元独立系统工作原理图

1—灭火剂瓶组；2—灭火剂瓶组容器阀；3—单向阀；4—高压软管；5—安全泄放装置；6—集流管；7—从动瓶驱动管；8—主动瓶电磁启动器；9—出管组件；10—信号线路；11—压力开关；12—减压装置（若有）；13—盲板

灭火系统。该系统直接在主动灭火剂瓶上设置电磁启动器，具有机械应急手动操作机构，电磁启动器接收来自气体灭火控制器的联动控制信号启动，启动后高压灭火剂是分两路分别输向集流管和驱动管路，一路灭火剂从容器阀的主出口输向集流管，另一路灭火剂从容器阀的另一个出口通过驱动管路作用于各灭火剂从动瓶的容器阀，使容器阀的气启动器在高压灭火剂的驱动下开放，灭火剂通过集流管向防护区喷洒。

(7) 灭火剂背压驱动单元独立系统

如图 42-7 所示，系统只保护一个防护区，但系统不是由氮气驱动瓶驱动的气体灭火系统，与图 42-6 不同的是该系统不设灭火剂瓶的驱动管路。气体灭火控制器直接输出控制信号给灭火剂主动瓶电磁启动器，打开主动瓶的容器阀，主动瓶容器阀打开后，一路灭火剂从主动瓶容器阀的主出口输向集流管，另一路灭火剂从主动瓶容器阀的另一个出口通过高压启动软管打开灭火剂从动瓶的容器阀，从动瓶容器阀开启后，其灭火剂通过高压软管也输向集流管。主动瓶和从动瓶灭火剂在集流管汇合后，集流管内的高压灭火剂通过各灭火剂瓶的高压软管反向进入各灭火剂瓶组的容器阀，依靠背压将各容器阀打开，释放灭火剂。若一次驱动的瓶组数量较多时，需要设置更多的灭火剂从动瓶，从动瓶通过高压启动软管连接至灭火剂主动瓶，即可实现打开更多的灭火剂瓶组。系统中灭火剂瓶容器阀与集流管连接的高压软管的一端安装有特殊的止回阀，当高压软管连接至灭火剂瓶组容器阀上后，该单向阀内活塞被顶开，单向阀反向密封将失去作用。它与灭火剂瓶的容器阀配合，使容器阀能在集流管的背压下驱动释放，从而节省了其他驱动管路。在这样的系统中集流管起到了驱动管路的作用，灭火剂主动瓶的容器阀应具有机械应急手动操作机构。

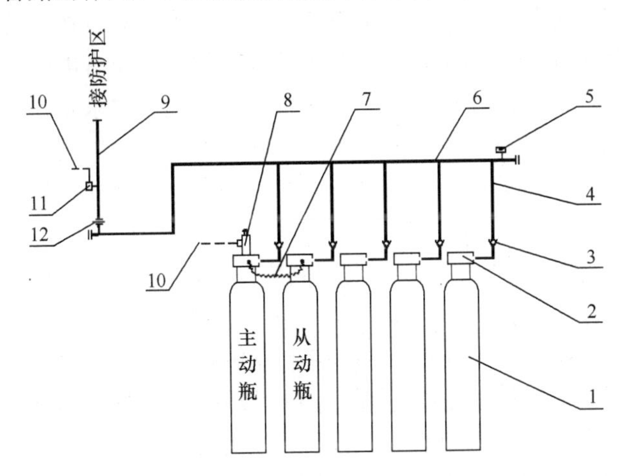

图 42-7　灭火剂背压驱动单元独立系统工作原理图

1—灭火剂瓶组；2—灭火剂瓶组容器阀；3—单向阀；4—高压软管；5—安全泄放装置；6—集流管；7—从动瓶高压启动管；8—主动瓶电磁启动器；9—出管组件；10—信号线路；11—压力开关；12—减压装置（若有）

(8) 多瓶组灭火剂背压驱动组合分配系统

如图 42-8 所示，该系统选择阀和主动瓶容器阀都由电磁启动器直接启动，其中 A 区为 14 个灭火剂瓶，B 区为 11 个灭火剂瓶，C 区为 7 个灭火剂瓶，该系统和图 42-4 组合分配系统的不同之处在于：

1) 该系统是依靠主动瓶启动后，灭火剂在集流管中产生高压，使灭火剂瓶容器阀在

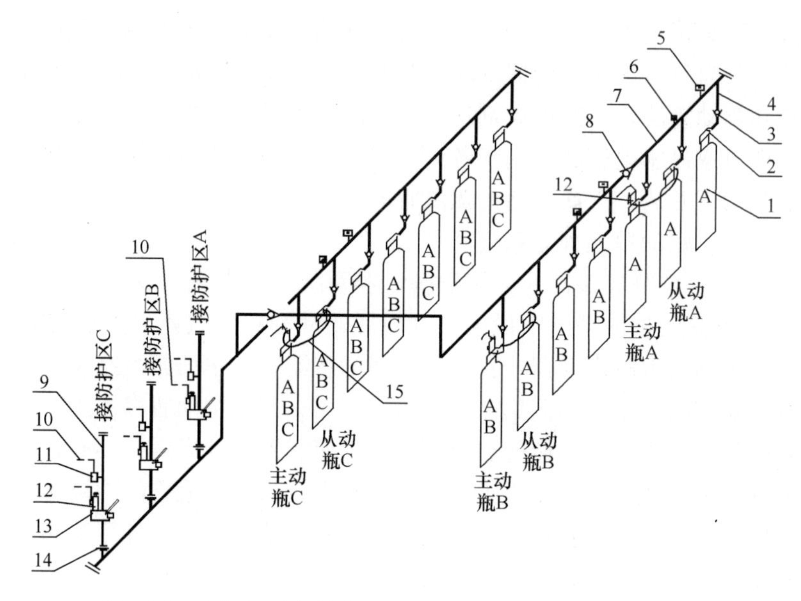

图 42-8 多瓶组灭火剂背压驱动的组合分配系统工作原理图

1—灭火剂瓶组；2—灭火剂瓶组容器阀；3—灭火剂管路单向阀；4—高压软管；5—安全泄放装置；6—低泄高封阀；7—集流管；8—集流管单向阀；9—出管组件；10—信号线路；11—压力开关；12—主动瓶电磁启动器；13—电启动选择阀；14—减压装置（若有）；15—高压启动软管

背压下开放，故不采用氮气驱动，因而不设氮气钢瓶。系统中的驱动气源来源于主动瓶的高压灭火剂气体。每个主动瓶容器阀以及对应的选择阀上均设有电磁启动器，同时容器阀和选择阀都设有机械应急手动操作机构。该系统在控制上的要求是，选择阀和对应的主动瓶容器阀的电启动信号应来自同一个信号源，即联动控制信号应同步作用于选择阀的电启动装置和对应容器阀电磁启动器，实现主动瓶容器阀和对应选择阀的同步开放对组合分配系统。且要求该系统的选择阀和对应主动瓶容器阀的手机械应急手动操作机构应符合在“一个地点，一个操作控制动作”完成灭火剂的应急手动施放的要求，故宜将各个机械应急手动操作机构都采用手动拉索启动机构，且各选择阀和对应的主动瓶容器阀的应急手动人工拉索启动操作机构应集中在一个人工控制盒内，能在一个地点、一个操作动作分别控制每个防护区的灭火剂释放。比如将 A 区选择阀的手动拉索启动机构与 A 区瓶组的主动瓶容器阀的手动拉索启动机构组合在一个人工控制盒中，由一个手动控制动作完成 A 区选择阀和 A 区瓶组的主动瓶容器阀的两阀同步开启；同样，B 区、C 区的主动瓶容器阀的手动拉索启动机构与对应选择阀的手动拉索启动机构也应按上述原则处理。

2）该系统防护区灭火剂瓶组分为三组，所以有 3 个主动瓶与 3 个从动瓶配对，每个主动瓶又与其对应的选择阀在启动控制上是同步的。气体灭火控制器直接输出控制信号给灭火剂主动瓶电磁启动器和对应的选择阀的电启动装置，打开选择阀，并同时打开主动瓶的容器阀，主动瓶容器阀打开后，一路灭火剂从主动瓶容器阀的主出口输向集流管，另一路灭火剂从主动瓶容器阀的另一个出口通过高压启动软管打开灭火剂从动瓶的容器阀，从动瓶容器阀开启后，其灭火剂通过高压软管也输向集流管，主动瓶和从动瓶灭火剂在集流管汇合后，集流管内的高压灭火剂通过各灭火剂瓶的高压软管反向进入各灭火剂瓶组的容器阀，依靠背压将各容器阀打开，释放灭火剂。每个主动瓶的启动气源通过高压启动软管只输向组内的从动瓶容器阀，各主动瓶和从动瓶的高压灭火剂通过集流管，只作用于自己的瓶组，所以在集流管上设有两个止回阀，实现 3 个分区共用一条集流管，而且各封闭段内均有一个安全泄压阀。在这样的系统中集流管起到了驱动管路的作用。

（9）带备用瓶组的灭火剂背压驱动组合分配系统

如图 42-9 所示，该系统的启动流程有三个特点：

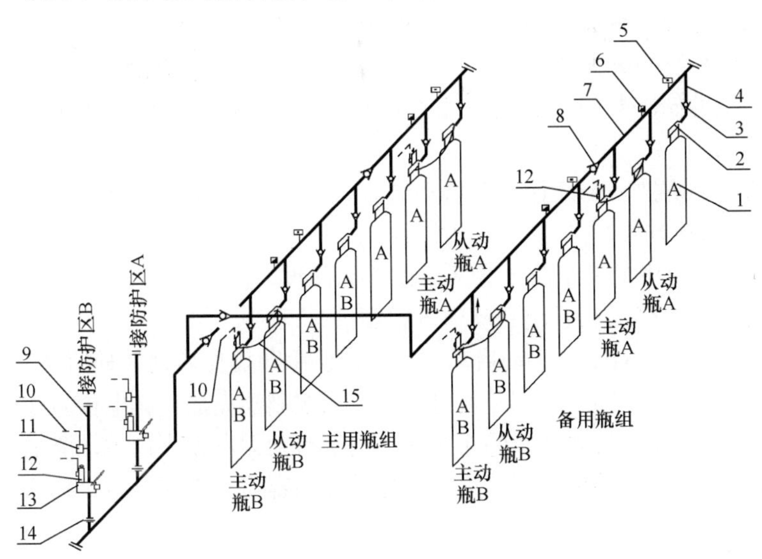

图 42-9　带备用瓶组的灭火剂背压驱动组合分配系统工作原理图

1—灭火剂瓶组；2—灭火剂瓶组容器阀；3—灭火剂管路单向阀；4—高压软管；5—安全泄放装置；6—低泄高封阀；7—集流管；8—集流管单向阀；9—出管组件；10—信号线路；11—压力开关；12—电磁启动器；13—电动选择阀；14—减压装置（若有）；15—启动软管

1）该系统是采用灭火剂背压驱动的组合分配系统，系统保护两个防护区，同时设有备用灭火剂瓶组，其驱动流程与图 42-7 完全相同。

2）系统保护的两个防护区（A 区和 B 区）都设有备用瓶组。所以在一条集流管上连接有两组等量的灭火剂瓶组，即主用瓶组和备用瓶组。且主用瓶组的主动瓶与备用瓶组的主动瓶的容器阀上均设有电磁启动器，另设有机械应急手动操作机构。气体灭火控制器的联动控制信号作用于电磁启动器，电磁启动器启动后，容器阀释放，由于是备用瓶组的组合分配系统，故两个主动瓶的电磁启动器之间在电气控制上应是联锁的，这样才能实现两组等量的灭火剂瓶组互为备用，主备切换，当主用瓶组释放后，需要通过电气转换开关将气体灭火控制器的信号线路切换至备用瓶组的电磁启动器上，以实现主备用的切换。在主用瓶组和备用瓶组各自的集流管上各设一个止回阀，是主用瓶组和备用瓶组之间集流管上的流体定向阀门，当主用瓶组启动后，高压灭火剂不会进入备用瓶组的集流管。反之亦然。

3）该选择阀是由电信号启动的，所以它设有电信号启动装置，另设有机械应急手动操作机构，气体灭火控制器的联动控制信号作用于选择阀的电信号启动装置和灭火剂主动瓶电磁启动器。为了同步启动，它们的启动指令来源于同一个信号源。而且选择阀和对应的容器阀的机械应急手动操作机构宜能按“在一个地点、一个操作动作”即能完成灭火剂施放的原则设置。

在工程中，有的组合分配系统，采用电磁启动器启动选择阀时，其选择阀和对应的容器阀未能实现人工拉索一并同时动作，这是错误的。

4）该系统的从动瓶的容器阀是由主动瓶容器阀释放后的高压灭火剂气体通过高压启动软管作用于从动瓶容器阀的气启动器使容器阀释放。

小结：

1）管网式全淹没气体灭火系统的配置要求

① 组合分配系统的灭火剂储存量，应按储存量最大的防护区确定。

② 灭火系统的储存装置 72h 内不能重新充装恢复工作的，应按系统原储存量的百分之百设置备用量。

③ 系统的每个防护区应设置一个启动装置，并应具备自动启动、手动启动和机械应急手动操作三种启动方式。

④ 组合分配系统中的每个防火分区应设置选择阀。

2）组合分配式气体灭火系统的动作方式要求

① 系统应具备自动启动、手动启动和机械应急手动操作启动 3 种启动方式。

系统的自动启动、手动启动都是通过气体灭火控制器完成，其电信号作用于系统中启动瓶的电磁启动器，如氮气启动瓶的瓶头阀的电磁启动器或灭火剂主动瓶的容器阀的电磁启动器，而且氮气启动瓶的瓶头阀和灭火剂主动瓶的容器阀都应具备自动启动和机械应急手动操作启动方式。

机械应急手动操作是在氮气启动瓶的瓶头阀或灭火剂主动瓶的容器阀的机械应急手动操作机构上完成。

② 选择阀是组合分配系统中用于控制分区释放用的自动控制阀件，常采用气动开放或电信号开放两种自动启动控制方式，可任选一种。

当采用气动开放控制选择阀时，气源可以是高压氮气，也可以是主动瓶的灭火剂气体，但不论选择阀采用任何控制方式，必须保证选择阀的开启时间不迟于灭火剂瓶容器阀的开启时间，至少应为同步开放。

为了保证气动式选择阀的开启时间不迟于灭火剂瓶容器阀的开启时间，至少应为同步开放的要求，启动瓶（高压氮气瓶或灭火剂主动瓶）启动后释放的高压气体可以用两种驱动方式：

a. 同步驱动方式：启动瓶启动后释放的高压气体，一路输向对应的选择阀，打开通向防护区的通道；另一路输向对应的灭火剂瓶组的容器阀或灭火剂从动瓶组的容器阀，使灭火剂释放。

b. 先后驱动方式：启动瓶启动后释放的高压气体先输向对应的选择阀，将选择阀汽缸打开，使防护区的通道开启，高压气体再从选择阀汽缸的出气嘴出来，再输向对应的灭火剂瓶组的容器阀或灭火剂从动瓶组的容器阀，使灭火剂瓶组的灭火剂释放。

由此可知，组合分配式气体灭火系统的驱动都是采用启动瓶释放的高压气体来驱动灭火剂瓶容器阀上的气启动器开启，从而使容器阀开放。高压气体可以是氮气瓶释放的高压氮气，也可以是灭火剂主动瓶释放的高压灭火剂气体。

用高压氮气驱动，应设氮气驱动瓶及氮气驱动管路，使选择阀开放和灭火剂瓶组的容器阀开放；

用高压灭火剂驱动有两种方式：

一是由灭火剂主动瓶启动开放，释放的高压灭火剂来驱动各从动瓶的容器阀开放，该方式应设灭火剂驱动管路；

另外一种方式是采用主动瓶启动开放，释放的高压灭火剂来驱动从动瓶的容器阀开放，主从动瓶开放后释放的高压灭火剂汇集在集流管中，利用背压使其余灭火剂瓶的容器阀开放，该方式不设灭火剂驱动管路，集流管起驱动管路的作用。

以上两种用高压灭火剂驱动方式的组合分配系统，其选择阀应采用电信号启动方式打开。

对于采用电磁启动器启动的选择阀，其启动控制信号应与瓶头阀或灭火剂主动瓶的容器阀的电磁启动器的启动控制信号同源，为了防止自动控制失灵，要求选择阀的机械应急手动操作机构应与对应的瓶头阀或灭火剂主动瓶的容器阀的机械应急手动操作机构联锁。通常可以用手动拉索启动机构作为机械应急手动操作机构，将两个对应的手动拉索启动机构组合在一个人工控制盒中，由一个操作动作完成启动瓶和对应的选择阀的同步开启，实现在一个地点、以一个操作动作完成气体灭火剂的施放。

从上述气体灭火系统的启动程序可知：气体灭火控制器发出启动气体灭火装置的控制信号，经延时结束后气体灭火装置的一系列自动驱动动作都是由机械器件完成的，其启动程序由启动气源流经的管路上的机械器件决定。但启动程序的原则是选择阀应优先开放，容器阀应在选择阀之后开放，至少应是同步开放。

42.5 气体灭火系统的组件与设备

在气体灭火系统中设有灭火剂管路单向阀和驱动气体管路单向阀，这些单向阀的安装方向应符合工艺流程的需要。

气体灭火系统中还应设压力开关，又叫信号反馈装置，在组合分配系统中，信号反馈装置安装在选择阀下游的灭火剂输送管道上，在单元独立系统中，信号反馈装置可安装在集流管或灭火剂输送管道上。当气体灭火剂向防护区喷放时，压力开关应动作，该信号应反馈到气体灭火控制器，并取它的动作信号来点亮防护区门口的喷气指示灯并启动声报警。其动作信号表明气体灭火装置正在向防护区喷放气体灭火剂。信号反馈装置具有自锁功能，动作后只能由人工进行复位。标准要求：信号反馈装置的动作压力设定值不应大于0.5倍系统最小工作压力。当信号反馈装置安装在减压装置后时，其动作压力设定值不应大于减压装置后压力的50%。信号反馈装置的动作压力偏差不应大于设定值的10%。

另外，气体灭火系统中还应设“低泄高封阀”，它是一种安装在启动气源管路或组合分配系统的集流管上的自动阀门，正常情况下处于开启状态，用来排除由于气源泄漏积聚在管路内的气体，只有进口压力达到设定压力时才自动关闭。顾名思义，它应在平时是向大气开放的，泄放所在管段的压力，当管段内有泄漏积聚高压气体，当压力达到设定压力时它能自动关闭，保持管段处于高压密封状态。一般在启动气源管路和组合分配系统的集流管上应安装低泄高封阀。它安装在启动气源管路上时，低泄高封阀用于排放意外泄漏至启动管路的启动气体，防止系统因启动气体慢性泄漏引发的误动作；它安装在组合分配系统的集流管上时，低泄高封阀用于排放泄漏至集流管的灭火剂，防止灭火剂在集流管积聚。低泄高封阀是机械器件，它的设置是系统安全需要，与系统启动流程无关。

气体灭火系统的集流管上应设置安全泄放装置，主要用于这些部位的灭火剂因故不能喷放时的排放泄压，防止超压发生爆破事故。标准要求：灭火剂瓶组、驱动气体瓶组上应设置安全泄放装置，其泄放动作压力设定值应不小于 1.25 倍的瓶组最大工作压力，但不大于其强度试验压力的 95%，泄放动作压力为设定值的(1±5%）范围内。

组合分配系统集流管上应设置安全泄放装置，其泄放动作压力设定值应不小于 1.25 倍的系统最大工作压力，但不大于其强度试验压力的 95%，泄放动作压力为设定值的（1±5%）范围内。

图 42-10～图 42-12 是杭州新纪元消防科技有限公司生产和安装的部分气体灭火系统，其中有七氟丙烷气体灭火系统、烟烙尽（LG-541）气体灭火系统、高压二氧化碳气体灭火系统，该公司生产的气体灭火设备因有自己的技术优势而著称。

图 42-10　该公司生产的七氟丙烷气体灭火系统产品

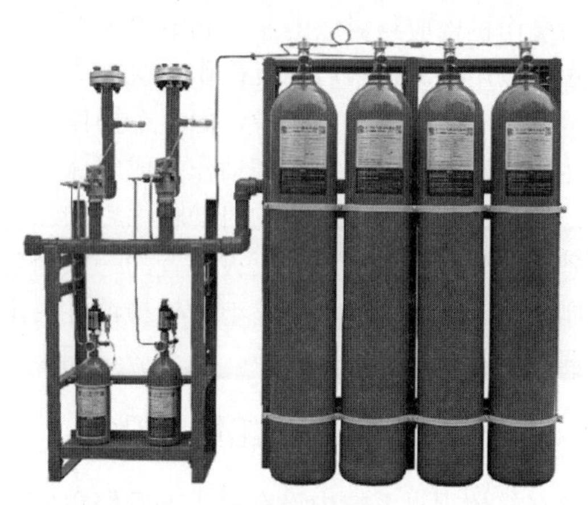

图 42-11　该公司生产的 LG-541 组合分配系统产品

图 42-13 是该公司生产的二氧化碳储瓶的称重警报装置，装置通过杠杆作用始终监测着系统中每一只储瓶的重量。装置精度为 1.5% ，操作简易方便，称重灵敏、示值准确。当灭火剂储瓶中的二氧化碳因泄漏失重达到预设的报警量值（一般为 10%）时，该装置会自动发出声光警报信号，并将信号远传至灭火控制盘。

图 42-12　该公司生产安装的 LG-541 组合分配系统

图 42-13　该公司生产的二氧化碳储瓶的称重警报装置

因为二氧化碳和三氟甲烷都是低临界温度的可液化气体，二氧化碳的临界温度是31.4℃，常温下它的饱和蒸气压力很高，二氧化碳在20℃时，其饱和蒸气压为5.17MPa，所以把它们称为高压液化气体。

封存在高压容器内的高压液化灭火剂，当储存温度低于其临界温度时，液化灭火剂是气液共存的，容器内压力就是液化灭火剂在该温度下的饱和蒸气压力。该压力只与液化灭火剂的温度有关，而与饱和蒸气所占的气瓶容积无关，当温度不变时，饱和气压是恒定不变的，当发生灭火剂泄漏时，只要温度不变，液相灭火剂会通过加快蒸发，来保持其气相和液相密度不变，维持其压力恒定。所以在储存容器的气相空间安装压力表就难以判断灭火剂的泄漏，即使泄漏，其压力表示值仍不降低，而灭火剂的泄漏又会直接降低喷向防护区灭火剂质量，使灭火浓度降低。所以像二氧化碳这一类低临界温度的可液化气体，不能采用压力表示值来判断灭火剂的泄漏情况，必须采用称重装置来观察监视高压液化灭火剂的泄漏情况。

该公司生产的FTEC系列IG-541气体灭火系统产品有以下技术优势：

(1) 系统采用二级增压方式，贮存压力为20MPa，充装量为281.06kg/m³，相较一级充压方式15MPa (211.15kg/m³)，在防护区大小相同的情况下，能有效减少瓶组使用量，减小气瓶间设计面积，灭火剂输送距离更远，并且能降低安装成本以及后期维护成本。

(2) 系统采用德国FIWAREC生产的高强度容器阀，通过FM和UL等的国际检测认证。

(3) 采用常带压检漏方式，确保阀门密封的前提下，能实时监测瓶组内压力情况。压力表接口采用特殊结构，可带压手拧安装，无需其他拆装工具，压力表安装后可360°旋转自由调整。

(4) 系统瓶组可选型采用电接点压力表、压力传感器，方便远程监测瓶组压力。

(5) 容器阀采用特殊结构，启动后无需更换密封件，可直接充装灭火剂。

(6) 容器阀具有专用充装按钮，从灭火剂出口进行充装，充气快速可靠，充气完成后通过按压充装按钮关闭容器阀。

(7) 采用带减压功能的单向阀，达到减压功能的同时，能确保瓶组内压力减小的情况下药剂不会倒流，且可静态减压，确保系统安全性。

(8) 系统采用两次减压方式，先把瓶组贮存压力通过减压单向阀减压到15MPa以下，再通过减压孔板减压到7MPa以下，确保设备启动安全。

(9) 独特的电磁型驱动装置和信号反馈装置设计，可实现免拆卸系统联动调试。

42.6 气体灭火控制器应具备的主要功能

规范规定气体灭火系统应由专用的气体灭火控制器控制。

气体灭火控制器是组成气体灭火系统的重要控制显示设备，为了使气体灭火系统在火灾时能在着火防护区内实现自动喷洒灭火剂，并能做到："在规定的时间达到规定的设计浓度（设计惰化浓度），并保持到规定的浸渍时间"，气体灭火控制器应具有逻辑编程和按预定程序控制受控器件执行规定动作，并显示其工作状态的性能。

42.7 气体灭火控制器的类型不同其系统联动控制方式也有差别

《火灾自动报警系统设计规范》GB 50116—2013的气体灭火系统联动控制设计一节

中，按气体灭火控制器的类型不同，联动触发信号的生成与发出是有差别的，这主要是因为气体灭火控制器产品有两类：一类气体灭火控制器是受控于联动控制器，本身不配接火灾探测器的单纯的气体灭火控制器；另一类气体灭火控制器是直接配接火灾探测器，是具有火灾报警功能的气体灭火控制器。

对于直接连接火灾探测器的气体灭火控制器，应按“具有气体灭火控制功能的火灾报警控制器”对待，这时气体灭火控制器应首先满足火灾报警控制器的标准要求，尚应同时满足气体灭火控制器的全部功能要求。在使用功能上不仅要具有气体灭火控制显示功能，而且应具有火灾报警控制器的报警和控制显示功能，它应当是具有气体灭火控制功能的火灾报警控制器。这类气体灭火控制器应能接收火灾探测器和火警触发器件发来的火警信号，并发出声光报警信号。在额定工作电压下，距离控制盘1m处，内部和外部音响器件的声压级（A计权）应分别在65dB（A）和85dB（A）以上，115dB（A）以下。控制器还应具备自身（包括探测、控制回路）故障报警功能。

对于直接连接火灾探测器的气体灭火控制器，在接收到满足联动逻辑关系的首个联动触发信号后，应启动设置在该防护区内的火灾声光警报器；在接收到第二个联动触发信号后，应发出联动控制信号，控制各受控消防设备执行预定动作。在这里，由于气体灭火控制器是直接连接火灾探测器的，所以该气体灭火控制器是由火灾报警控制单元与气体灭火控制单元共同组成，并能实现单元之间相互的信号传递。在《火灾自动报警系统设计规范》GB 50116—2013的对应条文说明中，就明确地使用了“火灾报警信号”替代了条文中的“联动触发信号”，该条文说明是：火灾发生时，气体灭火控制器接收到第一个火灾报警信号后，启动防护区内的火灾声光警报器……接收到第二个火灾报警信号后，联动关闭排风机、防火阀、空气调节系统、启动防护区域开口封闭装置，并根据人员安全撤离防护区的需要，延时不大于30s后开启选择阀（组合分配系统）和启动阀，驱动瓶内的气体开启灭火剂储罐瓶头阀，灭火剂喷出实施灭火，同时启动安装在防护区门外的指示灭火剂喷放的火灾声光警报器（带有声报警的气体释放灯）……条文说明中的第一个和第二个“火灾报警信号”都是由具有火灾自动报警功能的气体灭火控制器的火灾报警控制单元向气体灭火控制单元发出的用于触发联动程序的信号，当火灾报警信号满足预先设定的联动逻辑关系后，气体灭火控制单元即按联动逻辑程序启动各相关设备。

对于不直接连接火灾探测器的气体灭火控制器，不应直接配接火灾报警触发器件，所以不能直接接收火灾报警触发器件（如火灾探测器）的火灾报警信号。在使用功能上，仅具有气体灭火控制显示功能，其联动触发信号应由火灾报警控制器生成并向消防联动控制器发出，消防联动控制器接到联动触发控制信号后，再向气体灭火控制器发出联动控制信号，使气体灭火控制器按预设的联动控制逻辑启动各受控设备，执行预定动作，并接收其反馈信号，并将信息反馈给与其连接的消防联动控制器。所以不直接连接火灾探测器的气体灭火控制器，是消防联动控制器的受控设备，应能接收来自与其连接的消防联动控制器的联动控制信号，直接或间接控制系统内外与其相连接的气体灭火设备和相关设施或器件（如系统灭火设备、声光警报器、防火阀、通风空调系统、防火门窗、喷洒声光警报器等）执行预定动作，并显示气体灭火控制器及气体灭火设备和相关设施或器件的工作状态（如启动信号、延时指示、启动喷洒控制信号、气体喷洒信号、故障信号、选择阀动作信号、瓶头阀动作信息）的信息，并将信息反馈给与其连接的消防联动控制器。

图 42-14 是不直接连接火灾探测器的气体灭火控制器应具有的气体灭火控制显示功能，图中由火灾报警控制器（联动型）发出的联动触发信号是由气体灭火控制器对这些信号进行逻辑判断后，再决定向受控对象发出联动控制信号。

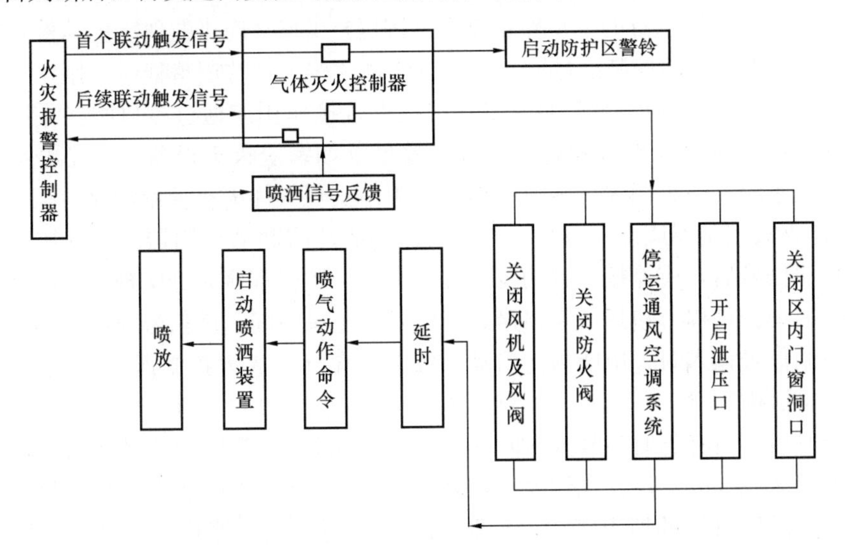

图 42-14　不直接连接火灾探测器的气体灭火控制器的控制功能

42.8　对气体灭火控制器的控制显示功能要求

但不论是直接连接火灾探测器的气体灭火控制器还是不直接连接火灾探测器的气体灭火控制器，它们对与其相连接的系统内外的气体灭火设备和相关设施或器件的控制显示功能及执行预定动作的逻辑程序都是相同的。国家标准对气体灭火控制器的功能要求如下：

（1）对电源的要求

1）气体灭火控制器的电源部分应设有主、备电源自动转换装置，当主电源断电时，应能自动转换到备用电源；当主电源恢复时，应能自动转换到主电源。

2）控制器应设主、备电源工作状态指示，应以绿色指示灯指示主、备电源工作状态。

3）控制器的主电源应采用 220V，50Hz 交流电源，在规定的电压和频率变动幅值内，气体灭火控制器应能正常工作，主电源应有过流保护措施，主电源的电源线输入端应有接线端子，并有清晰标注。

4）主、备电源转换不应使气体灭火控制器发生误动作。

5）控制器的备用电源的电池容量应能保证气体灭火控制器在正常监视状态条件下连续正常工作 8h，在启动状态条件下连续正常工作 30min。

（2）对控制及显示功能的要求

1）气体灭火控制器应具有手动和自动控制功能，应能进行手动/自动控制方式的转换，并能指示出当前的控制方式的状态；如有手动复位，控制状态不应改变，在自动控制状态下，手动控制应优先；有多个保护区域的气体灭火控制器的手动、自动控制状态设置不同时，应在气体灭火控制器上分别显示，每个保护区应设独立的工作状态指示灯，包括启动控制光指示、延时光指示、启动喷洒控制光指示、气体喷洒光指示；控制器应能对每个保护区的声、光警报器进行独立的控制，分别控制其启动和停止。

在控制器设置“紧急启动”按键时，该键应有避免人员误触及的保护措施，设置“紧急中断”按键时，按键应置于易操作部位。“紧急启动”和“紧急中断”的状态应有明显的光信号显示。控制器自身的手动停止按钮（按键）或与其连接的现场手动停止按钮（按键）动作后，如再有启动控制信号输入时，应能继续按预置的逻辑程序工作。

2）气体灭火控制器应能通过自身的输出接点直接作用或通过接口间接作用到系统内外与其相连接的气体灭火设备和相关设施或器件（如系统灭火设备、声光警报器、防火阀、通风空调系统、防火门窗、喷放光警报器等）实现气体灭火控制功能。

3）气体灭火控制器应能接收来自与自己连接的消防联动控制器的启动控制信号，当收到启动控制信号后，应能按预置的逻辑程序工作，逻辑程序是为实现系统喷洒灭火剂而预置的一系列动作过程，包括：发出声、光信号，记录时间，声信号应能手动消除，当再次有启动控制信号输入时，应能再次启动（以上均在气体灭火控制器本机）；启动声光警报器（在防护区内）。

进入延时后（当有延时喷放要求时），在延时期间应有明显的延时光指示，并显示延时时间和保护区域（以上均在气体灭火控制器本机），启动防护区内的开口封闭装置，关闭保护区域除泄压口外的所有开口，如防火门窗、防火阀，停止送（排）风机及关闭送（排）风阀等，停止通风空调系统运行。在延迟期间内应可手动停止后续动作，通过手动操作终止后续的启动进程，且该手动操作应优先。

延时结束后，应发出启动喷洒控制信号，并有启动喷洒光指示（在气体灭火控制器本机），在防护区内气体释放动作后，应记录其时间，并启动保护区域出入口处的带有声报警的气体喷洒光指示器，其声报警信号应与建筑中其他声报警信号有明显区别，在气体喷洒阶段该声光信号应一直保持；气体喷洒阶段气体灭火控制器应发出相应的气体喷洒声、光信号，并保持到复位。

有延迟启动功能的控制器，延迟时间 0～30s 连续可调，如采用分挡调节时每挡间隔应不大于 10s。延时状态应有明显的光信号显示。

4）控制器应有灭火系统启动后的灭火剂喷洒情况的反馈信号显示功能，当灭火剂输送主管上的自锁压力开关动作后，气体灭火控制器应能接收其自锁压力开关动作信号，应能向消防联动控制器发送压力开关动作信号。

5）气体灭火控制器应能向消防联动控制器发送启动控制信号、延时信号、启动喷洒控制信号、故障信号、选择阀动作信号、瓶头阀动作信息。对于气体灭火控制器控制多瓶组气体灭火设备时，应能向消防联动控制器发送选择阀和瓶头阀动作信息。

6）控制器宜有灭火剂瓶组中灭火剂泄漏报警显示功能。

7）控制器同时存在两个声信号时，气体喷洒声信号应优先于启动控制声信号及故障声信号，启动控制声信号应优先于故障声信号。

8）控制器应设置复位按键（或按钮），操作复位后，应保持或在 20s 内显示与其连接的仍保持原工作状态的受控设备的信息或控制器本身的状态信息。

9）控制器应具有历史事件记录功能，且应能至少记录 999 条相关信息，在控制盘断电后能至少保持信息 14d。

（3）对故障报警功能的要求

1）气体灭火控制器应设故障指示灯，只要存在故障，不论气体灭火控制器处于何种工作状态，该灯应保持点亮，当不直接显示故障类型或故障部位时，应能手动操作查询；并应用黄色指示灯指示故障状态。

2）气体灭火控制器在发生故障时，应在100s内发出相应的故障声、光信号，故障声信号应能手动消除，消声后，如有新的故障信号输入时，声信号应能重新启动，故障光信号应保持至故障排除。

3）气体灭火控制器的故障信号在故障排除后，可以自动恢复，也可以手动复位恢复。操作复位后，如仍然存在有尚未排除的故障，气体灭火控制器应在100s内重新显示尚存在的故障。

（4）对自检功能的要求：气体灭火控制器应有能检查本机的自检功能，应能通过手动操作检查其面板所有指示灯和音响器件、显示器的功能，检查时面板所有指示灯及显示器应点亮，音响器件应发出报警声或故障声。

《气体灭火系统设计规范》GB 50370—2005 规定：

"应选用灵敏度级别高的火灾探测器，感温探测器的灵敏度应为一级；感烟探测器等其他类型的火灾探测器，应根据防护区内的火灾燃烧状况，结合具体产品的特性，选择响应时间最短、最灵敏的火灾探测器。做到及早地探明火灾，及早地灭火。"

关于感温火灾探测器的灵敏度应为一级的问题，这是指按原标准《点型感温火灾探测器技术要求及试验方法》GB 4716—1993 的分级要求提出的，感温火灾探测器的一级灵敏度是指62℃的感温火灾探测器，它在升温速率不大于1℃/min的条件下，动作温度不应小于54℃，也不应大于62℃，而且动作时间应在规定的上下限之间。原标准的感温火灾探测器一级灵敏度对应于现行国家标准《点型感温火灾探测器》GB 4716—2005 中的A1级感温火灾探测器，其探测器的典型应用温度为25℃、最高应用温度为50℃、动作温度的下限值为54℃、动作温度的上限值为65℃。

43 气体灭火系统现场检查与试验要求

气体灭火系统是以气体作为灭火介质，能在规定的时间内，在整个防护区或保护对象周围的局部区域建立起规定的灭火浓度，并保持到规定的淹没时间，实现灭火的自动灭火装置。适用于扑救电气火灾、固体表面火灾、液体火灾以及灭火前能切断气源的气体火灾。一般由灭火剂瓶组、驱动气体瓶组、单向阀、选择阀、减压装置、驱动装置、集流管、连接管、喷嘴、信号反馈装置、安全泄放装置、气体灭火控制盘、检漏装置、低泄高封阀、管路及管件等组件构成。

43.1 气体灭火系统各类装置设备进行外观检查的要求

（1）对系统的全部组件进行外观检查，系统组件应无碰撞变形及其他机械损伤、表面无锈蚀、保护涂层应完好、铭牌和标志牌应清晰完整、手动操作装置的防护罩、铅封或安全标志应完整清晰；驱动气瓶和选择阀的机械应急手动操作处的标明对应防护区或保护对象名称的永久标志应完整清晰；驱动气瓶的机械应急操作装置的安全销和铅封应完好，现场手动启动按钮应有防护罩，不得有其他物件阻挡妨碍其正常操作；高压软管应无变形、裂纹和老化现象；各喷嘴处在规定范围内不得有阻碍气体释放扩散的障碍物；各喷嘴孔口应无堵塞。

（2）应对储存容器间进行检查，储存装置的位置应无变动、通道应畅通、容器间应保持干燥和良好通风、温度符合规定；储存容器间的门应向疏散方向开启，应急照明装置应符合要求，地下储存容器间的机械排风装置应处于正常工作状态，并符合设计要求，储存容器间内的设备、灭火剂输送管道和支、吊架应固定牢靠，应无松动。

逐个观察记录储存容器上的工作压力表指针示值或储存装置的称重检漏装置所指示的泄漏量均应在正常范围内。

高压二氧化碳灭火系统、七氟丙烷管网灭火系统及IG-541灭火系统等系统的灭火剂和驱动气体储存容器内的压力，不得小于设计储存压力的90％；对高压二氧化碳储存容器逐个进行称重检查，高压二氧化碳灭火系统的泄漏反映为失重，可称重检查，灭火剂净重不得小于设计储存量的90％；对低压二氧化碳灭火系统的泄漏反映为液位下降，可检查液位，其液位应符合规定；对IG-541等惰性气体灭火系统泄漏反映为压力下降，可用压力计检查，其压力示值不得小于设计储存压力的90%；七氟丙烷等卤代烷灭火系统泄漏反映为压力下降和失重，可用压力计检查或称重检查。对灭火剂和驱动气体储存容器上的工作压力表指针示值或储存装置的称重检漏装置所指示的泄漏量超出正常范围的储存容器，应及时更换。

对预制气溶胶灭火装置应进行有效期检验。

检查气体灭火控制器电源供应正常，设备应处于自动工作状态、其盘面显示的工作状态应正常，气体灭火控制器应有操作级别限制。

（3）应对防护区进行检查，应注意防护区的划分、用途、位置、开口、通风、几何尺寸及可燃物的种类，数量及分布情况等均不应改变；防护区的门应向疏散方向开启，并能自行关闭。

防护区的疏散通道应畅通、应急照明和疏散指示标志应完好，并处于正常工作状态；防护区内的声光报警装置和入口处的气体喷放指示灯和声警报器应完好；防护区入口处的安全标志应完好；无窗或设固定窗扇的地上防护区和地下防护区的排气装置应能正常工作；门窗设有密封条的防护区的泄压装置应保持正常状态；按规定应配置专用的空气呼吸器或氧气呼吸器的气体灭火场所，应检查核实其数量。

预制灭火系统的设备状态和运行状况应正常。

43.2 气体灭火系统各类装置设备功能检查的要求

手动检查气体灭火控制器音响器件应发出声响、面板所有指示灯和显示器均应点亮并正常显示；

对气体灭火控制器其盘面显示故障报警的，应能手动查询其故障部位及类型，及时处理，使气体灭火控制盘保持正常工作状态；

检查气体灭火控制器应有的操作级别限制功能，例如手动操作必须是有权限的操作人员需要采用钥匙或密码才能进入操作。

43.3　气体灭火系统各类装置设备的功能试验

应按规范的规定，对每个防护区进行1次模拟启动试验和进行1次模拟喷气试验；对设置备用量的系统，还应进行主用量灭火剂储存容器切换为备用量灭火剂储存容器的模拟切换操作试验；气体灭火控制器主电源与备用电源转换功能试验。

气体灭火系统的“模拟”试验，有模拟启动试验和模拟喷气试验、模拟故障报警试验。这些试验是对真实事件及过程的虚拟，但试验要表现出系统在模拟条件下的试验过程中，完成规定动作的能力和系统的可靠性。

以不直接连接火灾探测器的气体灭火控制器为例来介绍气体灭火系统各类装置设备的功能试验要求。

（1）气体灭火控制器主电源与备用电源自动转换功能试验

当断开主电源时，能自动转换到备用电源；当主电源恢复时，能自动转换到主电源；主备电源的工作状态指示应正常；主备电源的转换不应使气体灭火控制器误动作。

（2）对每个防护区进行模拟启动试验

试验前将被试防护区对应的启动钢瓶的电磁启动器从容器阀上拆下来，并将启动信号线拆开，将启动输出端与负载（如与输出适应的灯泡）连接，也可以和万用表连接，并将万用表调节至直流电压挡；对于采用电磁启动器的选择阀，也应将与启动钢瓶对应的选择阀的启动输出端做同样处理。试验时当气体灭火控制器的启动控制信号输出后，负载端的灯泡应点亮或万用表的直流电压示值应正常，表示启动控制信号输出已模拟地作用于上述容器阀及选择阀的电磁启动器。

对于采用气动启动器的容器阀及选择阀，模拟启动试验只能做到启动器以前的设备，试验时应断开驱动器前的气动管路，接上与相适应的压力表来检查驱动气体压力及其工作情况。

1）气体灭火控制器的手动控制模拟启动试验

将气体灭火控制器设定在自动工作方式，以便在自动工作方式下检测手动工作方式优先的启动功能，这时，自动工作状态的绿色指示灯应点亮；按下对应于被试防护区的手动启动按钮，应能向被试防护区的启动钢瓶及选择阀的电磁启动器输出启动控制信号，试验时应检查以下项目：

① 气体灭火控制器手动启动按钮的启动控制指示灯应点亮，表达手动启动按钮的动作有效。

② 气体灭火控制器应发出声光报警信号、显示防护区的名称，记录时间、声信号应能手动消除。

③ 应能自动启动被试防护区的声光警报器。

④ 应能自动关闭被试防护区的送、排风机及送、排风阀门。

⑤ 应能自动停止被试防护区的通风与空调系统，关闭设置在该防护区域的电动防火阀。

⑥ 应能联动控制被试防护区的开口封闭装置的启动，包括关闭防护区域的门窗等开口。

⑦ 应能自动发出启动喷洒的控制信号，气体灭火控制器的启动喷洒控制光指示灯应

点亮。

⑧ 钢瓶间的启动控制信号输出的负载端的灯泡应点亮或万用表的直流电压示值应正常，表示气体灭火控制器发出的启动喷洒的控制信号已模拟地作用于各电磁启动器，并记录时间。

⑨ 对于采用电磁启动器的选择阀，尚应检查选择阀应在容器阀开启之前或同时打开。

⑩ 平时有人工作的防护区应设置延时喷射，检查从气体灭火控制器发出声光报警信号的时间与启动喷洒控制信号的时间，确认系统的延迟时间与设定时间应相符；气体灭火控制盘上延时光指示灯在延时期间应点亮；并显示延时时间和被试防护区的名称；延时结束后应发出启动喷洒控制信号。

⑪ 人工操作使被试防护区的压力信号反馈装置动作，观察被试防护区门外的指示灭火剂喷放的火灾声光警报器（即带有声报警的气体释放灯）应动作，气体释放灯应点亮，气体灭火控制器应能接收到压力信号反馈装置的动作信号。

⑫ 检查消防联动控制器和气体灭火控制器的信息显示是否一致。

⑬ 试验完成后，应将系统恢复至正常工作状态。

⑭ 对于采用气动驱动的选择阀和容器阀应检查试验接上的压力表的驱动气体压力应符合要求，选择阀应在容器阀开启之前或同时打开。

2）气体灭火控制器的模拟自动启动试验

将气体灭火控制器设定在自动工作方式，此时自动工作状态的绿色指示灯应点亮；以人工模拟火灾的方式使火灾探测器动作，检测气体灭火系统在首个火灾报警信号输出后及后续火灾报警信号输出后，气体灭火系统的相关动作信号及联动设备动作是否正常，以检测气体灭火系统的自动启动控制功能和设备的工作可靠性；

应按设计要求，针对被试防护区的火灾探测器的类型，采用相应的检测装置使被试防护区的任一个火灾探测器响应，气体灭火控制器应能接收到消防联动控制器发出的首个联动触发信号，气体灭火控制器应发出声光报警信号、记录时间、显示被试防护区的名称，声信号应能手动消除；并启动被试防护区的声光警报器；

再以人工模拟火灾的方式，使被试防护区的另一火灾报警触发装置动作，气体灭火控制器应能接收到消防联动控制器发出的启动控制信号，并按预设逻辑执行一系列联动动作，控制被试防护区的相关设施设备动作，使防护区形成封闭空间，延时结束后，气体灭火控制器应发出启动喷洒控制信号，并有启动喷洒光指示（在气体灭火控制器本机）；气体灭火装置启动后，启动装置应可靠动作，负载端的灯泡应点亮或万用表的直流电压示值应正常，表示启动控制信号输出已模拟地作用于上述容器阀及选择阀的电磁启动器。

其他设备的联动控制和显示要求与气体灭火控制器的手动控制模拟启动试验相同。

试验完成后，应将系统恢复至正常工作状态。

3）气体灭火控制器的模拟故障报警功能试验

气体灭火控制器处于正常工作状态下，人为地使气体灭火控制器发生故障，如将气体灭火控制器与任一电磁启动器件、现场启动与停止按键（或按钮）的连线断开（或短路以及影响功能的接地）；或将气体灭火控制器与任一被试防护区的声光警报器之间的连线断开（或短路以及影响功能的接地）等故障时，气体灭火控制器应在规定的时间内发出与火灾报警信号有明显区别的故障声、光报警信号，声信号应能手动消除，再有故障信号输入时，应能再次启动；光信号应保持至故障排除，并应指示出故障部位。

当气体灭火控制器故障排除后，可以自动恢复，也可以通过手动复位恢复；若有尚未排除的故障存在，手动复位后气体灭火控制器应在规定时间内显示仍存在的故障信息。如将电磁启动器件、现场启动与停止按键（或按钮）与气体灭火控制器的连线重新恢复连接后，或将气体灭火控制器与被试防护区的声光警报器之间的连线重新恢复连接后，气体灭火控制器的故障声光报警信号应消除或通过手动复位。

使气体灭火控制器处于自动工作方式下人为地将给备用电源充电的充电器与备用电源之间的连接线断开，气体灭火控制器应在规定的时间内发出与火灾报警信号有明显区别的故障声光报警信号，声信号应能手动消除，光信号应保持至故障排除，并应指示出故障类型；当将充电器与备用电源间的连接线重新恢复连接后，气体灭火控制盘的故障声光报警信号应消除，或通过手动复位；气体灭火控制器的故障光报警信号不应影响气体灭火控制器的其他信号的显示。

试验完成后，应将系统恢复至正常工作状态。

（3）防护区进行模拟喷气试验

至少抽查一个防护区进行模拟喷气试验，通过系统在控制信号作用下，系统动作喷气来检查系统动作的可靠性。

1）模拟喷气试验的条件规定：

模拟喷气试验宜采用自动启动方式。

IG 541 混合气体灭火系统及高压二氧化碳灭火系统应采用其充装的灭火剂进行模拟喷气试验。试验采用的储存容器数应为选定试验的防护区或保护对象设计用量所需容器总数的 5%，且不得少于 1 个。

低压二氧化碳灭火系统应采用二氧化碳灭火剂进行模拟喷气试验，试验应选定输送管道最长的防护区或保护对象进行，喷放量不应小于设计用量的 10%。

卤代烷灭火系统模拟喷气试验宜采用氮气，也可采用压缩空气。氮气或压缩空气储存容器与被试验的防护区或保护对象用的灭火剂储存容器的结构、型号、规格均应相同，连接与控制方式应一致，氮气或压缩空气的充装压力按设计要求执行。氮气或压缩空气储存容器数不应少于灭火剂储存容器数的 20%，且不得少于 1 个。

为了便于观察判断每个喷头的喷气情况，应在被试防护区的每个喷头的喷口粘贴或系扎有色飘带条。

试验前应按喷气试验方案的规定，应做到控制信号应能自动启动参与模拟喷气试验的启动装置，并使参与模拟喷气试验的选择阀及储存容器的容器阀可靠开放，被试气体应能从试验用的储存容器中同时释放，并能从被试防护区内的每一个喷头喷出。

2）检查火灾报警系统及消防联动控制器、气体灭火控制器均应处于正常工作状态，将火灾报警控制器、消防联动控制器及气体灭火控制器设定在自动工作方式，以人工模拟火灾的方式使火灾探测器动作，检查气体灭火系统在首个火灾报警信号输出后及后续火灾报警信号输出后，气体灭火设备的一系列动作和信号显示应符合下列要求：

① 检查延迟时间与设定时间是否相符；

② 检查气体灭火控制器及防护区的声、光报警信号响应是否及时；

③ 检查参与模拟喷气试验的选择阀及储存容器的容器阀是否可靠开启，检查选择阀

应在容器阀开启之前或同时打开；

④ 检查信号反馈装置动作后，气体防护区门外的气体喷放指示灯及声警报器应工作正常；

⑤ 检查储存容器间内参与模拟喷气试验的设备和对应防护区或保护对象的灭火剂输送管道有无明显晃动和机械性损坏；

⑥ 检查试验气体能喷入被试防护区内或保护对象上，且应能从每个喷嘴喷出。

⑦ 检查气体灭火控制器上对应于被试防护区的工作状态指示灯，如启动控制信号指示灯、延时信号指示灯、启动喷洒控制信号指示灯、气体喷洒信号指示灯是否能正常点亮，并能将上述信号及选择阀动作信号、容器阀动作信号适时发送给消防联动控制器。气体灭火控制器的信息显示应与消防联动控制器一致。

3）当防护区需要不间断保护或气体喷放后在72h内无法恢复系统正常工作的气体灭火系统，需要设置备用瓶组，即在一条集流管上连接有两组等量的灭火剂瓶组（主用瓶组和备用瓶组），故两组瓶组的驱动瓶的电磁启动器之间在电气控制上应是联锁的。为检测电气控制联锁的可靠性，应进行主备用量灭火剂储存容器之间使用状态的联锁切换试验。

应按使用说明书的操作方法，将系统的使用状态从主用量灭火剂储存容器切换为备用量灭火剂储存容器的使用状态进行试验；可以用手动操作方式通过电气转换开关将气体灭火控制器的信号线路从主用瓶组的启动装置切换至备用瓶组的启动装置上，实现主备用瓶组的联锁切换。切换完成后，还应按上述模拟喷气试验方法对备用瓶组进行模拟喷气试验，试验结果要求同前。

试验完成后，应将系统恢复至正常工作状态。

44 机械防排烟系统联动控制技术要求解读

机械防烟系统和机械排烟系统的联动控制，是按规定的逻辑顺序依次启动的。

机械防烟系统和机械排烟系统是火灾初期应投入工作的消防设备，这时着火房间还处于点火源状态，为了人员安全疏散的需要，在着火的防烟分区内实施排烟和补风，在着火的防火分区的竖向疏散通道内建立正压的防烟，这样的“一排一送”，使水平疏散通道上形成有利于人员安全疏散的气流组织，疏散人群总是迎着新风奔向楼梯间，避开了火灾烟气的威胁。在着火的防烟分区内实施补风的目的，是因为在密闭空间内实施排烟时，必须向该空间补风，否则无法排烟，补入新风才能置换烟气，既有利于排烟，也有利于稀释有害气体浓度，只要补入风量与排烟量之间保持一定量差，着火房间就能保持微负压，就能控制高温烟气向疏散通道区域蔓延。补风方式有自然补风（开着的门窗等）和机械补风（机械补风系统），所以机械防烟系统和机械排烟系统的联动控制方式必须满足这一要求。

机械防烟系统和机械排烟系统的消防联动控制对象仅限于联动启动局部区域或范围内的防排烟设备。如在火灾时只能在着火的防烟分区实施排烟，而机械防烟系统也只启动着火防火分区内所有楼梯间的加压送风机，并开启该防火分区内、着火层及相邻上、下层的前室及合用前室的常闭加压送风口及其加压送风机，这是为着火防火分区及局部楼层的疏散通道创造疏散需要的安全环境，是保证着火防火分区内人员安全疏散必需的条件。

44.1 机械排烟系统联动控制技术要求解读

我国规范规定机械排烟系统的联动控制应当在火灾确认后，消防联动控制器在接到火灾自动报警控制器发出的联动触发信号，根据火灾报警地址信息，向系统内着火的防烟分区的常闭式排烟口（排烟阀）发出联动控制信号，应在15s内联动开启相应防烟分区的全部排烟阀、排烟口、排烟风机和补风设施，并应在30s内自动关闭与排烟无关的通风、空调系统。对于担负两个及以上防烟分区的机械排烟系统，应以“只在着火的防烟分区排烟”为原则，在控制方式上应以控制常闭式排烟口（排烟阀）为中心实施控制，即当系统中任一常闭式排烟口（排烟阀）开启后，其开启信号应与排烟风机联动，并应联动系统中着火防烟分区内的全部常闭式排烟口（排烟阀）开启，其他防烟分区内的常闭式排烟口（排烟阀）均应保持关闭状态，设有补风设施时，其开启信号还应联动开启相关的补风设施。

按照这一联动要求，机械排烟系统应设常闭式排烟口（排烟阀），每个常闭式排烟口（排烟阀）应同时具有火灾自动报警系统自动开启、消防中心手动开启、现场手动开启的功能。其中火灾自动报警系统自动开启和消防中心手动开启功能均应通过消防联动控制柜实现；而现场手动开启功能应通过每个常闭式的排烟口（排烟阀）设置的便于手动操作的机构来实现，应当注意，这是现场安装的便于操作的开启装置，而不是设备的手动复位操作柄。

排烟风机、补风机应具有以下四种控制方式：

（1）风机的现场手动启动和停运，应在现场设置的风机电气控制柜上手动操作完成。排烟风机、补风机的动作信号均应在风机电气控制柜上显示，并将排烟风机、补风机的工作状态信号反馈给消防联动控制柜；

（2）消防控制室手动启动和停运风机，应在消防中心设置的消防联动控制柜上手动操作，并通过风机电气控制柜实现对排烟风机、补风机的操作控制，排烟风机、补风机的工作状态信号应由风机电气控制柜反馈给消防联动控制柜，其中排烟风机还应在消防控制室设置点对点的手动直接控制方式；

（3）火灾自动报警系统自动方式启动风机，是由火灾自动报警控制柜向消防联动控制柜发出的联动触发信号，消防联动控制柜根据接收到的火灾报警信息决定向排烟系统内着火的防烟分区的常闭式排烟口（排烟阀）发出联动控制信号，打开该常闭式排烟口（排烟阀），并应在15s内联动开启着火防烟分区的全部排烟阀、排烟口、排烟风机和补风设施，并应在30s内自动关闭与排烟无关的通风、空调系统；

（4）系统中任一排烟阀或排烟口开启时，排烟风机、补风机自动启动。不论是现场手动启动系统中任一排烟阀或排烟口开启，或火灾自动报警系统自动方式启动任一排烟阀或排烟口开启时应能联动排烟风机、补风机自动启动。

排烟风机、补风机的工作状态信号应由风机电气控制柜反馈给消防联动控制柜。

排烟风机应能接受系统中任一常闭式排烟口（排烟阀）的开启动作信号联动启动，且任一常闭式排烟口（排烟阀）的开启动作信号应能联动开启着火防烟分区的全部排烟阀、排烟口、排烟风机和补风设施，是机械排烟系统联动控制的特定方式。

当排烟风机入口处的排烟防火阀在 280℃ 自行关闭时，应联锁关闭排烟风机和补风机。

应能在消防联动控制柜上手动控制系统中常闭式排烟口的开启，常闭式排烟口、常开式排烟防火阀的动作信号均应在联动控制柜上显示。

为了说明机械排烟系统的联动控制方式和程序，以图 44-1 专用机械排烟系统为例，来描述机械排烟系统在火灾时的联动控制过程和要求。

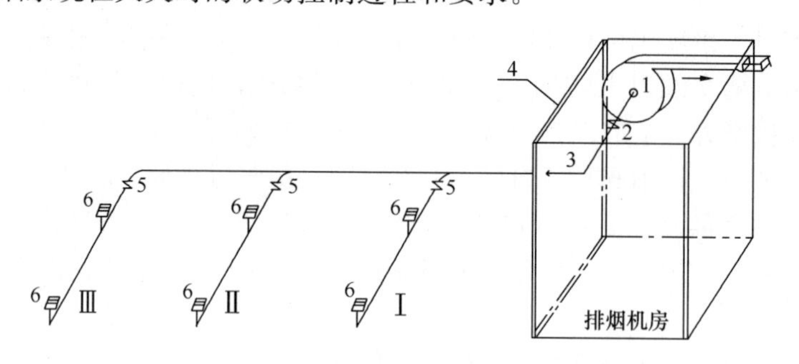

图 44-1　专用机械排烟系统示意图

1—排烟风机；2—排烟防火阀（280℃）；3—排烟管穿过机房隔墙；
4—专用排烟机房；5—常开式排烟防火阀；6—常闭式带阀排烟口

该系统是为编号Ⅰ区、Ⅱ区、Ⅲ区三个防烟分区服务的，系统共有三条排烟支管，每条排烟支管上设有 2 个（或多个）常闭式带阀排烟口（编号 6），共同为一个防烟分区服务，该排烟口平时保持关闭状态，排烟口均具有火灾自动报警系统自动开启、消防中心手动开启、现场手动开启的功能。每条支管上还有 1 个常开式排烟防火阀（编号 5），在排烟总管进入排烟风机入口处，还设有 1 个常开式排烟防火阀（编号 2），它具有在 280℃时自动关闭的功能，该阀关闭时应联锁停运排烟风机（编号 1）。

常闭式带阀排烟口（编号 6）、常开式排烟防火阀（编号 2、编号 5）动作后均由人工复位。

火灾确认后，联动控制柜向着火防烟分区的常闭式带阀排烟口（编号 6）发出开启的电信号指令，由常闭式排烟口的执行机构将排烟口打开，并联锁排烟风机启动和补风机启动，并要求联动控制柜应在 15s 内联动完成对该防烟分区内的全部排烟口的开启控制和启动排烟风机和补风机；还要求在 30s 内自动关闭与排烟无关的通风、空调系统。常闭式排烟口的开启信号应反馈回联动控制柜、排烟风机启动运行信号应在排烟风机电气控制柜上显示、补风机启动运行信号应在补风机电气控制柜显示，电气控制柜再将它们的状态信号反馈回联动控制柜。机械排烟系统上其他防烟分区内的全部常闭式排烟口仍应保持关闭状态。

当消防中心手动或现场手动开启着火防烟分区的任一个常闭式排烟口时，该排烟口的开启信号应联锁启动该排烟口所在系统的排烟风机和相应的补风机的运行，同时应联动开启该防烟分区内的全部常闭式排烟口打开，其他联动要求同前。

当排烟风机入口处设置的常开式排烟防火阀，在烟气温度达到 280℃ 自动关闭时，其关闭信号应联锁停运排烟风机和补风机，该常开式排烟防火阀的关闭信号应反馈回联动控制柜，排烟风机停止运行信号应在排烟风机电气控制柜显示，并应反馈回联动控制柜。

图 44-2 是专用机械排烟系统管道上设置排烟防火阀示意图，由于是专用机械排烟系统，系统内每个防烟分区管道上设置的都是常闭式排烟口，火灾时受控打开，所以系统内每个排烟防火阀都是常开式的，它们都具有在 280℃时自动关闭的功能，但只有排烟风机入口处设置的常开式排烟防火阀才具有关闭信号应联锁停运排烟风机和补风机。

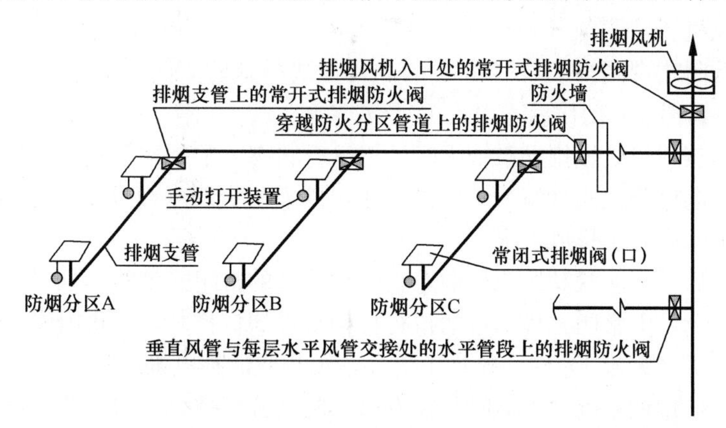

图 44-2　专用机械排烟系统管道上设置排烟防火阀示意图

为了节约投资，并使消防设备处于常用状态，有利于消防设备的维护保养，常将机械排风系统与机械排烟系统兼用，形成机械排风与机械排烟兼用的系统，其联动控制方式必须要满足机械排烟系统的联动要求。图 44-3 是地下汽车库排风与排烟兼用的机械排烟系统。

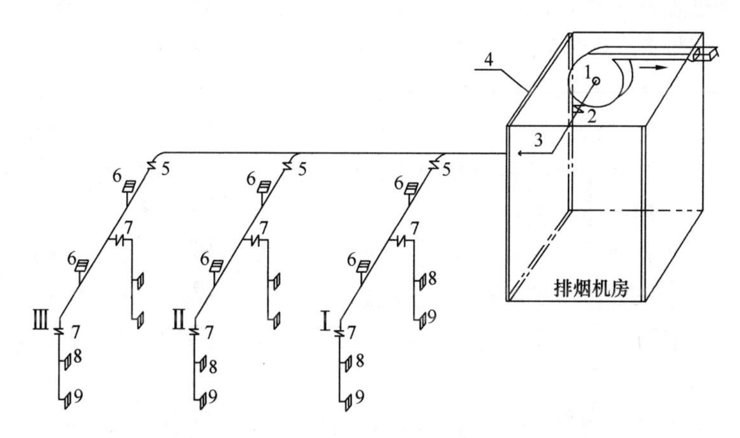

图 44-3　机械排风与排烟兼用系统示意图

1—排烟风机；2—排烟防火阀（280℃）；3—排烟管穿过机房隔墙；
4—专用排烟机房；5—常开式排烟防火阀；6—常闭式带阀排烟口；
7—电控防火阀；8、9—上下常开排风口

图 44-3 所示排风与排烟兼用的排烟系统是为地下停车库编号Ⅰ区、Ⅱ区、Ⅲ区三个防烟分区的排风与排烟服务的，系统共有 3 条排烟支管，每条排烟支管上有 2 个（或多个）常闭式带阀排烟口（编号 6），共同为一个防烟分区服务，该排烟口平时保持关闭状

态，常闭式排烟口均具有火灾自动报警系统自动开启、消防中心手动开启、现场手动开启的控制功能。每条排烟支管上还有2条排风立管，每一条排风立管设一个常开电控防火阀（编号7），该阀平时常开，火灾时由联动控制柜电信号控制关闭，使排风立管与排烟支管隔断，排风立管上还有上下两个常开排风口。每条排烟支管上还有1个常开式排烟防火阀（编号5），应具有电信号控制关闭的功能。在排烟总管进入排烟风机入口处，还设有1个常开式排烟防火阀（编号2），它具有在280℃时自动关闭的功能，该阀关闭时应联锁停运排烟风机和补风机。

系统上的常闭式带阀排烟口（编号6）、常开式排烟防火阀（编号2、编号5）、常开式电控防火阀（编号7）动作后均由人工复位。

排风与排烟兼用的机械排烟系统平时处于运行状态，常闭式带阀排烟口（编号6）应保持关闭，常开电控防火阀（编号7）和常开式排烟防火阀（编号2、编号5）平时均常开，排烟风机平时应处于排风工况。

当火灾确认后，消防联动控制柜向着火防烟分区的常闭式带阀排烟口（编号6）发出开启的电信号指令，由常闭式排烟口的执行机构将排烟口打开，并联锁该常闭式排烟口所在系统的排烟风机（编号1）转入排烟工况，联锁相应的补风机启动；

为了实现机械排烟系统“火灾时只在着火的防烟分区排烟”的要求，排风与排烟兼用的机械排烟系统的联动控制柜，还应同时执行以下动作：

（1）关闭着火防烟分区的两条排烟支管上的2个常开式电控防火阀（编号7）；

（2）关闭系统内其他排烟支管上的常开式排烟防火阀（编号5）；

（3）关闭排烟区域内与排烟无关的通风、空调系统。

并要求联动控制系统应在15s内联动着火防烟分区的全部常闭式排烟口（阀）打开、联动启动排烟风机和补风机，同时将其他防烟分区的常开式电控防火阀（编号7）、常开式排烟防火阀（编号5）动作关闭；要求在30s内自动关闭与排烟无关的通风、空调系统。

常闭式排烟口（阀）开启信号应反馈回联动控制柜、排烟风机排烟工况运行信号应在排烟风机电气控制柜上显示、补风机启动运行信号应在补风机电气控制柜上显示，电气控制柜再将它们的状态信号反馈回联动控制柜，机械排烟系统上凡是受控动作的阀件的工作状态信息均应反馈回联动控制柜。

当消防中心手动或现场手动开启着火防烟分区的某一个常闭式带阀排烟口（编号6）时，该排烟口的动作信号应联锁排烟风机（编号1）转入排烟工况，联锁补风机启动；同时应联锁开启该防烟分区内的全部常闭式排烟口，此后联动控制柜还应同时执行的动作和时限要求同前所述。

常开式排烟防火阀（编号5）、常闭式排烟口（编号7）、常开式电控防火阀（编号7）的工作状态信号均应在联动控制柜上显示。

当排烟风机入口处的常开式排烟防火阀（编号2），在烟气温度达到280℃自动关闭时，其关闭信号应联锁停运排烟风机和补风机，排烟风机和补风机的停运信号应在风机电气控制柜上显示，风机电气控制柜再将它们的状态信号反馈回联动控制柜。

机械排烟系统联动控制的基本要求是：系统中任一常闭式排烟口（排烟阀）打开时，应能联动排烟风机和补风系统的补风机运行，并联动同一个防烟分区内所有常闭式排烟口（排烟阀）都打开，而且当排烟风机入口处的排烟防火阀在280℃自行关闭时，应联锁关闭排烟风机和补风机。常闭式排烟口（排烟阀）必须具备火灾自动报警系统自动和消防中心手动开启、现场手动开启的功能。

44.2　机械排烟系统设计应注意的问题

排烟系统与通风、空气调节系统合用的技术要求要点：

排烟系统与通风、空气调节系统应分开设置；当确有困难时可以合用，但应符合排烟系统的要求，如图 44-4 机械排风与排烟兼用系统阀件设置示意图所示，有 3 个要点：

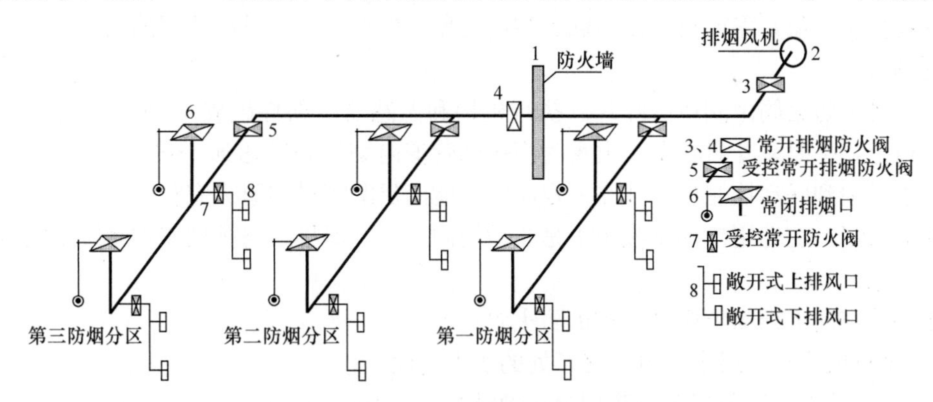

图 44-4　机械排风与排烟兼用系统阀件设置示意图

（1）合用系统必须具有“在火灾时只在着火的防烟分区排烟”的功能，而且合用系统上其他防烟分区的管道应关闭；例如第一防烟分区发生火灾时，电信号应打开第一防烟分区支管上编号 6 的全部常闭式带阀排烟口、电信号应关闭第一防烟分区支管上接出的排风支管上全部编号 7 的全部常开式防火阀、第一防烟分区支管上编号 5 的常开式排烟防火阀应保持开启、电信号应关闭第二及第三防烟分区支管上的编号 5 的常开式排烟防火阀、排烟主管上的编号 3 及编号 4 的常开式排烟防火阀仍应保持开启。保证火灾时合用系统只在着火的防烟分区排烟的功能。

（2）合用系统平时按排风工况运行，在火灾时应自动转换为排烟工况运行，其风机的排烟量应满足系统排烟量的要求，由于排风风口多为常开式风口，因控制需要，系统中会增加许多自动控制的风阀，不仅增大了漏风量，也会增大风阀控制的复杂性。因此，风管系统的漏风量应考虑在风机的排烟量之中，在控制上还应满足当排烟口打开时，每个合用系统的管道上需要联动关闭的通风和空气调节系统的控制阀门不应超过 10 个，而且这些阀门的工作状态信号宜在联动控制柜上显示。

（3）合用系统应按排烟系统的防火要求设计，系统的设备包括风口、阀门、风道、风机的设计安装和风管的保温材料采用，都应符合排烟系统防火要求。

（4）合用系统中编号 7 的常开式防火阀虽然具有 70℃ 自动关闭功能，但当烟气沉降到防火阀的部位时它才能感温关闭，在这之前它一直开启，大大降低了系统排烟效率，所以该编号 7 的常开式防火阀还必须具有电信号关闭功能。

44.3　防火阀、排烟防火阀、排烟阀的概念

按《建筑通风和排烟系统用防火阀门》GB 15930—2007 对防火阀、排烟防火阀、排

烟阀都有明确的术语定义和性能规定，要求防火阀应在耐火试验开始后1min内阀的温控器应能动作关闭，排烟防火阀应在耐火试验开始后3min内阀的温控器应能动作关闭，所以防火阀、排烟防火阀均具有温控关闭功能的。

（1）防火阀由阀体、叶片、执行机构和温感器等部件组成，安装在通风、空气调节系统的送、回风管道上或排烟与排风兼用的排风支管上，平时呈开启状态，火灾时当管道内烟气温度达到70℃时关闭，其关阀信号要求反馈到联动控制柜，并在一定时间内能满足漏烟量和耐火完整性要求，起隔烟阻火作用的阀门。防火阀在通风、空气调节系统中一般不是联动控制对象，需要时可以是联动控制对象，但在排烟与排风兼用的系统中，则应是联动控制对象。

（2）排烟防火阀由阀体、叶片、执行机构和温感器等部件组成，安装在机械排烟系统的管道上，平时呈开启状态，火灾时当排烟管道内烟气温度达到280℃时关闭，其关阀信号要求反馈到联动控制柜，并在一定时间内能满足漏烟量和耐火完整性要求，起隔烟阻火作用的阀门，在专用排烟系统中不是联动控制对象，但排风与排烟兼用系统中则应是联动控制对象。

排烟管道的下列部位应设置排烟防火阀：

1）垂直风管与每层水平风管交接处的水平管段上；

2）一个排烟系统负担多个防烟分区的排烟支管上；

3）排烟风机入口处；

4）穿越防火分区处。

（3）排烟阀由阀体、叶片、执行机构等部件组成。安装在机械排烟系统各支管烟气吸入口端部处，平时呈关闭状态，并满足漏风量要求，火灾或需要排烟时手动和电信号打开，起排烟作用的阀门。带有装饰口或进行过装饰处理的阀门称为排烟口，是联动控制对象。

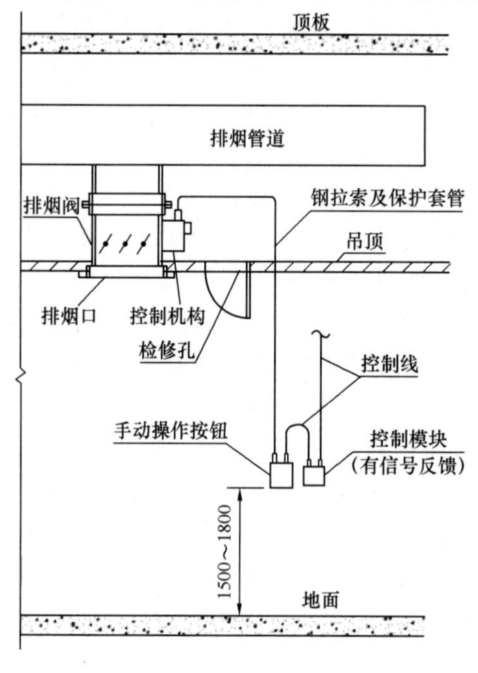

图44-5　常闭式排烟口（排烟阀）必须具备的控制功能示意图

常闭式排烟阀（口）都是联动控制对象，必须具备以下的控制功能：

1）应具有火灾自动报警系统自动开启；

2）消防控制室手动开启；

3）现场手动开启。

同时要求：任一常闭式排烟阀的开启信号应与所在系统的排烟风机联动；任一常闭式排烟阀的开启信号应能联动同一系统同一防烟分区内全部排烟阀开启。

常闭式排烟口（排烟阀）必须具备自动控制和现场手动开启的功能，而且在现场能方便地手动开启。图44-5是常闭式排烟口（排烟阀）必须具备的控制功能示意图，它表达了安装在吊顶下的常闭式排烟口应当设置在现场能方便地手动开启的装置，该装置的控制机构能通过一个单输入/单输出模块接受消防联动控制信号自动开启，且能通过一个手动操作按钮由钢拉索手动开启常闭式排烟口。需要知道，只有手动操作按钮及钢拉索机构才是规范要求的现场能方便地手动开启装置。不可把常闭式排烟口（排烟阀）的复位手柄误为手动开启装置。

机械排烟系统应避免错误的设计，图 44-6 是错误的机械排烟系统设计示意图。

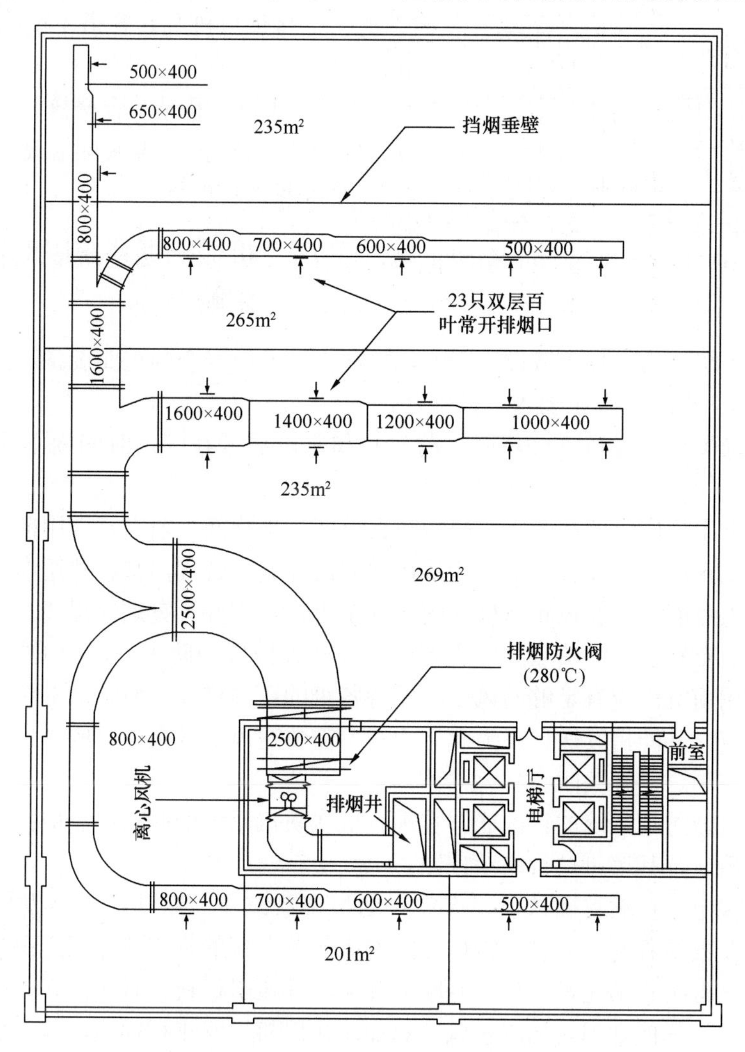

图 44-6　错误的机械排烟系统设计示意图

图 44-6 是某自行车库的机械排烟系统图，该设计有以下错误：

① 该自行车库的排烟面积为 $1239m^2$，可划分为三个防烟分区，按最大防烟分区面积计算的系统排烟量不应小于 $60480m^3/h$，而设计排烟量为 $56031m^3/h$；

② 该系统采用了 23 只双层百叶常开排烟口，而且各排烟支管上没有设排烟防火阀，因此系统不能按规范要求实现“只在着火的那个防烟分区实施排烟”的要求，而是在全库排烟，这样排烟风机 $56031m^3/h$ 风量分摊在 $1239m^2$ 地面上，每平方米面积的排烟量仅为 $45.22m^3/h$，仅是规定值的 37.69%；

③ 该系统由于是常开百叶风口，不能满足规范要求的“排烟口平时关闭。并应设有

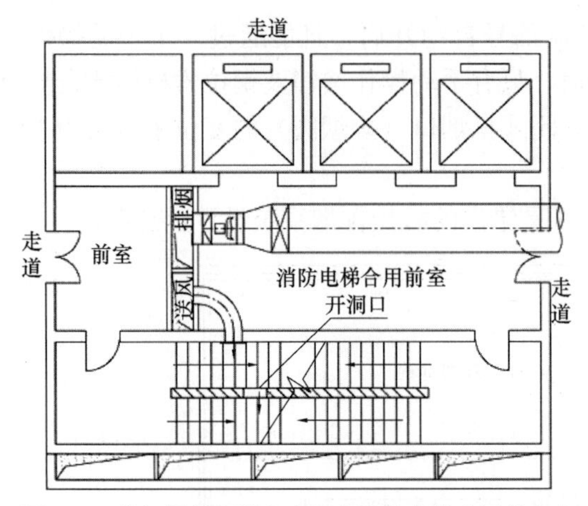

图 44-7　将机械排烟设备布置在消防电梯合用前室内

手动和自动开启装置”，当人们发现火灾时无法手动开启排烟口，及时启动机械排烟系统；

④ 排烟支管上不设排烟防火阀会使高温烟气进入排烟干管。

排烟风机及其管道不能布置在疏散通道内。

图 44-7 是某综合楼核心筒消防电梯合用前室内布置了机械排烟设备，安装了排烟风机及排烟管。

44.4　机械防烟系统联动控制技术要求解读

机械防烟系统是为人员疏散设施服务，保证人员疏散安全的重要设备，简单地说，正压送风系统有 1 个目标，2 个要求，分别是：

其目标是确保疏散通道（楼梯间，前室）和避难区域在一定时间内不受火灾烟气侵袭；其要求是：

（1）火灾发生后应立即在着火楼层的防火分区的楼梯间、前室、合用前室、共用前室及避难层内建立正压，即让新鲜空气能从楼梯间或前室、合用前室、共用前室流向疏散走道，保证疏散人流能迎着新风跑向楼梯间的安全出口，避开火灾烟气侵袭。

（2）为建立有利于人流疏散的气流流型，在着火楼层的防火分区内的楼梯间、前室、合用前室、共用前室内应有足够的风压，保持各级的压力梯度，使防烟部位在开门时保持一定的门洞风速，并能持续送风，为此必须对不需要送风的其余楼层的送风部位的送风口或防火门进行控制，使其关闭。

为了保障机械防烟系统的目标能够实现，机械防烟系统的联动控制应按规定的联动程序对常闭式送风口及其风机进行联动控制：

我国规范规定：在火灾确认后，火灾自动报警系统应向联动控制器发出联动触发信号，联动控制器根据收到的火灾报警信号向着火防火分区的常闭式加压送风口发出联动控制信号，打开该常闭式加压送风口，并联动开启其加压送风机。且应能在 15s 内联动开启着火防火分区内的其他常闭式加压送风口和加压送风机。对于楼梯间，应开启着火防火分区内全部楼梯间的正压送风机；另外，对于前室及合用前室、共用前室，还应开启着火防火分区内着火层及相邻上下层前室及合用前室的常闭式加压送风口及其加压送风机。

加压送风机应具有以下四种启动方式：

（1）送风机现场手动启动和停运，应在现场设置的电气控制柜上手动操作完成对加压送风机的启动和停运，加压送风机的动作信号均应在电气控制柜上显示，并将加压送风机的工作状态信号反馈给消防联动控制柜；

（2）消防控制室手动启动和停运送风机，应在消防控制室设置的消防联动控制柜上手动操作通过电气控制柜实现对加压送风机的操作控制，加压送风机的工作状态信号应在电气控制柜上显示，并应反馈给消防联动控制柜，其中加压送风机的手动控制方式还应设置点对点的手动直接控制方式；

（3）火灾自动报警系统自动启动送风机，是由火灾报警控制柜向消防联动控制柜发出联动触发信号，由消防联动控制器根据收到的火灾报警信息向着火防火分区的常闭式加压送风口发出联动控制信号，打开该常闭式加压送风口，并联动开启其加压送风机。应开启该着火防火分区楼梯间的全部加压送风机，加压送风机的工作状态信号应在加压送风机电气控制柜上显示，并将工作状态信号反馈给消防联动控制柜，对于楼梯间应该设加压送风，而前室可不的设加压送风系统，应由火灾报警控制柜向消防联动控制柜发出联动触发信号，由消防联动控制器根据收到的火灾报警信息向着火防火分区的楼梯间的加压送风系统发出联动控制信号，联动开启楼梯间的加压送风机；

（4）送风机应能接受系统中自动控制阀件的动作信号联动启动送风机：当系统中任一常闭式加压送风口开启信号应能联动启动加压送风机。

系统中的常闭式送风口均应设现场手动开启装置，任一常闭式加压送风口手动开启动作信号，应能自动启动其加压送风机．这是以常闭式加压送风口为中心的联动控制方式。

加压送风机的启动和停止信号应在风机电气控制柜上显示，并反馈到消防联动控制柜。常闭式送风口的开启和关闭信号应反馈到消防联动控制柜。

加压送风机吸气口设有电动风阀时，电动风阀应与加压送风机联动，当加压送风机启动时电动风阀应联动开启，当加压送风机停运时电动风阀应联动关闭。

图 44-8 是防烟楼梯间及其合用前室的两套加压送风的送风口设置示意图，图中两台加压送风机和前室（合用前室、共用前室）编号 B 的常闭式加压送风口都是联动控制对象，当火灾确认后，火灾自动报警系统（火灾报警控制器和消防联动控制器）应能在 15s 内联动开启着火防火分区内的常闭式加压送风口和加压送风机。并联动其楼梯间加压送风机启动，且应同时联动开启着火防火分区内楼梯间的全部正压送风机；对于前室、合用前室、共用前室，应开启着火防火分区内着火层及相邻上下层前室（共用前室或合用前室）的常闭式加压送风口并联动开启其加压送风机。

合用前室编号 B 的常闭式加压送风口均应具有现场手动开启功能，当任一楼层的任一常闭式加压送风口 B 手动开启后，应能联动开启着火防火分区内及相邻上下层合用前室的常闭式加压送风口 B，联动开启着火防火分区内合用前室的加压送风机和着火防火分区内楼梯间的全部正压送风机。正压送风机的工作状态信号应在风机电气控制柜上显示，并反馈到消防联动控制柜，常闭式加压送风口 B 的工

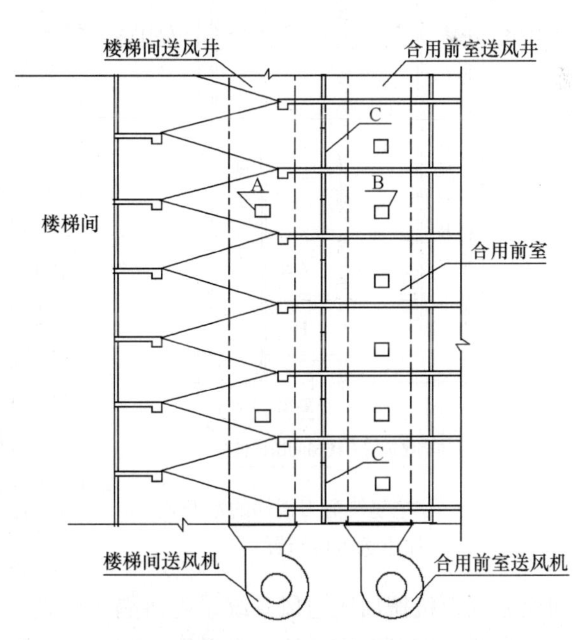

图 44-8　防烟楼梯间及其合用前室的送风口设置示意图
A—楼梯间常开式送风口；B—合用前室常闭式送风口；
C—楼梯间乙级防火门

作状态信号应反馈到消防联动控制柜上显示。

对于防烟楼梯间的楼梯间必须送风，而前室可不送风的正压送风系统（例如：建筑高度小于或等于 50m 的公共建筑、工业建筑和建筑高度小于或等于 100m 的住宅建筑，当采用独立前室且其仅有一个门与走道或房间相通时，可仅在楼梯间设置机械加压送风系统。因为当前室为独立前室时，因其漏风泄压较少，可以采用仅在楼梯间送风，而前室不送风的方式，也能保证防烟楼梯间及其前室（楼梯间—前室—走道）形成压力梯度），当火灾确认后，火灾自动报警系统（火灾报警控制器和消防联动控制器）应能在 15s 内联动开启着火防火分区内楼梯间的全部加压送风机。加压送风机的启动和停止信号应在风机电气控制柜上显示，并反馈到消防联动控制柜。在这种情况下楼梯间的加压送风机的联动控制是由消防联动控制柜的控制信号启动的，而不是由常闭式加压送风口的开启信号联动的。

44.5 机械加压送风系统设计中应注意的问题

（1）对送风口的选择、布置与控制要求

向楼梯间、前室、合用前室送风是为了在火灾时在这些封闭空间内建立一定的正压，防止烟气侵袭。在这些封闭空间中，楼梯间是一条很长的竖向井道，为一个封闭空间，如每个楼层设一个送风口，在整个竖向井道内风压衰减很快，所以只能每隔 2～3 层设一个常开式加压送风口，这样才能保证井道内风压基本均衡。见图 44-9 的 A 所示。

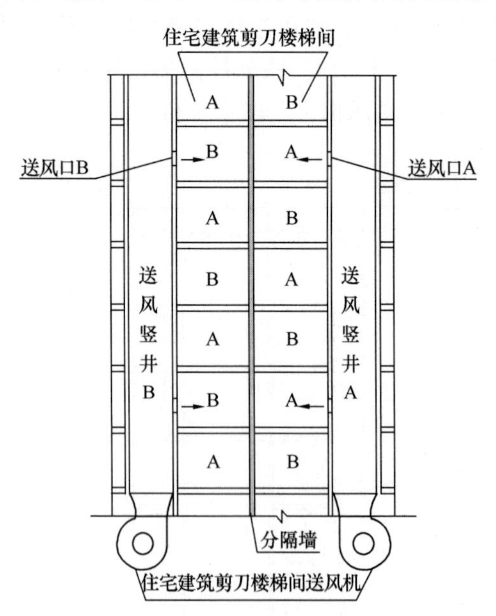

图 44-9 住宅建筑剪刀楼梯的常开式加压送风口布置

规范规定：当采用剪刀楼梯时，其两部楼梯间及其前室的机械加压送风系统应分别独立设置。规范认为：对于剪刀楼梯无论是公共建筑还是住宅建筑，为了保证两部楼梯的加压送风系统不至于在火灾发生时同时失效，其两部楼梯间和前室、合用前室的机械加压送风系统（风机、风道、风口）应分别独立设置，两部楼梯间也要独立设置风机和风道、风口。

对于有两个安全出口的剪刀楼梯的两个楼梯间，每部楼梯间应分别设送风系统，每隔 3 层设一个常开式加压送风口，以保证各楼层风压梯度不至于衰减过快，而两部楼梯间的前室也应分别设置机械加压送风系统，每个前室设一个常闭式加压送风口。图 44-10 是剪刀楼梯的常开式加压送风口布置示意图，该图表达了剪刀楼梯的两部楼梯（A 楼梯和 B 楼梯）的梯段各自围绕楼梯间分隔墙绞绕布置，每个楼梯间应分别设机械加压送风系统，可每隔 3 层设一个常开式加压送风口，送风井可布置在楼梯平台侧，也可在梯段侧，在看图 44-10 时应认定每个楼梯梯段是正对我们视线的，就好理解本图了。在每个剪刀楼梯间的一侧布置送风井时，看似每个楼层都有两个常开式加压送风口，但由于梯段各自围绕楼梯间分隔墙绞绕，所以每个楼梯间实际上是每隔 3 层才有一个送风口。

笔者认为：规范规定，剪刀楼梯的两部楼梯间及前室均应分别设置正压送风系统。这是因为规范认为剪刀楼梯是有两个安全出口的两部楼梯间。但是，在有的建筑中，当安全出口数量满足要求的情况下，采用剪刀楼梯是为了解决疏散宽度不够的问题，不需要剪刀楼梯再要有两个安全出口，在这样的情况下，剪刀楼梯的两部楼梯间仅需要解决一个安全出口而存在。这时，就没有必要设置各自的独立送风系统，这样剪刀楼梯的两部楼梯间就可以合用一套正压送风系统，可只设一部送风机和送风井道，虽然每个楼层设一个常开式送风口，实际上每座楼梯间是隔一层设一个常开式送风口送风，如图 44-10 所示，尽管剪刀楼梯的两部楼梯间仅需要解决一个安全出口而存在，但每部楼梯的梯段最小净宽仍应符合规定，但剪刀楼梯的两部楼梯间仍应分隔，而且不允许剪刀楼梯的送风只送向一部楼梯，另一部楼梯是通过隔墙开洞获得风量。这样做会导致当一部楼梯进烟后，另一部楼梯也同时进烟。

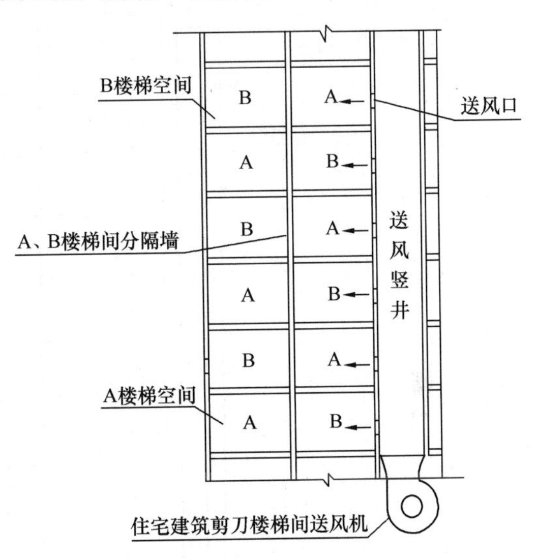

图 44-10　剪刀楼梯的常开式加压送风口布置

前室（以下含合用前室、共用前室）是人们从每层走道进入楼梯间的封闭空间，一个前室送风系统担负着向一个楼梯间的若干个楼层的互不相通的独立前室送风，但由于建筑火灾只在一处发生，人员紧急疏散也只在着火的防火分区内进行，因此前室的送风理应向着火的防火分区的那个楼层的前室送风，而非着火的其他楼层的前室，由于不会受火灾烟气威胁，无需送风，因此，对于前室，火灾时只向需要送风的前室送风是可行的，只有这样的送风方式才更加合理，所以前室的送风口是常闭式送风口，火灾时能够受控开启，能做到只向着火层前室送风。但为什么现行国家标准《建筑防烟排烟系统技术标准》GB 51251—2017 规定："当防火分区内火灾确认后，应开启该防火分区内着火层及其相邻上下层前室及合用前室的常闭送风口"？这是规范考虑到防烟楼梯间、独立前室、共用前室、合用前室和消防电梯前室这些加压空间的机械加压送风的计算风量在设计计算时，是按下述方法确定的：

加压空间的加压送风系统的计算送风量（m^3/s）≥（保证开门楼层的门洞风速所需送风量 ＋ 未开启的常闭式送风阀的全部漏风总量）；

当系统负担建筑高度大于 24m 时，加压空间的加压送风系统的计算送风量（m^3/s）不应小于规范给出的规定值，即在规定值与计算送风量值之间取较大值，作为加压空间的加压送风系统的最终计算送风量；

加压空间的加压送风系统的设计送风量（m^3/s）≥1.2 加压空间的加压送风系统的最终计算送风量（m^3/s）。

现行国家标准《建筑防烟排烟系统技术标准》GB 51251—2017 规定：地上楼梯间为 24m 以下时，设计 2 个楼层内的疏散门开启；地上楼梯间为 24m 及以上时，设计 3 个楼层内的疏散门开启；前室（包括合用前室、共用前室）则采用常闭式加压送风口，开启加压送风口的数量应为 3 个楼层。图 44-11 是地上防烟楼梯间前室设常闭式加压送风口，火灾时只开启着火层前室及相邻上下层前室的常闭式加压送风口，只向这 3 个楼层的前室送风，其余楼层前室的常闭式加压送风口仍保持关闭，楼梯间的开门楼层为 2～3 个，前室（包括合用前室、共用前室）的开门楼层为 3 个，开启常闭式加压送风口的楼层也为 3 个。

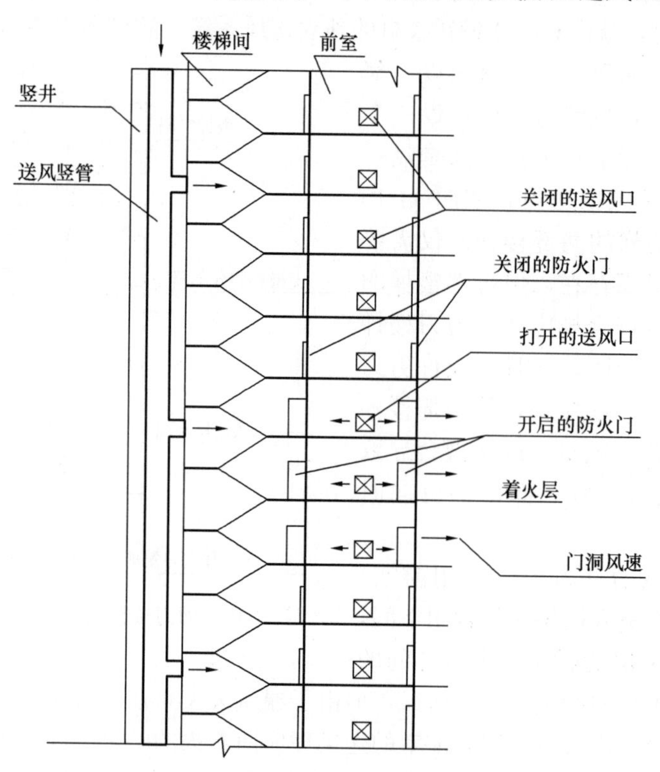

图 44-11　前室开门楼层与不开门楼层送风口开闭情况

由于前室（合用前室、共用前室）采用常闭式加压送风口，是联动控制对象，如果火灾时按火场实际需要，只打开着火的防火分区的那个楼层的前室（合用前室、共用前室）的常闭式加压送风口，就会发生按 3 个楼层前室（合用前室、共用前室）开门送风的设计风量，全部送向一个楼层的前室（合用前室、共用前室），就会使送风前室（合用前室、共用前室）的风压增大，风压作用在门扇上的关门压强的合力大增，风压关门力与闭门器的关门力形成的合力也会大增，会超过老弱病残疏散人员的开门力，从而发生老弱病残的疏散人员难以打开防火门进入前室（合用前室、共用前室），使疏散人员受阻。为此，规范规定：火灾确认后，应开启着火防火分区内着火层及相邻上下层前室或合用前室的常闭式加压送风口并联动其加压送风机投入运行，目的是使实际消耗的风量与设计风量基本一致，不会产生超压。

（2）防火门能否在火灾时保持关闭是正压送风成败的关键

现行国家标准《建筑防烟排烟系统技术标准》GB 51251—2017 规定：机械加压送风系统的楼梯间宜每隔 2～3 层设一个常开式百叶送风口的多点送风方式，目的是保持楼梯间的全高度内风压梯度的均衡，火灾时需要送风的楼层只有一个，而地上楼梯间的机械加压系统的计算送风量，是按保证 2～3 个开门楼层送风空间的门洞风速所需风量与其余关门楼层的全部门缝漏风总量之和来确定的。因此，楼梯间的机械加压系统的开门楼层送风空间的门洞风速是由其余关门楼层的防火门的关闭来保证的，即 3 个开门楼层的人员在疏散时，楼梯间和其前室的防火门是开启的，而其余楼层没有人员在疏散，楼梯间和其前室的防火门是关闭的，这种条件下，开门楼层送风空间的门洞风速才能有保证。虽然前室（合用前室、共用前室）是采用常闭式加压送风口，是通过对常闭式加压送风口进行控制，故楼层前室（合用前室、共用前室）的开门与否对前室门洞风速没有影响。但是当不开门楼层的楼梯间、前室的门都开启后，会将不开门楼层楼梯间风量流失，同样会使开门楼层的楼梯间的门洞风速得不到保证。所以当楼梯间机械加压送系统的机械加压送风量一定时，楼梯间开门楼层的门洞风速是由关门楼层的门是否关闭来决定，换句话说，地上楼梯间 2～3 个开门楼层的门洞风速，是在其余楼层的门必须关闭的条件下得到的，如果关门楼层的防火门不能关闭，由于楼梯间的开门数太多，使风压降低太多，造成开阀的 3 个前室的风量倒流至楼梯间，使开阀的 3 个前室的风压迅速降低，3 个开门楼层的门洞风速就是一句空话。

我们知道：除合用前室、共用前室的乙级防火门应采用常开式防火门外，其他的楼梯间、前室应采用常闭式防火门，均用闭门器控制，这些门在火灾时是否关闭，消防中心是不知情的，完全依赖管理来保证。

44.6　火灾时全楼进行应急广播对防烟楼梯间形成规定的压力梯度的威胁是最大的

其实对机械加压送风系统能否发挥预期效用威胁最大的，是现行国家标准《火灾自动报警系统设计规范》GB 50116—2013 的规定：“*火灾确认后，应启动建筑内所有火灾声光警报器和消防应急广播系统，向全楼进行广播*”，启动全楼火灾声光警报器和消防应急广播系统是与启动机械加压送风系统是同步进行的，全楼的各楼层都在同时疏散，所有楼层的前室和楼梯间防火门都呈开启状态，如前所述，着火楼层真正需要送风的楼梯间的门洞风速是根本得不保证的。从《火灾自动报警系统设计规范》GB 50116—2013 可知，这一规定是企于保障在火灾发生时使楼内每个人都应在第一时间得知的知情权而作出的。但这一规定又是以牺牲着火楼层人员疏散的生命保障权为代价的。

（1）对共用前室或合用前室送风，保证风压的控制方式有两种：即控制常闭式加压送风口，不控制防火门，这是规范的控制方式，如图 44-12 所示；或控制共用前室或合用前室的常开式防火门，不控制加压送风口，采用常开式加压送风口。

控制共用前室或合用前室常闭式加压送风口，不控制共用前室或合用前室的防火门方式：

火灾时只打开着火楼层及相邻上下楼层共用前室或合用前室的常闭式加压送风口，实现对局部楼层（着火层及相邻上下层）的定点送风，即使关门楼层的前室防火门不关闭，由于常闭式加压送风口没有打开，而送风口的漏风量已计算在总风量中，开门楼层的门洞风速也是有保证的，也是安全的。但要求不开门楼层的楼梯间及合用前室的防火门必须关闭，否则开门楼层的楼梯间门洞风速不能保证。这是现行国家标准《建筑防烟排烟系统技术标准》GB 51251—2017 推荐的控制方式。单纯从疏散需要的门洞风速考虑，似乎共用

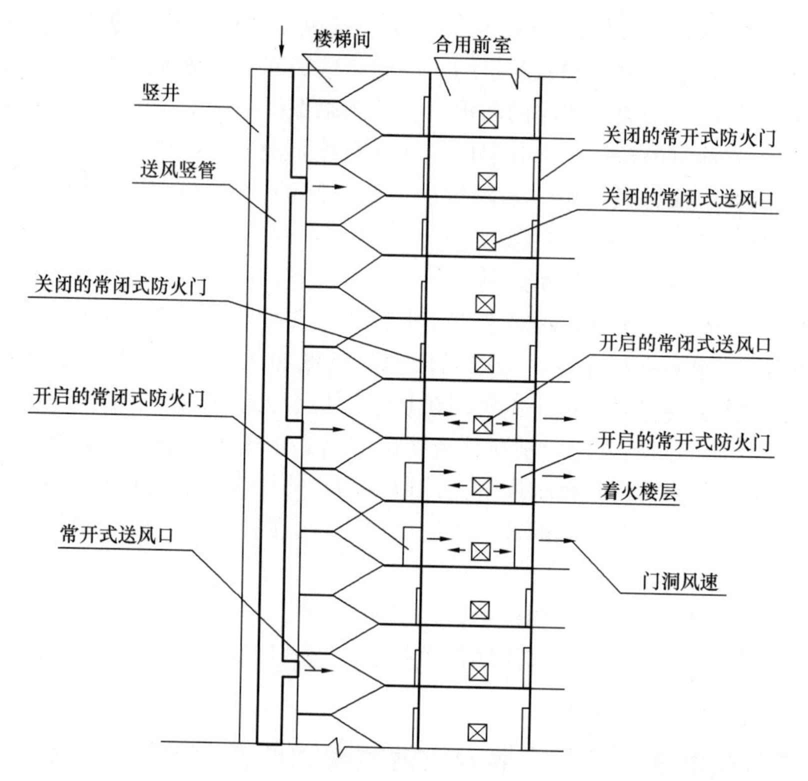

图 44-12　合用前室门洞风速保证条件

前室或合用前室的防火门可采用常闭式防火门，而不必采用常开式防火门，因为，这种送风控制方式已经通过对常闭式防火门的控制实现了定点送风保证了门洞风速。然而，《建筑设计防火规范》GB 50016—2014（2018 年版）规定：经常有人通行的共用前室或合用前室宜设常开式防火门，在火灾时应能自行关闭并有信号反馈功能，这是从防火分隔的角度考虑的，特别是共用前室或合用前室的防火门，在火灾时是直接暴露在火灾环境下的门，但考虑到发生火灾时共用前室或合用前室的乙级防火门会自行关闭并有信号反馈，消防中心能知道它们的启闭状态，故仍是安全的。

另外一个控制方式是把对常闭式加压送风口的控制转变为对常开式防火门的控制上，即对共用前室或合用前室的加压送风口不控制，而要求共用前室或合用前室应采用常开式的防火门，火灾时对其防火门进行控制。当火灾发生时，着火楼层及相邻上下楼层共用前室或合用前室的常开式防火门可以继续保持开启，待人员疏散完后，由消防中心电信号关闭，或现场手动释放关闭，而其余楼层的常开式防火门应受控关闭，这时联动控制柜发出的联动控制信号就必须是关闭其余楼层的常开式防火门，同样可以使开门楼层的门洞风速得到保证。这种控制方式要求共用前室或合用前室应采用火灾时能自行关闭，并应具有信号反馈的功能的常开式防火门，由于消控中心能控制各楼层共用前室或合用前室的常开式防火门的关闭，并显示其关闭信息，同样是安全的，对于这种控制方式我国规范并不推荐。而且这种控制方式同样存在不开门楼层的楼梯间的常闭式防火门能否保持关闭，消防中心无法知道。

（2）防烟楼梯间、独立前室、共用前室、合用前室和消防电梯前室的机械加压送风的计算风量应按规范的规定方法计算确定，当机械加压送风系统担负的建筑高度大于 24m 时，防烟楼梯间、独立前室、合用前室和消防电梯前室应按计算值与规范的规定值进行比较，应取计算值与规定值中的较大值确定风量．规范所说的“独立前室”是指排除了可以认定为“前室”的开敞式阳台、凹廊等防烟空间的完全封闭独立的前室。

44.7 防止超压的措施

前室如发生超压的危害，主要是对体力弱的人，在火灾时难以推开防火门进入前室，在火灾时是否会发生超压，取决于火灾时，楼梯间的实际开门数少于计算门洞风速的预期开门数（2～3 樘门），以及打开前室常闭式送风口的实际开阀数量少于计算门洞风速的预期开阀数时，楼梯间和前室可能会发生超压。应采取防止超压的措施：

(1) 计算时应校核疏散门的最大允许压差，防止开启防火门需要的总推力过大，当系统余压值超过最大允许压差时，应设余压阀自动泄压，图 44-13 是余压阀自动泄压原理图；

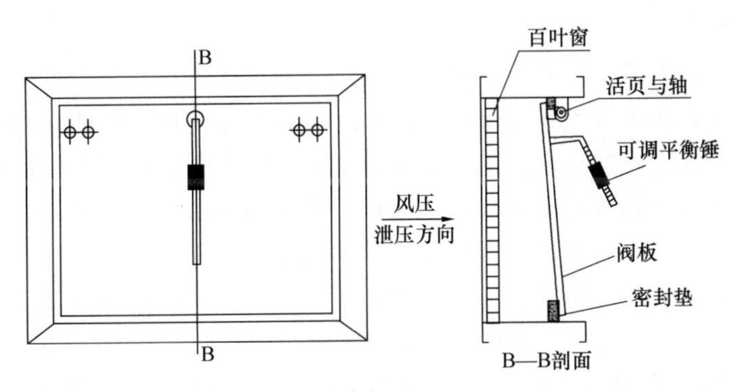

图 44-13 余压阀自动泄压原理图

(2) 余压阀是安装在加压空间与非加压空间或较低压力空间的相邻墙面上的一种由加压空间的正压值自动控制开闭的无能耗的单向阀，当加压空间超压时，压力将阀板推开，把空气泄向非加压空间或较低压力空间，当加压空间压力降低到规定值时，余压阀在自重下关闭，余压阀对防止加压空间超压是很重要的，但安装方向不能反向，设计应在图上标明泄压方向，而且应能通过配重（可调平衡锤）调节余压值。

45 机械防排烟系统的检查与功能验收要求

机械防烟排烟系统是设置在建筑内，用以控制火灾烟气运动、防止火灾初期烟气蔓延扩散、确保人员疏散安全和安全避难，并为消防救援创造有利条件的机械防烟系统和机械排烟系统。

机械防烟系统是阻止火灾烟气进入楼梯间、前室、合用前室、共用前室及避难层（间）等封闭的安全空间的系统。一般由加压送风机、送风机电气控制柜、送风管道、楼梯间的常开式送风口、前室及合用前室的常闭式送风口等装置设备组成，加压送风机、常闭式送风口都是消防联动控制器的联动控制对象，都应具有联动控制功能和就地手动启动装置。

机械排烟系统是将房间、走道等空间的火灾烟气排至室外，防止火灾烟气在建筑内积聚，威胁人员疏散安全的系统。一般由排烟风机、排烟风机电气控制柜、排烟管道、排烟防火阀、常闭式排烟口、有机械操作的排烟窗和自动排烟窗、挡烟垂壁等及补风系统的装置设备共同组成，自动排烟窗、活动挡烟垂壁、常闭式排烟口都是消防联动控制器的联动控制对象，都应具有联动控制功能和就地手动启动装置。

机械防排烟系统中的防排烟风机和常闭式送风口、常闭式排烟口、常闭式排烟阀、活动挡烟垂壁、自动排烟窗等，都是消防联动控制器的联动控制对象，都应具有联动控制功能和现场手动控制功能。其中防排烟风机是通过风机电气控制柜控制的。

以下的联动控制方式是将常闭式送风口、常闭式排烟口（常闭式排烟阀）、活动挡烟垂壁、自动排烟窗均由消防联动控制器直接配接控制考虑，按照消防需要，它们之中任一个设备的现场手动启动信号，应能返回消防联动控制器，消防联动控制器接收到这一启动信号后，应能按预设逻辑控制相关消防设备进入消防工作状态，并接收其反馈信号，显示受控设备的工作状态信息。

加压送风机的控制方式应具有现场手动启动、通过火灾自动报警系统自动启动、消防控制室手动启动、系统中任一常闭加压送风口开启时，加压风机应能自动启动的功能。

当防火分区内火灾确认后，应能在 15s 内联动开启常闭加压送风口和加压送风机；应开启该着火防火分区楼梯间的全部加压送风机；应开启该防火分区内着火层及其相邻上下层前室及合用前室的常闭送风口，同时开启其加压送风机。

排烟风机、补风机的控制方式应具有现场手动启动、火灾自动报警系统自动启动、消防控制室手动启动、系统中任一排烟阀或排烟口开启时，排烟风机、补风机自动启动、排烟风机入口处排烟防火阀在 280℃时应自行关闭，并应联锁关闭排烟风机和补风机的功能。

机械排烟系统中的常闭排烟阀或排烟口应具有由火灾自动报警系统控制自动开启、消防控制室手动开启和现场手动开启功能，其开启信号应与排烟风机联动。当火灾确认后，火灾自动报警系统应在 15s 内联动开启着火的防烟分区的全部排烟阀、排烟口、排烟风机和补风设施，并应在 30s 内自动关闭与排烟无关的通风、空调系统。

45.1 机械防烟排烟系统各类装置设备外观检查

系统各类装置设备外观检查的要求是：检查各类装置设备的制作材料均应为不燃材料；有耐火极限要求的风管的本体、框架与固定材料、密封垫料、排烟管道的绝热材料等必须为不燃材料；排烟风机与排烟管道的软连接部件材质的耐火性能是否满足应能在 280℃时连续 30min 保证其结构完整性的要求；各类装置设备风管目测无变形、脱落、破损现象；各类装置设备风管的防腐涂层应完整无损伤；各类装置设备、风管的支吊架受力应均匀无明显变形；各类装置设备、风管的连接应无松动，螺栓的螺母应拧紧。

风机、阀门的检查尚应遵照产品说明书的规定。

（1）防烟排烟风机的外观检查

1）检查风机传动装置的外露部位的防护罩及直通大气的进、出口防护网或采取的其他安全设施应完整有效，设置的防雨措施应符合要求；

2）检查防烟排烟风机的地脚螺栓应拧紧无松动；

3）检查防烟排烟风机的外观应无损伤，与风管及部件的连接应无明显缺陷，风机的铭牌及指示风机所属系统的标志应清晰完整；

4）检查排烟风机与排烟管道的软连接部件的外观应无损伤，连接应无明显缺陷。

（2）送风管道、排烟管道的外观检查

金属风管应平整，且无锈蚀；无机玻璃钢风管表面应光洁、无明显泛霜、结露和分层现象，抽查面积应不少于风管面积的30%；

检查风管穿越隔墙或楼板时，风管与隔墙之间的空隙应采用水泥砂浆等不燃材料严密填塞；

检查吊顶内有可燃物的排烟管道的绝热材料应为不燃材料，并应与可燃物保持不小于150mm的距离。

（3）送风口、排烟口、排烟防火阀等部件的外观检查

1）检查送风口、排烟口、排烟防火阀等部件应固定牢靠，表面平整、不变形、无锈蚀、无损坏；

2）阀门的手动操作装置应固定安装在明显可见便于操作的位置，手动操作调节应灵活，绝热材料不应影响手动操作；

3）检查各类送风口、排烟口、排烟防火阀等部件设置的独立支、吊架应固定牢靠，当风管采用不燃材料防火隔热时，阀门安装处应有明显的标识；

4）检查送风口、排烟口、排烟防火阀、电动排烟窗等部件均应处于正常工作状态，其关闭和开启状态应符合系统工作要求，并做好记录。

（4）防烟排烟风机的电气控制柜的外观检查

1）检查防烟排烟风机的电气控制柜的标志应清晰完整，设备应处于自动工作方式，电源供应及信息显示应正常；

2）检查防烟排烟风机的电气控制柜的安装应稳固。

（5）挡烟垂壁及自动排烟窗等的外观检查

检查活动挡烟垂壁与建筑结构（柱或墙）面的缝隙不应大于60mm，由两块或两块以上的挡烟垂帘组成的连续性挡烟垂壁，检查各块之间不应有缝隙，搭接宽度不应小于100mm；挡烟垂壁表面应平直，无损伤现象。

检查自动排烟窗应安装牢固，无损伤现象。

45.2　机械防烟排烟系统各类装置设备的功能检查

（1）对加压送风机、排烟风机、补风风机及其电气控制柜的功能检查要求：

1）手动检查风机电气控制柜面板上音响器件、指示灯和显示器的功能，音响器件应发出声响、面板上所有指示灯和显示器均应点亮并正常显示；

2）检查加压送风机、排烟风机、补风风机电气控制柜应有的操作级别限制功能，例如手动操作必须是有权限的操作人员需要采用钥匙或密码才能进入操作；

3）查看加压送风机、排烟风机、补风风机电气控制柜，当其盘面显示故障报警时，应手动查询其故障部位及类型，及时处理，使风机电气控制柜面盘显示保持正常工作状态；

4）检查并盘动加压送风机、排烟风机、补风风机的传动装置，盘车应轻便，无卡涩现象；点动风机，查看电机转动方向是否与风机转动方向一致；

5）手动启动风机运行，风机应能及时启动，运转平稳，无异常震动与声响、电流和电压显示正常。手动停止风机应可靠。

检查完毕后应将风机电气控制柜设置在自动工作方式。

（2）对自动排烟窗及挡烟垂壁的功能检查要求：

1）对自动排烟窗应进行手动操作试验，自动排烟窗应能开启和关闭，动作灵敏准确，开启和关闭应到位；

2）对自动挡烟垂壁进行手动操作试验，自动挡烟垂壁应能下降至挡烟工作位置，到位后并能自动停止下降。另外，在手动操作试验时，当自动挡烟垂壁开始下降后，如切断电源，挡烟垂壁仍应能继续下降至挡烟工作位置，挡烟垂壁下降动作应灵敏准确，其下降至挡烟工作位置的时间应符合规范规定。

（3）对各类阀门的功能检查要求：

1）对防火阀、排烟防火阀等常开阀门应进行手动关闭试验，阀门动作应灵敏准确，关闭应到位，手动复位应可靠；

2）对常闭式送风口、常闭式排烟口等阀门，应进行手动开启试验，阀门动作应灵敏准确，开启应到位，手动复位应可靠。

功能检查结束后应将系统各类装置设备恢复至正常工作状态。

45.3 机械防烟排烟系统各类装置设备的功能试验

各类装置设备的功能试验包括：各类风机和自动排烟窗的双电源自动切换功能试验、各类系统的手动及自动方式的联动功能试验。

（1）各类风机和自动排烟窗的双电源自动切换功能试验

当主电源断电时，能自动转换到备用电源；当主电源恢复时，能自动转换到主电源；主备电源的工作状态指示应正常；主备电源的转换不应使各类风机和自动排烟窗的电气控制柜发生误动作。

（2）活动挡烟垂壁的联动功能试验

活动挡烟垂壁应具有火灾自动报警系统自动启动和现场手动启动功能。

活动挡烟垂壁应进行就地手动启动功能试验和模拟火灾联动功能试验，试验前应检查消防联动控制器、火灾报警控制器均应处于自动工作方式，其盘面显示应为正常工作状态，活动挡烟垂壁应处于伺应状态。

活动挡烟垂壁的就地手动启动功能试验：就地手动启动任一活动挡烟垂壁的手动启动装置，活动挡烟垂壁应能从伺应状态下降至工作位置，其下降动作信号应反馈至消防联动控制器，消防联动控制器接收到任一活动挡烟垂壁的下降动作信号后，应能联动控制同一防烟分区内全部活动挡烟垂壁下降，并显示下降的活动挡烟垂壁的部位及名称。

活动挡烟垂壁的模拟火灾联动功能试验：应采用火灾探测器报警试验装置对挡烟垂壁所在防烟分区内的两个独立的火灾探测器分别进行报警试验，火灾探测器动作后，火灾报警控制器应能发出火灾报警信号，并向消防联动控制器发出联动触发信号，消防联动控制器在接收到火灾报警信号后，应发出报警声光信号，应能按预定逻辑程序执行预定动作，向着火防烟分区内各活动挡烟垂壁发出启动控制信号，联动开启该着火防烟分区内的所有活动挡烟垂壁，并应能接收到各活动挡烟垂壁的开启反馈信号，指示启动设备名称和部位，显示受控活动挡烟垂壁的工作状态，并点亮红色启动总指示灯。

着火防烟分区内各活动挡烟垂壁，应在火灾确认后15s内全部启动下降，并在60s以内全部活动挡烟垂壁应下降到位。

（3）动排烟窗的功能试验

自动排烟窗可采用与火灾自动报警系统联动和温度释放装置联动的控制方式，并应具有就地手动启动功能。应进行就地手动启动功能试验和模拟火灾联动功能试验，试验前检查消防联动控制器、火灾报警控制器均应处于自动工作方式，其盘面显示应为正常工作状态，自动排烟窗应处于关闭状态。

自动排烟窗的就地手动启动功能试验：自动排烟窗应具有就地手动启动功能，就地手动启动任一自动排烟窗的手动启动装置，自动排烟窗应能从关闭状态转换为开启状态，并能开启到位，其开启动作信号应反馈至消防联动控制器，消防联动控制器接收到任一自动排烟窗的开启动作信号后，应能联动控制同一防烟分区内其他自动排烟窗全部开启到位，并显示开启的自动排烟窗的部位及名称。

自动排烟窗的模拟火灾联动功能试验：自动排烟窗可采用与火灾自动报警系统联动和温度释放装置联动的控制方式。

采用与火灾自动报警系统联动启动时，应采用火灾探测器报警试验装置对自动排烟窗所在防烟分区内的两个独立的火灾探测器分别进行报警试验，使火灾探测器动作，火灾报警控制器应能发出火灾报警信号，并向消防联动控制器发出联动触发信号，消防联动控制器在接收到火灾报警信号后，应发出报警声光信号，应能按预定逻辑程序执行预定动作，向着火防烟分区内各自动排烟窗发出启动控制信号，联动开启该着火防烟分区内的所有自动排烟窗，并应能接收到各自动排烟窗的开启反馈信号，指示启动设备名称和部位，显示受控自动排烟窗的工作状态，并点亮红色启动总指示灯。

自动排烟窗应在消防联动控制器发出联动控制信号后，应在60s内或小于烟气充满储烟仓时间内，将同一着火防烟分区内的全部自动排烟窗开启完毕。

带有温控功能的自动排烟窗，其温控装置的释放温度应大于环境温度30℃且小于100℃，可用抽查方式，用加热器对温控装置加温，观察温控释放装置动作后，自动排烟窗是否能可靠开启到位。

（4）机械防烟系统的联动功能试验

应选取送风系统末端所对应的送风最不利的三个连续楼层，模拟起火层及其上下层；封闭避难层（间）仅需选取本层．进行联动功能试验。

1）机械防烟系统的手动控制任一常闭式送风口的联动功能试验

检查防烟风机电气控制柜及消防联动控制器处于自动工作方式，其盘面显示应保持正常工作状态。

在选定为着火层的楼层，在现场手动开启的任一防火分区内，任一常闭加压送风口时，消防联动控制器应能接收到该常闭加压送风口的开启动作信号，并发出报警（动作）声光信号，点亮红色启动总指示灯，指示启动设备名称和部位，并按预定逻辑程序执行预定动作，向着火层的防火分区内各防烟风机电气控制柜发出的联动控制信号，控制防烟风机电气控制柜进入消防工作状态。

各防烟风机电气控制柜应能接收消防联动控制器发出的联动控制信号，并点亮红色联动控制信号指示灯，应能在15s内联动控制与其连接的加压送风机启动，当加压送风机运行后，应点亮红色受控设备启动指示灯，并将加压送风机的启动信号发送至消防联动控制器，消防联动控制器上应能有反馈光指示灯，指示设备名称和部位。

消防联动控制器向受控设备发出启动控制信号后，应能接收到各常闭加压送风口的动作信号和各加压送风机的启动信号，指示启动设备名称和部位，显示受控设备的工作状态。

消防联动控制器应按下列要求发出联动控制信号，控制消防设备投入运行，接收并显示受控设备的工作状态：

① 应能联动开启该常闭加压送风口所在系统的加压送风机；

② 应能联动开启该防火分区各楼梯间的全部加压送风机；

③ 应能联动开启该防火分区内着火层及其相邻上下层前室或合用前室的常闭送风口及其加压送风机；

④ 消防联动控制器上应显示手动开启的常闭加压送风口的动作信号，应显示联动开启该防火分区的常闭加压送风口所在系统加压送风机的启动信号；

⑤ 消防联动控制器上应显示联动开启的该防火分区内着火层及其相邻上下层前室或合用前室的常闭送风口的动作信号，应显示其加压送风机的启动信号；

⑥ 各防烟风机电气控制柜在执行启动加压送风机的启动动作后，应点亮红色启动指示灯，在接收到加压送风机的启动反馈信号后，应点亮加压送风机的红色受控设备启动指示灯，并将加压送风机的启动反馈信号发送至与其连接的消防联动控制柜，显示启动设备名称和部位。

2）机械防烟系统的模拟火灾的联动功能试验

检查防烟风机电气控制柜及消防联动控制器、火灾报警控制器均应处于自动工作方式，其盘面显示应为正常工作状态。

应采用火灾探测器报警试验装置对选定楼层的常闭式加压送风口所在防火分区内的两个独立的火灾探测器分别进行报警试验，使火灾探测器动作，火灾报警控制器应能发出火灾报警信号，并向消防联动控制器发出联动触发信号，消防联动控制器在接收到火灾报警信号后，应发出声光报警信号，并应能按预定逻辑程序执行预定动作，向着火防火分区内各受控消防设备发出启动控制信号，应能在15s内联动开启常闭加压送风口和加压送风机，并应能接收到各受控设备（各常闭加压送风口、各加压送风机）的动作信号，指示启动设备名称和部位，显示受控设备的工作状态，并点亮红色启动总指示灯。

各防烟风机电气控制柜应能接收消防联动控制器发出的联动控制信号，并点亮红色联动控制信号指示灯，控制与其连接的加压送风机启动，当加压送风机运行后，应点亮红色受控设备启动指示灯，并将加压送风机的动作信号发送至消防联动控制器，消防联动控制器上应能有反馈光指示灯，指示设备名称和部位，并应点亮启动总指示灯。

防烟系统在模拟火灾的联动功能试验时，消防联动控制器在接收到火灾报警信号后，应能按预定逻辑程序执行如下预定动作，并能接收到各常闭加压送风口和各加压送风机的动作信号，指示启动设备名称和部位，显示受控设备的工作状态。

① 消防联动控制器应向发出火灾报警信号的防烟分区的电动挡烟垂壁发出联动控制信号，控制电动挡烟垂壁下降。

② 消防联动控制器应向该防火分区楼梯间的全部加压送风机发出联动控制信号，控制加压送风机启动，并接收其反馈信号，指示启动设备名称和部位，显示受控设备的工作状态。

③ 消防联动控制器应向发出火灾报警信号的着火层防火分区及其相邻上下层前室或合用前室的常闭加压送风口及其加压送风机发出联动控制信号，控制常闭加压送风口开启、加压送风机启动，并接收其反馈信号，指示启动设备名称和部位，显示受控设备的工作状态。

④ 各防烟风机电气控制柜应能接收消防联动控制器发出的联动控制信号，点亮红色联动控制指示灯，控制与其连接的加压送风机启动，并点亮红色启动指示灯。当加压送风机启动后，红色受控设备启动指示灯应点亮，并将加压送风机启动信号反馈给消防联动控制器。

封闭避难层（间）仅需选取本层．进行上述联动功能试验。

（5）机械排烟系统的联动功能试验

1）任选一个防烟分区的任一常闭式排烟口进行手动启动试验

试验前应检查排烟风机电气控制柜、补风机电气控制柜、消防联动控制器均应处于自动工作方式，盘面显示工作状态正常。

① 当在现场手动开启任一防烟分区的任一常闭式排烟口时，消防联动控制器应能接收到该常闭排烟口的动作信号，应发出报警（动作）声光信号，指示启动设备名称和部位，并按预定逻辑程序执行预定动作，控制受控设备进入预定工作状态，点亮红色启动总指示灯。

② 该常闭排烟口所在系统的排烟风机电气控制柜应能接收消防联动控制器发出的联动控制信号，并点亮红色联动控制信号指示灯，控制与其连接的排烟风机启动，当排烟风机运行后，应点亮红色受控设备启动指示灯，并将排烟机的启动信号反馈至消防联动控制器，消防联动控制器上应显示该排烟风机的部位和名称、工作状态信息。

③ 消防联动控制器在接收到该常闭排烟口的动作信号后，应联动开启该常闭排烟口所在防烟分区的全部常闭排烟口，常闭排烟口开启后，消防联动控制器应能接收到该常闭排烟口的开启信号，指示启动设备名称和部位。

④ 设有补风系统的场所，消防联动控制器在接收到该常闭排烟口的动作信号后，应联动开启补风机，消防联动控制器上应显示该补风机的部位和名称、工作状态信息。

2）机械排烟系统的模拟火灾的联动功能试验

检查排烟风机电气控制柜、补风机电气控制柜、消防联动控制器、火灾报警控制器均应处于自动工作方式，其盘面显示应为正常工作状态。

应采用火灾探测器报警试验装置对常闭式排烟口所在防烟分区内的两个独立的火灾探测器分别进行报警试验，使火灾探测器动作，火灾报警控制器应能发出火灾报警信号，并向消防联动控制器发出联动触发信号，消防联动控制器在接收到火灾报警信号后，应发出报警声光信号，应能按预定逻辑程序执行预定动作，向着火防烟分区内各常闭式排烟口及其排烟风机发出启动控制信号，联动开启防烟分区内的所有常闭排烟口和其排烟风机，并应能接收到各受控设备（各常闭口排烟口和其排烟风机）的启动反馈信号，指示启动设备名称和部位，显示受控设备的工作状态并点亮红色启动总指示灯。

排烟风机电气控制柜应能接收消防联动控制器发出的联动控制信号，并点亮红色联动控制信号指示灯，控制受控的排烟风机启动，当排烟风机运行后，应点亮红色受控设备启动指示灯，并将排烟风机的启动信号发送至消防联动控制器，消防联动控制器上应能有反馈光指示灯，指示设备名称和部位，并应点亮启动总指示灯。

消防联动控制器仅能启动发出火灾报警信号的防烟分区内的排烟阀或排烟口及其排烟风机，其他防烟分区内的排烟阀或排烟口仍应保持关闭状态。

设有补风系统的场所，消防联动控制器应联动开启补风机，消防联动控制器应能接收补风机启动的反馈信号，并应显示该补风机的部位和名称、工作状态信息。

消防联动控制器在接收到火灾报警信号后，应按以下预定逻辑程序执行预定动作。

① 火灾报警后，消防联动控制器应向发出火灾报警信号的防烟分区的电动挡烟垂壁发出联动控制信号，控制电动挡烟垂壁下降，并接收其反馈信号。

② 消防联动控制器应向发出火灾报警信号的防烟分区内的各常闭排烟口发出联动控制信号，应在 15s 内联动开启常闭排烟口，并接收其反馈信号，指示启动设备名称和部位，显示受控设备的工作状态。

③ 消防联动控制器应向发出火灾报警信号的防烟分区的排烟风机发出联动控制信号，应在 15s 内联动开启相应的排烟风机和补风设施，并接收其反馈信号，指示启动设备名称和部位，显示受控设备的工作状态。

④ 消防联动控制器应向发出火灾报警信号的防火分区的空调通风系统发出停止运行的联动控制信号，并应在 30s 内自动关闭与排烟无关的通风、空调系统及其系统上的防火阀，并接收其反馈信号，指示启动设备名称和部位，显示受控设备的工作状态。

⑤ 排烟风机电气控制柜应能接收消防联动控制器发出的联动控制信号，点亮红色联动控制指示灯，控制与其连接的排烟风机启动，并点亮红色启动指示灯。当排烟风机启动后，红色受控设备启动指示灯应点亮，并将排烟风机启动信号反馈给消防联动控制器。

对于排烟系统与通风、空调系统合用的系统，当火灾自动报警系统发出火灾确认信号后，排烟风机电气控制柜应能在 15s 内自动由通风、空调工况转换为排烟工况。

46 解析自动喷水灭火系统对初期火灾的响应

现行国家标准《自动喷水灭火系统设计规范》GB 50084—2017 规定：“自动喷水灭火系统的闭式洒水喷头或启动系统的火灾探测器，应能有效探测初期火灾；湿式系统、干式系统应在开放一只洒水喷头后自动启动；预作用系统、雨淋系统和水幕系统应根据其类型由火灾探测器、闭式洒水喷头作为探测元件，报警后自动启动”。

由此可知：所有自动喷水灭火系统都只能在初期火灾中发挥作用，系统只能控制住初期火灾的点火源．确保消防队员到达后的灭火成功率。当室内已进入全面燃烧阶段时，所有自动喷水灭火系统都就无能为力了。

自动喷水灭火系统按照配水管网上安装喷头的类型不同分为：安装开式喷头的开式系

统和安装闭式喷头的闭式系统两个大类，湿式系统、干式系统、预作用系统都是闭式系统；雨淋系统和自动控制的水幕系统都是开式系统。

闭式系统和开式系统对火灾的响应及控制火势的方式是完全不同的，要认识它们在火灾中的行为，必须先了解它们的系统构成和工作原理。

46.1　闭式喷头对固体火灾的响应

在建筑火灾中，当最初开放的几只闭式喷头不能控制火灾时，继后开放再多的喷头都是无法灭火的。要讲清楚这个问题，必须从闭式喷头在建筑火灾中是如何开放的说起。

建筑火灾一般都是固体火灾，采用闭式系统保护较多，闭式系统中的湿式系统、干式系统、预作用系统都采用闭式喷头，而闭式喷头的开放洒水，完全靠闭式喷头在火场的顶棚射流作用下，由闭式喷头与顶棚射流的对流传热而动作开放喷水。

闭式喷头既是洒水器，也是一个感温释放元件，它不能像感烟火灾探测器那样更早地探测阴燃火及早期火灾烟雾而动作，闭式喷头的响应时间系数（RTI）值比感烟火灾探测器和感温火灾探测器要大得多。由于它的热惰性较感温火灾探测器要高，对热响应灵敏程度比感温火灾探测器要低，使他的动作时间滞后，这对于燃烧发展迅猛的场合就不太适应了。

闭式系统的最大特点是系统在灭火时，完全依靠闭式喷头在火场中与顶棚射流的对流传热升温而动作开放喷水，因此，点火源与闭式喷头的相对位置关系就决定了闭式喷头在初起火灾中的响应时间和喷头开放数量。

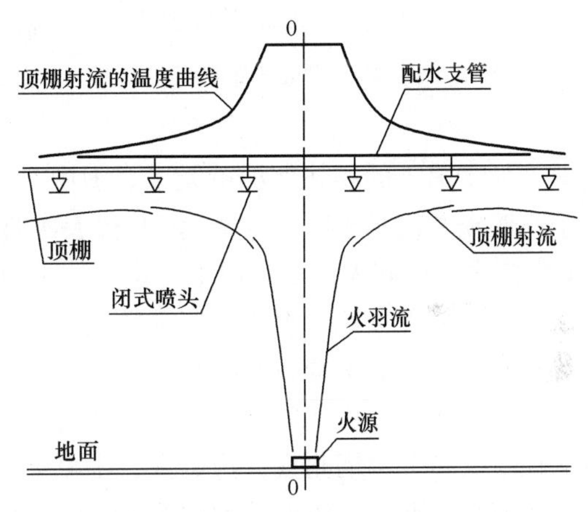

图 46-1　点火源的顶棚射流温度与流速曲线

图 46-1 表达了火灾初起时顶棚下的闭式喷头所在位置不同，所处的顶棚射流的温度与流速参数相差是很大的，处在高参数区的闭式喷头就会首先启动，而处在低参数区的闭式喷头就不会启动，这对闭式喷头的启动数量产生了决定性的影响。

当点火源的火羽流直冲顶棚后，会产生向四周水平流动的顶棚射流，顶棚射流水平流动时还要不断卷吸空气，其温度和流速会不断降低，所以在撞击中心原点 0 处顶棚射流温度最高，流速也最大，顶棚射流的温度和流速参数值就会是沿半径方向从急剧下降过渡到平缓降低，图 46-1 中仅标注了顶棚射流的温度曲线，顶棚射流的流速也有相似的规律分布。另外在以中心原点 0 为半径的圆周上各点顶棚射流的温度和流速的参数均是相同的，故该圆叫等参数圆。

顶棚射流是启动闭式喷头的物质，射流与闭式喷头之间是通过对流换热方式使闭式喷头的感温释放元件升温，当闭式喷头达到其动作温度后，喷头就会开放，显然，喷头开放的快慢取决于闭式喷头的感温释放元件升温速率和喷头的公称动作温度。我们知道，对流换热的升温速率取决于对流换热的效率，而换热的效率又取决于传热温差、传热面积、对流速度，当传热面积一定时，感温释放元件升温速率正比于传热温差和对流速度，当闭式喷头与顶棚射流进行对流换热时，射流的温度愈高，流速愈快则喷头的感温释放元件升温愈快，其开放时间愈早。根据顶棚射流的温度与流速分布特性可知：愈靠近火源撞击中心原点 0 附近的喷头愈能尽早开放，远离火源撞击中心原点的喷头就不可能开放。

通常民用建筑内的闭式喷头都是按矩形或正方形布置在顶板或吊顶下，守护着地面，每只喷头保护着一定面积的地面空间，这样顶板或吊顶下就形成了犹如是捕捉建筑火灾的“天网”，喷头就在“天网”的结点处，可以从“天网”中取出一个喷头的“保护单元”来分析喷头是如何被点火源启动的。

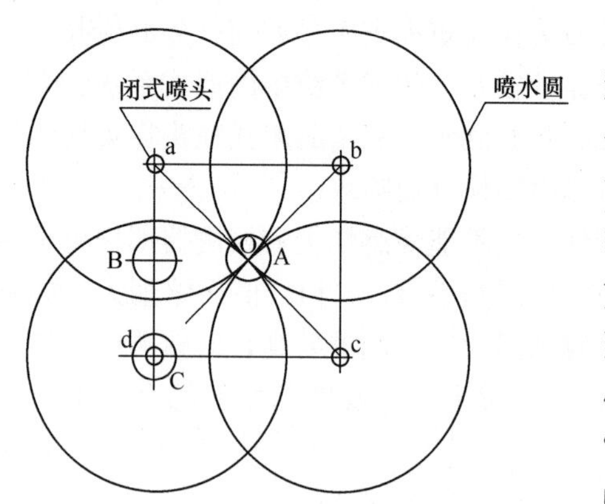

图 46-2　4 只喷头围成的矩形保护区

图 46-2 由 a、b、c、d 4 只喷头围成的正方形（或矩形）保护区图，正方形四个角上各有一只同规格同型号（喷头都具有同一热物理性能），同一安装方式的闭式喷头，它们开放洒水时，都有相同直径的喷水圆，且两两相切于正方形对角线交点 O，这样正方形面积内地面得到的洒水量正是一个喷头的喷水量。须知，图 46-2 4 只喷头围成的矩形保护区图是从喷头的“天网”中取出一个喷头的“保护单元”来分析喷头是如何被与这个矩形保护单元相关的点火源启动的，所以点火源必定在矩形保护单元范围内，如果点火源在矩形或正方形之外时，点火源又属于另外的相邻保护单元了，图中 A 代表最不利火源点，位置在正方形中心，火源中心距喷头的水平距离为最远；B 代表次有利火源，火源中心位于相邻两只喷头的中线上；C 代表最有利火源，火源中心位于喷头的正下方。

分析各类点火源对喷头的启动数量时，必须设定喷头开放后洒向地面的喷水强度能将火势控制住，继后不会再有喷头被启动；火源为地面固体可燃物的初始火源，最初都是点火源，点火源与喷头之间总存在相对位置关系。当点火源在房间内时，按照点火源在房间内的位置又可分为墙角火、边墙火、中央火三种。

当点火源在房间内的墙角位置时，叫墙角火，它能最先启动的喷头只有一只；当点火源在边墙时，叫墙边火，它能最先启动的喷头可以是一只或二只；当点火源在房间内的中央位置时，叫中央火，它能最先启动的喷头又有以下三种情况：

图 46-2 中 C 为最有利火源，火源位于矩形的某个喷头的正下方及其附近区域时，火源最先启动其正上方的那只喷头；

图 46-2 中 B 为次有利火源，点火源位于两只相邻喷头的连线的中垂线上或附近时，它能够最先启动的喷头有两个，也就是说对每一个火源来说，处于同一等参数圆上的喷头只有两个，只要火源在中垂线上的一定幅度内移动，火源最先启动的喷头就只有两个。

图 46-2 中 A 为最不利火源，点火源位于正方形对角线交点 O 上的一定范围时，该火源中心与 4 只喷头的水平距离相等，相对于其他火源而言，火源中心与喷头的水平距离为最远，火源对喷头的启动是最不利的，由于有 4 只喷头处于同一等参数圆上，所以火源最先能够同时启动的喷头为 4 只。而且四只喷头围成的矩形保护区得到的洒水量正是一只喷头的喷水量。

对于任一保护单元来说，按点火源与喷头的空间位置关系都可以将点火源简化为这三种类型，当然这三种类型的点火源并不是固定在一点上，而是在一定的范围内都能实现对喷头的启动。

综上所述，只要按规范的要求布置喷头时，一个保护单元内或一个房间内的点火源不论处于何种位置，它能启动的喷头数均为 1 个、2 个、4 个．这是大空间内的“中央火”类型的点火源对喷头的启动分析。

当然在小房间内时，如房间内只有一个喷头时，不论是中央火、边墙火、墙角火它们启动的喷头均为 1 个；如房间内只有 2 个喷头时，不论是中央火、边墙火、墙角火它们能最先启动的喷头可为 1 个或 2 个；如房间内只有 3 个喷头时，不论是中央火、边墙火、墙角火它们能最先启动的喷头可为 1 个或 2 个；如房间内，有 4 个喷头时，不论是中央火、边墙火、墙角火它们能最先启动的喷头可为 1 个或 2 个、4 个；当房间内的喷头数为 6 只、8 只、10 只……以上时，都可以把它们的喷头布置图形拆解为若干个像图 46-2 那样的“保护单元”，仍可以得出点火源能最先启动的喷头的最大数为 4 个，不可能有更多的喷头启动，除非是发生了轰燃或系统失效。

综上所述，只要喷头的选型、布置、安装维护都符合规范要求，建筑内发生固体火灾时，在点火源的条件下，最先开放的喷头都能控制住火灾，火灾中一次开放的喷头数都不会超过四只，在点火源条件下，如果最初应当及时开放的那几只喷头没能控制住火势，继后开放再多的喷头都无助于灭火，反而会造成更大的水渍损失。

在建筑火灾中，闭式喷头的启动数量还与闭式喷头的流量系数、响应性能、净空高度和可燃物的燃烧性能、可燃物的布置有关，比如在仓库中，特别是高架仓库中，由于现场条件与民用建筑差别很大，即使系统采用了早期抑制快速响应（ESFR）喷头，在火灾中响应开放的喷头可达 10 只以上，现行国家标准《自动喷水灭火系统 第 9 部分：早期抑制快速响应（ESFR）喷头》GB 5135.9—2018 按极限条件对这类喷头进行实体火灾试验时，开放的喷头数在 1～12 只之间，并以最大喷头动作数作为早期抑制快速响应（ESFR）喷头的检验合格条件之一，比如，采用 $K=161$ 直立型 ESFR 喷头在双排架储存标准塑料试验品时，在规定的试验条件下，进行 3 个实体火灾试验，在满足规定的抑制火灾条件下，每次试验中最大喷头动作数不允许超过一只。

美国《自动喷水灭火系统安装标准》NFPA 13 第 11.2.3.9 条规定，干式系统在设计时，应按国家认可的计算程序和方法计算系统的充水时间，计算时，系统开放的喷头数按火灾危险等级确定，最大开放数都不超过 4 只。

美国《Fire Surveyor》杂志 1976 年发表 A. C. Parnell 先生的文章称：在美国纽约市的 661 次民用建筑火灾中有 654 次是由喷淋系统开放而被控制住的，其中 624 次火灾开放的喷头数都不多于 4 个。

美国《博物馆、图书馆、宗教场所等文化资源保护规范》NFPA 909 B5.1.1.4 指出：在设有自动喷水灭火系统保护的建筑中，有 70%的火灾是在开放喷头数不超过 4 个的情况下被控制住的。

关于闭式喷头在火灾中的响应理论及动作时间计算可参见李念慈等编著的《自动喷水灭火系统——设备、设计、运行》一书。

46.2 闭式系统喷头开放后的管理

在火灾被基本控制住后，在没有确定现场可燃物不会复燃之前，闭式喷淋系统是不应当被关闭的，应当使系统处于伺应状态。

美国标准《消防队使用建筑自动喷水灭火系统和立管系统的推荐做法》NFPA 13E 对消防队在火场操作建筑自动喷水灭火系统，提出了基本程序和方法，其中要求消防队员在建筑火灾没有确认完全被扑灭前，不应关闭自动喷水灭火系统，应让系统持续充满水，保持戒备状态。对于开放后的自动喷水灭火系统，由于闭式系统开放喷头数量少，而且集中在火源附近区域，当火灾被控制住后，就有条件把开放的喷头用专用闭水夹子关闭，将喷水口堵闭，阻止水从开放的喷头流失，不妨碍火场检查，并节约用水，同时应使系统其余部分仍应保持戒备状态，而不允许把整个系统关闭。只有待火灾完全平息后，在确认自动喷水灭火系统已恢复正常工作状态，消防队才能撤离现场。当需要检修恢复自动喷水灭火系统时，业主应先制定检修恢复方案，呈报消防机构，并停止建筑的使用后，才能关闭系统并将系统检修恢复。图 46-3是闭水夹子示意图。

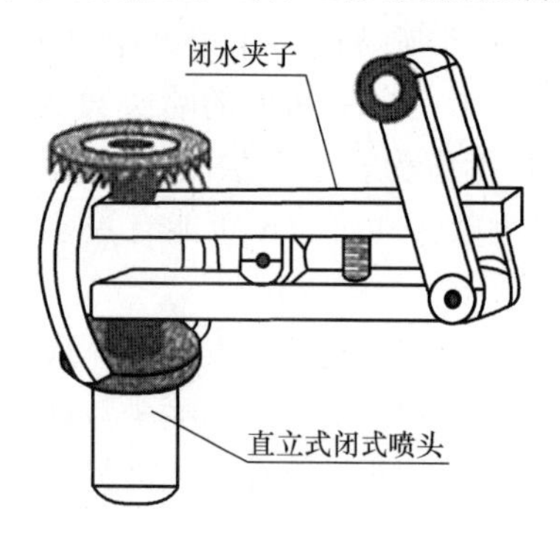

图 46-3 临时的喷头闭水夹子

美国标准这样做的目的，是不让在火场中开放的少数几只喷头继续洒水，既不妨碍火场清理检查，又能节约用水，能使系统其余部分仍保持工作状态，同时解决了消防队与业主之间消防责任的交接，把消防安全与节约用水的观念贯彻到了细微末节之处。

46.3 如果最初开放的几只闭式喷头没能控制住火势，继后开放再多的喷头都无助于灭火

为了说明“在点火源条件下，如果最初应当及时开放的那几只喷头没能控制住火势，继后开放再多的喷头都无助于灭火”，用图 46-4 由 25 只喷头保护的较大区域内三种类型火源对闭式喷头的启动情况分别予以证明，其中“如果最初应当及时开放的那几只喷头没能控制住火势”的含义是：

（1）最初应当能首先被启动的那几只喷头，没有受到顶棚射流的作用，喷头没有被及时启动，会使火灾得到发展。例如在顶棚射流的流动路径上有侧限的障碍物阻挡顶棚射流流到喷头处，或者在顶棚射流的路径上有格栅，使射流的烟气漏失，顶棚射流无法流到喷头处。

（2）最初应当能首先被启动的那几只喷头，虽然被启动，但地面上的火源得不到足够的喷水强度，会使火灾得到发展。例如，喷头虽被如数启动，但喷头洒水被遮挡，喷头洒水形态被破坏、喷头的工作压力不够、火源热释放速率超过预期、喷头之间间距不均，使喷头不能同时启动，首先启动的喷头数量不足以产生足够的喷水强度等，都会使火灾得到发展，继后虽有相邻喷头被延迟启动，但喷水强度已不满足发展后的火势需要。

图 46-4 中由 25 只闭式喷头保护的区域内，喷头按正方形布置，图中有三种火源模式，即每个喷头 r 正下方的最有利火源 C、喷头 l 和喷头 k 之间的次有利火源 B、4 只喷头

a、b、c、d 围合的正方形中心的最不利火源 A。

首先以喷头 r 正下方的最有利火源 C 为例，最有利点火源首先启动的应是喷头 r，若喷头 r 被遮挡不能启动，或它开放的洒水被遮挡不能在地面产生喷水强度，火源都将发展，从而造成周边的喷头 k、j、q、p 的相继开放，但这四支喷头的喷水圆都达不到火源中心，这时喷头 r 的下方区域仍是干区，火势将再发展，会启动周边更远的喷头，同样它们的喷水远离火源中心会更远，如此下去启动更多的喷头，都无助于灭火，最多将周边可燃物预湿，造成更大的水渍损失而已。

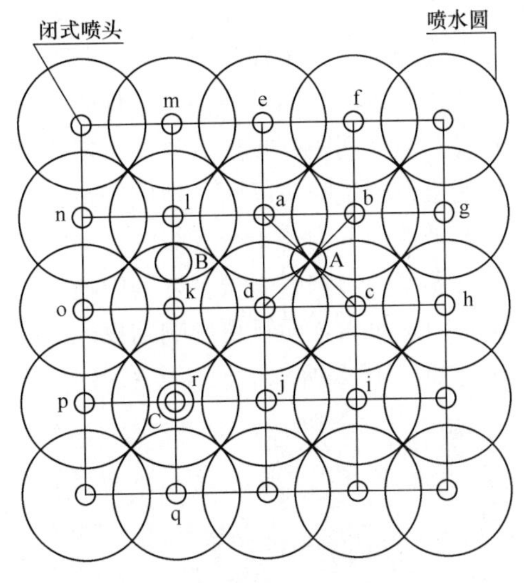

图 46-4　喷头保护的较大区域内三种火源对闭式喷头的启动

A—最不利火源；B—次有利火源；C——最有利火源

次有利火源 B 能最先启动的应是喷头 l 和喷头 k，若这两只喷头不能启动或不能如数启动或它们开放的洒水被遮挡不能在地面产生足够的喷水强度，火源都将发展，从而造成喷头 l 和喷头 k 周边的喷头开放，但这 6 支喷头的喷水远都达不到火源中心，这时喷头 l 和喷头 k 的下方区域仍是干区，火势再发展，将会启动周边更远的喷头，同样它们的喷水远离火源中心会更远，如此下去会启动更多的喷头，都无助于灭火，最多将周边可燃物淋湿，造成更大的水渍损失而已。

对于四只喷头 a、b、c、d 围合的正方形中心的最不利火源 A 来说，道理也是相同的，若这四只喷头不能启动或不能如数启动或它们开放的洒水被遮挡，而不能在地面产生足够的喷水强度，火势都将发展，从而造成周边的喷头 e、f、g、h、i、j、k、l 的开放，这 8 只喷头都处在以对角线交点为圆心的相同半径的圆上，顶棚射流的温度和流速都相同，能同时启动开放，但这 8 支喷头的喷水都远达不到 4 只喷头围合的正方形区内，这时正方形内的区域仍是干区，火势再发展，将会启动周边更远的喷头，启动的喷头更多，喷水远离火源中心会更远，像这样开放再多喷头也没有用。

从图 46-4 中由 4 只喷头（a、b、c、d）围成的矩形保护区图，还可以判定，A 为最不利点火源，如果最不利点火源启动了矩形保护区以外与 a、b、c、d 喷头相邻的其他喷头时，这些喷头的洒水不会到达“abcd 矩形保护区”内，因为每只喷头的喷水圆半径是相同的，每只喷头都固定地工作在自己的点位上，它们只响应自己保护范围内的早期火灾，它们开放后都把水洒在自己所在的保护区内，所以最不利点火源即使启动了矩形保护区以外的其他喷头时，其他喷头不会把水洒在别的喷头喷水圆之内，所以矩形保护区以外的其他喷头的洒水对最不利点火源的火势是毫无作用的，而且这时的火势已不是早期火灾的火势了。因此可得出这样的结论：在点火源条件下如果最初应当及时开放的那几只喷头没能控制住火势，继后开放再多的喷头都无助于灭火，而只能造成更大的水渍损失。

由此可知，当最初应当及时开放的那几只喷头没能控制住火势时，火势都将发展，火灾规模会超出预期，此后即使启动周边更多更远的喷头，由于它们的喷水远离火源中心会更远，启动再多的喷头都无助于灭火，这时火势已不是自动喷水灭火系统能够扑灭的了，火势失去控制，整个保护区的喷头都会被启动。这就是一只喷头失效会造成整个自动喷水灭火系统失效的原因。在国外，保险商对闭式喷头的安装要求特别严格，对喷头选型、安装方式、喷头间距、顶棚条件、可燃物荷载及放置状态等都必须要仔细逐个查看，并非常认真地检查测量喷头间距，他们知道一处疏忽会酿成大祸，在国外的自动喷水灭火系统按可靠度是被划分为若干个等级的，保险商必须按等级收取保费，可靠度愈好保险费愈低，系统可靠度的影响因素很多，其中喷头的选型和布置是重要因素之一。喷头的选型和布置不仅是消防投入，而且更影响到投入的有效性。笔者在美国的一家小旅馆客房拍摄到一张照片，如图 46-5 所示，该客房采用水平边墙型喷头保护，在喷头的下方有一个醒目标志，表示不允许把衣架挂在水平边墙型喷头的溅水盘上。该标志就表达了标准不仅要讲求消防投入，更要讲究消防投入的有效性，因为当有人把衣架挂在水平边墙型喷头的溅水盘上时，喷头在火灾时开放洒水，衣服会遮挡喷头的布水，使地面得不到规定的喷水强度而造成灭火失败，该标志保证了水平边墙型喷头在火灾时的及时响应和灭火性能。

图 46-5　水平边墙型喷头下方的醒目标志

闭式系统配水管网上安装的闭式喷头具有探测初起火灾、在火灾中自动开放和洒水三种功能，对于湿式系统和干式系统闭式喷头还具有启动报警阀组的功能，而预作用系统中由火灾自动报警系统的一组火灾报警信号和充气管道上压力开关动作信号，共同组成“与”门启动“预作用装置”的控制方式中闭式喷头开放，仅是启动报警阀组的条件之一，在闭式系统中由于每个报警阀组所能控制的喷头数在 500 只（干式系统），或 800 只（湿式系统、预作用系统）以内，因此一栋建筑内可能有多个报警阀组，而一组喷淋水泵就可以向若干个报警阀组供水，但建筑内只能按一处火灾考虑，所以一次火灾可最多开启 4 个闭式喷头、开放一组报警阀组、启动一台喷淋水泵，当火灾失控时开放的喷头就会有很多。

当空间高大，点火源的火羽流上升达不到顶棚时，火羽流就在卷吸空气上升的过程中被冷却，还没有到达顶棚就失去上升动力而停滞，顶棚下的闭式喷头是无法被启动的，当火势持续发展，火羽流具有更大的升腾动力而能到达顶棚，并使闭式喷头启动时，由于火源已超出了初起火灾的规模，喷头启动洒水也是无济于事的，因为洒水下落与火羽流接触时间长，水滴蒸发量大，使地面的喷水强度下降，难以灭火。

当然，如果保护场所是生产、使用、储存硝化棉、火胶棉、赛璐珞、硝化纤维、氯酸钾等固体危险物质时，由于这些物质燃烧传递迅速、火灾水平蔓延速度很快，或者空间高大的舞台火灾时，采用闭式系统保护就显得捉襟见肘，力不能及了，这时必须采用雨淋系统保护。

46.4　开式系统对火灾的响应

安装开式喷头的开式系统有雨淋系统和自动控制的水幕系统，它们的配水管网上安装的开式喷头只具有洒水功能，而没有探测初起火灾和启动报警阀组的功能，所以开式系统对火灾的响应是由火灾自动报警系统或由雨淋阀的传动喷头来完成。

雨淋系统和自动控制的水幕系统的火灾探测和雨淋报警阀组的启动，是由火灾自动报警系统完成（电探测启动），或由雨淋阀的传动喷头完成（充液传动或充气传动），系统雨淋报警阀组一经启动，该报警阀组配水管网上的开式喷头全部洒水，整个保护区地面都能达到规定的喷水强度，由于配水管网上安装的都是开式喷头（雨淋喷头或水幕喷头），所以一个雨淋报警阀组只能控制一个保护区的开式喷头，而且每个雨淋阀控制的喷水面积不能小于规定的作用面积（比如严重危险级为 260m²），若不在这样大的面积内同时喷水，就不足以控制住初起火灾，但也不宜过多地大于规定的作用面积，这样会产生过大的水渍损失，所以当一次火灾的保护区域面积大于规范规定的作用面积时，可设多组雨淋阀组以组合控制方式控制保护区域面积内的开式喷头，这时可将保护区域面积划分为多个喷水区域，每个喷水区域的面积不小于规定的作用面积，这样就需要在配水管上布置成对止回阀来实现多组雨淋阀组合控制一个配水管网。

如图 46-6 两组雨淋阀组合控制同一保护区域的接管方案，当保护区域面积超过了一组雨淋阀控制的喷头的作用面积时，应采用两组雨淋阀组合控制共同保护一个保护区域，既保证同一个保护区域能得到全面积的保护，又能保证每一组雨淋阀控制的喷头的作用面积不小于规定的作用面积，但也不会超过太多，其接管方案是将保护区域的 8 条配水支管，分为 A 区和 B 区，其中 A 区布置有为 1、2、3、4 四条配水支管，编号 A 雨淋阀为这四条配水支管供水、B 区布置有 3、4、5、6 四条配水支管，编号 B 雨淋阀为这四条配水支管供水，在配水管上设一组成对止回阀 A 和止回阀 B，其中 A 区雨淋阀从止回阀 A 的上游向 1、2、3、4 条配水支管供水，B 区雨淋阀从止回阀 B 的上游向 3、4、5、6 条配水支管供水，A 区与 B 区之间有公共搭接区，不管哪个区喷水，该公共搭接区都能喷水，避免搭接区出现干区。每台雨淋阀的设计流量按各喷头的流量之和分别计算，由一组雨淋泵向两组雨淋阀分别供水，雨淋泵的设计流量不小于其中设计流量最大的一组雨淋阀的用水量，采用这种接管方案时，初起火灾在规定的作用面积内是可控的，只要一次喷水面积不小于规定的作用面积，火灾就是可控的，规范并没要求雨淋系统的整个保护区必须同时喷水。

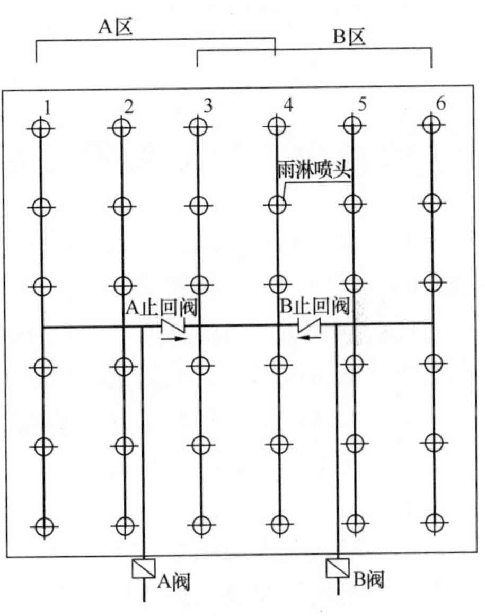

图 46-6　两组雨淋阀组合控制同一保护区域的接管方案

两组雨淋阀组合控制同一保护区域的接管方案，要求各区的火灾报警信号应能对应地控制本区域的雨淋阀组。

自动控制的水幕系统不论是防火分隔水幕，还是防护冷却水幕都是在长度方向上洒水，一个雨淋报警阀组或一个感温雨淋阀只能控制一处水幕喷头。

自动控制的水幕系统可采用雨淋报警阀组，较小的水幕系统也可采用感温雨淋阀控制。

对于同一类型的自动喷水灭火系统，尽管一栋建筑内可能有多个报警阀组，而一组喷淋水泵就可以向若干个报警阀组供水，但建筑内只能按一处火灾考虑，所以一次火灾可最多开启4个闭式喷头、开放一组报警阀组、启动一台喷淋水泵，当火灾失控时开放的喷头就会有很多。对于防火分隔和冷却防护的水幕系统，一栋建筑内可能有多个雨淋报警阀组，而一组喷淋水泵就可以向若干个雨淋报警阀组供水，但建筑内只能按一处火灾考虑时，着火防火分区可能有多处防火水幕，需要同时启动，所以一次火灾可能开放多组雨淋报警阀组，但启动的水幕泵为一台。

开式系统是在整个保护区内的规定的作用面积内，同时喷水的灭火系统，因此，在扑灭火灾以后应当将整个系统关闭。

47 解析火灾自动报警系统对喷淋系统的联动控制

消防联动控制系统属于火灾自动报警系统中的一个重要组成部分，其功能是接收火灾报警控制器发出的火灾报警信号，按预设逻辑直接或间接控制与其连接的各类受控消防设备，完成各项规定的消防功能。所以受控消防设备是指火灾时必须由消防联动控制系统发出联动触发信号，才能完成其消防功能的消防设备。当建筑内设有消防联动控制系统时，将这些消防设备的工作状态信息在消防联动控制柜上显示，甚至利用火灾自动报警系统来传输信息、对某些重要消防设备实施控制，有利于消防中心及时掌握消防设备工作状态也是合理的。

在自动喷水灭火系统中，系统的控制组件是报警阀组，按报警阀类型又分为：湿式报警阀组、干式报警阀组、雨淋报警阀组、预作用装置。其中，湿式报警阀组和干式报警阀组都是没有控制腔的，都无法接受外来的任何控制信号而动作，而且系统自身具有对火灾的探测能力，在火灾时它们能响应火灾而自行启动，这两个系统都可以不依赖火灾自动报警系统而独立存在的，所以它们在没有火灾自动报警系统的情况下，它们的灭火控制盘同样能完成自动灭火及控制消防泵的功能，在有火灾自动报警系统的情况下，灭火系统也可以通过消防联动控制系统传输系统信息、控制喷淋泵启动、集中显示设备工作状态等，也符合重要消防设备集中管理的原则。

在自动喷水灭火系统中，使用雨淋阀的系统，有可能是消防联动控制对象，这些系统中有的必须有火灾自动报警系统的报警信号参与才能控制启动系统的报警阀组，采用这种联动控制方式的喷淋系统就属于消防联动控制对象。

预作用系统和雨淋系统、自动控制的水幕系统都使用雨淋阀组来实现对系统的控制，而雨淋阀组的控制方式有多种，这些系统中，有的系统完全没有探测火灾能力，须由消防联动控制系统发出联动触发信号才能完成其消防功能，如电探测启动的雨淋系统；有的具有探测火灾能力，火灾时不需由消防联动控制系统发出联动触发信号，自己就能完成其消防功能，如由温感雨淋阀控制的水幕系统；有的系统自己虽能探测火灾，但火灾时必须有消防联动控制系统发出联动触发信号参与，才能实现其消防功能，如电探测启动的预作用系统。所以使用雨淋阀组的自动喷水灭火系统是否是消防联动控制对象，必须由系统自身是否有探测火灾能力，以及系统雨淋阀的开启是否必须有消防联动控制系统发出联动触发信号参与配合，才能实现其消防功能来判定。其中凡是必须由火灾自动报警系统火灾探测器的报警信号参与才能实现其消防功能的系统，都是消防联动控制对象。

（1）了解雨淋阀才能知道使用雨淋阀的系统动作原理

雨淋阀是一种自动供水控制阀，借助操作辅助机构的动作，可使阀瓣在瞬间开启，让洪水涌入阀腔进入配水管网，其阀板可以通过电信号控制电磁阀开启及手动机械开启或传动喷头释放开启，由于雨淋阀是能在手动或自动控制方式下，以一个启动动作就能瞬间全开的控制阀，它没有一个逐步开启的过程，一经开启无需排气，水流立即涌入配水管网，整个配水管网上的全部开式喷头立即洒水，非常适用于火灾时水平蔓延速度快，喷水必须覆盖全区域或严重危险级Ⅱ级的场所的保护。

雨淋阀作为一种自动供水控制阀必须具备的功能有：能自动接通水源、自动发出报警信号、阀板一旦打开不能自行复位、应能进行主排水试验和雨淋阀脱扣试验、阀组报警试验、阀组排水等。为此，雨淋阀还必须配置其他组件，用管路把组件与雨淋阀连接起来形成“雨淋阀组”，才能实现这些功能。

我国所使用的雨淋阀基本上是由水力操作的压差型自动供水阀，虽然雨淋阀在结构形式上有多种，但工作原理都是相同的。

图 47-1 是推杆式雨淋阀结构图。雨淋阀体被阀板及推杆控制机构隔离为 3 个腔室：即左侧面的传动腔（也叫控制腔）与传动管连接、阀板上面的系统侧腔与配水管网连接、阀板下面的水源侧腔与水源管道连接。当阀板关闭时，3 个腔室是相互隔绝的，当阀板开启后系统侧腔和水源侧腔是连通的。

图 47-2 是推杆式雨淋阀内部结构图，可帮助读者直观感性认识雨淋阀的工作原理，这是一个实体的推杆式雨淋阀，将阀体的 1/4 部分切削掉，暴露出阀体的内部构造，这是某学院教学用推杆式雨淋阀实体。可与图 47-1 配合阅读。

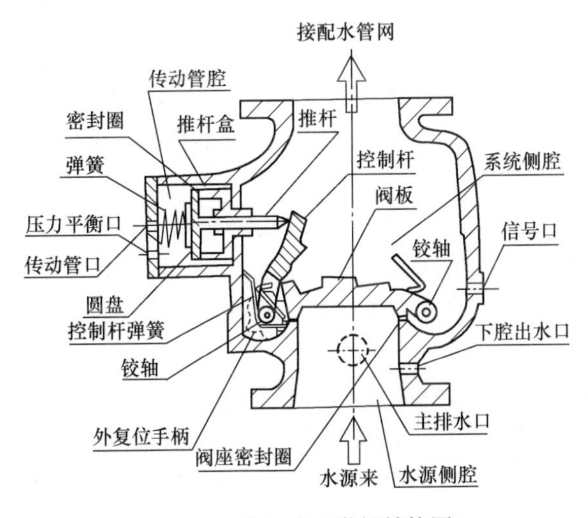

图 47-1 推杆式雨淋阀结构图

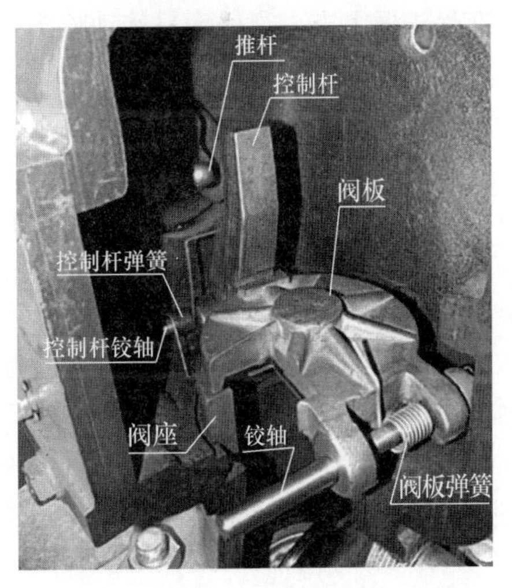

图 47-2 推杆式雨淋阀内部结构图

阀板在关闭状态下时被控制杆紧扣于阀座的密封圈上，而控制杆又被推杆顶住，控制杆就发挥了杠杆的作用，控制杆的下端固定于铰轴，使控制杆只能绕铰轴摆动，控制杆的上端又被推杆顶住，推杆的推力来源于控制腔的圆盘，圆盘在弹簧力和控制腔的水压力的共同作用下，将推杆推出顶住控制杆，控制杆是按杠杆原理设计的，其支点在铰轴，控制杆受到两个平行力的作用，一个是推杆作用于控制杆的锁紧力，另一个是阀板作用于控制杆的开启力，两力平行但方向相反，当两力作用于控制杆的总力矩为零时，控制杆维持平衡，这是一组支点（铰链）在动力点（推杆）和阻力点（压制阀板的力）一侧的省力杠杆，这组省力杠杆可以用很小的推杆顶力就可以获得很大的阻力来关闭阀板，使阀板压紧在阀座的密封圈上，保持密封，而且推杆力的很小变化就可以释放压制阀板的力，使阀板开启灵活。

当传动腔水压降低至启动点压力值时，推杆在阀板开启力矩的作用下，缩回传动腔，控制杆失去了锁紧力矩，不能维持平衡，控制杆绕铰轴向左偏转，将阀板释放，阀板在水源侧腔水压作用下开启，水流涌入系统侧腔，阀板开启后，控制杆在铰轴处的弹簧力作用下，向右偏转又顶住了阀板的向下回落，从而阻止了阀板自行复位。

虽然传动腔水压与水源侧腔水压相同，但推杆的圆盘面积比例地小于阀板与水接触的面积，所以推杆的锁紧力比例地小于阀板的开启力，为什么控制杆还能维持平衡？这是因为推杆的锁紧力的力臂长度比例地大于开启力的力臂长度，由于两力的力臂长度有一定的比例，所以推杆只需有较小的锁紧力就能维持杠杆平衡，又能使阀板与阀座间的密封垫圈获得足够的密封比压，使阀板关闭严密。

综上所述，推杆式雨淋阀的构造使雨淋阀具有以下几个特点：

1）传动腔（控制腔）水压降低至启动点压力值是雨淋阀开启的重要条件，使雨淋阀传动腔水压降低有多种办法，这些办法无非是使传动腔放水泄压将雨淋阀开启，一般都是从传动腔接出一根放水管（传动管），在放水管上安装手动阀门，作为应急操作启动雨淋阀用；另外再安装一只电磁阀，由电信号打开电磁阀放水泄压，这就是电信号控制及远程控制方式，另外还可从传动腔放水管接出传动管网，在传动管网上安装许多传动喷头，布置在保护区上方，当任一只传动喷头受热开放洒水，都会使传动腔放水泄压，阀板开启。

2）雨淋阀的系统侧腔上有一个信号口，是连接报警管路用的接口，报警管路上安装有压力开关、水力警铃及滴水球阀。所以这个接口是与大气相通的。为此雨淋阀只可以用于开式系统，不能直接用于预作用系统，当在预作用系统中使用时在雨淋阀的系统侧腔出口还应加装一只特殊单向阀，共同组成预作用装置。

3）雨淋阀的阀板开启后，不允许阀板自行复位，否则会使火场突然断水。在系统结束工作后，只能由人工通过操作阀体外的复位手柄使阀板复位。

雨淋阀组自动控制开启的方式就是使其传动腔自动放水降压，方法有以下两种，可根据需要选择其中的一种：

① 由电信号打开雨淋阀组传动腔的电磁阀放水泄压，启动雨淋阀；

② 采用传动喷头自动启动，按充注传动介质的不同，又分为充水传动和充气传动。

传动喷头自动启动方式是在火灾时传动喷头受热开放，喷洒充注的传动介质，会使传动腔泄压，从而使雨淋阀自动开启。采用传动喷头自动启动雨淋阀组的系统具有火灾探测能力，而且在传动喷头受热开放后能自动启动系统雨淋阀，在没有火灾自动报警系统的情况下系统也可单独存在。

现行国家标准《自动喷水灭火系统设计规范》GB 50084—2017 规定：雨淋阀的自动控制方式，可采用电动、液（水）动或气动。这 3 种自动控制方式的雨淋阀组组件构成、接管工作原理如下。

（2）电信号启动雨淋阀组的工作原理

图 47-3 是推杆式雨淋阀电信号启动接管工作原理，这是采用电信号打开雨淋阀传动腔接出的电磁阀放水，使传动腔水压降低，雨淋阀脱扣开启的方式，实现对雨淋阀的自动控制，该雨淋系统自身是没有火灾探测能力的，必须依赖火灾自动报警系统的报警信号才能启动雨淋阀组，它不可以独立存在。

电信号启动的控制模式的推杆式雨淋阀接管工作原理如下：

1）雨淋阀传动腔水压建立是由信号阀 1 上游水源管接出一条供水管道与传动腔进水口连接补水，使雨淋阀传动腔水压与水源管道水压相同，这条管道上安装有传动腔供水阀 5、过滤器 6、限流孔板 7、止回阀 13、压力表 8。止回阀 13 是防止传动腔的水在水源压力波动时回流到水源，造成传动腔压力波动；过滤器 6 是保证传动腔水质清洁，电磁阀内不进入过大的机械杂质，为此，传动腔出口的电磁阀入口处不需再设过滤器；传动腔供水阀 5 平时常开为传动腔供水；限流孔板 7 的作用是限量向传动腔补水，保证传动腔在电磁阀开启后，其泄出水量始终大于补入水量，使传动腔压力持续降低。这条补水管道不可由信号阀 1 下游水源管接出，也不能从雨淋阀水源侧腔出水管口接出，因为在雨淋阀检修后要使阀组投入工作，其前期应先关闭信号阀 1，先要向雨淋阀传动腔充水建立压力后，使雨淋阀阀板关闭，方能开启信号阀 1 向雨淋阀水源侧腔充水，如果这条补水管道由信号阀 1 下游水源管接出时，由于无法首先使传动腔建立水压，系统不能投入运行。

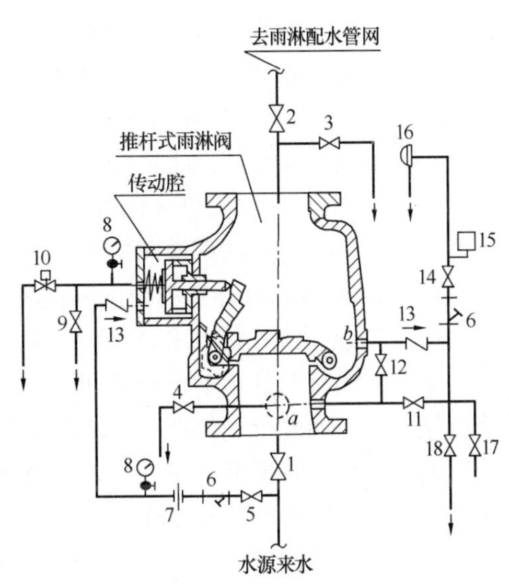

图 47-3　推杆式雨淋阀电信号启动接管原理图

1—水源信号阀；2—试验信号阀；3—试验放水阀；4—主排水阀；5—传动腔供水阀；6—过滤器；7—限流孔板；8—压力表；9—手动应急操作阀；10—电磁阀；11—试警铃阀；12—注水阀；13—止回阀；14—警铃消声阀；15—压力开关；16—水力警铃；17—辅助排水阀；18—自动滴水球阀

2）雨淋阀传动腔放水管是传动腔泄放水压用管，该管段上安装有电磁阀 10、手动应急操作阀 9。任一放水装置开放，都可使传动腔水压降低，使雨淋阀脱扣开放。其中电磁阀 10 就是电信号打开泄放传动腔水压的执行装置，它可由消防联动控制器的联动控制信号来自动打开，这是自动控制方式；也可以是由消防中心手动操作远程控制打开雨淋阀的方式，手动应急操作阀 9 是供现场手动操作打开雨淋阀用的。它们都是放水泄压，控制雨淋阀脱扣开放的装置。

须知，电磁阀 10 的开启，实际上是向电磁阀通电，使电磁阀线圈产生电磁力将电磁阀铁芯吸起，铁芯带动阀芯离开阀座，从而将水流通道打开，放水泄放传动腔水压，使雨淋阀脱扣开放。但向电磁阀发出控制信号使其通电动作的方式有两种，即由消防联动控制器的联动控制信号或消防联动控制柜（或自动灭火控制盘）远程手动操作控制方式，前者是自动控制方式，一定是雨淋系统没有探测火灾的能力（比如传动腔没有接出传动喷头），必须由火灾自动报警系统的报警信号才能启动；后者是消防中心远程手动控制方式，不论系统有没有探测火灾的能力，凡采用雨淋阀的系统都必须具有这种控制方式。

3）图 47-3 推杆式雨淋阀电信号启动接管原理图中，从雨淋阀阀板上面的系统侧腔信号口接出一条报警管路、该报警管路上安装有止回阀 13、压力开关 15、水力警铃 16、警铃消声阀 14、过滤器 6，在排水管路上还有自动滴水球阀 18、辅助排水阀 17，当雨淋阀阀板开启后，有一股水流流入报警管路，使压力开关 15 动作，向系统灭火控制盘或消防联动控制柜发送动作信号，并联锁启动喷淋泵；水力警铃 16 在水流冲击下发出警铃声，警铃消声阀 14 平时常开，在雨淋阀水力警铃 16 发出讯响后，可手动关闭警铃消声阀 14 以消声；过滤器 6 保证流向水力警铃的水质是清洁的，以免堵塞喷嘴；止回阀 13 是防止试警铃阀 11 开启后，水流进入雨淋阀的系统侧腔，保证平时对水力报警装置的正常试验。

另外还有一段管道从雨淋阀的水源侧腔出水口接出一段管道与报警管路连接，管段上安装有试警铃阀 11，打开它利用雨淋阀的水源侧腔的水冲击水力警铃，进行报警装置试验，另接一段管与信号口出水管连接，管段上安装有注水阀 12，是平时向雨淋阀阀板面注入少许水，使阀板及其运动机构长期浸没在水中，以防止接触界面上的外来沉积物硬化，以使机械的工作间隙得到保证；在排水管路上还有自动滴水球阀 18，在平时的低水压下它是开启的，自动排除报警管路余水，当阀板开启或试验水力警铃时，它又在高水压下自动关闭，保证报警管路的正常工作与试验，另设有辅助排水阀 17。

4）由于雨淋阀的电磁阀阀芯的运动和密封需要，进入阀体的水应无机械杂质，故应在电磁阀入口处加装一只过滤器，如果在水源向传动腔的补水管道上已加装了过滤器时，传动腔出口管上的电磁阀入口前就可不再加装过滤器。

5）雨淋系统是开式系统，为了在平时能对雨淋阀组进行雨淋阀脱扣试验、阀组报警试验等一系列动作试验，以检验雨淋阀组动作的可靠性，必须在雨淋阀出口的配水管上安装试验信号阀 2 和试验放水阀 3，保证在试验时水不会进入配水管网，而平时试验信号阀 2 又能保持全作开。这是必不可少的。

图 47-4 是推杆式雨淋阀电信号启动接管原理图，图中推杆式雨淋阀传动腔接出的传动管上的电磁阀和现场手动阀，其中电磁阀是由电信号开启，电信号是由火灾报警控制器的联动控制单元发出，电信号可以是由报警单元的火灾报警信号产生；也可以是联动控制单元远程手动产生。

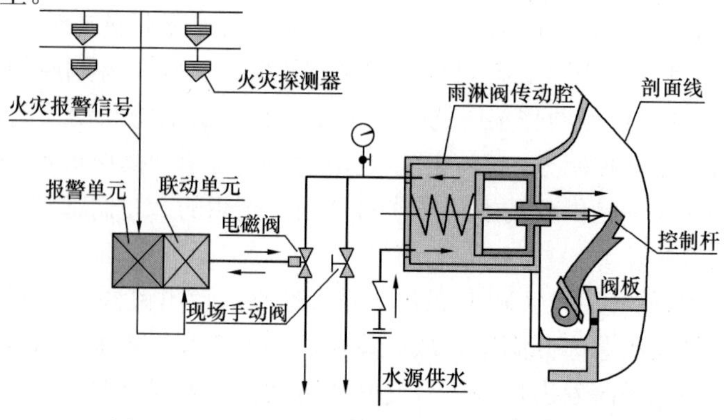

图 47-4　推杆式雨淋阀电信号启动接管原理图

48 预作用系统的自动控制方式解析

我国预作用系统的自动控制方式应严格按《自动喷水灭火系统设计规范》GB 50084—2017 的规定执行。该标准对预作用系统的术语定义是：准工作状态时，配水管道不充水，发生火灾时，由火灾自动报警系统、充气管道上的压力开关联锁控制预作用装置和启动消防水泵，向配水管道供水的闭式系统。

48.1 系统的“预作用装置”

预作用系统也使用雨淋阀，但由于预作用系统是闭式系统，为了系统控制需要，其配水管网充注有压气体，而雨淋阀的系统侧腔的信号口又是直通大气的，所以预作用系统不能直接使用雨淋阀，而必须在雨淋阀出口加装一个具有多种功能的气用单向阀，平时将充气的配水管网和雨淋阀隔绝，才能保证配水管网能充注有压气体，因此雨淋阀和具有多种功能的气用单向阀就共同组成了“预作用装置”。

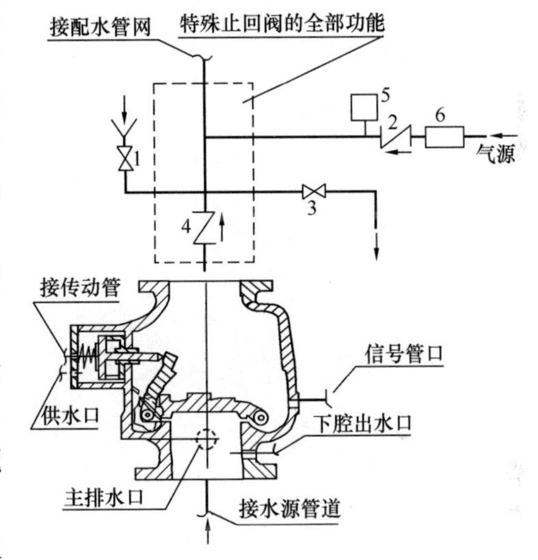

图 48-1 “预作用装置”组成示意图

1—注水阀和漏斗；2—充气管道上的气用单向阀；3—水位控制阀；4—配水管道上的气用单向阀；5—压力开关；6—气源调压装置

图 48-1 表达了“预作用装置”除具有雨淋阀的全部功能外，还具有以下多种功能：

（1）止回阀 4，具有气密性能的单向阀功能，只允许介质从雨淋阀流向系统配水管网，当雨淋阀开启后单向阀也自动开启向系统配水管网供水；

（2）为气源调压装置 6 提供向系统配水管网充注压缩空气的接管口；

（3）为阀 1 及漏斗提供充注底水的接口，为了保证单向阀在充气条件下保持密封，使单向阀运动部件不发生粘着，不会因为冷凝水沉积物在动作机构上沉积“硬化”，必须适时向阀板上方充注密封用底水，而且应能控制底水充注量，故在单向阀体上有底水充注口，其接管上有注水阀和漏斗、水位控制阀；

（4）当灭火完成后应能将系统管网内的余水放尽，使系统恢复到伺应状态，为具有排水功能的阀 3 提供接口。

多种功能气用单向阀，也可以采用湿式报警阀替代。

48.2 预作用系统的自动控制方式

预作用系统的控制方法决定了“预作用装置”的组件构成，为了满足使用要求，英国 spraysafe 公司的产品有 5 种控制方法，适合于不同的现场需要。

我国规范对“预作用装置”的控制方式规定应由火灾探测器、闭式喷头作为火灾探测元件分别启动系统，这里的“启动”是指在自动方式下，火灾探测元件的信号使“预作用装置”开启，消防泵向系统供水的一系列动作过程，通常采用下述两种自动控制方式：

1）仅由火灾自动报警系统的一组火灾探测报警信号联动控制开启，该信号应联动启泵，并打开配水管网快速排气阀入口处的电动阀，适用于准工作状态时严禁误喷的场所；

2）由火灾自动报警系统的一组火灾报警信号和充气管道上压力开关动作信号，共同组成“与”门，只有在两组信号都到达之后，才能发出启动“预作用装置”的控制信号，同时联动启泵，并打开配水管网快速排气阀入口处的电动阀，适用于准工作状态时严禁管道充水的场所和用于替代干式系统的场所。

（1）仅由火灾自动报警系统的火灾报警信号联动开启“预作用装置”的自动控制方式

仅由火灾自动报警系统的一组火灾报警信号联动控制开启“预作用装置”的系统工作原理见图 48-2。

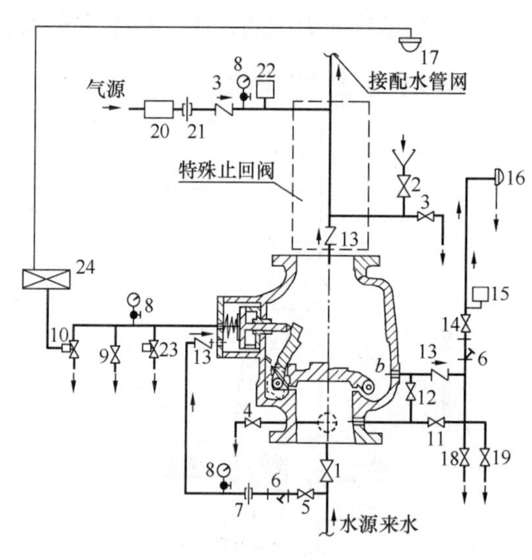

图 48-2 由火灾报警信号联动控制开启“预作用装置”

1—供水信号阀；2—注水阀及漏斗；3—放水阀；4—主排水阀；5—传动腔供水阀；6—过滤器；7—限流孔板；8—压力表；9—手动应急操作阀；10—自动控制用电磁阀；11—试警铃阀；12—注密封水阀；13—气用止回阀；14—消声控制阀；15—报警阀压力开关；16—水力警铃；17—火灾探测器；18—自动滴水球阀；19—辅助排水阀；20—气源调节装置；21—气用限流孔板；22—低气压压力开关；23—远程手动控制电磁阀；24—火灾报警控制器

该系统在伺应状态下其配水管网为干式管网，这可以避免充水时喷头意外开放而误喷水，在发生火灾时，火灾探测器必须先于喷头动作，火灾探测器先发出火灾报警信号，火灾报警控制器向消防联动控制器或灭火控制盘发出联动触发信号后，消防联动控制器向灭火控制盘发出联动控制信号启动自动控制用电磁阀 10，使传动腔降压，雨淋阀开启，并打开配水管网快速排气阀入口处的电动阀，当自动控制用电磁阀 10 启动后，将传动腔的水排出，使传动腔压力降低，当传动腔压力降低到启动点压力值时，雨淋阀脱扣开启，水流涌入雨淋阀的系统侧腔，顶开雨淋阀的出口气用止回阀 13，进入系统配水管网，系统配水管网边进水边排气，使干式管网转换为湿式管网，这时系统配水管网的闭式喷头没有开放，等待火灾进一步发展，闭式喷头才开放，由于配水管网内已预先充满了水，所以喷头开放立即洒水。

该系统的自动启泵方式仍应采用报警阀压力开关的动作信号直接联锁启泵，只有报警阀压力开关的动作信号，才能表达“预作用装置”已开启，启泵是适宜的。

这种自动控制方式的预作用系统是由火灾报警信号联动控制开启“预作用装置”，当火灾报警后，自动控制用电磁阀 10 启动，系统的排气充水在前，这时如人工将火扑灭，喷头不会开放，而仅是系统充水；平时若喷头误喷，由于“预作用装置”没有开启，也不会洒水，由于系统的预充水排气与喷头开放洒水不连贯，所以对该系统没有充水时间和系统容积的限制，但要求火灾探测器必须在闭式喷头开放之前先动作。

系统中远程控制电磁阀 23 是供消防中心远程操作控制预作用装置用的，实际上它表达的是控制用电磁阀 10 的另一个功能，因此它们可以是一个电磁阀的两种控制功能。

(2) 信号双联自动控制的预作用系统

图 48-3 是信号双联控制的预作用系统示意图，它就是规范规定的：由两组信号双联锁控制的预作用系统，该系统由火灾自动报警系统的一组火灾探测器报警信号和充气管道上压力开关动作信号，共同组成“与”门，只有两组信号都到达，才能向电磁阀 10 发出控制信号，使传动腔降压，雨淋阀开启，同时联锁启泵，并打开配水管网快速排气阀入口处的电动阀。系统中任何一组信号出现，都不能单独打开 10 电磁阀，所以单一的喷头误喷和火灾探测器误报，“预作用装置”都不会开启，从动作原理可知：该系统的报警信号有两个，一个是火灾探测器报警信号，另一个是充气管道上压力开关动作信号，该信号是闭式喷头开放后喷气，虽然气源仍向管网补气，但气用限流孔板 21 限制了补气量，从而造成配水管网气压降低，使低气压报警压力开关 25 动作，发出低气压报警信号。该系统在电磁阀 10 开启后，配水管网没有预先充水的过程，配水管网的充水——排气——喷水动作是连贯进行、一气呵成的，这与干式系统开放过程相似，因此必须控制系统的排气充水时间，所以对该系统有充水时间和系统净容积的严格限制。另外，两组信号中的一组一定是火灾探测器（感烟探测器、感温探测器）报警信号，而不应是手动报警按钮的报警信号。同样，系统中 23 远程操作控制的电磁阀是供消防中心远程手动操作控制预作用装置用的，实际上它表达的是自动控制用电磁阀 10 的另一个功能，因此它们可以是一个电磁阀的两种控制功能。

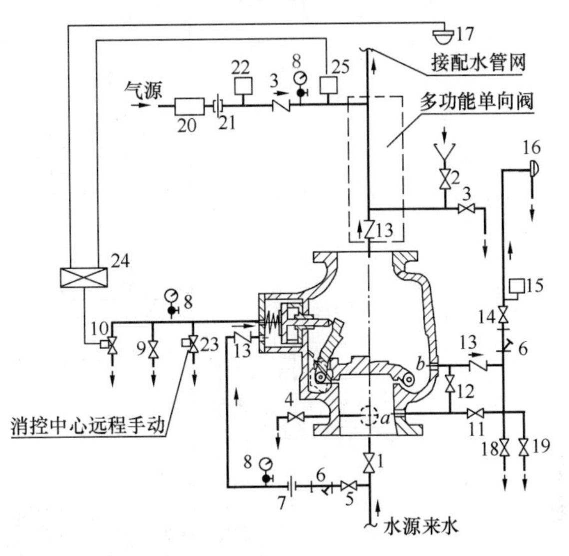

图 48-3 信号双联控制的预作用系统示意图

1—供水信号阀；2—注水阀及漏斗；3—放水阀；4—主排水阀；5—传动腔供水阀；6—过滤器；7—限流孔板；8—压力表；9—手动应急操作阀；10—电磁阀；11—试警铃阀；12—注密封水阀；13—气用止回阀；14—消声控制阀；15—报警阀压力开关；16—水力警铃；17—火灾探测器；18—自动滴水球阀；19—辅助排水阀；20—气源调节装置；21—气用限流孔板；22—气源压力开关；23—远程操作控制的电磁阀；24—火灾报警控制器；25—低气压报警压力开关

需要注意的是，系统中闭式喷头开放的低气压报警压力开关 25 与气源压力开关 22 是不同的，低气压报警压力开关 25 信号是闭式喷头开放后的低压报警信号，而气源压力开关 22 信号是维持气源压力稳定用。

(3) 重复启闭预作用系统

图 48-4 重复启闭预作用系统的“预作用装置”也是雨淋阀和多功能单向阀共同组成，但它的雨淋阀必须采用没有防复位装置的雨淋阀。角型雨淋阀在接管时如不配置防复位装

置，就是具有自动复位功能雨淋阀。

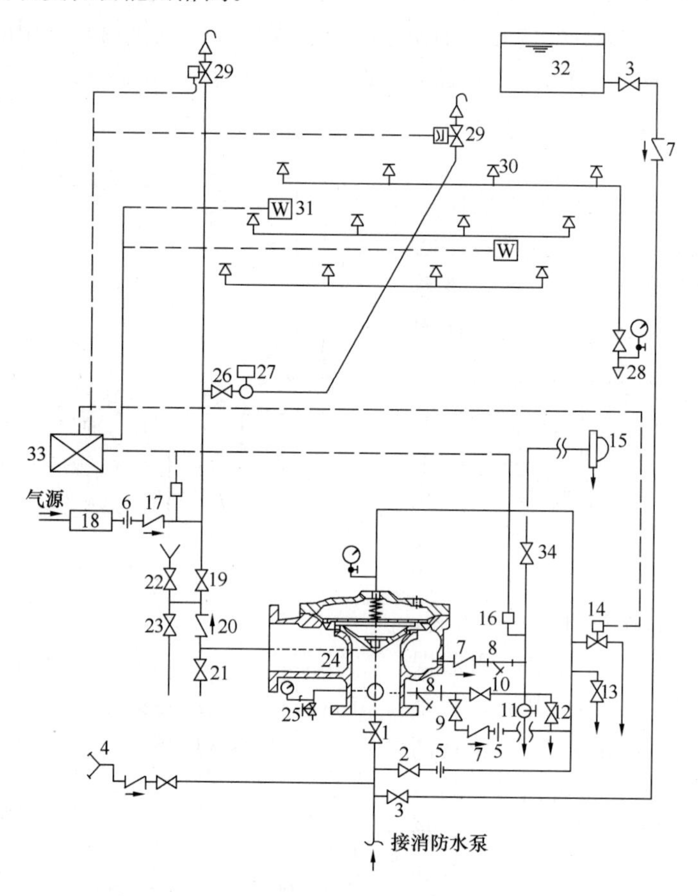

图 48-4 重复启闭预作用系统

1—水源信号阀；2—启动注水阀；3—水箱供水阀；4—水泵接合器组；5—节流孔板；6—气用节流孔板；7—水用止回阀；8—过滤器；9—传动腔供水阀；10—试警铃阀；11—自动滴水球阀；12—辅助排水阀；13—手动应急操作阀；14—电磁阀；15—水力警铃；16—压力开关；17—低气压压力开关；18—气源稳压装置；19—试验信号阀；20—专用止回阀；21—放水阀；22—密封注水阀；23—溢流阀；24—自动复位角型雨淋阀；25—主排水阀；26—信号阀；27—水流指示器；28—末端试水装置；29—电动排气阀；30—闭式喷头；31—循环感温探测器；32—高位消防水箱；33—报警控制盘

重复启闭预作用系统由隔膜式角型雨淋阀组、多功能单向阀、末端试水装置、快速排气阀组、水流指示器、气源供给压力调节装置、低气压压力开关、信号阀、电动排气阀等构成。

重复启闭预作用系统是在预作用系统的基础上赋予系统重复启闭功能而设计的，一般预作用系统的闭式喷头和雨淋阀动作后，只要人不去关闭水源，水会持续喷下去，即使火场的火被扑灭，系统仍会持续喷下去，因而水渍损失很大。而重复启闭预作用系统则不同，它可根据火场温度变化，及时关闭或开启雨淋阀，当火场又复燃后，它又能根据火场温度升高，及时开启雨淋阀，因而水渍损失很小，所以它又叫作循环自动喷水灭火系统，主要用于火场可燃物存在复燃倾向，火灾扑灭后需要及时关闭系统，但当火场复燃后系统又必须自动开放的场合，如卷纸等储存场所。

重复启闭预作用系统构成与预作用系统基本相同，配水管网也是充气的，火灾时也是预先将系统由干式转换为湿式，只是重复启闭预作用系统必须使用具有自动复位功能的隔膜式角型雨淋阀，该阀具有自动复位功能，只要雨淋阀传动腔压力上升，雨淋阀就会自动关闭，当雨淋阀传动腔压力下降，雨淋阀又会自动开启，因此只要能根据火场温度变化，自动关闭或开启雨淋阀传动管上的电磁阀 14，就能使传动腔压力升高或降低，雨淋阀也就会自动关闭或开启。为了自动控制雨淋阀传动腔接出的电磁阀 14，人们在保护区上空布置安装了用于监视火场温度变化的循环式感温探测器 31，可选择需要的动作温度，如 60℃、71℃、88℃、107℃，但循环式感温探测器的动作温度必须与闭式喷头 30 的公称动作温度相匹配，应略低于闭式喷头的公称动作温度，例如当闭式喷头 30 的公称动作温度为 68～73℃时，循环式感温探测器 31 的动作温度应为 60℃，当火灾温度上升到 60℃以上时，只要有一只循环式感温探测器 31 动作，信号送到消防控制中的报警控制柜 33，发出自动打开雨淋传动管上的电磁阀 14 的控制信号，电磁阀 14 排水，使自动复位角型雨淋阀 24 传动腔排水降压，自动复位角型雨淋阀 24 开启，水流向系统配水管网，使管网预充水，当火场温度升高闭式喷头 30 感温动作后，闭式喷头开放喷水灭火，使火势得到控制，当火场温度下降到 60℃以下时，如所有循环感温探测器 31 都发出降温信号，送到报警控制柜 33，告知可关闭自动复位角型雨淋阀 24，为安全起见，需要通过延时 1min 以上（可调）才可下达关闭雨淋阀的电磁阀 14 的指令，当雨淋阀电磁阀 14 关闭后，雨淋阀的传动腔停止了排水，而限量节流孔板 5 一直在向雨淋阀传动腔补水使传动腔压力升高，当传动腔水压与雨淋阀水源腔水压平衡时，隔膜式角型雨淋阀将自动复位，使角形雨淋阀关闭，系统停止喷水。继后，如果火场又发生复燃，火场温度上升到 60℃以上时，任一只循环感温探测器动作，发出电信号，就可把雨淋阀电磁阀 14 打开，又能使雨淋阀开启，系统又喷水，如此反复循环。

在隔膜式角型雨淋阀开启后其压力开关 16 的动作信号应能启动喷淋水泵和排气阀入口处的电动排气阀 29，以便排气充水。电磁阀 14 还能由报警控制柜 33 远程手动操作启动。

另外特别要注意的是，所有预作用系统，因配水管网平时充注有压气体，所以在系统主立管顶部不能安装自动排气阀，而只能安装电动阀和排气装置，所以在系统灭火完成后检修放水时，必须先打开电动阀后，才能进行系统排水，否则在系统排水时会产生真空，可能损坏管网。

重复启闭预作用系统的造价高，原因在于保护区应按厂家规定的间距布置循环感温探测器，由于循环感温探测器在火灾中要继续发挥作用，所以一方面采取把循环感温探测器靠近闭式喷头附近安装，一般采取与喷头相距 300～450mm 之间的措施，以便在火灾时循环感温探测器可得到喷头保护。另一方面循环感温探测器也应具有耐高温特性，可循环动作的感温探测器能在 816℃高温下工作 2min，反复 5 个循环能正常工作，在 426℃高温下能持续正常工作，循环感温探测器有一个金属防护罩，用 454℃低熔点合金与感温探测器焊接为一体。尽管这样，循环感温探测器也会在火灾时损坏，火灾后当发现循环感温探测器的金属防护罩脱落后，应另换新的循环感温探测器，另外火灾信号传输线路也应能在火灾条件下正常工作，一般应选在 816℃高温下能正常工作的耐火电缆，并按要求保护和敷设。

重复启闭预作用系统的特点是循环感温探测器能根据火场温度的循环变化，适时循环发出报警信号，控制柜能循环控制电磁阀开启或关闭，隔膜式角型雨淋阀也将循环地开启

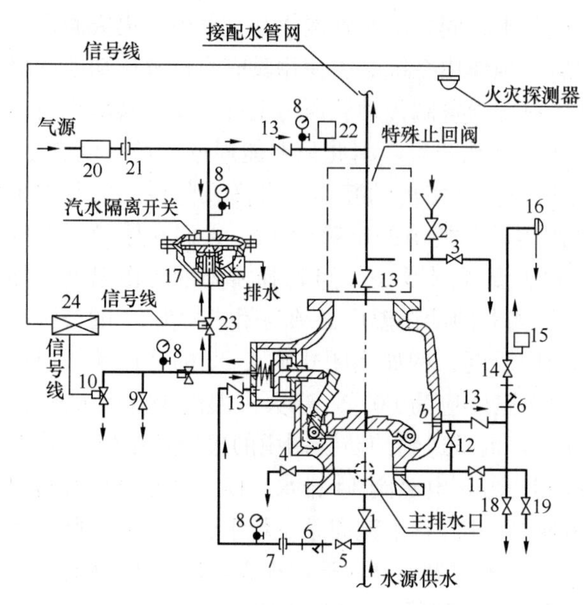

图 48-5 设备双联控制的预作用系统示意图

1—供水信号阀；2—注水阀；3—放水阀；4—主排水阀；5—传动腔供水阀；6—过滤器；7—限流孔板；8—压力表；9—手动应急操作阀；10—远程操作控制电磁阀；11—试警铃阀；12—注密封水阀；13—水用止回阀；14—消声控制阀；15—报警阀压力开关；16—水力警铃；17—汽水隔离开关；18—自动滴水球阀；19—辅助排水阀；20—气源调节装置；21—气用限流孔板；22—气源压力开关；23—由火灾探测报警信号控制的电磁阀；24—火灾报警控制器

或关闭，这个系统特别适用于有复燃倾向或希望控制水渍损失的场所。

（4）设备双联自动控制的预作用系统

图 48-5 所示设备双联控制的预作用系统示意图，是国外常用的系统，通常叫设备双联预作用系统，它把由火灾探测报警信号控制的由火灾探测报警信号控制的电磁阀 23 与汽水隔离开关 17 两个组件首尾串接在系统配水管网的充气管道与传动腔出水管之间，在伺应状态下由于充气管道的气压使汽水隔离开关 17 保持关闭，而串接在汽水隔离开关水室的由火灾探测报警信号控制的电磁阀 23 也是关闭的，当火灾探测器报警后，一组信号作用于由火灾探测报警信号控制的电磁阀 23，使电磁阀开启，水进入汽水隔离开关水室，但由于电磁阀开启后的放水通道必须经汽水隔离开关的排水室流出，当汽水隔离开关仍然关闭时，开启的电磁阀无法放水，不能使传动腔泄压，“预作用装置”不会开启，继后，需要等待火灾进一步发展，闭式喷头才开放喷气，使汽水隔离开关气室降压，由于电磁阀先开启，传动腔水压作用于汽水隔离开关的阀芯，故将阀芯顶起，汽水隔离开关打开，使传动腔的水自动从汽水隔离开关的排水腔排出，造成雨淋阀控制腔水压降低，当传动腔压力降低到启动点压力值时，雨淋阀脱扣开启，水流涌入雨淋阀的系统侧腔，顶开雨淋阀的出口水用止回阀 13，水流进入系统配水管网。这种控制方式的启动过程与图 48-3 所示信号双联控制的预作用系统相似，配水管网的充水——排气——喷水也是连贯的，一气呵成的，因此必须控制系统的排气充水时间，对该系统有充水时间和系统净容积的严格限制。不同的是该控制方式，纯粹是把由火灾探测报警信号控制的电磁阀 23 与汽水隔离开关 17 两个作为设备，将它们首尾相接串联，共同控制雨淋阀控制腔的水压，只有串联的两个设备都动作开启，雨淋阀控制腔的水压才能降低，预作用装置才启动，从逻辑上看，这是双设备的“与”逻辑控制方式，而信号双联控制方式则是两组报警信号的“与”逻辑组合控制，因此它们是较为可靠的控制方式，关键是设备双联的控制方式能控制预作用系统配水管网不要过早充水。

信号双联控制的预作用系统和设备双联控制的预作用系统都是为了严格控制系统配水管网在火灾自动报警系统发出报警信号后，不要过早地向系统配水管网充水，希望系统预作用装置动作后，配水管网的充水——排气——喷水连贯进行，这对于保护区平时环境温度过低

(冷库)或过高(烘房)的场所特别适用,可以防止过早充水产生冰冻或汽化。这两种控制方式在应用时应严格控制系统规模(如配水管网净容积),并保证充水时间不大于60s。

我国规范中的预作用系统采用的自动控制方式都是必须依赖火灾自动报警系统的火灾探测报警信号才能启动系统报警阀组的,因此它们都是消防联动控制对象。

自动控制的水幕系统通常也采用雨淋阀组对系统进行控制,而小型水幕系统可采用小型温感雨淋阀控制,水幕系统不参与直接灭火,而是用于形成一种水幕,实现防火分隔或配合冷却金属防火卷帘,按水幕系统的控制方式可分为手动控制的水幕系统和自动控制的水幕系统。

48.3 预作用系统不能采用的错误控制方式

"一只火灾感烟探测器报警信号与一只手动火灾报警按钮动作信号共同作为'与'逻辑火灾确认信号启动预作用阀组"的控制方式是错误的。

把火灾探测器报警信号和手动报警按钮动作信号共同按"与"逻辑组合启动预作用阀组是不符合现行国家标准《自动喷水灭火系统设计规范》GB 50084—2017要求的。

该规范规定的两种自动控制方式,就完全排除了手动火灾报警按钮动作信号参与作为"与"逻辑火灾确认信号来启动预作用阀组的联动方式,现对规范要求的控制方式解读如下:

(1)对于严禁误喷的场所,宜采用仅有火灾自动报警系统直接控制的预作用系统,该系统是由火灾自动报警系统的火灾报警信号使系统预作用装置动作,配水管网预先排气充水,使系统由空管变为湿式,等待闭式喷头开放;

(2)对于平时严禁管道充水的场所和用于替代干式系统的场所,宜由火灾自动报警系统和充气管道上设置的压力开关控制的预作用系统,即信号双联控制方式的预作用系统,该系统是由火灾自动报警系统的火灾报警信号和充气管道上设置的压力开关动作信号的"与"逻辑组合,生成控制信号,使系统预作用装置动作,使配水管网充水——排气——喷水动作连贯进行,这与干式系统开放过程相似,适用于火灾发生时,不希望配水管网过早充水的场所,为了控制系统及时喷水,必须控制系统的排气充水时间,严格限制系统净容积。

在我国规范规定的预作用系统自动控制方式中,自动控制的信号源是火灾探测器和充气配水管道上的压力开关,它们都是自动触发信号,都是自动生成的。如图48-3所示,充气管道上设置的低气压报警压力开关25,只有在配水管网上的闭式喷头感温开放后使管网气压降低,低气压报警压力开关25才能动作,所以低气压压力开关的动作信号仅表达了闭式喷头已经开放(但不一定是火灾的感温开放,也可能是损坏),然而由于预作用装置并没有因这个信号而打开,所以配水管网并不能充水,闭式喷头开放只能喷气。

在仅由火灾自动报警系统的火灾报警信号联动开启"预作用装置"的预作用系统(电探测启动预作用系统)中,火灾自动报警系统的报警信号是自动启动预作用装置的重要条件,因此要求与之配套的火灾自动报警系统应能有效地探测初期火灾。该预作用系统配水管道在平时是不充水的,预作用阀组保持关闭状态,当发生火灾时利用火灾探测器的热敏性能优于配水管道上的闭式喷头的优势,能尽快发出火灾报警信号打开预作用阀组,使系统配水管道尽快充水,确保系统在闭式喷头尚未开放前由干式转变为湿式。

现行国家标准《自动喷水灭火系统设计规范》GB 50084—2017给出的图3电探测启动预作用系统的示意图中的感烟探测器和感温探测器就是火灾自动报警系统的自动报警触

发装置，由于感烟探测器和感温探测器在火灾中的响应速度都快于系统配水管网上的闭式喷头，所以用它们各自的报警信号使“与”门电路导通，发出启动预作用阀组的联动触发信号，使预作用系统由干式转变为湿式，待系统配水管网上的闭式喷头随火场升温而开放后，喷头能及时洒水灭火，这里采用的感烟探测器和感温探测器的“与”逻辑联动触发信号，自动启动预作用系统（电探测启动）是安全可靠的。因为固体火灾早期阴燃产物的烟能很快使感烟探测器响应，其响应时间比闭式喷头早 2min 以上，一般认为感烟探测器响应时间都不会超过 110s，而感温探测器和闭式喷头都是在明火点燃后的顶棚射流中响应的，而感温探测器响应时间平均比闭式喷头早，其中闭式喷头的响应时间通常不会大于 300s，而且感温探测器的误动作率比感烟探测器小许多，所以规范采用感烟探测器和感温探测器的“与”逻辑信号作为预作用系统的联动触发信号是正确的。

须知，在同一保护区内采用同类型同阈值的感烟探测器保护时，用它们的“与”逻辑信号作为系统的联动触发信号对防误报是效用低的做法，因此，必须根据现场实际采用不同类型的感烟和感温探测器保护，这样才能采用他们的“与”逻辑信号作为预作用系统的联动触发信号，且又能最大限度地降低误动作概率。

在电探测启动预作用系统中，火灾自动报警系统的联动触发信号能否在闭式喷头开放之前及时发出，并使预作用阀组的电磁阀开放是预作用系统启动的关键条件。

在信号双联控制的预作用系统图，图 48-3 中，只有当火灾探测器 17 的报警信号和低气压报警压力开关 25 的动作信号形成“与”门电路导通后，控制盘才能发出启动电磁阀 10 的控制信号，电磁阀 10 才能开启放水，使雨淋阀传动腔降压，预作用装置的雨淋阀才能脱扣打开，水才能进入配水管网，这时排气——充水——喷水是连贯进行的，同时联动打开配水管网上自动排气阀入口处的电控阀和启动喷淋泵。通常在火灾时，是火灾探测器的报警信号出现都早于闭式喷头动作的，所以低气压报警压力开关信号出现迟于火灾探测器的报警信号，但仅有火灾探测器的报警信号，电磁阀也是不能打开的，所以当探测元件误动作时预作用装置不会误启动。

有人认为预作用系统的闭式喷头受到机械损伤而开放时，由于喷头喷气使配水管网的气压降低，从而使预作用阀组的系统侧气压下降而使预作用阀组开启，这一错误认识的产生是由于对预作用阀组结构和配水管网充气的作用是缺乏认识所致，预作用配水管网充气与预作用装置的阀组阀板是完全没有关系的，因为预作用装置由雨淋阀和多功能止回阀组成，如图 48-1“预作用装置”组成示意图所示，在预作用配水管网充气后，气用止回阀 13 会阻止气流进入雨淋阀的系统侧腔，此时系统侧腔与大气是相通的。这是预作用阀组和干式报警阀组的根本区别所在。

预作用系统无法以手动控制方式使闭式喷头开放。预作用系统的手动控制方式是利用预作用阀组上控制腔接出的应急手动控制阀的开启，使控制腔泄压，阀板脱扣，预作用阀组开放，系统充水，但这时配水管道上的闭式喷头尚未开放，系统是不会喷水的，所以当预作用系统由干式转变为湿式后，必须等待闭式喷头在火场中感温开放才能喷水，这是一切闭式系统都无法以手动方式使闭式喷头开放喷水的共有特性。

显然，如果采用一只感烟探测器与一只手动报警按钮的“与”逻辑信号作为自动启动预作用系统的联动触发信号时，可能由于手动报警按钮的责任不落实，则易发生系统不动作，这时即使配水管网上的闭式喷头随火场升温而开放，喷头也无水可喷，不能及时喷水是极其危险的。所以现行国家标准《自动喷水灭火系统设计规范》GB 50084—2017 对电探测启动的预作用系统的联动触发信号仅采用了感烟探测器和感温探测器的"与"逻辑信号组合。

前已述及，手动报警按钮动作信号本身就是人工对火灾的确认信号，如果把它作为报警信号和火灾探测器报警信号相"与"作为火灾联动触发信号去自动启动预作用系统是不正确的，如果因为火灾探测器首先报警，并作为第一个火灾报警信号到达火灾报警控制器后，由于没有手动报警按钮动作的后续信号进入，不能形成"与"逻辑组合，火灾报警控制器是不能进入火灾报警状态的，而且由于手动报警按钮迟迟不能启动，就不会有后续火灾报警信号进入火灾报警控制器，当在规定的时间间隔（不小于 5min）内控制器仍未收到手动报警按钮的报警信号，火灾报警控制器将对第一个火灾报警信号自动复位，这实际上是用人工手动报警来抑制火灾探测系统的智能报警，用人工操作方式使预作用系统丧失了自动喷水灭火的优良性能，这是危险的。

49　水幕系统的自动控制方式解析

单独用于防火分隔的自动控制的水幕系统，应采用雨淋阀组控制系统配水管网，如图 49-1 所示。该系统与电探测启动的雨淋系统相似，只是管网及喷头布置应能在规定的

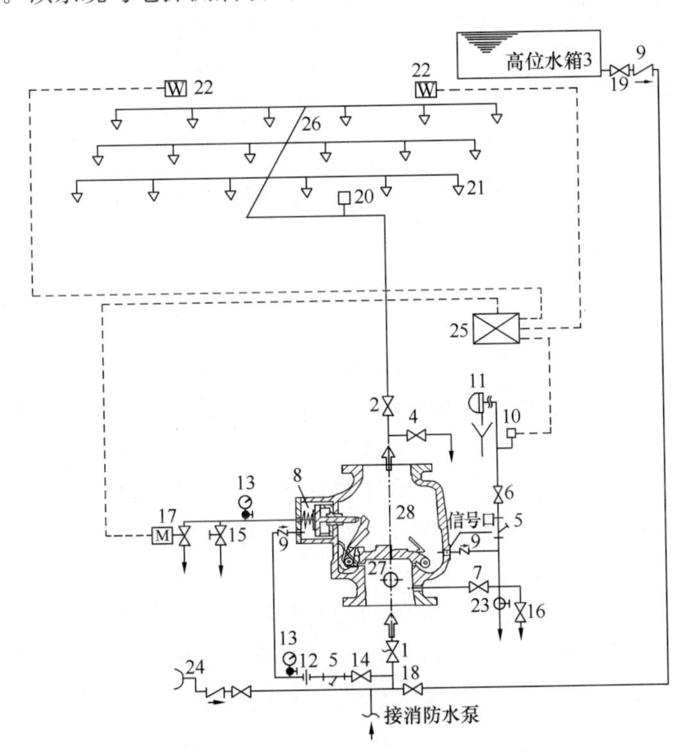

图 49-1　自动控制的水幕系统

1—水源信号阀；2—试验信号阀；3—高位消防水箱；4—试验回流阀；5—过滤器；6—信号控制阀；7—试警铃阀；8—雨淋阀的传动腔；9—水用止回阀；10—报警压力开关；11—水力警铃；12—节流孔板；13—压力表组；14—传动腔供水阀；15—手动应急操作阀；16—辅助排水阀；17—电磁阀；18—检修阀；19—水箱出水阀；20—管网压力开关；21—水幕喷头；22—感温探测器；23—自动滴水球阀；24—水泵接合器；25—报警控制盘；26—配水管网；27—主排水口及阀；28—雨淋阀

防火分隔的长度上形成足够的喷水强度为条件，另外在雨淋阀组控制上应由该报警区域内两只独立的感温探测器 22 的火灾报警信号，按“与”逻辑组合作为启动雨淋阀组传动腔出口电磁阀 17 的联动触发信号，当雨淋阀组启动后，其压力开关 10 的动作信号应能联动启动水幕泵。雨淋阀电磁阀 17 还能由控制柜 33 远程操作启动，手动应急操作阀 15 供就地手动应急操作开启水幕系统。

小型水幕系统多用于冷却防护防火卷帘，配合金属防火卷帘实现防火分隔，一般可采用隔膜式雨淋阀或小型温感雨淋阀来控制其配水管道，隔膜式雨淋阀的公称直径以进出水口直径标定，有 ZSFW-80～ZSFW-25 六种规格，其公称直径为 *DN*50 和 *DN*32 规格的隔膜式雨淋阀较常用，直径为 50mm 的配水管上可带开式喷头 5～8 只，最大保护宽度可达 10m；直径为 32mm 的配水管上可带开式喷头 2～4 只。最大保护宽度可达 6m，隔膜式雨淋阀的公称直径选用应按所带喷头的规格、数量及防火卷帘的保护宽度确定，开式喷头间距布置应按选用喷头的流量系数 *K*、喷头工作压力、喷水强度计算确定，一般可按 1.4m 布置。

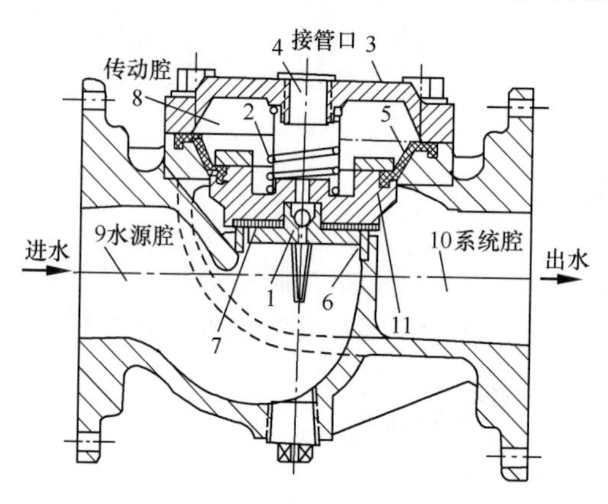

图 49-2　隔膜式雨淋阀结构与工作原理

1—单向止回球；2—弹簧；3—阀盖；4—传动控制腔的接管口；5—隔膜；6—阀座；7—阀座密封垫片；8—传动控制腔；9—水源侧腔；10—系统侧腔；11—隔膜阀瓣

隔膜式雨淋阀的工作原理由其结构决定，图 49-2 是隔膜式雨淋阀结构图，在伺应状态下，隔膜式雨淋阀呈关闭状态，隔膜式雨淋阀的橡胶隔膜阀瓣和阀座把阀体分隔为 3 个腔室：即传动控制腔 8、水源侧腔 9、系统侧腔 10，其中传动控制腔的接管口 4 的螺纹均为 *DN*15，另外在阀的隔膜阀瓣上有一通道，将水源侧腔 9 和传动控制腔 8 两腔室连通，在这个通道上有一个单向止回球 1，它只允许水源侧腔的水单向限量流入传动控制腔，使两腔水压维持平衡相等，但由于橡胶隔膜阀瓣的上表面受弹簧力和传动控制腔 8 水压的联合作用，把隔膜阀瓣紧紧地压在阀座上，虽然橡胶隔膜阀瓣的下表面也受相同水压的作用，试图把隔膜阀瓣顶离阀座，但由于橡胶隔膜阀瓣的下表面积比例地小于橡胶隔膜阀瓣的上表面积，所以仅是水压产生的，作用在橡胶隔膜的合力，就足以把橡胶隔膜阀瓣压紧在阀座上。当隔膜式雨淋阀关闭时，阀的系统侧腔与其他腔室是隔绝的，系统侧腔 10 及配水管道呈空管状态。当传动控制腔的接管口 4 的传动管上的任一放水装置（如闭式喷头、电磁阀、手动应急操作阀）开放泄水时，由于放出的水量大于单向止回球 1 补向传动控制腔的水量，所以传动控制腔的水压会持续降低，当达到启动点压力时，水源侧腔的水压将隔膜阀瓣顶离阀座，隔膜式雨淋阀开启，水源侧腔的水涌向系统侧腔，水进入配水管道，开式喷头洒水淋湿金属防火卷帘，实现防火分隔功能。

图 49-3 是温感隔膜式雨淋阀，阀的传动控制腔出口安装的是传动喷头，它能在火场中感温释放，从而将雨淋阀打开。

图 49-4 是小型隔膜式雨淋阀控制的水幕系统。图中隔膜式雨淋阀的传动管口，不直接安装传动喷头，而是从传动腔管口接出传动管，在传动管上安装有两个受外部控制的放

图 49-3　温感隔膜式雨淋阀

水装置，手动放水阀和电磁阀。

图 49-4 中隔膜式雨淋阀的传动管口，接出的传动管上安装有两个放水装置，即电磁阀、手动应急操作阀，它们控制着水幕系统，当水幕系统所在报警区域内任一火灾探测器的报警信号和防火卷帘降落到底的限位开关动作信号的“与”逻辑组合即能启动电磁阀放水，另外消控室也可远程控制启动电磁阀，将电磁阀打开放水，使小型隔膜式雨淋阀传动控制腔的水压降低，当达到启动点压力时，水源侧腔的水压将隔膜阀瓣顶离阀座，隔膜式雨淋阀开启，水源侧腔的水涌向系统侧腔，水进入配水管道。该系统的手动应急操作阀是当自动控制方式失灵或现场有人发现火灾时，由现场手动应急操作打开隔膜式雨淋阀用，不论采用何种方式，只要水源的水进入配水管道，压力开关都会发出电信号报警，联动水幕泵启动。系统中设有试验装置，当关闭试验阀，开启试验回流阀就为试验隔膜式雨淋阀装置做好了准备，当打开手动应急操作阀时，隔膜式雨淋阀传动控制腔的水压降低，隔膜式雨淋阀开启，报警装置压力开关会发出电信号报警，试验目的是检验报警装置的可靠性和橡胶隔膜阀瓣开启的灵敏性，防止橡胶隔膜阀瓣的密封垫片天长日久地压在阀座上而发生粘着，造成开启失败。当隔膜式雨淋阀控制的水幕系统洒水后，一定不要关闭放水装置电磁阀或手动应急操作阀，因为当关闭放水装置后，会使传动控制腔的水压上升，隔膜式雨淋阀会复位关闭，使防火卷帘得不到水的冷却保护。

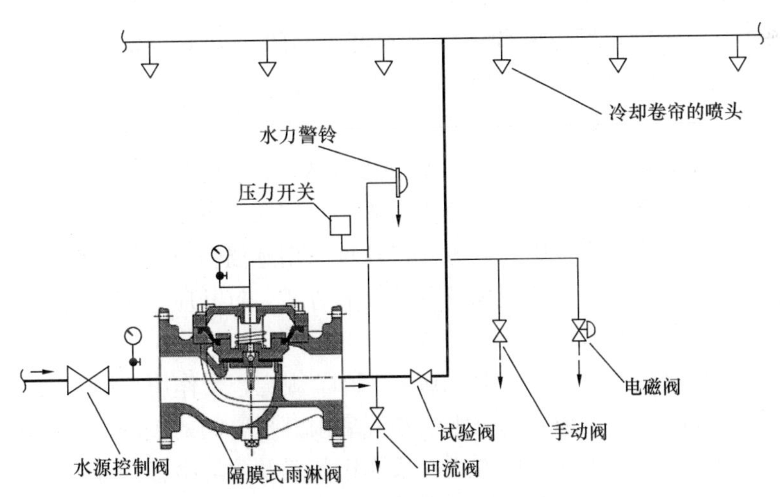

图 49-4　小型隔膜式雨淋阀控制的水幕系统

隔膜式雨淋阀的传动控制腔出口的传动管上的放水装置也可以是用闭式喷头作为传动喷头，直接装在阀体的传动控制腔出口，当火灾时传动喷头开放洒水，就可以使传动控制腔的水压降低，隔膜式雨淋阀开启，图 49-5 是隔膜式雨淋阀由闭式喷头控制的水幕系统，在这里隔膜式雨淋阀就成了真正意义上的温感雨淋阀了，它纯粹由闭式喷头感温释放来控

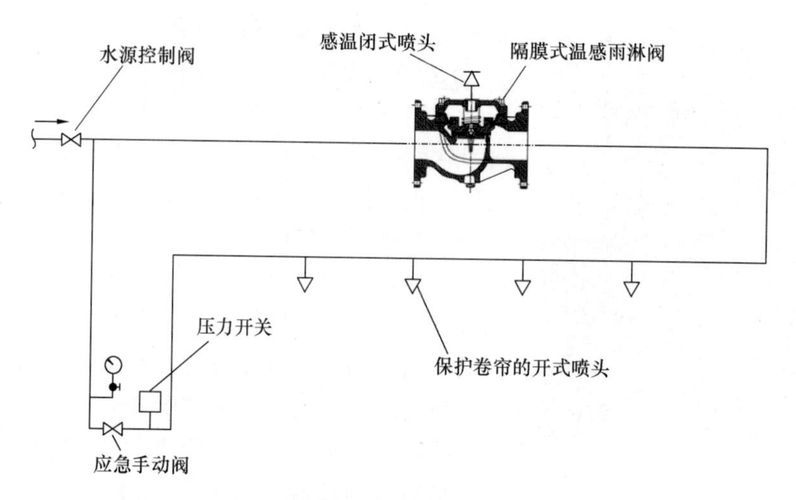

图 49-5　隔膜式雨淋阀由闭式喷头控制的水幕系统

制隔膜式雨淋阀，当传动喷头感温释放后，喷头洒水使传动控制腔的水压降低，隔膜式雨淋阀开启，水源侧腔的水流向系统侧腔，水进入配水管道，开式喷头洒水淋湿金属防火卷帘，保证防火分隔功能。同时压力开关发出报警信号启动水幕泵。

该系统的手动应急操作阀是当自动控制方式失灵或现场有人发现火灾时由现场人员手动应急操作直接向开式喷头供水，而不需要隔膜式雨淋阀打开即可洒水。

图 49-5 的隔膜式温感雨淋阀采用感温释放的闭式喷头控制水幕系统，一般是按标准图的要求将感温释放装置安装在防火卷帘的洞口正上方的中部，距洞口上缘不应大于 150mm，距洞口墙面不应小于 75mm，也不应大于 150mm。由于闭式喷头的布置不处于初起火灾的顶棚射流之中，所以隔膜式温感雨淋阀的闭式喷头不会在初起火灾中感温释放，而我国规范规定，防火分隔卷帘应由所在防火分区内的任意两只独立的火灾探测器的报警信号的“与”逻辑信号启动关闭，所以在火灾发生时，在自动条件下，防火分隔卷帘都是先动作的，当火灾热烟集聚沉降到小型温感雨淋阀的感温释放装置时，距卷帘下落已久，大多数情况下已经有人开启手动应急操作阀，直接向卷帘供水了。而小型温感雨淋阀的感温释放装置就有可能成为备用开放方式，这种采用感温释放的闭式喷头控制水幕系统不能算是联动控制对象．而且必须设现场手动控制方式，打开应急手动阀直接向开式喷头供水，无需温感雨淋阀的感温释放装置开放。

《自动喷水灭火系统设计规范》GB 50084—2017 规定，预作用系统、雨淋系统和自动控制的水幕系统应同时具备 3 种启动供水泵和开启雨淋报警阀的控制方式，即应有自动控制方式、消防控制室（盘）手动远控方式、预作用装置及雨淋报警阀处现场应急手动操作方式。其中自动控制方式是通过联动控制信号启动雨淋阀组的电磁阀，使雨淋阀打开，系统启动：消防控制室（盘）手动远控方式也是通过联动控制柜（盘）手动发出启动信号远程启动雨淋阀组的电磁阀，使雨淋阀打开，系统启动；当电磁阀开启后，雨淋阀即动作，雨淋阀组的压力开关动作报警，会联动启动喷淋泵；在每组预作用装置及雨淋报警阀处手动打开应急操作阀使雨淋报警阀组打开，系统启动。另在水泵房的喷淋泵或水幕泵电气控制柜上也应设手动操作启动喷淋泵的装置。

50　喷淋泵的自动触发器件可靠性解析

《自动喷水灭火系统设计规范》GB 50084—2017 规定："湿式系统、干式系统应由消防水泵出水干管上设置的压力开关、高位消防水箱出水管上的流量开关和报警阀组压力开关直接自动启动消防水泵"。规范所指的压力开关和流量开关都是系统中的自动触发器件，用于自动启动消防水泵，这 3 个自动触发器件在自动喷水灭火系统中使用时，它们的可靠性及风险性是值得分析的。

以湿式系统为例来说明喷淋泵的直接自动启泵设计中，3 个自动启动器件可靠性及存在的风险性问题。图 50-1 是湿式自动喷水灭火系统构成图，该系统由供水设施（消防水泵组及附件、消防水池）、稳压装置（高位消防水箱及稳压泵组）、水源管网和附属组件、湿式报警阀组、配水管网和附属组件、闭式喷头等组成。从图可知：湿式系统是由闭式喷头响应火灾而自动开放，使报警阀组开启，系统才能开放，投入灭火。当系统开放后应能

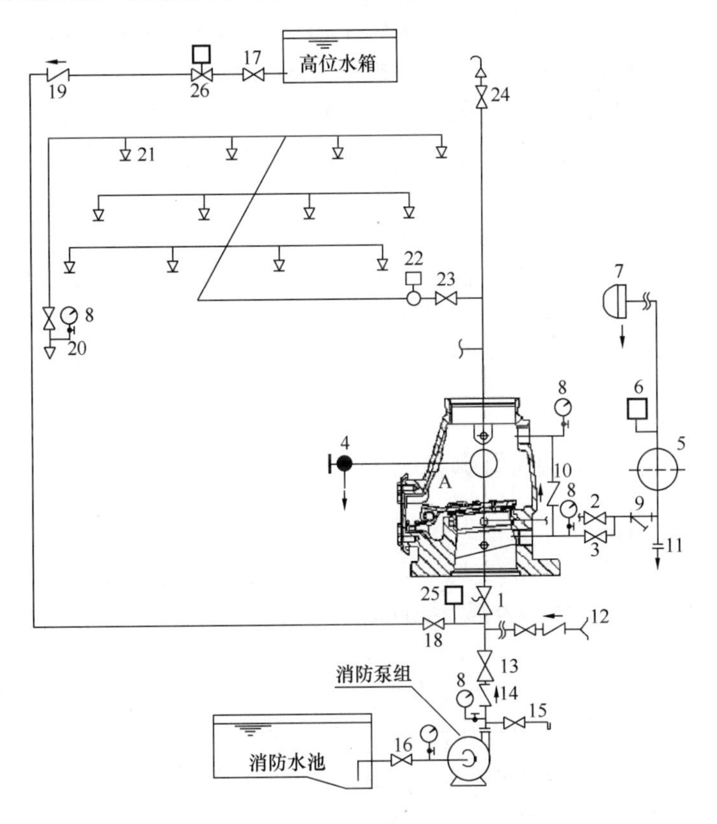

图 50-1　湿式自动喷水灭火系统构成图

1—水源信号阀；2—信号控制阀；3—试警铃阀；4—主排水阀；5—延迟器；6—报警阀压力开关；7—水力警铃；8—压力表组；9—过滤器；10—限量止回阀；11—节流孔板；12—水泵接合器；13—泵出口阀；14—泵出口止回阀；15—试验回流阀；16—泵进口阀；17—水箱出口阀；18—检修阀；19—水箱出水止回阀；20—末端试水装置；21—闭式喷头；22—水流指示器；23—信号阀；24—自动排气阀组；25—泵出水干管上的压力开关；26—水流开关；A—湿式报警阀

自动启动消防水泵，才能保证持续供水，满足火场需要。在 3 个自动启动器件中，用哪一个自动启动器件的动作信号去启动消防水泵最可靠、存在的风险性最小呢？

湿式自动喷水灭火系统不是真正意义上的临时高压制给水系统。

从系统图看，湿式自动喷水灭火系统设有两套供水设施：一套为消防水泵组，是火灾发生时启动消防水泵后为系统提供所需的工作压力和灭火用水量，保证持续供水的设备；另一套为高位消防水箱，是平时为系统提供所需的工作压力和火灾初期灭火用水量，也是系统在平时的稳压设施。现行国家标准《消防给水及消火栓系统技术规范》GB 50974—2014 规定："高位消防水箱应为自动喷水灭火系统提供喷头灭火需求压力"，由于要保证喷头灭火需要，故要求喷头一旦开放，必须按不低于设计的喷水强度洒水，所以高位消防水箱提供的"喷头灭火需求压力"就是系统最不利点喷头满足平均喷水强度要求所需工作压力与喷头最不利点处最低工作压力中的较大值，其中喷水强度是控火的基本要求，最低工作压力是喷头开放后冲走喷头压盖所需压力。由此可知：湿式自动喷水灭火系统的系统给水制式就不是真正意义上的"临时高压制消防给水系统"，它并不符合现行国家标准《消防给水及消火栓系统技术规范》GB 50974—2014 对"临时高压制给水系统"的定义："平时不能满足水灭火设施所需的工作压力和流量，火灾时能自动启动消防水泵以满足水灭火设施所需的工作压力和流量的供水系统"，所以自动喷水灭火系统的临时高压制给水与室内消火栓给水系统的临时高压制给水在给水制式上是有明显区别的，因为自动喷水灭火系统平时由高位消防水箱保证的水压是能够满足"喷头灭火需求压力"的。这与火灾时启动喷淋泵所提供给系统的工作压力都能保证系统最不利点处喷头灭火时所需的工作压力和喷水强度要求，只是持续供水的时间有限。因此，就灭火而言，自动喷水灭火系统对喷淋泵的自动启动要求在时间上并不迫切，在高位消防水箱供水时限范围内，系统只要能及时启泵，系统所需的工作压力和喷水强度仍然能得到保证。所以自动喷水灭火系统实质上是保持常高压工作制式的，在火灾时自动启动喷淋泵后，更换为喷淋泵供水才能确保持续供水需要。

50.1 三个自动触发器件的可靠性分析

现行国家标准《消防给水及消火栓系统技术规范》GB 50974—2014 要求："压力开关通常设置在消防水泵房的主干管道上或报警阀上，流量开关通常设置在高位消防水箱出水管上。"这三个自动触发器件是否都需要同时安装在一个系统中，都要能自动启动喷淋泵呢？《自动喷水灭火系统设计规范》GB 50084—2017 的条文说明中有这样一段话："需要说明的是，规定不同的启泵方式，并不是要求系统均应设置这几种起泵方式，而是指任意一种方式均应能直接启动消防水泵。"这就是说设计在选择起泵方式时，只需从上述 3 种启动喷淋泵方式中任选一种，但不管选择哪种起泵方式，必须是能直接自动启动消防水泵。

什么是直接自动启泵方式呢？就是要求将选定的自动启动器件（触发器件）直接由消防泵电气控制柜配接。这时启动器件在自动触发后发出的动作信号，能直接到达消防泵电气控制柜，就能自动启动喷淋水泵，且不受联动控制器处于自动或手动状态的影响，这样就能实现规范所说的"直接自动启动喷淋泵"。我国规范要求的"直接自动启动喷淋泵"是为了保证在自动状态下，启动器件的动作信号不经转接、不在其他控制设备之间传递就能启动喷淋泵，另外一个重要条件是火灾报警信号不能参与对湿式系统喷淋泵的自动控制，即火灾报警信号不与启动器件的动作信号组成“与”逻辑组合去控制喷淋泵。只有这样喷淋泵的自动控制才是直接的，对于湿式系统、干式系统这是完全能实现的。

预作用系统和由火灾自动报警系统控制的雨淋系统及自动水幕系统的喷淋水泵的自动启动方式还应由火灾报警信号参与联动控制启动喷淋泵。由于火灾报警信号的参与，喷淋泵的自动启动就会受到消防联动控制器处于自动或手动状态的影响，喷淋泵的自动启动方式不具有直接启动的性质。综合上述各规范条文对消防水泵自动启动的要求，其目的是为确保火灾时湿式系统喷淋泵能及时向灭火设备供水。

湿式报警阀组的压力开关的动作信号用于自动启泵是最可靠的。

实践证明，这 3 个自动启动器件中，最可靠的是报警阀组的压力开关的动作信号，理由如下：

（1）只有报警阀组的压力开关的动作信号，才能表达报警阀组已经开放，其他的消防水泵出水干管上设置的压力开关信号和高位消防水箱出水管上的流量开关信号表达的都不一定是报警阀组已经开放。因为这两个组件都安装在自动喷水灭火系统的水源侧管道上，而水源侧管道内压力降低或有水流动，可能是报警阀开放，也可能是水源侧管道漏水，如管道及附件损坏、阀件内漏等都会造成水源侧管网水压降低和水的异常流动，使水源侧管道上的压力开关、流量开关异常动作，这时如用这些信号直接自动启动水泵，将会扩大事故后果。

（2）只有报警阀组的压力开关是监视高压的，平时压力开关水室无水，只有报警阀阀板全开后，水才会进入压力开关水室，所以压力开关内不易沉积机械杂质；而消防水泵出水干管上设置的压力开关是监视低压的，平时压力开关水室充满水，所以易沉积机械杂质，相比之下泵出水干管上的压力开关更容易出现故障，而高位消防水箱出水管上的流量开关是监视管道内水的流动状态，当水在管道中定向流动时，机械的开关触点闭合发出电信号，由于长年处于水中，同样易沉积机械杂质而出现故障。

（3）报警阀组的压力开关能得到报警管路上过滤器的保护，这个压力开关才是最不易被堵的，而消防水泵出水干管上的压力开关及高位消防水箱出水管上的流量开关却难以得到过滤器的保护。由于在报警阀组信号口出口一般都应设过滤器，以保护水力警铃的喷嘴，水力警铃的喷嘴直径为 3mm，虽然有滤网，但仍应设过滤器加强对水中机械杂质的过滤，保证水力警铃的喷嘴不被堵塞。所以当把过滤器安装在报警管路的压力开关上游时，压力开关和水力警铃都能得到过滤器的保护。但若把过滤器布置在压力开关下游管段处，压力开关就不能得到过滤器的保护了。

（4）只有报警阀组的报警管路上压力开关才符合《自动喷水灭火系统 第 10 部分：压力开关》GB 5135.10—2006 的要求，因为国家标准规定：自动喷水灭火系统中的压力开关应符合《自动喷水灭火系统 第 10 部分：压力开关》GB 5135.10—2006 的要求。该标准对消防用压力开关的动作性能要求是：“普通型压力开关的动作压力为 0.035～0.05MPa；预作用装置压力开关动作压力为 0.03～0.05MPa；压力开关至少应有一对常开和常闭触点。压力开关在试验装置上进行动作试验时，应首先确定其动作压力，缓慢增加系统压力，当系统压力达到或超过动作压力时，压力开关应动作，其常开触点应可靠闭合，而常闭触点应可靠断开，并由常开触点和常闭触点接出的指示灯的点亮和熄灭来确定其常开、常闭触点能可靠通断，并能将系统的压力信号转换为电信号向外传输”。所以自动喷水灭火系统中的压力开关是监视系统高压的，当系统压力上升到其动作压力时，压力开关应动作，输出电信号，系统中只有设置在报警阀组的报警管路上的压力开关动作压力才能满足标准的这一要求。而设置在防水泵出水干管上的压力开关是监视系统低压的，不符合《自动喷水灭火系统 第10部分：压力开关》GB 5135.10—2006的要求。

50.2 自动喷水灭火中不同部位所使用的压力开关是有区别的

在湿式自动喷水灭火系统中，在泵出水干管上设置的压力开关和在报警阀组的报警管路上设置的压力开关，由于它们的安装部位不同，对管道压力的响应模式是不相同的，如果利用它们的动作信号直接自动启泵，可能产生的风险也是不相同的。

图50-1中编号6报警阀压力开关是设置在报警阀组的报警管路上的，它的位置在系统中的系统侧；编号25泵出水干管上的压力开关是设置在泵出水干管上的，它的位置在系统中的水源侧，编号26的水流开关是设置在高位水箱出水管上的，它的位置也在系统中的水源侧。

系统中设置在不同部位的压力开关，对管道压力变化的响应模式是不相同的，编号6的压力开关所在位置的报警管道，平时是与大气相通的空管，当报警阀开启后，报警管路中才有报警水流进入，它的动作信号表示报警阀已开启，它是监视系统侧报警管路中的高压的，当报警水流进入，管路中才产生水压，压力升高达到其动作压力时，报警阀压力开关6才能动作；而编号25泵出水干管上的压力开关是设置在泵出水干管上的，它在平时是在系统工作压力下工作，当系统水源侧压力降低达到其动作压力时，压力开关才动作，它的动作信号表示泵出水干管压力已降低，它是监视系统水源侧低压的。所以系统中设置在不同部位（系统侧和水源侧）的压力开关，所监视的压力是不相同的，它们对管道压力变化的响应模式也是不相同的。

系统中设置的压力开关性能应符合标准要求。

按照《自动喷水灭火系统 第10部分：压力开关》GB 5135.10—2006对压力开关的性能要求，应将压力开关安装在报警阀组的报警管路上才能满足标准对压力开关的动作性能要求。因为报警管路在平时是与大气相通的空管，当报警阀组开启后，报警管路中才有报警水流进入，而水力警铃的工作压力不应小于0.05MPa，因此完全能保证报警管路上压力开关的动作要求。

至于安装在消防水泵出水干管上的压力开关是指什么检测元件，在《消防给水及消火栓系统技术规范》GB 50974—2014第11.0.4条条文说明中明确指出：“压力开关一般可采用电接点压力表、压力传感器等”，由此可知：GB 50974—2014标准所指称的压力开关，并不符合《自动喷水灭火系统 第10部分：压力开关》GB 5135.10—2006对消防用压力开关的动作性能要求。

设置在不同部位的压力开关所产生的可靠性及风险大小是不相同的。

在湿式自动喷水灭火系统中将压力开关安装在喷淋泵出水干管上，和将压力开关安装在湿式报警阀组的报警管路上，用它的动作信号去直接自动启动喷淋泵，其可靠性及可能产生的风险是不一样的。

对湿式自动喷水灭火系统中采用压力开关自动启动喷淋泵的可靠性要求是：当系统中有一只闭式喷头开放，该压力开关应能及时动作，直接联锁启动喷淋泵。

安装在湿式报警阀组的报警管路上的压力开关，是在管网的系统侧，是监视报警管路高压的，平时管内无水，只要系统中有一只闭式喷头开放，报警阀就能完全打开，报警管路中就有工作压力不小于 0.05MPa 的报警水流进入，压力开关一定能及时动作；而安装在喷淋泵出水干管上的“压力开关”，是在管网的水源侧，是监视管网低压的出现。需要知道：由于高位消防水箱是以水箱最低有效水位必须满足系统最不利点喷头喷水强度和最小工作压力的要求而设置的，而且规范规定高位消防水箱的出水管径不应小于 100mm，因此在这样的系统中，当有一只喷头开放时，高位消防水箱的供水压力和流量是完全能够满足喷头洒水对喷水强度和工作压力的要求，管网压力不会因为一只喷头开放而发生明显降低，当消防水箱水位的微小变化不能引起压力开关的及时动作时，该压力开关的可靠性就大大低于报警阀组的报警管路上的压力开关。

安装在喷淋泵出水干管上的“压力开关”，是在管网的水源侧，是监视管网低压的出现，当管网的压力降低到定值时动作，造成管网压力降低的原因可能有两个：第一个原因是闭式喷头开放；第二个原因是管网及组件漏水，包括系统侧的配水管网及组件漏水及水源侧供水管网及组件漏水；如果是由于水源侧供水管网及组件漏水而造成水源侧管网压力降低，这时，用压力开关动作信号去直接自动启动喷淋泵时，由于报警阀组没有开放，喷淋泵启动就会使系统增压，从而造成管网组件的漏水事故扩大，所以用安装在消防水泵出水干管上的压力开关自动启泵是具有较大风险的。

安装在湿式报警阀组的报警管路上的压力开关，是处在湿式报警阀组的系统侧，压力开关是监视高压的出现，湿式报警阀组的报警管路上的压力开关只能在报警阀开启后，报警管路压力升高到定值时才能动作，而湿式报警阀自动开启的原因可能有两个：第一个原因是闭式喷头开放；第二个原因是系统侧配水管网及组件漏水。但水源侧供水管网及组件漏水时，只会造成水源侧供水管网水压降低，而不会使系统侧的配水管网水压降低，但因为湿式报警阀是一个止回阀，阀板具有自动复位功能。由此可知，当把压力开关安装在湿式报警阀组的报警管路上时，压力开关不会受水源侧供水管网水压降低的影响，这就降低了由于水源侧管网及组件漏水造成压力开关误动作的风险。当把压力开关安装在喷淋泵出水干管上时，不论是系统侧配水管网及组件漏水，还是水源侧供水管网及组件漏水都会使压力开关误动作，其风险较大。所以利用湿式报警阀组的报警管路上的压力开关的动作信号去直接自动启动喷淋泵，产生的风险是最小的，也是比较可靠的。

由于高位消防水箱出水管上流量开关的安装部位与消防水泵出水干管上的压力开关的安装部位都处于系统的水源侧供水管网上，所以其风险大小是一样的，而且流量开关如选型不当还会经常发生故障。

干式系统与湿式系统的消防水泵有相同的直接自动启泵方式，所以也应采用干式报警阀组的报警管路上的压力开关的动作信号去直接自动启动喷淋泵，同样是比较可靠的。

51 湿式系统喷淋泵自动控制应注意的问题

51.1 不可用水流指示器的动作信号来表达喷淋泵的工作状态

现行国家标准《火灾自动报警系统设计规范》GB 50116—2013 第 4.2.1 条的条文说

明指出："以前通常使用喷淋消防泵的启动信号作为系统的联动反馈信号，该信号取自供水泵主回路接触器辅助接点，这种设计的缺点是如果供水泵电动机出现故障，供水泵虽未启动，但反馈信号表示已经启动了。而反馈信号取自干管的水流指示器，则能真实地反映喷淋消防泵的工作状态。"

从消防水泵电气控制柜的工作方式和水流指示器的动作原理和设置意义，都决定了不能采用干管上水流指示器的反馈信号，来反映喷淋消防泵的工作状态，不可用水流指示器动作信号来表达消防喷淋泵已启动，理由如下：

（1）消防泵组是一用一备的，泵电气控制柜的自切互投功能可保证泵组的可靠启动

事实上，消防水泵是按"一备一用"要求配置的，消防泵电气控制柜应具有自切互投功能，当被启动的工作泵电动机出现故障，不能执行预定动作时，喷淋泵电气控制柜一定会自动切换至备用泵执行该预定动作。只要泵组中有泵能执行预定动作，即使泵启动反馈信号取自供水泵交流接触器出线辅助接点，仍然能表达喷淋泵已投入运行的事实。由此可知：当"喷淋水泵电动机出现故障，供水泵虽未启动，但反馈信号表示已经启动了"的现象，在一用一备双泵互相切换的消防泵电气控制柜是不会出现的。

消防泵启动反馈信号，应从消防泵电器控制柜至水泵的输出端子处取信号，该信号是全压启动的交流接触器主回路辅助接点处取出，经降压后，变成24V信号，去点亮反馈信号灯，因为该输出端子之后，不会再有其他控制元件使水泵启动终止。启动反馈信号不能从水泵降压启动的交流接触器后取信号，该信号不能代表水泵是否正常启动。只有全压启动的交流接触器动作信号才能表示水泵已经正常启动。

（2）不可用水流指示器的动作信号来表达喷淋泵的工作状态

因为喷头开放后，水流指示器动作信号出现在先，压力开关动作在后，喷淋泵最后启动。

前已述及，湿式自动喷水灭火系统有两套供水装置：一套是高位消防水箱、另一套是消防水泵，如图51-1所示，而且要求高位消防水箱的设置高度应完全满足系统最不利点喷头所需最小工作压力和喷水强度的要求。在湿式系统中高位消防水箱在平时始终维持系统灭火所需的工作压力和流量，其供水是经报警阀供向配水管网，经由湿式报警阀的上下腔连管，由下腔向上腔供水，并由连管上的限量止回阀10限制供水方向和流量，其流量只能满足配水管网微量渗漏的需要，该限量止回阀的通过流量，远小于一只标准喷头的流量，所以，当系统仅有一只标准喷头开放时，由于闭式喷头开放洒水的流量远大于限量止回阀10的通过流量，使湿式报警阀的上腔（系统侧腔）水压降低，当阀板出口侧压力降低到一定值时，由于进口侧由高位消防水箱提供的工作压力恒定，在阀板上下产生足够的水压差才能将阀板掀开，湿式报警阀阀板才能开启，报警阀开启后，并不能立即报警，需经延迟器延时识别后，压力开关才能动作，发出动作信号，喷淋泵才能启泵；另外，当闭式喷头开放洒水时，由于一只标准喷头开放洒水的流量，远大于水流指示器所需的动作流量，所以水流指示器会及时动作，发出动作信号，所以闭式喷头开放后，水流指示器即会同步动作，水流指示器动作在先，压力开关动作再后，喷淋泵启泵在最后，这时水流指示器动作信号出现不是喷淋泵启动供水的结果。

由于湿式报警阀组中均设有延迟器，它是用来防止水源水压在正常的瞬时波动时，报警装置发生的误报警，识别水源水压的异常持续波动，并能发出报警信号的装置，只有在

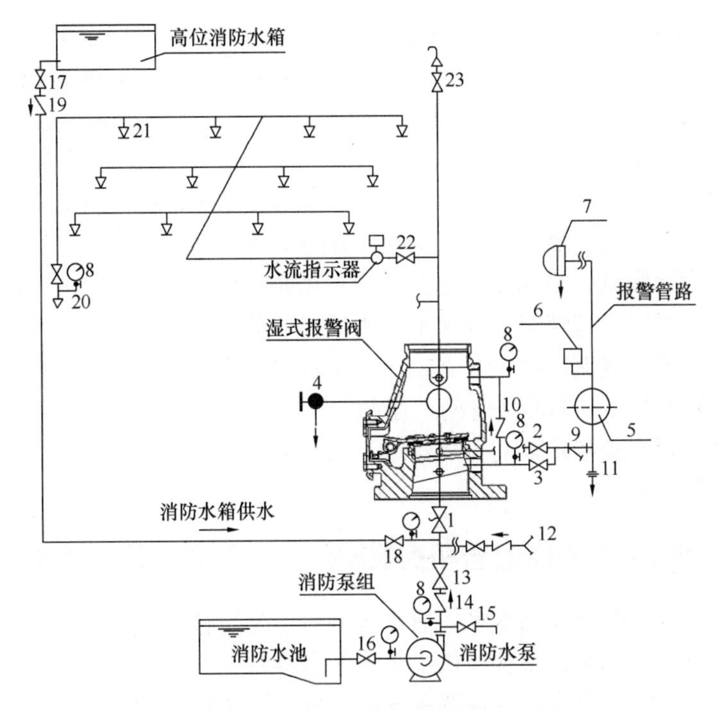

图 51-1　湿式系统供水图

1—水源信号阀；2—信号控制阀；3—试警铃阀；4—主排水阀；5—延迟器；6—压力开关；7—水力警铃；8—压力表组；9—过滤器；10—限量止回阀；11—节流孔板；12—水泵接合器；13—泵出口阀；14—泵出口止回阀；15—试验回流阀；16—泵进口阀；17—水箱出口阀；18—检修阀；19—水箱出水止回阀；20—末端试水装置；21—闭式喷头；22—信号阀；23—自动排气阀组

设定的延迟时间之后，它才能发出报警信号，压力开关才能动作。规范规定：延迟器的延迟时间应在 5～90s 之内。因此，当闭式喷头开放，使湿式报警阀正常启动后至压力开关动作的延迟时间不应少于 5s，所以从闭式喷头开放洒水（水流指示器动作）至压力开关动作（喷淋泵启泵）是存在时间间隔的，这段时间间隔由 3 部分组成：

1）从喷头开放洒水，使阀板出口侧压力降低到一定值时，产生足够的水压差将阀板掀开，使湿式报警阀开启的时间；

2）湿式报警阀开启后经历的延迟器设定的延时报警时间；

3）延迟时间结束后，压力开关动作直接联锁启动喷淋泵，泵从静态到正常运转的时间。《消防给水及消火栓系统技术规范》GB 50974—2014 认为：“自动启动通常是信号发出到泵达到正常转速后的时间在 1min 内，这包括最大泵的启动时间 55s，但如果工作泵启动到一定转速后因各种原因不能投入，备用泵要启动还需要 1min 的时间，因此本规范规定自动启泵时间不应大于 2min 是合理的”。

在上述时间间隔内，喷淋泵没有正常运转之前，喷头开放洒水完全由高位消防水箱提供的流量和压力，该流量使水流指示器动作，在这段时间间隔内水流指示器动作信号就已经出现，而喷淋泵并没有启动。因此，可认为水流指示器动作信号的出现不是喷淋泵启动的结果，所以不可用水流指示器动作信号来表达了消防喷淋泵已启动。

水流指示器是以系统水流冲击，使其感应元件——叶片沿水流方向偏转而发出电信号的机械装置，它的动作信号仅表达了配水管内有一定流量的水在定向流动，当流量大于15L/min到37.5L/min之间任意值时，水流指示器应动作，当流量达到37.5L/min时，水流指示器必须动作，而一只标准流量洒水喷头（流量系数$K=80$）在系统最不利点处喷头的工作压力不低于0.05MPa时的流量为56.56L/min，该流量足以使水流指示器动作，在充满水的湿式系统中一旦喷头开放洒水，水流指示器即会同步动作。

但是由于推动水流指示器叶片偏转的决定因素是水流量和水流速度，当流量一定时，流速随管径的增大而降低，当水流指示器选择不当时，叶片受水流冲击的面积不能随管径的增大而成比例增加时，流速得不到保证，水流指示器的灵敏度将急剧下降，容易发生要么不动作，当你把灵敏度调高时，要么动作了又不能复位的现象。工程中这种现象是屡见不鲜的。此外，如平时不定期冲洗管网，还会发生管内沉渣卡塞叶片，使叶片不能及时动作。由于这些因素使水流指示器的可靠性得不到保证，所以不可用水流指示器的动作信号来表达喷淋泵已经启动。

51.2 “由水流指示器动作信号和报警阀压力开关动作信号共同启动喷淋泵”

自动喷水灭火系统必须设供水泵，通常把湿式系统的供水泵称为喷淋泵、把雨淋系统的供水泵称为雨淋泵，把水幕系统的供水泵称为水幕泵。

按照现行国家标准《火灾自动报警系统设计规范》GB 50116—2013的规定：“湿式系统的联动控制设计，应由湿式报警阀压力开关的动作信号作为触发信号，直接控制启动喷淋消防泵，联动控制不应受消防联动控制器处于自动或手动状态影响”。标准要求：直接配接启动器件的消防泵电气控制装置，应能接收启动器件的动作信号，并在2s内将启动器件的动作信号发送给消防联动控制器。处于自动工作状态的消防电气控制装置在接收到启动器件的动作信号后，应执行预定动作，控制受控设备进入预定的工作状态。报警阀组压力开关应作为喷淋泵电气控制装置直接配接的启动器件。这个启动器件的单一动作信号应能自动启动喷淋水泵。所以由水流指示器动作信号和报警阀压力开关动作信号共同启动喷淋泵的控制方式就不符合规范要求了。

配水管道上水流指示器和报警阀组压力开关的动作信号各具有不同的意义，国家标准明确规定：水流指示器的功能是及时报告发生火灾的具体部位，它设在湿式系统、干式系统、预作用系统中，每个防火分区，每个楼层的配水管道上均应设水流指示器。当一个报警阀组仅控制一个防火分区或一个楼层的喷头时，由于报警阀组的压力开关也能发挥报告火灾部位的作用，因此，配水管道上可以不设水流指示器。由此可知：一般情况下，压力开关的动作信号表达了报警阀已经动作开放的状态，需要消防供水泵立即启动向系统供水；而水流指示器的动作信号则表达了它所监视的配水管道有水流动，以此来报告闭式喷头开放的区域，即是火灾发生的部位。如果采用由水流指示器动作信号和压力开关动作信号共同启动喷淋泵的联动控制方式时，若水流指示器因故障而不动作，即使是报警阀压力开关动作，由于不能形成“与”逻辑组合而产生联动控制信号，喷淋泵的联动启动将不能实现，这是很危险的。这种联动控制方式是用易发生故障的水流指示器来削弱报警阀压力开关的可靠性。

在李念慈、万月明编著的《建筑消防给水系统的设计、施工、监理》（2003年中国建材工业出版社出版）一书中，详细介绍了水流指示器及压力开关的结构、工作原理。从浆片式水流指示器工作原理看，当采用常开触点的浆片式水流指示器监视管道中有水流动的异常情况时，水流指示器的灵敏度是以动作流量来标定的。水流指示器的动作是水流产生的推力和弹簧的弹力相互对杠杆作用的结果，只有水流对浆片的推力所产生的力矩，大于弹簧弹力所产生的力矩时，浆片才能产生有效动作。而水流对浆片的推力大小，取决于水的流速和浆片与水的接触面积大小两个因素。流速一定时，浆片面积愈大，推力也愈大，反之亦然，而管道的流速与流量成正比，与管道截面积成反比，当流量一定时，随着管道管径的增加，管道截面积也急剧增大，流速必然降低，如果浆片受水流冲击的面积不能随着管径的增大而成比例的增加时，水流指示器的灵敏度将急剧下降，甚至不能动作。所以把浆片式水流指示器安装在管径大于 *DN*100 的管道上时，容易发生不动作的情况。另外，水流指示器的叶片如果不与管道底部始终保持足够的间隙时，叶片容易被管内沉积的泥沙阻塞而不动作，因此，水流指示器的动作可靠性与水流指示器的安装质量、叶片类型、管道直径、系统清洁程度等因素密切相关的。而压力开关的动作可靠性所受的影响因素则要少得多。现行国家标准《消防给水及消火栓系统技术规范》GB 50974—2014 第 11.0.4 条的条文说明指出：“国际上发达国家常用的启泵信号是压力和流量。其原因是可靠性高，水流指示器可靠性稍差，误动作概率稍高”。

在自动喷水灭火系统当中，高位消防水箱出水管上的流量开关动作信号与报警阀组报警管路上的压力开关动作信号所表达的含义也是有明显区别的：报警阀组的压力开关动作表达了报警阀组已经开放，水源侧的水已流向系统侧，需要喷淋泵及时向配水管网供水，用该信号启动喷淋泵是毫无问题的。而高位消防水箱出水管上的流量开关则是设置在系统水源侧管道上的触发启动器件，它的动作信号不一定就是由报警阀组开放引起，因为系统水源侧管网上有其他的用水或管网损坏都会有水流失，都会使高位消防水箱出水管上的流量开关动作，如有这种情况，用他们的动作信号去直接自动启动喷淋泵就不恰当了。

51.3 用水泵出水管上的压力开关动作信号自动启泵应慎重

在湿式系统中不设湿式报警阀，直接由压力开关自动启泵时，系统中的管道没有水源管道与配水管道的区分，系统供水设施直接向管网供水。

该方案认为：当湿式系统不设湿式报警阀时，系统的消防水泵可由水泵出水管上的压力开关动作信号启动，压力开关由水泵电气控制柜直接配接。平时由高位消防水箱直接向配水管网供水，并能保证高位消防水箱在最低有效水位时，系统最不利点喷头的喷水强度和最小工作压力的要求。当闭式喷头开放后，会引起系统压力降低，从而导致压力开关动作，其动作信号使消防水泵自动启动，当需要检验系统联动的可靠性时，可利用末端试水装置放水，模拟一只喷头开放，从而导致压力开关动作，其动作信号使消防水泵自动启动，同样实现了自动喷水灭火，而且减少了湿式报警阀的设置和维护工作，似乎是很好的方案。

但认真分析会发现：在这样的系统中，所设置的压力开关是监视系统低压的，当系统压力下降达到压力开关的下切换值时，压力开关动作，发出电信号，所以要求系统有一只喷头开放时，系统的高位消防水箱在喷头开放后，既要保证系统最不利点喷头的喷水强度和最小工作压力的要求，又要能使水箱压力很快下降到压力开关下切换值，压力开关才能及时动作；如果不能达到这一要求，对灭火是不利的。当压力开关不能感知消防水箱水位的微小变化时，无论喷头开放或末端试水装置放水，压力开关都不会及时动作。因为高位消防水箱是以水箱最低有效水位必须满足系统最不利点喷头喷水强度和最小工作压力的要求而设置的，而且规范规定高位消防水箱的出水管径不应小于100mm，因此在这样的系统中，当有喷头开放时，高位消防水箱的供水压力和流量是完全能够满足喷头洒水对喷水强度和工作压力的要求，管网压力不会因为喷头开放而发生明显降低，当压力开关不能感知消防水箱水位的微小变化时，压力开关是不会及时动作的。压力开关不动作，电动警铃也不会发出报警信号，如果高位消防水箱的水位发生明显变化时，压力开关才能感知动作，消防水泵才能启动。这时可能会产生由高位消防水箱向系统供水转变为由消防水泵启泵供水时，在交替过程中供水压力不能满足喷头洒水要求的情况，这对灭火是不利的。所以要使压力开关的重复性误差和设定值误差都能满足高位消防水箱的补水要求的同时，又不会发生误动作。

为了使系统喷头开放后，压力开关能及时动作，人们又提出在系统中增加了增压设施，而且控制稳压泵的出流量小于1只喷头开放的流量，平时稳压泵的工作压力必须满足系统最不利点喷头喷水强度和最小工作压力的要求，所以高位消防水箱出水管上的止回阀平时是关闭的。当系统中有1只喷头开放时，由于稳压泵的出流量小于1只喷头的流量，因而会使系统压力很快降低，如压力开关动作压力调定正确，压力开关能及时动作。

但这样的系统仍然会产生另外的问题：当稳压泵流量小于1只喷头的流量时，由于喷头的洒水会使系统压力迅速降低，喷头一开始洒水，就不能够按规定的喷水强度和工作压力进行喷水。更不要说系统中当有4只喷头开放时，喷头洒水更不能满足规定的喷水强度和工作压力的要求，这是很危险的，虽然喷头开放，压力开关能及时动作，即使压力开关动作压力调定正确，但从启泵到正常运转总是有个过程，在这个过程中喷水强度和工作压力始终不能满足要求，这是不允许的。

为此又提出了不设湿式报警阀，但有增压装置的湿式系统。

该系统中增加了一个气压水罐与稳压泵共同组成增压稳压装置。该增压稳压装置的设计最小工作压力能满足系统最不利点喷头喷水强度和最小工作压力的要求，稳压泵的启停压力都在气压罐的最高工作压力之上，而且当气压水罐压力达到最高工作压力时，启动主泵的压力开关应动作，整个启动主泵过程中系统的喷水强度和工作压力都能满足要求，但要求当系统有1只喷头开放时，气压水罐的压力能很快降至最高工作压力，所以应严格限定气压水罐的缓冲水容积和稳压工作水容积。由于气压水罐有两种，当为配合高位消防水箱稳压的“小罐”时，其有效储水容积可为150L，稳压水容积为50L，当喷头开放后，“小罐”应保证在压力降到最高工作压力时，压力开关应能及时发出启动主泵的压力信号，才能保证喷头灭火需要；当不设置高位消防水箱时，采用气压供水设备增压，规范要求气压供水设备的有效水容积，应按系统最不利处4只喷头在最低工作压力下的5min用水量确定，即为“大罐”。由于“大罐”的工作压力和流量能保证火灾时，当自动启泵装置发生故障，消防管理人员从控制室到消防泵房操作应急启动装置，使水泵启动到正常运转的时间约为5min，所以当要利用干管上的压力开关动作信号及时启动主泵时，压力开关的下切换值应能正确设定，才能保证喷头灭火需要。但不论是“小罐”或“大罐”，都必须在启泵过程中，系统的喷水强度和工作压力能满足要求。

但是该系统只解决了喷头开放后及时发出启动主泵信号和系统喷水强度和工作压力都能满足要求的问题，但以下两个问题却无法解决：

（1）上述不设湿式报警阀的湿式系统中，当系统过大时，因一处维修而关停整个系统是很危险的。所以规范要限制系统的规模，对于设湿式报警阀的湿式系统，规范限定一个湿式报警阀组控制的喷头数不宜超过 800 只，一个给水系统可以有若干组湿式报警阀组来适应系统规模过大及竖向分区问题；但对于不设湿式报警阀的湿式系统，只能严格限制系统的规模，就没有办法通过增加湿式报警阀组来扩展系统的规模和解决竖向分区问题。

（2）由于上述系统中，没有配水管道和水源管道之分，系统中所有管道都是与喷头直接连接的，系统中任何造成系统压力波动的原因是无法识别的，当设有湿式报警阀时，它能够识别系统压力波动类型：在系统压力发生正常波动时，能予以补偿；当系统压力发生异常波动时，则予以报警。

（3）当设有湿式报警阀时，湿式报警阀将系统分隔为配水管道和水源管道，只允许水源管道的水流向配水管道，防止了配水管道的水对水源管道的污染，因为配水管道的水是长年不流动的水。

这里就引出了在设湿式报警阀的湿式系统中，湿式报警阀究竟具有什么样的功能呢？

图 51-2 湿式报警阀组构造图。这是一个外平衡式湿式报警阀，它的平衡装置由上下腔连通管、限量止回阀（节流孔板加止回阀）构成，伺应状态下，只允许水流从水源侧腔流向系统侧腔，而且限定流量小于一只喷头开放的流量，当水源管网压力正常波动时，水流向配水管网，报警阀阀板不会开启。在伺应状态下，系统压力正常波动，阀板始终关闭。

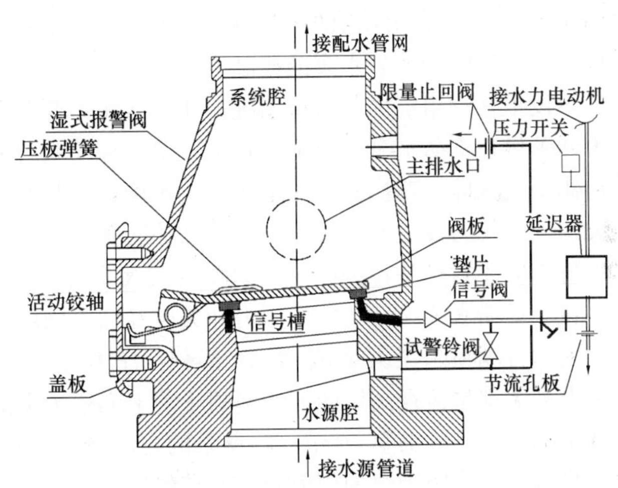

图 51-2　湿式报警阀组构造图

当配水管网有一只喷头开放时，尽管平衡装置允许水流从水源侧腔流向系统侧腔，但流量小于一只喷头开放的流量，从而会引起配水管网压力降低，导致湿式报警阀阀板打开，使报警阀组的压力开关动作。这一切都是湿式报警阀的平衡装置单向限量供水的结果。

湿式报警阀组在系统中有如下重要功能：

（1）单向限量流动功能：它是一个单向限量止回阀，在伺应状态下，只能单向地限量向配水管网供水，能够防止配水管网的水污染水源；

（2）报警功能：当系统中有一只闭式喷头开放或末端试水装置放水，它能够发出报警声信号，并使压力开关及时动作，发出报警电信号；

(3) 能够识别系统压力波动：在系统压力发生正常波动时，能予以补偿；对系统压力发生异常波动时，则予以报警，而且能保证在系统中有一只喷头开放时，系统由高位消防水箱及稳压装置供水转换为消防水泵供水的过程中，喷头的喷水强度和工作压力都能始终满足规范要求；

(4) 能自动接通和切断水源的功能：开启时将配水管网与水源接通；关闭时将配水管网与水源切断；

(5) 能就地试验供水装置和报警装置的功能：如试警铃阀试验功能。

湿式报警阀组在湿式系统中具有重要功能，所以规范规定自动喷水灭火系统应设报警阀组。

只有在采用标准覆盖面积洒水喷头，且喷头总数不超过 20 只，或采用扩大覆盖面积洒水喷头且喷头总数不超过 12 只的局部应用系统，可不设报警阀组。但局部应用系统只能应用于室内最大净空高度不超过 8m 的民用建筑中，为局部设置且保护区域总建筑面积不超过 1000m²的湿式系统。且设置局部应用系统的场所应为轻危险级或中危险级Ⅰ级场所。不设报警阀组的局部应用系统，配水管可与室内消防竖管连接，其配水管的入口处应设过滤器和带有锁定装置的控制阀。局部应用系统应设报警控制装置。报警控制装置应具有显示水流指示器、压力开关及消防水泵、信号阀等组件状态和输出启动消防水泵控制信号的功能，不设报警阀组的系统可采用电动警铃报警。不设报警阀组的局部应用系统，应采取压力开关联动消防水泵的控制方式。

不设报警阀组的局部应用系统，在采取压力开关联动消防水泵的控制方式时，由于该压力开关设在消防水泵的出水干管上，要保证喷头开放时压力开关能及时动作，压力开关的动作压力（即下切换值）一定要设定正确，并与水源稳压装置匹配，如前所述，当压力开关的动作压力设定不正确时，压力开关会延迟动作。

特别应注意的是：按照《自动喷水灭火系统施工及验收规范》GB 50261—2017 的规定：在自动喷水灭火系统中的压力开关应经国家消防产品质量检验中心检验合格，检验标准就是《自动喷水灭火系统 第 10 部分：压力开关》GB 5135.10—2006，这个标准规定的压力开关都是监视高压的，而消防干管上的压力开关都是监视低压的，是不符合这个标准规定的，详见本书第 50 节：喷淋泵的自动触发器件可靠性解析。所以自动喷水灭火系统中只能使用报警阀组的压力开关的动作信号联动启动消防水泵，而不能用消防水泵出水干管上的压力开关控制消防水泵。

在消火栓系统中采用消防水泵出水干管上的压力开关联锁启泵时，也需注意在消防水枪开放出水后，压力开关应能感知消防水箱的有效水位变化而及时动作的问题，消火栓系统当采用消防水泵出水干管上的压力开关动作信号启动时，高位消防水箱的设置高度，应满足在消防水箱的最低有效水位时，所提供给系统最不利点处消火栓静水压力应符合规范要求，所以要求当水枪开放后，出水干管上的压力开关应能感知消防水箱的有效水位的微小变化而动作，否则压力开关不能及时动作，其要求与不设湿式报警阀组的喷淋系统相同。

52 防止喷淋泵联动控制失败的措施

在火灾事故中常有喷淋泵联动控制失败的故障发生，造成了重特大火灾。由于喷淋泵的联动控制涉及规范规定的喷淋泵联动控制方式，以及喷淋泵电气控制柜和消防联动控制柜应具有的控制显示功能，通常只要喷淋泵电气控制柜和消防联动控制柜是经国家质量检验机构认证的产品，发生喷淋泵联动控制失败的情况较少，即使发生，也能很快从控制设备的盘面显示上作出正确判断。只有当这些控制设备是非标产品，再加上联动控制方式不符合规范的技术要求，就不能在现场快速判断故障原因，就不会有果断处理喷淋泵联动控制失败的能力。

52.1 防止喷淋泵联动控制失败应采取以下的措施

（1）喷淋泵电气控制柜和消防联动控制柜应是经国家质量检验机构认证的产品，其控制显示功能应符合现行国家标准《消防联动控制系统》GB 16806—2006 的规定。

（2）喷淋泵应按直接自动启泵的方式进行联动控制设计。

1）规范对喷淋泵联动控制方式的要求

《火灾自动报警系统设计规范》GB 50116—2013 对消防水泵的联动控制提出的要求是：对湿式和干式自动喷水灭火系统的喷淋泵自动控制方式应采用报警阀的报警管路上的压力开关动作信号作为联动触发信号，直接控制启动喷淋泵，而且不受消防联动控制器处于手动状态的影响。

《自动喷水灭火系统设计规范》GB 50084—2017 对喷淋泵的联动控制要求是：湿式系统、干式系统应由报警阀组压力开关直接自动启动喷淋水泵。

预作用系统和自动控制的水幕系统应由火灾自动报警系统和报警阀组压力开关直接自动启动喷淋水泵。

综上所述，各规范条文对湿式和干式自动喷水灭火系统的喷淋泵自动控制的要求是，喷淋泵在自动条件下，应由报警阀组压力开关作为启动器件，由压力开关的动作信号直接控制启动喷淋泵，而且不受消防联动控制器处于自动或手动状态的影响。其目的是为确保火灾时喷淋泵能向灭火设备及时可靠供水。

怎样实现“直接控制启动消防水泵，且不受联动控制器处于自动或手动状态的影响”是需要了解的问题。

2）怎样实现“直接控制启动喷淋泵”

通常把湿式系统、干式系统中的消防水泵称为喷淋泵。喷淋泵的联动控制是由消防联动控制柜、喷淋泵电气控制柜和自动触发装置（报警阀组压力开关）共同组成控制系统，完成对喷淋泵的联动控制。但是湿式系统、干式系统的自动启动是不需要火灾自动报警系统的参与就能实现的，它有自己的灭火控制盘，能自行实现系统的全部功能，当建筑内有火灾自动报警系统时，湿式系统、干式系统的工作状态信息应能在消防中心集中显示，消防中心应能手动控制其喷淋泵。

消防联动控制柜是所有受控消防设备的控制显示设备。它对消防水泵的控制是通过消防泵电气控制柜实现的。

消防水泵是由其电气控制柜直接控制的，喷淋泵电气控制柜还可直接配接启动器件，如：报警阀的压力开关由喷淋泵电气控制柜直接配接，当泵电气控制柜在接收到直接配接的启动器件的触发信号后，应在3s内将信号传递给消防联动控制柜，在自动状态下，泵电气控制柜在接收到启动器件的触发信号后应执行预定动作，控制受控的喷淋泵进入预定的工作状态，这种启动控制方式就不会受联动控制器处于自动或手动状态的影响，故称为“直接控制启动喷淋泵”的方式。

规范要求的“直接控制启动喷淋泵”是为了保证在自动状态下启动器件的动作信号不经转接，不在控制设备之间传递就能直接控制启动喷淋泵，而且不受消防联动控制器处于自动或手动状态的影响，只有这样喷淋泵的自动控制才是安全的。

若将报警阀组报警管路上的压力开关作为启动器件，由消防联动控制器直接配接时，消防泵电气控制柜就不能直接接收启动器件的动作信号，而需要接收消防联动控制器发出的控制信号才能启动消防泵，这就不能叫“直接自动启动”，这样就会产生消防泵启动失败的隐患。因为，不仅消防联动控制柜有自动/手动工作方式转换钮，泵电气控制柜也有自动/手动工作方式转换钮，在同一联动控制系统中两台控制设备的自动/手动工作方式转换钮的组合共有4种方式，当把启动器件（如压力开关）分别直接配接在消防联动控制柜或泵电气控制柜时，会产生8种组合，每种组合实现联动控制功能的可靠性是不一样的，就可能产生消防泵启动失败的危险，如表52-1所示。

压力开关配接在消防联动控制柜或泵电气控制柜时联动控制可靠性　　表52-1

配接方式	消防联动控制柜工作状态	泵电气控制柜工作状态	消防水泵能否自动启动的可靠性
消防联动控制柜直接配接自动触发装置时	手动状态	手动状态	由于消防联动控制柜、泵电气控制柜都处于手动工作状态，故泵不能自动启动
	手动状态	自动状态	由于消防联动控制柜处于手动工作状态，不能自动发出启动命令，故泵也不能自动启动。此配接方式不满足消防泵联动控制不应受联动控制器处于自动或手动状态影响的要求
	自动状态	手动状态	消防联动控制柜可自动发出启动命令，但由于泵电气控制柜处于手动工作状态，故泵不能自动启动
	自动状态	自动状态	消防联动控制柜可自动发出启动命令，泵电气控制柜处于自动工作状态，故泵能自动启动
泵电气控制柜直接配接自动触发装置时	手动状态	手动状态	由于泵电气控制柜处于手动工作状态，配接的触发启动器件能动作，但泵不能自动启动
	手动状态	自动状态	由于泵电气控制柜处于自动工作状态，配接的触发启动器件动作后，能自动启动消防泵，且满足联动控制不受消防联动控制器处于自动或手动状态的影响的要求
	自动状态	手动状态	由于泵电气控制柜处于手动工作状态，配接的触发启动器件能动作，但泵不能自动启动
	自动状态	自动状态	由于泵电气控制柜处于自动工作状态，配接的触发启动器件能动作，且能自动启动消防泵。且满足联动控制不受消防联动控制器处于自动或手动状态的影响的要求

从表 52-1 自动触发装置（如压力开关）分别配接在联动控制柜或泵电气控制柜时，实现的联动控制功能可以得出如下结论：

① 当压力开关直接配接在消防联动控制柜时，只有在消防联动控制柜和泵电气控制柜双双处于自动工作状态时才能实现联动控制自动启动功能，其余组合均无法实现联动控制自动启动功能，这种配接方式中能实现自动启动的比例仅占 25%，自动启泵的可靠性不高。

② 当压力开关直接配接在泵电气控制柜时，只有当泵电气控制柜处于手动工作状态时不能实现联动控制自动启动功能，其余组合方式，只要泵电气控制柜处于自动工作状态，不论消防联动控制柜处于自动/手动工作状态，都能实现联动控制自动启动功能，且不受消防联动控制器处于自动或手动状态的影响。这种配接方式中能实现自动启动的比例占 50%，使不能自动启泵的故障干扰因素大大减少，至于泵电气控制柜处于手动工作状态时，泵电气控制柜能接收自动触发装置的动作信号，却不能启动消防水泵，这样做的目的是保证维修消防水泵时的安全。通常在维修消防水泵前，应告知消防中心，消防中心是清楚消防水泵是处于维修，不能正常工作的状态，一定会有应急预案。

(3) 消防中心的消防联动控制柜应能以直接手动控制方式控制喷淋泵启动

消防联动控制柜能以直接手动控制方式控制喷淋泵启动，是指消防联动控制器或联动型火灾报警控制器盘上的手动启停按钮应用控制线或控制电缆与消防水泵电气控制柜直接连接，实现点对点的硬件电路控制。控制器盘上的其他由键盘操作，通过模块传输的控制方式，虽然是手动控制方式，但不是直接手动控制方式。

(4) 消防水泵电气控制柜应有正确的操作级别限制

判断消防水泵电气控制柜处于何种工作状态，应以柜盘上的手动/自动工作状态转换钮的绿色指示灯是否点亮为依据。不宜以工作状态转换钮的指向作为单一的依据。所以绿色自动工作状态指示灯是否点亮，对判断控制柜的实际工作状态有决定意义。对于消防水泵电气控制柜手动/自动工作状态转换钮的操作级别限制，宜采用未经授权无法操作的方式。

(5) 采用三相交流电源供电的消防泵电气控制柜，应具备自动纠相功能，在电源出现错相时应能自动完成纠相；在电源出现缺相时，应发出声光故障信号。而且消防泵电气控制柜在电源出现错相、缺相时不应使受控消防泵产生误动作。

当消防泵电气控制柜发生电源错相时，消防泵电动机在静止状态下能启动，但电机是在反转，泵叶轮也在反转，泵只是无功运转，不能正常向系统供水，而且启动信号均能在泵的电气控制柜和消防联动控制柜上显示，喷淋泵电气控制柜面板上的显示仍一切正常，这是非常危险的，所以消防泵电气控制柜宜具有自动纠相功能。

当消防泵电气控制柜电源出现缺相时，消防泵电动机在静止状态下，电动机将无法启动，但会发生很大振动并有强烈的“嗡嗡”声，由于电动机定子电流将增大，引起过热，如果不立即停止启动，将烧毁电动机，这也是非常危险的，所以消防泵电气控制柜在电源出现缺相时不应使受控消防泵产生误动作。

消防泵电气控制柜在供电电源发生缺相、错相的故障时，应发出声光故障信号，具备自动纠相功能，且在电源出现错相时能自动完成纠相的可不发出声光故障信号；如果消防泵电气控制柜不具有在电源故障时发出声光故障报警的功能，就不能及时发现泵电气控制柜，使人很难判断泵的实际工作状态，增大了排除故障的难度。

（6）消防泵组应具有自动切换互投功能。

消防泵电气控制柜是控制一用一备双套自切互投的消防水泵的电气控制显示装置，必须具备自切互投的功能，并指示正在运行的消防水泵。电气控制柜不论是处于自动工作状态还是处于手动工作状态，正在运行或需要启动的消防水泵发生故障，而不能执行预定动作时，消防泵电气控制柜应能在3s内由正在运行或需要启动的消防水泵，自动切换至备用的消防水泵，执行预定动作，同时，发出相应的指示信号。

（7）消防泵电气控制柜应具有故障报警功能，应设音响器件和黄色故障指示灯，当有故障发生时，该指示灯应点亮，音响器件应发出故障报警声信号。例如当消防泵电气控制柜与消防联动控制柜之间的通信发生故障、消防泵电气控制柜与其配接的压力开关之间的连线发生故障，消防泵电气控制柜均应发出故障报警声信号，黄色故障指示灯应点亮，警示管理人员及时排除故障。

52.2 在现场应从消防控制设备面板上的显示的信息，来识别联动过程是否正常

在现场应能从消防联动控制柜、喷淋泵电气控制柜面板上设有的音响器件发出的报警、故障声信号，以及各种指示灯、显示器所指示的各类信息，包括被控设备的状态信息，为分析判别联动过程是否正常提供信息。

（1）应从控制设备面板上的自动/手动工作状态转换钮处的绿色自动工作状态指示灯是否点亮，来判别消防泵电气控制柜是否处于自动工作状态。

消防泵电气控制柜和消防联动控制柜均应设自动/手动工作状态指示灯，在处于自动工作状态时，该绿色指示灯应点亮。指示灯附近应用中文标注其功能。该绿色指示灯点亮表示消防泵电气控制柜或消防联动控制柜处于自动工作状态。手动工作状态的指示灯可以单独设置指示灯指示，也可以通过自动状态指示灯熄灭的方式指示，如果转换钮处绿色自动工作状态指示灯没有点亮，这说明消防泵电气控制柜或消防联动控制柜处于手动状态。

工程中有的非标准的控制柜因显示功能不符合标准而造成许多误判。

通常消防泵电气控制柜和消防联动控制柜的自动/手动工作状态转换，都采用自动/手动转换钮来实现。转换钮指向中文标注的“自动”时，控制柜处于自动状态，转换钮指向中文标注的“手动”时，控制柜处于手动状态。在工程中有的非标准的控制柜设备往往以转换钮所指向的中文标注来指示控制柜的工作状态，而不设绿色工作状态指示灯，也有一些管理人员也往往以转换钮所指向的中文标注来认定控制柜的工作状态，而不以绿色指示灯的点亮来认定控制柜的自动工作状态，使其发生误判。这会造成许多麻烦。

（2）消防泵电气控制柜和消防联动控制柜是否存在故障应以故障信号指示来判断

消防联动控制器都设有独立的故障总指示灯，该故障指示灯在有故障存在时应点亮。消防联动控制器在与其连接的火灾报警控制器、触发器件、直接手动控制单元、输入/输出模块、充电器等之间的连接线发生故障时，消防联动控制器应在100s内发出与火灾报警信号有明显区别的故障声、光信号，故障声信号应能手动消除，故障光信号应保持至故障排除。而且有的故障应能指示出部位，有的故障应能指示出类型，所以完全可以从控制柜面板上的故障指示灯判断是否存在故障。通常可以通过手动操作对消防联动控制柜进行

自检，自检时音响器件应发出报警、故障声，并点亮面板的所有指示灯，显示器。自检合格后可以确认音响器件及所有指示灯，显示器均能正常工作，不别担心消防联动控制柜处于火灾报警状态时，指示灯和显示器不能显示的情况。

具有故障报警功能的消防泵电气控制柜应设音响器件和黄色故障指示灯，当有故障发生时，该指示灯应点亮，音响器件应发出故障声信号。所以也完全可以从控制柜面板上的故障指示灯判断是否存在故障。

（3）消防泵电气控制柜和消防联动控制柜面板上应有的光信号指示

按标准规定，消防泵电气控制柜和消防联动控制柜面板上均应有光信号指示，用来指示消防控制设备及受控设备的工作状态，是消防管理和处理事故的重要判断依据，消防泵电气控制柜和消防联动控制柜面板上应有的光信号指示见表52-2。

消防泵电气控制柜和消防联动控制柜面板上应有的光信号指示　　表52-2

控制柜的光信号来源	控制柜面板上的信号指示灯	
	消防联动控制柜	消防泵电气控制柜
接收到与其连接的上一级控制设备发出的火灾报警信号或启动信号	接收到火灾报警控制器发来的火灾报警信号后，应按预设的联动控制逻辑向消防泵电气控制柜发出启泵信号： （1）显示报警区域，发出火灾报警声光信号； （2）发出启泵信号后，应显示启动设备的名称和部位，记录启动时间； （3）在规定时间内应接收到消防泵运行的反馈信号，点亮红色反馈指示灯，指示设备的名称和部位及设备的工作状态； （4）只要消防联动控制柜发出启动消防泵的控制信号后，应点亮红色启动总指示灯	接收到消防联动控制柜发来的启泵信号后，在自动工作状态下，执行预定的动作，控制受控设备进入预定的工作状态： （1）当有联动控制信号输入时，红色联动控制指示灯应点亮；并应发出与故障提示音有明显区别的声报警信号； （2）在执行了启动动作后，红色启动指示灯应点亮，表示执行了预定的动作； （3）消防泵电气控制柜在接收到消防泵运行的反馈信号后，应点亮红色反馈指示灯，并将消防泵运行状态信息发送给消防联动控制柜
接收到与其连接的启动器件的动作信号	当启动器件与消防联动控制柜直接连接，消防联动控制柜接收到与其连接的启动器件的动作信号时： （1）点亮红色启动器件动作指示灯，显示其所在部位，发出启动器件动作的报警声、光信号； （2）将该报警（动作）信号发送给与其连接的火灾报警控制器； （3）接收到与其连接的启动器件的动作信号后，在自动工作状态下，应向泵电气控制柜发出启动信号； （4）发出启动信号后，应点亮红色启动总指示灯，应显示启动设备的名称和部位，记录启动时间；只要消防联动控制柜发出启动控制信号，红色启动总指示灯均应点亮； （5）消防联动控制器应能接收消防泵的工作状态信息，在接收到消防泵运行反馈信号后，应点亮红色反馈指示灯，显示消防泵的名称部位和工作状态	当启动器件与消防泵电气控制柜直接连接，电气控制柜接收到与其连接的启动器件的动作信号时： （1）将该启动器件动作信号发送给与其连接的消防联动控制器，处于自动工作状态下的消防电气控制柜在接收到启动器件的动作信号后，应执行预定的动作，控制受控设备进入预定的工作状态； （2）在接收到启动器件的动作信号后，红色启动器件动作指示灯应点亮，并应发出与故障声有明显区别的声报警信号； （3）处于自动工作状态下的消防泵电气控制柜在接收到启动器件的动作信号后，应控制消防泵投入运行，在执行启动动作后红色启动指示灯应点亮； （4）在自动工作状态下，绿色自动工作状态指示灯应始终点亮； （5）消防泵电气控制柜在接收到消防泵运行的反馈信号后，应点亮红色反馈指示灯

续表

控制柜的光信号来源	控制柜面板上的信号指示灯	
	消防联动控制柜	消防泵电气控制柜
受控设备的工作状态信息	受控消防设备是指与消防联动控制柜连接的消防泵电气控制柜直接控制的消防泵。 (1)消防联动控制柜应能显示与其连接的所有受控设备的工作状态，受控设备在接收到来自消防联动控制柜的启动信号启动后，消防联动控制柜应在受控设备动作后10s内收到其反馈信号，并应有反馈光指示，指示设备的名称、部位，显示相应设备的状态，光指示应持续保持到受控设备恢复； (2)当消防联动控制柜在发出启动信号后10s内没有收到受控设备的反馈信号，应使启动光指示信号(含红色启动总指示灯和受控设备的启动指示灯)闪亮，并显示相应的受控设备；若多个受控设备启动，而仅有其中一个受控设备没有反馈信号，红色启动总指示灯和受控设备的启动指示灯也应闪亮，并保持到控制器收到受控设备的反馈信号为止，若受控设备启动可通过显示器显示时，受控设备启动指示灯可不闪亮	受控消防设备是指与消防泵电气控制柜连接的消防泵。 (1)消防泵电气控制柜应能够接收来自受控设备的工作状态信息，当受控设备启动后，消防泵电气控制柜应能够接收来自受控设备的启动反馈信号，红色受控设备启动指示灯应点亮，并应在3s内将信息发送给与其连接的消防联动控制器； (2)对采用三相交流电源供电的消防泵电气控制柜，应有电源监控功能：对于不具备自动纠相功能的消防电气控制柜，在电源出现缺相、错相时，消防电气控制柜，应发出声、光故障信号，同时不应发出启动受控设备的指令；对具备自动纠相功能的消防电气控制柜，在电源缺相时应发出声、光故障信号，且不应发出启动受控设备的控制信号；在电源错相时应能自动纠错相，可不发出声、光故障信号； (3)当受控设备为一用一备的双套互相切换的设备时，若在用受控设备因故障而不能执行预定动作时，消防电气控制装置应自动切换至备用设备，使备用设备执行预定动作，并发出相应的指示信号
小结：控制柜的面板上应有的指示灯	(1)绿色主、备电源工作状态指示灯，在电源正常时应点亮	(1)绿色主电源工作状态指示灯，在主电源正常时应点亮
	(2)绿色自动/手动工作状态指示灯，当处于自动工作状态时，该灯应点亮	(2)绿色自动/手动工作状态指示灯，当处于自动工作状态时，该灯应点亮
	(3)红色火灾报警指示灯，当接收到火灾报警控制器发来的火灾报警信号后应点亮，并显示报警区域	(3)红色联动控制指示灯，当有联动控制信号输入时，该灯应点亮；红色联动控制指示灯与红色启动器件动作指示灯可共用
	(4)设独立的红色启动总指示灯，只要发出启动信号后，该灯应点亮	(4)设红色启动指示灯，当电气控制柜执行启动动作后，该灯应点亮
	(5)红色启动指示灯(反馈指示)，有受控设备启动，该灯应点亮，指示启动设备的名称部位	(5)红色受控设备启动指示灯，当受控设备执行启动动作后，消防电气控制柜应能收到受控设备启动的反馈信号后，该灯应点亮
	(6)设独立的黄色故障总指示灯，在消防联动控制柜有故障存在时，该指示灯应点亮	(6)具有故障报警的消防电气控制柜应设黄色故障指示灯，当有故障发生时，该指示灯应点亮
	(7)红色启动器件动作指示灯，当启动器件动作后，该灯应点亮，显示启动器件的名称部位	(7)红色启动器件动作指示灯，当启动器件动作后，该灯应点亮
	(8)红色直接手动控制输出启动指示灯，每个控制开关对应一个直接控制输出，控制开关启动后，该指示灯应点亮	(8)在电源出现缺相、错相时，消防电气控制柜应发出声、光故障信号；对具备自动纠相功能的消防电气控制柜，在电源错相时应能自动纠相，可不发出声、光故障信号

52.3 对“压力开关动作信号已经出现但喷淋泵不能启动”的原因分析

就“压力开关的动作信号已经出现，喷淋泵不能启动”的故障原因进行分析时，由于缺乏必要的前提条件是难以回答的，因为故障原因涉及许多环节，如：作为自动触发装置的启动器件是配接在消防联动控制柜，还是配接在消防泵电气控制柜？联动控制系统是否处于自动工作状态？控制设备的产品质量是否符合标准要求等，特别是目前工程中尚有许多未经认证的非标准的消防泵电气控制柜存在，设备故障或设备与设备之间通信故障等环节上，任何一个因素的作用，都可以造成启动器件的动作信号已经到达，喷淋泵不能启动，这就使问题复杂化了。为此，我们必须设定问题的前提条件是：消防联动控制柜和消防泵电气控制柜的主要控制和显示功能应符合标准，系统为总线制式，启动器件压力开关是直接与喷淋泵电气控制柜配接联锁，且系统配置符合规范，这样就能把故障因素限定在常见的“人为操作管理不当”的范围内，便于对问题进行分析，分析故障原因时就可以把消防联动控制柜和消防泵电气控制柜面板上指示灯及器件状态作为判断依据，就能明确故障原因并果断处置。

消防联动控制柜、喷淋泵电气控制柜与其配接的启动器件之间是有正常通信的，消防联动控制柜、喷淋泵电气控制柜面板上都有各种指示灯，其光信号指示了控制柜和受控设备的工作状态，有的联动控制柜还配有显示器，能显示许多相关信息。我们应能从这些信号和信息来识别联动过程的正常进行和判断喷淋泵联动控制失败的原因。

报警阀的压力开关直接配接在消防泵电气控制柜上是符合规范的配接方式，所以，应该以这种配接方式来对“启动器件（压力开关）的动作信号已经出现，喷淋泵不能启动”的故障原因进行分析。

按图 52-1 喷淋泵电气控制柜面板图所示来直观地分析，图中每个器件、每个指示灯下方均有中文标注，为简便起见，设定消防泵电气控制柜不具有延时功能：

（1）在正常情况下：当消防联动控制系统的控制设备都处于自动工作状态，在系统中的压力开关动作后，会使喷淋泵自动启动，消防联动控制柜、喷淋泵电气控制柜面板上的各种指示灯应按以下程序点亮；

1）喷淋泵电气控制柜平时应处于自动工作状态，编号 18 的自动/手动工作状态转换装置旁的编号 17 的绿色自动工作状态指示灯平时应点亮，说明喷淋泵电气控制柜处于自动工作状态。

2）当喷淋泵电气控制柜直接配接的启动器件（报警阀压力开关）动作后，喷淋泵电气控制柜能接收压力开关的动作信号，应点亮喷淋泵电气控制柜面板上编号 5 的红色启动器件动作指示灯，并发出与故障声信号有明显区别的声报警信号；并将该启动器件动作信号发送给与其连接的消防联动控制器。

如有消防联动控制器的联动控制信号输入喷淋泵电气控制柜，控制柜上编号 4 的红色联动控制指示灯应点亮，有的喷淋泵电气控制柜的红色联动控制指示灯是与红色启动器件动作指示灯共用的。只要有启动器件动作信号或联动控制信号输入，喷淋泵电气控制柜在自动工作状态下，应执行预定的动作，使喷淋泵进入预定工作状态。

3）喷淋泵电气控制柜接收到压力开关的动作信号后，在自动工作状态下，应执行预定的动作，使喷淋泵进入预定工作状态，本喷淋泵电气控制柜编号 20 的主备泵设置指示

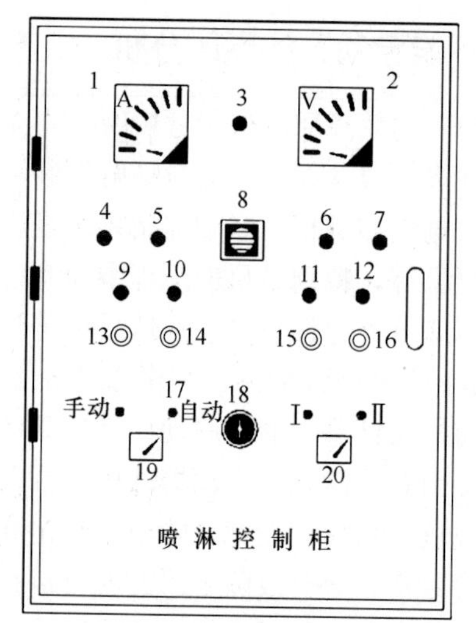

图 52-1 喷淋泵电气控制柜面板图
1—电流表；2—电压表；3—绿色主电源指示灯；4—红色联动控制信号指示灯；5—红色启动器件动作指示灯；6—红色启动指示灯；7—黄色故障指示灯；8—音响器件；9—Ⅰ泵红色启动按钮动作指示灯；10—Ⅰ泵红色反馈信号指示灯；11—Ⅱ泵红色启动按钮动作指示灯；12—Ⅱ泵红色反馈信号指示灯；13—Ⅰ泵手动启动按钮；14—Ⅰ泵手动停止按钮；15—Ⅱ泵手动启动按钮；16—Ⅱ泵手动停止按钮；17—绿色自动工作状态指示灯；18—自动/手动工作状态转换装置；19—操作钥匙插孔；20—主备泵设置指示；注：手动按钮本身不带指示灯

在Ⅱ主Ⅰ备上，在执行预定的启动动作时，应自动启动Ⅱ号喷淋泵，当Ⅱ号喷淋泵投运后，喷淋泵电控柜面板上编号 6 的红色启动总指示灯应点亮，表明泵电气控制柜执行了启动动作。

当被启动的Ⅱ号喷淋泵（工作泵）电动机出现故障，而不能执行预定动作时，喷淋泵电气控制柜一定会自动切换至备用泵（Ⅰ号喷淋泵）执行该预定动作，喷淋泵的电控柜上编号 6 的红色启动指示灯仍应点亮。

4）Ⅱ号喷淋泵进入运行工作状态后，电气控制柜应能接收喷淋泵反馈的工作状态信息，并点亮其面板上编号 12 的Ⅱ泵红色反馈信号指示灯。

当被启动的Ⅱ号喷淋泵（工作泵）电动机出现故障，而不能执行预定动作时，喷淋泵电气控制柜一定会自动切换至备用泵（Ⅰ号喷淋泵）执行该预定动作，在Ⅰ号喷淋泵进入运行工作状态后，喷淋泵电控柜上编号 10 的Ⅰ号泵红色启动反馈信号指示灯仍应点亮。

5）喷淋泵电气控制柜在接收到喷淋泵运行工作状态信息后，应在 3s 内将喷淋泵的运行工作状态信息发送给消防联动控制柜，消防联动控制柜上应有反馈光信号指示，指示受控设备（喷淋泵）的名称及其所在部位，显示受控设备（喷淋泵）的运行工作状态，光指示应保持到受控设备（喷淋泵）恢复。

6）在紧急情况下可采用手动方式启动喷淋泵：当编号 13 的Ⅰ泵手动启泵按钮动作后，编号 9 的Ⅰ泵红色启泵按钮指示灯应点亮，表示按钮动作有效，执行了启动动作。同样，当编号 15 的Ⅱ泵手动启泵按钮动作后，编号 11 的Ⅱ泵红色启泵按钮动作指示灯应点亮。当各泵的手动停止按钮动作后，各泵对应的启泵按钮红色启动指示灯应熄灭。

（2）在非正常情况下：压力开关由喷淋泵气控制柜直接配接时，当发生“启动器件动作信号已经出现，但喷淋泵不能启动”时，应按下述方法查找启动失败原因：

1）当压力开关动作信号到达喷淋泵电气控制柜时，喷淋泵电气控制柜面板上编号 5 的红色启动器件动作指示灯点亮，编号 8 的报警音响器件应发出故障声信号，就说明压力开关已经动作，应能自动启动Ⅱ号喷淋泵（工作泵）。

2）若编号 6 的红色启动指示灯没有点亮，表明泵电气控制柜没有执行启动动作，查看喷淋泵电气控制柜上编号 17 的绿色自动工作状态指示灯是否点亮，若该指示灯没有点亮，说明喷淋泵电气控制柜是处于手动工作状态，这时应由有操作权限的管理人员，利用操作钥匙进行操作，将喷淋泵电气控制柜设定在自动工作状态。当编号 17 的绿色自动工作状态指示灯是点亮的，而编号 6 的红色启动指示灯也点亮时，一般不会出现喷淋泵不能启动，除非喷淋泵电气控制柜故障，这时编号 7 的黄色故障指示灯应点亮，编号 8 的音响器件应发出故障声信号。

3）若当喷淋泵电气控制柜编号 12 的Ⅱ泵红色反馈信号指示灯没有点亮，说明工作泵（Ⅱ号喷淋泵）没有启动，就表明Ⅱ号喷淋泵已经故障，但因喷淋泵电气控制柜具有主备泵自动切换功能，当Ⅱ号喷淋泵故障而不能启动时，泵电气控制柜仍然会自动切换到备用的Ⅰ号喷淋泵执行启动动作，面板上编号 6 的红色启动指示灯也会点亮，且Ⅰ号喷淋泵启动运行后，面板上编号 10 的Ⅰ泵红色反馈信号指示灯仍然应点亮。

只要喷淋泵电气控制柜上编号 7 的黄色故障指示灯没有点亮，就说明泵电气控制柜处于正常工作状态，没有故障存在，在喷淋泵电气控制柜处于自动工作状态，只要压力开关动作信号出现，喷淋泵电气控制柜一定会执行启动动作，喷淋泵组一定会自动启动，即便是Ⅱ号喷淋泵（工作泵）已经故障，泵电气控制柜仍然会自动切换到备用的Ⅰ号喷淋泵执行启动动作。所以不会发生“压力开关动作信号已经出现，但喷淋泵没有启动”的情况，出现“压力开关动作信号已经出现，但喷淋泵没有启动”的原因只能是喷淋泵电气控制柜是处于手动工作状态。

当喷淋泵电气控制柜接收到与其配接的压力开关的动作信号后，还应将压力开关动作信号发送给消防联动控制柜，消防联动控制柜上应显示启动器件的名称和部位，并有红色光指示。也可以通过手动查询受控设备的工作状态。

此外，当Ⅱ号喷淋泵（工作泵）正在检修时，也可能会发生“压力开关动作信号已经出现，但喷淋泵没有启动”的情况，因为喷淋泵组是按检修计划进行检修的，消防控制中心事前会知道，并会按预案采取防范措施，检修人员一定会将泵电气控制柜的自动/手动工作状态转换钮设置在手动工作状态，在检修期间一旦有压力开关的动作信号到达，泵电气控制柜面板上编号 6 的红色启动指示灯应点亮，编号 8 的报警音响应发出与故障声信号有明显区别的声信号，这时检修人员一定会知道喷淋泵组已处于火警状态，需要立即启动，必须按预案采取恢复措施，使喷淋泵组立即进入启动工作状态。

会不会出现三相交流电源供电时，电源发生缺相，错相的情况使消防泵不能够启动或者误动作呢？这要从消防部电气控制柜的产品不同来进行分析：

（1）按标准生产的消防泵电气控制柜

对于按标准生产的消防泵电气控制柜，供电电源发生缺相、错相的故障，可以造成喷淋泵不能启动，因为标准规定：消防电气控制柜在电源发生缺相、错相时，不应使受控设备产生误动作，且喷淋泵电气控制柜在电源缺相、错相时应发出电源缺相、错相的故障声光报警信号，这可以从泵电气控制柜上的故障声光信号作出判断。因此按《消防联动控制系统》GB 16806—2006 生产的喷淋泵电气控制柜在发生电源错相时就不可能启动喷淋泵。

由于在电源出现缺相，错相时具有发出声光故障信号的功能，所以是能及时发现的，而且标准的消防泵电气控制柜在电源发生缺相，错相时，具有安全保护功能，不会使喷淋泵产生误动作，有的消防泵电气控制柜还具备自动纠相功能，在电源错相时能自动完成纠相，确保喷淋泵能安全启动。对于具备自动纠相功能的消防电气控制柜，在电源错相时能自动纠相，所以就不可能出现喷淋泵不能启动，消防电气控制柜上就不会有故障声光信号出现。

（2）非标准的消防泵电气控制柜

对于非标准的消防泵电气控制柜，由于在电源出现缺相，错相时不具有发出声光故障信号的功能，不具有“在电源缺相、错相时不应使受控设备产生误动作”这一功能，所以电源出现缺相，错相时，我们是不能及时发现，使人很难判断泵的实际工作状态，增大了排除故障的难度。

当发生电源错相时，消防泵电动机在静止状态下能启动，但电机是在反转，泵叶轮也在反转，泵只是无功运转，不能正常向系统供水，而且启动信号均能在泵的电气控制柜和消防联动控制柜上显示，喷淋泵电气控制柜面板上的显示仍一切正常，这是非常危险的。

当电源出现缺相时，消防泵电动机在静止状态下，电动机将无法启动，但会发生很大振动并有强烈的“嗡嗡”声，由于电动机定子电流将增大，引起过热，如果不立即停止启动，将烧毁电动机。

所以对于非标准的消防泵电气控制柜由于供电电源发生缺相、错相的故障而造成“压力开关的动作信号到达，喷淋泵不能启动”的事故，其危害很大。

凡是按《消防联动控制系统》GB 16806—2006 生产的喷淋泵电气控制柜就不会有电源错相时仍能启动，并发生反转的隐患。

在现场对这类故障的分析判断方法如下：首先看消防电气控制柜上的黄色故障指示灯是否点亮，当点亮时，在明确故障所在后，进行处理；若黄色故障指示灯没有点亮，则可以排除电源缺相、错相是喷淋泵不能启动的原因，而是另有故障。

对以上技术要求和分析方法归纳如下：

1）只要喷淋泵电气控制柜处于手动工作状态，系统的任何自动启泵命令都不可能实现。

2）在自动喷水灭火系统中，系统的启动器件（例如报警阀的压力开关）只能与泵电气控制柜直接配接，才能实现系统在自动方式下由启动器件（压力开关）动作信号直接控制启动喷淋泵，而且不应受消防联动控制器处于自动或手动状态的影响。这样当压力开关动作后，喷淋泵不能启动的原因就不会在消防联动控制器。

在工程现场，只要发现自动喷水灭火系统报警阀压力开关是与消防联动控制柜直接配接时，可立即判定系统为不合格。

现行国家标准《消防给水及消火栓系统技术规范》GB 50974—2014 规定：消防水泵应由消防水泵输水干管上设置的压力开关、高位消防水箱出水管上的流量开关、报警阀压力开关等开关信号直接自动启动消防水泵。消防水泵房内的压力开关宜引入消防水泵控制柜内。

笔者认为：既规定这些开关信号应直接自动启动消防水泵，那么这些开关信号应直接接入消防水泵控制柜内，才能实现直接自动启泵。凡是将这些开关信号接入消防联动控制柜的，虽然也能实现自动启泵功能，但都不能算是直接自动启泵。

3）判断消防水泵电气控制柜处于何种工作状态，应以手动/自动工作状态转换钮的绿色指示灯是否点亮为依据．对于手动/自动工作状态转换钮的操作级别限制，宜采用未经授权无法操作的方式。

4）消防水泵是由其电气控制柜直接控制的，而泵电气控制柜还受联动控制柜或火灾报警控制器联动单元的控制。在自动控制方式下，自动触发装置（直接配接的启动器件如：报警阀的压力开关）的动作信号就是启动器件动作信号，这个动作信号应能直接自动启动消防水泵，且不受联动控制器处于自动或手动状态的影响，当消防水泵启动后，泵的工作状态应在电气控制柜和联动控制柜上显示。只要压力开关是属于喷淋泵电气控制柜的配接器件，且喷淋泵电气控制柜处于自动工作状态时，喷淋泵就能自动启动，这时消防联动控制柜的手动/自动工作状态对喷淋泵的自动启动毫无影响。

53 湿式系统的检查与功能试验要点

详细介绍湿式自动喷水灭火系统的检查与功能试验要点，是因为在建筑消防设施中只有自动喷水灭火系统是应用最广泛的主动灭火系统。它能在开放少数几只喷头的情况下，将绝大多数的建筑火灾控制在初起阶段，保证人员的生命安全，提高消防队灭火救援的可靠性和效率，是防止重特大火灾最有效的消防设施。

湿式自动喷水灭火系统检查与功能试验的目的是：确认系统符合现行国家标准《自动喷水灭火系统设计规范》GB 50084—2017 和《自动喷水灭火系统施工及验收规范》GB 50261—2017 对湿式自动喷水灭火系统的性能要求。湿式自动喷水灭火系统应具有“早期响应、有效控火、可靠供水”三大性能是规范对系统的基本要求。

早期响应是指：闭式喷头应能有效探测初期火灾，并在初期火灾中响应开放；

有效控火是指：闭式喷头开放后，系统应在规定的时间内按设计选定的喷水强度持续喷水，应保证保护区地面不出现洒水不到的“干区”，临墙喷头洒水还应喷湿墙面。保护区地面得到的喷水强度应满足灭火要求；

可靠供水是指：系统应在开放一只喷头后自动启动，系统的消防水泵应按规定的流量和压力，畅通无阻地持续向系统供水。

闭式喷头的早期响应是前提、可靠供水是保障、有效控火是目标。没有系统的早期响应，喷水强度就得不到应有的效用，有效控火就不能实现；保护区地面出现洒水不到的“干区”和保护区地面得不到足够的喷水强度，就不可能有效控火，早期响应就失去意义；如果没有可靠供水的保证，系统的早期响应和有效控火就是一句空话，系统设施形同摆设，就谈不上自动灭火。

只有同时具备这三大性能的湿式自动喷水灭火系统，才能在火灾发生时自动控制住初期火灾。

湿式自动喷水灭火系统检查与功能试验的要求：

按照湿式自动喷水灭火系统的竣工图纸，制定系统的检查与功能试验方案，按方案对系统进行外观检查、功能检查和启动功能试验。

（1）湿式自动喷水灭火系统各类装置设备检查

检查时，系统应处于伺应工作状态，要求从外部观察各设备、组件、附件应处于正常工作状态，设备无移位、脱落、损伤和滴漏等异常现象：

1）检查闭式喷头应处于正常工作状态，其安装位置不应发生改变，保护区的使用功能、危险级别不应发生变化，保护对象的贮存物安放位置和存放方式与高度均应符合设计，不应发生改变。

检查闭式喷头有无被拆除的情况，闭式喷头溅水盘应保持完整，没有损伤、没有涂污及冰冻现象；检查保护区是否有影响喷头正常使用的新的吊顶装修或者新增装饰物隔断、高大家具及其他新增的障碍物。

对于喷头的安装环境发生改变的，应建议业主恢复至设计状态；发现喷头滴漏水及安装不稳固、位移脱落的、喷头溅水盘已损坏的、被拆除的喷头等情况应报维修，按计划修复。

2）检查每个湿式报警阀、末端试水装置、稳压装置、减压装置、安全泄压阀等的压力表是否投入正常工作，有无关闭和损坏现象，铅封是否完整，各装置应处于正常工作状态；

检查报警阀组及各类装置组件应处于正常工作状态，无故障现象，各控制阀门的启闭状态应符合要求，报警阀组及各类装置组件无异常的滴漏水现象。

3）在消防中心图形显示装置上查看系统中水流指示器、信号阀、压力开关、电接点压力表的信号显示是否正常；现场逐个检查它们是否处于正常工作状态，其电气引出线的保护套管是否锁定，有无脱落。

4）现场检查系统供水管网的各个阀门启闭状态是否符合设计，平时常开的阀门应处于全开状态，并锁定在全开位置，锁定装置是否有效，有无损坏。

5）现场检查喷淋系统的水泵接合器组的阀门是否处于全开状态，组件无损伤，标志完整、闷盖齐全、水泵接合器组无渗漏。

6）现场检查供水管网上的安全泄压阀、配水主立管上的自动排气阀的工作状态是否正常。

7）对系统的供水管网和配水管道进行全面检查，对腐蚀严重的管道予以与更换，对油漆脱落的管道及时除锈刷防锈漆和标志漆，对管道上的补偿器进行检查，是否处于正常工作状态、有无损坏及故障现象。

8）现场检查喷淋系统的供水管网和配水管道的支吊架及防晃支架是否完好无损，管卡是否紧固，有无变形脱落。

9）检查消防水源（消防水池及高位消防水箱、气压给水设备）是否处于正常工作状态，为消防水池及高位消防水箱供水的阀门是否处于正常工作状态，高位消防水箱出水阀门是否全开，高位消防水箱及气压给水设备的玻璃水位计的角阀在不进行水位观察时，是否关闭；检查消防水源及水箱间有无冻结现象。

10）检查消防供水设施（消防主泵、稳压泵及其电气控制柜）的组件应完整无损，无异常渗漏水，并处于正常工作状态，进出口阀门处于全开位置，消防主泵的试水阀应关闭。

11）检查消防主泵及稳压泵电气控制柜应封闭良好，电源供应正常，控制柜应处于自动工作方式，盘面信息显示正常。

（2）湿式自动喷水灭火系统中各类装置设备应按以下要求进行功能检查和维护

1）喷头应进行以下运行维护

对滴漏水或安装不稳固的喷头应维修固定；对溅水盘已损坏的、被拆除的喷头应更换同类型同规格同型号的喷头。

2）消防水源设施运行维护

检查消防水源（消防水池及高位消防水箱、气压给水设备）的储备水位是否符合要求，消防中心所显示的水位是否与实际水位一致；检查消防水源所采取的保证消防用水不被它用的措施是否有效。

3）消防供水设施运行维护

检查消防供水设施（消防主泵、稳压泵）的电气控制柜应处于正常工作状态，电源供应是否正常，观察其电压表、电流表是否正常工作；电气控制柜应处于自动方式，面板信息显示是否正常；

检查消防主泵的巡检记录和巡检情况，检查稳压泵处于正常运行状态，并记录稳压泵的启停压力和启泵次数，检查气压给水设备的工作压力是否正常；

检查消防主泵、稳压泵的靠背轮连接应可靠，地脚螺栓应紧固，无异常滴漏现象。

在检查中发现异常情况，应查明原因及时处理和调整。

4）湿式报警阀组运行维护

检查观察湿式报警阀组的上下腔压力表示值的压差应在系统稳压装置启停泵压差的范围之内，且各压力表示值均应在正常范围内，并记录压力表示值，观察湿式报警阀组在正常压力波动时，不应发出报警信号，对异常情况应查明原因及时处理；排水设施有积水堵塞现象的应及时疏通。

5）过滤器进行清渣冲洗运行维护

定期对湿式报警阀组报警管路上、系统供水管路减压装置上、消防水泵吸水管上及水源管路上等处的各种过滤器进行清渣冲洗，检查滤网有无损坏后，并予以复原。

6）减压装置运行维护

定期对减压阀组进行一次放水试验，并应检测和记录减压阀前后的压力表示值是否符合设计要求，当不符合设计要求时，应采取满足系统要求的调试和维修等措施。

7）安全泄压阀运行维护

定期将水泵接合器的安全泄压阀及减压阀后的安全泄压阀，拆卸送检，校验安全泄压阀的动作压力和回座压力是否符合要求，拆卸后应安装符合要求的替代安全泄压阀。

8）各类阀门运行维护

定期对系统管道上的各类控制阀门进行手动操作，检验阀门手柄转动操作无卡涩，阀门启闭应自如，检验完成后，对于要求常开的阀门应将阀门锁定在全开位置；对于要求常闭的阀门则应关闭严密。

9）信号阀运行维护

① 检查信号阀应具有的输出“通”“断”电信号装置的功能：在信号阀全开时，将阀门手柄向关闭方向转动过程中，信号阀输出“通”信号（阀门全开）的触点转换为输出“断”信号（阀门关闭）时，该转换点的流量应不小于全开流量的80%。

当信号阀输出“通”或“断”电信号时，消防联动控制器面板上应能显示信号阀处于正常工作状态（绿色）或异常状态（红色）的光指示。

② 测定信号阀同级进线与出线之间、各带电部件与金属外壳（支架）之间的绝缘电阻值应大于2MΩ。

③ 检测信号阀开关的每对闭合触点之间的接触电阻值应小于0.01Ω。

检验结束后应将信号阀恢复至输出“通”电信号的全开状态。

（3）湿式自动喷水灭火系统中各类装置设备功能试验的要求

1）对湿式报警阀组进行试警铃阀的报警功能试验

① 确认湿式报警阀组压力开关是与喷淋泵电气控制柜直接联锁的；并确认湿式报警阀组的试警铃阀在开启后不会导致报警阀阀板开启时，才可进行试验，否则应予整改后方能进行功能试验。

② 确认湿式报警阀组处于伺应状态，压力示值正常，喷淋泵电气控制柜处于正常工作状态。

③ 由具有操作权限的工作人员将喷淋泵电气控制柜置于手动工作方式。

④ 开启湿式报警阀组的试警铃阀。

⑤ 从延迟器开始排水时计时，水力警铃应在 5～90s 的时间内发出连续的声信号，测量水力警铃声强，不得低于 70dB，观察延迟器的排水应连续顺畅，测定延迟时间应符合要求。

⑥ 延迟时间结束后，喷淋泵电气控制柜面板上的启动器件动作指示灯应点亮；并在 3s 内将压力开关的动作信号发送给消防联动控制器，消防联动控制器面板上压力开关报警（动作）信号指示灯应点亮，显示其所在部位，并发出报警（动作）声光信号，声信号应能手动消除，光信号应保持至消防联动控制器复位。

⑦ 观察湿式报警阀上下腔压力表应没有明显波动，表示试验是在报警阀阀板保持关闭状态下进行的，是有效的。

⑧ 试验结束后应关闭报警阀组的试警铃阀，使报警阀组恢复至伺应状态，由具有操作权限的工作人员将喷淋泵电气控制柜恢复至自动工作方式。

2）对末端试水装置及各试水阀进行放水试验

① 确认湿式报警阀组的压力开关是由喷淋泵电气控制柜直接配接的，配水管道上的水流指示器是由消防联动控制器直接配接的。

湿式报警阀组应处于伺应状态，观察记录上下腔压力表示值应正常；喷淋泵电气控制柜应处于正常工作状态，高位消防水箱的水位应正常，出水阀应全开；从消防控制室图形显示装置面板上，观察水流指示器及压力开关的信息显示应正常。

② 由有操作权限的工作人员将喷淋泵电气控制柜置于手动工作方式。

③ 检查系统中的被试末端试水装置、试水阀的排水装置应处于正常工作状态，试水阀应在连接末端试水装置后才能进行放水试验，在放水试验前均应观察记录该点压力示值。

④ 逐个开启系统中的末端试水装置、试水阀（临时末端试水装置）放水，记录开始放水的时间，观察出水的水流是否连续顺畅，喷淋泵电气控制柜面板上的压力开关启动器件动作指示灯应点亮，并记录点亮时间；对比开始放水的时间与压力开关启动器件动作指示灯点亮时间，如有异常应查明原因及时处理。喷淋泵电气控制柜在接收到压力开关动作信号后，应在 3s 内将压力开关的动作信号发送给消防联动控制器。

试验中消防联动控制器面板上水流指示器及压力开关报警（动作）信号指示灯均应点亮，并显示其所在部位，同时发出报警（动作）声光信号，声信号应能手动消除，光信号应保持至消防联动控制器复位，记录消防联动控制器面板上水流指示器及压力开关报警（动作）信号指示灯点亮的时间。

⑤ 从延迟器开始排水时起计时，水力警铃应在5～90s的时间内发出连续的声信号，测量水力警铃声强，不得低于70dB观察延迟器的排水应连续顺畅。

⑥ 观察湿式报警阀上下腔压力表从波动到稳定的过程，当压力表稳定时，记录上下腔压力表示值，示值应符合要求。

⑦ 关闭末端试水装置放水阀，查看消防联动控制器上水流指示器的复位情况应正常。

⑧ 放水试验完成后应关闭末端试水装置，对各层试水阀应予以恢复，使报警阀组处于伺应状态，使喷淋泵电气控制柜恢复至自动工作方式，绿色自动工作方式指示灯应点亮；检查水流指示器和压力开关应恢复正常工作状态。

3）喷淋泵及其电气控制柜的功能试验

① 喷淋泵电气控制柜的手动控制插入优先的功能试验：

检查电气控制柜处于正常工作状态，主电源供电正常，信息显示正常；由具有操作权限的人员将电气控制柜置于自动工作方式，绿色自动工作方式指示灯应点亮。

对喷淋泵逐台进行手动控制插入优先的功能试验时，主备泵进水阀应全开，主备泵出口控制阀应关闭，关闭被试泵出口试水阀。

先手动盘车应轻便，无卡紧现象；点动手动启泵按钮，观察电动机转动方向应与泵标志的转动方向一致相符；操作手动启泵按钮，喷淋泵电气控制柜面板上的红色启动指示灯应点亮（如果手动启泵按钮自带指示灯时，该指示灯应点亮），表示控制装置执行了启动动作；被试泵应能及时启动；被试泵启动后，逐渐开启该泵出口试水阀（不得在试水阀关闭的情况下长时间运转）放水，水泵正常运行后，喷淋泵电气控制柜面板上的红色受控设备启动反馈指示灯应点亮。并应在3s内将喷淋泵的启动反馈信号发送给消防联动控制器，消防联动控制器面板上的受控设备工作状态指示灯应点亮，显示设备名称，光信号应保持至消防联动控制器复位。

被试水泵运行后，运转应正常，应无异常的声响和异常的振动，试水阀出水应正常，并记录被试水泵进出水压力。

被试水泵在额定工况下运行期间，应测量泵的轴承温升不得超过产品说明书的要求，而且不得超过35℃，轴承的最高温度不得超过75℃；填料函处允许有正常滴状泄漏现象，必要时可适当调整填料压盖的松紧程度；其余各连接部位不得有松动或泄漏现象。

被试水泵试验结束时，应先关闭该泵出口试水阀，然后手动停泵。

② 喷淋泵电气控制柜的自动控制功能试验：

在手动控制插入优先的功能试验完成后，主备泵进水阀仍应保持全开，关闭主备泵出口控制阀，仅打开被试泵出口试水阀，将泵电气控制柜的主备泵转换钮设定在“Ⅰ主Ⅱ备”或“Ⅱ主Ⅰ备”，喷淋泵电气控制柜仍应置于自动工作方式，绿色自动工作方式指示灯应点亮。

开启湿式报警阀组的试警铃阀使压力开关动作，喷淋泵电气控制柜面板上的启动器件动作指示灯应点亮；并在3s内将压力开关的动作信号发送给消防联动控制器，消防联动控制器面板上压力开关报警（动作）信号指示灯应点亮，显示其所在部位，并发出报警（动作）声光信号，声信号应能手动消除，光信号应保持至消防联动控制器复位。压力开关动作后，在用喷淋泵应能及时启动。

喷淋泵启动后，喷淋泵电气控制柜面板上的红色受控设备启动反馈指示灯应点亮。

并在3s内将受控设备启动反馈信号发送给消防联动控制器，消防联动控制器面板上的受控设备工作状态指示灯应点亮，显示启动设备名称，光信号应保持至消防联动控制器复位。

试验结束后应手动操作停泵，将主备泵出水控制阀全开，关闭主备泵出口试水阀。

③ 喷淋泵的主备电源自动切换的功能试验：

喷淋泵在主电源供电的情况下，喷淋泵正常运行时，关掉主电源，主、备电源应能正常切换，主、备电源正常切换互投时，喷淋泵应能保持连续正常运行，当主电源恢复时，备电源应能自动切断。

④ 喷淋泵电气控制柜的主备泵自动互投的功能试验：

将泵电气控制柜的主备泵转换钮设定在"Ⅰ主Ⅱ备"或"Ⅱ主Ⅰ备"，并模拟主用泵故障，用手动操作启泵按钮的方式启动主用泵，检查备用泵应能及时互投启动。

试验完成后应将系统恢复至伺应状态。

4）消防联动控制器对喷淋泵直接手动控制功能试验

消防联动控制器对喷淋泵直接手动控制单元属于点对点控制方式的控制单元，每组开关对应一个直接的控制输出，控制每台喷淋泵的启动和停止，并有独立的状态显示。不论喷淋泵电气控制柜处于何种工作方式，消防联动控制器对喷淋泵的直接手动控制方式均能准确启动和停止喷淋泵；

检查消防联动控制器和喷淋泵电气控制柜均处于正常工作状态，主电源供电正常，信息显示正常。

检查喷淋泵处于正常状态，将主备泵的进口阀全开，泵出口控制阀关闭，打开被试泵出口试水阀，在消防联动控制器上逐台按动喷淋泵的直接手动控制开关，被试喷淋泵应能及时启动，消防联动控制器面板上，喷淋泵控制开关的红色启动指示灯应点亮，表示启动动作已执行；当喷淋泵启动运行后，喷淋泵电气控制柜面板上的红色受控设备启动指示灯应点亮，并在3s内将喷淋泵启动信息传送给消防联动控制器，消防联动控制器面板上应有喷淋泵启动的反馈光指示，指示启动设备的名称和部位；光指示应保持到受控设备恢复。

当按动消防联动控制器喷淋泵的直接手动控制停泵开关，被试喷淋泵应能及时停泵，消防联动控制器面板上喷淋泵启动的反馈光指示灯应熄灭。

5）系统联动功能试验

利用系统中的末端试水装置放水，检验湿式报警阀组、压力开关、水力警铃、水流指示器、消防水泵等均应能正常启动，喷淋泵电气控制柜和消防联动控制器的控制显示功能均应正常。

① 检查喷淋泵电气控制柜应处在自动工作方式、检查消防联动控制器处于正常工作状态，信息显示正常；检查报警阀组处于伺应状态、喷淋泵的进出口阀门处于全开状态、试水阀关闭，系统中各组件处于伺应工作状态。

② 末端试水装置在放水试验前均应观察记录该点压力示值，开启末端试水装置后，压力表指针晃动，待指针平稳后，查看并记录压力表示值变化情况。

③ 开始放水时，应计时，计算喷淋泵启动投入运行的时间。

④ 按前述方法检查喷淋泵电气控制柜和消防联动控制器的控制显示功能均应正常。

⑤ 观察记录喷淋泵出口压力表和进口真空压力表的读数。

⑥ 手动停泵时，应观察记录水锤消除设施后的压力表示值不应超过水泵出口额定压力的 1.3～1.5 倍。

系统联动功能试验完成后，应将系统恢复至伺应状态，喷淋泵电气控制柜及消防联动控制器应处于自动工作方式。

54 点型感烟（温）探测器布置和安装的技术要求解析

任何火灾探测器的探测范围都是有限的，因而都有自己的最大保护能力，火灾探测器布置设计时要注意每只探测器的保护能力不能超过规定。点型感烟（温）探测器的最大保护能力由一只探测器的最大保护面积和最大保护半径共同决定。

《火灾自动报警系统设计规范》GB 50116—2013 中对点型火灾探测器的一只探测器的最大保护面积 A，是由特定试验决定的；用以确定保护区域内所需点型火灾探测器的总数，在布置火灾探测器时，既要使火灾探测器间距不允许超过一只探测器的最大保护面积 A 的要求，也要使一只探测器的最大保护半径 R 符合规定，应当注意，一只探测器的最大保护面积 A 是指一只探测器的最大保护半径 R 所构成的圆的内接矩形面积，而不是一只探测器的最大保护半径 R 所构成的圆面积。

图 54-1 中，坐标各点的 A、B、C、D、H、I、J、K、L、M、N、P、Q、S、T、U 共 16 只火灾探测器，按矩形布置，如令长边 $BC=a$，短边 $AB=b$，从几何学可知，一只探测器的最大保护面积 A，实际是探测器 B 以 R 为半径的圆中的内接矩形 $GFEO$ 的面积。

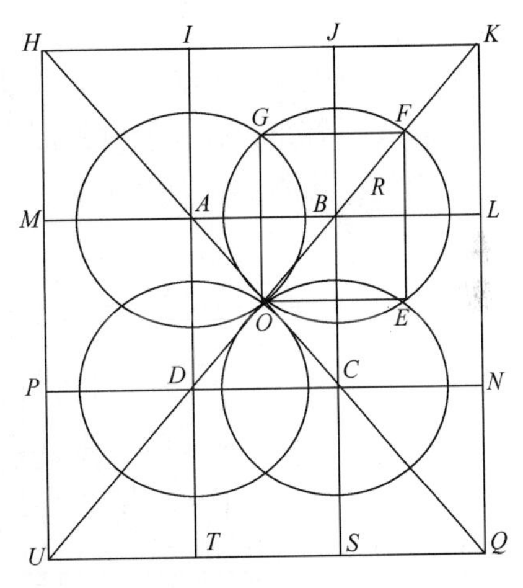

图 54-1 火灾探测器的保护面积示意图

按照几何学还可知：内接矩形 $GFEO$ 的面积等于 4 只火灾探测器 A、B、C、D 围合的共同保护区域的面积，所以任何相邻 4 只火灾探测器围合的共同保护区域的面积都等于一只探测器的最大保护面积 A，其面积计算公式为：$A=a\times b$，而每只火灾探测器的保护半径为 R，可以从数学关系式得到 $R=\dfrac{\sqrt{a^2+b^2}}{2}$；

从数学关系式可知：在矩形面积公式 $A=a\times b$ 中，当 A 为常数时，a 和 b 两个变量为反比关系，若令其比例系数为 A，则有 $a=A/b$，故可以作出该反比例函数的曲线为双曲线，图像属于以原点为对称中心的双曲线，由于面积公式中的变量 a 和 b 必定为正数，所以该反比例函数的双曲线仅在第Ⅰ象限。例如，当已知面积 $A=20\text{m}^2$、30m^2、40m^2、60m^2、80m^2、100m^2、120m^2 时，可按公式 $a=A/b$ 绘制出在第Ⅰ象限的双曲线的两个端点（Y、Z）的坐标值，如表 54-1 所示。

在第Ⅰ象限的双曲线的两个端点的坐标值 表 54-1

曲线代号	面积 A 值（m^2）	Y 端点（m）		Z 端点（m）	
		a 值	b 值	a 值	b 值
D_1	20	3.15	6.35	6.35	3.15
D_2	30	3.85	7.79	7.79	3.85
D_3	30	3.25	9.23	9.23	3.25
D_4	30	2.85	10.53	10.53	2.85
D_5	60	6.15	9.76	9.76	6.15
D_6	40	3.25	12.30	12.30	3.25
D_7	80	7.1	11.27	11.27	7.1
D_8	80	6.15	13.00	13.00	6.15
D_9	80	5.35	14.95	14.95	5.35
$D_{9'}$	100	6.95	14.39	14.39	6.95
D_{10}	100	5.95	16.80	16.80	5.95
D_{11}	120	6.45	18.60	18.60	6.45

对于公式 $R=\dfrac{\sqrt{a^2+b^2}}{2}$，可以变换为 $(2R)^2=a^2+b^2$，这是圆心原点半径为 D（$2R$）时，圆的标准方程，式中（$2R$）可以看作常数，令 R=3.6m、4.4m、4.9m、5.5m、5.8m、6.3m、6.7m、7.2m、8.0m、9.0m、9.9m 时，则按 $(2R)^2=a^2+b^2$ 式绘制的曲线为一半径为 D 的圆，圆中的内接矩形 $GFEO$，$FE=BC=a$ 和 $GF=AB=b$ 分别为矩形的长边和短边。

如果把公式 $A=a\times b$ 和公式 $(2R)^2=a^2+b^2$ 的曲线按一定条件绘制在同一坐标系中，由于 R、a、b 都是正数，所以其图形都在第Ⅰ象限内，且两两相交，两曲线的交点即为端点 Y 和 Z。如图 54-2 所示，纵横轴坐标数值均为 0.50m 递增。

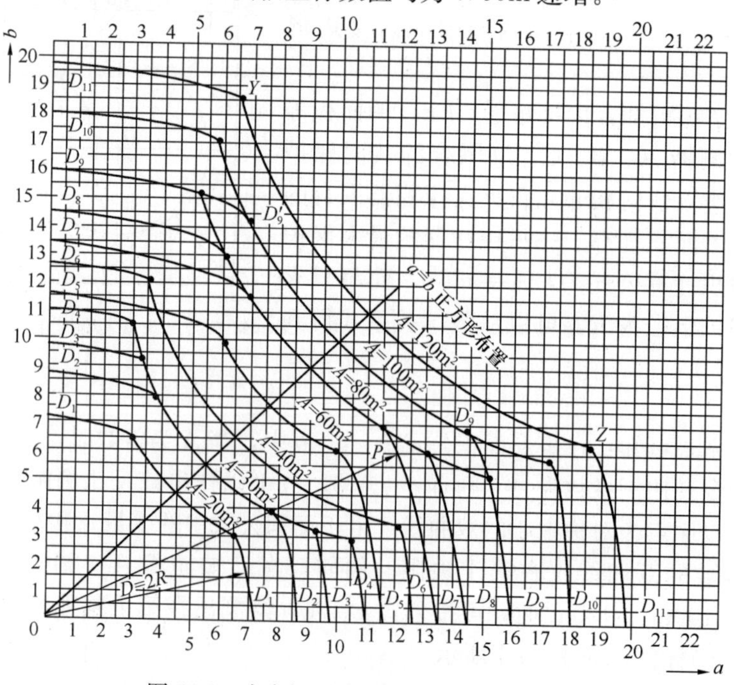

图 54-2 火灾探测器安装间距的极限曲线

《火灾自动报警系统设计规范》GB 50116—2013 指出：

1）极限曲线的 D_1～D_4 和 D_6 适宜于保护面积 A 等于 20m²、30m²、和 40m² 及其保护半径 R 等于 3.6m、4.4m、4.9m、5.5m、6.3m 的感温火灾探测器。

2）极限曲线的 D_5 和 D_7～D_{11}（含 $D_{9'}$）适宜于保护面积 A 等于 60m²、80m²、100m² 和 120m² 及其保护半径 R 等于 5.8m、6.7m、7.2m、8.0m、9.0m 和 9.9m 的感烟火灾探测器。

从极限曲线图可知：

1）极限曲线是按公式 $A=a\times b$ 绘制的处于第Ⅰ象限内的双曲线的一条曲线，该曲线上各点在 X 和 Y 轴上的坐标值的乘积都等于 A 值，即当探测器按矩形布置时，矩形的面积 A 等于长边 a 与短边 b 的乘积，故在该曲线上选取任一点对应的 a 和 b 值作为探测器布置的矩形边长时，其保护面积 A 都不会超过规定，设计者有充分的选择探测器布置间距的余地，可以更好地利用场地的具体条件，使设计更加灵活。探测器按正方形布置是矩形布置的特例，每条曲线上都有一个点表达探测器按正方形布置时的探测器间距，该点在每条曲线中点，a 和 b 值是相等的。

2）由于各极限曲线两头的端点处坐标值符合公式 $(2R)^2=a^2+b^2$，且其保护半径 R 值均符合规范要求，所以在极限曲线上各点的保护半径 R 值均不会超过规范的规定值。

3）按矩形布置探测器时，尽管按极限曲线选取的探测器矩形间距所形成的保护面积和保护半径均能符合要求，但不能保证端墙角地面面积在临墙探测器的保护范围之内（即端墙角顶点至临墙探测器的距离在该探测器的保护半径 R 之内），所以尚应核算验证端墙角的顶点至临墙探测器的距离是否在该探测器的保护半径之内。

4）显然，所谓探测器矩形布置间距是指图 54-1 中，横向水平间距 $AB=CD=b$，纵向水平间距 $BC=AD=a$，而不是探测器 B 与探测器 K、N、D、I 的距离。

设计举例：一大型商场营业厅，设置在耐火等级一级的多层建筑的首层，建筑内设有自动喷水灭火系统、火灾自动报警系统、采用不燃或难燃材料装修，首层为长 130m，宽 100m，首层建筑面积为 13000m²，其中营业厅为长 100m，宽 100m，首层另有仓储用房 2000m²，辅助用房 1000m²，顶棚距地面垂直高度为 8.6m，营业厅采用水平式封闭吊顶，吊顶为不燃材料，吊顶距地面垂直高度为 6.2m，吊顶内无可燃物，设计选用点式光电感烟火灾探测器，求该商场营业厅防火分区内保护地面的感烟探测器应布置多少只？并应如何布置？

解：在进行探测器布置设计时首先应对与探测有关的“点型探测器的最大保护面积和最大保护半径”“探测区域”“报警区域”几个概念有清楚的了解。

“点型探测器的最大保护面积和最大保护半径”的指标，是对每一只探测器而言的，是为确保每一只探测器的保护能力不被削弱，保证在火灾时火灾产物能及时到达点式光电感烟火灾探测器，使探测器能尽快报警；并用于计算一个探测区域内所需设置的探测器总数而提出的要求，不论探测区域面积的大小，每个房间至少应设一只点式火灾探测器。

“探测区域”是报警区域内按探测火灾的部位划分的探测单元，同一报警区域内可以有若干个探测单元，每个探测单元可由一个或多个火灾探测器共同保护，每个探测单元在区域报警控制器或楼层（区域）显示器上占据一个部位号，以便对火灾报警的具体部位作出迅速而准确的定位判断。所以探测区域应按自然形成的房间划分。一个探测区域的建筑面积不宜超过500m²，当从主要入口能看清其内部，且房间建筑面积也不应超过1000m²。

“报警区域”是根据防火分区或楼层划分的，一个防火分区可作为一个报警区域，而一个楼层有多个防火分区时，当发生火灾时需要同时联动消防设备的相邻几个防火分区或楼层也可划分为一个报警区域。每个报警区域应设一台区域显示器，当一个报警区域包括多个楼层时，应在每个楼层设一台仅显示本楼层的区域显示器。划分报警区域的好处是便于管理和维护，更好地适应报警设备的能力，能通过报警区域的划分，更好地与建筑的防火分区合理地结合，火灾时能对防火分区内的联动控制对象实施有效控制，确保火灾自动报警系统和联动控制系统在设置上更加合理，在工作运行上更加可靠，在管理上更加方便。

由此可知：“探测区域”是布置火灾探测器的基础，划分探测区域是布置火灾探测器的先决条件，划分报警区域是系统维护管理和系统联动控制的基本要求，根据上述观念，对本例的“探测区域”和“报警区域”划分应按以下方法进行。

（1）首先应确定本例的首层营业厅应划分为多少个探测区域及报警区域

首层营业厅报警区域应按防火分区划分，当为一个防火分区时，应为一个报警区域，因此应首先判断首层应划分为多少个防火分区。

该首层建筑面积为13000m²，按《建筑设计防火规范》GB 50016—2014（2018年版）规定：一、二级耐火等级多层建筑的首层，当仅在其首层设营业厅时，如建筑内设有自动灭火系统、火灾自动报警系统、采用不燃或难燃材料装修的，其一个防火分区建筑面积可为10000m²，故营业厅应单独划分为一个防火分区，库房和辅助用房应各划分为一个防火分区，所以营业厅应划分为一个报警区域，设置一台区域报警控制器或区域显示器。营业厅的吊顶内空间净空高度大于0.8m，但由于吊顶内空间无可燃物，故吊顶内可不设火灾探测器。

由于营业厅防火分区面积达10000m²，虽然营业厅为一个连通空间，但由于营业厅建筑面积已超过1000m²。故应划分为十个探测区域，每个探测区域面积为1000m²，每个探测区域在区域报警控制器或区域显示器上显示一个部位号，但是本例探测区域的划分并不会影响火灾探测器的布置，因为该报警区域为一个连通空间，且采用同规格同类型的火灾探测器，即使按一个报警区域来布置火灾探测器时，对火灾探测器的报警功能毫无影响。所以本例可按一个报警区域来考虑火灾探测器的布置，按十个探测区域来布线。

（2）应确定该营业厅内的人员数量，以确定探测器数量的修正系数

按《建筑设计防火规范》GB 50016—2014（2018年版）规定，商店的人员数量应按每层营业厅建筑面积乘以规定的人员密度（人/m²）确定，首层的人员密度应为0.43～0.6（人/m²），当建筑规模较大时可取下限值，故人员密度应取0.43人/m²，则该营业厅内的人员数量为：

$$10000\text{m}^2\times0.43（人/\text{m}^2）=4300人$$

按《火灾自动报警系统设计规范》GB 50116—2013规定，确定计算探测器总数量的修正系数K：容纳人数在2000～10000人的公共场所其修正系数宜取0.8～0.9，本例营业厅内的人员数量为4300人，故修正系数应取0.85。

（3）计算营业厅的点式光电感烟火灾探测器总数量N

按公式 $$N=\frac{S}{K\times A}$$

式中 N——营业厅的点式光电感烟火灾探测器总数量 N；

S——为营业厅十个探测区域总建筑面积之和，取 $10000m^2$；

K——为修正系数取 $K=0.85$；

A——为一只感烟火灾探测器的最大保护面积，应按《火灾自动报警系统设计规范》GB 50116—2013 表 6.2.2 的规定取值，本例取 $80m^2$。其理由如下：

在确定一只火灾探测器的保护面积时，首先应确定火灾探测器的种类、地面面积 A、房间的顶棚高度 H、顶棚坡度 θ 4 个条件，本例的营业厅采用感烟火灾探测器、营业厅地面面积大于 $80m^2$，吊顶为水平式，且采用封闭吊顶，故保护地面空间的感烟火灾探测器应安装在吊顶处，而不应安装在顶棚，所以应取吊顶距地面垂直高度 6.2m 作为房间高度，故应按规定取火灾探测器最大保护面积为 $80m^2$，最大保护半径为 6.7m 计算营业厅火灾探测器总数。

则 $$N=\frac{S}{K\times A}=\frac{10000}{0.85\times 80}=147.05\text{ 只,取 148 只。}$$

式中 N 为计算得到的营业厅内所必须设置的感烟火灾探测器的最少数量，也就是说对于人员密集的大型营业厅，在确定每只探头的保护面积时，应在规定值的基础上乘以修正系数 K，本例修正系数为 0.85，则每只火灾探测器实际的最大保护面积为 $0.85\times 80m^2=68m^2$，修正系数 K 值，是一个小于 1 的系数，其值的大小是随着人员数量的增多而减小，它表示人员数量越多，需要的疏散时间就越长，就应当早报警，以便赢得尽早疏散时间。所以应减小每只火灾探测器实际的最大保护面积，缩短探测器布置间距，以缩短顶棚射流流动到火灾探测器的时间。

（4）确定感烟火灾探测器的安装间距 a 和 b

确定感烟火灾探测器的安装间距 a 和 b 时，应使用规范提供的火灾探测器安装间距的极限曲线图，因最大保护半径为 6.7m，故 $2R=13.4m$，用 $2R$ 为半径，以 O 点为圆心在火灾探测器安装间距的极限曲线上找到 P 点，该点在极限曲线编号为 D_7 的线上，故应选取编号为 D_7 极限曲线，而 D_7 曲线适用于感烟火灾探测器，如图 54-2 所示，可在极限曲线 D_7 上选任一点所对应的坐标值作为感烟火灾探测器的安装间距 a 和 b，此时每只火灾探测器的保护面积均为 $80m^2$，且在 D_7 线段两个端点处的保护半径为最大，均符合规范规定。

为了布置时的测量方便，尽可能选极限曲线 D_7 上坐标值为整数的点，故本例选极限曲线 D_7 上坐标值为 $a=8$、$b=10$ 的点 E，另一个点的坐标值为 $a=10$、$b=8$ 也是符合要求的。须知，这时的一只探测器的保护面积为 $80m^2$，当修正系数为 1 时，按此确定的探头间距是正确的。但本例的修正系数为 0.85，故一只探测器的实际保护面积不应大于 $68m^2$，所以当按矩形布置探头时，其间距应是 $a=8.5m$，$b=8m$，每只火灾探测器实际的最大保护半径 R，可按公式计算得到：

$$a^2+b^2=(2R)^2$$

式中，$a=8.5m$；$b=8m$；故 $R=5.84m$。

按此间距布置探头，应在正方形的一条水平边上布置 12 只探头，间距为 8.5m，共

11个8.5m间隔，探头与左右两侧端墙距离分别为3m和3.5m，合计长度100m；在正方形的另一条竖直边上布置13只探头，间距为8.0m，共12个8.0m间隔，探测器与上下两侧端墙距离分别为2m，合计长度100m；为此，营业厅内实际布置探头总数为12×13=156只。应当知道，在实际工程设计中，由于营业厅内墙的布置方式不同，对探头数量是有影响的，前面计算中得出的探头为148只，实际图纸设计布置下来需要156只，在现场施工实际布置的喷头数可能更多。

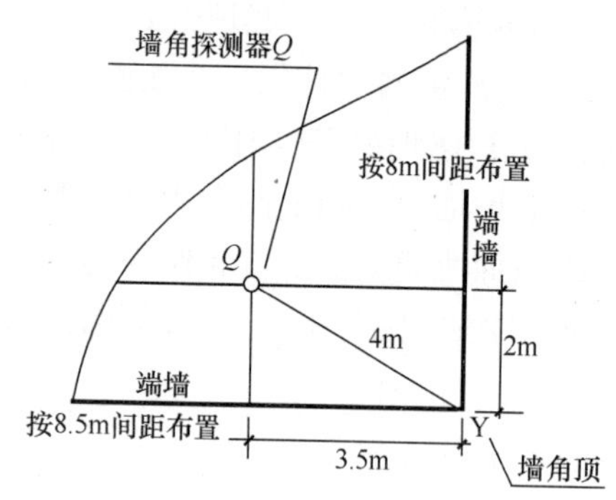

图 54-3　临墙探测器墙角顶点应在保护半径之内核算

（5）校核临墙点型感烟探测器对墙角的保护

营业厅尺寸为100m×100m，要把不少于156只探测器按$a=8.5$m，$b=8$m的矩形布置，且要保证临墙点型感烟（温）探测器对墙角的完全保护，必须做到墙角顶点至临墙探测器的水平距离不超过探测器的最大保护半径，本例按规范确定的最大保护半径为5.84m。图54-3是在营业厅右下角截取墙角探测器Q与墙角区域的平面图，校核墙角顶点是否在墙角探测器Q的最大保护半径之内，如果墙角顶点不在墙角探测器Q的最大保护半径之内时，应重新调整布置探测器。按照在营业厅内布置156只探测器，并按$a=8.5$m，$b=8$m的矩形布置时，营业厅右下角离墙角顶点最近处的那个探测器Q与一侧端墙距离为3.5m，与另一侧端墙距离为2m，故该探测器与墙角顶点的距离为$Q_Y=4.03$m，小于最大保护半径为5.84m，可以认定墙角顶在该探测器的保护半径之内。

点型感烟（温）探测器布置设计时，使用《火灾自动报警系统设计规范》GB 50116—2013的附录E探测器安装间距极限曲线的说明：

1）规范规定的一只探测器的最大保护面积A和最大保护半径R仅适用于所有点型感烟探测器和点型A_1、A_2、B型感温探测器，不适用于其他类型的感温探测器。其他类型的感温探测器如C、D、E、F、G型感温探测器应按产品说明书的规定执行，但不应大于《火灾自动报警系统设计规范》GB 50116—2013表6.2.2的规定。

2）规范给出的附录E探测器安装间距极限曲线的特性是：曲线上的任一点所对应的坐标值作为感烟火灾探测器的安装间距a和b时，每只火灾探测器的保护面积A均相同，且在极限曲线的两个端点处的保护半径R为最大，并符合规范规定，但每只火灾探测器的保护面积A这个数值只是在修正系数为1.0的条件下成立的。

3）规范给出的附录E极限曲线为设计提供了在一只探测器的最大保护面积A下的探测器最大安装间距值。最大保护面积A是安装间距的前提，是按修正系数为1制定的。对于容纳人数为500人及超过500人的公共场所，由于每只探测器的最大保护面积A应按容纳人数的不同应在规范规定值的基础上乘以小于1的修正系数，所以附录E极限曲线提供的一只探测器的最大保护面积A下的探测器最大安装间距值就不能使用了。

点型感烟（温）探测器是需要借助顶棚射流的水平流动才能使烟气到达探测器，并使之响应，而且点型感温探测器与闭式喷头有相同的热响应机理，只是点型感温探测器的时间常数远比闭式喷头的时间常数要低许多，响应时间更快。为此有人往往用布置闭式喷头的观点来看待点型感烟（温）探测器的布置，这显然是不当的，因为闭式喷头的布置不仅要求在火灾中快速开放，而且要求开放后地面不出现喷水不到的干区，喷水强度还应符合规定，才能达到保护的要求。而点型感烟（温）探测器则只有及时响应的任务，严格地讲，火灾感烟（温）探测器只能探测火灾，不能提供直接的保护。因此探测器的布置不必按闭式喷头的布置要求完全照搬。

虽然点式感烟（温）探测器对烟浓度和烟温都比较敏感，探测器必须依赖于顶棚射流的作用方能响应，感烟探测器的设置主要从考虑现场的人员疏散安全和点型探测器的灵敏程度考虑，当顶棚高度在规定的允许范围内时，点型感烟（温）火灾探测器不仅要尽早发出报警信号，为人员疏散赢得时间，而且报警信号还要用于联动控制，以确保人员疏散有相对安全的疏散环境。顶棚高度超过规定高度，探测器的响应时间会很慢，有时较小的点火源，其火羽流不一定能到达顶棚并形成顶棚射流，或许其烟雾尚未到达顶棚就已被完全冷却了。由此可知，顶棚高度愈高，火灾探测器所响应的火源功率也会愈大，当顶棚高度超过规定高度时，火灾探测器所响应的火源功率已超出了我们对初期火灾的预期。因此，顶棚高度决不允许超过规定，所以顶棚高度对消防安全具有两面性，特别是在空间高度较大，有人工气流干扰的条件下，更应予注意。

正确布置火灾探测器只解决了初期火灾时火灾探测器能及时响应和使同一保护区域空间内能得到火灾探测器的完全保护的问题。然而火灾探测器总是在一定的安装环境中工作的，环境条件的千变万化，增大了火灾探测器探测早期火灾的难度，这是因为火灾探测器是按标准生产的，并在标准规定的条件下对其性能进行检验合格的，但安装的现场条件和真实火灾场景却是不确定的，可能存在偏离标准条件的情况，这就造成了火灾探测器响应性能对标准的偏离，尽管试验标准规定了火灾探测器响应阈值的变化幅度来防止漏报、迟报和误报，但是这也不能对不正确地布置火灾探测器和不正确地安装维护火灾探测器造成的不良后果予以补偿，所以既要正确地选用和布置火灾探测器，也要正确地使用维护火灾探测器。

火灾产物是启动火灾探测器的物质条件。就火灾烟气而言，要能到达顶棚是不难的，顶棚较高或顶棚附近有热屏障时，无非要求火灾热释放速率增大到足以能使火灾烟气到达火灾探测器，并使之响应而已，但这样就会失去了探测早期火灾的价值。这里的“早期火灾的产物”能使火灾探测器响应，就是要求到达火灾探测器的烟必须是早期火灾的产物，对此规范已有许多要求，中心要点是严格按照火灾探测器的类型，控制顶棚高度、一只探测器的保护面积和保护半径，保证安装在顶棚处的火灾探测器均应能及时受到顶棚射流的作用。在有梁的顶棚处设置点型火灾探测器时，应该按规范的要求布置火灾探测器。

点型感烟（温）火灾探测器应布置在早期火灾产物能及时到达的部位，如房间顶棚、封闭式吊顶等处，其底座应牢固安装在建筑结构构件上，不应安装在凸出顶板的梁底部，也不应悬吊在顶板下，点型感烟（温）火灾探测器的安装应符合规范要求，现场检查时应重点检查以下要点：

1）点型火灾探测器宜水平安装，底座应固定牢靠，并应符合产品说明书的要求；

2）探测器的电气线路必须通过接线盒才能进入电线管，电线管用锁母与接线盒固定，管口应加护口保护线路，接线盒应封闭；

3）电线管可以明敷或暗敷，明敷均应采用金属材料的电线管和接线盒，并应采取防火保护措施；暗敷时金属电线管应埋墙 30mm；

4）当电气管道暗敷时，需要预埋金属电接线盒和电线管，当不设吊顶时，点型火灾探测器底座可直接与接线盒连接固定，如图 54-4 所示。

当设有吊顶时，点型火灾探测器底座应通过吊顶接线盒、一根金属可挠曲软管和预埋接线盒内的电气线路连接，并固定于吊顶接线盒，软管长度不应大于 2m，两端用锁紧螺母固定于吊顶接线盒和预埋接线盒，两个接线盒均应封闭，如图 54-5 所示。

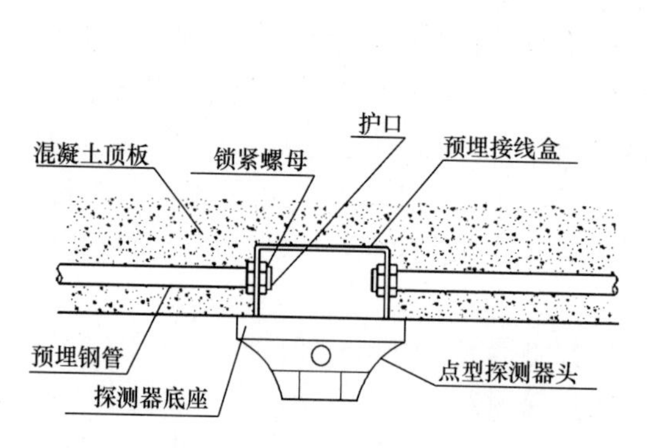

图 54-4 在顶板下正确安装的点型火灾探测器

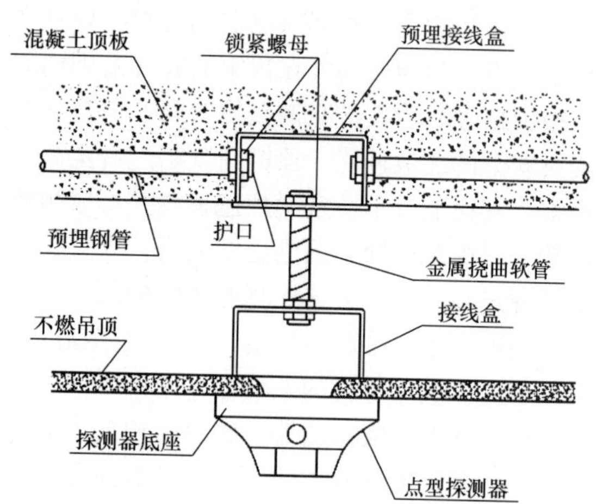

图 54-5 在吊顶下正确的安装点型火灾探测器

5）当电气线路采用穿电线管明敷时，探测器的安装可以是在吊顶内的顶板下，也可以是在吊顶下，不论采用何种稳固方式，都需要设接线盒，先将接线盒安装在顶板下或吊顶上平面，并与顶板固定或与吊顶龙骨固定，电线管进盒后用锁紧螺母与接线盒固定，管端加护口，探测器底座与接线盒固定，接线盒应封闭，如图 54-6 所示。当电气线路采用电线槽敷设，探测器在顶板下安装时，探测器安装不需要接线盒。

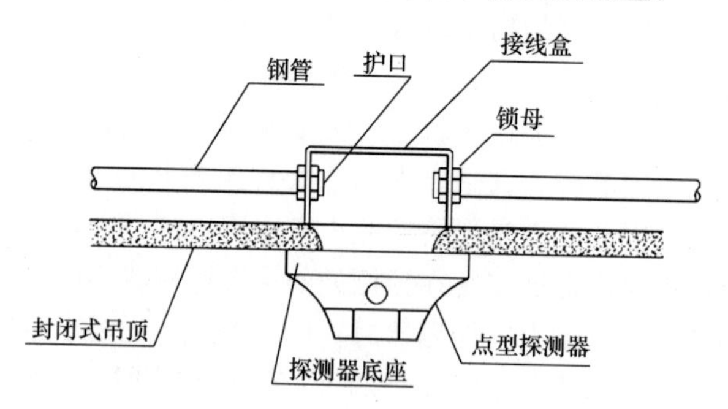

图 54-6 在吊顶下正确安装的点型火灾探测器

电气线路采用穿电线管敷设时，不论是金属管布线，还是硬质塑料管布线，其接线盒材质必须和电线管材质一致，不允许混用。

图 54-7、图 54-8 是违规安装的点型感烟（温）火灾探测器的实例。

图 54-7 是将点型火灾探测器安装在风管下平面，探测器接线盒裸露无防火保护，穿线管采用钢电线管和塑料管混接明敷，在总线系统中线路无防火保护，线管不固定。

图 54-8 违规安装的点型感烟火灾探测器，探测器用接线悬吊，而没有固定在平顶棚平面上。

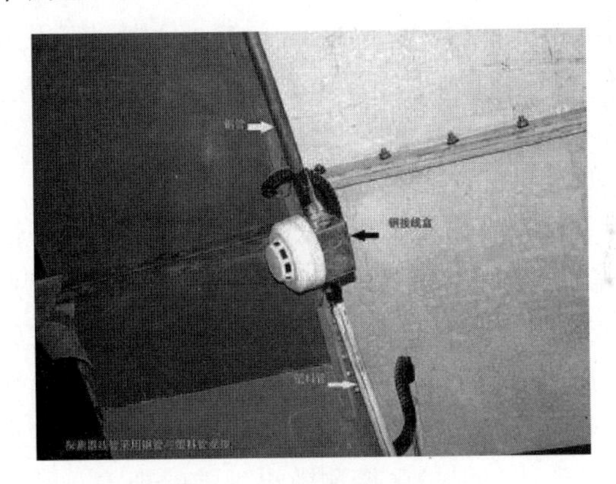

图 54-7　不正确安装点型感烟（温）火灾探测器（一）

图 54-8　不正确安装点型感烟火灾探测器（二）

55　现场检测火灾探测器报警功能的方法和要求

火灾探测器的现场检测是指验收、使用和维护阶段由检测单位对火灾探测器进行的报警功能检测，各阶段报警功能检测除检查数量不同外，检测方法与要求是相同的，报警功能试验的目的是检测火灾探测器能不能正常报警（火警和故障报警），报警后的显示功能和复位功能是否正常。

火灾探测器可分为点型火灾探测器及线型火灾探测器两类，点型火灾探测器的工作原理已在第 42 节和第 43 节中已讲述，现只介绍主要的两种线型火灾探测器的工作原理。

（1）红外光束线型感烟火灾探测器

红外光束线型感烟火灾探测器是非实体线型火灾探测器，它的火灾探测元件本身不是一条线状实体，而是由火灾探测器的发射器向接收器发射出一条直射的线型光束，依靠火灾烟气升腾过程中烟雾粒子对光束的吸收和散射作用而产生光电流的改变，从而发出报警信号的线型光束感烟火灾探测器。

红外光束线型感烟火灾探测器是由发射器、接收器和红外光束光学系统组成，它利用红外光束发射器的红外发光管发送一束不可见的一条直射的线型脉冲红外光束，穿越保护区空间，在不受遮挡的情况下，会直射到与之配套的红外光接收器上，在正常监视状态下接收器的光敏管接收到的是一个恒定的辐射通量，并通过信号处理将辐射通量转换为直流电平的电信号，直流电平的大小就表达了辐射通量的大小，当辐射通量发生变化时，接收器内置的单机片，具备强大的分析判断能力，通过固定的运算程序，可自动完成减光率的计算，当达到响应阈值时，会作出火警的判断，发出火灾报警信号。单机片还可通过固定的运算程序能及对外界环境参数变化作出补偿，对故障作出判断。

当发生火灾时，烟气升腾通过红光外束时由于烟粒子对光束的散射和吸收作用，会使红光外束衰减，接收器的光敏管接收到的是一个衰减的辐射通量，直流电平的电信号也会衰减，当下降到响应阈值时，红外光束线型火灾探测器会发出报警信号，红外光束线型感烟火灾探测器是依靠发射器发射红外光束、接收器接收红外光束的辐射通量来检测进入光束的烟雾浓度，因此，对射型红外光束线型感烟火灾探测器的发射器与接收器应分别布置在保护空间的对应的两个端墙上，应将发射器与接收器以中心对准的方式，分别固定于两个平行的端墙上，发射器与接收器之间的水平距离不宜大于 100m，因为红外光束线型感烟火灾探测器的发射器与接收器之间的水平距离与所响应的烟浓度有一定的关系，发射器与接收器之间的水平距离愈长，响应灵敏度愈低。另外，发射器和接收器毕竟是分别安装在建筑的两个构件上，当对射距离过长时，由于热胀冷缩的作用会使发射光束与接收器错位，“差之毫厘，失之千里”使接收器收不到光束。对于反射式感烟火灾探测器的额定光束长度应在最大允许光束长度规定值的基础上乘以折减系数，反射板增多时折减值应愈大，红外光束探测器的额定光束长度之和应不大于产品规定值。另外，红外光束线型感烟火灾探测器的对射光束必须在整个保护空间的水平断面上全面覆盖，每一条对射光束在水平断面上都有一定的保护宽度，当超过时就会出现部分保护区探测效果很差的现象，所以相邻两个红外光束探测器的水平距离不应大于 14m，探测器与侧墙的水平距离不应大于 7m。

这类线型红外光束线火灾探测器按其组成又分为两种形式：

图 55-1　红外光束火灾探测器的发射器和接收器

第一种形式是只有红外发射器和红外接收器的红外光束线型火灾探测器，它的红外发射器向红外接收器供电，这意味着发射器发出的红外脉冲与接收器收到的红外脉冲同步，从而可以最大限度的免除外部光源的干扰。

图 55-1 是只有发射器和接收器的红外光束线型火灾探测器。

第二种形式是由收发射器和反射器组成的线型光束感烟探测器，它的红外发射器和红外接收器是组合为一体成为红外光束收发射器，安装在墙的一侧，这样，红外发射器发射出的红外光束是无法直接返回到自己的接收器的，必须借助于安装在对面墙上的反射器才能返回，所以收发射器的发射单元向反射器发出红外光束，反射器再将红外光束反射回收发射器的接收单元。收发射器和反射器两者之间的安装距离在 5～100m，其优点是两者之间无信号传输线路。

图 55-2 为有收发射器和反射器的红外光束线型火灾探测器工作示意图。

红外光束感烟探测器是无需借助顶棚射流就能探测火灾的感烟探测器，无需安装在顶棚就能感烟探测火灾，这对高大空间来说，它能探测初期火灾是很适用的，它还具有监视距离长，调节灵敏、易于安装，调试方法简单、方便的优点，但需要定位准确。

(2) 线型感温电缆

线型感温电缆是实体线型火灾探测器中最常用的一种线型感温火灾探测器，它本身是一条柔软的实体线缆与信号处理器、终端盒共同组成，依靠线缆表面能感知保护区域内被测物过热或温度异常升高而发出报警信号的线型感温火灾探测器。

感温电缆又叫热敏电缆，它与火灾报警控制器通过传输线、接线盒及终端盒构成一个报警回路。电缆火灾报警控制器和所有的报警回路组成数字式线型感温火灾报警系统。

热敏电缆由两根钢丝绞对成型，外包以弹性压力的包带缠绕，再用挤塑外护套保护封装，由于两根钢丝分别又用热敏聚合物绝缘材料包缠，所以在正常监视状态下，两根钢丝间的绝缘电阻接近无穷大，仅有微弱监视电流通过，但当感温电缆某段周围温度升高，感温电缆受热后，热敏聚合物绝缘材料电阻率随之降低，绝缘性能下降，当达到感温电缆动作温度时，热敏聚合物熔化，两根钢丝间绝缘性能丧失，在弹性压力包带的作用下两根钢丝接触，使报警回路电流增大到动作值，电缆报警控制器检测到这一电流信号时，控制器即发出报警信号，并显示火灾报警的回路号和发生火警的距离与部位，这种线型感温电缆的钢丝外缠绕包带是用热敏聚合物绝缘材料做成，它就是定温熔融的热敏元件，并沿导线的长度方向连续包缠分布，线段上的任意一点温度达到动作温度，都能发出报警信号。但这种线型感温电缆是依靠热敏聚合物熔化，绝缘性能丧失而报警的，所以感温电缆报警是以某处丧失绝缘的损伤破坏而换来的，因此，报警后需要对感温电缆进行修复才能恢复其探测功能，继续使用。另外在有较强电磁场干扰的场合，感温电缆护套的外层还要有金属丝编织的外护套，起屏蔽作用，以防止外来信号的干扰。

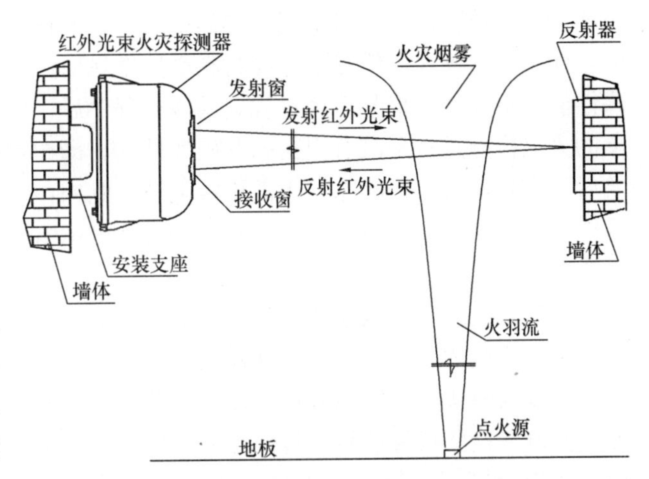

图 55-2　红外光束线型火灾探测器工作示意图

线型感温电缆按动作原理不同又可分为线型定温感温电缆、线型差温感温电缆、线型差定温感温电缆。定温感温电缆是响应额定动作温度的感温电缆，差温感温电缆是响应额定升温速率的感温电缆、差定温感温电缆是既响应额定动作温度，又响应额定升温速率的感温电缆。缆式线型定温火灾探测器的额定动作温度有 68℃、85℃、105℃和 138℃等几种规格。

线型定温感温电缆按阈值的不同又可分为固定阈值感温电缆和可调阈值感温电缆。

开关量式感温电缆，它的报警阈值是开关量的，例如响应额定动作温度的感温电缆在达到动作温度时，开关电路激发后发出火灾报警信号。按照报警信号的输出方式不同又分为单级输出和多级输出。其中多级输出的感温电缆，采用了 3 根用热敏聚合物绝缘的钢丝，而其中的 2 根钢缆的热敏聚合物的热敏系数是不相同的。因此，可以在不同动作温度下实现两级报警。这对于探测燃点温度不同的多种电力电缆火灾非常有用。

另外还有一种可复用的非破坏性感温电缆，它由 4 根导线，即红线、蓝线、黄线、白线组成，每根导线用特殊的负温度系数的热敏材料作为绝缘层，再将红色线与蓝色线、黄色线与白色线两两短接成两个互为比较监测的回路，当感温电缆受到外部热源作用发热后，会引起导线热敏绝缘材料的阻抗发生改变，回路上的电阻值也会发生改变，电缆控制器会适时收到这些电阻值信号，并对信号进行处理，当回路上的电阻值差达到预定的最小值时即会发出报警信号，可复用的感温电缆装置的报警信号是由监测回路间的电阻值差决定的，而不是由感温电缆热敏绝缘材料受热熔融而产生线间短路发出的，所以感温电缆的绝缘性能并不破坏，报警后经过规定的冷却程序后，仍可重复使用。这种感温电缆对保护对象的火灾检测过程是没有损伤的非破坏性的，即感温电缆不产生热敏绝缘材料的毁损，报警后可恢复正常工作状态，无需更换电缆。此外，它还能实现报警温度的连续可调，而且还能识别故障类型和故障部位。其安装长度可达 1500m，比普通开关量缆式感温电缆的探测安装长度要长。

可恢复式线型定温电缆的信号处理器是用来监测感温电缆信号变化并与电缆火灾报警控制器主机连接的设备。信号处理器带有火警、故障输出，既可以作为单独的一个回路，也可通过输入模块与火灾报警控制器主机相连。信号处理器对探测区火灾、开路/短路进行连续监测，这些报警信号通过信号处理器面板指示灯显示，如火警时红色指示灯亮，故障时黄色指示灯亮。信号处理器的火警具有锁定功能，故信号处理器火警后需要断电复位。

但是，不能认为可复用的非破坏性感温电缆继续重复使用是没有条件的。因为感温电缆钢丝的绝缘层是热敏感材料，当温度超限时它也会被破坏，另外感温电缆护套材料仍然是可燃的，当达到燃点时，也会燃烧，所以一般 PVC 护套电力电缆表面最高允许温度不应超过 70℃，要求感温电缆的动作温度比安装地点周围温度高 20℃，所以一般感温电缆的动作温度约为 85℃±10%，即 76～93℃之间，对可复用感温电缆为了保证在寿命期内能反复多次复用，而动作灵敏度仍满足要求，故要求报警动作温度不宜超过 100℃，尽管厂家标定报警动作温度可达 150℃，但其重复使用的寿命期却并不长，因为温度 160℃以上是可复用非破坏性感温电缆开始发生破坏的温度。所以可复用感温电缆的“可复用”是有严格限定条件的。另外可复用的非破坏性感温电缆是模拟量式信息传输，每一段电缆都必须采用专用的模/数转换器（A/D 转换）将电信号转换为数字信号传送给电缆控制器。

线型感温电缆常用于电缆隧道、电缆沟、电缆封闭层等密不透风和发生闷烧的封闭空间的电缆火灾探测，这些部位的电缆所处环境散热很差，火灾往往从电缆过热升温、发生阴燃，直至明火延烧，人们难以察觉到。因此，这些部位的火灾探测方法以线型感温电缆为主。

图 55-3 是感温电缆及其信号处理器、终端盒，图 55-4 是信号处理器、终端盒放大照片。

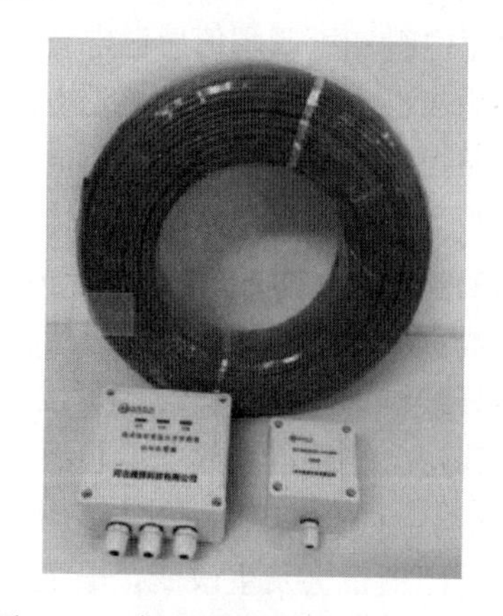

图 55-3　感温电缆及处理器与终端盒

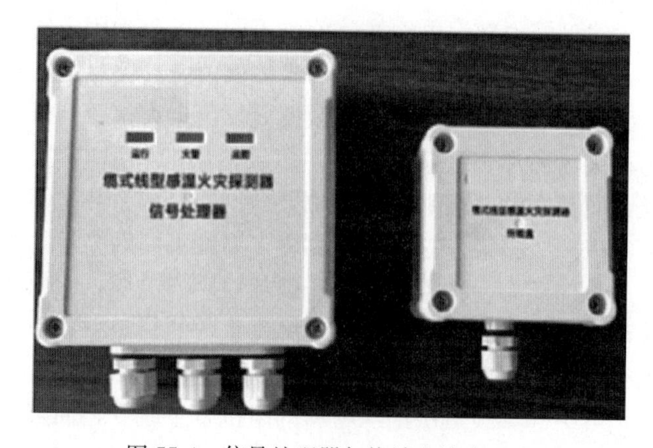

图 55-4　信号处理器与终端盒放大照片

火灾探测器的现场检测方法与要求见表 55-1。

火灾探测器的检测方法与要求　　表 55-1

火灾探测器类型		试验方法	基本要求
点型火灾探测器	感烟探测器	感烟探测器应采用专用的便携式检测仪向探测器加烟，或采用模拟火灾的方法检测感烟探测器的报警功能	感烟探测器应能正常报警，探测器的红色报警确认灯应点亮，并保持到复位； 火灾报警控制器应显示火警信号，当探测器内烟雾清除，报警控制器手动复位后，探测器报警确认灯应熄灭
	感温探测器	感温探测器应采用专用的便携式检测仪向探测器加热风，或采用模拟火灾的方法检测感探测器的报警功能	感温探测应能正常报警，探测器的红色报警确认灯应点亮，并保持到复位； 火灾报警控制器应显示火警信号，当移走热源，探测器内感温元件降温后，报警控制器手动复位，探测器报警确认灯应熄灭
	火焰探测器	应采用专用的便携式检测仪或采用模拟火灾的方法，在火焰探测器的探测范围内检测火焰探测器的报警功能	探测器应能正常报警，其红色报警确认灯应点亮，并保持到复位； 火灾报警控制器应显示火警信号，当探测器试验结束，报警控制器手动复位，探测器报警确认灯应熄灭
线型火灾探测器	线型感温探测器	对可恢复的线型感温电缆探测器应采用专用的便携式检测仪或模拟火灾的方法来检测线型感温探测器的报警功能，并在终端盒上模拟故障的方法来检测其故障报警功能； 对不可恢复的线型感温电缆探测器应在终端盒上采用模拟火警和故障的方法检测感温探测器的报警功能	对可恢复的线型感温电缆探测器应能分别发出火灾报警信号，火灾报警控制器和微处理器均应显示红色火警信号，并保持到复位；在终端盒上模拟故障来检测线型感温探测器时，探测器应发出故障信号，微处理器上应显示黄色故障信号并保持到故障消除； 对不可恢复的线型感温电缆探测器在终端盒上模拟火警和故障时，火灾报警控制器和微处理器均应能分别发出火灾报警信号和故障信号；并应显示红色火警信号和黄色故障信号，并保持到火警和故障消除；
	红外光束感烟探测器	在探测器处于正常监视状态下，分别用不同减光率的减光片遮挡光路，以检测探测器的报警功能	(1) 用减光率为 0.90dB 的减光片遮挡光路，探测器不应发出火灾报警信号； (2) 用产品生产企业设定的减光率 1.00～10.00dB 的减光片遮挡光路，探测器应发出火灾报警信号； (3) 用减光率为 11.50dB 的减光片遮挡光路，探测器应发出故障信号或火灾报警信号。 在报火警时，探测器及火灾报警控制器应分别显示红色火警信号，并保持到火警消除； 在故障报警时，探测器及火灾报警控制器应分别显示黄色故障信号并保持到故障消除

从表 55-1 可知：

1）进行探测器报警功能检测前，应观察探测器上的红色工作状态指示灯，该指示灯所显示的探测器工作状态应与火灾报警状态应有明显区别。当指示灯所显示的探测器工作状态符合要求时，方可进行探测器报警功能检测。

2）对火灾探测器进行报警功能检测，主要是采用专用检测仪器或模拟火灾的方法产生热、烟、光使火灾探测器响应，并发出报警信号；采用模拟故障的方法使火灾探测器报故障。

3）红外光束线型感烟探测器的检测，应采用不同减光率的遮挡片，来遮挡光路，使到达吸收端的红外光束光强产生衰减，并达到预定值时，探测器即发出火警信号或故障信号，当衰减值达不到预定值时，探测器即不会发出火警信号或故障信号。这种检测方法不仅要检测探测器能不能报火警，也要检测探测器不报警、报火警和报故障的光强条件，检测方法不仅是定性的，也是定量的，检测时必须是要按不报警、报火警和报故障的三个步骤全面检测。

4）除红外光束线型感烟探测器以外的其他火灾探测器进行报警功能检测时，其检测方法都是只定性而不定量。都是只检测探测器能不能正常报警（火警和故障报警），只要达到报警阈值，能报火警即可。

5）火灾探测器都必须有红色报警确认灯，当发出火警信号时，红色报警确认灯应点亮，并保持到复位，线型感温电缆探测器的微处理器上都有绿色运行指示灯、红色报警确认灯和黄色故障指示灯，除绿灯点亮为闪亮外，其余灯点亮为常亮。

6）线型感温电缆探测器按报警后恢复使用的特性，可分为不可恢复型和可恢复型两种类型，因此检测方法应有所区别。

对可恢复型的线型感温电缆探测器（模拟量式），由于感温报警后，负温度系数热敏材料层不发生结构改变，无需更换，只需恢复即可继续使用，所以可采用专用的便携式检测仪器或模拟火灾的方法进行检测，但检测方法不应对感温电缆的护套产生破坏性损害，由于其微处理器具有记忆功能，故需断电才能复位。并可利用终端盒上的模拟故障开关来检测线型感温探测器的故障报警功能。

对不可恢复型的线型感温电缆探测器（开关量式），由于其感温报警是由热敏绝缘材料层受热损坏而发生短路产生，报警后受热段线缆发生了结构改变，故报警后该受热段感温电缆必须更换方可使用，不更换就不可恢复使用。因此对不可恢复的线型感温电缆就不可采用专用的便携式检测仪器或模拟火灾的方法进行检测，而必须利用终端盒上的模拟火警开关和模拟故障开关来检测线型感温探测器的火灾报警功能及故障报警功能。但是有时为了检验不可恢复的线型感温电缆对真实火灾的报警功能，在设计时有意在终端预留 1～2m 的试验段，专供接受热与火的作用来检验探测器的报警功能，一般对报警动作温度低于 100℃（如 70℃、85℃）的线型感温电缆可采用浸没在 100℃沸水中，对报警动作温度高于 100℃（如 105℃、138℃、180℃）的线型感温电缆可采用明火加热，在试验完成后切除加热段，检验线间绝缘合格后再与终端盒连接。

7）点型火灾探测器的专用检测仪器有很多种，其工作原理是仪器能产生足够强度的热、烟、光，能使火灾探测器响应动作，有产生烟的专用检测仪，有产生热的专用检测仪、有产生光的专用检测仪，也有能产生热、烟、光、可燃气体的四合一专用检测仪。

产生烟的专用检测仪由产烟源、微型输送风机、喷烟口、电源、开关装置和伸缩连接组合杆组成，所有组件都组合在一条长 1～3.6m 的伸缩连接杆上，以便手持能接近顶棚下的点型火灾探测器。烟源的产烟方式有燃烧式和雾化式两类，燃烧式烟源以特制棒香为代表，而雾化式烟源则有特制雾香液电子雾化器、超声波水溶液雾化器两类，烟源产生的烟雾需借助微型风机将烟通过烟道输送到喷烟口喷出，伸缩连接杆能使烟从探测器的进烟窗口进入探测器检测室，通常燃烧式烟源的热烟由于浮力作用，容易进入探测器，但试验完成后需要清除烟雾，方可复位，对于雾化液体产生的冷烟，在试验终止后由于烟雾相对密度大于空气，所以烟雾能在短时间内从检测室消失。生产厂家为了方便检测还采用了一些新技术，如在试验器顶端装设感应开关，当接触到探测器的进烟窗口时，开关自动启动、电源接通、风机工作、绿灯点亮、自动计时，探测器报警后，移开加烟试验器后，开关自动关闭、电源断路、绿灯熄灭、风机停运。当采用特制液体雾化产烟时，需向试验器的储液装置注入特制液体，一次注满可检测 400 只感烟探测器。

产生热的专用检测仪由热源、电源、微型风机、喷热风口、控制开关和伸缩连接组合杆组成，所有组件都组合在一条长 1～3.6m 的伸缩杆上，以便手持能接近顶棚下的点型火灾探测器，热源的产热方式为电热式。

产生火焰光谱的专用检测仪由光源（电磁辐射源）、电子器件、电源、发射端口、保护罩、控制开关和伸缩连接组合杆组成，所有组件都组合在一条长 1～3.6m 的伸缩组合杆上，以便手持能接近顶棚下的点型火灾探测器，光源可分为带滤光片的红外发射管和不带滤光片的紫外光电发射管，平时位于杆顶的发射端口由带螺纹的保护罩密封保护，防止发射窗口被污染，当使用时才拆开保护罩，露出发射窗口，将发射端口伸到火焰探测器附近，对准火焰探测器接收窗口，按动启动开关向火焰探测器发射电磁波，对火焰探测器进行报警功能检测。也可以不用专用检测仪，而采用模拟火灾的方法对火焰探测器进行报警功能检测，这时的试验火源可用丁烷气体火，并应处在该火焰探测器所监视区域的最不利点处。

产生可燃气体的专用检测仪，用以产生低于爆炸下限浓度的可燃气体，模拟泄漏的可燃气体，检测仪由可燃气体储存装置、开关钥匙、电源、出气端口、保护罩、可燃气体输送装置、伸缩连接组合杆组成，所有组件都组合在一条长 1～3.6m 的伸缩组合杆上，以便手持能接近火灾探测器。使用前应向可燃气体储存装置注入可燃气体，平时位于杆顶的出气端口由带螺纹的保护罩密封保护，当使用时才拆开保护罩，显露出气端口，将端口伸到气体探测器附近，再将钥匙插入钥匙保护孔中，使气体释放开关动作，启动燃气检测系统对可燃气体探测器进行报警功能检测。

当将上述 4 种烟、温、火焰、气体专用检测仪组合在一起，成为多功能专用检测装置时，应增设功能转换钮，功能转换钮的作用是保证每次只能在烟、温、火焰选项中选择一种检测项目，将其他两个检测项目的电路切断，并指示处于工作状态的检测项目。气体专用检测由其独有的钥匙和钥匙保护插孔配合作为气体释放开关，在钥匙插入保护插孔后会切断其他试验项目的电源，使专用检测仪仅从事对可燃气体探测器的检测。

8）所有火灾探测器报警功能试验完成后，一定要使火灾探测器恢复到正常监视状态，并使火灾报警控制器复位，仔细检查火灾探测器报警确认灯的变化，一切正常后，该探测器的检测才算完成。

56 手动报警装置的消防要求解读

按照《火灾自动报警系统设计规范》GB 50116—2013 的规定，“每个防火分区应至少设置一只手动火灾报警按钮。从一个防火分区内的任何位置到最邻近的手动火灾报警按钮的步行距离不应大于 30m。手动火灾报警按钮宜设置在疏散通道或出入口处”。手动火灾报警按钮是供防火分区内的现场人员发现火灾时，按动按钮向消防中心报火警的手动触发装置。

现行国家标准《手动火灾报警按钮》GB 19880—2005 规定了手动火灾报警按钮的性能要求与试验方法、检验规则和标志：

“报警按钮从正常监视状态进入报警状态可以通过如下操作完成，并应能从前面板外观变化识别且与正常监视状态有明显区别：a）击碎启动零件；b）使启动零件移位。

报警按钮应设红色报警确认灯，报警按钮启动零件动作，报警确认灯应点亮，并保持至报警状态被复位。报警按钮动作后应仅能使用工具通过下述方法进行复位：a）对启动零件不可重复使用的，更换新的启动零件；b）对启动零件可重复使用的，复位启动零件。

启动零件不可重复使用的报警按钮应有专门测试手段，在不击碎启动零件情况下进行模拟报警及复位测试”。

手动火灾报警按钮在正常监视状态下，应可通过其操作面板的启动零件外观，清晰识别，启动零件不应破碎、变形和移位。手动火灾报警按钮从正常监视状态进入启动状态，可通过击碎启动零件或使启动零件移位来实现，进入启动状态后手动火灾报警按钮上的红色确认灯应点亮，表示按钮的启动动作有效，按钮执行了启动动作，手动火灾报警按钮处于启动和报警状态，向消防控制室发出了报警信号，点亮的确认灯应保持到启动零件恢复。

操作手动火灾报警按钮的启动零件 3～5s，按钮应在 10s 内响应，红色启动确认灯应点亮，即可向火灾报警控制器发出火灾报警信号，并在控制器上显示报警按钮所对应的部位号及地址，控制器应发出报警声信号。

当需要复位时，仅能通过采用专用工具或更换启动零件的方法使其复位。如对启动零件可重复使用的手动报警按钮，可用专用吸盘手动复位启动零件或用专用钥匙插入手动报警按钮的钥匙孔中操作复位；对启动零件不可重复使用的手动报警按钮，应通过更换启动零件的方法使其复位。对采用不可重复使用的启动零件的手动报警按钮（如需击碎玻璃才能发出报警信号）应设模拟启动和复位的测试装置，以便在不击碎启动零件的情况下对手动报警按钮进行模拟启动和复位的测试，测试操作模拟启动时，手动报警按钮应在 10s 内发出火灾报警信号；测试期间，手动报警按钮不应发出故障信号；操作复位后，手动报警按钮应恢复到正常监视状态。

图 56-1　手动火灾报警按钮

手动火灾报警按钮的启动操作面板应为白色，其余可视部分应为红色。

手动火灾报警按钮上，采用两个相对指的两个箭头和被指的圆点组合图形标识，是便于操作者在不阅读使用说明书的情况下能操作使用，组合图形标识的圆点是操作者在操作时应按下或击碎的位置。

图 56-1 是带电话插孔的手动火灾报警按钮，该

手动火灾报警按钮的启动零件是可重复使用的，当按下启动零件后使启动零件移位，向消防控制室发出报警信号，可用专用钥匙操作复位。有火警确认灯，有供手动操作按下的部位黑色圆点，下面的可开启盒中设有复位的装置和电话插孔。

手动火灾报警按钮报警时必须要向火灾报警控制器表达按钮的地址，编码型手动火灾报警按钮可直接接入报警总线，一个手动火灾报警按钮占用一个编码部位号，其编码方式与火灾探测器、模块相同，都采用编码方式对器件赋予地址部位号：当手动火灾报警按钮有7位微动编码开关时，采用二进制方式拨动编码开关即可，当没有设编码开关时，可用电子编码器按十进制编码方式直接对手动火灾报警按钮写入地址，一次写入，固定不变，如不通过电子编码器是不能对地址进行改变的。

手动火灾报警按钮按使用功能又分为带电话插孔和不带电话插孔两种，带电话插孔手动火灾报警按钮，当将消防电话分机插入电话插孔中后，消防电话分机即可与消防电话总机直接进行全双工通话，带电话插孔的手动火灾报警按钮的插孔附近有表示消防电话插孔处于正常工作状态的光指示。

手动火灾报警按钮的操作面板应与按钮的前面板在同一水平面或嵌入前面板里，但不能凸出前面板之外，安装时前面板应与安装面平行，当暗装时前面板应凸出安装面不少于15mm，手动火灾报警按钮安装时应与预埋接线盒固定。

每个防火分区至少应设一只手动火灾报警按钮，从一个防火分区内的任何部位到最近的手动火灾报警按钮步行距离不应大于30m，且宜设在疏散走道或出入口处，且应设置在位置明显和便于操作的部位，当安装在墙面上时，可暗装或明装，其底边距地面高度宜为1.3m至1.5m，且应有明显的标识以便于识别，按钮应安装牢固并不得歪斜，手动火灾报警按钮均应通过接线盒固定并与传输线路连接，连接导线应留有不少于150mm的余量。

手动火灾报警按钮在墙面上暗装时见图56-2，在墙面上明装时如图56-3所示。

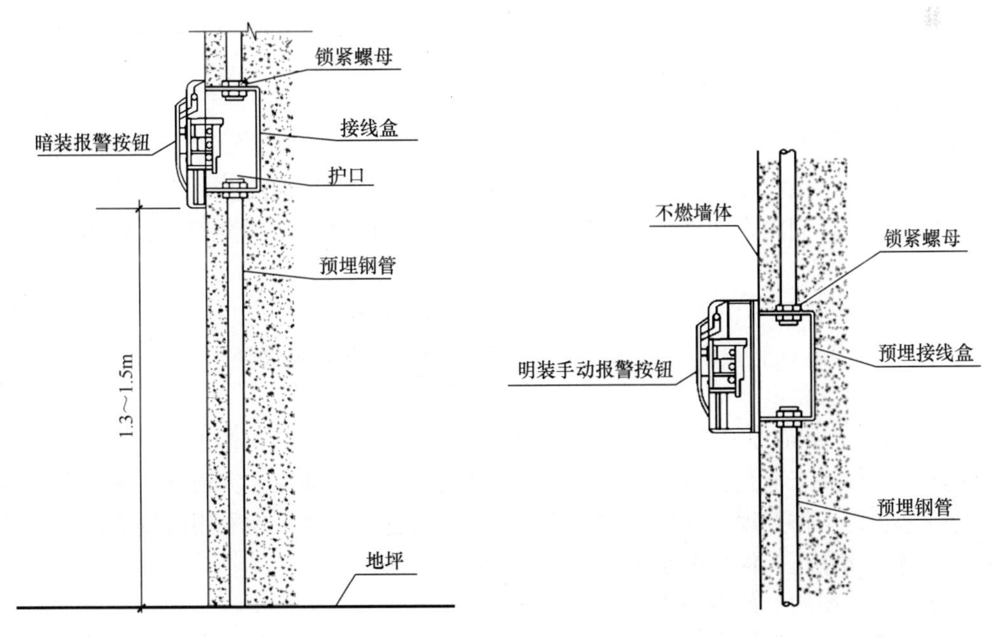

图56-2　暗装手动报警按钮安装示意图　　图56-3　明装手动报警按钮安装示意图

美国《建（构）筑物火灾生命安全保障规范》NFPA101—2006 第 9.6.2 条对手动火灾报警装置有如下规定：

（1）手动报警装置仅用于火灾信号报告，其作用是在火灾自动报警系统或喷淋系统的水流报警装置处于检修停用时，或者在火灾自动报警系统或水流报警装置动作之前，当现场值守人员或其他人员发现火灾时，可以利用手动报警装置向消防中心手动报警；

（2）火灾探测与报警系统中的手动报警装置应有自己单独的线路，在当火灾探测与报警系统检修停用时，手动报警装置仍应能具有报警功能，防止火灾探测与报警系统检修停用时手动报警装置也被一并停用；

（3）手动报警装置应安装在人员易接近的区域，而且应易于辨识，不应被上锁。但当手动报警装置设在拘留所和精神病医院时，手动报警装置应安装在只有管理人员能够易于接近，但非管理人员不能靠近的地方，且手动报警装置应上锁。

显然，美国《建（构）筑物火灾生命安全保障规范》NFPA101—2006 第 9.6.2 条规定的手动报警装置仅具有手动报警功能，且不应具有除手动报警功能以外的其他功能，更不能作为报警信号用于联动控制。

由此可知，美国规范要求手动报警装置在火灾自动报警系统停用时，仍应能正常工作，不能因火灾探测与报警系统停用而失效，手动报警装置是独立于火灾自动报警系统单独工作的。

57 消防供配电系统的消防安全要求解读

“消防用电”是指一切在消防时必须坚持工作的消防设施和消防设备的用电，包括消防控制室、消防水泵、消防电梯、防烟排烟设施、火灾探测与报警系统、自动灭火系统或装置、疏散指示标志和疏散照明、电动的防火门窗、防火卷帘、阀门等设施、设备在正常和应急情况下的用电，消防设备供配电系统是指向消防用电设备供给在正常和应急情况下用电的配电系统。

“消防用电”对可靠性的要求：

在正常情况下供配电系统应能保证消防用电设备的持续用电需要，应急情况下供配电系统应在规定的时间内，按设计负荷持续供电，故对消防电源及其供配电系统提出以下安全要求：

1）消防电源必须可靠：采用两个电源，两回线路供电；

2）消防配电系统必须安全可靠：配电系统主接线方案必须保证当切断非消防电源时，消防电源仍能正常供电；

3）消防配电线路必须防火：消防配电线路在火灾时应能持续供电，对消防用电设备的供配电，不仅要求电源要可靠，对供配电线路也应可靠，即在火灾情况下供配电线路也应能连续地正常工作至规定的时间，为此消防用电设备不仅要采用专用的供电回路，而且应采取相应的线路防火保护措施。

消防配电系统的上述安全要求三者缺一不可。

（1）消防电源必须可靠

消防电源配置应符合规范对建筑消防设备用电负荷级别的要求。

《建筑设计防火规范》GB 50016—2014（2018 年版）按照建筑物的重要程度及火灾危险性、火灾对消防用电的需要、建（构）筑物使用功能、火灾后果等因素将建（构）筑消防用电负荷分为一级、二级、三级。不同级别的用电负荷，其供电要求应符合现行国家标准《供配电系统设计规范》GB 50052—2009 的规定。电力负荷分级的意义在于正确地反映它对供电可靠性要求的界限。

1）一级负荷供电

应由不会同时损坏的两个电源供电，才能保证建（构）筑物消防设备用电的持续性。一级负荷供电的两个电源必须从配置上保证他们不会同时损坏，这是一级负荷供电电源可靠性的核心要求。这是一级负荷建筑从电力网取得电源的方式和数量而言的，按照《建筑设计防火规范》GB 50016—2014（2018 年版）的要求，满足以下任一条件的供电都可认为是符合一级负荷供电要求的两个电源：

① 电源来自两个不同的发电厂；

② 电源来自两个不同的区域变电站（电压一般在 35kV 及以上）；

③ 电源来自一个区域变电站，另一个来自建筑的自备发电设备。

在满足一级负荷供电要求的条件下，两个电源可以是一用一备，也可以是同时工作，并各供一部分负荷，互为热备用。从使用性质上常将这两个电源分为正常电源和备用电源，消防设备平时是由正常电源供电，火灾时正常电源被切断，应急电源投入供电。在一用一备的配电系统中，备用电源是消防应急电源；规范认为：应急电源可以是独立于正常电源的发电机组、供电网中独立于正常电源的馈电线路、蓄电池或干电池。所谓“独立于正常电源的发电机组”是指该发电机组是不能作为正常电源与供电系统并列运行，对同一用电设备而言，正常电源不能与备用应急电源并列运行，这是保证可靠供电的原则。

建筑的两个电源应从电力网的两个不同方向的区域变电站或终端变电站取得电源，只有在这样类型的变电站才会有 35kV 的电压等级的电源。国家电力网的区域变电站的规划布置是按变电站供电服务半径决定，而供电服务半径又取决于城市类别、区域负荷密度和城市供电级别。通常在省会城市的市中心区其供电级别为 A 级，区域变电站的供电服务半径在 3km 范围以内。消防供电的双电源应从相邻的两个区域变电站分别获得。

图 57-1 是城市电力系统示意图，图中表达了各级变电站的电压等级范围和建筑内变配电站从城市电力网获取电源的方式，图中建筑用电为一级负荷中特别重要负荷。因此他不仅有外部供给的两个不会同时损坏的电源，且还有一个自备发电机组作为自备应急电源。

《建筑设计防火规范》GB 50016—2014（2018 年版）认为：建筑的电源分正常电源和备用电源两种。正常电源一般是直接取自城市低压输电网，电压等级为 380V/220V。当城市有两路高压（10kV 级）供电时，其中一路可作为备用电源；当城市只有一路供电时，可采用自备柴油发电机作为备用电源。

现行国家标准《民用建筑电气设计标准》GB 51348—2019 认为：一级负荷应由双重电源的两个低压回路或一路市电和一路自备应急电源的两个低压回路在最末端配电箱处切换供电。一级负荷应由双重电源供电，当一个电源发生故障时，另一个电源不应同时受到损坏。一级负荷应由双重电源的两个低压回路在末端配电箱处切换供电。

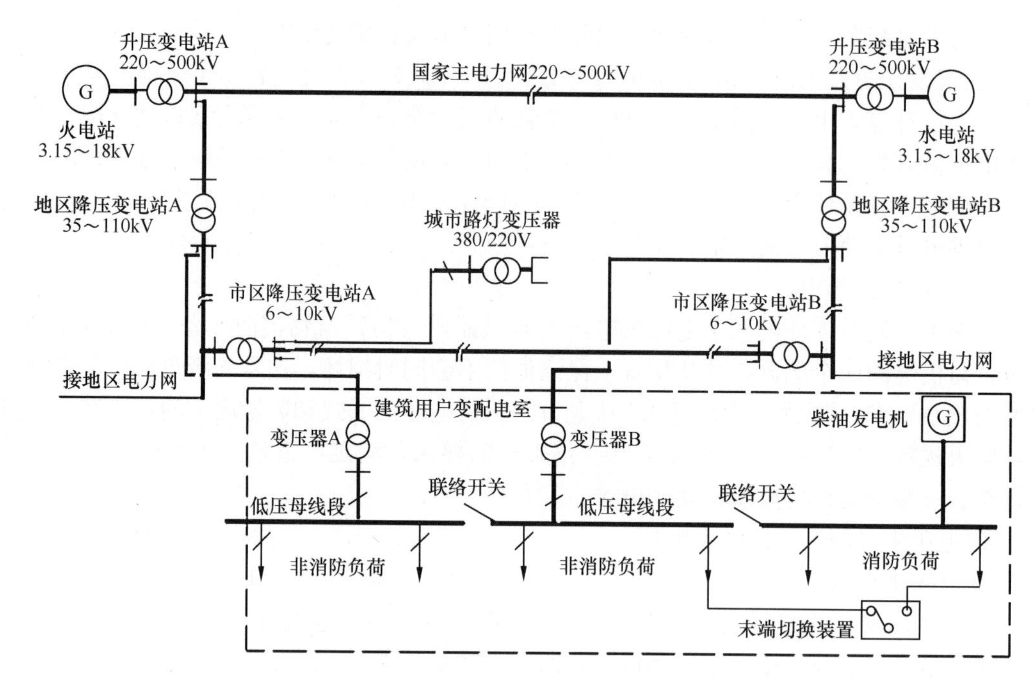

图 57-1　城市电力系统示意图

《民用建筑电气设计标准》GB 51348—2019 认为：因地区大电力网在主网电压上部是并网的，用电部门无论从电网取几回电源进线，也无法得到严格意义上的两个独立电源。所以这里指的双重电源可以是分别来自不同电网的电源，或者来自同一电网但在运行时电路互相之间联系很弱，或者来自同一个电网但其间的电气距离较远，一个电源系统任意一处出现异常运行时或发生短路故障时，另一个电源仍能不中断供电，这样的电源都可视为双重电源。

一级负荷在很多情况下，要从不同的区域变电站获得两个 35kV 以上的电源是有困难的。一般可从电网上不同的市区降压变电站获得两个 10kV 以上的电源相对要容易。

2）二级负荷供电

现行国家标准《民用建筑电气设计标准》GB 51348—2019 规定："二级负荷的外部电源进线宜由 35kV、20kV 或 10kV 双回线路供电；当负荷较小或地区供电条件困难时，二级负荷可由一回 35kV、20kV 或 10kV 专用的架空线路供电"。在其条文说明中指出"二级负荷供电宜由两回线路（由一个城网变电所引来的两个配出回路）供电，配电变压器也宜选两台（两台变压器可不在同一变电所）只有当负荷较小或地区供电条件困难时，才允许由一回 10kV 及以上的专用架空线或电缆供电。当线路自上一级变电所用电缆引出时必须采用两根电缆组成的电缆线路，其每根电缆应能承受二级负荷的 100%，且互为热备用"。这主要是考虑到电缆发生故障后，检查故障点和修复需要较长时间，而一般架空线路修复方便，所以要求当采用架空线时，可为一回架空线供电。应首选从城市电网的同一变电站获得两回线路 10kV 以上的电源供电，但要求建筑内仍应设两台变压器（两台变压器可不在同一变电所）。

对于二级负荷供电的电源电压等级要求，现行国家标准《供配电系统设计规范》GB 50052—2009 规定："只有当负荷较小或地区供电条件困难时，才允许由一回 6kV 及以上的专用架空线供电"，这一要求与《建筑设计防火规范》GB 50016—2014（2018 年版）的要求一致。

二级负荷供电与一级负荷供电有以下不同：

① 一级负荷供电的要求是：从城市电网的不同区域变电站取得的两个35kV以上或10kV以上电源，电源必须是相互联系较弱，彼此相对独立的电源，当从城市电网取得一个35kV以上或10kV以上电源时，应另设一个自备发电站作为第二个电源。

一级负荷强调的是不能同时受损的双重电源供电。

② 二级负荷供电的要求是：从城市电网同一变电站取得的电源，应是两回线路供给的两个电源，不要求两个电源分别在不同的变电站，只强调两回线路供电，只有当负荷较小或地区供电条件困难时，才允许由一回6kV及以上的专用架空线或电缆供电。当线路自上一级变电所用电缆引出时必须采用两根电缆组成的电缆线路，其每根电缆应能承受二级负荷的100%，且互为热备用。如由一回6kV及以上的专用架空线供电时，建筑内仍应设两台变压器，由两回线路向消防用电设备供电。

两回线路与双重电源略有不同，两者都要求线路有两个独立部分，而双重电源还强调电源的相对独立。

3）必须明确“双电源”与“双回路”的概念

消防双电源供电是指：电源来自电网不同的变电站（或配电所）引入的两个10kV及以上电源；或一个市电的10kV电源与自备发电机组作为双电源。

双电源是电源来源不同，相互独立，其中一个电源断电以后第二个电源不会同时断电，消防用电设备在任何时候都能从双电源中的任一个电源获得供电。由于两个电源不会同时出现受损的情况，电源的可靠性得到了保证。

消防双回路供电是指：

① 建筑物从城市电网获得双回路供电，两个回路互为热备用；

② 建筑物内的一个用电负荷能通过两个不同的配电回路获得电源的供电，任何时候只有一个供电回路处于工作状态，另一个供电回路处于备用状态，由负荷侧的自动切换装置将回路进行切换，保障负荷的不间断供电。

“双电源”是一级负荷的供电要求，而“双回路末端互投”是对所有消防设备供电的共同要求，这一要求与供电负荷级别无关。消防用电设备应采用专用的供电回路，是指消防电源应独立设置，即从建筑内变电所的低压侧封闭母线处或进线柜处，就应将消防电源分出，形成单独的供电系统，对于消防水泵、消防控制室、消防电梯机房、防烟与排烟机房等的供电回路，应从低压总配电室或分配电室至最末级配电箱。

另外，在一些工程中一用一备的消防泵组，将其中一台消防泵接主电源，另一台消防泵接备用电源也是极其错误的。

（2）配电系统主接线必须安全可靠

消防配电系统仅有两个电源是不够的，还应当保证消防配电系统主接线的安全要求：

① 低压配电系统主接线方案必须安全可靠：当切断非消防电源时，消防电源应不受影响；

② 消防供电必须有专用回路供向消防用电设备的末端配电箱，消防电源与正常电源应在末端配电箱实现自动互投切换。

这就要求建（构）筑物的变配电室的低压主接线方案应当实现在电气故障时，仍应保证消防用电设备的消防电源供应，且在切断非消防电源时，消防电源应能及时投入，正常工作，当采用自备发电机组作为自备应急电源时，应急电源与非消防供电系统之间应有可靠的电气及机械闭锁装置，以保证消防用电安全。

变配电室的低压主接线方案的关键点在于：应满足消防用电设备既能从两个电源中获得消防用电电源，又能在母线或断路器故障检修时，消防用电设备仍能获得消防用电的持续供应。为此，要求变配电站的低压主接线必须是分段母线，即形成“两个电源，两回线路”供电才能实现，而且两段母线之间的母线联络开关必须采用断路器（QF），该断路器（QF）应和母线与电源进线上的断路器（QF）在电气上联锁，才能保证非故障段母线的正常工作和该段母线上出线的正常供电，并应有防止不同电源并联运行的措施。

1）低压主接线的“母线分段”和“母线分组”

“分段”是指单母线被分成两段，两个电源的进线分别与不同的母线段联接，两段母线之间用断路器作为母联开关联接。单母线分段避免了供电系统中一个故障点就会使全系统停电的弊端，单母线分段后将停电范围缩小，分段愈多，停电范围愈小。但单母线分段却不能做到有选择地只停运非消防负荷，而对消防负荷则仍持续供电。为此光靠母线“分段”仍是不能完全保证消防供电安全的。

“分组”是指将用电负荷分为消防负荷和非消防负荷两个组别，每段母线只向一个组别的用电负荷供电，而且各段母线各自分别使用不同的进线断路器与各自的电源联结，同组别的各段母线之间可用断路器作为母联开关联接。

负荷不分组接线方案是消防负荷与非消防负荷共用同一低压母线段和一组进线断路器与电源联接。无疑消防负荷受非消防负荷的影响要大，消防负荷供电可靠性不高。如果低压母线发生短路或由于火灾时不能很快切断非消防负荷，当消防水喷溅溢流导致配电线路发生接地故障或短路，会造成越级跳闸等都会使进线断路器跳闸。近年火灾案例中发生消防灭火设备在火灾初期可启动灭火，但在灭火过程中，发生主电源跳闸，主电源虽然有电，但合不上闸，消防灭火设备不能及时启动，会耽误最佳灭火时间，火势蔓延造成重大损失的案例很多。因此，应将消防负荷与非消防负荷分别设置进线断路器与电源连接，才能确保消防供电系统的可靠性。图 57-2 为建筑电力负荷不分组方案示意图。

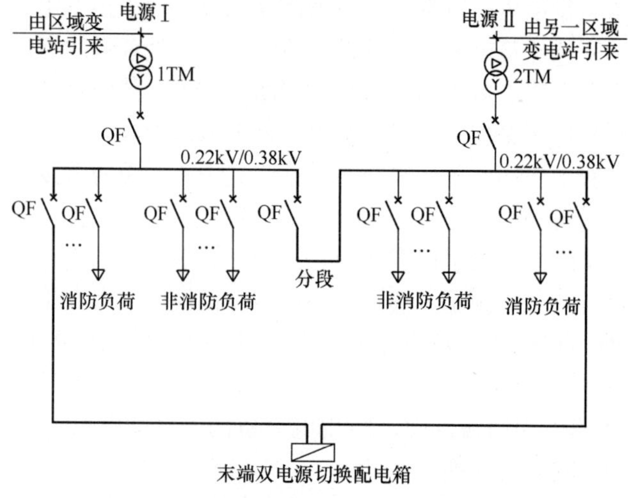

图 57-2 建筑电力负荷不分组方案示意图

如果消防负荷和非消防负荷两个组别各使用不同的母线段，但各母线段进线不是用断路器分别与电源连接，而是共用进线在某段母线上的同一个断路器，两段母线之间再用断路器联接，使另一段母线获得电源，这种主接线方案则不能算是真正的“分组”。因为各组别的用电负荷虽有自己的母线段，但各段母线是共用同一个断路器与电源联结，火灾时，难以将非消防负荷快速切断，只能切断共用的断路器，造成消防负荷也被切断。图 57-3为建筑电力负荷不正确的分组方案示意图。

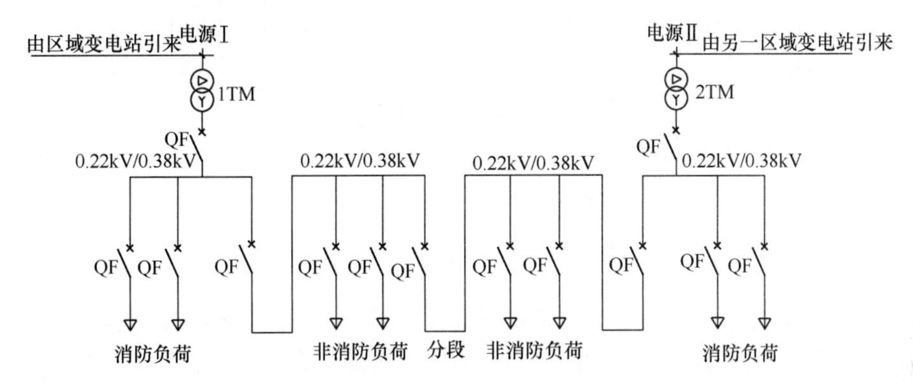

图 57-3 建筑电力负荷不正确的分组方案示意图

消防供配电方案的电气主接线必须要“母线分段”和“母线分组”，才能满足消防供电应为两个电源或两回线路供电的要求。电气主接线“母线分组”和“母线分段”的优势不仅能提高火灾时消防负荷的应急供电安全性，而且能确保消防用电设备能从两段不同的母线段分别获得正常电源和备用电源，且当正常电源被切后，备用电源立即投入，从而确保了“两个电源、两回线路”供配电方式的供电可靠性。

《建筑设计防火规范》GB 50016—2014（2018 年版）规定：两个市电电源互为热备用，电源无组别，母线分组也分段，同组别母线之间有联络开关，双电源在消防末端配电箱自切互投，不存在首端互投的可能；另外两段母线之间的母线联络开关必须采用断路器（QF），而且该断路器（QF）应和母线与电源进线上的断路器（QF）在电气上联锁，当任意一段母线或断路器故障时，继电保护装置应能使故障段母线的电源进线上的断路器（QF）及母联开关断路器（QF）都自动断开，才能保证非故障段母线的正常工作和该段母线上出线的正常供电。如图 57-4 所示，消防用电设备的末端配电箱分别从不同负荷组别的母线段取得正常电源与应急电源，并在末端互投互切，每个母线段都有自己的断路器组与电源连接，相同组别的母线段之间用断路器组作为母联开关联结，每个电源都担负50％的用电负荷，这种主接线方案保证了任一个电源故障及用电设备故障时，消防用电都能得到保证，即使母线段检修，仍有另一回路能向消防用电设备供电。

2）首端互投方式是不安全的

《建筑设计防火规范》GB 50016—2014（2018 年版）要求：重要消防设备的供电，应在其配电线路的最末一级配电箱处设置自动切换装置。其他消防设备的用电应在防火分区的配电箱处设置自动切换装置。不应采用首端互投方式，首端互投是指消防用电设备的两个电源或两回线路供电的配电线路不是在最末一级配电箱处自切互投，而消防设备的两个电源获得是在母线上，而不在最末一级配电箱处。这种配电方式的消防最末级配电箱内没

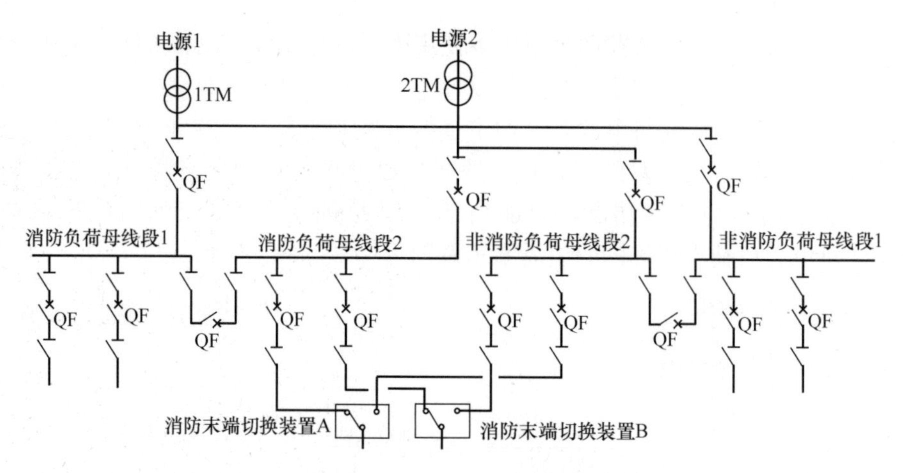

图 57-4 消防用电设备从各段取得正常电源与应急电源在末端互投示意图

有互投装置，最末级配电箱只从消防负荷母线段获得一个回路的供电，消防设备平时用电是通过消防负荷与非消防负荷母线段之间的母联开关的闭合获取正常电源的供电，火灾时母联开关断开，应急电源投入，应急电源出线上的断路器闭合，向消防设备供电。这种配电方式虽然保证了双电源在母线上的互投，但不满足规范对消防用电设备的供电回路应在消防设备最末级配电箱内自切互投的要求；由于最末级配电箱只从消防负荷母线段获得一个回路的供电，所以消防设备平时的用电和火灾时的用电都是通过同一条回路得到，而这条回路平时是一直使用的，线路老化和线路故障风险很大，一旦该段母线或回路发生故障，消防设备将失去供电，一个故障点就会使全部消防设备瘫痪。所以仅有双电源没有双回路在最末一级配电箱互投的供电是不安全的。

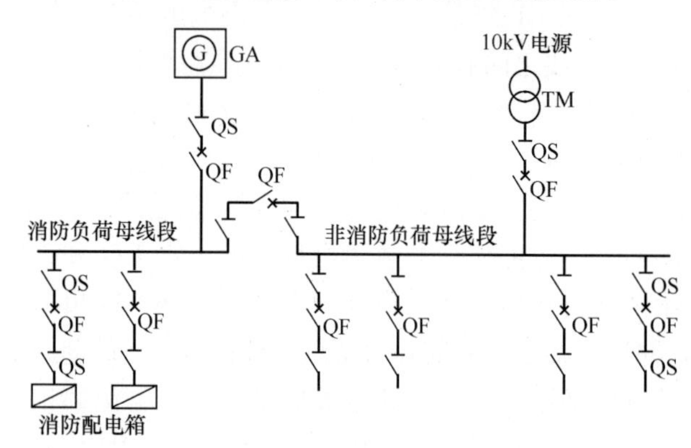

图 57-5 消防用电设备双电源在首端互投示意图

图 57-5 所示消防供配电系统的主接线方式就是双电源在首端互投，它采用了两条相互联络的低压母线及联络开关组成一个“首端互投方式”的供电，而不是双回供电线路在消防用电设备的最末级配电箱内实现互投的供电方式，双电源末端互投及首端互投的区别如表 57-1 所示。首端互投的特征是在消防用电设备的最末一级配电箱处没有两个电源、两回线路的自切互投装置。

3）电气主接线系统中的开关设备

在电气主接线系统中，母线与电源之间、母线段之间以及母线与荷载之间的线路上都设有能分合电路的控制开关及联络“开关”，这些“开关”都应采用断路器（QF）组。这样对“分组”和“分段”才是有效的，当母线为双电源时，其电源或变压器的低压出线断路器和母线联络断路器的两侧均应装设隔离开关。

双电源末端互投及首端互投的区别　　表 57-1

项目	末端互投	首端互投
电源及母线	都有两个电源，两条低压母线段，用电负荷是分组的，也可以是互为备用的	
供电回路	由两条母线段分别引出线路放射式地敷设到消防用电设备的末端配电箱，并在箱内自切互投，平时由一条线路供电，应急时由专用回路供电	从应急母线引出一条线路敷设到消防用电设备的末端配电箱，平时供电和应急供电都通过同一条线路供给消防设备
互投装置	在末端配电箱内设互投装置	末端配电箱内不设互投装置，由应急电源断路器与两条低压母线的联络开关实现互投
安全性	电源和线路不会同时受损	母线和线路受损风险大，一旦受损，消防供电全部停止

电气主接线系统中所需要的控制“开关”，必须是具有在负荷条件下，能分合电路，而且能与保护装置及自动装置配合实现自动切断故障电流的能力。因此，仅使用隔离开关作为故障断开点，是不能达到“分组”和“分段”效果的，也就不能保证消防安全。

在“分组”和“分段”主接线中如果单纯采用隔离开关（QS）作为故障断开点则是无效的，因为隔离开关只能在没有负荷电流的条件下分合电路，改变电路连接，分闸时作为断开点提供安全的电气间隙，为检修提供安全条件，所以它只能与断路器（QF）或负荷开关配合使用。电气主接线的“分段”和“分组”使用分合开关主要有隔离开关、负荷开关、断路器：

① 隔离开关：用符号 QS 表示，其功能是：隔离电源，它是一种没有专门的灭弧装置的控制开关，但它有一个明显的断开点，具有隔离电压的能力，其主要作用是隔离电源，切断电压，以保证其他电气设备的安全检修。因此，不允许带负荷操作，只能在电路断开的情况下操作，它必须与断路器配合使用，可手动、电动、气动、液动。一般为手动切换。主要用于把检修的电气设备与电源部分可靠地断开，使其有一个明显的断开点，确保检修、试验工作人员的安全。

② 负荷开关：用符号 QL 表示，从功能上看，负荷开关是介于断路器和隔离开关之间的一种开关，它具有简单的灭弧装置，能切断和接通额定负荷电流和一定的过载电流，但不能切断故障短路电流。它必须与熔断器串联使用，借助熔断器来切除短路电流；从结构上看，负荷开关在断开状态时都有可见的断开点，与隔离开关相似，但它可用来在额定负荷下开闭电路，这一点又与断路器类似。然而，断路器可以控制任何电流，而负荷开关只能开闭负荷电流，或者开断过负荷电流，所以只用于切断和接通正常情况下电路，而不能用于断开短路故障电流。由于负荷开关的灭弧装置和触头是按照切断和接通负荷电流设计的，所以负荷开关在多数情况下，应与熔断器配合使用，由后者来担任切断短路故障电流的任务。负荷开关应能手动和自动方式操作，在装有脱扣器时，过负荷情况下也能自动跳闸。

③ 断路器：用符号 QF 表示，其功能是：切断电流，主要用于对电路出现短路电流的保护，它能在负荷情况下接通和断开电路，当系统产生短路故障时，它能在保护装置的作用下，自动迅速切断短路电流，断开电路，保护负载的安全。但断路器虽然在短路时能断开负载，但是其安全间隔不够，仍不能保证检修安全，所以要求断路器的电源端与负载

端之间要有明显的断开点，通常在电源的主结线的断路器前后应各设一个隔离开关以便于倒闸操作，在供电系统发生故障时，断路器自动跳开，将负荷与电源切断，为了保证检修安全，要先断开电源侧隔离开关，然后再断开负荷侧隔离开关，才可安全检修，送电时，应先合上电源侧隔离开关，再合上负荷侧隔离开关，最后合上断路器。

断路器有油断路器、空气及磁吹断路器、真空断路器、六氟化硫断路器等，它的三个功能是：

① 正常运行时用它接通或切断负荷电流；

② 在发生短路故障或严重过负荷时，在继电保护装置作用下，自动、迅速地切断故障电流；

③ 具有相当的灭弧装置和足够大的灭弧能力。

4）消防配电线路的过载保护电器设置要求

《民用建筑电气设计标准》GB 51348—2019 对消防配电线路过载保护电器设置的规定如下：

① 对于突然断电比过负荷造成损失更大的线路，不应设置过负荷保护。

② 消防负荷的配电线路所设置的保护电器应具有短路保护功能。但不宜设置过流保护装置，如熔断器等，可以设置在过负荷时只能动作于报警，而不能用于切断消防供电的过流保护电气装置。

③ 消防负荷的配电线路不能设置剩余电流动作保护和过/欠电压保护。因为在火灾的特殊情况下，不管消防线路和消防电源处于什么状态，保证消防设备持续供电是最重要的。

消防水泵、防排烟风机等消防设备是不经常运行的设备，因为轴封锈蚀，将转轴抱紧，使电动机发生堵转，堵转时启动电流会很大，导致电缆发热，当温度在达到设定动作值时，为保护电动机，而切断电源，这是不允许的。当不设置过负荷保护，在出现堵转时，虽然电缆温度上升，而在很大转矩的作用下，有可能克服电动机轴封阻力，从而使电动机转动起来。当配电线路采用耐火电缆时，电缆温度上升 100℃和 200℃，对于耐火温度 750～800℃的电缆而言是没有危害的。

过载对消防水泵、防排烟风机等配电线路的危害是有限的。

过载对非消防配电线路的危害是很大的，因为非消防供电回路是长时间工作的，若发生长时间的过负荷工作，将对线路的绝缘、接头、端子或导体周围的介质造成损害。绝缘介质因长期超过允许温升会加速老化而缩短线路使用寿命，严重的过负荷将使绝缘在短时间内恶化，介质损耗增大，耐压水平下降，最后导致短路，引起火灾和触电事故，所以在这些线路上需要设过负荷保护电器。

对消防配电线路而言，由于消防设备不是经常运行，只要设计和施工得当，配电线路并不存在长时间过负荷工作，难以发生线路老化，而且又有专用的备用电源与回路，故不需要在供电回路中提供过载保护，消防设备在消防时，短时间的过负荷运行是难免的，它并不一定会对线路造成损害。

在消防水泵、防排烟风机和消防电梯等的供电回路上设置的断路器、负荷开关等，不应用于过负荷跳闸。因为在火灾时如消防设备会因过负荷跳闸，而不能持续工作，会造成更大损失，这些配电线路上不应设置过负荷保护，当设置时只能动作于报警，不能动作于切断电流。

消防供配电系统中，低压保护电器的断路器只能设电磁脱扣器，它只提供磁保护，也就是短路保护，而不能设热磁脱扣器、电子脱扣器来提供过载保护。这些消防设备的过负荷报警应采用电动机控制回路的热继电器的报警信号。

消防审验检查时，应审核设计图纸中消防水泵、防排烟风机等的配电线路的断路器应仅设置电磁脱扣器，这些回路有过负荷报警时，应采用电动机控制回路的热继电器的报警信号。

5）消防配电线路应能在火灾环境条件下持续供电

尽管有了可靠的两个电源、两回线路向消防设备供电，而且消防配电系统主接线也是安全可靠的。但是，如果消防配电线路没有防火保护，在火灾时不能抵抗火、烟和热的作用而丧失供电能力，也就无法保证消防配电线路在火灾时的持续供电，因此，消防配电线路还应具有在火灾时能抵抗高温烟气作用的能力，这就必须依靠提高线路自身的燃烧性能和耐火性能，或在线路敷设时，采取防火保护措施确保线路不至于受到火灾高温烟气的直接作用，能在规定的时间内保持持续供电能力。

58 消防系统线路防火保护的技术要求解读与分析

58.1 两部国家标准对线路防火保护的技术要求

消防系统线路是指：消防设备供配电系统的线路、火灾自动报警系统的传输线路、供电线路、控制线路。

《建筑设计防火规范》GB 50016—2014（2018 年版）对消防设备供配电系统的线路防火保护提出了技术要求；《火灾自动报警系统设计规范》GB 50116—2013 对火灾自动报警系统的传输线路、供电线路、控制线路的防火保护提出了技术要求。

两部标准对系统线路的防火保护的目标是一致的，都要求系统线路应满足火灾时能在规定的时间内连续工作的需要，但各自的线路防火保护要求却有很大的不同。

（1）《建筑设计防火规范》GB 50016—2014（2018 年版）对消防设备供配电系统的线路防火保护的技术要求是以供配电导线的耐火性能与配线防火保护方法共同形成组合方案提出的。

1）当采用矿物绝缘类不燃性电缆时，可直接明敷；

2）当采用阻燃或耐火电缆并敷设在电缆井、沟内时，可不穿金属导管或不采用封闭式金属线槽盒保护，但宜与其他配电线路敷设在不同的电缆井、沟内；当必须在同一电缆井、沟内敷设时，应分别布置在电缆井、沟内的两侧，且消防设备的供配电线路应采用矿物绝缘类不燃性电缆；

3）当配电线路明敷时（包括在吊顶内敷设）：应穿金属导管或采用封闭式金属线槽盒保护；金属导管或封闭式金属线槽盒应采取防火保护措施，一般可采取包覆防火材料或涂刷防火涂料；

4）当配电线路暗敷时：应穿管并应敷设在不燃性结构内，且保护层厚度不应小于 30mm。

该规范对消防设备供配电线路的防火保护措施是从以下两个方面综合考虑的：

1）可以选用燃烧性能和耐火性能好的电线电缆，免除线路的防火保护措施。例如：选用矿物绝缘类不燃性电缆，它有很好的耐火性能，可以直接明敷，不用另外的防火保护措施；也可以将矿物绝缘类不燃性电缆与其他配电线路敷设在同一电缆井、沟内，只需要分别布置在电缆井、沟内的两侧即可；

2）可以选用燃烧性能和耐火性能差的电线电缆，但必须采取另外的线路防火保护措施，而且应达到在火灾时，能在规定的时间内保证连续供电的要求；例如：当采用阻燃或耐火电缆并敷设在电缆井、沟内时，可不穿金属导管或不采用封闭式金属线槽盒保护，但宜与其他配电线路敷设在不同的电缆井、沟内，就是说不能与其他配电线路敷设在同一电缆井、沟内；当采用普通电线电缆时应按明敷和暗敷的要求采取不同的防火保护措施，并要求达到在火灾时，能在规定的时间内保证连续供电的要求。

《建筑设计防火规范》GB 50016—2014（2018 年版）对消防设备供配电系统线路防火保护的要求，是按线路自身的燃烧性能和耐火性能不同，采用不同的保护方案，标准是强制性的，标准强制的是“线路防火保护方案”必须达到线路保护的耐火性能。

（2）《火灾自动报警系统设计规范》GB 50116—2013 从保证火灾自动报警系统运行稳定性和可靠性，以及对消防施联动控制的可靠性的要求出发，对系统线路选材提出了基本技术要求。并针对火灾自动报警系统的传输线路、供电线路、控制线路分别提出的要求，并认为：供电线路、消防联动控制线路需要在火灾时继续工作，应具有相应的耐火性能。因此规定此类线路应采用耐火类铜芯绝缘导线或电缆。对于其他传输线路，如报警总线、消防应急广播和消防专用电话等传输线路，应采用阻燃型或阻燃耐火电线电缆，以避免在火灾中发生延燃。

该规范将火灾自动报警系统室内线路敷设方式分类为：可直接明敷、明敷、暗敷和电缆竖井敷设方式，并规定：

1）矿物绝缘类不燃性电缆可直接明敷；

2）火灾自动报警系统传输线路应采用金属管、可挠（金属）电气导管、B1 级以上的刚性塑料管或封闭式线槽保护。

线路明敷时：应采用金属管、可挠（金属）电气导管或金属封闭线槽保护；

线路暗敷时：应采用金属管、可挠（金属）电气导管或 B1 级以上的刚性塑料管保护，并应敷设在不燃体的结构层内，且保护层厚度不宜小于 30mm；

3）火灾自动报警系统用的电缆竖井宜与电力、照明用的低压配电线路的电缆竖井分别设置，当必须合用时，应将自动报警系统用的电缆与电力、照明用的低压配电线路的电缆分别布置在电缆井内的两侧。

（3）两部标准对系统线路的选择与防火保护要求对比

显然，《火灾自动报警系统设计规范》GB 50116—2013 对火灾自动报警系统线路的防火保护要求，是针对不同使用类别的线路提出了应采用不同耐火性能的电线电缆，以提高线路自身的耐火能力为出发点，实现电气线路的防火保护。系统的供电线路、消防联动控制线路只要采用了耐火铜芯电线电缆、系统的报警总线、消防应急广播和消防专用电话等传输线路只要采用了阻燃电线电缆或阻燃耐火电线电缆，在敷设时按规定穿管保护或采用线槽保护就认为线路的防火保护符合要求。当这些线路明敷时，对线路的金属管、可挠（金属）电气导管或金属封闭线槽没有要采取防火涂料保护的要求，对暗敷在不燃烧体结构内，且结构保护层厚度不宜小于 30mm 的线路，仍然必须采用规定的耐火铜芯电线电缆、阻燃电线电缆或阻燃耐火电线电缆。

《火灾自动报警系统设计规范》GB 50116—2013 对火灾自动报警系统室内布线的防火保护要求与《建筑设计防火规范》GB 50016—2014（2018 年版）对消防供配电系统线路的防火保护要求是有很大差别的：现将《建筑设计防火规范》GB 50016—2014（2018 年版）对消防供配电线路的选择与防火保护要求与《火灾自动报警系统设计规范》GB 50116—2013 对火灾自动报警系统线路的选择与防火保护要求列表对比，见表 58-1。

两部标准对系统线路的选择与防火保护要求对比　　表 58-1

项目内容		GB 50016—2014（2018 年版）	GB 50116—2013
		对消防供配电线路的选择与防火保护要求	对火灾自动报警系统线路的选择与防火保护要求
标准适用的线路		消防供配电线路	系统供电线路、联动控制线路、传输线路
线路导体选择		可选用铜芯电线电缆、阻燃或耐火电线电缆、矿物绝缘类不燃性电缆； 注：按《民用建筑电气设计标准》GB 51348—2019 规定：消防负荷、导体截面积在 10mm² 及以下的线路应选用铜芯；火灾时需要维持正常工作的场所的线路应选用铜芯	系统供电线路、联动控制线路应采用耐火铜芯电线电缆；系统报警总线、消防应急广播和消防专用电话等传输线路应采用阻燃或阻燃耐火电线电缆； 矿物绝缘类不燃性电缆
对线路敷设的要求	直接明敷	应采用矿物绝缘类不燃性电缆	应采用矿物绝缘类不燃性电缆
	穿管保护的明敷	线路明敷时，应穿金属导管或采用金属封闭线槽保护，金属导管或金属封闭线槽应采取防火保护措施	线路明敷时，应采用穿金属管、可挠（金属）电气导管或金属封闭线槽保护
	在电缆井、沟内敷设	采用阻燃或耐火电缆敷设在专用的电缆井、沟内时，可不穿金属导管或采用封闭式金属线槽保护。当与其他配电线路敷设在同一电缆井、沟内时，应采用矿物绝缘类不燃性电缆，并应分别布置在电缆井、沟内的两侧	宜与电力、照明用的低压配电线路的电缆竖井分别设置，当必须合用时，应将自动报警系统用电缆与电力、照明用的低压配电线路的电缆分别布置在电缆井内的两侧
	穿管暗敷	可采用除矿物绝缘类不燃性电缆以外的其他铜芯电线电缆，应穿金属导管保护，并暗敷在不燃烧体结构内，且结构保护层厚度不宜小于 30mm	线路暗敷时，应采用穿金属管、可挠（金属）电气导管或 B1 级以上的刚性塑料管保护，并应尽可能地敷设在非燃烧体结构层内，且结构保护层厚度不宜小于 30mm

从表 58-1 可知，两部规范对消防系统线路的防火保护要求的差别是：

《建筑设计防火规范》GB 50016—2014（2018 年版）对消防设备供配电系统线路防火保护的要求是按不同燃烧性能和耐火性能的电线电缆与不同的线路敷设方式组合形成多种保护方案，但每种方案必须满足系统线路在火灾时，应能在规定的时间内连续供电的需要是相同的。标准强制的是“线路防火保护”方案必须达到线路保护的耐火性能，标准提出了几种线路防火保护方案由业主自行选用，业主有很大的选择余地。

而《火灾自动报警系统设计规范》GB 50116—2013 是针对系统供电线路、消防联动控制线路、传输线路在火灾时使用需要的不同，规定了必须选用的电线电缆类别，除采用矿物绝缘类不燃性电缆可直接明敷外，其他的线路敷设方式与电线电缆的燃烧性能和耐火性能没有对应的组合关系，不能形成线路防火保护方案，业主只能选择线路敷设方式，而不能选择电线电缆的燃烧性能和耐火性能。业主并不知道他们在采用了耐火铜芯电线电缆、阻燃或阻燃耐火电线电缆，当选择穿管保护的明敷方式后，在火灾条件下线路能不能持续地正常工作到预期时间。将耐火电线电缆穿管暗敷或明敷是否存在我们无法识别的风险。

58.2 对线路防火保护技术要求的解读

耐火电缆穿钢管保护明敷，仍无法保证系统线路在火灾时能在规定的时间内持续工作，而采用普通电缆电线而穿在金属管或阻燃塑料管内并埋设在不燃烧体结构内，这是一种比较经济、安全可靠的敷设方法。

（1）模拟实体火灾试验证明了没有防火保护的，燃烧性能不是 A 级的耐火电缆，在直接明敷及穿钢管保护并施以防火涂料时，其持续供电时间达不到 30min。

原《建筑设计防火规范》GB 50016—2006 版第 11.1.6 条条文说明中指出："采用符合现行国家标准《电线电缆耐火特性试验》GB 12666.6—90 的耐火电缆能提高消防配电线路的耐火能力，但在模拟实体火灾试验中，普通电缆、阻燃电缆、阻燃隔氧层电缆及耐火电缆，在明敷及穿钢管并施防火涂料保护时，其持续供电时间均未达到 30min。这对于消防控制室、消防水泵、消防电梯、防排烟设施等供电时间较长的消防设备供电是不利的"。这是一次令人信服的科学试验，试验成果得到了规范编制组的认可。

（2）实验证明，符合规定的线路穿管暗敷是安全可靠、经济合理的配线防火保护方法

依据原《高层民用建筑设计防火规范》GB 50045—2005 第 9.1.4 条条文说明指出："据调查，目前国内许多高层民用建筑设计结合我国国情，消防用电设备配电线路多数是采用普通电缆电线而穿在金属管或阻燃塑料管内并埋设在不燃烧体结构内，这是一种比较经济、安全可靠的敷设方法。我们参照四川消防科研所对钢筋混凝土构件内钢筋温度与保护层的关系曲线，并考虑一般钢筋混凝土楼板、隔墙的具体情况，对穿管暗敷线路做了保护层厚度（不小于 30mm）的规定。"，该规范还给出了钢筋混凝土构件内钢筋温度与保护层的关系曲线图和在火灾作用下梁内主筋温度与保护层厚度的关系表。现摘抄见表 58-2。

在火灾作用下梁内主筋温度与保护层厚度的时间-温度曲线实验数据　　表 58-2

项目内容		升温时间（min）									
		15	30	45	60	75	90	105	140	175	210
		在各升温时间内梁主筋温度（℃）									
主筋保护层厚度（mm）	10	245	390	480	540	590	620				
	20	165	270	350	410	460	490	530			
	30	135	210	290	350	400	440		510		
	40	105	175	225	270	310	340			500	
	50	70	130	175	215	260	290				480

该实验数据得到了原《建筑设计防火规范》GB 50016—2006 版的认可，在该标准第 11.1.6 条条文说明中指出："对穿金属管保护后再埋设在不燃烧体结构内，当保护层厚度不小于 30mm，按标准时间-温度曲线升温进行受火测试，30mm 厚保护层在 15min 以内，金属管的温度可达 105℃，30min 时，金属管的温度可达 210℃，到 45min 时，金属管的温度可达 290℃，试验还表明，金属达到该温度时，配电线路温度约比上述温度低 1/3，在此温升范围内能保证继续供电。另外，采用穿金属管暗敷设，保护层厚度达到 30mm 以上的线路在实际火灾中也能够保证继续供电"。

该试验是按《建筑构件耐火试验方法 第 1 部分：通用要求》GB/T 9978.1—2008 规定的标准"时间—温度曲线"升温，得到的试验数据。标准"时间—温度"曲线是建筑结构构件在标准受火条件下确定其耐火性能试验时，在试验炉内的升温过程，其升温曲线计算公式可参见本书第 20 节的有关内容。

由公式可计算得到按标准时间—温度曲线升温的持续时间 t（min）时刻，试验炉内的气相温度与得到的实验数据之间的关系，当升温的持续时间 t 分别为 15min、30min、45min 时，实验炉内对应的气相温度分别为 738.56（℃）、841.80（℃）、902.34（℃）。

58.3 火灾时消防设备的持续工作时间究竟要多长

消防设备的线路在火灾时的持续工作时间应与其消防设备的持续工作时间相匹配。消防设备的安装环境不同，在火灾时能够持续工作的时间也不相同，对于集中设置在机房的重要消防设备，如火灾报警系统的控制设备、消防水泵、防排烟风机等，由于机房有较好的防火措施，能保证消防设备在预期的火灾持续时间内连续工作。而分散安装在保护区内的消防设备，由于处在火灾环境下，这些消防设备在火灾时的持续工作时间由以下因素决定：

1）人员疏散和灭火救援需要消防设备持续工作的时间；

2）火灾时消防设备完成使命，不需要再控制的时间；

3）消防设备在火灾环境下失去正常工作能力的时间。

（1）对于集中设置在机房的重要消防设备火灾时需要持续工作的时间

《建筑设计防火规范》GB 50016—2014（2018 年版）对配电线路保护要求的出发点：对于重要的消防设备，如消防水泵，防烟和排烟风机，它们都是设置在专用的机房内，有严格的防火分隔要求，采取了相应的防火措施，保证了这些消防设备在整个火灾的持续时间内。都能持续工作，它们的供电线路也需要持续供电，所以这些重要消防设备的供配电系统线路必须有可靠的防火保护，保证线路的持续供电需要。

《火灾自动报警系统设计规范》GB 50116—2013 考虑到火灾时，消防控制室仍需对上述重要消防设备进行再控制，所以规范规定消防控制室应设手动直接控制装置，对它们进行可靠的控制，除应按点对点的硬件电路设置外，线路敷设还要考虑防火保护。因此火灾时消防控制室完全可以通过手动直接控制装置，实现对上述重要消防设备的再控制，所以火灾时，消防控制室也就不需要再通过总线来传输控制信号对重要的消防设备进行控制。

消防电梯及自动灭火控制盘等消防设备，都是设置在专用的机房内，有严格的防火分隔要求，采取了相应的防火措施，保证了这些消防设备在整个火灾的持续时间内都能持续工作。

同样对于集中设置在消防控制室的消防设备，如火灾报警控制器、消防联动控制器、图形显示装置、应急广播控制设备和消防电话总机、消防电梯等重要消防设备，由于它们是集中控制、管理、监视建筑内自动消防设施的运行状况，确保建筑内消防设施可靠运行的设备，所以《建筑设计防火规范》GB 50016—2014（2018 年版）对消防控制室提出了严格的建筑防火要求，确保控制室具有足够的防火性能。保证消防控制室的消防设备在整个火灾的持续时间内都能持续工作，它们的供电线路也需要持续供电，所以这些集中设置在消防控制室的消防设备的供配电系统线路必须有可靠的防火保护，保证线路的持续供电需要。由于火灾发生时，消防控制室需对与它联接的处于正常工作状态的消防设备进行通信和控制，所以对通信和控制线路也应有适当的防火保护，防止线路受到火灾影响而失效，使消防设备不能正常工作。

有的消防设备如兼用的消防电梯，平时是与客用电梯兼用的，在火灾时联动控制信号令其归至首层或转换层，由消防员通过转换钮将客用电梯转换为消防电梯后，才具有消防电梯的控制功能，这时消防中心就无法对消防电梯实施直接控制，只能利用电话传达信息；

有的建筑设备在火灾时是受消防联动控制柜控制的，如电梯，当火灾发生后，受到火灾威胁的电梯应能接受联动控制信号归至首层或转换层，断电停用，任何控制信号对它都不会产生作用，火灾不结束是不能使用的。

（2）对于分散设置在建筑内的消防设备火灾时的持续工作的时间

分散设置在建筑内的消防设备是指为人员疏散和消防救援、控制火灾蔓延而设置在建筑内的火灾触发器件、火灾警报器和应急广播喇叭、应急照明和疏散指示灯具、活动防火分隔构件等，这些消防设备是处在火灾环境下的，火灾时的持续工作时间由火灾高温烟气使它们丧失正常工作能力的时间决定。

分散设置在建筑内的消防设备中，有的消防设备在火灾时只要把状态信息反馈回火灾报警控制器，就完成了使命，控制器只监视其工作状态并向它们供电，而不能对其进行控制：如火灾探测器和手动火灾报警按钮。

有的分散设置的消防设备在火灾时消防联动控制器只需发出一次控制信号使其动作，当预定动作完成后，只需接收它们的反馈信号，监视它们的工作状态，而不能对它们进行再控制：如关闭防火门窗、关闭防火卷帘、下降挡烟垂壁；开启常闭式送风口、开启常闭式排烟口（阀）、启动自动灭火设备等，除非它们实施了现场手动复位，但当火场没有解除警报，它们是不能复位的；

有的分散设置的消防设备在火灾时不仅需要监视它们的工作状态，还需要对它们进行控制，如火灾警报器和应急广播喇叭、应急照明和疏散指示灯具等，但当火场的人员疏散完成后，它们的任务也基本完成了；

分散设置的消防设备，除火灾触发器件外，都是联动控制对象，它们处于可能发生火灾和受到火灾威胁的场所，它们能不能正常工作还取决于它们是否受到火灾的直接威胁。由以上论述可知，分散设置的消防设备在火灾发生时，是受火灾直接作用的，一旦动作或毁损就没有再控制的可能和必要了，那种认为联动控制线比信号传输线更重要的说法是缺乏科学依据的。

1）分散设置的消防设备只能在火灾初期发挥作用

建筑火灾从明火点燃到发生轰燃要经历一个过程，在这一过程中火场温度极不均匀，是灭火和人员疏散的最好时机，也是火灾自动报警系统设备应当投入工作和必须投入工作的时间。火灾自动报警系统应能探测到早期火灾的特征物理量，并发出火灾报警信号，为着火区域的人员疏散赢得时间、应及时联动控制消防设备启动：火灾警报和应急广播启动，警示和组织人们有序疏散；应急照明和疏散指示灯为人员疏散提供照明和路径指示；防排烟系统为人员疏散提供安全的气流组织和造就疏散通道防烟环境；关闭防火门窗和防火卷帘、下降挡烟垂壁防止火灾烟气蔓延；启动自动灭火设备控制初起火灾，确保人员生命安全，为消防队到达灭火提高其成功率。说到底火灾自动报警系统的任务和作用就是在火灾初期发出火灾报警信号，联动控制活动的常开式防火分隔构件、启动灭火设备和启动与人员疏散有关的消防设备，最大限度地减少人员伤亡。因此火灾自动报警系统控制的消防设备，包括自动灭火设备也只能在火灾初期发挥作用，一旦房间发生轰燃，房间内的所有消防设备将无法持续工作，也丧失了再控制的必要。

前面讲到按标准“时间—温度”曲线升温的试验，当升温的持续时间 t 分别为 15min、30min、45min 时，试验空间对应的气相温度分别为 738.56（℃）、841.80（℃）、902.34（℃）。这只是在标准试验过程中所得数据，该试验中，除规定使用的燃料外，没有其他可燃物参与，炉温曲线与标准曲线没有偏差。但在建筑空间的火灾过程中，当热烟浮顶层的温度达到 600℃时，室内除火源外的其他全部可燃物会在瞬间同时点燃，即发生轰燃，厅室会从局部燃烧转变为全面燃烧。一般认为，采用可燃材料装修的房间，发生轰燃的时间大约需要 3min；采用难燃材料装修的房间，发生轰燃的时间大约需要 4～5min；采用不燃材料装修的房间，发生轰燃的时间大约需要约为 6～8min；不装修的房间发生轰燃的时间大于 8min。美国《火灾或爆炸调查指南》NFPA921 指出：在有现代家具的住宅火灾试验中，从明火发展到轰燃所需时间可短至 1.5min，在完全起火后的房间热释放速率可达 1 万 kW，甚至更高。由此可知，一般房间在火灾不受干预时，发生轰燃的时间一般在 10min 以内。轰燃之后火场全面燃烧，温度趋于均匀，火场温度可达 1100℃。这时，轰燃房间或厅室内的所有消防设备都淹没在温度可达 1100℃的火烟中，完全丧失了能够正常工作的能力，没有再控制的可能和必要，历次火灾中毁损的大量火灾探测器、火灾警报器和应急广播扬声器等消防设备，证明这些安装在现场的消防设备没有抵抗火灾的能力。这时即使能在 800℃条件下能持续工作 90min 的耐火电缆，即使还能正常向轰燃房间或厅室内的所有消防设备正常通信，由于消防设备的毁损，也毫无作用，线路持续工作也没有什么意义。

因此，房间内的所有消防设施均应在房间发生轰燃之前持续发挥作用，这个时间大约为 10min，实际上在轰燃发生之前，当火场的热辐射强度达到 2.5kW/m^{2}时，衣着单薄的人在火场中的耐受时间仅为 30s，所以轰燃发生之前，着火房间的人必须疏散完毕。

《建筑设计防火规范》GB 50016—2014（2018 年版）在条文说明中指出：“对于疏散照明备用电源的连续供电时间，试验和火灾证明，单、多层建筑和部分高层建筑着火时，人员一般能在 10min 以内疏散完毕”。所以当楼层人员疏散完毕后，该楼层的火灾声光警报器及应急广播的扬声器、应急照明和疏散指示标志灯等消防设备，继续坚持持续工作也没有更大意义了。

2）房间轰燃所影响的范围是有限的

建筑火灾的发生和发展在时间上有个过程，从点火源发展到全面燃烧需要时间，建筑火灾在空间上在一定时间内是受限的，房间的隔墙或防火隔墙、防火分区的防火墙、楼板等分隔构件，在一定时间内都有能力将火灾控制在着火房间或防火分区内，设有自动喷水灭火系统保护时，70%的火灾能被控制在初期阶段。在房间或厅室发生火灾时，点火源对火灾自动报警系统的传输线路、供电线路与联动控制线路的影响也仅限于着火房间或厅室内。当然着火区域（房间、厅室）的空间大小不同，建筑火灾对自动报警系统控制的设备和线路的影响范围是不同的，在商店发生火灾时，点火源对火灾自动报警系统线路的影响也仅限于着火区域的一定范围内。另外从火灾威胁到消防设备的范围看，轰燃仅对着火的厅室内的消防设备产生破坏作用，但着火区域外的消防设备，如安装在疏散通道、出入口处、疏散安全出口处的消防设备，在一段时间内还可能不会受到火灾的直接影响，仍能持续工作。

我国规范中的许多消防设备都是设置在公共走道、疏散通道及安全出口处或人员密集的场所内：如区域显示器设置在出入口等明显和便于操作的部位；火灾光警报器设置在每个楼层的楼梯口、消防电梯前室、建筑内部拐角等处的明显部位；火灾警报器设置在公共部位；应急广播的扬声器设置在走道和大厅等公共场所；手动火灾报警按钮（消防电话插孔）设置在出入口处的明显部位；应急照明和疏散指示标志灯设置在疏散楼梯间及其前室、合用前室、避难场所、疏散通道、疏散走道、人员密集场所、安全出口等处，有的疏散指示标志灯还设在距地面高度 1.0m 以下的墙面或地面上。对于像办公楼、旅馆、公寓和宿舍这样的建筑，是以公共走道将各功能房间连接，并通向安全出口的楼层平面来说，房间内的点火源难以威胁到这些公共部位的消防设备，即使房间发生轰燃，也只能影响到房间出口附近公共部位的消防设备。但对于像观众厅、展览厅、多功能厅和营业厅、餐厅、演播室等公共场所，厅内的任何点火源都会威胁到附近公共部位的消防设备，因为这些活动空间的公共走道与各功能区是没有防火分隔的。

3）消防设备不同，需要再控制的要求也不相同

建筑内的消防设备在火灾中的作用和状态，决定了它们是否需要再控制，是否能够持续工作：如房间的火灾探测器在完成火灾探测报警后，就完成了使命，当在火灾高温作用下毁损，它们也就不能够持续工作；活动挡烟垂壁、常开防火门、电动防火卷帘等活动防火分隔设备，在受控完成预定动作，关闭后，就不需要后续的再控制信号了；又如常闭式送风口、常闭式排烟口（阀）在由控制信号打开后，只要没有手动复位，是无法实施远程再控制的；自动灭火设备在启动并开始喷放灭火剂后，只要没有手动复位，是无法实施远程再控制的；着火防火分区内的声光警报器及应急广播的扬声器、应急照明和疏散指示标志灯具等消防设备在火灾时，当人员疏散完成后，该区域的这些设备也就完成了使命，其供电线路和控制线路也就和报警信号线路一样完成了使命，即便是轰燃以后，着火区域内这部分消防设备已经毁损或无法继续工作，与其联接的线路也没有继续工作的必要了。所谓火灾自动报警系统消防设备“在火灾时需继续工作”的工作时间，也就到此结束了。如果要求安装在功能区域的火灾探测器，以及安装在公共区域的上述消防设备，在火灾环境中还需要长时间继续工作，那么，国家标准应对这些消防设备提出在火灾环境下的性能要求和防火要求，要规定它们应具有的燃烧性能和耐火性能，并采取保护措施。在消防设备的产品检验中应体现这些性能要求。

显然，轰燃发生以后，在着火区域内除防火分隔构件仍发挥作用外，火灾自动报警系统的所有消防设备，由于受到火灾高温影响，已失去了再控制的价值和可能，所有消防设备都不会再继续发挥作用，与其联接的线路就更谈不上继续工作的必要了。

应当知道，着火区域的消防设备和线路失效，还不至于使其他公共通道、防火分区或楼层的系统控制设备和线路失效，它们仍可正常工作。因为火灾影响的是火灾区域的受控设备及其线路（如广播喇叭、火灾警报、应急照明和疏散指示灯等），也并不会影响到与全局有关的控制显示设备及其线路（如广播设备、应急照明和疏散指示系统的控制器等），所以火灾时非着火区域的系统消防设备和线路仍可正常工作。

4）我国标准没有要求消防电子产品在火灾环境下应具有持续工作的能力

我国对电工电子产品在极端环境条件下正常运行的能力要求和控制严酷环境对产品稳定性的影响，从而制定了产品的检验标准。现行国家标准《消防电子产品 环境试验方法及严酷等级》GB/T 16838—2021 就是依据我国对电工电子产品的试验方法制定的，该标准对消防电子产品规定了 15 项与运行性能有关的环境试验方法，6 项与耐久性能有关的环境试验方法，将试验严酷等级分为 0 级（安装在民用房屋或类似的住宅屋内的产品）、Ⅰ级（安装在商业或工业房屋内的系统控制、指示设备和供电设备等）、Ⅱ级（安装在商业或工业房屋内的各类火灾触发器件）、Ⅲ级（安装在户外的产品），试验方法中与环境温度有关的试验项目为高温运行项目、高温耐久项目、低温运行项目、低温耐久项目四项，其中高温运行项目的试验温度最高，Ⅰ级为（40±2)℃；0 级和Ⅱ级为(55±2)℃、Ⅲ级为(70±2)℃，而且对 0 级和Ⅱ级的感温火灾探测器在条件试验时只能采用探测器的最高应用温度，当环境温度超出上述规定时，消防设备不具备正常工作的能力。该标准中并没有把“火灾环境”作为一种严酷环境条件对消防电子产品的性能提出要求。即便是规定的 21 个环境试验方法，标准在总则中规定，有关消防电子产品标准要根据产品可能遇到的环境条件，并从技术和经济等方面综合分析后，采用哪种试验方法（条件）和严酷等级作出具体规定。由此可知，标准在对消防电子产品的性能提出要求时，必须以可能遇到的环境条件，并经技术和经济等方面的综合分析来决定产品的性能。

在获得产品的性能时，必须付出代价，如果把小概率事件所发生的环境条件改变对产品的性能提出要求，为此必须付出不适当的代价，使社会的资金沉淀，还莫如从预防小概率事件的发生入手，更加高效。试想，对火灾探测器、应急广播喇叭、火灾声光警报器、应急照明灯具和疏散指示灯具、手动火灾报警按钮等这样一些分散安装在现场的消防设备，要求它们在火灾中要具有耐火性能，这样做要花很大代价，而且很难做到，即使做到了也没有任何价值，因为它们已经完成了使命，人员已经疏散完毕。

对这样一些分散安装在可能发生火灾，人员需要疏散的环境中的消防设备，它们可能受到火灾威胁，但它们的价值低、拆换容易，火灾时受损或不受损对火灾救援的影响不大。既然这些消防设备在火灾时完成了任务后，与它们连接的线路，不论是传输线路、警报线路、控制线路还要求它们继续坚持工作就很不合理了。对线路防火的要求是，当与其连接的消防设备在没有完成任务之前，或着火区域的人员没有疏散完毕之前，应确保线路能正常工作，确保消防设备的线路不被高温烟气的作用而失效，从而保证消防设备的正常工作。所以消防系统线路的防火保护，应与其连接的消防设备适配。

58.4 线路防火保护必须与线路基本保护、线路工艺保护兼容才能相得益彰

电气线路保护是一切采用金属导线传输电能或信息的线路必须要考虑的问题，系统线路保护分为线路基本保护、线路工艺保护、线路防火保护3种保护，其保护目标都是保证金属导线在其寿命期内能够正常工作，对于消防设备的线路，还应在火灾条件下能在规定的时间内正常工作。

第一是线路基本保护：为线路使用安全而进行的保护。即从导线线芯材质和截面选择方面入手，保证导体的传输性能和载流能力，使导线绝缘层保持其良好的绝缘性能和使用寿命；采用一定的敷设保护方式来避免线缆受到外部热、湿、水、油、污染物质的腐蚀作用和外界机械冲击损坏、避免建筑物构件的沉降伸缩位移对导线的损伤、线路裸露老化等，这些基本保护能保证线路在使用期内保持使用安全需要，是所有电气线路敷设时应进行的基本保护。

第二是线路的工艺保护：是线路为满足布线工艺而采取的保护。线路必须通过布线才能实现传输功能，布线必须采取工艺保护措施，比如当采用线路暗敷布线时，必须要考虑两个因素，首先是为了施工工艺的需要而预埋电线管，满足穿线需要，其次要求导线的线芯材质和截面面积在满足载流量的前提下，要有一定的机械强度，满足穿管布线的工艺需要。

因为采用线路暗敷，必须在结构施工时先预埋电线管，当进入电气设施安装时才能安全方便地通过预埋电线管穿线敷设，不先预埋电线管，线路敷设是不可能的，从这个意义上讲，预埋电线管就是线路暗敷工艺的一种需要。

第三是线路防火保护：为了使消防设备的线路在火灾环境下能保持一段时间的正常工作而进行的线路保护。保护方法有两种，即提高线路自身的燃烧性能和耐火性能；或采用敷设保护方式来使普通线缆在火场中能在一定时间内保持其耐火完整性，这是为保证线路在火灾中的使用功能而实施的保护，这种保护仅针对在火灾条件下仍需要持续正常工作一段时间的消防供电线路和消防联动控制线路等为消防服务的系统线路。

由此可知，系统线路保护中，线路防火保护是在线路基本保护的基础上的附加保护，仅针对在火灾条件下仍需要持续正常工作一段时间的为消防服务的线路，由于建筑火灾是小概率事件，如果完全采用提高线路自身燃烧性能和耐火性能的方法对消防服务用电气线路进行保护，并不符合我国建筑防火设计“安全适用、技术先进、经济合理”的方针政策，也与国家对建筑防火设计应做到正确处理防火要求与消防投入的关系的原则背道而驰。所以要求消防技术应尽可能地与其他技术兼容，充分利用其他技术实现其防火目标。例如在消防用电气线路保护方面，消防技术就利用了线路暗敷的基本保护在耐火方面的优势，对火灾时要坚持继续工作一段时间的为消防服务的系统线路提出了采用普通的系统线缆在暗敷时，必须埋墙30mm的措施，将线路暗敷的工艺需要与安全保护和耐火保护做了巧妙的结合，把一切可以利用的资源充分地予以合理的综合利用，降低消防的投入，是符合国家的消防技术经济政策。试验和实践证明，从线路自身的燃烧性能和耐火性能与线路的敷设保护方式相结合，形成组合方案来实现对系统线路的防火保护，达到系统线路在火灾中的耐火能力是正确的。

由此可知，现行国家标准《火灾自动报警系统设计规范》GB 50116—2013强制要求

系统供电与联动控制线路应采用耐火铜心电线电缆，而不能形成防火保护方案的规定，与《建筑设计防火规范》GB 50016—2014（2018 年版）对消防设备供配电系统线路防火保护的要求不一致，而且花费不菲的代价还不一定得到预期的效果，是值得思考的。

59 电线电缆的阻燃、耐火性能分级解读

《火灾自动报警系统设计规范》GB 50116—2013 对火灾自动报警系统线路的防火保护主要依赖于导线的“耐火”及“阻燃”性能，所以导线的“耐火”及“阻燃”性能选择尤为重要，了解导线的“耐火”及“阻燃”“低烟”“无卤”“低毒”性能就非常必要了。

关于我国电线电缆的阻燃、耐火、低烟、无卤、低毒的概念和相关标准介绍如下：

（1）目前我国关于电线电缆的“阻燃”“耐火”标准有以下三个：

1）《阻燃及耐火电缆塑料绝缘阻燃及耐火电缆分级和要求 第 1 部分：阻燃电缆》XF306. 1—2007；

2）《阻燃及耐火电缆塑料绝缘阻燃及耐火电缆分级和要求 第 2 部分：耐火电缆》XF306. 2—2007；

3）《阻燃和耐火电线电缆或光缆通则》GB/T 19666—2019。

（2）两个标准中对电线电缆的“阻燃”“耐火”的基本概念是：

1）我国标准中电线电缆的耐火完整性试验是线缆在规定的火焰温度直接作用下，能在一定时间内（90min＋15min）保持完整性和持续工作的性能，试验是在规定的试验箱内，在规定的条件下，用带型（喷嘴宽度 500mm）丙烷气体喷灯，喷出规定温度的火焰，直接作用于电缆的试样，在规定的作用时间内检验电缆的耐火完整性。电缆裸身受火焰作用，火源没有升温过程。

2）电缆的“耐火”和“阻燃”特性是分别按不同的标准认定的，所以耐火电缆并不一定具有阻燃特性，而阻燃电缆并不一定具有耐火特性。

3）都叫耐火电缆，但它们的耐火性能是按不同的标准分类的。

耐火电缆的耐火性能按供火温度分为两类，即 750～800℃和 950～1000℃；

《阻燃及耐火电缆塑料绝缘阻燃及耐火电缆分级和要求 第 2 部分：耐火电缆》XF306. 2—2007 标准对Ⅰ级、Ⅱ级、Ⅲ级、Ⅳ级耐火电缆采用 750～800℃；对ⅠA 级、ⅡA 级、ⅢA 级、ⅣA 级耐火电缆为 950～1000℃；

《阻燃和耐火电线电缆或光缆通则》GB/T 19666—2019 对耐火电缆均一律采用 750～800℃；

两个标准的导线耐火性能都是在规定的试验条件下，按规定的电路，通以规定的试验电压，在规定的供火温度下时，线路在 90min 火焰作用和 15min 的冷却时间内能保持指定的运行能力，作为受火作用下线路完整性的判定条件，来表达耐火电缆的耐火性能。

4）阻燃电线电缆仍属于可燃类的线缆，只是有阻燃性能而已。

阻燃电缆的阻燃性能是在规定的试验条件下，线路在火焰作用下被燃烧，在撤去火源后火焰在线路上的蔓延仅在限定范围内并能自行熄灭的特性，该特性表达了阻燃电缆只具有阻止或延缓火焰发生或蔓延的能力；只有在撤去火源后才能观察到线路的阻燃能力。

5）阻燃和耐火电线电缆并不都具有烟气毒性分级和烟密度分级的。

《阻燃及耐火电缆塑料绝缘阻燃及耐火电缆分级和要求 第1部分：阻燃电缆》XF306.1—2007、《阻燃及耐火电缆塑料绝缘阻燃及耐火电缆分级和要求 第2部分：耐火电缆》XF306.2—2007的耐火性能级别及阻燃性能级别中除Ⅳ级外，均有其他燃烧性能的分级要求，如烟气毒性分级和烟密度分级等要求，因此这些燃烧性能就不再用代号标记在电缆型号中。

《阻燃和耐火电线电缆或光缆通则》GB/T 19666—2019对耐火电缆及阻燃电缆的性能级别中不包含线路的其他燃烧性能的分级要求，如其他燃烧性能的烟密度、耐腐蚀性、电导率等的性能均另外分别用代号在电缆型号中标记，只要看电缆型号标记就可以知道该电缆的耐火及阻燃性能级别以及低烟和无卤特性，但该标准目前对烟密度没有分级要求，而且无烟气毒性分级要求。

除矿物绝缘耐火电缆以外的其他耐火电缆都是用无机材料做耐火层，用有机材料做绝缘层及外护套构成复合的绝缘耐火保护层，通常用耐火云母带绕包在普通导体之外，再用聚氯乙烯绝缘及护套保护或用交联聚乙烯绝缘聚氯乙烯保护套保护或用交联聚乙烯绝缘聚烯烃护套保护做成塑料耐火电缆。它们的绝缘层及外护套都是可燃的，所以将其电缆阻燃特性由单位长度上非金属材料体积作为分类指标之一，由于有可燃物存在，所以在一些场合不仅要求电缆有耐火特性，而且对他们的阻燃特性、烟密度、烟毒性等都必须提出要求，这些场合如地下轨道交通、交通隧道、核电站等，不仅要求导线应具有耐火阻燃等特性，而且有烟密度、烟毒性等要求，线路敷设也应有保护。

在所有的耐火电缆中矿物绝缘耐火电缆的长期工作温度可达250℃，且在950～1000℃的高温下仍可以持续工作3h，保持不燃烧、不释放烟气和毒气，是具有不燃特性的耐火电缆，矿物绝缘耐火电缆又叫氧化镁绝缘耐火电缆，它用无机氧化镁做绝缘材料，用无缝铜管做外护套的铜芯电缆，由于护套和绝缘层都是不燃烧体，所以它在高温下不燃烧、不释放烟气和毒气，也不怕一般的机械损伤和鼠害，因此在室内布线时无须基本保护和防火保护，可直接明敷。

原《建筑设计防火规范》GB 50016—2006在第11.1.6条条文说明中指出：“通过对矿物绝缘电缆及其他类型的电缆，在模拟实际火灾条件下的供电能力试验，结果表明：在1h的实体火灾试验研究中，明敷时，矿物绝缘电缆的耐火性能优于其他类型的电缆，有防火桥架保护的耐火电缆次之。……采用符合现行国家标准《电线电缆耐火特性试验》GB 12666.6—90的耐火电缆能提高消防配电线路的耐火能力，但在模拟实体火灾试验中，普通电缆、阻燃电缆、阻燃隔氧层电缆及耐火电缆，在直接明敷及穿钢管并施防火涂料保护时，其持续供电时间均未达到30min”，该试验是按《建筑构件耐火试验方法 第1部分：通用要求》GB/T 9978.1—2008规定的标准“时间—温度”曲线升温，得到的试验数据。按照直接明敷及穿钢管并施防火涂料保护的耐火电缆在模拟实体火灾试验中持续供电时间均未达到30min计算，耐火电缆失去供电能力时的火灾温度为842℃，由于耐火电缆在检测时的供火温度为750_{0}^{+50}℃，供火时间为90min，但模拟实体火灾试验的温度已超过了耐火电缆的极限温度，所以耐火电缆失效是必然的，在所有耐火类电缆中只有矿物绝缘耐火电缆的耐火能力可达1000℃，其余的耐火电缆的耐火能力仅为750_{0}^{+50}℃。若不进行耐火配线保护，其耐火能力，还真不如采用普通电线电缆按规定暗敷的耐火性能好。只有采用矿物绝缘耐火电缆可以直接明敷，其他型号的耐火电缆，当作为重要消防设备的供电线路时，都不允许直接明敷，图 59-1 是直接明敷的成排矿物绝缘耐火电缆。

图 59-1 直接明敷的成排矿物绝缘耐火电缆

矿物绝缘类不燃性耐火电缆直接明敷如没有技术措施，其持续供电性能也是不可靠的矿物绝缘类不燃性耐火电缆直接明敷，仍然要有敷设的技术要求才能保证在火灾时电缆的结构不被破坏，是耐火电缆持续供电的基本要求。

从图 59-1 是直接明敷的成排矿物绝缘耐火电缆，矿物绝缘耐火电缆的应用符合规范“采用矿物绝缘类耐火电缆，可直接明敷”的规定，但是，如果规范不明确耐火电缆的直接明敷的敷设技术要求时，特别是耐火电缆水平敷设，采用金属排架支撑时，金属排架在火灾条件下的耐火性能和耐火电缆在排架上的刚度是一个很大的问题，因为耐火电缆的铜管在火灾的高温条件下，其强度会很快下降而丧失刚度，另外金属排架在火灾条件下的耐火性能如不做出规定，随着金属排架的坍塌，耐火电缆也会失去支持而塌落，同样会失去持续供电的能力。所以不燃性耐火电缆在火灾条件下的持续供电性能还要考虑其敷设方式的耐火性能，没有耐火的敷设方式，就谈不上耐火电缆的持续供电性能。若要考虑耐火电缆的耐火敷设方式，矿物绝缘类耐火电缆的投入就比采用普通电线电缆穿管暗敷的投入要大许多。

60 防火卷帘、防火门（窗）的检查与验收

防火卷帘、防火门（窗）是重要的建筑防火分隔构件，它们在建筑发生火灾时，都能在一定时间内，连同框架能满足耐火完整性、隔热性等要求的卷帘或门、窗，其耐火极限应满足规范要求。

除固定防火窗外，防火卷帘、防火门（窗）均为活动的防火分隔构件，都带有手动启闭装置和具有火灾时能保持关闭状态，关闭后应具有防烟性能；常开式防火门应能在火灾时自行关闭，并应具有信号反馈功能。双扇防火门应具有按顺序自行关闭的功能。

除管井检修门和住宅的户门外，其他的常闭式防火门应具有自行关闭功能。

60.1 防火门（窗）的检查与验收

（1）防火门（窗）设备外观检查

检查每樘防火门、防火窗在其明显部位设置的永久性标牌是否牢固，内容是否清晰。

每日应对常开式防火门门洞处、活动式防火窗窗口处进行一次检查，并应清除妨碍设备启闭的物品。

检查每樘防火门（窗）的紧固件有无松动，活动件运行应正常。

1）防火门的检查

检查防火门的门框、门扇及各配件表面应平整、光洁，并应无明显凹痕或机械损伤。

检查防火门的门扇应启闭灵活，并应无反弹、翘角、卡阻和关闭不严现象。

检查防火门的开启方向应符合设计，除特殊情况外，防火门应向疏散方向开启，防火门在关闭后应从任何一侧能手动开启。

检查常闭防火门的闭门器、常开防火门的闭门器和释放器、双扇和多扇防火门的顺序器的安装位置应正确，固定应可靠，并能完成其功能。

检查常闭式防火门在其明显位置设置的“保持防火门关闭”的提示标识，应清晰醒目，并保持完整。

检查常开防火门的现场手动释放装置应能方便操作。

检查防火门电动控制装置的安装应符合设计和产品说明书要求。

检查防火门门框与门扇、双扇防火门的门扇与门扇间的缝隙处嵌装的防火密封件应牢固、完好。

使门扇处于关闭状态，检查防火门门扇与门框的配合活动间隙应符合规定。

检查设置在变形缝附近的防火门，应安装在楼层数较多的一侧，且门扇开启后不应跨越变形缝。

检查钢质防火门门框内是否按规定充填水泥砂浆，门框与墙体应用预埋钢件或膨胀螺栓等连接牢固，其固定点间距应符合规定（不宜大于600mm）。

除特殊情况外，防火门门扇的开启力不应大于80N。

2）防火窗检查

检查防火窗表面应平整、光洁，并应无明显凹痕或机械损伤。

有密封要求的防火窗，其窗框密封槽内镶嵌的防火密封件应牢固、完好。

检查钢质防火窗窗框内是否按规定充填水泥砂浆，窗框与墙体应用预埋钢件或膨胀螺栓等连接牢固，其固定点间距应符合规定（不宜大于600mm）。

活动式防火窗的窗扇启闭控制装置的安装应符合设计和产品说明书要求，其位置应明显，并便于操作。

活动式防火窗应装配火灾时能控制窗扇自动关闭的温控释放装置，温控释放装置的安装应符合设计和产品说明书要求。

（2）防火门（窗）设备的运行维护检查

1）防火门运行维护检查要求

检查防火门的闭门器、常开防火门的释放器、双扇和多扇防火门的顺序器应能完成其功能：手动操作防火门开启，松开后，开启的防火门应能自行关闭；手动操作常开防火门的现场手动释放装置，常开防火门应能有效释放，自行关闭，且消防控制室应有该防火门关闭信号的显示；手动操作双扇和多扇防火门开启，松手放开后，开启的防火门应能自行关闭。

有电动控制装置控制的防火门，应具有自行关闭的功能，当手动操作防火门开启，松手放开后，开启的防火门应能自行关闭，且消防控制室应有该防火门关闭信号的显示。

2）活动式防火窗运行维护检查要求

现场手动启动防火窗窗扇启闭控制装置时，活动窗扇应灵活开启或关闭，启闭过程中应无卡阻现象，并应能关闭严密。

（3）防火门（窗）的功能试验

防火门（窗）的功能试验分为常闭式防火门的功能试验、常开式防火门的功能试验和常开式防火窗的功能试验。

常开式防火门（窗）设备的联动功能试验是在建筑火灾报警系统及联动控制系统处于正常监视状态下，以模拟火灾的方式进行的联动功能试验，检验常开式防火门（窗）在火灾时按规定要求自行关闭的功能。

常开防火门（窗）的联动功能试验要求说明：

按现行国家标准《火灾自动报警系统设计规范》GB 50116—2013 的规定：火灾报警控制器发出火灾报警信号，消防联动控制器在接收到消防联动触发信号后，根据预先设定的逻辑进行判断，然后再向常开防火门（窗）控制器发出消防联动控制信号；常开防火门（窗）控制器在接收到联动控制信号后，应执行相应的动作，并向消防联动控制器发出消防联动反馈信号的控制设备。

具有联动单元的火灾报警控制器既具有火灾报警控制器的功能，也具有消防联动控制器的功能。

常开防火门（窗）的联动功能试验必须做到以下两点：

① 常开防火门（窗）控制器应能接收消防联动控制器发出的联动控制信号，并能按规定要求控制常开防火门（窗）关闭到位，并将关闭到位的状态信息反馈给消防联动控制器；

② 消防联动控制器应向着火防火分区的所有常开防火门（窗）控制器发出联动控制信号，并使着火防火分区的所有常开防火门（窗）全部关闭，并接收其反馈信号。

1）常闭式防火门的功能试验

常闭式防火门，应能从门的任意一侧手动开启，启闭应灵活、无卡阻现象，防火门门扇开启力不应大于 80N，并应能自动关闭。对装有信号反馈装置的常闭防火门，其开、关状态信号应能反馈到消防控制室。

2）常开式防火门的功能试验

常开防火门应具有火灾时能自动关闭门扇的功能、消防控制室手动关闭门扇的功能和现场手动关闭门扇的功能，其关闭信号均应反馈至消防联动控制器。用专用测试工具模拟火灾，使常开防火门任意一侧的火灾探测器发出报警信号，常开防火门应能自动关闭，并应将关闭信号反馈至消防控制室，且应符合产品说明书的要求。

常开防火门在接到消防控制室手动发出的关闭信号后，应自动关闭，并应将关闭信号反馈至消防控制室。

在现场手动操作常开防火门的释放按钮后，常开防火门应能自动关闭，并应将关闭信号反馈至消防控制室。

防火门电动控制装置的功能应符合设计和产品说明书要求。

3）活动式防火窗的功能试验

安装在防火墙、防火隔墙上的活动式防火窗，应具有火灾时能自动关闭窗扇的功能、现场手动启闭窗扇的功能。

火灾时自动关闭窗扇的功能，应由防火窗的温控释放装置动作使窗扇关闭，现场温控释放功能可以是利用易熔合金件或玻璃球等热敏感元件自动控制关闭窗扇的装置来实现。

安装温控释放装置的活动式防火窗，应进行防火窗温控释放装置加温试验，试验时，活动式防火窗应处于开启位置，用加热器对温控释放装置的热敏感元件加热，使其热敏感元件升温动作，活动式防火窗应在60s内自动关闭。试验后，应重新安装新的防火窗温控释放装置。

火灾时能自动关闭窗扇的功能应以防火窗的温控释放装置为主，可另附加其他自动控制启闭窗扇的控制功能，如附加电信号释放器控制窗扇关闭；或附加电信号控制器控制窗扇启闭。

在附加电信号控制器时又有3种控制方式，如：电信号控制电磁铁关闭或开启、电信号控制电机关闭或开启、电信号控制气动机构关闭或开启。

对于附加电信号释放器或电信号控制器的活动式防火窗，应能接受消防联动控制器的联动控制信号而自动关闭，其关闭信号应反馈至消防联动控制器。试验时活动式防火窗应处于开启位置，可用专用测试工具模拟火灾，使常开防火窗任意一侧的火灾探测器发出报警信号，消防联动控制器发出关闭防火窗信号后，常开防火窗应能自动关闭，并应将关闭信号反馈至消防控制室，且应符合产品说明书的要求。

60.2 防火卷帘的检查与验收

防火卷帘的构造应符合现行国家标准《防火卷帘》GB 14102—2005的规定，防火卷帘的卷轴及卷门机应由防烟箱保护，防烟箱应固定于下梁结构上，如图60-1所示，图中下梁和防烟箱共同组成了防火卷帘的上部挡烟构造，下梁高度不应小于防烟箱高度，当有吊顶时，仍应有下梁，并设防烟箱共同组成防火卷帘的上部挡烟构造，防火卷帘封闭的洞口高度应为下梁底至地面的垂直高度，不应是吊顶至地面的高度。

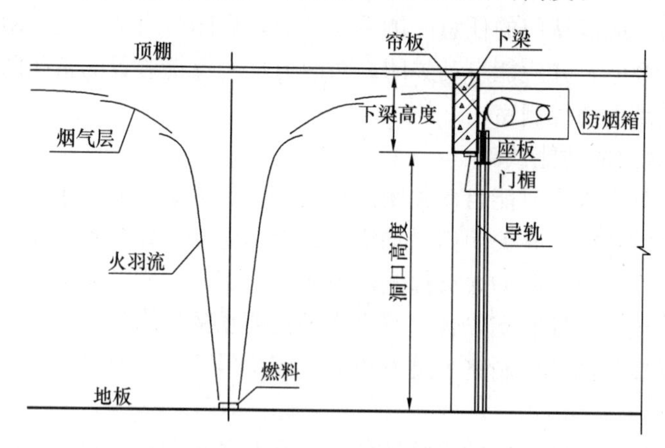

图60-1　防火卷帘与火灾烟气关系图

防火卷帘应具有在火灾时自行关闭，并应具有信号反馈功能，这类防火卷帘应与火灾自动报警系统联动；疏散通道上设置的防火卷帘的联动控制方式应具有两次下降功能，第一次下降起到挡烟作用的同时，又可保证人员疏散通行，第二次下降归底后才能起到防火分隔作用；非疏散通道上设置的防火卷帘不具有火灾时疏散通行的功能，所以其联动控制方式为控制防火卷帘一步降到楼板面，起到防烟和防火分隔作用。

防火卷帘还应具有手动控制升降功能和直接手动控制升降功能，手动速放恒速下降归底功能及逃生功能。

由火灾自动报警系统联动控制的防火卷帘，其火灾探测器和手动按钮盒的布置要求：防火卷帘两侧均应布置火灾探测器组和手动按钮盒；当防火卷帘一侧为无人场所时，防火卷帘有人侧应布置火灾探测器组和手动按钮盒。

（1）防火卷帘设备外观检查

防火卷帘设备外观检查的基本要求是：

检查每樘防火卷帘及配套装置在其明显部位设置的永久性标牌，均应完整清晰；

每日应对防火卷帘下部洞口处进行一次检查，并应清除妨碍设备关闭的物品；

检查每樘防火卷帘的紧固件有无松动，活动件运行应正常。

防火卷帘及配套装置的检查：

防火卷帘及配套的卷门机、控制器、手动按钮盒、温控释放装置的外观检查应注重以下几点：

1）检查每樘防火卷帘的钢质帘面及卷门机、控制器等金属零部件的表面不应有裂纹、压坑及明显的凹凸、锤痕、毛刺等缺陷；钢质帘面、卷门机、控制器等金属零部件应做防锈处理，涂层、镀层应完整无锈蚀和斑驳现象；传动机构、轴承、链条表面应无锈蚀。

2）检查每樘防火卷帘无机纤维复合帘面，不应有撕裂、缺角、挖补、断线等缺陷；检查无机纤维复合防火卷帘帘面两端安装的防风钩应无损坏脱落，防风钩应能防止帘面脱轨；无机纤维复合帘面上安装的夹板应无松开和脱落；

检查钢质防火卷帘相邻帘板串接后不应脱落；帘板应平直，不应有孔洞或缝隙；

检查每樘防火卷帘座板与帘板之间的连接，应牢固。

3）检查防火卷帘帘板或帘面嵌入导轨的深度应符合规定，且卷帘不应有变形或倾斜现象。

4）检查防火卷帘导轨安装应牢固，导轨应平直，无损坏变形，导轨的滑动面应光滑，导轨间应相互平行。

5）检查防火卷帘开启的门洞内应无任何影响卷帘严密关闭门洞的物件。

6）检查防火防烟卷帘的防烟装置与帘面应均匀紧密贴合。

7）检查防火卷帘座板与地面应平行，接触应均匀。无机复合防火卷帘的座板应保证帘面下降顺畅，并应保证帘面具有适当悬垂度。

8）检查防火卷帘门楣安装应牢固，防火防烟卷帘的门楣内应设置防烟装置，防烟装置所用的材料应为不燃或难燃材料，防烟装置与帘面应均匀紧密贴合，其贴合面长度不应小于门楣长度80%，非贴合部位的缝隙不应大于2mm。

9）检查防火卷帘传动装置：卷轴与支架板应牢固地安装在混凝土结构或预埋钢件上，卷轴在正常使用时的挠度应小于卷轴长度的1/400。

10）检查防火卷帘卷门机：卷门机的外壳应完整，无缺角和明显裂纹、变形。检查防火卷帘的卷门机安装应牢固可靠；卷门机的手动拉链和手动速放装置的安装位置应便于操作，并应有明显标志；手动拉链（手动启闭装置）和手动速放装置不应加锁，且应采用不燃或难燃材料制作。

11）检查防火卷帘防护罩（箱体）是否完整，有无锈蚀、破损；并应保证卷帘卷满后与防护罩仍保持一定的距离，不应相互碰撞；防护罩靠近卷门机处，应留有的用于维修的检修口是否保持关闭；防护罩既是用于保护卷轴和卷门机的，也是防火卷帘与洞口上部建筑结构生根形成挡烟构造的防烟箱，所以该构件的耐火性能要与防火卷帘一致，才能起到防护作用。检查防火卷帘、防护罩等与楼板、梁和墙、柱之间的空隙是否采用防火封堵材料封堵严密，与楼板、梁、墙、柱之间是否存在封堵不严的缝隙。

防护罩的耐火性能应与防火卷帘相同，检查时应注意防护罩的钢板厚度不应小于0.8mm，检查耐火极限的试验证明材料。

12）检查防火卷帘温控释放装置：防火卷帘应设置温控释放装置，检查防火卷帘温控释放装置的安装位置是否符合设计和产品说明书的要求，检查温控释放装置的感温元件的动作温度是否符合要求。

13）检查防火卷帘控制器：检查控制器上的指示灯的点亮情况：红色指示灯表示火灾报警信号，黄色或淡黄色指示灯表示故障信号，绿色指示灯表示电源工作正常，所有指示灯应清楚地标注出功能。

防火卷帘的控制器和手动按钮盒应分别安装在防火卷帘内外两侧的墙壁上，当卷帘一侧为无人场所时，可仅安装在一侧墙壁上，且应符合设计要求。控制器和手动按钮盒应安装在便于识别的位置，且应标出上升、下降、停止等功能。防火卷帘控制器及手动按钮盒的安装应牢固可靠，其底边距地面高度宜为1.3～1.5m。防火卷帘控制器的金属件应有接地点，且接地点应有明显的接地标志，连接地线的螺钉不应作其他紧固用；不宜将防火卷帘控制器安装在顶棚上。

14）所有紧固件应紧牢，不应有松动现象。

（2）防火卷帘设备的运行维护要求

防火卷帘的运行维护是以检查测试防火卷帘控制器的控制显示功能和卷门机设备的启闭控制功能是否符合要求，主要检查测试以下项目：

1）防火卷帘控制器或按钮盒的手动控制功能：防火卷帘控制器可分为分体式控制器（控制器主机内未设手动控制装置，手动控制装置与主机通过电缆连接安装在使用位置）和单体式控制器（控制器主机内设有手动控制装置）。均应检查测试其手动控制装置，测试时手动启动防火卷帘控制器或内外两侧按钮盒上的控制按钮，检查防火卷帘在电动启闭时的上升、下降、停止功能是否正常，并能接收防火卷帘限位器的反馈信号、控制防火卷帘执行相应动作，并能发出卷帘动作的声、光指示信号。

防火卷帘帘片或帘面、滚轮在导轨内运行时应平稳、顺畅，不应有碰撞和冲击、停滞现象，也不应有脱轨和明显的倾斜现象；双帘面卷帘的两个帘面应同步升降，防火卷帘启、闭运行的平均噪声不应大于85dB；

垂直卷的防火卷帘电动启、闭的运行速度应为2～7.5m/min。

2）防火卷帘手动速放控制功能：防火卷帘控制器应能控制卷门机的速放控制装置，产生足够的推（拉）力和行程，开启卷门机制动机构使卷帘能依靠自重下降，并可控制卷帘在某一预设位置停留。

测试防火卷帘依靠恒速下降功能是否正常：手动拉动防火卷帘手动速放装置，启动防火卷帘恒速下降，用弹簧测力计或砝码测量其启动下降（手动速放）的臂力不应大于70N。其自重下降速度不应大于9.5m/min。

防火卷帘手动速放控制功能试验还应分别采用防火卷帘控制器的主电源和备用电源分别进行。

防火卷帘控制器的手动速放控制功能试验时，应将防火卷帘升至上限位后，人为地切断卷门机电源，使卷门机电源置于故障状态，按下防火卷帘控制器下降按钮，防火卷帘应能在控制器的控制下由控制器供电电源启动速放控制装置，实现防火卷帘恒速下降，并可在中限位置使防火卷帘停止并延时，延时时间应在30～300s之间可调，延时结束后再次启动速放控制装置，在防火卷帘到达下限位置时停止速放控制装置，并观察防火卷帘动作、运行情况是否正常。

切断防火卷帘控制器的主电源，观察电源工作指示灯变化情况和防火卷帘是否发生误动作；再切断卷门机电源，使用备用电源供电，按下防火卷帘控制器下降按钮，用备用电源启动速放控制装置，观察防火卷帘动作、运行情况，测试时，防火卷帘在卷门机电源发生故障、在卷门机电源和控制器主电源都处于故障状态时，控制器应能够在备用电源的支持下完成上述功能。备用电源供电保证防火卷帘控制器工作1h。

3）防火卷帘直接手动启闭控制功能：手动操作防火卷帘卷门机的手动拉链，检查防火卷帘升、降功能是否正常；且应无滑行撞击现象，手动拉链操作应灵活、可靠。

4）卷门机的自动限位装置的定位功能：手动启动防火卷帘内外两侧控制器或按钮盒上的控制按钮，启动卷门机运行，检查卷门机的自动限位装置的定位功能，当防火卷帘启、闭至上、下限位时，应能自动停止，其重复定位误差应小20mm。

5）对卷门机、控制器的电气绝缘电阻测试：

卷门机的电气绝缘电阻在正常大气条件下应大于20MΩ；控制器有绝缘要求的外部带电端子与箱壳之间、电源接线端子与箱壳之间的绝缘电阻，在正常大气条件下应分别大于20MΩ和50MΩ。

6）检查垂直卷的防火卷帘应具有温控自重释放功能：

垂直卷的防火卷帘应具有温控释放装置感温元件动作后，防火卷帘应自动下降至全闭的功能：防火卷帘应装配温控释放装置，当释放装置的感温元件周围温度达到73±0.5℃时，释放装置动作，卷帘应依自重下降关闭。该装置由感温释放装置、传力软钢丝绳和活动顶杆等组成，感温释放装置安装在顶棚下易于感受火灾烟温的部位，当烟温达到73±0.5℃，感温释放装置动作，压缩弹簧释放，对软钢丝绳产生拉力，使固定在卷门机处的活动杆被拉动，使活动杆把卷门机电机的刹车装置脱离，卷帘靠自重下降归底．试验前应切断电源，加热温控释放装置，使其感温元件动作，观察防火卷帘靠自重下降归底动作情况。试验后，应将备用的温控释放装置重新安装。

火灾状态下，一旦发生防火卷帘控制器或消防联动控制器故障、消防电源断电时，垂直卷的防火卷帘应能依靠自重自动下降将门洞封闭，才能万无一失地起到防火分隔的作用。所以垂直卷的防火卷帘应装配温控释放装置，温控释放装置的安装位置和安装方法应符合生产厂家的安装说明。

所有安装温控释放装置的垂直卷的防火卷帘均应对做温控释放装置进行检查，并应按同一工程同类温控释放装置应抽检1～2个做感温释放装置的感温释放动作试验，试验时应将防火卷帘开启至上限位，切断卷门机电源，用加热器对温控释放装置的感温元件加热，使其感温元件达到73±0.5℃，观察温控释放装置的动作情况，当感温元件动作后，防火卷帘应能依自重下降至完全关闭。试验后，应重新安装新的温控释放装置。

7）按产品说明书要求定期为传动机构、轴承、链条表面添加适量润滑剂。

(3) 防火卷帘的功能试验

防火卷帘设备的功能试验包括防火卷帘控制器的控制显示功能试验、防火卷帘联动功能试验两项。

1) 防火卷帘控制器的功能试验

防火卷帘控制器是控制卷门机的控制显示设备，防火卷帘控制器的功能试验应包括：主备用电源转换功能、火灾报警功能、故障报警功能和逃生功能试验。

功能试验前应将防火卷帘控制器分别与卷门机、消防控制室的联动型火灾报警控制器或消防联动控制器连接并通电，消防联动控制设备应处于自动工作方式，防火卷帘控制器应处于正常工作状态的条件下，各项指示功能均应正常。

① 主备用电源切换功能试验

防火卷帘控制器应进行主、备电源转换功能试验：切断防火卷帘控制器的主电源，观察电源工作指示灯变化情况和防火卷帘是否发生误动作；再切断卷门机主电源，使用备用电源投入供电，观察备用电源工作指示灯变化情况，观察防火卷帘动作、运行情况是否正常：应检查主、备电源的工作状态指示灯的点亮情况、主、备电源的转换不应使防火卷帘控制器发生误动作。

防火卷帘的消防用电应符合《建筑设计防火规范》GB 50016—2014（2018 年版）对消防设施在正常和应急情况下的用电要求。当防火卷帘控制器的备用电源如采用密封、免维护充电电池时，电池容量应保证控制器正常可靠工作 1h，能为控制器提供控制速放控制装置完成卷帘垂降、控制卷帘在中限位置停止、延时后，降至下限位置所需的全部电源。

② 火灾报警功能试验

防火卷帘控制器的火灾报警功能测试时，应按设计要求，针对现场防火卷帘控制器及火灾探测器的类型，采用火灾探测器试验装置，使火灾探测器发出火灾报警信号，观察防火卷帘控制器的声、光报警情况是否正常：

防火卷帘控制器应能接收来自消防联动控制器发出的联动控制信号，并应发出声、光报警信号，使受控防火卷帘进入联动工作状态，及时动作将洞口封闭，并将防火卷帘的工作状态信息反馈给消防联动控制器；

直接配接火灾探测器的防火卷帘控制器应能接收来自火灾探测器组发出的火灾报警信号，并应发出声、光报警信号，执行预定动作。

③ 故障报警功能试验

防火卷帘控制器的故障报警功能试验，主要检验防火卷帘控制器的电源故障和通信故障时的故障报警功能。

防火卷帘控制器在发生下述故障时，应在 100s 内发出与防火卷帘动作指示信号有明显区别的声、光故障信号，并向消防联动控制设备发送故障信号：如发生防火卷帘控制器的主电源掉电；当卷门机采用三相电源时，电源缺相、错相；控制器与速放控制装置之间连接线断线、短路；防火卷帘控制器与消防联动控制设备之间连接线断线、短路；与防火卷帘控制器直接连接的火灾探测器组故障；备用电源与充电器之间的连接线断路、短路；备用电源故障；防火卷帘发生正卷或反卷时。

防火卷帘控制器应设电源相序保护装置，当电源发生缺相或错相序时，能保护防火卷帘不发生反转。防火卷帘控制器的电源故障，可采用任意断开防火卷帘控制器的电源一相或对调电源的任意两相，使防火卷帘控制器的电源发生缺相或错相故障的情况下，手动操作防火卷帘控制器按钮，观察防火卷帘控制器能否发出故障声光报警信号，防火卷帘是否发生反转动作；防火卷帘控制器的通信故障，可采用断开消防联动控制器与防火卷帘控制器的连接线，或断开直接配接火灾探测器的防火卷帘控制器与其配接的火灾探测器的连接线，观察防火卷帘控制器能否发出故障声光报警信号。

④ 逃生性能试验

按现行国家标准《防火卷帘》GB 14102—2005 附录 B 的规定：逃生性能是防火卷帘控制箱（按钮盒）应具有的基本性能，防火卷帘的逃生性能要求是：当火灾发生时，若防火卷帘处在中位以下，手动操作防火卷帘控制器或按钮盒上任意一个按钮，防火卷帘应能自动开启至中位，延时 5～60s 后再继续关闭至全闭，防火卷帘的关闭信息，应向消防联动控制设备发送。

试验应在防火卷帘处于开启状态时进行试验，当防火卷帘控制器接到火灾报警信号后，控制箱应自动发出声、光报警信号；并进入联动工作状态，当防火卷帘自动关闭至中位以下时，手动操作控制器或按钮盒上任意一个按钮，防火卷帘应能自动开启至中位，延时 5～60s 后继续关闭至全闭。目测防火卷帘的报警、上升开启至中位、延时和关闭情况，采用秒表测量防火卷帘的延时时间。

2）防火卷帘消防联动控制功能试验

按现行国家标准《火灾自动报警系统设计规范》GB 50116—2013 的规定：火灾报警控制器发出火灾报警信号，消防联动控制器在接收到消防联动触发信号后，根据预先设定的逻辑进行判断，然后再向防火卷帘控制器发出消防联动控制信号；防火卷帘控制器在接收到联动控制信号后应执行相应的动作，并向消防联动控制器发出消防联动反馈信号的控制设备。

具有联动单元的火灾报警控制器既具有火灾报警控制器的功能，也具有消防联动控制器的功能。

防火卷帘消防联动控制功能试验，是在建筑火灾报警系统及消防联动控制系统处于正常监视状态下，以模拟火灾的方式进行的联动功能试验，检验防火卷帘在火灾时按规定要求自行关闭的功能。

防火卷帘联动控制功能试验时，联动型火灾报警控制器或消防联动控制器、卷门机等应连接并通电，联动控制设备应处于自动工作方式，防火卷帘控制器应处于正常工作状态。用模拟火灾的方式，按设计要求使防火分区的火灾探测器组发出火灾报警信号，消防联动控制器应能接收到火灾报警控制器发出的消防联动触发信号，在逻辑关系得到满足后，向防火卷帘控制器发出联动控制信号，使防火卷帘控制器进入联动工作状态，防火卷帘控制器接收到联动控制信号后，控制器应能发出火灾声、光报警信号，并应能控制该着火防火分区的全部防火卷帘自动关闭到位，并接收其工作状态信息，防火卷帘的关闭信号应反馈至消防联动控制器，并显示该防火卷帘的地址。

现行国家标准《防火卷帘、防火门、防火窗施工及验收规范》GB 50877—2014 要求，当防火卷帘控制器在接收到火灾报警信号后，应输出控制信号使防火卷帘完成相应动作：控制安装在疏散通道处的防火卷帘按规定的方式两步关闭到位，控制安装在非疏散通道处的防火卷帘由上限位自动关闭至全闭。观察防火卷帘的动作、运行情况应正常，所有动作的防火卷帘的动作状态信号应在消防联动控制器上显示。试验中防火卷帘控制器在进入联动工作状态后，应发出声、光报警信号。

① 防火卷帘应具备的关闭功能与联动方式解读

a. 安装在疏散通道处的防火卷帘应具有两步关闭功能：第一步防火卷帘控制器应能在防火卷帘所在防火分区内任意两只独立的感烟火灾探测器发出的火灾报警信号或任意一只专门用于联动控制防火卷帘的感烟火灾探测器发出的火灾报警信号后，应能控制防火卷帘自动关闭至距楼板面 1.8m 处，其下降信号应反馈至消防联动控制器；第二步下降关闭可采用以下两种控制方式中的一种：

第一种控制方式：当任意一只专门用于联动防火卷帘的感温火灾探测器的火灾报警信号发出后，防火卷帘控制器应能联动控制防火卷帘继续下降至楼板面，将洞口完全关闭，其关闭信号应反馈至消防联动控制器；

第二种控制方式：当防火卷帘受控下降到距楼板面 1.8m 处后停止，延时 5～60s 后继续下降关闭至楼板面，将洞口完全关闭，其关闭信号应反馈至消防联动控制器；

试验中应采用秒表和万用表测量防火卷帘的延时时间及控制器的控制输出信号应符合要求。

b. 非疏散通道处的防火卷帘应具有一次下降到楼板面完全关闭功能：即防火卷帘控制器应能在防火卷帘所在防火分区内任意两只独立的火灾探测器的火灾报警信号发出后，防火卷帘应受控直接下降到楼板面，将洞口完全关闭，其关闭信号应反馈至消防联动控制器。

② 防火卷帘的消防联动功能试验解读

防火卷帘是由防火卷帘控制器控制的，而不直接配接火灾探测器的防火卷帘控制器又是由消防联动控制器或联动型火灾报警控制器控制的，按照我国标准规定：火灾报警控制器发出火灾报警信号，消防联动控制器接收火灾报警控制器发出的消防联动触发信号，在逻辑关系得到满足后，向受控设备发出联动控制信号，使受控设备进入联动工作状态，并接收其工作状态信息。所以，不直接配接火灾探测器的防火卷帘控制器是消防联动控制器的受控设备；

当防火卷帘控制器可直接配接火灾探测器时，防火卷帘控制器不仅应符合火灾报警控制器的性能要求，还应满足消防联动控制器的性能要求。

a.《防火卷帘、防火门、防火窗施工及验收规范》GB 50877—2014 规定：防火卷帘控制器应直接或间接地接收来自火灾探测器组发出的火灾报警信号，并应发出声、光报警信号。

《火灾自动报警系统设计规范》GB 50116—2013 规定："联动触发信号可以由火灾报警控制器连接的火灾探测器的报警信号组成，也可以由防火卷帘控制器直接连接的火灾探测器的报警信号组成。防火卷帘控制器直接连接火灾探测器时，防火卷帘可由防火卷帘控制器按规定的控制逻辑和时序联动控制防火卷帘下降。防火卷帘控制器不直接连接火灾探测器时，应由消防联动控制器按规定的控制逻辑和时序向防火卷帘控制器发出联动控制信号，由防火卷帘控制器控制防火卷帘的下降。"

《火灾自动报警系统设计规范》GB 50116—2013 规定：防火卷帘的动作应由防火卷帘

控制器控制，所以，防火卷帘控制器是控制显示防火卷帘的电气控制装置。当防火卷帘控制器能直接接收来自火灾探测器组发出的火灾报警信号时，防火卷帘控制器尚应具有火灾报警控制器的功能。当控制防火卷帘的联动触发信号由火灾报警控制器配接的火灾探测器生成时，防火卷帘控制器是消防联动控制器的执行机构，控制防火卷帘的联动触发信号的"与"逻辑组合应由消防联动控制单元完成，并向卷帘控制器下达联动控制信号，卷帘控制器仅具有控制显示防火卷帘工作状态的功能；当控制防火卷帘的联动触发信号由防火卷帘控制器配接的火灾探测器生成时，火灾探测器由防火卷帘控制器直接配接，控制防火卷帘的联动触发信号的"与"逻辑组合应由防火卷帘控制器完成，并控制卷帘下降，卷帘控制器应能接收与自己直连的火灾探测器的报警信号，并控制卷帘下降，同时应将火灾报警信号及防火卷帘下降的信号反馈至消防联动控制器，这时卷帘控制器应具火灾报警控制器的控制显示功能。

b. 对"防火卷帘所在防火分区"应当有清晰的认识，才能正确地执行规范。

"防火卷帘所在防火分区"的技术概念，是关系到防火卷帘在火灾时能不能将着火的防火分区与相邻的没有着火的防火分区及时实现防火分隔的问题，既然防火卷帘是防火分区的防火分隔构件，一定要在火灾时能将一个门洞空间，分隔为两个不同的防火分区，任意一个防火分区发生火灾时都需要联动控制防火卷帘下降，所以"防火卷帘所在防火分区"指的是被防火卷帘分隔的两侧防火分区，任意一侧防火分区发生火灾时都需要联动控制防火卷帘下降，所以相邻边上的同一樘防火卷帘联动的信号源，应是任意一侧防火分区发生火灾的信号。

防火卷帘不仅可在防火墙上设置，而且还可以设置在防火分隔墙上，因此，对于设置在防火分隔墙上的防火卷帘，应以相邻边任意一侧防火分隔区域发生火灾的信号，作为同一樘防火卷帘联动的信号源。

另外，《建筑设计防火规范》GB 50016—2014（2018 年版）考虑到防火卷帘分隔可靠性差的问题，提出了限制某一分隔区域与相邻的防火分隔区域两两之间需要进行防火分隔的部位设置防火卷帘的总宽度，并提出了相邻边在计算时的叠加与不叠加原则，但并不限制防火卷帘在各相邻边上的应用，因此一个防火分隔区域可能与多个不同的防火隔区域相邻，则多条相邻边上都可以按规定设置防火卷帘，为了在火灾时能将着火的防火分隔区域与相邻的没有着火的防火分隔区域及时实现防火分隔，联动控制时，着火的防火分隔区域的各条相邻边上的防火卷帘都必须同步下降，所以同一樘防火卷帘还必须与所在防火分隔区域的其他各相邻边上防火卷帘同步联动。

c. 为了保证准确地控制防火卷帘，使联动控制动作准确地落实到应当动作的防火卷帘控制器上，通常可采取以下两种方式来实现联动控制：

（a）当防火卷帘控制器可以直接配接火灾探测器时，感烟火灾探测器应能表达其地址，准确联动控制该樘防火卷帘首次下降，并能在防火卷帘控制器上显示报警的部位，以便识别是防火卷帘的哪一侧防火分区内发生了火灾，并决定联动控制该防火分区的其他防火卷帘全部下降，防火卷帘控制器应将感烟火灾探测器报警信号发送至火灾报警控制器，当防火卷帘受控归底后，归底信号应反馈至火灾报警控制器。在这里应注意防火卷帘控制器直接配接的感烟火灾探测器与防火分区内由火灾报警控制器配接的其他感烟火灾探测器之间关系的处理。

(b) 当防火卷帘控制器不直接配接火灾探测器时，具有疏散功能的防火卷帘的联动控制是由火灾报警控制器配接的感烟火灾探测器按“与”逻辑组合产生联动触发信号，由联动控制器向防火卷帘控制器发出动作命令而实现的，防火卷帘首次下降至距地面 1.8m 处时，应将动作信号反馈至联动控制器，继后的第二次下降，可以由预设的延时方式完成，也可以由火灾报警控制器配接的，设在具有疏散功能的防火卷帘两侧的任意一只感温火灾探测器的火灾报警信号，由消联动控制器向卷帘控制器发出第二次下降归底的联动控制信号，卷帘控制器执行预定动作，归底信号应送联动控制器，因此，设在具有疏散功能的防火卷帘两侧的感温火灾探测器应能表达其地址，才能使联动控制器准确指令该防火卷帘的卷帘控制器实施第二次下降归底。

不论火灾探测器由火灾报警控制器或防火卷帘控制器配接，感烟火灾探测器必须能使具有疏散功能的防火卷帘在所在防火分区内发生火灾时，能实现首次下降，在防火卷帘任意一侧纵深范围内任意一感温火灾探测器动作应能实现第二次下降归底；为此，当感烟火灾探测器由防火卷帘控制器直接配接时，在感烟火灾探测器的布置上应满足所在防火分区内发生火灾时能实现首次下降的要求。

“防火分区内任意两只独立的感烟火灾探测器”的技术要求，明确了联动防火卷帘动作的联动触发信号源是卷帘任意一侧防火分区内任意两只独立的感烟火灾探测器的动作信号的“与”逻辑组合，而且这些感烟火灾探测器是直接与火灾报警控制器连接，而卷帘控制器是作为联动控制对象而工作的。在这里，联动触发信号的“与”逻辑组合应由火灾报警控制器完成并向消防联动控制器发出联动控制信号，并由卷帘控制器联动控制卷帘动作。这一技术要求既适用于不具有疏散功能的防火卷帘的下降归底，也适用于具有疏散功能的防火卷帘的首次下降。

“任意一只专用于联动防火卷帘下降的感烟火灾探测器及任意一只专用于联动防火卷帘二次下降归底的感温火灾探测器”的技术要求，主要用于有疏散功能的防火卷帘联动控制，他明确了联动防火卷帘动作的联动触发信号源，是卷帘任意一侧防火分区内任意一只专用于联动防火卷帘的火灾探测器的动作信号，在这里，专用于联动防火卷帘的火灾探测器既可以和卷帘控制器直接连接，也可以和火灾自动报警控制器直接连接，专用感烟火灾探测器是控制有疏散功能的防火卷帘首次下降，专用感温火灾探测器是控制有疏散功能的防火卷帘第二次下降归底。当卷帘控制器直接配接火灾探测器时，卷帘控制器应能接收与自己直连的火灾探测器的报警信号，并控制卷帘下降，同时应将火灾报警信号及防火卷帘下降的信号反馈至消防联动控制器或火灾报警控制器。同样，这些专用的火灾探测器应布置在防火卷帘所在防火分区内，控制防火卷帘第二次下降归底的专用感温火灾探测器应布置在卷帘每一侧距卷帘纵深 0.5～5m 范围内，且每侧不少于 2 只。

规范只对控制防火卷帘第二次下降归底的专用感温火灾探测器的布置，有纵深要求和数量要求，这是因为当纵深范围内的专用感温火灾探测器动作，已表明火灾烟气已逼近有疏散功能的防火卷帘，这时该开口已失去安全逃生的功能，必须予以关闭。规范对控制卷帘首次下降到距地面 1.8m 处的联动触发信号的生成，当采用专用感烟火灾探测器时，不要求是两个独立报警信号的“与”逻辑组合，只要任意一只专用感烟火灾探测器报警信号即可。这是因为这些专用感烟火灾探测器即使误报，其误动作仅限于个别防火卷帘。

由于信息传输技术的发展，寻址技术在火灾自动报警系统中得到广泛应用，使系统从多线制表达探测元件的地址，发展到总线制的寻址方式。在总线制系统中，火灾报警控制器对各部位探测器的识别，通常采用编码技术或自适应编址技术来实现，其中编码技术是依靠探测器所带地址编码开关及编码电路，由人们对其编码来赋予探测器的地址，编码开关及编码电路，可以设在探测器的底座上，也可以设在探测器盒上，当设在探测器的底座上时，探测器的部位号是永远固定的，不论将任何一个探测器安在该底座上时，探测器的部位号都不变；当地址编码开关及编码电路设在探测器盒上时，由于盒和座可以分离，当把带有地址编码开关的探测器移走后，自身的底座就没有地址了，若把带有地址编码开关的探测器盒安装在别的底座上时，原有的位置编号就改变了，探测器报警后所报的部位号不再是防火卷帘专用的部位号，因此联动控制器不能实现对防火卷帘的准确控制，所以，对具有联动控制专用要求的地址编码火灾探测器，应采用地址编码开关在探测器底座上的火灾探测器，以防止维修清洗探测器时由于地址编码开关移位造成联动失败的事故。

应当注意，《建筑设计防火规范》GB 50016—2014（2018 年版）所指的防火卷帘是垂直下降式防火卷帘，而不是侧向移动封闭或水平移动封闭的防火卷帘，只有垂直下降式防火卷帘在开始下降时就具有挡烟功能，而侧向移动封闭或水平移动封闭的防火卷帘只在完全封闭后才能挡烟，存在着难以解决的未完全封闭前不能挡烟防火的问题，所以只有垂直下降式防火卷帘才可以作为防火分隔构件应用于防火墙、防火隔墙及建筑外墙的开口处。

61 应正确执行“局部设置局部翻倍”的技术政策

《建筑设计防火规范》GB 50016—2014（2018 年版）第 5.3.1 条对“不同耐火等级建筑的允许建筑高度或层数、防火分区最大允许建筑面积表中规定的防火分区最大允许建筑面积”的规定中给出的表 5.3.1 注 1 规定：当建筑内设置自动灭火系统时，可按本表的规定增加 1.0 倍；局部设置时，防火分区的增加面积可按该局部面积的 1.0 倍计算。即俗称“局部设置局部翻倍”。

《建筑设计防火规范》GB 50016—2014（2018 年版）第 5.3.1 条是将自动喷水灭火技术的效用与防火分区技术相结合而制定的。自动喷水灭火技术和防火分区技术都是成熟的防火技术，前者是自动探测火灾，并能自动地将火灾控制在初期阶段，大大地提高了消防队扑救火灾的成功率，是成熟的主动防火技术，后者是采用防火墙及等效于防火墙的其他防火分隔构件将建筑划分为若干个独立的防火空间，在一定时间内阻止火灾从着火的防火分区蔓延至相邻防火分区，是被动防火技术，当建筑内设置了自动喷水灭火系统全保护时，由于自动喷水灭火系统能自动地将火灾控制在初期阶段，这就使得防火分区技术的应用失去了更大的意义。

《建筑设计防火规范》GB 50016—2014（2018 年版）对“局部设置局部翻倍”这一规定的适用范围是指可以用水保护和灭火的，规范规定可不采用自动喷水灭火系统保护，但防火分区面积超过规范规定的场所或部位。但不适用于规范规定应采用自动喷水灭火系统全面保护的建筑。

对“局部设置局部翻倍”规定的理解应为：当同一防火分区内局部区域设置有自动喷水灭火系统保护时，则该防火分区的法定最大允许建筑面积，应为不设自动喷水灭火系统保护的局部区域建筑面积与设置有自动喷水灭火系统保护的区域建筑面积的一半之和决定。

对“局部设置局部翻倍”的规定举例如下：

规范规定：“设置送回风道（管）的集中空气调节系统且总建筑面积大于 3000m^2 的办公建筑应设置自动喷水灭火系统全保护”，因此当一座三级耐火等级的单层一般办公建筑，总建筑面积为 3000m^2，虽设置集中空气调节系统，但仍可不设置自动喷水灭火系统全保护。但由于三级耐火等级的公共建筑的防火分区最大允许建筑面积为 1200m^2，业主对其中的一个防火分区建筑面积希望达到 2000m^2，希望采用规范的“局部设置局部翻倍”这一规定，使该防火分区面积仍保持 2000m^2，要使现有的防火分区面积不超过规范规定，问该防火分区内设自动喷淋保护的面积最少应为多大？

解：一个防火分区的最大允许建筑面积按“局部设置局部翻倍”计算决定。所以该防火分区的法定最大允许建筑面积，应为不设自动喷水灭火系统保护的局部区域建筑面积与设置有自动喷水灭火系统保护的区域建筑面积的一半之和计算决定。本例中可用业主希望达到的 2000m^2 防火分区建筑面积减去法定的防火分区最大允许建筑面积 1200m^2，差值为 800m^2，故将差值翻倍后的 1600m^2 建筑面积，作为局部设自动喷淋保护的区域，则不设自动喷水灭火系统保护的区域建筑面积为 400m^2。这样，该防火分区计算面积为：不设自动喷水灭火系统保护的区域建筑面积为 400m^2 与应计入该防火分区法定最大允许建筑面积之内的局部设置自动喷水灭火系统保护的区域建筑面积的一半 800m^2 之和，则该防火分区的计算面积 *EBCH* 应为（800m^2＋400m^2）＝1200m^2，符合规范要求，若用图示来表达《建筑设计防火规范》GB 50016—2014（2018 年版）表 5.3.1 注 1 的“局部设置局部翻倍”的这一规定，如图 61-1 所示。图中的 *EH* 线和 *FG* 线都是面积计算线，不是隔墙。

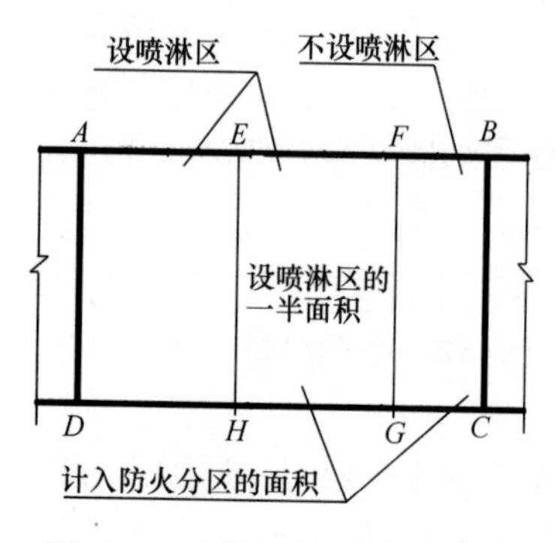

图 61-1 “局部设置局部翻倍”的建筑面积计算示意图

图中矩形 *ABCD* 为一个防火分区最大允许建筑面积，当为三级耐火等级的单层办公建筑时，其防火分区最大允许建筑面积应为不设自动喷水灭火系统保护的局部区域建筑面积（*FBCG*）与设置有自动喷水灭火系统保护的区域建筑面积的一半（*AFGD*/2）之和计算，即矩形（*EBCH*）面积不应大于 1200m^2。这是法定的一个防火分区最大允许建筑面积，另外的设置有自动喷水灭火系统保护的区域建筑面积的一半（*AEHD*）则是规范允许翻倍的增加面积（800m^2），可不计入法定的防火分区最大允许建筑面积之内，故该防火分区实际最大建筑面积为 2000m^2。

如果将该建筑的耐火等级提高至二级，则其防火分区法定最大允许建筑面积不应大于 2500m^2，该单层办公建筑的总面积为 3000m^2，按照局部设自动喷水灭火系统保护时，防火分区最大允许建筑面积应为不设自动喷水灭火系统保护的局部区域建筑面积（*FBCG*）与设置有自动喷水灭火系统保护的区域建筑面积的一半（*AFGD*/2）之和计算确定，故可以在 1000m^2 的区域设自动喷水灭火系统保护，另 2000m^2 可不设自动喷水灭火系统保护，这样该防火分区计算面积为 500m^2＋2000m^2＝2500m^2，符合规范要求。

61.1 危险的“局部设置局部翻倍”做法

“局部设置局部翻倍”仅仅是《建筑设计防火规范》GB 50016—2014（2018年版）因局部设置自动喷水灭火系统保护时，对防火分区最大允许建筑面积控制的放宽，不表示因局部设置自动喷水灭火系统保护时对火灾蔓延的放纵，所以在实施“局部设置局部翻倍”时必须以控制火灾蔓延为前提。严格按照规范条文说明中所指出的，局部设置自动灭火系统区域与其他不设置自动灭火系统区域之间应有防火分隔，才能确保消防安全。只有这样才是全面执行“局部设置局部翻倍”的技术政策。

我们知道，防火分区的区域内可以是一个空间，也可以是若干个独立空间的组合，而自动喷水灭火系统保护的区域则必须是一个独立的空间。

自动喷水灭火技术的效用取决于：在同一空间内必须实施全保护，在保护区内不能出现喷水不到的“干区”，如果出现，且火灾发生在“干区”时，自动喷水灭火系统就无法把火灾控制在初期阶段，继后无论开放多少只喷头都无济于事。如图61-2所示，设置自动喷水灭火系统保护的局部区域 *AFGD* 与不设置自动喷水灭火系统保护的区局部域 *FBCG* 之间是没有用隔墙隔开的，当火灾发生在喷淋局部保护区时，自动喷水灭火系统能把火灾控制在初期阶段；但当火灾发生在不设自动喷水灭火系统保护的区域 *FBCG* 时，由于两个区域之间没有防火分隔，整个防火分区将葬身火海，火灾无法控制的原因分析如下：

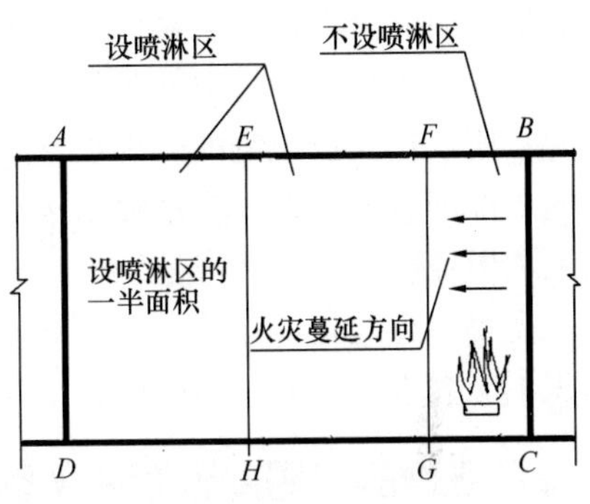

图61-2　危险的“局部设置局部翻倍”做法

当火灾发生在没有喷淋保护的区域 *FBCG* 时，这时 *AFGD* 区域的喷头无法及时响应 *FBCG* 区域的火灾，火灾会不受控制地继续扩展，当火灾规模扩展到能使 *AFGD* 区域的喷头开放时，喷头洒水仍然不能到达 *FBCG* 区域的燃烧面，就无法控制火势，火灾仍会继续扩展，当火势已经足够大时，一方面会启动更多喷头，但喷头洒水仍不能到达火源燃烧面，而且启动的喷头愈多，喷水强度愈低，即使燃烧面已扩展到 *AFGD* 区域洒水喷头的下方，强大的火势不会被很低的喷水强度扑灭，因为此时的火灾强度已不是初期火灾时的火灾强度，已远远超过了自动喷水灭火系统的保护能力，火灾仍会继续蔓延，甚至火灾会蔓延到整个空间。

自动喷水灭火系统只能在初期火灾时产生效用，能把火灾控制在初期阶段，可以提高消防队到达后的灭火成功率。美国马萨诸塞州渥切斯特综合研究所的研究报告指出：一个普通消防站的技术装备与力量，扑灭一个火源面积达 $74m^2$ 的火灾的成功率仅50%；一个技术装备与力量特别强大的特勤消防站，扑灭一个火源面积达 $150m^2$ 的火灾的成功率也仅50%；可见消防队扑灭火灾的成功率是与消防队的装备力量及火灾面积相关的。如果不能正确设置自动喷水灭火系统，不能保证系统把火灾控制在初期阶段，就不能确保消防队扑灭火灾的成功率，就达不到减灾的目的。

对于一般的中速火，在起火15min后，火场面积已达 $92m^2$，普通消防站要控制住这样的火势就很困难。而且火灾损失也大，但当设有自动喷水灭火系统全保护时，火源面积一般不会超过 20m²，不但火灾损失小，且更能确保普通消防站的灭火成功率。

但当在同一空间内存在采用自动喷水灭火系统保护的局部区域与不采用自动喷水灭火系统保护的局部区域时，当火灾发生在该空间内未设喷淋保护的区域，火势会不受控制地发展到很大，甚至会使喷淋系统失去效用，当消防队到达时，控制火势的难度会是很大的，这时在该空间的局部区域设置自动喷水灭火系统保护是没有效用的！这样的“局部设置局部翻倍”是危险的。所以在执行“局部设置局部翻倍”时，必须按规范要求，在设置自动喷水灭火系统保护的局部区域与不设置自动喷水灭火系统保护的局部区域之间设置隔墙隔开，对隔墙上的门窗洞口应采用喷头进行保护，必须保证不设自动喷水灭火系统保护的局部区域的火灾，不会蔓延到设置自动喷水灭火系统保护的局部区域，能否保证采用自动喷水灭火系统保护的空间是一个独立的空间，是能否保证自动喷水灭火系统发挥效用的关键。所以在执行规范的“局部设置局部翻倍”时，必须同时执行规范提出的“设喷淋保护的局部区域与不设置自动喷水灭火系统保护的局部区域之间必须用隔墙隔开，隔墙耐火极限和燃烧性能应符合规范”。

需要注意的是：布置在地下或 4 层及以上楼层的歌舞娱乐游艺场所的一个厅室的建筑面积不应大于 200m²，即使设置了自动喷水灭火系统，一个厅室的建筑面积也不能增加。

61.2 正确的“局部设置局部翻倍”做法

图 61-3 表达的是正确的“局部设置局部翻倍”做法，在同一防火分区内存在采用自动喷水灭火系统保护的局部区域 *AFGD* 与不设自动喷水灭火系统保护的 *FBCG* 局部区域时，应在两个相邻区域之间设有房间隔墙，图中 *EG* 线为实体隔墙，将两个区域隔开，形成两个各自独立的空间，两个区域之间相通的门窗洞口处应设闭式喷头保护，而且保护喷头应设在不设自动喷水灭火系统保护的 *FBCG* 局部区域一侧，这样的“局部设置局部翻倍”的做法，阻止了 *FBCG* 局部区域火灾不会向相邻区域蔓延，图中 *L* 为喷头至开口边缘的水平距离应在 300～400mm 之间。

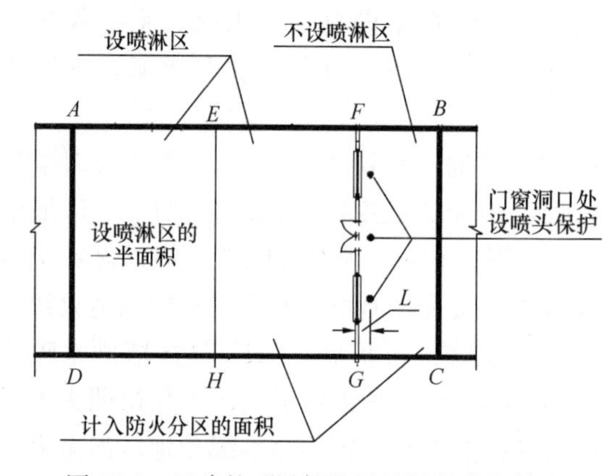

图 61-3　正确的“局部设置局部翻倍”做法

《自动喷水灭火系统设计规范》GB 50084—2017 第 7.1.12 条规定：当局部场所设置自动喷水灭火系统时，局部场所与相邻不设自动喷水灭火系统场所连通的走道或连通的门窗的外侧应设洒水喷头。该条文虽然是对连通的走道或连通的门窗应另设喷头保护的规定，但也表示了当局部区域设置自动喷水灭火系统时，应采用隔墙将局部保护区与非保护区隔开，使局部保护区形成一个独立的保护空间，以确保自动喷水灭火系统的效用。

所以对《建筑设计防火规范》GB 50016—2014（2018 年版）规定的“局部设置局部翻倍”的技术政策应正确执行。

62 应急照明及疏散指示标志系统的分类与功能检查试验

消防应急照明和疏散指示系统是在火灾发生时为受到火灾威胁的人员安全疏散和灭火救援行动提供必要的照度条件及正确的疏散指示信息的建筑消防系统，它由消防应急照明灯具、消防应急标志灯具及相关控制装置，包括电源、供配电系统及控制装置构成。系统形式按系统的控制方式和供电方式可分为4种类型，如图62-1所示。

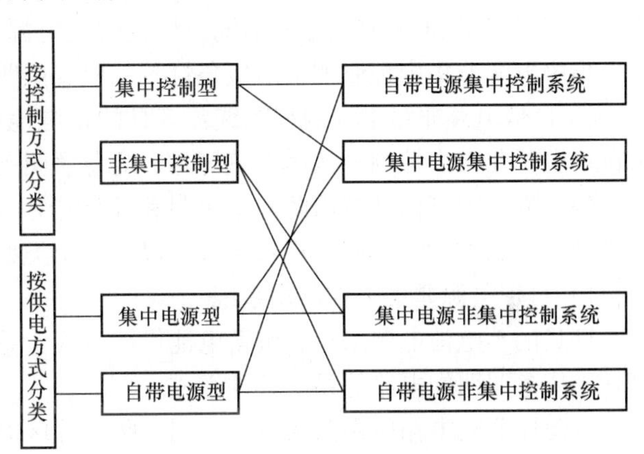

图62-1 系统按控制方式和供电方式的组合分类

(1) 按照消防应急灯具（以下简称“灯具”）的供电方式的不同，消防应急照明及疏散指示系统（以下简称“系统”）可分为自带电源型系统和集中电源型系统两种类型：

1) 采用集中电源型供电方式：灯具的主电源和蓄电池电源均由集中电源供电，灯具的主电源和蓄电池电源在集中电源内部实现输出转换后直接经由同一配电回路为灯具供电，为保障灯具供电线路供电和电气故障保护的可靠性，集中电源的每一个配电输出回路均应设置过载、短路保护装置，任意一配电输出回路出现过载或短路故障时，不应影响其他配电输出回路的正常工作；采用集中电源型灯具的系统中，配电回路是指集中电源直接为灯具提供主电源和蓄电池电源供电的输出回路；

2) 采用灯具自带蓄电池供电方式：灯具的主电源由应急照明配电箱的配电回路供电，为保障灯具供电线路供电和电气故障保护的可靠性，灯具的主电源只允许经由应急照明配电箱进行一级分配电后为灯具供电，应急照明配电箱的主电源断电后，灯具自动转入自带蓄电池供电。采用自带电源型灯具的系统中，配电回路是指经应急照明配电箱分配电后为灯具提供主电源供电的输出回路。

(2) 按照消防应急灯具（以下简称“灯具”）的控制方式的不同，消防应急照明及疏散指示系统（以下简称“系统”）又可分为集中控制型系统和非集中控制型系统两种类型：

1) 集中控制型系统：系统设置应急照明控制器，系统由应急照明控制器、集中控制型灯具、应急照明集中电源或应急照明配电箱等系统部件组成，由应急照明控制器按预设逻辑和时序，集中控制并显示应急照明集中电源或应急照明配电箱及其配接的消防应急灯具工作状态；

在集中控制型消防应急照明及疏散指示系统（以下简称“集中控制型系统”）中又按系统组成的不同分为两种类型：

① 集中电源集中控制型系统：灯具的主电源和蓄电池电源均由集中电源供电，系统由应急照明控制器、集中电源集中控制型消防应急灯具、应急照明集中电源等系统部件组成；

② 自带电源集中控制型系统：灯具的蓄电池电源采用自带蓄电池供电方式，系统由应急照明控制器、自带电源集中控制型消防应急灯具、应急照明配电箱等系统部件组成。

2）非集中控制型系统：系统中未设置应急照明控制器，由非集中控制型灯具、应急照明集中电源或应急照明配电箱等系统部件组成，由应急照明集中电源或应急照明配电箱分别控制其配接消防应急灯具工作状态。系统中灯具的光源由灯具蓄电池电源的转换信号控制应急点亮或由红外、声音等信号感应点亮。

非集中控制型消防应急照明及疏散指示系统（以下简称“非集中控制型系统”）又按系统组成的不同分为两种类型：

① 集中电源非集中控制型系统：灯具的主电源和蓄电池电源均由集中电源供电，系统由集中电源非集中控制型消防应急灯具、应急照明集中电源等系统部件组成；

② 自带电源非集中控制型系统：灯具的蓄电池电源采用自带蓄电池供电方式，系统由自带电源非集中控制型消防应急灯具、应急照明配电箱等系统部件组成。

（3）现行国家标准《消防应急照明和疏散指示系统技术标准》GB 51309—2018 按电源类型和控制方式的不同，把系统分为以下 4 个类型。

1）自带电源非集中控制型系统

灯具的蓄电池电源采用自带蓄电池供电方式，系统由自带电源非集中控制型消防应急灯具、应急照明配电箱等系统部件组成；

应急照明配电箱应由防火分区、同一防火分区的楼层、隧道区间、地铁站台和站厅的正常照明配电箱供电；系统内可包括子母型消防应急灯具。

正常状态下由应急照明配电箱的主电源为灯具供电：对持续型灯具保持其节电点亮；对非持续性灯具的光源保持熄灭，但可以由人体感应或声音感应点亮。

火灾时，由火灾报警控制器向应急照明配电箱发出火灾报警信号，应急照明配电箱接收到火灾报警信号后，自动切断主电源输出，并自动转换为自带蓄电池向灯具供电，控制非持续型灯具应急点亮；或控制持续型灯具由节电点亮模式转换为应急点亮模式。

也可通过手动操作切断应急照明配电箱的主电源输出或在正常照明配电箱处切断供向应急照明配电箱的主电源，均应能自动转换为自带蓄电池向灯具供电，并控制灯具转换为应急点亮。

2）集中电源非集中控制型系统

灯具的电源采用集中电源供电方式，系统由集中电源非集中控制型消防应急灯具、应急照明集中电源等系统部件组成；集中统一设置的集中电源应由正常照明线路供电；分散设置的集中电源应由所在防火分区内正常照明配电箱供电。

正常状态下由集中电源的主电源为灯具供电：对持续型灯具保持其节电点亮；对非持续性灯具的光源保持熄灭，但可以由人体感应或声音感应点亮。

火灾时由火灾报警控制器向集中电源发出火灾报警信号，集中电源接收到火灾报警信号后，自动切断主电源输出，并自动转换为集中蓄电池向灯具供电，控制非持续型灯具应急点亮；或控制持续型灯具由节电点亮模式转为应急点亮模式。

也可通过手动操作在集中电源处切断主电源输出，并自动转换为集中蓄电池向灯具供电，控制灯具转换为应急点亮。

3）自带电源集中控制型系统

灯具的蓄电池电源采用自带蓄电池供电方式，系统由应急照明控制器、自带电源集中控制型消防应急灯具、应急照明配电箱等系统部件组成。

采用自带电源型灯具的集中控制型系统，应急照明控制器通过应急照明配电箱配接灯具，应急照明控制器采用通信总线与应急照明配电箱进行数据通信，应急照明控制器与应急照明配电箱之间可采用树形通信总线通信。

应急照明配电箱应由消防电源的专用应急回路或所在防火分区、同一防火分区的楼层、隧道区间、地铁站台和站厅的消防电源配电箱供电；系统内可包括子母型消防应急灯具。

在正常状态下，系统由主电源供电：对于非持续型灯具应保持熄灭：对持续性灯具应保持节电点亮。

在非火灾状态下，当消防电源（主电源）断电时，应急照明控制器应能控制应急照明配电箱转换为自带蓄电池向灯具供电，并控制非持续型灯具应当应急点亮；控制持续性灯具由节电点亮模式转换为应急点亮模式；当该区域主电源恢复供电后，应急照明配电箱应联锁控制其配接的灯具的光源恢复原工作状态。

在非火灾状态下，当防火分区、楼层、隧道区间、地铁站台和站厅的正常照明电源断电后，为该区域内灯具供配电的应急照明配电箱应在主电源供电状态下，联锁控制其配接的非持续型照明灯的光源应急点亮、持续型灯具的光源由节电点亮模式转入应急点亮模式；当该区域正常照明电源恢复供电后，应急照明配电箱应联锁控制其配接的灯具的光源恢复原工作状态。故要求为该疏散区域内灯具供配电的应急照明配电箱应能接收到该区域正常照明配电箱的断电信号，并执行预定动作。

当应急照明配电箱与灯具的通信中断时，非持续型灯具的光源应当应急点亮、持续型灯具的光源由节电点亮模式转入应急点亮模式。

当应急照明控制器与应急照明配电箱的通信中断时，应急照明配电箱应联锁控制与其配接的非持续型照明灯的光源应急点亮、持续型灯具的光源由节电点亮模式转入应急点亮模式。

火灾发生时，系统中的应急照明控制器应能在接收到火灾确认信号后，自动执行以下预定动作：

① 控制非持续型灯具的光源应急点亮、持续型灯具的光源由节电点亮模式转入应急点亮模式；

② 控制 B 型应急照明配电箱切断主电源输出；

③ 控制 A 型应急照明配电箱应保持主电源输出，待接收到其主电源断电信号后，自动切断主电源输出。

也可通过手动操作在应急照明配电箱处切断主电源，并自动转换为自带蓄电池向灯具供电，控制灯具转换为应急点亮。

4）集中电源集中控制型系统

灯具的电源采用集中电源供电方式，系统由应急照明控制器、集中电源集中控制型消防应急灯具、应急照明集中电源等系统部件组成。

采用集中电源型灯具的集中控制型系统，应急照明控制器通过集中电源配接灯具，应急照明控制器采用通信总线与集中电源进行数据通信：应急照明控制器与集中电源之间可采用树形通信总线通信，也可以采用环形通信总线通信。

系统中集中设置的集中电源应由消防电源专用应急回路供电；分散设置的集中电源应由所在防火分区内的消防电源配电箱供电。

在非火灾的正常状态下，系统由主电源供电：对于非持续型灯具应保持熄灭，对持续性灯具应保持节电点亮。

当主电源断电时，应急照明控制器应能控制集中电源转换为集中蓄电池向灯具供电，并控制非持续型灯具应急点亮；控制持续性灯具由节电点亮转换为应急点亮。当该区域主电源或正常照明电源恢复供电后，集中电源应联锁控制其配接的灯具的光源恢复原工作状态。

在非火灾状态下，当防火分区、楼层、隧道区间、地铁站台和站厅的正常照明电源断电后，为该区域内灯具供配电的集中电源应在主电源供电状态下，联锁控制其配接的非持续型照明灯的光源应急点亮、持续型灯具的光源由节电点亮模式转入应急点亮模式；当该区域正常照明电源恢复供电后，集中电源应联锁控制其配接的灯具的光源恢复原工作状态。故要求为该疏散区域内灯具供配电的集中电源应能接收到该区域正常照明配电箱的断电信号，并执行预定动作。

当集中电源与灯具的通信中断时，非持续型灯具的光源应当应急点亮、持续型灯具的光源由节电点亮模式转入应急点亮模式。

当应急照明控制器与集中电源的通信中断时，集中电源应联锁控制与其配接的非持续型照明灯的光源应急点亮、持续型灯具的光源由节电点亮模式转入应急点亮模式。

火灾发生时，系统中的应急照明控制器应能在接收到火灾确认信号后，并自动执行以下预定动作：

① 控制非持续型灯具的光源应急点亮、持续型灯具的光源由节电点亮模式转入应急点亮模式；

② 控制 B 型集中电源转换为集中蓄电池输出；

③ 控制 A 型集中电源应保持主电源输出，待接收到其主电源断电信号后，自动转换为集中蓄电池输出。

也可通过手动操作在集中电源处切断主电源，并自动转换为集中蓄电池向灯具供电，控制灯具转换为应急点亮。

上述 4 种类型的消防应急照明和疏散指示系统中应用最多的应当是集中控制型系统，因为国家标准规定：凡是具有消防联动功能的火灾自动报警系统的保护对象，均应设置消防控制室；而凡是设置消防控制室的建筑，其消防应急照明和疏散指示系统均应采用集中控制型系统；设置火灾自动报警系统，但未设置消防控制室的场所宜选择集中控制型系统；其他场所可选择非集中控制型系统。

由于规范规定：在地面上安装的标志灯应采用 A 型标志灯具，并应采用 A 型集中电源供电；建筑内 8m 以下部位的所有灯具应采用 A 型灯具。因此，建筑内应急照明和疏散指示标志系统大多应选择集中控制型系统中的自带电源集中控制型系统和集中电源集中控制型系统；

需要说明的是，对消防应急照明和疏散指示系统联动控制的要求，应按现行国家标准《火灾自动报警系统设计规范》GB 50116—2013 和《消防联动控制系统》GB 16806—

2006 的规定：火灾报警控制器是发出火灾报警信号的设备，消防联动控制器是发出联动控制信号的设备，一切消防受控设备的工作状态均应由消防联动控制器控制显示，当采用联动型火灾报警控制器时，消防受控设备的工作状态也应由火灾报警控制器的联动控制单元控制显示。为此在理解对系统联动控制的要求时，应注意：火灾报警控制器是向消防联动控制器发出火灾报警信号，消防联动控制器接到火灾报警控制器发出的火灾报警信号，在满足联动逻辑关系所需条件后，决定向受控消防设备发出联动控制信号．并接收受控设备的反馈信号。非联动型火灾报警控制器是不具有对消防受控设备的工作状态进行控制和显示功能的。

（4）系统中三大控制显示设备功能介绍：

1）应急照明控制器是控制并显示集中控制型消防应急灯具、应急照明集中电源、应急照明配电箱及相关附件等工作状态的控制显示装置。它在集中控制型系统中是接收、显示火灾报警控制器的火灾报警信号或消防联动控制器发出的联动控制信号，并应能按预设逻辑和时序控制系统的应急启动；应能接收、显示与其配接的灯具、集中电源或应急照明配电箱的工作状态信息；应具有自动和手动工作方式，并应具备操作级别限制功能。

对设置灯具数量超过 3200 台的系统，需要设置多台应急照明控制器时，应设置一台具有最高管理权限的，起集中控制监管功能的应急照明控制器，由该集中控制器实现对其他应急照明控制器及其配接系统部件的应急启动和集中监管。

图 62-2 是主应急照明控制器的集中监管功能示意图。起集中监管功能的应急照明控制器应能控制并集中显示与其连接的应急照明控制器及其配接的灯具、应急照明配电箱或集中电源等系统部件的工作状态，这是系统的一级控制架构；其他的每台应急照明控制器与其连接的应急照明配电箱或集中电源构成系统的二级控制架构，应急照明控制器应能控制并显示与其配接的应急照明配电箱或集中电源，以及应急照明配电箱或集中电源所配接的应急灯具等系统部件的工作状态；应急照明配电箱或集中电源与其连接的灯具等系统部件构成系统的三级控制架构，应急照明配电箱或集中电源应能控制与其连接的灯具等系统部件的工作状态。

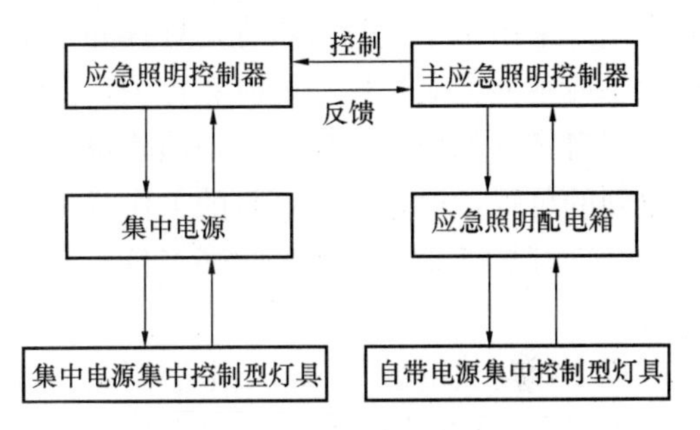

图 62-2　主应急照明控制器的集中监管功能示意图

应急照明控制器应通过集中电源（集中电源集中控制型系统）或应急照明配电箱（自带电源集中控制型系统）连接灯具，并控制灯具的应急启动、蓄电池电源的转换。

应急照明控制器的主电源应由消防配电箱供电，并应配置备用蓄电池电源，应满足主电源中断后应急照明控制器不少于 3h 的正常用电。

2）应急照明配电箱由控制开关和一些显示器件组成，是为自带电源型消防应急灯具进行主电源配电的装置，并能接收火灾报警信号进入应急启动状态，控制灯具的应急启动，接收灯具的反馈信号。

集中控制系统中的应急照明配电箱供电，应由消防电源的专用应急回路供电或所在防火分区内的消防电源配电箱供电。

非集中控制型系统的应急照明配电箱供电，应由所在防火分区内正常照明配电箱供电。

3）应急照明集中电源是为集中电源型消防应急灯具进行主电源和蓄电池电源供电的电源装置，并以蓄电池为储能装置，能接收火灾报警信号进入应急启动状态，控制灯具的应急启动，接收灯具的反馈信号；应具备操作级别限制功能。

在集中控制系统中：集中设置的集中电源应由消防电源专用应急回路供电；分散设置的集中电源应由所在防火分区内的消防电源配电箱供电。

在非集中控制系统中：集中统一设置的集中电源应由正常照明线路供电；分散设置的集中电源应由所在防火分区内正常照明配电箱供电。

（5）消防应急照明和疏散指示系统的检查与验收，运行维护：

1）消防应急照明和疏散指示系统各类装置设备的检查要求

系统各类装置设备检查时，应注意检查装置设备的外观应完好，无明显机械损伤，并按以下要求确认装置设备处于正常工作状态。

① 检查灯具

a. 检查自带电源型和子母电源型消防应急灯具的绿色主电指示灯，红色充电指示灯、黄色故障状态指示灯的点亮状态，判断应急灯具的工作状态是否正常。

对于消防应急灯具用应急电源盒的状态指示灯是设置在与其组合的灯具的外露面，状态指示灯采用一个三色指示灯，灯具处于主电工作状态时亮绿色，充电状态时亮红色，故障状态或不能完成自检功能时亮黄色，由此可判断应急灯具的工作状态是否正常。

当自带电源型和子母电源型消防应急灯具在地面安装时，在灯具外露或透光面能明显观察到的位置，检查照明灯具的工作状态指示灯的点亮是否正常，状态指示灯是一个三色指示灯，灯具处于充电状态时亮红色，充满电时亮绿色，故障状态或不能完成自检功能时亮黄色。

集中控制型系统中的自带电源型和子母型灯具的工作状态指示灯应集中在应急照明控制器上显示，也可以同时在灯具上设置指示灯，状态指示灯的灯色同前。

b. 检查集中电源型消防应急灯具的绿色主电指示灯、红色应急工作状态指示灯的点亮状态，判断应急灯具的工作状态是否正常，当主电和应急电源共用供电线路的灯具可只用红色指示灯。

② 检查应急照明集中电源

检查应急照明集中电源应设的绿色主电状态指示灯、红色充电状态和应急状态指示灯、黄色故障状态指示灯的点亮状态，判断应急灯具的工作状态是否正常。

检查应急照明集中电源显示的主电电压、电池电压、输出电压和输出电流是否符合要求。

③ 检查应急照明配电箱

应急照明配电箱的每路电源均应设有绿色电源状态指示灯，指示正常供电电源和备用供电电源的供电状态是否正常。

④ 检查应急照明控制器

a. 从应急照明控制器上检查所显示的与其相连的所有灯具的工作状态；

b. 检查应急照明控制器应有主、备用电源的工作状态指示；

c. 当应急照明控制器控制自带电源型灯具时，尚应能显示应急照明配电箱的工作状态；

d. 当应急照明控制器控制应急照明集中电源时，还应显示每台应急电源的部位、主电工作状态、充电状态、故障状态、电池电压、输出电压和输出电流。

2）消防应急照明和疏散指示系统各类装置设备的运行维护要求

① 灯具的运行维护要求

检查非集中控制型的自带电源型和子母电源型消防应急灯具的模拟主电源供电故障的自复式试验按钮（开关或遥控装置）和控制关断应急工作输出的自复式按钮（开关或遥控装置），在模拟主电源供电故障时，主电源不得向光源和充电回路供电，自带蓄电池电源应向灯具应急供电；在关断应急工作输出的自复式按钮后，灯具的黄色故障灯应点亮。

安装在地面的非集中控制型灯具，应设置远程模拟主电故障的自复式试验按钮（开关）或遥控装置，在模拟主电源供电故障时，主电源不得向光源和充电回路供电，自带蓄电池电源应向灯具应急供电。

检查消防应急灯具用应急电源盒的模拟主电故障的自复式试验按钮（开关或遥控装置）及控制关断应急工作输出的自复式试验按钮（开关或遥控装置），是设置在与其组合的灯具的外露面，状态指示灯可采用一个三色指示灯，在模拟主电源供电故障时，主电源不得向光源和充电回路供电，自带蓄电池电源应向灯具应急供电；在关断应急工作输出的自复式按钮后，灯具的黄色故障灯应点亮。

图 62-3 为非集中控制型的自带电源型消防应急灯具的色灯与自复式试验按钮。

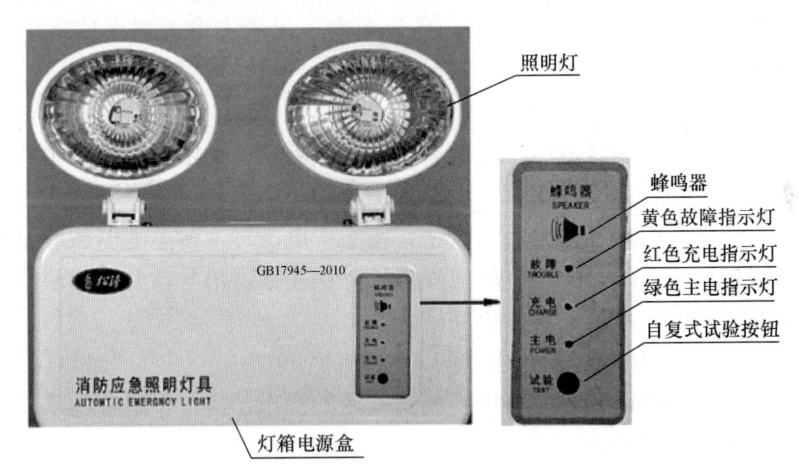

图 62-3 自带电源型消防应急灯具色灯与自复式试验按钮

② 应急照明控制器的运行维护要求

a. 检查应急照明控制器手动操作的强制应急启动按钮的操作级别限制功能，应能防止非专业人员进入操作；

b. 通过手动操作检查应急照明控制器本机及面板上的所有指示灯、显示器、音响器件进行功能检查，音响器件应发出声响，所有指示灯、显示器均应点亮；

c. 通过手动控制检查应急照明控制器的主、备用电源的自动转换功能，应有主、备用电源的工作状态指示，并能实现主、备用电源的自动转换；切断主电源，检查备用电源的自动投入情况，备用电源工作状态显示应正常；恢复主电源，检查主电源的自动恢复情况，主电源工作状态显示应正常；

d. 手动操作照明控制器的一键操作检查按钮，检查与其配接的所有系统内的设备工作状态信息，信息显示应无异常；

e. 检查应急照明控制器的故障报警功能。

使应急照明控制器与其备用电源之间的连线发生短路、断路时，应急照明控制器应在规定的时间内发出声光故障信号，并报故障类型，手动操作应急照明控制器的消声键，声信号应能手动消除；

在应急照明控制器处于备用电源工作状态时，使应急照明控制器与任一配接的集中电源或应急照明配电箱的通信中断，应急照明控制器应显示故障部件的地址，且地址信息应正确；

使任一灯具与集中电源或应急照明配电箱之间发生连线断路、短路，应急照明控制器应显示故障部件地址，且地址信息应正确。

③ 应急照明集中电源的运行维护要求

a. 检查应急照明集中电源设置的模拟主电源供电故障的自复式试验按钮（或开关），在模拟主电源供电故障时，主电源不得向光源和充电回路供电，自带蓄电池电源应向灯具应急供电。

b. 检查应急照明集中电源的手动操作的强制应急启动按钮的操作级别限制功能，应能防止非专业人员进入操作。

c. 检查集中电源的分配电输出功能：在集中电源处于主电源输出或蓄电池电源输出状态时，分别用万用表测量各输出回路的电压，应符合设计规定。

d. 检查集中电源的故障报警功能：

使集中电源的充电器与其电池组之间的连接线路断开，集中电源应发出故障声光报警信号，并显示故障类型，手动操作集中电源的消声键，声信号应能手动消除。

手动操作集中电源的应急输出启动按钮，使集中电源转入蓄电池电源应急输出，使集中电源的任意输出回路断开，集中电源应发出故障声光报警信号，并显示故障类型，手动操作集中电源的消声键，声信号应能手动消除。

e. 对于集中控制型集中电源，还应做以下检查测试：

对其主电源和蓄电池电源的应急转换测试按钮的操作，检查主电源与蓄电池电源的输出转换功能，应能可靠转换；

测试通信故障联锁控制功能：使应急照明控制器与集中电源之间发生通信中断时，集中电源配接的所有非持续性灯具应当应急点亮；配接的所有持续性灯具应由节电点亮模式转换为应急点亮模式；

测试灯具的应急状态保持功能：使集中电源配接的灯具处于应急点亮状态，任意选取一个回路，分别使其短路、断路；均不能影响其他回路灯具的应急点亮工作状态的变化。

④ 应急照明配电箱的运行维护要求

a. 检查应急照明配电箱的主电源输出分配电功能：检查应急照明配电箱处于主电源输出状态时，分别用万用表测量各输出回路的电压，应符合设计规定。

b. 对于集中控制型应急照明配电箱，还应做以下检查测试：

检查测试主电源输出关断和恢复功能：手动控制应急照明配电箱的主电源关断按钮（开关）和主电源恢复测试按钮（开关），检查应急照明配电箱的输出状态应符合要求；

测试通信故障联锁控制功能：使应急照明控制器与应急照明配电箱之间发生通信中断时，应急照明配电箱配接的所有非持续性灯具应当应急点亮；配接的所有持续性灯具应由节电点亮模式转换为应急点亮模式；

测试灯具的应急状态保持功能：使应急照明配电箱配接的灯具处于应急点亮状态，任意选取一个回路，分别使其短路、断路；均不能影响其他回路灯具的应急点亮工作状态的变化。

3）消防应急照明和疏散指示系统的功能试验

① 集中控制型系统的功能试验：

a. 非火灾状态下系统功能测试

（a）检查平时保持主电输出时，非持续性照明灯具应保持熄灭，持续性照明灯具应保持节电点亮；持续性标志灯应按疏散方案保持节电点亮模式。

（b）测试系统的消防电源断电和恢复供电后的联锁控制功能：

切断被测试区域的消防电源（主电源），区域内所有非持续性照明灯具应点亮，所有持续性照明灯具应由节电点亮转换为应急点亮状态，持续性标志灯应按疏散方案由节电点亮转换为应急点亮；

恢复被测试区域的消防电源（主电源）供电，集中电源和应急照明配电箱应联锁器控制与其配接的灯具恢复原工作状态；

当灯具的持续点亮时间达到规定的时间后，集中电源或消防应急照明配电箱应联锁控制其配接的灯具熄灭。

（c）测试系统的正常照明断电控制功能：

切断测试区域的正常照明配电箱的电源输出，区域内所有非持续性照明灯具应点亮，所有持续性照明灯具应由节电点亮转换为应急点亮状态，持续性标志灯应按疏散方案由节电点亮转换为应急点亮；

恢复被测试区域的正常照明配电箱的电源输出，试区域的灯具应恢复原工作状态。

b. 火灾状态下系统功能测试

（a）测试系统的自动启动功能：

使集中电源的蓄电池组、灯具自带的蓄电池组充电 24h；

按照设计要求的方法模拟测试区域火灾，使火灾报警控制器发出火灾报警信号，检查应急照明控制器发出的启动信号和所显示的应急启动时间是否准确及时，系统内所有持续性灯具均应由节电点亮转换为应急点亮状态，非持续性灯具应应急点亮，用秒表计时，响应时间应符合要求；

测试中注意检查应急照明配电箱和集中电源均应能接收应急转换联动控制信号，进入应急启动状态，并使连接的灯具转入应急点亮，并发出反馈信号；

检查系统中配接的 A 型应急照明配电箱、A 型集中电源均应保持主电输出状态，当主电源断电后，再次检查 A 型应急照明配电箱应切断主电源输出，A 型集中电源应转入蓄电池电源输出供电；

检查系统中配接的 B 型集中电源应转为蓄电池电源输出，B 型应急照明配电箱应切断主电源。

（b）测试系统的手动应急启动功能：

手动操作应急照明控制器的一键启动按钮，应急照明控制器应能发出启动信号，并显示启动时间，系统内所有持续性灯具均应由节电点亮转换为应急点亮状态，非持续性灯具应应急点亮，应急照明配电箱应切断主电源输出，集中电源应转入蓄电池电源输出供电；

检查灯具的地面最低照度应符合要求，测试灯具的蓄电池电源的持续工作时间应符合要求。

② 非集中控制型系统的功能试验

a. 非火灾状态下系统功能测试

检查平时保持主电输出时，非持续性照明灯具应保持熄灭，持续性照明灯具应保持节电点亮；持续性标志灯应按疏散方案保持节电点亮模式；

使集中电源的蓄电池组、灯具自带的蓄电池组充电 24h。

（a）检查集中电源保持主电源输出状态，应急照明配电箱保持主电源输出状态，核查灯具在主电输出状态下的工作情况应符合规定；

（b）对于具有人体、声控等感应方式点亮的非持续性照明灯具，应进行感应点亮功能测试：应任选一只灯具，使其满足灯具的点亮条件，观察灯具光源的点亮情况。

b. 火灾状态下系统功能测试

（a）火灾状态下的系统自动启动功能测试：

使集中电源或应急照明配电箱与火灾自动报警系统连接；

按照设计要求的方法模拟测试区域火灾，使火灾报警控制器发出火灾报警信号：

采用集中电源的系统，集中电源应能收到火灾报警信号，进入应急启动状态，转为蓄电池电源输出，并控制系统内所有持续性灯具均应由节电点亮转换为应急点亮状态，非持续性灯具应应急点亮，用秒表计时，响应时间应符合要求；

采用自带蓄电池组的系统，应急照明配电箱应能收到火灾报警信号，进入应急启动状态，切断主电源输出，并控制系统内所有持续性灯具均应由节电点亮转换为应急点亮状态，非持续性灯具应应急点亮，用秒表计时，响应时间应符合要求。

（b）火灾状态下的系统手动启动功能测试：

采用集中电源的系统，应手动操作集中电源的应急启动按钮，使集中电源进入应急启动状态，转为蓄电池电源输出，并控制系统内所有持续性灯具均应由节电点亮转换为应急点亮状态，非持续性灯具应应急点亮，用秒表计时，响应时间应符合要求；

采用自带蓄电池组的系统，应手动操作应急照明配电箱的应急启动按钮，应急照明配电箱应能进入应急启动状态，切断主电源输出，并控制系统内所有持续性灯具均应由节电点亮转换为应急点亮状态，非持续性灯具应应急点亮，用秒表计时，响应时间应符合要求；

检查灯具的地面最低照度应符合要求，测试灯具的蓄电池电源的持续工作时间不应低于规定指标。

③ 备用照明系统电源互投功能测试：

建筑内发生火灾时仍应继续工作和值守的区域，应设置备用照明、疏散照明和疏散指示标志，其灯具的电源由正常照明电源和消防专用应急回路互投供电，火灾时当正常照明电源切断后，消防专用应急回路应互投供电，并应保持正常照度。互投功能测试时应切断为灯具供电的正常照明电源，观察消防专用应急回路的互投供电情况应符合要求。

63 应急疏散指示标志设置的基本要求及常见的错误

应急疏散照明与疏散指示标志系统的灯具和标志包括：疏散照明灯具、备用照明灯具、疏散指示标志灯具、蓄光散指示标志等。

（1）现行国家标准《消防应急照明和疏散指示系统》GB 17945—2010 对灯具的术语和定义、分类、防护等级、一般要求、试验、检验规则、标志等做出了规定。

（2）现行国家标准《消防安全标志 第 1 部分：标志》GB 13495.1—2015 对所有消防安全标志的几何形状、安全色、表示特定消防安全信息的图形符号等做出了规定。

（3）现行国家标准《建筑设计防火规范》GB 50016—2014（2018 年版）对灯具和标志的设置及供电要求等做出了规定。

现行国家标准《消防安全标志 第 1 部分：标志》GB 13495.1—2015 规定：疏散用的消防安全标志，应用几何形状和安全色表示消防疏散安全信息的图形符号构成。用人的奔跑图形和门框作为安全出口的图形标志，可与文字辅助标志“安全出口”组合，表示安全出口；可用安全出口的图形标志与方向辅助标志（箭头）组合指示安全出口的方位；也可用安全出口的图形标志与方向辅助标志（箭头）、文字辅助标志组合，指示安全出口的方位，以向公众指示安全出口及安全出口的位置方向，安全疏散逃生途径及显示楼层信息等。在组合标志中，奔跑图形符号是基本信息，文字和方向图形是辅助信息，要求文字高度不应大于图形高度的 1/2，且不小于图形高度的 1/3，对于中型和大型标志灯具，其灯具的图形高度不应小于灯具面板高度的 80％。

用人的奔跑图形和门框作为安全出口的图形标志，可与文字辅助标志“安全出口”组合表示安全出口；可用安全出口的图形标志与方向辅助标志（箭头）组合指示安全出口的方位；也可以用安全出口的图形标志与方向辅助标志（箭头）、文字辅助标志组合指示安全出口的方位，以向公众指示安全出口及安全出口的位置方向，安全疏散逃生途径及显示楼层信息等。在组合标志中奔跑图形符号是基本信息，文字和方向图形是辅助信息。并要求疏散方向的箭头方向与人的奔跑方向应指向通往安全出口的方向一致。

对楼层位置显示标志应采用阿拉伯数字 1、2、3……和英文大写字母 F 组合表示，其中对地下室应在数字前加上“—”表示，例如：地上二层用“2F”，地下二层用“－2F”表示等。

单色标志灯表面的安全出口指示标志（人形和门框）、疏散方向指示标志（箭头）、楼层位置显示（字符）均应为绿色发光部分，背景部分不应发光（宜选黑色或暗绿色）。当单色标志灯表面采用白色和绿色组合时，背景为白色，且应发光。图 63-1 是安全出口指示标志灯具及要求。

从国家标准可知：疏散用的消防安全标志，应用几何形状和安全色表示消防疏散安全信息的，标志中如有文字，只能起辅助作用，而且文字的高度应小于图形，同时对图形、文字、字符的发光颜色做了规定，这一切都显示了标准希望消防安全标志能够不分文化程

图 63-1　安全出口指示标志灯具及要求

度的高低，都能清晰地向人们指示疏散的方向、安全出口的位置和楼层位置。

应急疏散照明与疏散指示标志系统设置中常见的错误有：

63.1　疏散指示标志灯的疏散安全信息不符合规定，常见的错误

（1）采用“安全出口”“疏散门”等纯文字而没有图形的标志灯

按照国家标准规定，疏散指示标志灯的疏散安全信息应以图形为主，文字为辅，只有文字没有图形的标志灯，是不符合规定的，表示出口的标志灯应用奔跑人行和门框图形表达这是疏散人员能从这个出口安全地疏散出去，不论文化程度高低的人都能辨识。如果为了对出口加以区别，可以在图形的一侧增加文字，如“安全出口”或“疏散门”。

（2）将出口的名称标错

如将“安全出口”标成“疏散门”，或将“疏散门”标成“安全出口”。只有疏散用楼梯间和室外疏散楼梯的出入口，及直通室内外安全区域的出口，方可称为“安全出口”，而“疏散门”则仅指人员密集场所的厅室的进出门。所以“安全出口”与“疏散门”是两个不同的概念，是不能混用的。

63.2　疏散指示标志灯的设置部位不正确

按照规范规定：灯光疏散指示标志灯具应设在安全出口和人员密集的场所的疏散门的正上方。这里的“安全出口的正上方”是有疏散方向的，对每个楼层而言，前室和封闭楼梯间的入口，是疏散人群进入楼梯间的安全入口，也就是人们从火灾区域进入安全区域的安全出口，在其入口的正上方应设疏散指示标志灯具；对首层而言，前室和封闭楼梯间在首层的出口，也是人们从疏散楼梯间到达首层的安全出口，在疏散楼梯间的首层出口的内侧正上方应设疏散指示标志灯具。所以首层疏散楼梯间安全出口标志灯应设在楼梯间和前室出口内侧上方，而不应安装在楼梯间和前室出口的外侧上方，因为封闭楼梯间和防烟楼梯间在首层的出口门只有疏散出口的功能，所以应在其楼梯间和前室出口的内侧上方，应设灯光疏散指示标志灯具指示人们从这里疏散出去，不可继续向下疏散。如果把灯光疏散指示标志灯错误地设在楼梯间和前室出口的外侧上方时，由于从楼梯间向下疏散的人群到达首层后，看不见安全出口标志灯，他们会继续向下疏散而进入地下室，贻误逃生时间。而且这种错误的设置方式又会在首层火灾时，指示首层的人向楼梯间和前室内疏散，这是

危险的，它将会造成疏散楼梯间内疏散人群的逆向流动，这是危险的。

疏散指示标志灯指示方向不明确或错误，特别是建筑装修时对室内疏散路径做了改动后，没有及时对疏散指示标志灯指示方向做出相应调整，致使标志灯指示方向不明确或错误。

疏散指示标志灯的灯面指示设置不符合规范要求，例如，在设置楼层显示标志时，用“B”表示地下室，如表示地下二层时，用“－2B”标志，而不用“－2F”标志。

《消防应急照明和疏散指示系统》GB 17945—2010 规定，指示疏散方向的标志灯应设在疏散走道及其转角处距地面高度 1.0m 以下的墙面或地面上。灯光疏散指示标志的间距不应大于 20m，对于袋形走道不应大于 10m，在走道转角区，不应大于 1.0m。但在工程中常见疏散指示标志灯指示方向不明确，或走道拐角处未设指示灯，或将指示灯设在不易看见的死角，或在指示灯周围设施容易与标志灯混淆的其他标志牌，或在大空间内顶棚下的疏散指示灯具离地面高度大于 2.5m。

63.3 错误设置的应急疏散指示标志灯具现场照片

图 63-2～图 63-5 是应急疏散指示标志灯所指示的方向不明确或错误的照片以及已损坏未及时更换或维护不善的应急疏散指示标志灯具的照片。

图 63-2 安全出口都采用了以纯粹文字“安全出口”作为标志的疏散指示标志灯具，没有采用奔跑人行和门框图形表达疏散指示信息，而且“安全出口”的疏散方向与防火门的开启方向相反。

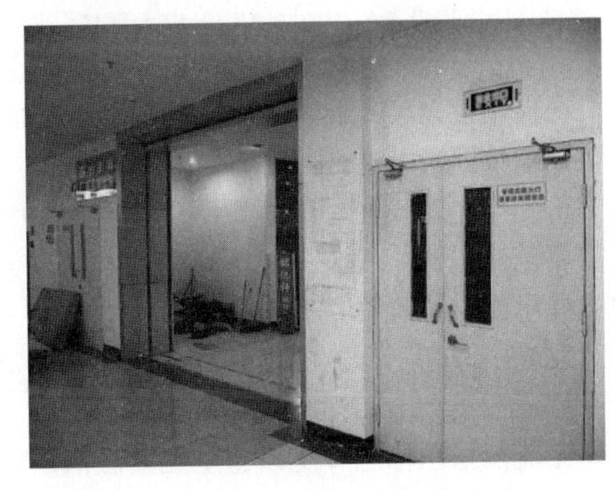

图 63-2 违规设置的应急疏散指示标志灯具

按照国家标准规定：疏散指示标志灯的疏散安全信息应以图形为主，文字为辅，只有文字没有图形的标志灯，是不符合规定的，表示安全出口的标志灯应用奔跑人行和门框图形表达疏散指示信息，这是疏散人员能从这个安全出口疏散出去，不论文化程度高低的人都能辨识。如果为了对出口加以区别，可以在图形的一侧增加文字或箭头，但其高度应不超过图形的一半，但也不能小于图形的 1/3。

图 63-3 应急疏散照明灯具错误地采用了插座取电方式，按规范规定：自带电源型消

图 63-3 违规设置的应急疏散指示标志灯具

防应急照明灯具的主电源应从应急照明配电箱获取，从图中看该应急疏散照明灯具的主电源供电线路不是单独布线，甚至不排除与空调器共用电源的可能性。

图 63-4 中的安全出口上方应设安全出口图形标志灯，因为此处就是商场的安全出口。但却设置为指示双向疏散的标志灯，而且楼梯间违规堆有货品。

图 63-5 安全出口都采用了以纯粹文字“出口”作为标志的疏散指示标志灯具，没有采用奔跑人行和门框图形表达疏散指示信息，而且没有使用“安全出口”的字样。

图 63-4 违规设置的应急疏散指示标志灯具

图 63-5 违规设置的应急疏散指示标志灯具

在使用蓄光（光致发光）疏散指示标志时常将其设置在楼梯间或疏散走道内，而且用它替代疏散照明，这是不正确的做法。

蓄光（光致发光）疏散指示标志是一种非电致发光灯的指示标志，因此无需灯具，不需要消防电源，安装方便而且受到欢迎。但是这种标志要在火灾时发光以指示疏散方向或指示出口位置，是有条件的，这个条件就是“平时要为它提供激活能源”，能激活光致发光疏散指示标志的能源有日光和有一定光强的灯光，其光强在标志板上的照度对荧光灯不低于 25lx，对白炽灯不低于 40lx，不能采用红色灯作为照射光源。这是因为光致发光疏散指示标志牌是以稀土元素激活的碱土铝酸盐、硅酸盐等材料为主制成，当它们被可见光、紫外光，日光照射时，其电子被激活，由低能级电子轨道跃迁至高能级电子轨道，并落入高能级“热阱”中，将能量储存。当照射中止时，处于高能级“热阱”中的电子会逐级返回低能级轨道，回复到原始状态，在跌落回低能级轨道过程中电子将储存的能量以光的形式释放出来，释放过程会有初辉亮度，对这一过程称为光致发光过程，当电子回到低能级轨道后就只有较低的余辉亮度。当光致发光疏散指示标志牌在被一定照度的可见光照射 10～20min 后，在黑暗中的初辉亮度约在 10min 后就大幅下降，虽然在此后的 8～10h 仍有余辉亮度，但不足以引人注目。所以使用光致发光疏散指示标志时应注意以下 3 点：

(1) 光致发光疏散指示标志附近必须有“激活能源”，而且必须具有一定光强和足够的照射时间，所以有光致发光疏散指示标志的地点附近必须有一盏“长明灯”；

(2) 虽然日光是光致发光疏散指示标志的最好照射光源，但在入夜后，初辉亮度时间不长，即进入余辉亮度，如果火灾在此时发生，光致发光疏散指示标志同样达不到指示效果，故仍应设长明灯提供激活能源；

（3）蓄光（光致发光）疏散指示标志是一种辅助性的疏散指示标志，不可作为主要疏散指示标志来应用。通常在空间较大的场所，在有符合要求的应急照明及疏散指示标志系统的条件下，为了帮助人们识别疏散方向和安全出口位置，使人们顺利到达安全出口，在疏散路径上辅助设置保持视觉连续的蓄光疏散指示标志，光致发光型疏散指示标志只是其中的一种。